DEUTSCHE DEMOKRATISCHE REPUBLIK
DEUTSCHE AKADEMIE DER LANDWIRTSCHAFTSWISSENSCHAFTEN ZU BERLIN
INSTITUT FÜR LANDWIRTSCHAFTLICHE INFORMATION UND DOKUMENTATION

Landwirtschaftliches Zentralblatt

ABTEILUNG II

PFLANZLICHE PRODUKTION

8. JAHRGANG
1963

AKADEMIE-VERLAG · BERLIN

LZ. II PFLANZLICHE PRODUKTION • JG. 1963 • NR. 7 • SEITE 1713—2000 • BERLIN • JULI 1963

LANDWIRTSCHAFTLICHES ZENTRALBLATT

ABTEILUNG PFLANZLICHE PRODUKTION

INHALTSVERZEICHNIS

Bibliographische Angaben von Büchern und Dissertationen am Schluß eines jeden Kapitels.

LZ. II/7/63

NAMENVERZEICHNIS

Seitenzahl in [Klammer] bedeutet Bibliographie, mit Stern * bedeutet Buchbesprechung

LANDWIRTSCHAFTLICHES ZENTRALBLATT
ABTEILUNG PFLANZLICHE PRODUKTION

1963 **NR. 7** **JULI**

I. ALLGEMEINES

A. Geschichte der Pflanzlichen Produktion und der Kulturpflanzen einschließlich Palaeobotanik

Knoll, Josef. **Aus der Arbeit der FAO mit besonderer Berücksichtigung der Maßnahmen zur Förderung der pflanzlichen Erzeugung.** Landwirtsch. Hochschule Hohenheim, Reden u. Abh. **1962** Nr. 14. S. 9–29. – 7 Tab.

Um den jährlichen Zuwachs der Weltbevölkerung (etwa 1,5% oder 45 Mill.) mit Nahrungsmitteln zu versorgen, sind gewaltige Anstrengungen nötig. Um den im Jahre 2000 erforderlichen Nahrungsbedarf einigermaßen zu dekken, muß die tierische Erzeugung verdreifacht und die Getreideproduktion der ganzen Welt verdoppelt werden. Deshalb muß die Produktion an Nahrungsmitteln schneller als die Weltbevölkerung zunehmen. Zur Lösung dieser Aufgaben sind in der FAO 104 Staaten zusammengeschlossen. Die FAO wird von einem für 4 Jahre gewählten Generaldirektor geleitet. Die FAO besteht aus 10 Hauptabt. Die Aufgaben der Hauptabt. Pflanzenbau und Pflanzenschutz werden erläutert. Die FAO hat keine Exekutivgewalt, kann keine Maschinen usw. verteilen, unterhält keine Forschungsinst. usw. Zur Erreichung der Ziele werden 2 Methoden benutzt. 1. Das Reguläre Programm (Sammlung von Grundlagenmaterial, Konferenzen und Unterlagen für die Planung); 2. Hilfsprogramme. Die Methoden werden durch Beispiele erläutert. K. Schulz. 10.

Pal, B. P.; New Delhi, Indian Agric. Res. Inst. Some contributions of botany to human welfare. **(Einige Beiträge der Botanik zur menschlichen Wohlfahrt.)** J. Indian bot. Soc. **41** (1962) Nr. 2. S. 161–172. 10.

Boureau, Ed. **World report on palaeobotany.** Utrecht: Pays Bas. 1962. (152 S.) 8° = Regnum vegetabile. Vol. 24. (SR 348, 24)

B. Biographien, Persönliches und Nachrufe

Scheffer, F. und Przemeck, E. **Zum 100. Geburtstag von Prof. Dr. Emil Haselhoff.** Landwirtsch. Forsch. **15** (1962) Nr. 3/4. S. I–VI. 50.

C. Ausstellungen, Tagungen, Mitteilungen aus den Instituten

Anonym. **Bericht über die Tätigkeit der Forschungsanstalt für Landwirtschaft Braunschweig Völkenrode im Jahre 1960.** Ber. Tätigkeit Forsch.-Anst. Landwirtsch. Braunschweig-Völkenrode **1960** (hrsg. 1962) S. 1–86. 100.

II. NATURWISSENSCHAFTLICHE GRUNDLAGEN

A. Systematik der Pflanzen

Bowden, Wray M. und Senn, Harold A.; Ottawa, Ontario, Canada Dep. of Agric., Res. Branch. Chromosome numbers in 28 grass genera from South America. **(Chromosomenzahlen von 28 Grasarten von Südamerika.)** Canad. J. Bot. **40** (1962) Nr. 8. S. 1115–1124.

Die somatische Chromosomenzahl von 70 Arten 28 verschiedener Gattungen von Gräsern von Bolivien, Chile und Uruguay wurde festgestellt. Die Hälfte der mitgeteilten Chromosomenzahlen war bisher noch nicht ermittelt worden. Die Ermittlungen betrafen u.a. *Agrostis-*, *Arrhenatherum-*, *Bromus-*, *Festuca-*, *Phalaris-* und *Poa-*Arten. K. Schulz. 201.

Schulz-Schaeffer, Jürgen und Jurasits, Peter; Bozeman, Mont., State Coll., Dep. of Plant and Soil Sci. Biosystematic investigations in the genus Agropyron. I. Cytological studies of species karyotypes. **(Biosystematische Untersuchungen innerhalb der Gattung Agropyron. 1. Mitt. Zytologische Studien bei arteigenen Karyotypen.)** Amer. J. Bot. **49** (1962) Nr. 9. S. 940 bis 953. – 4 Abb., 3 Tab., 58 Lit.
Von der Gattung *Agropyron* haben Vff. 25 Arten zytologisch untersucht. Über die Chromosomenzahlen folgender Arten wird berichtet: *A. panormitanum* (2n = 28), *A. lolioides* (2n = 58), *A. brachyphyllum* (2n = 42), *A. ciliatiflorum* (2n = 28), *A. kosanini* (2n = 56), *A. pseudorepens* (2n = 28), *A. sqarrosum* (2n = 42) und *A. subulatum*(2n = 56). Die Chromosomenzahlen von *A. caespitosum* (2n = 42) und *A. elongatiforme* (2n = 58) weichen von früheren Auszählungen ab. In Idiogrammen und Abb. wird die Metaphase von Wurzelspitzenzellen bei 14 Arten dargestellt. Das Auftreten von Typen mit Satellit-Chromosomen ist tabellarisch festgehalten. Die Signifikanz dieser Satellitchromosomen als Indikator für den Verwandtschaftsgrad der Genome wird diskutiert. J. Schieblich. 201.

Portères, Roland. Quelques nouvelles formes agrobotaniques de riz (O. sativa L.) **(Einige neue agrobotanische Formen von Reis [O. sativa L.].)** J. Agric. trop. Bot. appl. **9** (1962) Nr. 3/6. S. 250–251. 201.

Uphof, J. C. Th., *Hummel, Karl* und *Staesche, Karin*. **Plant hairs. Die Verbreitung der Haartypen in den natürlichen Verwandtschaftsgruppen.** Handbuch der Pflanzenanatomie. 2. völl. neubearb. Aufl. Bd. 4 T. 5. Berlin-Nikolassee: Borntraeger. 1962. (XI, 292 S. m. 120 Abb.) 8°. (1962 A 4465, 4,5)

B. Morphologie der Pflanzen

Hortobágyi, T., Koltay, Á. und Précsényi, I. Tápanyagellátottság hatása a kukorica morfológiájára, tekintettel a csöágasodásra. **(Die Einwirkung der Nährstofflage auf die Morphologie der Maispflanze auf die Verzweigung der Kolben.)** Kukoricatermesztési Kísérletek [Maisanbau-Versuche] **1958/60** (hrsg. 1962) S. 61–69. – Aus: Ung. Agrar-Rdsch. **1962** Nr. 4.
Untersucht wurde der Einfluß der Nährstofflage auf die Verzweigung der Kolben, auf die Ertragskomponenten u.a. Eigenschaften der Individuen, die sich aus den Körnern der Haupt- und Nebenkolben entwickelten. Die Verzweigung der Kolben wurde schwach beeinflußt. Unter dem Einfluß der Düngung zeigten sich im Stengelgewicht je Pflanze, in der Kolbenzahl, im Kolbengewicht und in der TKM keine signifikanten Unterschiede. In den Spindelanteilen war dagegen ein signifikanter, wenn auch nicht eindeutiger Unterschied wahrzunehmen. Die Blattflächen der von sekundären Kolben stammenden Pflanzen waren auf gedüngten Parzellen im Jugendstadium größer als bei allen anderen Varianten. Bei der im Aug. vorgenommenen Messung waren die anfänglichen Unterschiede in den Blattflächen bereits verschwunden. Die Variabilität der Blattfläche der von sekundären Kolben stammenden Individuen wurde durch die Düngung erhöht, während in der Kontrolle eine Verminderung der Blattflächen beobachtet wurde. 211.

Džavadova, R. K. (Dshawadowa, R. K.); Bot. Inst. der Akad. der Wiss. der Aserbaidshan.SSR. Nekotorye osobennosti stroenija cvetka ljucerny goluboj (Medicago coerulea Less.). **(Einige Besonderheiten der Blütenstruktur der Blauen Luzerne [Medicago coerulea Less.].)** Doklady Akademii nauk Azerbajdžanskoj SSR, Baku 18 (1962) Nr. 4. S. 73–76. – 3 Abb., 19 Lit. Orig.: russ., Ausz.: aserbaidshan.

An Wildpflanzen von *M. coerulea* wurden im Vergleich mit anderen Luzerne- und Kleearten morphol. Beurteilungen der Blütenteile unternommen. Die mittlere Fahnenlänge beträgt 8,7 mm, die des Schiffchens und der Flügel 6,7 bzw. 7,0 mm. Gegensätzlich zu den anderen *Medicago*-Arten weisen die unteren Flügelenden eine ähnliche Struktur wie die der *Trifolium*-Arten auf. Von den 10 Staubfäden sind 9 verwachsen, wie bei anderen Arten. Das Gynoeceum ist 6,7 mm lang, wobei der Griffel mit längeren Haaren bedeckt ist und einen allmählichen Übergang zur Narbe aufweist. Die Nektarabsonderung erfolgt wie bei anderen Leguminosen. Die gesamte morphol. Struktur besitzt somit mehr Ähnlichkeit mit der der Gattung *Trifolium* als mit der von *Medicago*. W. Roder. 211.

Bisalputra, T.; Armidale, New South Wales, Univ. of New England, Dep. of Bot. Anatomical and morphological studies in the Chenopodiaceae. II. Vascularization of the seedling. **(Anatomische und morphologische Studien an den Chenopodiaceen. 2. Mitt. Gefäßbildung des Sämlings.)** Austral. J. Bot. **9** (1961) Nr. 1. S. 1–19. – 85 Abb., 20 Lit. 1. Mitt. vgl. LZ. Abt. II **6** (1961) Nr. 11. S. 2557.

Mit Hilfe histologischer Untersuchungen (Paraffintechnik; Safranin-Lichtgrün-Färbung) wurden die Entwicklung des Leitbündelsystems und der Anatomie der Kotyledonen bei Sämlingen der folgenden *Chenopodiaceae* verfolgt: *Atriplex*, *Bassia*, *Kochia*, *Malacocera*, *Salicornia* und *Arthrocnemum*. Die Sämlinge der beiden letztgenannten Gattungen unterscheiden sich u.a. durch die Ausbildung einer nur kurzen Keimwurzel und die Entwicklung von Wurzelhaaren in der Wurzelhalszone deutlich von den übrigen Gattungen. Die 4 ersten Gattungen zeigen einen ähnlichen Gefäßverlauf im Sämling, die Übergangszone zwischen dem Bündelverlauf in der Wurzel und dem endarchen Gefäßverlauf im Epikotyl befindet sich im Hypokotyl. Bei den ersten 4 Gattungen liegt sie in den unteren Partien – das obere Hypokotyl verlängert sich stark –, bei *Salicornia* und *Arthrocnemum* befindet sich die Übergangszone im oberen Bereich des Hypokotyls, dessen Unterteil sich stark verlängert. Das Protoxylem bildet sich meist zuerst in den Kotyledonen, im Hypokotyl entstehen zunächst zwei einander gegenüberliegende Stränge von Protoxylemelementen, die sich in beiden Richtungen ausdehnen, bis der Kontakt zu den Blattspursträngen hergestellt ist; wurzelwärts dehnen sich die Protoxylemelemente in diarcher Anordnung bis fast zum Wurzelscheitel aus. Die Ausbildung der weiteren Leitbündel folgt dem gleichen Schema. Vf. vermutet, daß ursprünglich Epikotyl, Kotyledonen und Keimwurzel eigene Gefäßsysteme aufwiesen. K. Naumann. 211.

Bisalputra, T.; Armidale, New South Wales, Univ. of New England, Dep. of Bot. Anatomical and morphological studies in the chenopodiaceae. III. The primary vascular system and nodal anatomy. **(Anatomische und morphologische Studien an den Chenopodiaceen. 3. Mitt. Das primäre Gefäßsystem und die Knotenanatomie.)** Austral. J. Bot. **10** (1962) Nr. 1. S. 13–24. – 24 Abb., 13 Lit. 2. Mitt. vgl. vorst. Ref.

An Hand des Verlaufs der primären Gefäßbündel im unilakunären Knoten verschiedener *Chenopodiaceae* lassen sich je nach der Zahl der Blattspurstränge und ihrer Verbindung untereinander und zu den kaulinären Bündeln (= Hauptbündel, aus denen Blattspurstränge abgehen) 3 Typen unterscheiden: der primitive ungegliederte Typ (5 Hauptbündel; Blattspurstränge verlaufen durch 4 Internodien, bevor sie in ein Blatt einmünden; nur ein Blattspurstrang pro Blatt), den die Gattungen *Kochia*, *Bassia*, *Malacocera*, *Threlkeldia*, *Babbagia*, *Enchylaena*, *Sueda* und *Salsola* besitzen; der gegliederte Typ (4 Hauptbündel; 1 Blattspurstrang pro Knoten), zu dem *Salicornia* und

Arthrocnemum gehören; der weiterentwickelte, ungegliederte Typ von *Atriplex* und *Rhagodia* (3 Blattspurstränge pro Knoten; 3 oder mehrere Hauptbündel). Die gegenseitigen Beziehungen und der Entwicklungstrend zwischen den einzelnen Gattungen werden diskutiert. K. Naumann. 211.

Sartorius, Otto. **Der exzentrische Bau des Rebsprosses.** Weinberg u. Keller **9** (1962) Nr. 9. S. 331–339. – 5 Abb., 39 Lit.

Nach anatom. Hinweisen zum asymmetrischen Bau des Rebsprosses untersucht Vf. das Dickenwachstum der Breitseite dieses Sprosses. Austreibende Blätter, in stärkerem Maße Seitentriebe oder grüne Trauben, lösen im darunterliegenden Internodium ein Dickenwachstum der Knospenseite aus. Die Beeinflussung kann sich auf die Schmalseiten mit auswirken, während sich auf der Gegenseite kein Dickenwachstum feststellen läßt. Tiefer liegende Internodien werden nicht beeinflußt. Die Erscheinung wird durch den vom Trieb abgegebenen Wuchsstoff ausgelöst. U. Kirchberg. 211.

Draczynski, Margit; Geisenheim/Rh., Lehr- und Forsch.-Anst. für Wein-, Obst- und Gartenbau, Inst. für Bot., Gärungsphysiol. und Hefereinzucht. **Über die Blattspur der Weinrebe.** Weinberg u. Keller **9** (1962) Nr. 10. S. 355 bis 361.

Die Fachliteratur befaßte sich bislang nur lückenhaft mit der Anatomie der Blattspur der Rebe. Daher sind die vorliegenden anatom. Untersuchungen zu begrüßen, deren Ergebnisse in dieser außerordentlich speziell gehaltenen Abhandlung niedergelegt sind. Die genaue Kenntnis der Anatomie der Blattspur ist keineswegs, wie auf den ersten Blick vermutet werden könnte, nur für den Botaniker wichtig, sondern gerade für den in der Rebenveredlung arbeitenden Praktiker. Alte Erfahrungen in der Rebenveredlung finden ihre Erklärung in der Anatomie der Blattspur. G. Barich. 211.

Badenhuizen, N. P. Observations on the origin and multiplication of plastids. **(Beobachtungen über Ursprung und Vermehrung der Plastiden.)** Canad. J. Bot. **40** (1962) Nr. 6. S. 861–867.

Als Material dienten junges Mais-Endosperm, Erbsen-Kotyledonen und Kartoffeln. Einleitend setzt sich Vf. mit dem Unterschied von Mitochondrien und Plastiden auseinander, wobei er die Ansicht vertritt, daß beide Zellorganellen entwicklungsgeschichtlich auf einen gemeinsamen Ursprung zurückzuführen sind. Heute weisen sie zwar in ihrer Struktur gewisse Ähnlichkeiten auf, lassen sich aber nicht gegenseitig voneinander ableiten und erfüllen innerhalb der Zelle verschiedene Funktionen. Die Entstehung der Plastiden kann entweder de novo oder durch Teilung erfolgen, d. h. durch Abtrennung nach Ausstülpung der Plastidenmembran (Knospenbildung). Die Struktur der Plastiden unterliegt gewissen Veränderungen, bedingt durch Veränderungen des Zytoplasmas (durch Licht, Temperatur usw.). Auch Präparate, wie Amitrol oder Streptomycin, beeinflussen, wie neuere biochem. Untersuchungen ergeben haben, die Plastidenstruktur. Genauen Aufschluß über die Wirkung dieser Stoffe und Umweltfaktoren auf die Plastiden und eine eingehende Kenntnis der gegenseitigen Abhängigkeiten der Zellorganellen können nur Untersuchungen über die Chemie der Zelle vermitteln.
G. Barich. 211.

C. Physiologie der Pflanzen

Hänsel, H. **Untersuchungen über die Entleerung des Endosperms bei Samen von Winterweizen (Triticum aestivum, L.).** Bodenkultur [Wien], Ausg. A **13** (1962) Nr. 3/4. S. 294–309. – 5 Abb., 5 Tab., 8 Lit. Zus. in Engl.

Während dreier Jahre wurde Wi-Weizen von Aug. bis Dez. wiederholt im Freien ausgesät. Ein- oder mehrmals wurde die fortschreitende EE (= Endosperm-Entleerung) durch Wiegen bestimmt, solange, bis das Endosperm erschöpft war. Das Trockengewicht des entleerten Samens beträgt dann etwa $^1/_{10}$ von dem des ungekeimten Korns. Die aus dem Endosperm entleerte Subst. liefert für den Aufbau der jungen Pflanze sowohl „Baumaterial" wie Energie. Die abs. Zeit der EE ist erwartungsgemäß recht variabel. Sie hängt in erster Linie von der Temperatur und der Witterung ab. Eine enge Korrelation bestand zur Luft-Temperatursumme (!). Beim Abschluß der EE ist die Entwicklung der Pflanzen hinsichtlich Blattzahl und Tr.-Subst. von Sproß und Wurzel nicht immer gleich weit fortgeschritten. Bei den vorliegenden Untersuchungen fand die EE meist während der Bildung des 2. Blattes statt, bei den spätesten Aussaaten weitgehend schon während der Bildung des 1. Blattes. Beim Erscheinen des 3. Blattes war die EE stets abgeschlossen. Die Zusammenhänge dieser Befunde mit der Kälteresistenz sind in großen Zügen evident. Einzelheiten sollen in einer späteren Arbeit behandelt werden.

G. Kretschmer. 221.

Untersuchungen zur Kälteresistenz winterannueller Kulturpflanzen. Forsch.- u. Entwickl.-Stelle Hohenthurm, Institut für Pflanzenzüchtung der Universität Halle 16 S. Abschlußber. IV/1961. Plan-Nr.: 2155 24/1-08/6. — 1 Abb., 3 Tab.

Die Arbeiten konzentrierten sich auf theoretische Untersuchungen zur Physiologie und Genetik der Kälteresistenz bzw. Winterfestigkeit und die Entwicklung und Erprobung neuer einfacher Methoden der Prüfung der Kälteresistenz bzw. Winterfestigkeit. Diese Methoden sind in erster Linie auf die Verwendung in der Pflanzenzüchtung zugeschnitten. Sie erlauben in jedem Winter eine differenzierende Beurteilung von zahlreichen Zuchtstämmen. Diese Methoden wurden parallel zu den genannten grundlegenden Untersuchungen bereits bei unseren praktischen Zuchtarbeiten mit gutem Erfolg angewandt. Es gelang, bei Wi-Gerste und Wi-Weizen Stämme mit verbesserter Winterfestigkeit gegenüber den zur Zeit im Handel befindlichen Sorten aufzufinden. Sie befinden sich z. T. bereits in amtlichen Leistungsprüfungen. Die neu entwickelten Methoden kamen darüber hinaus bei der Untersuchung eines amtlichen Prüfsortimentes zur Anwendung. Von 1956–61 wurden am Institut 9 Publikationen herausgebracht. Die darin niedergelegten Ergebnisse werden besprochen. 221.

Fedorova, N. A. und Kostlan, N. V. (Fjodorowa, N. A. und Kostlan, N. W.) Morozoustojčivost' ozimych kul'tur v zavisimosti ot vozrasta rastenij i uslovij osennej vegetacii v rajonnach Poleśja i Severnoj lesostepi USSR. **(Frostresistenz von Winterkulturen in Abhängigkeit vom Alter der Pflanzen und der Herbstvegetation in den Gebieten der Polessje und der nördlichen Waldsteppe der Ukrainischen SSR.)** V sb.: Fiziol. ustojčivosti rast., Moskva **1960** S. 88–91. — Aus: Referativnyj žurnal. Biologija, Moskva **1961** Nr. 24. G 431. S. 49.

Bei normaler Bodenfeuchtigkeit wird die höchste Frostresistenz von Wi-Weizen (Gebiet Kiew, 1952–57) gewöhnlich durch die Dauer der Herbstvegetation von 45–55 Tagen erlangt, was in der Regel durch Sept.-Aussaat erreicht wird. Die Abhängigkeit der Frostresistenz der Pflanzen von ihrem Alter und der Herbstvegetation ist auf jedem Acker zu beobachten. Verkürzung, aber bes. starke Verlängerung der Vegetation führt zur Verminderung der Widerstandsfähigkeit gegenüber niedrigen Temperaturen. Die Erhöhung der Frostresistenz junger Pflanzen von Winterkulturen (im Vergleich zu älteren) ist nicht durch den quantitativen Gehalt an Zucker, sondern durch den gerichteten Ablauf fermentativer Prozesse bedingt.

übersetzt v. W. Peitz. 221.

Barskaja, T. A. und Egorova, A. A. (Barskaja, T. A. und Jegorowa, A. A.) Vlijanie temperatury počvy na aktivnost' fermentov katalazy i peroksidazy u cholodostojkich i teploljubivych rastenij. **(Einfluß der Bodentemperatur**

auf die Aktivität der Katalase- und Peroxydasefermente bei frostresistenten und wärmeliebenden Pflanzen.) Tr. Karel'sk. fil. AN SSSR **1960** Nr. 28. S. 25–30. – Aus: Referativnyj žurnal. Biologija, Moskva **1961** Nr. 24. G 98. S. 12.
Frostresistente Pflanzen (Gerste 'Wiener' und Weizen 'Diamant') wurden bei 6–10 °C Bodentemperatur und wärmeliebende (Mais 'WIR-42') bei 10–12 °C im Warmhaus gezogen. In verschiedenen Pflanzenteilen wurde die Katalaseaktivität mittels Jodometrie nach Potschink und die Peroxydaseaktivität mittels Guajakollmethode nach Potschink bestimmt. Blätter besaßen im Vergleich zu Wurzeln eine höhere Katalase-, aber geringere Peroxydaseaktivität. Niedrige Bodentemperaturen rufen in allen Pflanzen eine Verringerung der Katalaseaktivität hervor, eine Ausnahme bilden Maiswurzeln, bei denen sie sich erhöhte. Die Peroxydaseaktivität war im kalten Boden bedeutend höher. Frostresistente Pflanzen besitzen im Vergleich zum wärmeliebenden Mais eine höhere Aktivität der untersuchten Fermente.
übersetzt v. W. Peitz. 221.

Kamínek, Miroslav; Praha, Ústředí Čs. Ovocnářského a Zahrádkářského Svazu. Příspěvek k fyziologii otužování rostlinaz a kořeňování rostlinných řízků. **(Beitrag zur Physiologie der Pflanzenabhärtung und Bewurzelung von Pflanzenstecklingen.)** Rostlinná Výroba **8(35)** (1962) Nr. 7. S. 959–978. – 8 Abb., 5 Tab., 43 Lit. Zus. in Russ., Dtsch.
Die Arbeit befaßt sich mit der Feststellung des Einflusses der sog. Abhärtungstemperaturen auf die Bildung von org. Stoffreserven und auf die Aktivität der β-Indolylessigsäure bei den Mutterpflanzen hinsichtlich der Einwurzelung von Stecklingen. Durch Abhärtung der Erbsenpflanzen wurde ihr Wachstum beschränkt, und gleichzeitig wurde der Gehalt an gesamter, löslicher und refraktometrischer Tr.-Subst. sowie an freien Aminosäuren erhöht. Die von abgehärteten Pflanzen stammenden Stecklinge bewurzelten sich besser, und ihr Wurzelsystem war stärker als bei den nicht abgehärteten. Soll diese Erkenntnis auf andere Pflanzenarten appliziert werden, so muß vorerst die geeignete Abhärtungstemperatur ausprobiert werden. Bei den abgehärteten Erbsenpflanzen wurde eine niedrigere Aktivität der Peroxydasen und der Peroxydase von β-Indolylessigsäure festgestellt, und es kann angenommen werden, daß bei den abgehärteten Pflanzen bessere Bedingungen für das Aufspeichern der β-Indolylessigsäure gegeben sind. M. Pštross. 221.

Hulewicz, D.; Zakład Roślin Przemysłowych W.S.R. w Olsztynio. Badania nad odpornością lnu na niskie temperatury. **(Untersuchungen über die Widerstandsfähigkeit des Leins gegen tiefe Temperaturen.)** Roczniki Nauk rolniczych, Ser. A **86** (1962) Nr. 3. S. 435–450. – 1 Abb., 5 Tab., 16 Lit. Zus. in Russ., Engl.
Im Boden keimende Samen sowie junge Pflanzen der Leinsorte wurden in verschiedenen Entwicklungsstadien tiefen Temperaturen ausgesetzt. – Die Empfindlichkeit gegen Kälte hängt stark vom Entwicklungsstand der Pflanzen ab. Angekeimte Samen, Sämlinge mit dem ersten Laubblattpaar sowie Pflanzen mit 7–9 Blättern waren am empfindlichsten. Hohe K-Gaben erhöhten die Frostresistenz, wobei jedoch Aufgang und Wachstum der Sämlinge etwas verzögert wurden. Zwischen Kohlenhydratgehalt und Frostresistenz ergab sich eine Korrelation. Der Gehalt an Wuchsstoffen sank unter dem Einfluß der K-Düngung. Die günstige Wirkung des K beruht offenbar nicht nur auf der Beeinflussung des Quellungszustandes und des Wasserhaushaltes, sondern auch auf der Beeinflussung des Wachstums über den Wuchsstoffhaushalt. Auch andere das Wachstum beeinflussende Faktoren vermögen sicherlich die Kälteempfindlichkeit zu beeinflussen.
W. Święcicki. 221.

Chinoy, J. J.; Gujarat, India, Univ. School of Sci., Dep. of Bot. Physiology of drought resistance in wheat. II. Evaluation of drought resistance in eight varieties of wheat on the basis of growth analysis. **(Physiologie der Dürreresistenz bei Weizen. 2. Mitt. Bewertung der Dürreresistenz von 8 Weizensorten auf der Basis der Wachstumsanalyse.)** Phyton [Vicente López, Argentina] **16** (1961) Nr. 2. S. 131–139. – 6 Abb., 14 Lit. 1. Mitt. vgl. LZ. Abt. II 8 (1963) Nr. 7. S. 1896.

Um zu beweisen, daß die Bewertung der Dürreresistenz auf Grund von Wuchsbonitierungen nach der experimentellen Wassermangelphase kritisch ist, wurden mit 8 Weizensorten Welkeversuche im Stadium der Bestockung (**I**), des Schossens (**II**) und der Blüte (**III**) gemacht. Für jede behandelte Sorte wurde aus dem Verhältnis des Maximalwertes des jeweiligen Wuchscharakteristikums (Anzahl der Schößlinge, Wuchshöhe, Blatt- und Stengeltrockengewicht) zum entspr. Wert der Standardsorte ('New Pusa 165' – frühestblühend) bei normaler Bewässerung gebildet. Frühblühende Sorten zeigen bei Welkebehandlung in **I** und **II** kaum Beeinträchtigung gegenüber den Kontrollen in allen Merkmalen. Welkebehandlung in **II** beeinflußt bes. Wuchshöhe und Stengeltrockengewicht spätblühender Sorten. Danach erscheinen frühblühende Sorten dürreresistenter als spätblühende. Ergebnisse der Welkebehandlung in **III** werden nicht mitgeteilt. K. Arlt. 221.

Chinoy, J. J.; Gujarat, India, Univ. School of Sci., Dep. of Bot. Physiology of drought resistance in wheat. III. A study of coefficients of drought resistance for different growth characters in relation to drought intensity. **(Physiologie der Dürreresistenz bei Weizen. 3. Mitt. Eine Studie der Koeffizienten der Dürreresistenz für verschiedene Wuchscharakteristika in Beziehung zur Dürreintensität.)** Phyton [Vicente López, Argentina] **17** (1961) Nr. 1. S. 1–10. – 7 Abb., 9 Lit. 2. Mitt. vgl. vorst. Ref.

Als Dürrekoeffizient (Q_D) wird der mit 100 multiplizierte Quotient aus dem Maximalwert eines Wuchscharakteristikums nach Welkebehandlung und dem entspr. Wert normal bewässerter Pflanzen gleicher Sorte bezeichnet. Danach förderte Welkebehandlung im Bestockungsstadium (**I**) und im Schoßstadium (**II**) Schößlingszahl und Blatttrockengewicht. Höhe und Stengeltrockengewicht nahmen durch Welkebehandlung in **II** ab, und zwar um so mehr, je später die Sorte blüht. Behandlung in **I** ergab keine Veränderungen dieser Charakteristika. Q_D für Höhe und Stengeltrockengewicht stehen zur Dürreintensität in umgekehrter Korrelation. Die verminderte Dürreresistenz spätblühender Sorten wird zurückgeführt auf das stärkere Absinken der Feuchtigkeit auf Grund höherer Temperaturen während der Welkebehandlungen dieser Sorten. Zur Bestätigung der Ergebnisse wird ein Ausschnitt aus Daten 18jähr. Beobachtungen gegeben. Vf. warnt vor einseitiger Betrachtung des komplexen Dürreproblems auf der Basis isolierter Wuchscharakteristika. K. Arlt. 221.

Kamerbeek, G. A.; Lisse, Netherlands, Lab. of Flowerbulb Res. Respiration of the Iris bulb in relation to the temperature and the growth of the primordia. **(Atmung der Irisknollen in Beziehung zur Temperatur und zum Wachstum der Primordien.)** Acta bot. neerl. **11** (1962) Nr. 4. S. 331–410. – 32 Abb., 8 Tab., 90 Lit.

Nach Herausnahme der Iriszwiebeln sinkt die Respirationsrate bei hohen Temperaturen (25–30 °C) stark ab. Nach 3 Wochen wird eine konstante niedrige Aktivität erreicht. Zwiebeln der Sorten 'van Vliet' und 'Wedgwood' können bei 25 und 30 °C ein Jahr lang gelagert werden, ohne daß ihre Lebensfähigkeit verloren geht. Unter diesen Bedingungen wird die Entwicklung des zentralen Wachstumspunktes stark verzögert. Bei Lagerung der Zwiebeln bei 25 °C bleibt die Atmung für 2–3 Wochen in einem stationären Zustand. Werden die Zwiebeln aus diesem Zustand niedrigen Temperaturen ausgesetzt, so steigt die Atmung innerhalb eines Tages an, bis nach einigen Tagen wieder ein stationärer Zustand erreicht wird. Die Steigerung der Atmung ist am größ ten, wenn die neue Temperatur 15 °C beträgt. Zwischen dem Anstieg der Atmung und dem einleitenden Wachstum des zentralen Wachstumspunktes besteht ein Zusammenhang. Die verstärkte Atmung und das eingeleitete Wachstum des zentralen Wachstumspunktes können durch wiederholtes Lagern der Zwiebeln bei 25 oder 30 °C wieder gestoppt werden. Werden die bei 25 und 30 °C gehaltenen Zwiebeln noch höheren Temperaturen ausgesetzt, z. B. 40 °C, so wird die Atmung ebenfalls erhöht. Diese Erhöhung ist unter bestimmten Bedingungen reversibel. Wenn die trockenen, die Zwiebel umgebenden Häutchen entfernt werden, tritt ebenfalls eine Atmungssteigerung ein. Der Regelmechanismus der Respirationsrate ist noch unbekannt. Die geringe Atmung bei 25 °C ist weder ein Ergebnis des niedrigen O_2-Druckes innerhalb der Zwiebel noch ein Ergebnis des Wasserverlustes in der Zwiebel, noch ist der Zucker der limitierende Faktor. Vf. vermutet, daß das beginnende Wachstum der Primordien innerhalb der Zwiebeln dann stimuliert wird, wenn die O_2-Konz. in der Zwiebel geringer ist als die der Luft. Der Respirationsquotient war immer gleich hoch, auch bei sehr hoher Atmungsaktivität.

W. Hiller. 222.

Runkel, Karl-Heinz; Weihenstephan, Bot. Inst. der TH München; Bonn, Univ., Bot. Inst. **Über den Einfluß plötzlicher Temperaturwechsel auf die Atmung der Blütenblätter von Tulpen und Dahlien verschiedener Altersstadien.** Planta **59** (1962) Nr. 2. S. 138–150. — 4 Abb., 6 Lit.

Bei Perigonblättern von Tulpen 'White Triumphator' stieg die Atmung bei Temperatursteigerung von 17 auf 27° sprunghaft in die Höhe und nahm dann wieder ab. Die Maxima nehmen mit fortschreitendem Alter ab. Sie wurden 105 min nach dem Temperaturwechsel erreicht. Q_{10} betrug am 1. Blühtag 3,2 und am 24. Blühtag 2,8. Bei Zungenblüten von Dahlien (Sorte 'Morgenlicht') war die sprunghafte Atmungssteigerung durch Temperaturerhöhung nicht vom Alter der Blütenblätter abhängig, Q_{10} lag hier bei 2,1. Der Atmungsstoffwechsel veränderte sich auch qualitativ durch Temperaturänderung in starkem Maße, wie die veränderten Atmungsquotienten zeigen.

W. Hiller. 222.

Heterotrophie autotropher Organismen bei verschiedener CO_2-Spannung. Forsch.- u. Entwickl.-Stelle Halle/Saale, Institut für Allgemeine Botanik der Martin-Luther-Universität Halle-Wittenberg 4 S. Abschlußber. 10/2. 1962. Plan-Nr.: 2155 16h 1/07/7.

Mit Hilfe enzymchemischer Methoden wurde das Schicksal der 2-Kohlenstoffsäuren, wie Essigsäure, Glykolsäure und Oxalsäure, untersucht. Oxalsäure wird unter intermediärer Bildung von H_2O_2 zu CO_2 und kann nicht in synthetische Reaktionen eintreten. Die Nutzung der anderen Säuren erfolgt durch die Enzyme des Glyoxylsäurecyclus, die bei heterotropher Anzucht bes. wirksam sind. 222.

Einfluß von Starklicht auf photosynthetische Aktivität und Altern. Forsch.- u. Entwickl.-Stelle Halle/Saale, Institut für Allgemeine Botanik der Martin-Luther-Universität Halle-Wittenberg 4 S. Abschlußber. 10/2. 1962. Plan-Nr.: 2155 16 h 1/09/9.

Der Einbau von mehreren ^{14}C-Aminosäuren in Blattscheiben vom Tabak wurde unter Berücksichtigung von Blattalter, Belichtung und Kinetinbehandlung der Blätter untersucht, wobei bes. der Einbau in die Eiweißfraktion studiert wurde. Junge, noch wachsende Blätter sind synthetisch aktiver als ältere ausgewachsene, obwohl auch altes, vergilbtes Blattgewebe noch beträchtliche Mengen Aminosäuren zu inkorporieren vermag. Licht fördert den Aminosäure-Einbau und -Umbau in bedeutendem Maße. Die einzelnen zugeführten radioaktiven Aminosäuren werden nicht gleichartig ein- und abgebaut. Kinetin fördert die Synthese im Blatt, hat jedoch offenbar keinen Einfluß auf die Amino-Incorporation. Vielmehr dürfte die gesteigerte Synthesefähigkeit auf einer Stimulation von Aufnahme- und Akkumulationsprozessen beruhen. 222.

Tió, Marco A.; Rio Piedras, Univ. of Puerto Rico, Agric. Exp. Stat. Effect of light intensity on the rate of apparent photosynthesis in coffee leaves. **(Die Wirkung der Lichtintensität auf die Rate der apparenten Photosynthese bei Kaffeeblättern.)** J. Agric. Univ. Puerto Rico **46** (1962) Nr. 3. S. 159–166. – 2 Abb., 1 Tab., 7 Lit.

Vf. beschreibt eine Apparatur zur Bestimmung der Intensität der Photosynthese. Blätter der Kaffeesorte 'Bourbon' erreichen Lichtsättigung bei einer Intensität von ca. 2000 foot-candles. Übersteigen die Intensitäten 6000 foot-candles, so nimmt die Fähigkeit der Blätter, CO_2 auszunutzen, scharf ab. In den Versuchen liegt die max. Photosyntheserate bei 6,138 μg $CO_2/h \cdot m^2$. Werden die Blätter für 10 min Intensitäten von 10 000 foot-candles ausgesetzt, so setzt eine Depression der CO_2-Ausnutzung ein, sie hält 8–10 Std. an, nachdem die Blätter wieder bei 2000 foot-candles gehalten werden. W. Hiller. 222.

Goffeau, André und Bové, Joseph-Marie; Paris, Inst. Français de Rech. Fruitières; Bruxelles, Euratom. Augmentation de la photophosphorylation par les chloroplastes isolés de Chou (Brassica chinensis) infecté par le virus de la mosaïque jaune du navet. **(Verstärkung der Photophosphorylierung in Chloroplasten aus Chinakohl [Brassica chinensis] nach Infektion mit Rübengelbnetzvirus.)** C.R. hebd. Séances Acad. Sci. **255** (1962) Nr. 21. S. 2808–2810. – 1 Abb. 222.

Spurný, Miloš; Brno, Pobočka Ústavu Exp. Bot. ČSAV, Odd. pro Studium Životních Dějů Filmem. Pronikání vody osemenín hrachu (Pisum sativum L.). **(Das Eindringen des Wassers durch die Erbsensamenschale [Pisum sativum L.].)** Preslia [Praha] **34** (1962) Nr. 3. S. 272–276. – 9 Abb., 1 Tab., 6 Lit. Zus. in Dtsch.

Das Quellen von Erbsensamen wurde mit Hilfe der Filmregistrierung verfolgt. Jede Minute wurde eine Filmaufnahme gemacht. Wasser drang in den Samen vor allem durch das Chalazagewebe; die Geschwindigkeit des Eindringens wurde auf Grund des Quellverlaufes bestimmt (in % ausgedrückte Zunahme des Samenumfanges in Abhängigkeit von der Zeit). Die Chalaza fängt bereits in der 15.–20. Min. nach dem Eintauchen in das Wasser zu quellen an, nach 45 Min. erreicht die Quellung das Max., und nach 5 weiteren Min. fängt das Wasser an, in das umliegende Gewebe der Testa einzudringen, die lokale Faltenbildung aufweist. Z. Šesták. 222.

Braun, Helmut J.; Freiburg/Br., Univ., Forstbot. Inst. **Wasserhaushalt und Wasserversorgung der Pfropfreiser bei Baumpfropfungen.** Z. Bot. **50** (1962) Nr. 4. S. 388–404. – 4 Abb., 1 Tab., 15 Lit. Zus. in Engl. 222.

Doss, B. D., Bennett, O. L. und Ashley, D. A.; Thorsby, Ala., U.S. Dep. of Agric. Evapotranspiration by irrigated corn. **(Evapotranspiration bewässerten Maises.)** Agronomy J. **54** (1962) Nr. 6. S. 497–498. – 3 Abb., 7 Lit.

Mit einer Grunddüngung versehene, auf 12×40 in. in feinsandigen Lehmboden gesäte Maispflanzen der Sorten 'Dixie 18' und 'Dixie 82' erhielten Bewässerung, wenn der nutzbare Wasservorrat in den obersten 24 in. des Bodens auf 40% der WK absank. Das bei Niederschlägen weglaufende Wasser wurde berücksichtigt. Die Bodenfeuchte wurde gravimetrisch bestimmt. – Zunächst, solange die Pflanzen noch klein waren, war die Evapotranspiration noch gering. Sie nahm dann ständig zu. Der höchste Wasserverbrauch trat vom Narbenschieben bis zur Teigreife auf. Die Werte betrugen anfangs etwa

0,07 in., der max. Wasserverbrauch erreichte bis zu 0,30 in./Tag. Die Pflanzen nahmen das Wasser zunächst aus den obersten Bodenschichten und dann aus zunehmend tieferen Regionen. Mit der Entwicklung der Pflanzen und damit des Wurzelnetzes rückte die Wassernutzung in tiefere Schichten vor. Das Verhältnis der Evapotranspiration zur Schalen-Evaporation variierte von 0,38 z. Z. des Aufgehens der Pflanzen bis zu 1,12 z. Z. der frühen Teigreife. Zur Vollreife sank es dann wieder auf 0,95 ab. W. Stenz. 222.

Spanner, D. C.; London, Bedford Coll. A note on the velocity and the energy requirement of translocation. **(Eine Bemerkung über die Schnelligkeit und das Energie-Erfordernis der Translokation.)** Ann. Botany [N. S.] **26** (1962) Nr. 104. S. 511–516. – 10 Lit. 222.

Canny, M. J.; Cambridge, Bot. School. The mechanism of translocation. **(Der Mechanismus der Translokation.)** Ann. Botany [N. S.] **26** (1962) Nr. 104. S. 603–617. – 2 Abb., 19 Lit. 222.

Terent'ev, V. M., Stasenko, N. N. und Petrovič, Ž. I. (Terentjew, W. M., Stassenko, N. N. und Petrowitsch, Sh. I.) O dlitel'nosti novoobrazovanija i dinamike prevraščenija gemicelljuloz v steble jačmenja. **(Über die Dauer der Neubildung und die Dynamik der Umgestaltung von Hemicellulose im Gerstenstengel.)** Bjulleteń Instituta biologii . Akademija nauk Belorusskoj SSR, Minsk **1960** (hrsg. 1959) Nr. 5. S. 149–156. – 14 Lit.
Bei der Gerstensorte 'Wiener' wurde zu verschiedenen Zeitpunkten die Bildung von Tr.-Subst. und Hemicellulose untersucht. Die Dynamik der Tr.-Subst.-Anhäufung ist weitgehend bekannt und wurde auch durch Paralleluntersuchungen bestätigt. Dagegen wird der größte Anteil an Hemicellulose im Stadium der Milchreife erreicht. Mit Hilfe von radioaktivem C wurde die Neubildung org. Verbindungen verfolgt. Die intensivste Aufnahme erfolgt beim Schossen, das gilt sowohl für die Stengel als auch für die Körner. Von der Wachsreife an werden praktisch keine neuen C-Verbindungen mehr im Stengel abgelagert. Nach Ansicht der Vff. muß man demnach bei der Anhäufung von Hemicellulosen 2 Wege unterscheiden, nämlich die Neubildung und die Umwandlung aus anderen Verbindungen. Weitere Untersuchungen zu diesem Thema werden angekündigt. H. Müller/Bernburg. 222.

Enyi, B. A. C.; Nsukka, Univ. of Nigeria, Coll. of Agric. The contribution of different organs to grain weight in upland and swamp rice. **(Der Beitrag verschiedener Organe zum Korngewicht bei Berg- und Sumpfreis.)** Ann. Botany [N. S.] **26** (1962) Nr. 104. S. 529–531. – 1 Tab., 4 Lit.
Die Photosynthese ist nicht nur auf die Blätter beschränkt, sondern erfolgt auch in den anderen Organen, wie Stengeln, Blattstielen sowie Blattscheiden und Ähren bzw. Rispen bei Getreide. Zu den Untersuchungen wurden Pflanzen einer Berg- und einer Sumpfreissorte in Gefäßen unter gleichen Boden- und Nährstoffbedingungen herangezogen. Durch Beschattung einzelner Organe wurde deren Anteil an der Kornertragsleistung verfolgt. Im Mittel beider Sorten stammten 23% des Kornertrages aus Leistungen der Rispe, 60% aus Spreite und Scheide des obersten Blattes und 17% aus den Sproßteilen unterhalb des obersten Blattes (flag leaf). Zwischen beiden Sorten bestanden geringe, nicht signifikante Unterschiede im Anteil der einzelnen Organe an der Gesamtleistung. W. Stenz. 222.

Schultz, G.; Einbeck, Kleinwanzlebener Saatzucht. **Blattfläche und Assimilationsleistung in Beziehung zur Stoffproduktion. Untersuchungen an Zuckerrüben.** Ber. dtsch. bot. Ges. **75** (1962) Nr. 7. S. 261–267. – 3 Abb., 11 Lit.
Mit steigenden Werten der Blattfläche je Bodenflächeneinheit (Blattflächenindex) nimmt bei F_1- und F_2-Nachkommenschaften von Geschwisterkreuzungen die Trockensubstanzzunahme, auf Blattfläche und Zeit bezogen (Assi-

milationsleistung, Nettoassimilationsrate), ab. Bei Zunahme des Blattflächenindexes von 1 auf 3 sinkt die Assimilationsleistung auf ca. die Hälfte ab. Stämme mit größerem Index zeigen kleinere Assimilationsleistung. Die Produktivität (Trockensubstanzzunahme je Bodenflächen- und je Zeiteinheit) hingegen steigt mit zunehmendem Blattflächenindex an und zeigt asymptotische Annäherung an einen Maximalwert. Vf. gibt als optimalen Indexwert 3,5 für Zuckerrüben unter unseren Verhältnissen an. W. Hiller. 222.

Carangal jun., A. R. und Baril, C. R. Biosynthesis of C^{14}-labeled coconut meat. I. Incorporation of $NaHC^{14}O_3$. **(Biosynthese von ^{14}C-markiertem Kokosnußfleisch. 1. Mitt. Inkorporation von $NaH^{14}CO_3$.)** Philippine Agriculturist **44** (1961) Nr. 9. S. 472–473. 222.

Die, J. van; Wageningen, Plant Physiol. Centre. The distribution of carbohydrates in root and stem tissues of the tomato plant. **(Die Verteilung der Kohlenhydrate in Wurzel- und Stengelgewebe von Tomatenpflanzen.)** Acta bot. neerl. **11** (1962) Nr. 4. S. 418–424. – 4 Abb., 3 Tab., 15 Lit.

Vf. weist im 80%-Alkohol-Extrakt von verschiedenen Teilen der Tomatenpflanze Glucose, Fructose, Saccharose, Stachyose, Raffinose, Maltose, Xylose und Ribose nach. Die ersten 3 Zucker machen 90–95% des Gesamtgehaltes aus. Im Stengel ist Glucose die Hauptkomponente, in den Wurzeln dagegen Fructose. Glucose nimmt mit zunehmender Entfernung vom Wachstumspunkt des Stengels in ihrem Gehalt ab, Saccharose- und Stärkegehalt steigen dagegen an. W. Hiller. 222.

Boothby, D. und Wright, S. T. C.; Near Ashford, Kent, Wye Coll., Agric. Res. Council, Plant Growth Substance and Systemic Fungicide Unit. Effects of kinetin and other plant growth regulators on starch degradation. **(Wirkungen von Kinetin und anderen Pflanzenwachstumsregulatoren auf den Stärkeabbau).** Nature [London] **196** (1962) Nr. 4852. S. 389–390. – 1 Abb., 1 Tab., 9 Lit.

Ausgehend von dem bekannten Befund, daß Gibberellinsäure (GS) die Amylaseaktivität steigert, wurde untersucht, ob Kinetin (K) und Indolessigsäure (IES) beim Stärkeabbau eine Rolle spielen. Nach 24std. Behandlung isolierter Weizenkoleoptilen mit 10^{-5} mol. GS- oder 10^{-4} mol. K-Lösung ließ sich im Gegensatz zu den unbehandelten Kontrollen oder mit 10^{-4} mol. IES-Lösung behandelten Koleoptilen keine Stärke nachweisen (Jodstärkereaktion). GS und K könnten durch Freisetzung von D-Glucose wachstumsfördernd wirken. Dafür spricht auch, daß Glucose allein das Wachstum der jungen Koleoptilen stark förderte. GS und K steigerten die Abgabe red. Zucker aus dem Endosperm halbierter Karyopsen in das Medium, K war allerdings weniger wirksam, IES wirkungslos. Papierchromatographisch ließ sich zeigen, daß GS und K die Amylasen beeinflussen. Gründe für ihre unterschiedliche Wirksamkeit werden diskutiert. G. Ballin. 222.

Untersuchungen über den Eiweißstoffwechsel von Blättern. Forsch.- u. Entwickl.-Stelle Halle/Saale, Institut für Allgemeine Botanik der Martin-Luther-Universität Halle-Wittenberg 2 S. Abschlußber. 10/2. 1962. Plan-Nr.: 2155 16 h 1/11/9.

Latex verschiedener Arten der Gattung *Euphorbia* ist durch das meist artspezifische Vorkommen seltener und noch unbekannter Aminosäuren in ungewöhnlich hoher Konz. charakterisiert. Aus dem Latex von *Euphorbia lathyris* isolierten Vff. die Hauptaminosäure und identifizierten sie als 3.4-Dioxyphenylalanin. Versuche mit ^{14}C-Tyrosin machen es wahrscheinlich, daß Dopa in milchröhrenfreien Geweben von Blatt, Stengel und Wurzel oder in plasmatischen Randbezirken der Milchröhren synthetisiert und in den Milchsaft transportiert wird. Weiterhin isolierten Vff. aus dem Latex von *Euphorbia pulcherrima* eine neue Aminosäure und charakterisierten sie als N-Acetyldiaminobuttersäure. 222.

Ranjan, Shri und Malaviya, Balkrishna; Allahabad, India, Allahabad Univ., Bot. Dep. Effect of phosphorus deficiency on the free and protein bound amino acids of the linseed plant. **(Einfluß von Phosphormangel auf die freien und gebundenen Aminosäuren in der Leinpflanze.)** Flora [Jena] **152** (1962) Nr. 3. S. 399–408. — 3 Abb., 4 Tab., 19 Lit.

Samen von *Linum usitatissimum* wurden in Sägemehl angekeimt und die Sämlinge dann in Gefäße mit säuregewaschenem Sand weiterkultiviert. 15 Tage nach dem Umsetzen wurde Nährlösung gegeben. In der P-losen Kultur wurde das Phosphat durch eine äquivalente Menge des entspr. Chlorids ersetzt. 20 und 40 Tage nach Zufuhr der Nährlösung erfolgten die Analysen. — Bei P-Mangel waren die Blätter reicher an freien Aminosäuren, wobei bes. der Gehalt an Arginin erhöht war. Dafür waren die Mengen an gebundenen Aminosäuren vermindert. Im Stengel war der Einfluß des P-Mangels weniger stark zu erkennen. Die Proteinmenge blieb unbeeinflußt. Sie stieg mit dem Alter des Stengels an. Einzelne Aminosäuren im Protein nahmen dabei an Menge rel. stärker zu als andere. — Die Verschiebung des Gehalts zugunsten der freien Aminosäuren wird auf verminderten Einbau der freien Aminosäuren in das Protein zurückgeführt, wobei der P-Mangel die Menge und damit Wirkung der Phosphat-Koenzyme beeinträchtigt. Das Verhalten der AS im Stengel und die Zunahme einiger Aminosäuren im Eiweiß infolge P-Mangels stützen jedoch diese Hypothese nicht. W. Stenz. 222.

Zsoldos, F. und Zsolt, J.; Szeged, Hungary, Univ., Inst. of Plant Physiol. Synthesis of amino-acids in the roots of rice plants. **(Synthese von Aminosäuren in den Wurzeln von Reispflanzen.)** Current Sci. [Bangalore] **31** (1962) Nr. 10. S. 422–423. — 1 Abb., 9 Lit.

Die Wurzel spielt eine große Rolle bei der Umwandlung von N-haltigen Verbindungen, z. B. von anorg. in org. N-Substanzen. Dies kann durch Analyse des Blutungssaftes untersucht werden. Der Blutungssaft von Reispflanzen zeigte einige Besonderheiten gegenüber dem anderer Pflanzenarten. Es ergaben sich auch Unterschiede zwischen verschiedenen Reissorten, und die Zusammensetzung des Saftes war auch abhängig vom O_2-Angebot im Boden unter dem Einfluß der Bewässerung. Bei der Untersuchung einer Berg- und einer Sumpfreissorte waren bei Bewässerung Alanin, unter trockenen Bedingungen Asparagin und Asparaginsäure bes. reichlich enthalten (bei Weizen zum Vergleich Glutaminsäure). Die erwähnte Alaninanhäufung findet sich nur in der Wurzel und nicht im Sproß. Die Besonderheit der Alaninbildung beruht offenbar auf der Wirkung des bei Reis starken Alanin-Glutaminsäure-Transaminasesystems. Für die Alaninsynthese werden 2 Wege angegeben: reduktive Aminierung von Brenztraubensäure und Transaminierung von Glutamin zu Brenztraubensäure. Hierzu werden nähere Ausführungen gemacht. Die stärkere Alaninbildung bei verringertem O_2-Angebot bei Überstauung wird auf die verringerte Atmung zurückgeführt, so daß größere Mengen Brenztraubensäure für den Einbau von NH_3 zur Verfügung stehen. W. Stenz. 222.

Godnev, T. N. und Rotfarb, R. M. (Godnew, T. N. und Rotfarb, R. M.) O temnovom sinteze chlorofilla u pokrytosemjannych rastenij pri častičnom zatemnenii zelenych list'ev. **(Über die Dunkelsynthese des Chlorophylls bei bedecktsamigen Pflanzen unter teilweiser Beschattung der grünen Blätter.)** Bjulleteń Instituta biologii. Akademija nauk Belorusskoj SSR, Minsk **1960** (hrsg. 1959) Nr. 5. S. 109–112. — 3 Tab., 12 Lit.

Mit Hilfe von radioaktivem C wurde die Chlorophyllbildung in Dunkelkammern untersucht. Die Versuche dauerten 72 Std. und wurden mit Wasserpflanzen (*Typha*, *Elodea*, *Potamogeton*, Kresse und *Bryophyllum*) und mit Landpflanzen (*Agapanthus*, Gerste und *Tradescantia*) durchgeführt. Es ergab sich, daß das Verhältnis von Chlorophyll a zu b unterschiedlich ist.

Bei den Landpflanzen wurde mehr als 3× soviel a wie b gebildet. Beachtung verdient die rel. einfache Analysenmethode, die über das Etiolieren beschatteter Pflanzen interessante Auskünfte ergeben könnte. Die Chlorophyllsynthese im Dunkeln wird von den Vff. auf noch vorhandene Fermente zurückgeführt, deren Arbeitsfähigkeit länger erhalten bleibt als die Prüfung andauert.
H. Müller/Bernburg. 222.

Untersuchungen über den Stoffwechsel organischer Säuren in höheren Pflanzen. Forsch.- u. Entwickl.-Stelle Halle/Saale, Institut für Allgemeine Botanik der Martin-Luther-Universität Halle-Wittenberg 7 S. Abschlußber. 10/2. 1962. Plan-Nr.: 2155 16 h 1/05/8.
Untersucht wurde der Stoffwechsel der Glyoxylsäure in seiner Beziehung zur Biosynthese der Glyoxylsäureureide (Allantoin und Allantoinsäure). In sog. Ureidpflanzen treten diese Verbindungen als ausgesprochene Massenstoffe auf. In solchen Pflanzen entsteht Glyoxylsäure neben Harnstoff durch den oxydativen Abbau der Purine. Glyoxylsäure tritt über die Bildung von Glycin und Serin in die Ureidsynthese ein. In Pflanzen, in denen Allantoinsäure in der Ureidfraktion dominiert, kann diese auch durch Kondensation von Glyoxylsäure und Harnstoff gebildet werden, eine Reaktion, die auch nicht-enzymatisch verläuft. 222.

Millerd, Adele, Morton, R. K. und Wells, J. R. E.; Adelaide, Univ., Waite Agric. Res. Inst., Dep. of Agric. Chem. Role of isocitrate lyase in synthesis of oxalic acid in plants. **(Die Rolle der Isocitrat-Lyase bei der Synthese von Oxalsäure in Pflanzen.)** Nature [London] **196** (1962) Nr. 4858. S. 955–956. 222.

Garay, A. und Sági, F. The importance of phenols in the „adaptive“ formation and action of auxin oxidase. **(Die Bedeutung der Phenole bei der „adaptiven“ Bildung und Wirkung der Auxin-Oxydase.)** Acta bot. Acad. Sci. hung. 8 (1962) Nr. 1/2. S. 51–57. – Aus: Ung. Agrar-Rdsch. **1963** Nr. 1.
Enzymologischen Untersuchungen zufolge wird der Auxinspiegel außer durch die Indol-3-Essigsäureoxydase auch von der Menge der Phenole geregelt. Die Wachstumsintensität von *Lupinus-albus*-Keimpflanzen bleibt bei Kurztag (KT) wesentlich hinter der bei Langtag (LT) gezogener Pflanzen zurück. Parallel damit ist auch der Phenolgehalt bei KT-Behandlung niedriger. Im Gegensatz zum Phenolniveau ist die Auxinoxydase-Aktivität bei KT höher und bei LT niedriger bzw. sinkt unter die Grenze der Nachweisbarkeit. Nach der Dialyse des Präparates ist die Auxinoxydase-Aktivität in den bei verschiedenen Photophasen aufgezogenen Pflanzen ungefähr gleich hoch. In der „lag“-Phase der Auxinoxydase kann jedoch ein wesentlicher Unterschied nachgewiesen werden, da in den KT-Pflanzen die Dauer der „lag“-Phase nur 0–10 min beträgt, während sie bei den LT-Pflanzen praktisch unendlich lang ist. Mit der experimentellen Hebung des Phenolniveaus im Homogenisat steigt die Aktivität der latenten Auxinoxydase an, wenn sich die Indol-Essigsäure in physiol. Konz. befindet. Diese letzteren Angaben beweisen die scheinbare Adaption der Indol-3-Essigsäureoxydase. Zur ausreichenden Aktivität der Auxinoxydase bedarf es bei rel. hohem Phenolgehalt einer größeren Menge von Indol-3-Essigsäure, während bei abnehmendem Phenolniveau der Auxingehalt ansteigt. 222.

Gukova, M. M. und Faustov, V. V. (Gukowa, M. M. und Faustow, W. W.) Gibberellin i auksinovyj obmen v rastenijach. **(Gibberellin und der Auxinstoffwechsel in Pflanzen.)** Izvestija Timirjazevskoj sel'skochozjajstvennoj akademii, Moskva **1962** Nr. 2. S. 47–56. – 4 Abb., 6 Tab., 39 Lit. Zus. in Engl.
Der Einfluß des Gibberellins auf die Lebenstätigkeit des pflanzlichen Organismus in Abhängigkeit von seiner ausreichenden Versorgung mit Auxinen und die

Wechselwirkung dieser Wirkstoffe unter sich und mit anderen Prozessen in der Pflanze wurde untersucht. Fehlen Auxine in der Pflanze, so tritt bei Behandlung mit Gibberellinen kein stimulierender Effekt auf. Andererseits beweisen die Fakten, daß Gibberellin auf den Auxinstoffwechsel in den Pflanzen wirkt, indem er ihre Anhäufung und Aktivierung beeinflußt. Es kann angenommen werden, daß einer der möglichen Wege ihres Zusammenwirkens in den Pflanzen das Fermentsystem der Auxinoxydase und seines Inhibitors ist. H. Beyer. 222.

Okazawa, Yozo und Chapman, Harold W.; Sapporo, Japan, Hokkaido Univ., Dep. of Bot. Regulation of tuber formation in the potato plant. **(Regulation der Knollenbildung bei der Kartoffel.)** Physiol. Plantarum [Copenhagen] **15** (1962) Nr. 3. S. 413–419. – 4 Abb., 4 Tab., 10 Lit.

In früheren Arbeiten stellte Okazawa (1959, 1960) die Hypothese auf, daß native Gibberelline als hemmende Faktoren bei der Knollenbildung der Kartoffel eine Rolle spielen könnten. – Kartoffelpflanzen wurden im Langtag (LT) oder Kurztag (KT) in Nährlösung gezogen und daraus Zweitriebpflanzen gewonnen, deren Triebe KT oder LT ausgesetzt und partiell verwundet, abgeschnürt oder entblättert wurden. KT förderte die Knollenbildung. Das Einschneiden des Stengels unterhalb des KT-Triebes verzögerte ähnlich wie das Abschnüren des im KT gehaltenen Triebes an dessen Basis die Knollenbildung. Die Verwundung der LT-Seite des Stengels beeinträchtigte den Prozeß weniger stark, während das Abschnüren des LT-Triebes die Knollenbildung unwesentlich verfrühte. Die Knollenbildung setzte bei Pflanzen, denen nur ausgewachsene Blätter belassen wurden, früher ein und war bei solchen, die nur junge oder alle Blätter enthielten, verzögert. Vff. folgern, daß die Knollenbildung durch Änderungen des Gleichgewichts zwischen einem „knollenbildenden Stimulans" und nativen, hemmenden, gibberellinartigen Subst. reguliert werden könnte. Bildungsorte dieser Subst. sind die Wachstumszonen der Pflanze. G. Ballin. 230.

Anslow, R. C.; Hurley, Berks., Grassland Res. Inst. A quantitative analysis of germination and early seedling growth in perennial ryegrass. **(Eine quantitative Analyse für Keimung und Sämlingsstadium bei Deutschem Weidelgras.)** J. Brit. Grassland Soc. **17** (1962) Nr. 4. S. 260–263. – 2 Abb., 1 Tab., 7 Lit.

Drei Gruppen von Sämlingen der Sorte 'S 23' wurden jeweils 7, 11, 14, 18 oder 21 Tage nach dem Aussäen auf den gewichtsmäßigen org. Tr.-Subst.-Anteil von Sproß, Seminalwurzel und Karyopse (nach 21 Tagen auch auf den Anteil der Adventivwurzeln) untersucht. Das Ausgangsgewicht der Karyopse (gemessen am Gewichtsverlust bei Veraschung) wurde von der gesamten Jungpflanze erst nach 16 Tagen erreicht (nach 9 Tagen betrug das Trockengewicht nur 65%). Die Reservestoffe des Endosperms waren nach 14 Tagen erschöpft. Als kritische Entwicklungsphase wird der Zeitraum 7–14 Tage nach der Saat bezeichnet, in dem ungünstige Faktoren die Entwicklung des Sprosses stören können. H. Pätzold. 230.

Bócsa, I. und Farkas, G. L.; Kompolt, Ungarn, Landwirtsch. Inst.; Budapest, Ungarn, Forsch.-Inst. für Pflanzenschutz. **Die Wirkung des Reises auf die Lebensdauer der Unterlage beim Hanf in Pfropfversuchen.** Phyton [Vicente López, Argentina] **16** (1961) Nr. 2. S. 189–193. – 4 Abb., 5 Lit.

Durch Pfropfversuche sollten die Blühzeiten verschiedener Hanfsorten synchronisiert werden. Die Versuchsresultate waren für die Züchtung nicht brauchbar. Es zeigte sich, daß langlebige Reiser die Vegetationsperiode der kurzlebigen Unterlage im Vergleich zur Kontrollpflanze verlängern. Stets vergrößerte das ♀ Reis die sonst kürzere Lebensfähigkeit der ♂ Wurzel. Die Lebensdauer eines Organs ist also nicht endogen bestimmt, sondern wird durch andere Gewebe beeinflußt. U. Kirchberg. 230.

Grant Lipp, A. E. und Ballard, L. A. T.; Canberra, C.S.I.R.O., Div. of Plant Ind. The effect of carbon dioxide treatment of seeds on flowering in subterranean clover. **(Der Einfluß einer CO_2-Behandlung der Samen auf die Blütenbildung beim „Bodenfrüchtigen Klee".)** Austral. J. biol. Sci. **15** (1962) Nr. 2. S. 406–408. — 1 Abb., 8 Lit.

Die Behandlung angequollenen, keimbereiten Saatgutes bzw. der Sämlinge von *Trifolium subterraneum* mit CO_2 bis zu 20 Tagen hatte keinen Einfluß auf die Blütenbildung der Kleepflanzen. Die Samen wurden in Luft mit normalem CO_2-Gehalt oder Luft mit 3–30% CO_2 bei 25 °C im Licht oder bei 3–5 °C im Dunkeln gehalten. Bei den kältebehandelten Serien trat eine Blühverfrühung ein. G. Ballin. 230.

Emecz, Tibor I.; Plas Gogerddan, Aberystwyth, Welsh Plant Breeding Stat. Suggested amendments in growth analysis and potentiality assessment in relation to light. **(Verbesserungsvorschläge bei der Wachstumsanalyse und Entwicklungseinschätzung in Beziehung zum Licht.)** Ann. Botany [N. S.] **26** (1962) Nr. 104. S. 517–527. — 2 Tab., 26 Lit. 230.

Cetl, Ivo; Brno, Přírodovědecká Fak. Univ. J. E. Purkyněho, Katedra Fyziol. Rostlin a Genet. Intenzita růstu listů pšenice v závislosti na délce jarovizování. **(Abhängigkeit der Wachstumsintensität der Weizenblätter von der Dauer der Jarowisation.)** Rostlinná Výroba **8(35)** (1962) Nr. 7. S. 929–938. — 4 Abb., 14 Lit. Zus. in Russ., Dtsch.

Den Gegenstand der Versuche bildeten 8 tschechoslowakische Weizensorten, die durch die Jarowisationsdauer voneinander abweichen. Die Behandlung erfolgte nach 5 Varianten mit abgestufter Jarowisationsdauer (0, 14, 28, 42 und 56 Tage) und 2 Varianten der durchschnittlichen Wachstumstemperatur nach dem Auflaufen der Pflanze (15–17 und 6–8 °C). — Die Gesamtlängen sämtlicher Blätter derselben Pflanze waren von der Jarowisationsdauer weniger abhängig. Anfangs wiesen sie eine steigende Tendenz auf, bei mittlerer Jarowisationsdauer (28 Tage) erreichten sie ihr Max., und dann nahmen sie wieder ab. Gesteigerte Vorsaatjarowisation inhibiert das Wachstum von tiefer liegenden und stimuliert dasjenige von höher gelegenen Blättern der jungen Pflanzen. Bei normaler Temperatur setzt der Übergang von der Inhibition zur Stimulierung etwa zwischen dem 2.–3., bei herabgesetzter Temperatur etwa zwischen dem 1.–2. Blatt ein. Die entgegengesetzte Wachstumsreaktion der niedriger und höher gelegenen Blätter bei abgestufter Jarowisierung hat einen korrelativen Charakter. Der Unterschied zwischen den So- und Wi-Sorten ist nur quantitativ. Bei herabgesetzter Temperatur wird das Wachstum der Blätter verschiedener Insertionshöhe im Vergleich mit der normalen Temperatur eingeschränkt. Beim 1. Blatt ist die Verringerung im großen ganzen klein, beim 3. ist sie sehr stark, und ihre Zunahme wird bei längerer Jarowisierung auffallender. Die Wachstumshemmung bei herabgesetzter Temperatur ist ohne Rücksicht auf die Jarowisationsdauer bei den So-Sorten weit schwächer als bei den Wi-Weizensorten. V. Skládal. 230.

Agaev, M. G. (Agajew, M. G.); Dagestan, Lenin-Univ. K voprosy ob izmenčivosti fotoperiodičeskoj reakcii u rastenij. **(Über die Veränderlichkeit der photoperiodischen Reaktion bei Pflanzen.)** Doklady Akademii nauk SSSR, Moskva **145(30)** (1962) Nr. 5. S. 1166–1168. — 25 Lit.

Die Veränderlichkeit der Stärke der photoperiodischen Reaktion von So-Weizen und Sojabohne im Leningrader Gebiet und in der Dagestanischen ASSR wurde untersucht. Bei reinlinigen Weizen- und Soja-Sorten war eine stark ausgeprägte verdeckte Veränderlichkeit der Stärke der photoperiodischen Reaktion vorhanden, die bei Anzucht der Pflanzen unter unzureichender Tageslänge hervortrat. Beim Anbau von Pflanzensorten in neuen Gebieten und auch bei der Aussaat zu ungewöhnlichen Zeitpunkten ändert sich die Stärke der photoperiodischen Reaktion. Im Gegensatz zu den Eigenschaften der Kurz- und Langtägigkeit, die sich durch hohe Beständigkeit auszeichnen, ist die Stärke der photoperiodischen Reaktion beweglich und schnell veränderlich. N. Meyer. 230.

Kovács, E. I. Influence of environmental factors on the correlative growth of coleoptile and mesocotyl. **(Der Einfluß der Umweltbedingungen auf das korrelative Wachstum von Koleoptile und Mesokotyl.)** Acta bot. Acad. Sci. hung. **8** (1962) Nr. 1/2. S. 93–108. – Aus: Ung. Agrar-Rdsch. **1963** Nr. 1.
Nach den Ergebnissen morphogenetischer Untersuchungen hängt das Koleoptilen/Mesokotyl-Verhältnis (K/M) als genotypischer Charakter von der unterschiedlichen Empfindlichkeit der Gewebe sowie von der Wechselwirkung zwischen dem Koleoptilen-Nodium und den Umweltfaktoren ab. In den Versuchen wurden die Entwicklungsintensität und der Carotinoidgehalt von normal grünen und von Albino-Maiskeimpflanzen verglichen. Der Carotinoidgehalt in der Koleoptile und im Mesokotyl der Albinos stimmt mit dem der grünen Pflanzen bei Entwicklung in der Dunkelheit überein, während bei Licht die Menge der Carotinoide unter dem Einfluß eines Lichtes von 436 bzw. 480 nm Wellenlänge in den untersuchten Organen der grünen Pflanzen viel höher ist. Gegenüber der Kontrolle (0,58) ist der K/M-Wert bei permanenter Belichtung und 45 °C nach 3std. Exposition sowohl bei den Albinos wie bei den grünen Keimpflanzen wesentlich höher. Das K/M-Verhältnis der grünen Pflanzen wird durch 2.4-D und 2.3.5-T in 10^{-3} mol. Konz. abgeändert, während es von IES, α-NES, Gibberellin, Natriumazid, Dinitrophenol, p-Chlormercuribenzoat und Äthylendiamintetraacetat nicht beeinträchtigt wird; aber in den Albino-Keimpflanzen geht das K/M-Verhältnis auf charakteristische Weise zurück. Die durch 2.4-D und 2.3.5-T ausgelöste Wirkung kann nicht als antiauxinartig bezeichnet werden. In normalen grünen Pflanzen ist bei Verringerung der Konz. der Inhibitoren eine Erhöhung des Korrelationskoeffizienten wahrzunehmen, während bei den Albinopflanzen dieser Wert vermindert wird. 230.

Lint, P. J. A. L. de; Wageningen, Netherlands, Agric., Univ., Lab. of Plant Physiol. Res. Dependence of elongation on wavelength of supplementary irradiation. **(Abhängigkeit der Elongation von der Wellenlänge der Zusatzbelichtung.)** Meded. Landbouwhogeschool Wageningen **61** (1961) Nr. 16. S. 1–14.
Im Versuch standen *Cosmos*, Kohl, Salat, Tomaten und *Hyoscyamus*. Sie wurden 10 Std. mit weißem Licht mit einer Intensität von 15000 erg/cm^2 · s belichtet. Im Anschluß wurde 8 Std. mit nahem Infrarot, Rot, Gelb, Grün, Blau, Violett und Blau + nahem Infrarot mit niedrigen Intensitäten (1000 erg/cm^2·s) belichtet. Die größte Elongation war bei der Infrarotparallele, bei der Parallele Blau + Infrarot und bei der Dunkelkontrolle zu verzeichnen. Blau allein bewirkte keine Elongation. Bei hohen Intensitäten von Blaulicht zeigte sich bei *Hyoscyamus* Elongation. W. Hiller. 230.

Sirohi, G. S. und Hamner, K. C.; Los Angeles, Univ. of California, Dep. of Bot. and Plant Biochem. Floral inhibition in relation to photoperiodism in Biloxi soybean. **(Blühhemmung in Beziehung zum Photoperiodismus bei Sojabohne, Sorte ‚Biloxi'.)** Plant Physiol. **37** (1962) Nr. 6. S. 785–790. – 3 Abb., 1 Tab., 14 Lit.
Sojajungpflanzen, die 3–4 Wochen unter Langtagbedingungen herangezogen waren, wurden in 2 photoperiodischen Behandlungsreihen angesetzt. Bei 7 aufeinanderfolgenden Tageszyklen von 24 Std. wurden verschiedene Photoperioden mit gestaffelter Lichtzufuhr von 2–15 Std. angewandt. Bei 2–5 Std. Lichteinwirkung war eine Zunahme der Blütenbildung zu beobachten, die bei 5–10 Std. maximale Werte erreichte. Bei 10–14 Std. nahm die Blütenzahl ab und bei mehr als 14 Std. war sie völlig verhindert. Im 2. Versuch wechselten 7 normale Kurztagszyklen (8 Std. hohe Lichtintensität und 16 Std.

ununterbrochene Dunkelheit) mit 7 Zyklen mit verschiedener Photoperiode bei hoher oder niedriger Lichtintensität ab. Je nach der Dauer der Lichteinwirkung war die Blütenbildung verschieden stark gehemmt, wenn die photoperiodischen Zyklen dazwischen lagen, im Gegensatz zu einer Behandlung, bei der die Photoperioden aufeinander folgten. Niedrige Lichtintensitäten bei dazwischenliegenden Zyklen von unter 12 Std. Lichteinwirkung waren unwirksam, bei über 12 Std. bewirkten sie zunehmende Hemmung.

G. Büttner. 230.

Urban, L.; Wien, Hochschule für Bodenkult., Inst. für Pflanzenbau und Pflanzenzücht. **Photoperiodische Untersuchungen an Kopfsalat (Lactuca sativa var. capitata).** Bodenkultur [Wien], Ausg. A **13** (1962) Nr. 3/4. S. 268–281. — 3 Abb., 11 Tab., 6 Lit.

Die Frühsorte 'Maikönig' und die Sommersorte 'Bohemia-Attraktion' wurden in 5 Zeitsaaten (Aufgang zwischen 3. Apr. und 19. Juli) im Freiland kultiviert. Außerdem wurde die am 1. Juli aufgegangene Aussaat z. T. auf ständigen 13-Std.-Tag verdunkelt. Folgende Termine wurden erfaßt: erste internodiale Streckung der Hauptachse in den Köpfen (Zapfenspitzung), äußerlich sichtbar werdende Streckung der Hauptachse, Blühtermin, Beginn und Ende des Konsumstadiums. Ferner wurden das Höhenwachstum der Sproßachse und die Entwicklung des Blattgewichtes verfolgt. — Entgegen der Auffassung anderer Autoren, welche die Sommersorten als tagneutral ansehen, handelt es sich auch bei diesen um Langtag-Typen. Die Sommersorten unterscheiden sich von den Frühsorten durch abs. längere Entwicklungsdauer bis zur Blühreife. Für den Konsum sind bevorzugt jene Typen geeignet, bei denen sich die Streckung der Sproßachse innerhalb des Kopfes sehr langsam vollzieht, so daß sich zahlreiche Blätter innerhalb des Kopfes bilden und die Konsumreife lange anhält. — Innerhalb der Früh- wie der Sommersorten gibt es rel. Unterschiede hinsichtlich der Geschwindigkeit der Sproßachsenstreckung, die sowohl durch das Lichtklima als auch durch die Temperatur beeinflußt wird.

W. Junges. 230.

Kolev, N. (Kolew, N.) Fotoperiodismŭt pri česŭna (Allium sativum L.) v zavisimost ot temperaturata na sŭchranenieto na posadŭčnija material. **(Der Photoperiodismus beim Knoblauch [Allium sativum L.] in Abhängigkeit von der Lagerungstemperatur des Pflanzgutes.)** Izvestija na Centralnija naučnoizsledovatelski institut po rastenievŭdstvo, Sofija **13** (1962) S. 209–223. — 6 Abb., 4 Tab., 15 Lit. Zus. in Russ., Dtsch.

Mit Winterknoblauch- und Sommerknoblauchpflanzgut wurden Versuche unter Feld- und Gewächshausbedingungen bei Langtag (18 Std.), natürlichem Tag und Kurztag (10 Std.) ausgeführt. Beide Knoblauchtypen verhielten sich als Langtagpflanzen. Anfängliche Einwirkung niederer Temperaturen und nachträgliche langdauernde Belichtung trugen zur Bildung von gut geformten Zwiebeln und Zehen bei. Unabhängig von der Tageslänge verlängerten hohe Temperaturen während der Lagerung des Pflanzgutes und während der Heranziehung der Pflanze die Vegetationsdauer und behinderten die Bildung normaler Zwiebeln und Zehen. Kurztag und hohe Lagerungstemperaturen bei Winter- und Sommerknoblauch sind die Ursache zur Bildung eines gekürzten und gestauchten Scheinstammes und für eine längere Vegetationsperiode.

K. Tschanew. 230.

Ito, Hideo und Saito, Takasi; Sendai ,Tohoku Univ., Fac. of Agric., Dep. of Agronomy. Studies on the flower formation in the strawberry plants. I. Effects of temperature and photoperiod on the flower formation. **(Untersuchungen über die Blütenbildung bei Erdbeeren. 1. Mitt. Wirkungen von Temperatur und Photoperiode auf die Blütenbildung.)** Tohoku J. agric. Res. **13** (1962) Nr. 3. S. 191–203. — 7 Abb., 8 Tab., 19 Lit. Orig.: engl.

Im Versuch stand die Sorte 'Robinson'. Bei Temperaturen unter 9 °C erfolgt Blühinduktion im Kurztag und auch bei kontinuierlicher Belichtung. Die Blütenbildung erfolgt nicht, wenn pro Tag für mindestens 12 Std. Temperaturen von 24 °C herrschen. Im 8-Std.-Tag sind hohe Temperaturen, gleich welcher Dauer, ohne Einfluß. Bei 17 und 24 °C ist Blühinduktion nur im Kurztag zwischen 4 und 12 Std. zu verzeichnen. Das Optimum liegt bei 8 Std. Bei 30 °C werden keine Blüten im 4- und 8-Std.-Tag gebildet. Bei Temperaturen unter 25 °C sind 8–12 Kurztage (4–12 Std.) zur Induktion erforderlich. Zur Auslösung photoperiodischer Reaktionen genügt eine Zusatzbelichtung von 2 foot-candles. Die Zahl der zur Induktion erforderlichen Zyklen nimmt von Juli zum Sept. hin ab. Die Empfindlichkeit gegenüber den Induktionsbedingungen nimmt mit dem Alter und der Größe der Pflanzen zu.

W. Hiller. 230.

Čajlachjan, M. und Kočankov, V. (Tschailachjan, M. und Kotschankow, W.); Akad. der Wiss. der Armen.SSR; Moskau, Pflanzenphysiol. Timirjasew-Inst. der Akad. der Wiss. der UdSSR. Gibberelliny – stimuljatory rosta rastenij. **(Gibberellin als Stimulator des Pflanzenwachstums.)** Kolchoznoe proizvodstvo, Moskva **22** (1962) Nr. 7. S. 39–440. – 3 Abb. 230.

Ricard, Jacques, Borel, Maguy und Peretti, Fabien; Marseille, Fac. des Sci., Lab. de Physiol. Végétale. Mécanismes moléculaires de l'interaction entre l'acide indole-3-acétique et l'acide gibbérellique sur la croissance cellulaire. **(Molekulare Mechanismen bei der Einwirkung von Indolyl-3-essigsäure und Gibberellinsäure auf das Zellwachstum.)** C.R. hebd. Séances Acad. Sci. **255** (1962) Nr. 12. S. 1470–1472. – 1 Abb., 3 Lit.

In Fortsetzung früherer Arbeiten (vgl. Ann. Physiol. végétale **3** [1961] S. 5.; C. R. hebd. Séances Acad. Sci. **254** [1962] Nr. 26. S. 4502.) wurde in einer kinetischen Untersuchung das Zellwachstum in Gegenwart von Indolyl-3-essigsäure (**I**) bzw. Gibberellinsäure (**II**) sowie einer Mischung von **I** und **II** beobachtet (Längenzunahme einer Weizenkoleoptile der Sorte 'Vilmorin 49'). – Die Untersuchung machte das Vorhandensein zweier „aktiver Zentren" im Protein-Substrat wahrscheinlich. Je ein Zentrum soll zur Fixierung von **I** bzw. **II** befähigt sein. Das zur **I**-Bindung befähigte „aktive Zentrum" soll in den jungen Zellen teilweise maskiert vorliegen und im Verlaufe der Zellvergrößerung fortlaufend zur Verfügung gestellt werden. R. Ritter. 230.

Galun, Esra; Rehovoth, Israel, Weizmann Inst. of Sci., Plant Genetic Sect. Gibberellic acid as a tool for the estimation of the time interval between physiological and morphological bisexuality of cucumber floral buds. **(Gibberellinsäure als Mittel zur Bestimmung des Zeitintervalls zwischen morphologischer und physiologischer Bisexualität der Blütenknospen von Gurken.)** Phyton [Vicente López, Argentina] **16** (1961) Nr. 1. S. 57–62. – 2 Abb., 9 Lit.

In früheren Untersuchungen über die Geschlechtsdetermination bei Gurken fand Vf. für die zwittrigen, weiblichen und männlichen Blüten morphol. ein gemeinsames bisexuelles Stadium. In der vorliegenden Arbeit wird versucht, das Zeitintervall zwischen dem Stadium der morphol. und dem früher liegenden der physiol. Bisexualität festzustellen. Dafür wird die bekannte Wirkung von Gibberellinsäure (GS) ausgenützt, männliche Blüten zu induzieren. Auf Grund abgestufter GS-Applikationen (je Behandlung wurden 0,2 ml einer 500 ppm GS enthaltenden Lösung auf das jüngste entfaltete Blatt aufgetropft) bei einer monözischen Inzuchtlinie wurde ein Zeitintervall von etwa 7 Tagen zwischen beiden Stadien ermittelt. Im Stadium der physiol. Bisexualität führte die GS-Behandlung zur Bildung männlicher Blüten.

G. Ballin. 230.

Nakayama, S. Tobita, H. und Okumura, F. S.; Miyazaki, Japan, Miyazaki Univ.; Dep. of Biol.; Tokushima, Japan, Tokushima Univ., Dep. of

Chem. Antagonism of kinetin and far-red light or β-indoleacetic acid in the flowering of Pharbitis seedlings. **(Antagonismus zwischen Kinetin und Infrarotlicht oder β-Indolylessigsäure beim Blühen von Pharbitis-Sämlingen.)** Phyton [Vicente López, Argentina] **19** (1962) Nr. 1. S. 43–48. 230.

Schwär, Christine; Bernburg/S., Hochschule für Landwirtsch., Inst. für Naturwiss. **Die Wirkung isolierter Wermutinhaltsstoffe auf Foeniculum vulgare Mill., Lepidium sativum L. und Lactuca sativa L. var. longifolia Lam.** Flora [Jena] **152** (1962) Nr. 3. S. 509–515. – 3 Abb., 2 Tab., 12 Lit.

Die Wirkung von Absinthin, Artemetin, Bisabolen, Caryophyllen, Curcumen, Selinen, Quebrachit, Glutamin und einer K-Konz., die der im Wermutextrakt vorkommenden entsprach, sowie 2 bestimmten Phasen des Extraktionsganges unbekannter Zusammensetzung wurde in Keimversuchen in Petrischalen untersucht. Zum Vergleich wurden Cumarin und β-IES herangezogen. – Alle Subst. zeigten Wirkung auf irgendeine Eigenschaft der Testpflanzen. Absinthin bewirkte z. B. Blattsukkulenz, Artemetin und Quebrachit förderten das Längenwachstum, Curcumen und Selinen die Blattbildung usw. Wermutextrakt (1:100) vereinigte entspr. mehrere dieser Wirkungen in sich. Teilweise gab es auch Hemmwirkungen, z. B. bei Absinthin hinsichtlich Längenwachstum, bei Bisabolen und Caryophyllen hinsichtlich des Wurzelwachstums, bei Glutaminsäure und β-IES hinsichtlich Blattbildung, bei Cumarin hinsichtlich Längenwachstum, Blattbildung und Wurzelwachstum.

W. Stenz. 230.

Krass, Jacqueline und Vardar, Y.; Hempstead, Long Island, N. Y., Hofstra Coll.; Izmir, Univ. of Ege, Dep. of Bot. A comparison of the effect of gibberellic acid on photo- and geotropic reactions of the hypocotyl of Helianthus annuus. **(Ein Vergleich der Wirkung von Gibberellinsäure auf photo- und geotropische Reaktionen des Hypokotyls von Helianthus annuus.)** Phyton [Vicente López, Argentina] **18** (1962) Nr. 1. S. 33–38. – 3 Abb., 4 Tab., 26 Lit.

Die Wirkungen von Gibberellinsäure (GS) auf tropistische Reaktionen intakter oder dekapitierter Sämlinge von *Helianthus* wurden untersucht und mit denen von Indol-3-essigsäure (IES) verglichen. GS, IES bzw. GS + IES in Kombination wurden aufgesprüht oder der Dekapitationsfläche mittels einer aufgesetzten Kapillare zugeführt. IES und GS verstärkten die positiven phototropischen Krümmungen in Konz. von 10–50 ppm sowohl bei intakten als auch bei dekapitierten Sämlingen. GS wirkt allerdings schwächer. Zunehmende GS-Konz. verursachen abnehmende negativ geotropische Krümmungen; auf steigende IES-Konz. reagierten intakte Sämlinge mit positiven (möglicherweise durch überoptimalen Auxingehalt), dekapitierte mit zunehmenden negativ geotropischen Krümmungen. In den Kombinationsversuchen ließ sich eine Wechselwirkung zwischen IES und GS nachweisen, die bei den phototropischen Reaktionen synergistischer, bei den geotropischen antagonistischer Natur zu sein schien. Die Werte der Kombinationsversuche schwanken sehr stark. GS greift also wie IES in tropistische Reaktionen ein.

G. Ballin. 235.

Bretschneider-Herrmann, B.; Gießen, Justus-Liebig-Univ., Inst. für Pflanzenbau und Pflanzenzücht. **Das Phytotron in Rauischholzhausen.** Z. Acker- u. Pflanzenbau **115** (1962) Nr. 3. S. 213–222. – 8 Abb., 1 Tab., 2 Lit.

Definierte und reproduzierbare Klimabedingungen spielen bei modernen pflanzenphysiol. Untersuchungen eine immer größere Rolle. In einem Phytotron können die verschiedenen Klimafaktoren unabhängig voneinander oder in Kombination in ihrer Wirkung auf Stoffwechsel, Wachstum und Entwicklung der Pflanzen untersucht werden. – Die beschriebene Anlage umfaßt 8 Klimakammern, 2 Kühlräume (+ 10 bis – 20 °C) und einige Nebenräume und ist kellerartig in die Erde gebaut. In den Klimakammern lassen sich

folgende Klimafaktoren regeln: Temperatur zwischen +5 und + 40 °C (± 0,5 °C), rel. Luftfeuchtigkeit zwischen 55–96% (± 5%), Licht bezüglich Tageslänge und Intensität (letztere nur begrenzt). In mehreren Kammern sind noch Windgeschwindigkeit (0,1–4 m/s) und CO_2-Konz. (0,03–3,0 Vol.%; Regelung mit dem Uras) regelbar. Heizung und Befeuchtung erfolgen mittels Dampf aus einer Ölheizung. Die klimatisierte Luft strömt durch einen gelochten Bodenbelag in die Kammern ein und wird durch Abluftkanäle unterhalb der Decke abgesaugt. Die Kammern können auch mit Umluft gefahren werden. Die Beleuchtungsaggregate (Quecksilberhochdrucklampen mit Leuchtstoff, zusätzlich Leuchtstoffröhren) sind in bes. Lampenräumen über der Kammer untergebracht und vollautomatisch schaltbar. Die max. Beleuchtungsstärke beträgt 20000 lx in 1 m Entfernung. Die Betriebssicherheit wird durch verschiedene Sicherheitsvorrichtungen gewährleistet. Weitere technische Einzelheiten können dem Original entnommen werden.
G. Ballin. 239.

Hogaboam, G. J. Plastic chambers for humidity and temperature control in vegetative propagation and growth of sugar beets. **(Plastikkammern mit Feuchtigkeits- und Temperaturkontrolle für die vegetative Vermehrung und Anzucht von Zuckerrüben.)** J. Amer. Soc. Sugar Beet Technologists **11** (1962) Nr. 8. S. 661–667. — 3 Abb., 4 Lit.
Es werden 2 Plastikkammern beschrieben, in denen Temperatur und Feuchtigkeit kontrolliert werden können. Die Feuchtigkeitskammer ermöglicht die Bewurzelung von Samenträgerstecklingen und spart dabei Zeit und Manipulationen an der Pflanze. Es können darin Zuckerrüben-Stecklinge erfolgreich auch im Sommer angezogen werden, wenn die Gewächshausfläche nicht sehr gefragt ist. Obwohl die Benutzung der Kammern in erster Linie für die warmen Monate bestimmt ist, läßt sich in ihnen während der übrigen Jahreszeiten ebenso gut arbeiten. Die beschriebenen Versuchsmethoden dienen in erster Linie der Beschleunigung der Generationsfolge bei der Zuckerrübenzüchtung. P. Curth. 239.

Hiesey, William M. und Milner, Harold W.; Stanford, Calif., Carnegie Inst. of Washington, Dep. of Plant Biol. Small cabinets for controlled environments. **(Kleine Kammern für gelenkte Umwelt.)** Bot. Gaz. **124** (1962) Nr. 2. S. 103 bis 118. — 14 Abb. 239.

Barrs, H. D. und Weatherley, P. E.; Nottingham, Univ., Dep. of Bot. A re-examination of the relative turgidity technique for estimating water deficits in leaves. **(Eine erneute Prüfung der Technik zur Bestimmung der „relativen Turgeszenz„ für die Ermittlung des Wasserdefizits in Blättern.)** Austral. J. biol. Sci. **15** (1962) Nr. 3. S. 413–428. — 8 Abb., 3 Tab., 21 Lit.
Die „relative Turgescenz" dient zur Charakterisierung des Wasserdefizits der Blätter. Sie wird ermittelt aus dem Verhältnis (%) des Wassergehaltes der Proben zu deren Wassergehalt bei voller Turgescenz. Zur Erreichung letzterer werden ausgestanzte Blattstücke in Wasser gesättigt. Die Modifikation der ursprünglichen Methodik besteht darin, daß die Blattstücke statt 48 Std. nur 4 Std. im Wasser belassen werden. Wird die Sättigung bei konstanter Temperatur und einer dem Kompensationspunkt entsprechenden Lichtintensität (für *Ricinus communis* z. B. 65 ft.-c.) vorgenommen, dann finden keine Stoffumsetzungen statt, und Trockengewichtsveränderungen werden vermieden. Frisch- und Trockengewichtsbestimmungen können also an denselben Blattstücken vorgenommen werden. I. Frommhold. 239.

Schlösser, E.; Einbeck, Forsch.-Inst. Kleinwanzlebener Saatzucht AG. **Untersuchungen zur vegetativen Erhaltung von Beta-Rüben, dargestellt an Stengelabschnitten von Zuckerrübensamenträgern.** Z. Acker- u. Pflanzenbau **115** (1962) Nr. 3. S. 297–303. — 7 Tab., 7 Lit.

An Stengelstücken nicht ausgereifter Samenträger von Zuckerrüben wurde der Einfluß der Auxine Indolessigsäure, Indolpropionsäure und Indolbuttersäure (IBS) in Konz. zwischen 10 und 200 mg/l auf die Wurzelbildung untersucht, um Möglichkeiten für eine bessere Vermehrbarkeit zu finden. Alle Auxine förderten die Wurzelbildung gegenüber den Kontrollen, wobei sich 50–100 γ/ml IBS als am günstigsten erwiesen. Die Stengelstücke sollen unverholzt und virusfrei sein, ihr Dmr. bei 5–15 mm liegen. Tetraploide Stecklinge waren schlecht zu bewurzeln und neigten zu Fäulnis. Mögliche photoperiodische Einflüsse auf die Wurzelbildung wurden außer acht gelassen. Die Wurzelbildung ließ sich durch Kombination von IBS mit Borsäure erheblich steigern (synergistischer Effekt). Als bes. günstig stellte sich die Kombination von 100 mg IBS und 200 mg Borsäure pro 1 heraus (Auxinbehandlung bei allen Versuchen 16 Std.). G. Ballin. 239.

Plancher, B.; Jork, Obstbauversuchsring. **Ein Beitrag zur schnellen Anzucht von Coxsämlingen für biologische Versuche.** Mitt. Obstbauversuchsringes Alten Landes **17** (1962) Nr. 12. S. 428–430. – 3 Abb., 1 Tab., 8 Lit.

Enthäutete Apfelsamen setzen sofort ihren Keimmechanismus in Bewegung. Vf. schlägt zur Anzucht folgende Methode vor: In eine Petrischale von 14 cm ⌀ wird eine kleine Petrischale von 9,5 cm ⌀ eingesetzt, die mit Mullstoff als Keimträger überspannt ist. Bei beiden Schalen ist der Boden mit Wasser bedeckt. Der Mull saugt sich mit Wasser voll, und in der Schale herrscht 100% rel. Luftfeuchte. Auf den Mull werden die Embryonen gesteckt. Die Petrischalen kommen in ein Gewächshaus bei 22 °C und werden 16 Std. täglich mit Tageslichtluminescenzröhren belichtet. Im Mittel hatten 33% der Samen gekeimt. W. Hiller. 239.

Franke, Irmgard. **Untersuchungen über den Einfluß des Frostes auf Blattparenchymzellen von Polypodium vulgare.** Diss. Univ. Bonn, Landwirtsch. Fak. 1961. (45 S.) 4°.
Novikov, Vladimir Aleksandrovič. **Fiziologija rastenij.** (Pflanzenphysiologie.) Leningrad: Sel'chozizdat. 1961. (415 S.) 8°. (1962 A 768)
Thompson, Boyce. **International conference on plant growth regulation.** Ames, Iowa: Iowa State University Press. 1961. 8°. (ZA 4167)
Tureckaja, Rachil Chaimovna. **Fiziologija korneobrazovanija u čerenkov i stimuljatory rosta.** (Physiologie der Wurzelbildung bei den Stecklingen und Wachstumsstimulatoren.) Hrsg.: Akad. nauk SSSR. Moskva: Izd. Akad. nauk SSSR. 1961. (279 S.) 8°. (1962 A 640)
Materialy po fiziologii i biochemii rastenij. (Materialien zur Physiologie und Biochemie der Pflanzen.) Hrsg.: Akad. nauk Kazachskoj SSR. Alma-Ata: Izdat. Akad. nauk Kazach.SSR. 1962. (272 S. m. Abb.) 8°. Rbl. 1,42 = Trudy Instituta botaniki. Akademija nauk Kazachskoj SSR. Bd. 12. (ZA 994)

D. Chemie der Pflanzen

Guržiev, G. A. (Gurshijew, G. A.); Kuban, Versuchsstat. des Unions-Forsch.-Inst. für Pflanzenbau. Soderžanie chimičeskich veščestv u dvojnych mežlinejnych gibridov kukuruzy. **(Der Gehalt an chemischen Stoffen bei Doppelmaishybriden.)** Vestnik sel'skochozjajstvennoj nauki, Moskva **7** (1962) Nr. 9. S. 27–30. – 1 Tab., 7 Lit. Zus. in Engl., Franz., Dtsch.

Bei den meisten Einfach- und Doppelhybriden befindet sich der Gehalt an Eiweiß in direkter Beziehung zu dem der Elternformen, d. h. die Auslese von eiweißreichen Elternpaaren kann zur Gewinnung von Hybridmais mit erhöhtem Eiweißgehalt beitragen. Der Gehalt an Stärke verändert sich dagegen bei den verschiedenen Etappen der Auslese im umgekehrten Verhältnis. Beim Übergang von Inzuchtlinien zu Einfachhybriden stieg der Stärkegehalt in den meisten Fällen an. Die Doppelhybriden bilden weniger Stärke als die Einfachhybriden, der Stärkegehalt ist bei den meisten von ihnen niedriger als bei der Eltern-Einfachhybride. Aus Unterlagen über andere Hybridfamilien ist ersichtlich, daß beim Übergang zu Inzuchtlinien, zu Einfach- und weiter zu Doppelhybriden der Ölgehalt der Pflanzen zunimmt. – Die vorerwähnten Veränderungen bei der Konzentration von Eiweiß und Stärke stehen in engstem Zusammenhang mit der Heterosis bei den Einfach- und Doppelhybriden. Die verstärkte Photosynthese und der Abfluß von Stoffen aus den Blättern der Einfachhybriden tragen zur stärkeren Anreicherung von Kohlenhydraten im Maiskorn und zur Verarmung an Eiweiß bei. E. Kahn. 240.

Jákó, N. Az Mv-5 kukoricafajta fehérje-, aminosav- és keményitőtartalmának alakulása termesztési tájak szerint. **(Der Entwicklungsgang des Eiweiß-, Aminosäure- und Stärkegehaltes in der Maishybride Mv-5 nach Anbauregionen.)** Agrobotanica [Tápiószele, Ungarn] **3** (1962) S. 75–85. – Aus: Ung. Agrar-Rdsch. **1963** Nr. 1.
Die Protein- und Stärkemengen im Korn waren je nach Anbauort signifikant unterschiedlich (Protein 5,86–11,1%, Stärke 61,13–70,65%). Auch die Mengen an Aminosäuren waren unterschiedlich. Das Protein aus Körnern mit normalem Eiweißgehalt war reich an Alanin, Isoleucin, Cystin, Methionin und Valin. Körner mit sehr hohem Proteingehalt waren ärmer an diesen Aminosäuren. – Die Gehaltsunterschiede werden auf klimatische Ursachen zurückgeführt. In den südlichen Regionen war i.a. der Proteingehalt höher. Bei der Proteinanalyse sollten Glutelin und Zein getrennt untersucht werden, wobei für die Ermittlung des biol. Wertes vor allem Lysin, Tryptophan und Methionin zu erfassen sind. 240.

Fife, J. M., Price, Charles und Fife, Don C.; Salinas, Calif., U. S. Dep. of Agric., A.R.S., U.S. Res. Stat., Crops Res. Div. Some properties of phloem exudate collected from root of sugar beet. **(Einige Eigenschaften von Phloemsaft, der von Zuckerrübenwurzeln gesammelt wurde.)** Plant Physiol. **37** (1962) Nr. 6. S. 791–792. – 1 Tab., 8 Lit.
Zuckerrüben sondern nach dem Ausgraben einen Saft ab, der nach mikroskopischen Untersuchungen aus dem Phloem stammt. Seine Eigenschaften (Viskosität, Oberflächenspannung, Dichte, osmotischer Druck und pH-Wert sowie Gehalt an löslichen Stoffen, Elektrolyten, Zucker, N-Verbindungen und Aminosäuren) werden mit dem Xylemsaft und Preßsaft der Rübe verglichen, wobei sich signifikante Unterschiede ergeben. Gegenüber dem Preßsaft ist der Gehalt an Elektrolyten, N-Verbindungen und Aminosäuren stark erhöht, während der Zuckergehalt nur halb so groß ist. W. Franzke. 240.

Wolffgang, H. und Opel, H.; Aschersleben, Inst. für Phytopathol. der Biol. Zentralanst. der Dtsch. Akad. der Landwirtsch.-Wiss. zu Berlin. **Über den Einfluß der Zubereitung von Pflanzenextrakten auf die Aktivitäten einiger Enzyme und den Gehalt an Eiweiß.** Flora [Jena] **152** (1962) Nr. 3. S. 523–526. – 2 Tab., 2 Lit.
Es wurden Versuche durchgeführt, um das günstigste Verfahren zur Herstellung von Extrakten für enzymatische Bestimmungen und zur Erzielung eiweißreicher Extrakte zu ermitteln. Keimblätter von Gurken der Sorte 'Delikateß' wurden mit wenig Sand + Wasser in der Reibschale zerrieben, homogenisiert (5 Min. 23000 U/min) oder ausgepreßt. Sowohl die Menge des extrahierten Eiweißes als auch die Aktivität der Fermente (Peroxydase, Polyphenoloxydase, Phosphatase) nahmen in der Reihenfolge Presse, Homogenisator, Reibschale zu. Die Zunahme der Enzymaktivitäten war nicht so stark wie die des Eiweißgehaltes. Wiederholte Extraktionen führten zu keiner bedeutenden Erhöhung der Ausbeute. Wenn auch keine vollständige Eiweißextraktion mit den geprüften Verfahren möglich ist, so können doch damit reproduzierbare Anteile in Lösung gebracht werden. G. Zahn. 240.

Coppens, R. Analyse de betteraves par réfractométrie. **(Rübenanalyse durch Refraktometrie.)** Rev. Agric. [Bruxelles] **15** (1962) Nr. 5. S. 759–763. – 2 Tab.
Die Refraktometrie kann für mehrere Zwecke der Analyse von *Beta*-Rüben nützlich sein. Hinlänglich genaue Resultate liefert sie z. B. für die Pflanzen-

selektion, Berechnung von Futterrationen, Prüfung verschiedener Sorten und Bestimmung des Zuckergehaltes. Für die Rübenanalyse genügt ein Handrefraktometer mit entsprechendem Zubehör. Die Apparatur für die refraktometrische Analyse sowie Analysendurchführung und -auswertung werden an einem Beispiel beschrieben. Tab. 1 enthält Temperaturkorrekturen. Auf Grund von Rübenanalysen in den Mon. Sept.–Nov. der Jahre 1950 bis 60 sind in Tab. 2 auf 20 °C bezogene Refraktometerwerte mit dem zugehörigen Saccharose- und Tr.-Subst.-Gehalt zusammengestellt. Für eingelagerte, trockene sowie anormal gedüngte Rüben gilt Tab. 2 nicht.
W. Wöhlert. 242.

Pant, R., Agrawal, H. C. und Kapur, S.; Allahabad, Univ., Biochem. Sect. The water soluble sugars and total carbohydrate contents of onion (Allium cepa), garlic (Allium sativum) and turnip (Brassica rapa). **(Die wasserlöslichen Zucker und der Gesamtkohlenhydratgehalt von Zwiebel [Allium cepa], Knoblauch [Allium sativum] und Rübsen [Brassica rapa].)** Flora [Jena] **152** (1962) Nr. 3. S. 530–533. – 1 Abb., 9 Lit.

Die Zucker wurden mit Hilfe der eindimensionalen Papierchromatographie nach Consden, Gordon u. Martin (vgl. Biochem. J. **38** [1944] S. 224.) bestimmt, der Gesamtkohlenhydratgehalt nach Trevelyn u. Harrison (vgl. Biochem. J. **50** [1952] S. 298.). Für die Versuche wurden die frischen Speicherorgane von Zwiebel, Knoblauch und Rübsen verwendet. Glucose, Fructose und Rohrzucker waren in allen drei Pflanzen enthalten. Lactose und Raffinose sind nur bei Zwiebel und Knoblauch vorhanden, Maltose nur in Rübsen. Der Gesamtkohlenhydratgehalt pro 100 ml Frischsaft betrug für Zwiebel 10,75 g, Knoblauch 35,25 g und Rübsen 4,68 g. G. Zahn. 242.

Harada, Tokuya; Osaka, Univ., Inst. of Sci. and Ind. Res. A new colour reaction of sugars with ethyl malonate. **(Eine neue Farbreaktion von Zuckern mit Äthylmalonat.)** Biochim. biophysica Acta [Amsterdam] **63** (1962) Nr. 2. S. 334–336. – 1 Abb., 1 Tab., 2 Lit.

Monosaccharide, bes. Aldosen, reagieren mit Äthylmalonat unter milden alkalischen Bedingungen unter Bildung eines purpurnen Farbstoffes. Die Schwierigkeit der Reaktion liegt in der Aufrechterhaltung einer ausreichenden Konz. an Äthylmalonat, das durch die alkalische Lösung leicht verseift wird. Für die Bestimmung wird 1 ml der wäßrigen Zuckerlösung in einem Mikro-Kjeldahlkolben mit 2 ml 0,325 mol. Na_2CO_3-Lösung und 2 ml einer 5%igen (v:v) Lösung von Äthylmalonat in n-Propanol versetzt. Der Farbstoff wird 10 min im Wasserbad bei 90 °C entwickelt, dabei wird alle 2 min umgeschüttelt. Die Farbe ist einige Std. stabil. Die aus den Monosaccharid-Aldosen gebildeten Farbstoffe zeigen starke Absorption bei 558 nm. Aldopentosen reagieren empfindlicher als Aldohexosen, desgleichen reagieren Galaktose und Mannose empfindlicher als Glucose. Das Verhalten einer Anzahl Zucker und Zuckerderivate wird besprochen. Für die Farbentwicklung ist offenbar das Vorhandensein einer Hydroxy- und einer Carbonylgruppe nötig. Zwischen der Absorption bei 558 nm und der Konzentration an Xylose und Arabinose besteht im Bereich von 40–200 μg ein gradliniges Verhältnis mit guter Reproduzierbarkeit. F. Kreienbring. 242.

Nordin, P.; Manhattan, Kansas State Univ., Dep. of Biochem. Fractionation of starch dextrins on sephadex. **(Fraktionierung von Stärkedextrinen an Sephadex.)** Arch. Biochem. Biophysics **99** (1962) Nr. 1. S. 101–104. 242.

Tyihak, E. und Földesi, D.; Budapest, Inst. für Heilpflanzenforsch. **Die Untersuchung der ätherischen und fetten Öle von Solanum laciniatum Ait.** Naturwissenschaften **49** (1962) Nr. 20. S. 469.

Solanum laciniatum Ait. liefert die für die Steroidhormon-Produktion wichtigen Glykoalkaloide Solasonin und Solamargin. Das in dieser Droge noch vorkommende ätherische Öl enthält als Hauptbestandteil Farnesol, wobei in dem Öl aus Keimlingen der niedrigste, in dem aus 15–20 cm großen Pflanzen der höchste Farnesolgehalt ermittelt wurde. Die Ausbeute an ätherischem Öl lag bei den Keimlingen bei 0,007%, bei den 15–20 cm hohen Pflanzen bei 0,015%. Zur weiteren Kennzeichnung von *Solanum laciniatum* Ait. wurde das durch Petrolätherextraktion mit 19%iger Ausbeute aus den Samen erhaltene fette Öl untersucht. Es handelt sich um ein hellgelbes, halbtrocknendes Öl mit folgenden Konstanten: Refraktion bei 20 °C 1,4769; Säurezahl 1,96; Verseifungszahl 183,6; Jodzahl 130,6; Peroxydzahl 2,65; nicht verseifbarer Teil 2,19. Die papierchromatographische Analyse ergab 60% Linolsäure, 36 bis 38% Öl- und Palmitinsäure und 2–3% Stearinsäure. Diese Fettsäurezusammensetzung ist der des Sonnenblumenöles ähnlich. G. Loßner. 243,

Paquot, C., Mercier, J., Mathieu, A., Lefort, D. und Perron, R.; Paris, Centre Nat. de la Rech. Sci., Lab de Biochem. Les méthodes analytiques des lipides simples. **(Die analytischen Methoden der natürlichen Fette.)** Ann. Nutrit. l'Alimentat. **16** (1962) Nr. 1/2. Techn. S. 1–280.
Die vorliegende Darstellung ist nach den Autoren nicht nur für einen auf das Fettgebiet spezialisierten Chemiker bestimmt, sondern auch für einen Leserkreis geeignet, der mit Problemen der Biologie, Tier- oder Pflanzenbiochemie, Medizin, Diätetik oder selbst der allgem. organ. Chemie mit Untersuchungen der Fette in Berührung kommt. Die Vff. waren bemüht, die mitgeteilten analytischen Verfahren auf deren praktische Anwendung auszurichten; als Grundlage dienten die offiziellen Untersuchungsmethoden der Internationalen Union für reine und angewandte Chemie (IUPAC) und der verschiedenen nationalen Institutionen. Jedem Kapitel wurde eine möglichst ausführliche Bibliographie angefügt. Der Inhalt hat folgende Gliederung: Allgemeines über Fettkörper und zur Fettananlytik, Bestimmung von physikal. und chem. Konstanten (z. B. Viskosität, Refraktion, Infrarot-Spektrophotometrie, Jodzahl, Peroxydzahl, autoxydative Stabilität usw.), Bestimmung verschiedener Bestandteile (z. B. Phosphor, Kohlenwasserstoffe, Sterole, Antioxydantien usw.) Abtrennung von Bestandteilen (z. B. Herstellung von Methyl- und Äthylestern, analyt. Destillation, Säulen-, Papier-, Gaschromatographie usw.). — Auf die Werke der Fettanalyse der letzten 10 Jahre sowie auf ein etwa gleichzeitig (vgl. J. Amer. Oil Chemists' Soc. **38** [1961] S. 534. 625. 708.) erschienenes „Symposium über neue Analysenmethoden der Fette" wird hingewiesen. R. Ritter. 243.

Gheţie, V. und Buzilă, Luica. Crioproteinele vegetale. **(Die vegetabilischen Kryoproteine.)** Studii Cercetări Biochim. [Bucureşti] **1962** Nr. 1. S. 65–75. — 3 Abb., 1 Tab., 10 Lit. Zus. in Russ., Franz.
Kryoproteine (d. s. solche, die aus ihren Lösungen durch starke Abkühlung gefällt werden können) wurden in den Extrakten bestimmter Samenarten nachgewiesen. Bei manchen Pflanzenfamilien lassen sich bei allen Gattungen Kryoproteine nachweisen, z. B. *Leguminosae, Cucurbitaceae, Rosaceae, Cruciferae*, bei anderen Familien dagegen gar keine, z. B. *Gramineae, Umbelliferae, Chenopodiaceae*. In manchen Familien treten Kryoproteine nur sporadisch auf. — Die Fällung durch Kälte ist reversibel. Von Einfluß sind Temperatur, Proteinkonz., pH. Bei bestimmter Gestaltung der Parameter ist die Fällung optimal. V. Eşanu. 244.

Taira, Hirokadzu; Tokyo, Min. of Agric. and Forestry, Food Res. Inst. Studies on amino acid contents in plant seeds. II. Amino acid pattern of seed protein fractions of Gramineae. **(Untersuchungen über den Aminosäuregehalt von Pflanzensamen. 2. Mitt. Aminosäurezusammensetzung von Fraktionen der Samenproteine von Gramineae.)** Bot. Mag., Tokyo **75** (1962) Nr. 889. S. 273–277. — 2 Tab., 6 Lit. Orig.: jap., Ausz.,: engl. 1. Mitt. vgl. LZ. Abt. II **8** (1963) Nr. 4. S. 909.

Die Aminosäurezusammensetzung der Albumin-, Globulin-, Prolamin- und Glutelinfraktionen in den Samen von 5 zu 3 verschiedenen Unterfamilien gehörenden Grasarten wurden mit Hilfe mikrobiol. Verfahren analysiert und die Beziehungen zwischen dieser und der systematischen Zugehörigkeit der Pflanzen geprüft. Es erwies sich, daß die Albumin- und Globulinfraktionen aller Samen eine gleichbleibende Zusammensetzung hatten, daß aber in den Glutelin- und bes. in den Prolaminfraktionen beträchtliche Abweichungen bestanden. So enthielt das Prolamin des Reises (Unterfamilie *Pharoideae*) und der Hirsearten (Unterfam. *Panicoideae*) deutlich mehr Alanin, Leucin und Asparaginsäure, aber weniger Glutaminsäure, Prolin und Cystin als Weizen und Nacktgerste (Unterfam. *Pooideae*). K. Koepke. 244.

Untersuchungen über den Einfluß der Düngung auf Menge und Zusammensetzung des Eiweißes im Getreidekorn. Forsch.- u. Entwickl.-Stelle Jena, Landwirtschaftlich-Chemisches Institut der Friedrich-Schiller-Universität 14 S. Abschlußber. 3/3. 1962. Plan-Nr.: 2156 19 h 1–09/9.
Gefäßversuche mit Gerste, Hafer und Reis zeigten, daß eine zur Blüte verabreichte zusätzliche N-Gabe vorwiegend den Prolamin- und Glutelingehalt der Körner steigert. Wegen der Lysinarmut beider Proteine sinkt hierdurch die biol. Wertigkeit des Korneiweißes. Dieser Effekt wird jedoch durch die Erhöhung des Eiweißgehaltes mehr als kompensiert. 244.

Austin, A., Singh, Diljit und Jhamb, Kumari Vimal; New Delhi, Indian Agric. Res. Inst., Div. of Bot. Protein and gluten contents of some improved Indian wheats as influenced by varietal and seasonal differences. **(Protein- und Glutengehalt einiger verbesserter indischer Weizen unter dem Einfluß von Sorte und Anbaujahr.)** Current Sci. [Bangalore] **31** (1962) Nr. 9. S. 391–392. — 1 Tab., 4 Lit.
In den letzten Jahren wurden systematische Untersuchungen des Back- und Nährwertes der Weizensorten in Indien gefordert; entspr. Arbeiten sind seit einigen Jahren im Gange. Zwischen Proteingehalt und Backvolumen besteht eine lineare Beziehung. 18 Weizenstämme wurden in den Jahren 1955/56 und 1958/59 unter normalen Bedingungen angebaut und auf Protein- ($N \times 5{,}7$) und Glutengehalt analysiert. Der Proteingehalt schwankte im Mittel von 3 Jahren zwischen den Stämmen von 10,90–13,23% der Tr.-Subst. (GD bei 5% = 1,16%), der Glutengehalt von 9,49–12,72% (GD bei 5% = 1,17%). Im Mittel aller Stämme gab es auch Differenzen zwischen den Jahren, aber diese waren kleiner als die zwischen den Stämmen. W. Stenz. 244.

Przybylska, J. und Hurich, J.; Poznań, Zakład Genet. Roślin Polskiej Akad. Nauk. Wstępne badania nad formami azotu organicznego w nasionach niektórych roślin motylkowych. **(Vorläufige Untersuchung der organischen Stickstofformen in Samen einiger Hülsenfrüchte.)** Genetica polon. 2 (1962) Nr. 2. S. 65–73. — 4 Tab., 16 Lit. Orig.: engl., Ausz.: poln.
Samen von *Pisum sativum* (3 Sorten), *Pisum arvense*, *Vicia faba*, *Lathyrus tingitanus*, *Vicia sativa* und *Ornithopus sativus* wurden auf Gesamt-N, lösliche und unlösliche N-Verbindungen, Eiweiß im Extrakt, α-Amino-N und Peptid-N sowie qualitativ auf Aminosäuren untersucht. Die Gattungen und Arten zeigten spezifische Unterschiede. Auch zwischen den einzelnen Erbsensorten traten Differenzen auf, die züchterische Bedeutung erlangen können.
W. Święcicki. 244.

Bell, E. A.; London, King's Coll., Dep. of Biochem. The isolation of L-homoarginine from seeds of Lathyrus cicera. **(Die Isolierung von l-Homoarginin aus Samen von Lathyrus cicera.)** Biochem. J. **85** (1962) Nr. 1. S. 91–93. — 1 Abb., 10 Lit.
l-Homoarginin (α-Amino-ε-Guanidino-capronsäure) wurde aus den entfetteten Samen von *Lathyrus cicera* mit Äthanol-n HCl (2:1) und Äthanol-H_2O (2:1)

extrahiert, nach Konzentrierung des vom Äthanol befreiten Extrakts auf Säulen von De-Acidite FF und anschließend von Zeocarb 226 von den anderen Aminosäuren abgetrennt und als Hydrochlorid in kristalliner Form isoliert. Die Identifizierung erfolgte durch direkten Vergleich mit synthetischem l-Homoarginin sowie durch Nachweis von Homocitrullin und Lysin nach alkoholischer Hydrolyse. Das Vorkommen von l-Homoarginin zusammen mit Lathyrin in mehreren *Lathyrus*-Arten und die strukturelle Ähnlichkeit beider Verbindungen deuten darauf hin, daß das l-Homoarginin eine Vorstufe des Lathyrins darstellt. K. Koepke. 244.

Pyriki, Constantin und Müller, Rudolf. **Über die Eiweiß- und eiweißähnlichen Verbindungen im Tabak. 1. Mitt. Zur Bestimmung der freien und der gebundenen Aminosäuren sowie deren papierchromatographische Identifizierung.** Ber. Inst. Tabakforsch. Dresden **9** (1962) Nr. 2. S. 292–305. – 2 Abb., 23 Lit. nach. Zus.

In der vorliegenden 1. Mitt. wurden zunächst die Methoden zur Bestimmung der freien und gebundenen Aminosäuren nach van Slyke, Scheunemann und Zeglin unter verschiedenen Variationen behandelt. Durch vergleichende Untersuchungen, die in einer späteren Mitt. bekanntgegeben werden, wurde festgestellt, daß sich beim Tabak sowohl nach van Slyke als auch nach Scheunemann bei vorheriger Destillation unter Anwendung von 3 g MgO praktisch gleiche Resultate ergeben. Infolge des geringen apparativen und zeitlichen Aufwandes der Methode von Scheunemann gegenüber der nach van Slyke wurde die erstgenannte für die weiteren Arbeiten dieser Untersuchungsreihe festgelegt. Die Aminosäurebestimmungen nach van Slyke, jedoch mit vorangegangener Bleiacetatfällung, wie auch bes. die Methode nach Zeglin mit Bariumchloridbehandlung haben sich beim Tabak aus den beschriebenen Gründen nicht bewährt. Die letztgenannte Arbeitsweise hat auch bei Anwendung der erwähnten Magnesiumoxyd-Destillation nicht befriedigt. Die vorgenommenen Untersuchungen zeigten weiter, daß die Bestimmung der gebundenen Aminosäure der Eiweiß- und eiweißähnlichen Verbindungen nach vorheriger Behandlung des Tabaks nach Mohr mit anschließender Hydrolysierung des getrockneten Rückstandes zu guten Ergebnissen führt. Zur Identifizierung der freien und der gebundenen Aminosäuren im Tabak wird eine papierchromatographische Methode beschrieben, die bei serienmäßigen Untersuchungen gute Erfolge gezeigt hat. 244.

Ventura, M. M. und Hollanda Lima, Iracema; Fortaleza, Ceará, Brasil, Univ. do Ceará, Inst. Quim. e Technol. Ornithine cycle amino acids and other free amino acids in fruits of Annona squamosa L. and Annona muricata L. **(Aminosäuren des Ornithin-Cyclus und andere freie Aminosäuren in Früchten von Annona squamosa L. und Annona muricata L.)** Phyton [Vicente López, Argentina] **17** (1961) Nr. 1. S. 39–47. – 4 Abb., 2 Tab., 25 Lit.

Mit Hilfe papierchromatographischer Analysen wurden im Fruchtfleisch von *Annona squamosa* L. neben 8 nicht identifizierten, ninhydrinpositiven Subst. 14 freie Aminosäuren festgestellt, darunter alle 3 Aminosäuren des Ornithin-Cyclus: Citrullin, Ornithin, Arginin. Am stärksten waren Citrullin und γ-Aminobuttersäure vertreten. Im Fruchtfleisch von *A. muricata* L. wurden neben 4 nicht identifizierten Subst. 11 freie Aminosäuren gefunden. Aus dem Ornithin-Cyclus waren nur Citrullin und Arginin vorhanden, wobei Citrullin in viel geringerer Menge vorkam als in *A. squamosa.* Prolin und γ-Aminobuttersäure waren in höheren Anteilen enthalten als die anderen Aminosäuren. K. Koepke. 244.

Tarnowska, Kr. Wpływ kilku czynników na zawartośź-karotenu w owocach pomidorow. **(Der Einfluß einiger Faktoren auf den Gehalt von β-Carotin in den Tomatenfrüchten.)** Biul. Warzywniczy **1960/61** Nr. 5. S. 75–79. – Zus. in Russ., Engl.

Die Bildung von β-Carotin wird gefördert durch Belichtung, in nicht vom Kraut verhüllten Früchten auch durch niedrige Temperaturen (14–18 °C), außerdem steigt der Gehalt im Laufe der Reife an und erreicht den Höchstwert z. Z. der Vollreife. Das Gelee um die Samen herum ist am reichsten an β-Carotin. Vom untersten zum obersten Fruchtstand nimmt der Gehalt zu. Im Glashaus steigt der Gehalt noch weiter an bei Verzögerung der Ernte, während er bei Freilandbeständen annähernd konstant bleibt. Der Carotingehalt einiger Hybridsorten ist angegeben, und es werden Wege zur Erhöhung des Carotingehaltes durch Züchtung gezeigt. J. Prağłowski. 245.

Hayashi, Fumihiko, Blumenthal-Goldschmidt, Shulamith und Rappaport, Lawrence; Davis, Univ. of California, Dep. of Vegetable Crops. Acid and neutral gibberellin-like substances in potato tubers. **(Saure und neutrale gibberellinähnliche Substanzen in Kartoffelknollen.)** Plant Physiol. **37** (1962) Nr. 6. S. 774–780. — 9 Abb., 1 Tab., 18 Lit.
Methanolextrakte aus Kartoffelschalen und -augen wurden bei pH 2,5 und 7,3 mit Essigsäureäthylester ausgeschüttelt und die erhaltenen Extrakte papierchromatographisch auf Whatman No. 3 absteigend mit Isopropanol-Ammoniak-Wasser 10:1:1 (v/v/v) getrennt. Die biol. Testung erfolgte mit Zwergerbsen (unter Rotlicht angezogen) und Zwergmais d-1, d-3 und d-5. Die neutrale Fraktion ergab ein Gibberellin (R_f 0,3–0,4), das bei Erbsen und d-3, aber nicht bei d-1 und d-5 wirksam war. Ein Gibberellin der sauren Fraktion (R_f 0,5–0,7) dagegen war wirksam bei Erbsen, d-3 und d-5, aber nicht bei d-1. Es zeigte unerwartet Chloroformlöslichkeit. Eine Überprüfung der bekannten Gibberelline ergab, daß A_5 und A_7 aus Lösungen vom pH 2,5 und 5,0 mit Chloroform vollständig, A_7 bei pH 6,0 teilweise extrahiert werden kann. W. Franzke. 245.

Parups, E. V., Hoffman, I. und Morley, H. V.; Ottawa, Canada, Canada Dep. of Agric., Res. Branch, Analyt. Chem. Res. Serv.; Plant Res. Inst. Relationships between structure and activity of maleic hydrazide analogues and related compounds. **(Beziehungen zwischen Struktur und Aktivität von Maleinsäurehydrazid-Analogen und verwandten Verbindungen.)** Canad. J. Biochem. Physiol. **40** (1962) Nr. 9. S. 1159–1165. 245.

Alexandrescu, V. Localizarea activității amilazei și invertazei pe fracțiunile proteice solubile din semințele de porumb. **(Die Lokalisierung der Amylase- und Invertaseaktivität in den löslichen Proteinfraktionen der Maissamen.)** Studii Cercetări Biochim. [București] **1962** Nr. 1. S. 7–16. — 4 Tab., 18 Lit. Zus. in Russ., Franz.
Die löslichen Proteine aus Endosperm und Keim von Maiskörnern der Sorte 'ICAR-54' wurden elektrophoretisch untersucht. Das Endospermeiweiß spaltete in 5 (vor allem Globuline und Glutine), das Eiweiß aus dem Keim in 4 Fraktionen (hauptsächlich Globuline) auf. Die Amylaseaktivität war im Endospermeiweiß an 3, im Keimeiweiß an 2 Fraktionen gebunden, 1 Fraktion davon kommt offenbar in beiden Eiweißen vor. Amylase- und Invertase-Aktivität sind im Endosperm wesentlich höher als im Keim.
V. Eşanu. 245.

Carangal jun., A. R., Gonzales, L. G. und Daguman, I. L. The acid constituents of some Philippine fruits. **(Die sauren Inhaltsstoffe einiger philippinischer Früchte.)** Philippine Agriculturist **44** (1961) Nr. 10. S. 514–519. — 4 Lit.
In reifen Früchten von 6 *Citrus*-Species und 25 anderen einheimischen Arten wurde der Gehalt an org. Säuren säulenchromatographisch nach Bulen u. a. (vgl. Analyt. Chem. **24** [1952] S. 187.) quantitativ bestimmt. Es konnten Zitronen-, Äpfel-, Oxal-, Milch- oder Bernstein- und Ameisensäure sowie L-Ketoglutarsäure oder Fumarsäure nachgewiesen werden. W. Franzke. 246.

Pyriki, Constantin und Moldenhauer, Walter. **Zur Analytik der Tabakpektine.** Ber. Inst. Tabakforsch. Dresden **9** (1962) Nr. 2. S. 306–318. – 1 Tab., 14 Lit. nach Zus.

An Hand der Literatur sowie auf Grund eigener Untersuchungen und Erfahrungen wurde auf die Analytik der Tabakpektine eingegangen. Die methodischen Untersuchungen erstreckten sich sowohl auf den Tabak selbst wie auch auf die isolierten Pektine. Im ersten Fall kamen die Gesamt-Galakturonsäure, der Gehalt an Pektinmethoxylgruppen und der Veresterungsgrad sowie die Bestimmung der im Wasser löslichen und unlöslichen Galakturonsäure und die Gewinnung des Pektins aus dem Tabak zur Behandlung. Im zweiten Fall führten wir methodische Untersuchungen ebenfalls zur Bestimmung der Galakturonsäure, der Methoxylgruppen und des Veresterungsgrades sowie des Molekulargewichts durch. Weiterhin wurden der Nachweis und die Bestimmung von Essigsäure sowie das Vorhandensein von Polysacchariden erörtert. Die Ergebnisse werden besprochen und die in Frage kommende Methode für eine weitere Arbeit festgelegt. 246.

Nowacki, E. und Drzewiecka-Rożnowicz, E.; Zakład Genet. Roślin PAN. Lupanina głównym alkaloidem Lupinus hartwegii Lindl. **(Lupanin, ein Hauptalkaloid in Lupinus hartwegii Linde.)** Genetica polon. **2** (1962) Nr. 2. S. 35–37. – 1 Abb., 7 Lit. Zus. in Engl.

Das Hauptalkaloid von *L. hartwegii* ist (+) Lupanin. Dies stimmt mit den Ergebnissen von White überein, der eine Population in Neuseeland untersuchte. Abweichende Ergebnisse gab es bei Analyse einer weiteren polnischen und einer Moskauer Population, in denen weitere Alkaloide gefunden wurden. Dies könnte auf Einkreuzung anderer Arten zurückzuführen sein. – Die Pflanzen von *L. hartwegii* sind stark behaart (3 mm lange, weiße Haare), 40–120 cm hoch, haben blaßblaue, geruchlose Blüten auf hohen Stengeln. Die Samen sind klein, 4×3×2 mm (TKM ca. 25 g). W. Święcicki. 246.

Arthur, H. R. und Chan, Rosalind P. K.; Hong Kong, Univ., Dep. of Chem. A survey of Hong Kong plants: Testing for alkaloids, essential oils and saponins. **(Eine Untersuchung von in Hong Kong vorkommenden Pflanzen: Untersuchung auf Alkaloide, ätherische Öle und Saponine.)** Trop. Sci. 4 (1962) Nr. 3. S. 147–158. – 3 Lit.

400 Pflanzenarten aus 105 Familien wurden qualitativ auf das Vorkommen von Alkaloiden, ätherischen Ölen und Saponinen untersucht. 53 Arten enthielten Alkaloide, 20 enthielten ätherische Öle und 21 enthielten Saponine. Die Pflanzen wurden getrennt nach Blättern, Stengeln, Wurzeln, Wurzelholz, Rinde, Wurzelrinde, Blüte und Frucht, teils auch im ganzen analysiert. Die Analysen sind ein Teil der planmäßigen Untersuchung der Flora von Hong Kong mit dem Ziele, Pflanzen auszulesen, die eine eingehendere Untersuchung wert sind und wirtsch. von Bedeutung sein können. Die Arten sind aufgeführt, und zu jeder sind die untersuchten Pflanzenteile und das Vorkommen der genannten Stoffgruppen angegeben. W. Stenz. 246.

Friedrich, H.; Münster, Univ., Inst. für Pharmakognosie. **Isoquercitrin und Astragalin als Inhaltsstoffe der Blüten von Arnica montana L.** Naturwissenschaften **49** (1962) Nr. 23. S. 541–542. – 8 Lit.

Die mit Petroläther entfettete Droge wurde mit Methanol erschöpfend extrahiert und der Extrakt über Polyamid vorfraktioniert. Das Flavonglykosidgemisch konnte präparativ an einer Cellulosepulversäule mit Chloroform-Eisessig (1:1 wassergesättigt) in Quercetin-3-glucosid (Isoquercitrin) und Kämpferol-3-glucosid (Astragalin) getrennt werden. W. Franzke. 246.

McComb, E. A. und Rendig, V. V.; Davis, Univ. of California, Dep. of Soils and Plant Nutrit. Ononitol (4-o-methyl-myo-inositol) as a constituent of Medicago sativa. **(Ononitol [4-o-Methyl-myo-inositol] als Bestandteil von Medicago sativa.)** Arch. Biochem. Biophysics **99** (1962) Nr. 1. S. 192–193. 246.

List, P. H. und Wagner, K.; Münster, Univ., Inst. für Pharmaz. und Lebensmittelchem. **Ustilagin und andere Inhaltsstoffe des Maisbrandes, Ustilago maydis Corda.** Arzneimittel-Forsch. **13** (1963) Nr. 1. S. 36–41. – 3 Abb., 4 Tab., 28 Lit. 246.

Mikrobestimmung der Provitamine A und anderer Carotinoide mit Hilfe der Papierchromatographie. Forsch.- u. Entwickl.-Stelle Halle/Saale, Institut für Landwirtschaftliche Technologie und Vorratspflege der Martin-Luther-Universität Halle-Wittenberg 53 S. Abschlußber. 15/5. 1962. Plan-Nr.: 2555–50/1–08/8. – 8 Tab.
Es wurde eine papierchromatographische Methode zur quantitativen Bestimmung der Provitamine A α-, β-, γ-Carotin und Kryptoxanthin sowie der Vitamin-A-unwirksamen Carotinoide Lycopin, Xanthophyll und Violaxanthin entwickelt. Die Pigmente wurden nach der Extraktion in Benzin übergeführt, als Streifen auf das Filtrierpapier (Schleicher & Schüll 2043 b gl) aufgetragen und die zu Zylindern zusammengehefteten Papierbogen aufsteigend entwickelt. Innerhalb von 30 min trennten sich die Pigmente in die einzelnen Komponenten. Die quantitative Bestimmung erfolgte durch Messung der Extinktion der aus den Farbzonen gewonnenen Eluate mittels Pulfrich- oder Universal-Spektrophotometer. Zur Beschleunigung der einzelnen Arbeiten während des Analysenganges und zur Ausschaltung carotinoidzerstörender Einflüsse wurden entspr. Vorrichtungen entweder verbessert oder neu entwickelt. Die Carotinoidverluste lagen beim Chromatographieren zwischen 3,9 und 6,7%. Unter Anwendung der Methode wurden Carotinoiduntersuchungen, hauptsächlich an Gemüse, durchgeführt. 246.

Djurtoft, Robert. **Salt-soluble proteins of barley (Hordeum distichum).** Diss. Polytek. Laeranst. København. 1961. (239 S.) 8°. (Diss. 8776)

Duchoň, František und *Hampl, Jan.* **Agrochemie. Úvod do studia chemie užité v rostlinne vyrobe.** (Agrochemie. Einführung in das Studium der angewandten Chemie in der pflanzlichen Produktion.) Praha: Vyd. Českosl. akad. zeměd. véd ve spol. 1962. (431 S.) 8°. (1962 A 1528)

Labib, Aliy Ibrahim. **Potato proteins.** Diss. Landw. Fak. Wageningen. 1962. (105 S.) 8°. (Diss. 8462)

Sarapov, Nikolaj Ivanovič. **Zakonomernosti chimizma rastenij (o kačestve urožaja).** (Gesetzmäßigkeiten im Chemismus der Pflanzen. Über die Qualität des Ertrages.) Hrsg.: Akad. nauk SSSR; Botan. Inst. im. V. L. Komarova. Moskva: Izd. Akad. nauk SSSR. 1962. (129 S.) 8°. (1962 A 1209)

E. Pflanzenökologie

Whittaker, Robert H.; Brooklyn, N. Y., Brooklyn Coll., Dep. of Biol. Classification of natural communities. **(Die Klassifikation natürlicher Gesellschaften.)** Bot. Rev. **28** (1962) Nr. 1. S. 1–239. – 2 Abb., 1661 Lit.
Vf. gibt zunächst einen historischen Überblick über die bisherigen Bemühungen, die natürlichen Pflanzengesellschaften zu charakterisieren. Er beginnt mit Humboldt, Grisbach u. a., die die Pflanzengemeinschaften nach ihrem physiognomischen Charakter unterschieden („Formationen"). Danach werden die verschiedenen pflanzensoziol. Schulen besprochen: 1. Zürich und Montpellier (Braun-Blanquet; Hierarchie von floristischen Assoziationen nach Charakterarten); 2. die skandinavische Tradition („Soziationen", „Unionen" und Ortstypen); 3. die russische Schule („ökolog. Serien"); 4. und 5. die britische und die amerikanische Richtung („Dominanztypen"). Die mehr ökolog. ausgerichtete Soziologie betrachtet die Vegetation als Teil eines Ökosystems und studiert die Wechselbeziehungen zwischen Klima, Boden, Vegetation, Tierwelt etc. Einige Forscher in den genannten Richtungen nehmen an, daß die Vegetation eine Summe von einzelnen Arten-

arealen und daher kontinuierlich ist; alle Klassifizierungsversuche seien daher subjektiv und willkürlich. Vf. wendet sich sodann der Theorie der synökolog. Klassifikation zu. In dem abschließenden Kapitel führt Vf. aus, daß man bei Klassifikationsvergleichen am besten von der bes. Eigenschaft eines einzelnen Aspekts als Basis für definierte Klassen ausgeht. So prüfte er das formale System nach Braun-Blanquet und die Anwendung von Dominanztypen. Dabei erwies sich meist das System von Braun-Blanquet als sehr brauchbar. Ist die formale Klassifikation nicht als primär objektiv anzusehen, so legt man der Klassifikation am besten die Dominanztypen als Einheiten zugrunde. H. Naumann. 249.

Harberd, D. J.; Pentlandfield, Midlothian, Scott. Plant Breeding Stat. Application of a multivariate technique to ecological survey. **(Die Anwendung einer Multivarianztechnik für die ökologische Forschung.)** J. Ecology **50** (1962) Nr. 1. S. 1–17. – 6 Abb., 7 Tab., 12 Lit.
Es wird ein Verfahren angegeben, um Unterschiede zwischen Artenlisten verschiedener Standorte statistisch auszuwerten. Hierfür eignet sich die Berechnung des d^2 nach Mahalanobis, wenn bestimmte Annahmen gemacht werden können (keine Korrelation zwischen den Arten in Wiederholungsproben, Listen werden als Einzelproben aus verschiedenen uniformen Gemeinschaften angesehen), so daß die Arten als nicht korrelierende Variable angesehen werden können. Danach kann man d^2 definieren als die Summe der Arten, die jeweils nur in einer von 2 zum Vergleich kommenden Listen vorhanden sind. Unter der Voraussetzung eines linearen Verlaufs der Arten/log. Probequadratgröße-Kurve ist d^2 als eine von der Probequadratgröße unabhängige Konstante innerhalb einer Pflanzengesellschaft anzusehen. Zwischen verschiedenen Pflanzengesellschaften nimmt d^2 bei steigender Quadratgröße erheblich zu. Um mehrere Pflanzenlistenpaare mit unterschiedlicher Artenzahl zu vergleichen, wird der rel. d^2-Wert angewendet, der als Prozentsatz der Summe der Artenzahlen in beiden verglichenen Listen definiert wird. Der rel. d^2-Wert nimmt mit zunehmender Probequadratgröße in einer Pflanzengesellschaft ab; das ist weniger deutlich zwischen verschiedenen Pflanzengemeinschaften der Fall. Zur Gewinnung einer vollständigen d^2-Tafel für verschiedene Fälle werden mehrere Verfahren diskutiert. Von ökolog. Interesse ist das Gruppeneinordnungsverfahren, dem die Differenzen zwischen dem durchschnittlichen Zwischen-Gruppen-d^2 und dem durchschnittlichen d^2 innerhalb der Gruppen zugrunde liegen; es sind dabei wahrscheinlich nur die Differenzen von $> 1,6$ von ökolog. Bedeutung. Vf. prüfte die Brauchbarkeit der Methode an 80 *Agrostis-Festuca*-Gemeinschaften, die nach ihrem Standort (nährstoffreich bis -arm) gruppiert wurden. Für die Analyse nicht verwendete Angaben, wie Boden-pH und Hangneigung, stimmen mit dieser Klassifikation gut überein. H. Naumann. 249.

Vegetations- und standortskundliche Untersuchungen im Gebiet der Friedländer Großen Wiese und ihrer weiteren Umgebung. Forsch.- u. Entwickl.-Stelle Greifswald, Institut für Agrobiologie der Universität 93 S. Abschlußber. 11/11. 1962. Plan-Nr.: 2153 08 h/1–24/8. – 19 Tab.
Von der Friedländer Großen Wiese und ihren Randgebieten werden von nassem bis stark entwässertem kalkreichen Flachmoor 17 Grünland- und 7 Gebüsch- bzw. Bruchwaldgesellschaften auf Grund von Artengruppen-Kombinationen beschrieben. Ihre Verbreitung wird in einer Vegetationskarte 1:10000 dargestellt. Wasserverhältnisse und Böden der Pflanzengesellschaften werden untersucht, und der landwirtschaftliche Wert der Vegetationseinheiten und Wege zu seiner Steigerung werden angegeben. Die soziolog. Artengruppen werden floristisch und ökolog. besprochen. 249.

Andrew, W. D.; Canberra, C.S.I.R.O., Div. of Plant Ind. Behaviour of annual species of Medicago introduced into a Medicago minima (L.) Bart.-

dominant disclimax community. **(Verhalten einer annuellen Art von Medicago, die in eine Medicago minima [L.] Bart.-dominante Disklimax-Gesellschaft eingeführt wurde.)** Austral. J. agric. Res. **13** (1962) Nr. 2. S. 212–219. – 1 Abb., 4 Tab., 11 Lit.

Vf. versuchte in einer Disklimax-Gesellschaft, in der *Medicago minima* die dominante Art der Krautschicht darstellte, 11 *Medicago*-Arten heimisch zu machen. Die Ansaat wurde 3 Jahre lang beobachtet. Die einzigen Arten, die während der gesamten Beobachtungszeit *M. minima* unterdrücken konnten, waren *M. confinis*, *M. scutellata*, *M. tribuloides* und *M. turbinata*. Die beiden letzten eignen sich nach Vermutung des Vf. bes. gut für ausgedehnte Anbauversuche auf gut drainierten Schwarzerdeböden in Neusüdwales. Da *M. minima* nur sehr wenig Grünmasse liefert und nicht zur N-Anreicherung beiträgt, ist sie sehr unerwünscht. Die Konkurrenzfähigkeit der untersuchten Arten hängt von ihrer Samenproduktion ab. H. Naumann. 249.

Watson, D. J. und French, S. A. W.; Harpenden, Herts., Rothamsted Exp. Stat. An attempt to increase yield by controlling leaf-area index. **(Ein Versuch zur Erhöhung der Ernteerträge durch Kontrolle des Blattflächenindexes.)** Ann. appl. Biol. **50** (1962) Nr. 1. S. 1–10. – 6 Abb. 5 Tab. 3 Lit.
Voraussetzung für hohe Erträge bei Futterkohl ist ein optimaler Pflanzenabstand, der durch Ausdünnen erzielt wird. Bei optimalem Pflanzenabstand und sonstigen optimalen Bedingungen ist eine Ertragssteigerung nur noch mit einer optimalen Blattfläche/Pflanze möglich. Die Blattfläche soll optimal, nicht maximal sein, da zu viel Blattmasse durch gegenseitige Beschattung zu einer verringerten Stoffproduktion der Pflanze führt. Zur Feststellung der optimalen Blattfläche benutzten Vff. den Blattflächenindex, der von der Pflanzenart, dem Jahr, der Sonnenscheindauer, Temperatur und Luftfeuchtigkeit abhängig ist. Der optimale Blattflächenindex eröffnet bisher kaum beachtete Möglichkeiten zur Erhöhung der Erträge. Vf. weisen darauf hin, daß die Pflanzenzüchtung ähnlich wie bei der Zuckerrübe, so auch bei anderen Pflanzenarten wesentlich zur Erreichung einer optimalen Blattfläche ohne gegenseitige Störung und Beschattung der Blätter und somit zu einer optimalen Stoffproduktion der Pflanze beitragen könnte. G. Barich. 249.

Hanson, Herbert C. and *Churchill, Ethan D.* **The plant community.** New York: Reinhold Publishing Corporation. 1961. (219 S. m. Abb., Tab. u. Index) 8°. $ 4,95. Durch dieses Buch sollen Studierende in die Pflanzenökologie, deren Kern die Pflanzengesellschaft ist, anhand der Darstellung der wesentlichen Eigenschaften der Pflanzengesellschaft eingeführt werden. In Kap. 1 werden die Eigenschaften der Arten in Beziehung zur Umwelt und anderen Organismen derselben Art oder anderer Arten sowie die Gruppenbildungen der Arten behandelt. Die qualitativen und quantitativen Eigenschaften der Pflanzengesellschaft und die sie formenden Eigenschaften werden in Kap. 2 besprochen. Die Dynamik und die Klassifizierung der Gesellschaften werden in den beiden letzten Abschnitten erörtert. Den Abschluß bilden Literaturverzeichnis und Sachregister. K. Schulz.

Razumov, Viktor Ivanovič. **Sreda i razvitie rastenij.** (Die Umwelt und die Entwicklung der Pflanzen.) Leningrad: Izd. sel'skochoz. lit., žurnalov i plakatov. 1961. (367 S.) 8°. (1962 A 702)

K. Agrarmeteorologie

Workman, E. J.; Socorro, New Mexico Inst. of Mining and Technol. The problem of weather modification. **(Das Problem der Wetterbeeinflussung.)** Science [Washington] **138** (1962) Nr. 3538. S. 407–412. – 3 Abb. 1 Lit.
Die ersten Versuche zur Herstellung künstlichen Regens in Kältekammern und in der Atmosphäre begannen Ende der vierziger Jahre; das Interesse erreichte seinen Höhepunkt 1952 und ließ nach einigen Jahren nach. Es wird nach den Gründen für die augenblickliche Stagnation gefragt. Offenbar fehlt

es noch an exakten Kenntnissen über die Physik der Atmosphäre. Die bisherigen Vorstellungen über die Voraussetzungen zur Niederschlagsbildung bedürfen einer Korrektion. Die Komponenten des Energiehaushaltes und des Wasserhaushaltes in der Atmosphäre müssen genau erfaßt und kalkuliert werden. Das Entstehen einer Niederschlag spendenden Wolke ist von dem Zustand eines großen Areals der Atmosphäre abhängig. Langmuir gab 1953 einen Bericht über seine Versuche mit Silberjodid in New Mexico. Er impfte periodisch von 1949–51, d. h. 82 Wochen hintereinander, die Atmosphäre in wöchentlichen Abständen mit jeweils 700 g Silberjodid und erhielt auf einem Gebiet von mehr als 1 Mill. sq. miles eine wöchentliche Periodik des Niederschlages sowie des Temperaturganges in der oberen Atmosphäre bis über 10000 m Höhe. Der meteorol. Effekt beginnt und endet 2 Wochen nach Beginn und Ende der Impfung. Dem „Cirrus Projekt" von Langmuir ist weitere Aufmerksamkeit zu schenken; die Versuche sollten fortgeführt werden. A. Raeuber. 293.

Zerche, Manfred und Tosteck, Willy; Schwerin, Amt für Meteorol. **Über Messungen der nächtlichen Tiefsttemperatur in verschiedenen Höhen der bodennahen Luftschicht.** Z. Meteorol. **15** (1961) Nr. 10/12. S. 349–350. – 3 Abb., 1 Tab., 1 Lit.
Am Rande von Rostock wurden mit den üblichen Minimumthermometern in der 2. Jahreshälfte 1960 die Tiefsttemperaturen in 0,0, 0,5, 5, 10, 20, 40, 60, 80, 100 und 200 cm Höhe über unbewachsenem, humosem Sandboden gemessen. Das Abheben der Minimumtemperatur von der Bodenoberfläche, wie es schon Lützke beschrieb, wird hier bestätigt. In fast 20% aller Nächte wurde die tiefste Minimumtemperatur zwischen 10 und 20 cm Höhe festgestellt; es waren dies windschwache Nächte. In 60% der Nächte lag das bodennahe Minimum (0,5 cm) bei höheren Temperaturen als in 5 cm Höhe. Geringfügige Verschiebungen dieser Prozentzahlen zwischen dem 3. und 4. Quartal werden aus der allg. Turbulenz der Atmosphäre erklärt.
A. Raeuber. 293.

Gerstmann, Werner; Potsdam, Meteorol. Hauptobservatorium. **Bestimmung der Komponenten des Wärmehaushalts der Erdoberfläche im Sommer 1959 nach einer indirekten Methode in Lindenberg.** Z. Meteorol. **16** (1962) Nr. 1/2. S. 9–19. – 11 Abb., 19 Lit. Zus. in Engl.
Im Rahmen des Internationalen Geophysikalischen Jahres wurde vom Aerolog. Observatorium Lindenberg bei Berlin eine Wärmehaushaltsstation unterhalten. Zum Vergleich standen die Ergebnisse des rotierenden Strahlungsbilanzmessers von Skeib und des Strahlungsbilanzmessers von Schulze. Letzterer wird von der Firma Lange, Bln.-Zehlendorf, vertrieben. Bei dem Bilanzmesser von Skeib führte ein Ansaugeffekt an ruhigen Abenden mit Bodeninversion zu fehlerhaften Werten, während bei dem Bilanzmesser von Schulze u. a. die Windabhängigkeit des Eichfaktors und mangelhafte Nachtausschläge zu beanstanden sind. Die Windabhängigkeit des Eichfaktors war dem Bilanzmesser von Skeib nicht nachzuweisen. Eine Entscheidung zugunsten eines der beiden Geräte konnte nicht gefällt werden. – Es wird die Möglichkeit zur Berechnung der einzelnen Wärmehaushaltskomponenten erörtert. Experiment und Theorie sind noch weitgehend verbesserungsbedürftig. A. Raeuber. 293.

Wendling, Ulrich; Halle-Kröllwitz, Forsch.-Inst. für Agrarmeteorol. **Ergebnisse von Temperaturregistrierungen in einem Moorgebiet.** Z. Meteorol. **4** (1962) Nr. 6. S. 173–184. – 14 Abb., 2 Tab., 4 Lit. Zus. in Engl.
Im Moorgebiet der Friedländer Wiese (Bezirk Neubrandenburg) wurden geländeklimatische Messungen durchgeführt. Verwendet wurden hierbei Thermoelemente. Fallbügelschreiber registrierten mit einer Punktfolge von 30 sec.

Untersucht wurden die Temperaturdifferenzen zwischen Moorgebiet und Sanddeckkulturen. Häufigkeitsverteilungen der Temperaturen über Moor- und Sandboden zeigen die größeren Extreme über Moorboden. In 2 bes. kalten Nächten war es in 10 cm Höhe über dem Moor um 3,8 °C kälter als über dem Sandboden. Aber auch durch Entfernung des Bewuchses erhöhen sich die Minimumtemperaturen, wobei Vf. dem letzteren Faktor im Mittel eine größere Wirksamkeit einräumt. Über einem Getreidefeld wurden im Tagesverlauf der Temperatur auf der Leeseite einer Hecke die größeren Extreme gemessen.
A. Raeuber. 293.

Krausch, H.-D.; Potsdam, Zweigstelle des Inst. für Landesforsch. und Naturschutz Halle. **Mikroklimatische Untersuchungen an Steppenpflanzen-Gesellschaften der Randhänge des Oderbruches.** Arch. Naturschutz Landschaftsforsch. 1 (1961) Nr. 2. S. 142–163. – 8 Abb., 1 Tab., 10 Lit.
Ergänzend zu vegetationskundlichen Untersuchungen an xerothermen Trokkenrasen in Brandenburg will Vf. die mikroklimatischen Besonderheiten einzelner Gesellschaften an den Randhängen des Oderbruches erfassen. Es handelt sich in der Hauptsache um a) Pfriemengras-Steppe (*Stipetum capillatae*) an südexponierten steilen Hängen, b) adonisreichen Fiederzwenken-Rasen (*Adonio-Brachypodietum pinnati*) in weniger extremen Hanglagen und auf Hügelkuppen und c) Sandschwingel-Blauschillergras-Rasen (*Festuco-Koelerietum glaucae*). In vegetationskundlich gut definierten und einheitlichen Pflanzenbeständen wurden an einzelnen (möglichst Strahlungs-)Tagen die Tagesgänge der Temperatur in 2 m und 5 m Höhe über dem Boden und an der Bodenoberfläche (mit geeichten Quecksilberthermometern, ½°-Teilung) und die Verdunstungskraft (mit Piche-Evaporimetern mit grüner Papierscheibe von 3 cm Dmr.) gemessen (mehrere Meßstellen je Untersuchungspunkt). – Von 4 untersuchten Örtlichkeiten werden jeweils die Standorts- und Vegetationsverhältnisse beschrieben, sowie repräsentative Meßreihen dargestellt und diskutiert. Die mikroklimatischen Messungen bestätigen die auf Grund der Vegetationsuntersuchungen erwarteten Klimaverhältnisse der Gesellschaften. Die Temperaturen in a und c waren erheblich höher als in b, wo die Werte jedoch bedeutend höher als in den benachbarten Waldgesellschaften lagen. Die Verdunstungskraft entsprach weitgehend der Temperatur. – Mikroklima und Vegetation der extrazonalen Steppenvorkommen werden mit den entspr. großklimatisch bedingten Steppen Osteuropas verglichen.
H. Naumann. 293.

Forstmeteorologische Untersuchungen über den Einfluß verschiedener Bestekkung auf den Wasserhaushalt grundwasserferner pleistozäner Sand- und Lehmstandorte. Forsch.- u. Entwickl.-Stelle Eberswalde, Institut für Forstliche Meteorologie der Humboldt-Universität zu Berlin 50 S. Abschlußber. 15/3. 62. Plan-Nr.: 2151 34/h 1–02/6.
1956–60 wurden in norddeutschen Kiefern- und Buchen- und Kiefern-Buchenmischbeständen Untersuchungen über den Einfluß verschiedener Bestekkung auf den Wasserhaushalt grundwasserferner pleistozäner Standorte durchgeführt. Der Bericht behandelt Niederschlagsmessungen, Stammabflußmessungen und Lysimetermessungen. Es ergab sich die mittlere Jahressumme der Transpiration aus dem Kronenraum des Ki-Bu-Mischbestandes zu 285 mm, die des reinen Ki-Bestandes zu rund 200 mm. Beide Bestände zeigen eine annähernd gleiche Versickerung von rund 65–70 mm pro Jahr, die der Grundwasserbildung zugutekommt. Die Ergebnisse zeigen, daß die Unterschiede der untersuchten Bestände in der Gesamtverdunstung offenbar gering sind. Unterschiede in der Interception werden durch den Stammabfluß, Unterschiede in der Transpiration aus dem Kronenraum vermutlich weitgehend durch die Evapotranspiration der Krautschicht ausgeglichen.
295.

Abramova, M. M. (Abramowa, M. M.); Moskau, Bodenkundl. Dokutschajew-Inst. der Akad. der Wiss. der UdSSR. K voprosu ob ėffektivnosti letnich osadkov v uslovijach zasušlivogo klimata. **(Über die Wirksamkeit der Sommerniederschläge in Trockengebieten.)** Počvovedenie, Moskva **1962** Nr. 9. S. 44 bis 53. — 7 Tab., 11 Lit. Zus. in Engl.

Nach Rotmistrow sind in Trockengebieten nur Niederschläge über 5 mm pro Tag wirkungsvoll. Versuche mit künstlicher Bewässerung zeigen, daß in Trockenperioden die Wirkung der Niederschläge vom Feuchtigkeitsgehalt des Bodens, von der Kulturpflanzenart und vom Pflanzenalter (vor allem der Wurzelentwicklung der Pflanzen) abhängt. Künstliche Bewässerung, in geringen Gaben verabreicht (10 × 5 mm und 5 × 10 mm), hat im Vergleich zur Kontrolle (ohne künstliche Bewässerung) keinen Einfluß auf den Ertrag der Futterhirse, wohl aber auf das Wachstum junger Hirsepflanzen (27 und 91% mehr Tr.-Subst.), während die gleiche Wassermenge, in größeren Gaben (2 × 25 mm) verabreicht, 19% Mehrertrag bei reifer Futterhirse und 176% mehr Tr.-Subst. bei jungen Pflanzen bedingte. Ch. Bachmann. 296.

Gjurova,, M. (Gjurowa, M.) Agrometeorologičeska obosnovka na sroka za seitba pri fasula v Bŭlgarija. **(Agrarmeteorologische Begründung der Aussaatzeit bei Bohnen in Bulgarien.)** Naučni trudove. Visš selskostopanski institut „Vasil Kolarov". Agronomičeski fakultet, Plovdiv **11** (1962) Nr. 1. S. 99–115. — 3 Abb., 7 Tab., 22 Lit. Zus. in Russ., Dtsch.

In Abständen von 10 Tagen, in der Zeit vom 15. März bis zum 30. Mai, wurden Aussaatzeitenversuche durchgeführt. Auf Grund der phänolog. Beobachtungen für den Zeitraum Aussaat—Aufgang und der meteorolog. Werte für die einzelnen Jahre und Ausaattermine wurden die Daten graphisch nach Babuschkin analysiert. Es wurde festgestellt, daß die Keimtemperatur für die in Bulgarien verbreiteten Bohnensorten 7,6 °C beträgt. Der Aufgang der Bohnen setzt erst bei einer Wärmesumme von 79,2–80 °C ein. Als günstigster Saattermin wird die Zeit mit einer anhaltend beständigen Lufttemperatur von 10 °C angegeben. Bei einer solchen Temperatur gehen die Samen innerhalb von 20–23 Tagen auf. Auf den Hochebenen, wo die Gefahr von Spätfrösten besteht, hat die Bohnenaussaat bei Lufttemperaturen von 12–12,5 °C zu erfolgen. Es wird hervorgehoben, daß unter den in Bulgarien herrschenden Klimaverhältnissen der Saattermin nicht von der Bodenfeuchtigkeit, sondern der Lufttemperatur bestimmt wird. M. Stoilow. 296.

Ghosh, B. N.; Chinsurah, West Bengal, Rice Res. Stat. Agro-meteorological studies on rice. I. Influence of climatic factors on dormancy and viability of paddy seeds. **(Agrarmeteorologische Untersuchungen an Reis. 1. Mitt. Einfluß der klimatischen Faktoren auf Keimruhe und Lebensfähigkeit von Reissaatgut.)** Indian J. agric. Sci. **32** (1962) Nr. 3. S. 235–241. — 1 Abb., 4 Tab., 9 Lit. 296.

Ouellet, C. E. und Laporte, G.; L'Assomption, Québec, Min. Fédéral de l'Agric., Ferme Exp., Serv. de Rech. Formule permettant d'integrer l'evapotranspiration et la pluie par un instrument. **(Formel zur Berechnung der Evapotranspiration und des Regens durch ein Instrument.)** Canad. J. Plant Sci. **42** (1962) Nr. 4. S. 711–719. — 2 Abb., 4 Tab., 6 Lit. Zus. in Engl.

Die Notwendigkeit der Beregnung wurde in den letzten Jahren mit einer Methode ermittelt, die vom Bodenwasserhaushalt ausging und auf meteorol. Faktoren, der Evapotranspiration und dem Niederschlag, basierte. Um aus täglichen Angaben die Beregnung zu berechnen, wurde eine neue Formel abgeleitet sowie ein Instrument entwickelt, das sowohl die Evapotranspiration als auch den Niederschlag erfaßt. Das Gerät besteht aus einem Wright-AP-Evaporimeter und Regenmesser. Der Regenmesser war mit einem Abfluß rohr versehen, das zu einem Tank führte, an dem die Evaporation gemessen wurde. Nach einigen Korrekturen, die sich bei der Benutzung ergaben, wird das Gerät jetzt als ausreichend zur Vorhersage der erforderlichen Beregnung angesehen. Dies wurde auch durch den Vergleich des Instrumentes mit 2 anderen Evapotranspirationsbestimmungsmethoden festgestellt. Die Übereinstimmung mit meteorol. Daten war gut. K. Schulz. 299.

Wand, Jen Yu and *Barger, Gerald L.* **Bibliography of agricultural meteorology.** Madison: University of Wisconsin Press. 1962. (673 S. m. Index) 17 × 24,5 cm. $ 6,75. In Zusammenarbeit vom USA Weather Bureau mit der Univ. von Wisconsin, der die Herausgeber angehören, sowie weiterer Mitarbeiter wurde diese Bibliographie der Agrarmeteorologie zusammengestellt. Die Hauptkapitel haben zum Inhalt: 1. Allg. Agrarmeteorologie, 2. Strahlung, 3. Temperatur, 4. Feuchtigkeit, 5. In Beziehung stehende Faktoren (Wind, Elektrizität usw.), 6. Mikroklima, 7. Beobachtung, 8. Instrumentierung, 9. Pflanzenkrankheiten und ihre Beziehungen, 10. Großtiere und Hausgeflügel, 11. Phänologie, 12. Umweltveränderung, 13. Agrarmeteorol. Vorhersage. Dazu kommen noch Hinweise für die Benutzung, ein Abkürzungsverzeichnis sowie ein Autoren- und Sachregister. Gegeben werden 10762 Lit.-Nachweise. Die Zusammenstellung der Bibliographie war nur durch die weltweite Unterstützung der Herausgeber durch den Nachweis der entspr. Lit. möglich. Diese Quellen werden genannt. K. Schulz.

Unter d. Red. v. *Koloskov, P. I.* **Voprosy agroklimatologii.** (Probleme der Agroklimatologie.) Hrsg.: Glavnoe upravlenie gidrometeorologičeskoj služby pri Sovete Ministrov SSSR. Moskva: Gimiz. 1962. (76 S.) 4°. Kop. 51 = Trudy Naučno-issledovatel'skogo instituta aeroklimatologii Nr. 15. (SR 2168, 15)

Agroklimatičeskie uslovija i novye rezervy v sel'skom chozjajstve. (Agroklimatische Bedingungen und neue Reserven in der Landwirtschaft.) Leningrad: Gimiz. 1961. (58 S.) 8°. (1962 A 669)

III. BODENKUNDE

A. Allgemeine Literatur, Berichte, Statistiken u.a.

Schlichting, Ernst; Stuttgart-Hohenheim, Landwirtsch. Hochschule, Inst. für Bodenkunde. **Wesen und Bedeutung der Pedologie.** Naturwiss. Rdsch. **15** (1962) Nr. 7. S. 276–280. — 6 Abb., 9 Lit.

Vf. erörtert Grundgedanken über den Gegenstand der Bodenkunde und über ihre Stellung in der Wissenschaft. Insbes. werden die Probleme der Abgrenzung und der Verzahnung mit den Nachbardisziplinen behandelt. Die Pedologie als selbständige naturwissenschaftliche Disziplin und als Grundlage aller Zweige der Ökologie vermittelt auf verschiedenen Ebenen zwischen den Gesteins- und Lebenswissenschaften. Energetisch und stofflich ergeben sich enge Berührungspunkte zur Geophysik, Geochemie, Petrographie und Limnologie. Die Kategorien Raum und Zeit verbinden die Bodenkunde mit der Geographie und Geologie. — Die Bedeutung pedologischer Erkenntnisse für die Bodennutzung zeigt sich vor allem darin, daß die Klärung der Bodendynamik der Kulturböden prognostische Aussagen über die Entwicklung der Bodenfruchtbarkeit erlaubt. D. Werner. 301.

Meer, K. van der; Arnhem, Nederlandsche Heide Maatschappij. Bodemkunde in de cultuurtechniek. **(Bodenkunde in der Kulturtechnik.)** Landbouwkund. Tijdschr. **74** (1962) Nr. 22. S. 1000–1003. 301.

Problemy počvovedenija. (Probleme der Bodenkunde.) Hrsg.: Akad. nauk SSSR; Vsesojuznoe obščestvo počvovedov. Moskva: Izd. Akad. nauk SSSR. 1962. (287 S.) 4°. (1962 B 247)

Trudy Instituta počvovedenija, Minsk. (Arbeiten des Instituts für Bodenkunde, Minsk Nr. 1.) Minsk: Gosud. izd. sel'skochozjajstvennoj lit. 1961. (251 S.) 8°. (ZA 4154)

Izvestija Kirgizskogo filiala Vsesojuznogo obščestva počvovedov. (Nachrichten der Kirgisischen Zweigstelle der Bodenkundlichen Unionsgesellschaft Bd. 1.) Hrsg.: Akad. nauk Kirgizskoj SSR; Kirgizskij filial Vsesojuznogo obščestva počvovedov. Frunze: Izd. Akad. nauk Kirgizskoj SSR. 1962. 8°. (ZA 4175)

C. Bodenchemie

Kozák, M.; Budapest, Ung. Akad. der Wiss., Forsch.-Inst. für Bodenkunde und Agrochem. **Versuche über die Einwaschung von Nährstoffen auf Sandboden.** Dtsch. Akad. Landwirtsch.-Wiss. Berlin, Tagungsber. **1962** Nr. 44. S. 189–196. — 6 Tab. Zus. in Russ., Engl. nach Zus.

Untersuchungen über das Ausmaß der Einwaschung gestreuter NPK-Dünger (Pét-er Salz, Superphosphat, Kalksalz) in kalkhaltige Sandböden wurden durchgeführt. — N zeigte die stärkste Mobilität; bei Verwendung von 10 und 20 dt/ha Pét-er Salz gelangte er in Tiefen von 20 bzw. 30 cm. Die Einwaschung von K war nur bei Gaben von 20 dt/ha Kalisalz nachweisbar. Geringfügige K-Mengen wanderten 10–20 cm tief. Größere Einwaschungen von P konnten in keinem Fall festgestellt werden. Das auf die Oberfläche gestreute Superphosphat blieb in der obersten Bodenschicht von 0–5 cm zurück. Nach den vorliegenden Ergebnissen hat die Festlegung größere Bedeutung als die Abwanderung. — Durch Versuche mit dem ^{32}P-Isotop wurde die geringe Beweglichkeit des P ebenfalls bestätigt. Das mit ^{32}P markierte Superphosphat zeigte nur zu 2–4% eine Abwärtswanderung in Tiefen von 6–8 cm; zu 92% wurde es in mittelmäßig und schwer pflanzenaufnehmbare Verbindungen umgewandelt. Infolge starker Abnahme ihrer Löslichkeit erreichten die Düngernährstoffe die für die Pflanzenwurzeln günstigsten Tiefen nicht; demgemäß sind die Handelsdünger gleich in die geeigneten Tiefen in den Boden einzubringen. 330.

Cunningham, R. K.; Ghana, West African Cocoa Res. Inst. Mineral nitrogen in tropical forest soils. **(Mineralischer Stickstoff in tropischen Waldböden.)** J. agric. Sci. **59** (1962) Nr. 2. S. 257–262. — 2 Abb., 6 Tab., 13 Lit.
Bestimmungen des mineralisierbaren N in ungestörten tropischen Waldböden Ghanas erbrachten im Vergleich zu Ackerböden der temperierten Klimazone hohe Werte. Dies scheint die Ursache dafür zu sein, daß N-Düngung in beschatteten Kakaopflanzungen und beim Anbau einjähriger Kulturen auf Umbruchflächen keine Mehrerträge bringt. Die Abwärtsbewegung von zugesetztem N erfolgte bei den hohen Niederschlägen relativ schnell, jedoch sind Auswaschungsverluste bei intensiver Durchwurzelung nicht wahrscheinlich. Zur Ermittlung der mineralisierbaren Vorräte an N wird die Bebrütung luftgetrockneter Bodenproben empfohlen, wobei Trocknungsverfahren und Lagerungsdauer standardisiert werden müssen, da beides die Resultate beeinflußt. Die mineralisierten N-Mengen waren nach Lufttrocknung des Bodens etwa 3mal so hoch wie in frischen Proben und korrelierten signifikant mit dem Gehalt an Gesamt-N und org. C. V. Koepke. 330.

Wetselaar, R.; Canberra, Australia, C.S.I.R.O., Div. of Land Res. and Regional Survey. Nitrate distribution in tropical soils. III. Downward movement and accumulation of nitrate in the subsoil. **(Nitratverteilung in tropischen Böden. 3. Mitt. Abwärtsbewegung und Anreicherung von Nitrat im Unterboden.)** Plant and Soil [The Hague] **16** (1962) Nr. 1. S. 19–31. — 5 Abb., 3 Tab., 21 Lit. 2. Mitt. vgl. LZ. Abt. II 8 (1963) Nr. 2. S. 333.
NO_3 und Cl, die im Dez. in Form von Na-Salzen im Freiland auf den Boden ausgebracht worden waren, wurden während der darauffolgenden Regenzeit in gleicher Weise eingewaschen. Zwischen Niederschlagsmenge und Einwaschungstiefe bestand eine signifikante Korrelation ($r = + 0{,}946$). In tonigem Lehmboden verursachten 10 mm Niederschlag eine Abwärtsbewegung der Ionen von durchschnittlich 1,075 cm, in schluffigem Sandboden von 0,99 cm und in Sandboden von $> 2{,}12$ cm. Die geringe Einwaschung in den schluffigen Sand wird mit niedriger Infiltrationsintensität erklärt. V. Koepke. 330.

Slavnyj, Ju. A. und Vorob'eva, É. S. (Slawny, Ju. A. und Worobjowa, E. S.); Moskau, Bodenkundl. Dokutschajew-Inst. der Akad. der Wiss. der UdSSR. Osaždenie kremnezema iz počvennych rastvorov pri promerzanii. **(Ausfällen von Kieselsäure aus Bodenlösungen beim Gefrieren.)** Počvovedenie, Moskva **1962** Nr. 9. S. 80–84. — 3 Tab., 13 Lit. Zus. in Engl.
Für die Böden des Amur-Seja-Zwischenstromlandes ist eine deutliche SiO_2-Anreicherung in den unteren Bodenhorizonten charakteristisch, die nach

Vff. nicht das Ergebnis eines bestimmten Bodenbildungstyps, sondern auf spez. phys.-chem. Bedingungen in schweren Böden zurückzuführen ist. Die Kieselsäure wird aus übersättigten Bödenlösungen bei Temperaturen unter 0 °C z. T. ausgefällt. Ch. Bachmann. 330.

Hargitai, L. Humuszanyagok optikai tulajdonságai és nitrogéntartalmuk közötti összefüggés. **(Zusammenhänge zwischen den optischen Eigenschaften und dem Stickstoffgehalt von Humusstoffen.)** Keszthelyi mezögazdasági Akad. Kiadványai [Mitt. landwirtsch. Akad. Keszthely] **1961** (hrsg. 1962) Nr. 5. S. 20. – Aus: Ung. Agrar-Rdsch. **1962** Nr. 4.

Das Untersuchungsmaterial wurde aus einem Steppenboden, einem braunen Waldboden und einem Alkaliboden vom Solonetztyp gewonnen. — a) Die spez. Extinktion, berechnet auf den gleichen %-C-Gehalt, war in beiden Huminsäuregruppen (mobile Huminsäure, Huminsäurekomplex) größer bei kleinerer als bei höherer C/N-Verhältniszahl. Die letzteren Zahlenwerte lagen i. allg. höher in den durch fraktionierte Peptisation erhaltenen als in den unmittelbar herausgelösten (mobilen) Huminsäuren. — b) Der erwähnte Zusammenhang zwischen der C/N-Verhältniszahl und der spez. Extinktion war nicht im gleichen Maße gültig für Huminsäuren von verschiedener Herkunft. — c) Der höhere %-N-Gehalt der mobilen Huminsäuren dürfte darauf zurückzuführen sein, daß dieses Material zum erheblichen Teil aus Stoffwechselprodukten der Bakterien besteht (C/N = 5). — d) Der geringere N-Gehalt der durch fraktionierte Peptisation erhaltenen Huminsäuren läßt sich wahrscheinlich dadurch erklären, daß im Laufe der Vorbehandlung gerade die N-reicheren, aber den Durchtritt des Lichtes wenig beeinflussenden Ketten vom Huminsäuremolekül abgespalten werden. — e) Den mobilen Huminsäuren dürfte eine wichtigere Rolle in der Versorgung der Pflanzen mit N zufallen, als i. allg. angenommen wird. — Der %-N-Gehalt der verschiedenen Huminsäuren läßt an und für sich keine Schlüsse in bezug auf N-Versorgung der Pflanzen zu; notwendig ist auch die Kenntnis der Bindungsweise des N, insofern diese das Ausmaß der N-Abspaltung bestimmt. 333.

Kumada, Kyoichi und Sato, Osamu; Nagoya, Univ., Fac. of Agric., Dep. of Agric. Chem. Chromatographic separation of green humic acid from podzol humus. **(Chromatographische Abtrennung von grünen Huminsäuren aus Podsolhumus.)** Soil Sci. Plant Nutrit. [Tokyo] 8 (1962) Nr. 2. S. 31–33. – 2 Abb., 2 Lit. Orig.: engl.

Aus den A_2-Horizonten zweier Podsole isolierte Huminsäuren vom sog. P-Typ (charakteristische Absorptionsbanden bei 620, 570 und 450 nm) wurden auf einer Cellulosesäule mit Äthanol +0,1 n NaOH (2:1) als Laufmittel in eine leicht eluierbare braune Zone und eine oben in der Säule verbleibende grüne Zone aufgetrennt. Aus der durch Elution mit 0,1 n NaOH gewonnenen grünen Lösung fielen bei Zusatz von HCl rotbraune Niederschläge aus, die ihren Eigenschaften nach den Huminsäuren zugeordnet werden konnten. Diese grünen Huminsäuren zeigten im Gegensatz zur braunen Fraktion die spez. Absorptionsbanden der P-Typ-Huminsäuren sehr ausgeprägt. Sie wurden in den A- und B-Horizonten vieler Podsole entdeckt und scheinen charakteristisch für diese zu sein. Vff. schließen aus der Tatsache, daß mehrere Porphyrine ähnliche Absorptionsbanden aufweisen, auf die Entstehung der grünen Huminsäuren durch oxydative Polymerisation von Porphyrinkernen aus dem Chlorophyll abgefallener Blätter, die unter den in den untersuchten Podsolen herrschenden sauren Bedingungen nicht abgebaut werden.
K. Koepke. 333.

De, S. K. und Rastogi, R. C.; Allahabad, Univ., Chem. Lab. Adsorptive behaviour of d-glucose with clay minerals. **(Adsorptives Verhalten zwischen d-Glukose und Tonmineralen.)** Z. Pflanzenernähr., Düng., Bodenkunde **98(143)** (1962) Nr. 2. S. 121–125. – 1 Abb., 4 Tab., 15 Lit.

5 Tonmineralproben (Bentonit, Kaolinit, Biotit, Muskovit, Glaukonit) wurden in Glucoselösungen mit stufenweise erhöhter Konz. geschüttelt. Vff. bestimmten im Aliquot der überstehenden Lösungen die adsorbierten Glucosemengen über die Restglucosekonzentrationen. – Bei geringeren Glucosezusätzen variierten die adsorbierten Mengen stark, bei höheren fielen sie entspr. der Folge Bentonit > Biotit > Muskovit > Kaolinit > Glaukonit. In Gegenwart von komplexbildenden Reagentien (Cupferron, 8-Hydroxychinolin, Acetylchlorid) ging die adsorbierte Glucosemenge zurück; mit NaCl-Lösung gewaschene Tonminerale adsorbierten größere Beträge. H. E. Freytag. 335.

Misra, S. G. und Tiwari, R. C.; Allahabad, India, Univ. of Allahabad, Agric. Chem. Sect. Studies on the adsorption and release of copper by soils. Effect of cations. Part I. **(Untersuchungen über die Adsorption und die Freisetzung von Kupfer durch Böden. Einfluß von Kationen. 1. Mitt.)** Soil Sci. Plant Nutrit. [Tokyo] 8 (1962) Nr. 3. S. 1–4. – Orig.: engl.
Der Einfluß von Na- und Ca-Ionen auf die Cu-Adsorption aus verdünnten $CuCl_2$-Lösungen und auf den Ionenaustausch wurde an einem sauren, schlecht mit K_2O und P_2O_5 versorgten Roterdeboden (pH 5,2) und einem normalen, gut versorgten Alluvialboden untersucht. Adsorption und Austausch von Cu-Ionen wurden im sauren Boden durch Na- und Ca-Ionen stark vermindert, in normalem Boden nur geringfügig beeinflußt. Der saure Boden adsorbierte weniger Cu-Ionen als der normale Boden. Vff. folgern, daß die Adsorption des Cu-Ions nach den Gesetzmäßigkeiten des Basenaustausches verläuft und von der Austauschkapazität und dem pH-Wert des Bodens abhängt.
O. Knabe. 335.

Jenny, Hans and *Raychaudhuri, S. P.* **Effect of climate and cultivation on nitrogen and organic matter reserves in Indian soils.** New Delhi: Indian council of agricultural research 1960. (126 S.) 8°. (1962 A 899)
Meyer, Walter. **Die Bestimmung funktioneller Gruppen an Huminsubstanzen aus Böden.** Diss. Eidgen. Techn. Hochschule Zürich. 1962. (81 S.) 8°. (Diss. 8561)

D. Bodenphysik

Heinonen, Reijo; Helsinki, Univ., Dep. of Agric. Chem. Soil productivity in the textural range from clay loam to very heavy clay. **(Bodenproduktivität im Texturbereich vom tonigen Lehm bis zum sehr schweren Ton.)** Suomen maataloustieteellisen Seuran Julkaisuja [Acta agral. fenn.] **99** (1962) Nr. 2. S. 1–22. – 3 Abb., 6 Tab., 25 Lit.
Von wenigen Ausnahmen abgesehen, stellen die vom Vf. nach ihrer Korngrößenzusammensetzung untersuchten Versuchsfelder der zum Landwirtsch. Forschungszentrum gehörenden Abteilung für Pflanzenzüchtung in Jokioinen (Südwestfinnland) sehr zähe Tone dar, die meist über weniger schweren Tonen von großer Mächtigkeit lagern. Die Untersuchungen erstreckten sich vor allem auf den Anbau von Sommergetreidearten, deren Ertragsleistungen eine deutliche Abhängigkeit von den jeweiligen Feuchteverhältnissen der überprüften Standorte erkennen ließen. Darüber hinaus war in diesem Zusammenhang ein hoher Tonanteil oder ein niedriger Gehalt an Fraktionen zwischen 2–60 μm als äußerst günstig zu beurteilen, während sich andererseits die Schlufffraktionen 2–20 μm nachteiliger als die Feinsandfraktion erwiesen. Der ertragsmindernde Einfluß der 2–60-μm-Fraktionen ist wahrscheinlich damit zu begründen, daß sie eine verstärkte kapillare Leitfähigkeit und somit auch eine erhöhte Evaporation zur Folge haben. Weiterhin neigen die genannten Fraktionen dazu, mit der Tonsubstanz, sobald deren Anteil 30–50% ausmacht, dichte, wurzelunwegsame Pflugsohlen auszubilden.
W. Prager. 342.

Romaškevič, A. I. (Romaschkewitsch, A. I.); Moskau, Bodenkundl. Dokutschajew-Inst. der Akad. der Wiss. der UdSSR. Mikrostroenie i mikroagregirovannost' počv v svjazi so smyvom i obrazovaniem nanosov. **(Mikroaufbau und Mikroaggregation der Böden in Zusammenhang mit Ab- und Anschwemmung.)** Počvovedenie, Moskva **1962** Nr. 10. S. 56–61. — 1 Abb., 2 Tab., 8 Lit. Zus. in Engl.

Vf. unterscheidet 3 Mikrostrukturtypen: a) nichtkoagulierter Typ ohne Mikroaggregation, b) fragmentarischer und granulöser Typ. Zwischen dem Mikrostrukturtyp und der Wasserstabilität der Aggregate besteht eine direkte Abhängigkeit. Anschwemmungen, die aus Böden mit nichtkoagulierter und fragmentarischer Struktur gebildet wurden, besitzen schlechte phys. Eigenschaften. Ch. Bachmann. 344.

Koloskova, A. V. (Koloskowa, A. W.) Soderžanie kal'cij-gumatnych i železo-gumatnych mikroagregatov v vodopročnych agregatach raznogo razmera. **(Ca-Humat- und Fe-Humatgehalt in wasserstabilen Aggregaten verschiedener Größen.)** V sb.: Počvy Južn. Urala i Povolž'ja, Ufa **1960** S. 143–148. — Aus: Referativnyj žurnal. Biologija, Moskva **1961** Nr. 14. G 141. S. 17.

Ausgelaugte Schwarzerden des Swerdlowsker Gebietes enthalten 10% Aggregate der Größenordnung > 1 mm und 35–40% der Größenordnung > 0,25 mm. Die entspr. %-Werte für den Unterboden betragen 48 bzw. 79. Der Aggregatanteil des Pflughorizontes graubrauner Waldböden ist größer (52–64% Ca-Humat- und 7–12% Fe-Humat-Mikroaggregate). Der Humusanteil in Ca-Humat-Aggregaten macht 60–75% und der in Fe-Humat-Aggregaten 18–25% aus. Je größer die Aggregate, um so größer ist ihr Humusanteil. übersetzt v. W. Peitz. 344.

Kačinskij, N. A. (Katschinski, N. A.); Lehrstuhl für Physik und Bodenmeliorat. Problema ispol'zovanija vysokomolekuljarnych soedinenij dlja ostrukturivanija počv. **(Der Einsatz hochmolekularer Verbindungen für die Strukturverbesserung der Böden.)** Vestnik Moskovskogo universiteta. Serija VI. Biologija, počvovedenie **17** (1962) Nr. 4. S. 3–23. — 5 Abb., 6 Tab., 59 Lit.

In Gefäß- und Feldversuchen mit Proben eines Rasenpodsolbodens und eines hellen kastanienfarbigen Bodens wurde der Einfluß verschiedener Krümelstabilisatoren auf die Struktur des Bodens und den Gehalt an einigen Bodenmikroorganismen untersucht. Zum Einsatz kamen sowohl Handelspräparate (VAMA[**I**]), Separan [**II**], Verdickung AN [**III**], Rohagil [**IV**]) als auch Präparate eigener Herstellung (Ca- [**V**] und NH_4- [**VI**] Lignosulfonat, hydrolysiertes Polyacrylnitril [**VII**] und Humuspräparate [**VIII**]). Die stärkste Wirkung auf die Struktur wurde mit **II** erzielt. **III** und **VII** nahmen eine Mittelstellung ein. Im Gegensatz zu **II**, das in Konz. von 0,05–0,1% des Bodengewichtes angewendet wurde, mußten **III** und **VII** in Mengen von 0,2% bzw. 0,3–0,4% des Bodengewichtes verabfolgt werden. Bei Verwendung von **V**, **VI** und **VIII** waren Gaben von über 0,5% des Bodengewichtes notwendig. Hinsichtlich der Erhaltung der Stabilität wirkten **III** und **VII** am schlechtesten, **II** am besten. Die Aggregationseigenschaften bei wiederholter Behandlung waren vom Mittel und vom Bodentyp abhängig. In Modellversuchen beeinflußte **V** die Zahl der Mikroorganismen positiv. Im Vergleich zur unbehandelten Kontrolle stieg die Zahl der Bakterien, Pilze und N-Sammler bis zum 30. Tage an. **VII** zeigte eine ähnliche Wirkung. Auf *Azotobacter* wirkten jedoch **V** und **VI** (0,5% bzw. 1,0% des Bodengewichtes) stark toxisch. H. Winkler. 344.

Kullmann, A.; Müncheberg, Inst. für Acker- und Pflanzenbau der Dtsch. Akad. der Landwirtsch.-Wiss. zu Berlin. **Über den Einfluß einiger Düngungsvarianten des Feldversuches „Ewiger Roggenbau" (Halle/S.) auf die Bodenstruktur.** Albrecht-Thaer-Arch. **6** (1962) Nr. 10. S. 734–741. — 4 Tab. nach Zus.

Der Einfluß langjährig gleichbleibender Düngung auf die Bildung wasserbeständiger Krümel wurde auf 3 Parzellen der Versuchsfläche „Ewiger Roggenbau" untersucht. Im Vergleich zur ungedüngten Variante hat die Stallmistdüngung eine signifikante Förderung der stabilen Krümelanteile bewirkt, während durch NPK-Düngung kein statistisch gesichert höherer Krümelanteil erzielt worden ist. – Die Bedeutung der parallelen Anwendung mehrerer Methoden zur Beurteilung der Auswirkung von 3 Düngungsvarianten wird herausgestellt. 344.

Wiegand, Craig L. und Taylor, Sterling A.; Utah State Univ. Temperature depression and temperature distribution in drying soil columns. **(Temperaturerniedrigung und Temperaturverteilung in abtrocknenden Bodensäulen.)** Soil Sci. **94** (1962) Nr. 2. S. 75–79. – 3 Abb., 9 Lit.

Während des evaporativen Austrocknungsprozesses eines Bodens findet eine Übertragung von Wärme und Wasserdampf durch die Boden-Luft-Übergangszone statt. Solange die Bodenoberfläche feucht ist, bewirkt die endotherme Evaporation eine Abkühlung dieses Bereiches. Sobald jedoch die Bodenoberfläche abgetrocknet ist, steigt die Temperatur infolge der dann einsetzenden Strahlung an, so daß der austrocknende Boden eine höhere Temperatur als der feuchte Boden unter den gleichen Bedingungen aufweist. Gleichheit zwischen der evaporativen Oberfläche und den Lufttemperaturen stellt einen sehr speziellen Fall dar, der zu seiner Erhaltung der Energiezufuhr aus den Quellen der latenten Wärmeverdunstung und der langwelligen Strahlung bedarf. Vff. untersuchten diese Zusammenhänge an einem Schlufflehm und gelangten zu der allgemeinen Schlußfolgerung, daß die evaporative Trocknung eines feuchten Bodens nicht mit einem isothermalen Vorgang zu vergleichen ist. W. Prager. 346.

Nikitin, G. P. K voprosu o vlijanii termičeskogo gradienta na vodnyj režim počvy. **(Über den Einfluß des Wärmegradienten auf den Wasserhaushalt des Bodens.)** Naučn. soobšč. Jakutskij fil. Sib. otd. AN SSSR **1961** Nr. 5. S. 13–16. – Aus: Referativnyj žurnal. Biologija, Moskva **1962** Nr. 3. D 79. S. 13.

In Böden entsteht während der warmen Jahreszeit eine Wasserbewegung, die auf Temperaturdifferenzen zurückzuführen ist. Das Wasser fließt aus den oberen warmen in die unteren kälteren Bodenschichten. Diese abwärts gerichtete Bewegung wird durch die aufwärts gerichtete kapillare Feuchtigkeit etwas verringert. Während der kalten Jahreszeit (Herbst und Winter) ist die Thermodynamik des Bodenwasser nur schwach ausgeprägt.
übersetzt v. G. Boetticher. 346.

Kullmann, A. und Klimes-Szmik, A.; Müncheberg, Inst. für Acker- und Pflanzenbau der Dtsch. Akad. der Landwirtsch.-Wiss. zu Berlin; Budapest, Ung. Akad. der Wiss., Forsch.-Inst. für Bodenkunde und Agrochem. **Ein Beitrag zu den Veränderungen der Bodenporosität in Abhängigkeit von der Zeit.** Albrecht-Thaer-Arch. **6** (1962) Nr. 10. S. 712–723. – 8 Abb., 3 Tab. nach Zus.

Die gemessenen Porositätswerte weisen beträchtliche Veränderungen in Abhängigkeit von der Zeit auf, wobei sich Differenzen zwischen den Versuchsflächen und den einzelnen Untersuchungsjahren ergeben. Eine der Ursachen für die Zeitabhängigkeit ist auf den Witterungseinfluß zurückzuführen. Aus dem übereinstimmenden Verhalten der Porositätswerte, Durchflußwerte und Wasserbeständigkeit der Aggregate gegenüber der Bodenfeuchtigkeit wird vermutet, daß die Resultierende aus den entgegengesetzt wirkenden Quellungs- und Attraktionskräften für die Veränderungen in der Porosität verantwortlich ist. Weiterhin zeichnet sich ein Einfluß der Bodenart in dem Sinne ab, wonach auf den leichteren Böden mit zunehmender Feuchtigkeit sowohl die Porosität als auch die Durchlässigkeit und der Krümelanteil abnehmen. Auf dem Hirschfelder schweren Lehmboden (höherer Anteil abschlämmbarer Teilchen, höhere Feldkapazität) ist wohl noch eine entspr. Abhängigkeit der Porosität von der Bodenfeuchtigkeit vorhanden, doch ergibt sich zwischen den anderen gemessenen Werten kein Zusammenhang mehr mit der Feuchtigkeit, während auf dem Tonboden in Vezseny mit zunehmender Feuchtigkeit auch die Porosität steigt. 346.

Klimes-Szmik, A. und Kullmann, A.; Budapest, Ung. Akad. der Wiss., Forsch.-Inst. für Bodenkunde und Agrochem.; Müncheberg, Inst. für Acker- und Pflanzenbau der Dtsch. Akad. der Landwirtsch.-Wiss. zu Berlin. **Über die kapillare Wasserkapazität, an niedrigen Bodensäulen gemessen.** Albrecht-Thaer-Arch. **6** (1962) Nr. 10. S. 698–711. – 8 Abb., 4 Tab. nach Zus.

Einleitend wird an einem Modellversuch aufgezeigt, inwieweit auf Grund der bekannten Beziehung zwischen Höhe der Bodensäule und Porenradius auch die WK_{kap} von der Säulenhöhe des Bodens entscheidend abhängig ist. Darum wurde bei den nachfolgenden Untersuchungen an natürlich gelagertem Boden stets auf 10 cm hohe Proben zurückgegriffen. Vff. haben hierbei feststellen können – abgesehen von Studien über die Geschwindigkeit der kapillaren Sättigung der verschiedenen Böden –, daß in den einzelnen Schichten der Proben unterschiedliche Porositäten vorliegen, wodurch im kapillar gesättigten Zustand des Bodens ein entscheidender Einfluß auf die vertikale Verteilung des Wassers ausgeübt wird. Unter den Faktoren, die die WK_{kap}-Werte beeinflussen, wird bes. auf die Abhängigkeit von der Gesamtporosität hingewiesen, die sich durch die Gleichung einer Geraden charakterisieren läßt. Aus diesem Zusammenhang läßt sich für leichte Böden angenähert die Porosität der Aggregate berechnen, während bei schwereren Böden zu erwarten ist, daß die Werte zu hoch ausfallen; eine Ausnahme bildet der untersuchte sandige Lehmboden, bei dem angenähert nur die Porosität der Mikroaggregate in Erscheinung tritt. Außerdem konnte nachgewiesen werden, daß die Feuchtigkeit bei der Probenentnahme von Einfluß auf die WK_{kap}-Werte ist. Somit ergibt sich, daß die WK_{kap}- nicht für sich allein, sondern stets im Zusammenhang mit der Porosität und dem Feuchtigkeitsgehalt bei der Probenentnahme betrachtet werden muß. 346.

Klimes-Szmik, Andor. A talaj pórusterének beosztása a víz mozgása alapján. **(Die Unterteilung der Bodenhohlräume auf Grund der Wasserbewegung.)** Agrokémia és Talajtan [Agrochem. u. Bodenkunde] **11** (1962) Nr. 1. S. 41–54. – 4 Abb., 6 Tab., 13 Lit. Zus. in Russ., Franz. Aus: Ung. Agrar-Rdsch. **1963** Nr. 1.

Vf. untersuchte einerseits die Porositätsverhältnisse in natürlichen Böden, andererseits in Krümeln von bestimmter Größenordnung. Der Unterschied zwischen der kapillaren und der min. Wasserkapazität entspricht einer charakteristischen Fraktion des Porenraumes, die als „Kapillargravitationshohlraum" (Kgh) bezeichnet wird. Der Kgh schwankt in Abhängigkeit von nachstehenden Faktoren: a) Er nimmt ab mit Zunahme des Tongehaltes des Bodens und weist etwa folgende Werte auf: Sand 15, Lehm 15–10, toniger Lehm 10–4, Ton 4 Vol.-%. Diese Abnahme ist darauf zurückzuführen, daß mit Zunahme der Bindigkeit des Bodens die min. WK schneller ansteigt als die kapillare. b) Verringert wird der Kgh auch mit zunehmender Größe der Krümel, weil sich dadurch der Anteil der größeren, nichtkapillaren Hohlräume erhöht. c) Zusatz von org. Stoffen zum Boden vermindert den Kgh ebenfalls, weil die min. WK auch in diesem Falle schneller ansteigt als die kapillare. d) Schließlich verringert sich der Kgh bei Zunahme des Salzgehaltes im Wasser, da sich die kapillare WK nicht wesentlich verändert (etwas abnimmt), die min. WK hingegen ansteigt. – Der Kgh stellt eine Größe dar, die zur Unterteilung der Böden im Hinblick auf ihren Wasserhaushalt sehr geeignet ist.

Diese Größe vermittelt ein viel übersichtlicheres Bild von den Unterschieden zwischen den einzelnen Böden als zahlenmäßige Angaben der Abmessungen verschiedener Hohlraumfraktionen. 346.

Staple, W. J.; Ottawa, Ontario, Canada Dep. of Agric. Hysteresis effects in soil moisture movement. **(Hysteresis-Effekte bei der Bewegung der Bodenfeuchte.)** Canad. J. Soil Sci. 42 (1962) Nr. 2. S. 247–253. — 2 Abb., 15 Lit.
Böden zeichnen sich u. a. dadurch aus, daß sie bei einer gegebenen Spannung während der Desorption mehr Wasser als während der Sorption zu halten vermögen. Dieser Hysteresis-Effekt wurde vom Vf. an einem Schlufflehm studiert, der in lufttrockenem Zustand und bei Verwendung eines mechanischen Rüttlers in 6 aufeinanderstehende Messingzylinder (Zylinderhöhe 25,4 cm, -breite 6,4 cm) abgefüllt worden war. Unter diesen Bedingungen bot sich die Möglichkeit, in den einzelnen Zylindersegmenten den Hysteresis-Effekt auf indirektem Wege durch Messung der Feuchtespannung bei der Wiederbefeuchtung der Bodensubstanz zu erfassen. Das Ausmaß der Feuchtespannung, das in erster Linie von dem sich ändernden Wassergehalt und somit auch vom Ausbreitungsvermögen des Wassers beeinflußt war, erwies sich bei 25–400 cm Wassersäule während der Austrocknung mehr als 2mal so groß wie während der Befeuchtung. W. Prager. 346.

E. Bodenbiologie

Müller, G.; Leipzig, Karl-Marx-Univ., Inst. für Bodenkunde und Mikrobiol. **Über die bodenbiologische Dynamik eines 80jährigen Dauerdüngungsversuches.** Zbl. Bakteriol., Parasitenkunde, Infektionskrankh. Hyg., II. Abt. **115** (1962) Nr. 6. S. 585–593. — 7 Tab., 4 Lit.
Die in 70 Jahren im „Ewigen Roggenbau" erzielten Ertragswerte und Bodenuntersuchungsergebnisse werden einleitend diskutiert. Auf Grund des Fehlens komplexer bodenbiol. Untersuchungen wurde über 3 Monate lang die quantitative und qualitative bakteriol., mykol. und zool. Situation in den Versuchsvarianten Stallmist I und II, NPK, N und ungedüngt geprüft. Die gegenüber „ungedüngt" signifikant höheren Pilz- und Bakterienzahlen der Stallmistparzellen fielen in der NPK- und bes. in der N-Parzelle stark ab. Collembolen, Milben und Nematoden waren außer in den org. gedüngten auch in den NPK-Parzellen häufiger. Die Düngungsvarianten differenzierten vereinzelt die %-Verteilung der Tiere, nicht die der Pilze und Aktinomyceten.
Horst Unger. 350.

Rehm, Hans-Jürgen und Sommer, Günther; München, Dtsch. Forsch.-Anst. für Lebensmittelchem.; Univ., Balneol. Inst., Chem. Abt. **Mikrobiologische und chemische Untersuchung eines nordwestdeutschen Hochmoores.** Zbl. Bakteriol., Parasitenkunde, Infektionskrankh. Hyg., II. Abt. **115** (1962) Nr. 6. S. 594–600. — 1 Abb., 3 Tab., 17 Lit.
In einem norddeutschen Hochmoor (Wildenlohs-Moor), das chem. bis auf 3 m Tiefe untersucht wurde, stieg der pH-Wert von oben nach unten, der Mineralstoffgehalt nahm dagegen ab. Parallel dazu durchgeführte quantitative mikrobiol. Untersuchungen führten zu ähnlichen, von anderen Autoren in bayerischen Hochmooren erzielten Ergebnissen. Die gegenüber Mineralböden geringen Bakterienzahlen nahmen bis zur Grenze zwischen Weiß- und Schwarztorf (ca. 120 cm) zu. *Micrococcus*-Arten besiedelten die oberen Schichten, *Pseudomonas*-Arten die Schicht zwischen 60 und 180 cm, während noch tiefer Sporenbildner vorherrschten, und auch *Streptomyces ruber* relativ häufig auftrat. Horst Unger. 350.

Sabo I. Marton M., Varga, L. und Šenfeld, Š. (Sabo, I., Marton, M., Warga, L. und Schönfeld, Sch.); Budapest, Forsch.-Inst. für Bodenkunde und Agrochem. der Ung. Akad. der Wiss. Kompleksnye počvenno-biologičeskie issledovanija na rendzinach. **(Komplexe bodenbiologische Untersuchungen auf Rendzinaböden.)** Počvovedenie, Moskva **1962** Nr. 10. S. 85–95. – 6 Abb., 4 Tab., 10 Lit.

Vff. untersuchten die biol. Verhältnisse der Rendzinaböden Pannoniens (Westungarn). – Bei der Streuzersetzung spielen die Larven der Zweiflügler, bes. die aus der Familie der *Bibionidae*, eine wichtige Rolle. Sie verarbeiten die Pflanzenrückstände zu „kaprogenem Humus“. Vorherrschende Humusform ist der Moder. Mullbildung ist infolge gehemmter Tonmineralbildung und ungünstiger Eigenschaften des Muttergesteins nicht möglich, obwohl Vertreter der *Oligochaeta* vorhanden sind. Die Zusammensetzung der Mikroflora und -fauna wird wesentlich vom Feuchtigkeitsgehalt des Bodens bestimmt. Ch. Bachmann. 350.

Müller, G.; Leipzig, Karl-Marx-Univ., Inst. für Bodenkunde und Mikrobiol. **Bodenbiologische Veränderungen durch organische Düngemittel.** Dtsch. Akad. Landwirtsch.-Wiss. Berlin, Tagungsber. **1962** Nr. 44. S. 39–45. – 1 Abb., 1 Tab., 7 Lit. Zus. in Russ., Engl. nach Zus.

Bodenbiol. Veränderungen bei einschlägigen praktischen Maßnahmen unter dem Gesichtspunkt der Verbesserung leichter Böden werden besprochen. – Die überaus günstige bodenbiol. Wirkung des Stalldüngers ist u. a. auf seinen hohen, bei Kulturpflanzen wachstumsstimulierend in Erscheinung tretenden Wirkstoffgehalt und seine günstigen Sorptionseigenschaften zurückzuführen. Auch mit Hilfe von pflanzenbaulichen Maßnahmen, die große Mengen an Vegetationsrückständen hinterlassen, wie an Hand von Futterpflanzen, Rein- und Mischsaatenversuchen gezeigt werden konnte, können das biol. Geschehen und damit die ernährungsphysiol. aktive org. Bodensubstanz günstig beeinflußt werden. 350.

Steinbrenner, K.; Müncheberg/Mark, Inst. für Acker- und Pflanzenbau der Dtsch. Akad. der Landwirtsch.-Wiss. zu Berlin. **Der Einfluß der kombinierten Düngung auf das Bodenleben.** Dtsch. Akad. Landwirtsch.-Wiss. Berlin, Tagungsber. **1962** Nr. 44. S. 197–206. – 3 Tab., 16 Lit. Zus. in Russ., Engl. nach Zus.

Im Bodenfruchtbarkeitsversuch in Thyrow, vor 23 Jahren angelegt, wurden die durch mineral. und org. Düngung hervorgerufenen mikrobiol. Veränderungen untersucht. Auf der ungedüngten und auf der NPKCa-Parzelle war im Vergleich zur mineral. Volldüngung + 300 dt/ha Stallmist eine starke Verringerung im Gehalt des Bodens an Gesamtbakterien, Eiweißzersetzern, N-Bindern, Nitratbildnern, Cellulosezersetzern, Actinomyceten, Collembolen und Milben zu verzeichnen, doch betrug der Rückgang auf der NPKCa-Parzelle nur etwa rund die Hälfte von dem der ungedüngten Parzelle. Die Erhöhung der Stallmistgabe von 300 auf 600 dt/ha führte zu einer signifikanten Anreicherung fast aller Mikroorganismengruppen. Eine Ausnahme bildeten die mikroskopischen Bodenpilze, deren Keimzahl durch die Düngung nicht wesentlich beeinflußt wurde. – Die Ermittlung der prozentualen Häufigkeit der Pilzgattungen und der Collembolenfauna ergab bei einigen Pilzgattungen bzw. Collembolenarten eine Abhängigkeit von der angewandten Düngung. 350.

Balicka, N. und Kosinkiewicz, B.; Wrocław, Landwirtsch. Hochschule, Inst. für Bodenmikrobiol. **Die Ausnutzung einiger Stickstoffverbindungen durch Mikroorganismen der Rhizosphäre.** Dtsch. Akad. Landwirtsch.-Wiss. Berlin, Tagungsber. **1962** Nr. 44. S. 47–55. – 4 Abb., 3 Tab., 10 Lit. Zus. in Russ., Engl. nach Zus.

In den Wurzelausscheidungen steril gezüchteter Pflanzen (Hafer, Peluschken) wurde eine Reihe von Aminosäuren festgestellt. Ihre Zahl änderte sich je nach Temperatur und Lichtintensität. Ein Einfluß der Nährlösung auf die Qualität der ausgeschiedenen Aminosäuren wurde nicht festgestellt. Die Mikroflora der Rhizosphäre entwickelte sich besser auf einem Nährboden mit mehreren Aminosäuren (Pepton) als auf einzelnen Aminosäuren, z. B. Glutaminsäure oder Alanin. Alanin, ein ständiges Element der Wurzelausscheidungen des Hafers, stimulierte die Mikroflora dieser Pflanzen mehr als die der Peluschken. — In der Nährlösung konnte keine gegenseitige Beeinflussung der Mikroflora der Peluschken und der des Hafers festgestellt werden. Impfung der Pflanzen mit ihrer eigenen Mikroflora führte bei Hafer und Peluschken (sowohl bei Reinkultur als auch im Gemisch) zu erhöhtem Amino-N-Anfall im Nährboden. Die Prüfung der gegenseitigen Beeinflussung einzelner Stämme aus der Rhizosphäre beider Pflanzen ließ einen Antagonismus zwischen der Mikroflora der Peluschken und der des Hafers erkennen. 350.

Rempe, E. Ch. und Kaltagova, O. G. (Rempe, Je. Ch. und Kaltagowa, O. G.); Moskau, Unions-Forsch.-Inst. für Düng. und Bodenkunde. Vlijanie kornevoj mikroflory na aktivnost' fiziologičeskich processov v rastenijach. **(Der Einfluß der Wurzelmikroflora auf die Aktivität der physiologischen Prozesse in den Pflanzen.)** Agrobiologija, Moskva **1962** Nr. 6. S. 866–878. — 2 Abb., 25 Tab.
Durch Versuche wurde nachgewiesen, daß Pflanzen sich auch im sterilen Milieu entwickeln können, sofern sie reichlich mit löslichen N-, P- und K-Formen versorgt werden. Wird jedoch die Rhizosphäre mit Bakterien angereichert, so steigert sich die oberirdische und unterirdische Masse der Pflanzen um 30–50%. Den günstigsten Einfluß übt jeweils der Bakterienkomplex aus, der der betr. Pflanzenart eigen ist. Weitere Untersuchungen zeigten, daß die Mikroflora der Wurzeln auf die Aktivität der physiol. Prozesse in der Pflanze positiv einwirkt. Diese Wirkung ist vor allem darauf zurückzuführen, daß von der Mikroflora stimulierende Stoffe produziert werden, die jedoch nur bei starker Verdünnung (1/400; 1/1000) die Pflanze fördern.
E. Kahn. 350.

Sankaram, A. und Rao, Sundara W. V. B.; New Delhi, Div. of Soil Sci. and Agric. Chem. Synthesis of vitamin B_{12} by soil bacteria. **(Synthese von Vitamin B_{12} durch Bodenbakterien.)** Current Sci. [Bangalore] **31** (1962) Nr. 8. S. 334–336. — 4 Tab., 1 Lit.
Untersuchungen der Rhizosphäre von *Triticum vulgare*, *Vigna catjang* und *Trifolium alexandrinum* ließen erkennen, daß stark Vitamin B_{12} synthetisierende Bodenbakterien vor allem in mit Leguminosen bebauten Böden vorkommen. Diese Vitaminsynthese wird i. allg. durch Düngung günstig beeinflußt. Die Ergebnisse deuten darauf hin, daß die vorteilhafte Wirkung des Leguminosen-Zwischenfruchtanbaues auf die Bodenfruchtbarkeit teilweise auch darauf zurückzuführen ist, daß eine spez. Mikroflora Vitamin B_{12} für andere wichtige Bodenmikroorganismen, wie z. B. N-Binder, synthetisiert.
K. E. Lindner. 350.

Kucharkova, A. M. und Machińko, N. V. (Kucharkowa, A. M. und Machinko, N. W.) O vzaimootnošenijach meždu silikatnymi i nekotorymi drugimi počvennymi bakterijami. **(Wechselbeziehungen zwischen Silicat- und einigen anderen Bodenbakterien.)** Uč. zap. Chaŕkovsk. un-t **1961** Nr. 112. Tr. N.-i. in-ta biol. i biol. fak. **30** S. 117–126. — Aus: Referativnyj žurnal. Biologija, Moskva **1962** Nr. **3**. B **343**. S. 38–39.
Die Versuche wurden auf 65 und 10 m² großen Parzellen durchgeführt. Silicatbakterien ([SB] Trockenpräparat nach Alexandrow) erhöhten das Gewicht des Gerstenkornes bei einer Dosis von 15 Md. Zellen/ha um 2,4%, bei einer Dosis von 50 Md. Zellen/ha um 12,6%, in Kombination mit *Azotobacter* und Phosphorbakterien um 10,7%. In allen Fällen stiegen K-Gehalt des Kornes und Menge an aufnehmbarem K im Boden an. Da in den SB-Kulturen biol. aktive Stoffe festgestellt wurden, nehmen Vff. an, daß SB die Vitaminernährung der Pflanzen verbessern. — Ein Antagonismus zwischen SB und *Azotobacter* wurde nicht festgestellt, bei genügender Versorgung mit org. Stoffen

war sogar eine gegenseitige positive Beeinflussung festzustellen. Manche Stämme der SB erwiesen sich gegenüber *Bac. mycoides*, *Bac. mesentericus*, *Rhizobium leguminosarum* und Phosphorbakterien als Antagonisten. Die Wirkung auf Phosphorbakterien kam in den ersten Entwicklungsstadien der Phosphorbakterien zum Ausdruck. SB-Kulturen beeinflußten ausgewachsene *B.-megaterium*-var.-*phosphaticum*-Zellen nicht mehr.

übersetzt v. G. Boetticher. 350.

Kravcov, P. V., Nikitin, B. L. und Kravcova, L. V. (Krawzow, P. W., Nikitin, B. L. und Krawzowa, L. W.); O biologičeskoj aktivnosti počvy pod vlijaniem ėlektričestva. **(Die biologische Aktivität des Bodens unter dem Einfluß des elektrischen Stromes.)** Trudy Central'noj genetičeskoj laboratorii imeni I.V. Mičurina, Mičurinsk 7 (1961) S. 239–243. — 4 Tab., 1 Lit.

Versuchspflanzen waren Mais, Kartoffel, Bohne und Erdbeere. Unter dem Einfluß des elektrischen Stromes ($2 \cdot 10^{-4}$ A/cm² bzw. $6 \cdot 10^{-4}$ A/cm²) nahmen unter Gewächshausbedingungen Katalase-Aktivität, CO_2-Produktion und Keimzahlen im Vergleich zur unbehandelten Kontrolle zu, und zwar sowohl im bewachsenen (Bohnen) als auch im unbewachsenen Boden. In Feldversuchen wurden Kartoffeln und Erdbeeren einem Strom von $18 \cdot 10^{-8}$ bzw. $28 \cdot 10^{-8}$ A/cm² und Mais von der Saat bis zur Ernte einem Strom von 10 mA/cm² ausgesetzt. Auch hier war die biol. Aktivität der behandelten Varianten größer als die der unbehandelten. Die biol. Aktivität des Bodens wurde durch Bestimmung der CO_2-Produktion, der Katalase-Aktivität und der Keimzahl auf Fleisch-Pepton, Czapek- und Fjodorow-Agar sowie auf Medien mit Phytin, Nucleinsäuren und Tricalciumphosphat erfaßt.

H. Winkler. 350.

Kravcov, P. V. und Kravcova, L. V. (Krawzow, P. W. und Krawzowa, L. W.) Vlijanie slabych ėlektričeskich tokov na razvitie svobodnoživuščich azotfiksatorov v počve. **(Einfluß schwacher elektrischer Ströme auf die Entwicklung freilebender N-bindender Organismen im Boden.)** Trudy Central'noj genetičeskoj laboratorii imeni I. V. Mičurina, Mičurinsk 7 (1961) S. 244–254. — 4 Abb., 3 Tab., 8 Lit.

Schwache Ströme ($3 \cdot 10^{-9}$ A/cm² bis $6 \cdot 10^{-4}$ A/cm²) förderten die Entwicklung von freilebenden N-Bindern (*Azotobacter* und *Clostridium pasteurianum*) inner- und außerhalb der Rhizosphäre von Kartoffel, Mais, Bohne und Erdbeere. Diese Erscheinung wurde während der gesamten Vegetationsperiode sowohl unter Gewächshaus- als auch unter Feldbedingungen festgestellt. Sie wird auf die Reizwirkung des elektrischen Stromes zurückgeführt. In nahezu allen Fällen stieg der Gehalt des Bodens an beweglicher Phosphorsäure und an wasserlöslichem Humus sowie Gesamthumus durch Stromeinwirkung. H. Winkler. 350.

Kravcov, P. V. (Krawzow, P. W.) Vlijanie mikroorganizmov na povyšenie plodorodija počvy pod vozdejstviem ėlektričestva. **(Einfluß von Mikroorganismen auf die Erhöhung der Bodenfruchtbarkeit unter Einwirkung elektrischen Stromes.)** Trudy Central'noj genetičeskoj laboratorii imeni I. V. Mičurina, Mičurinsk 7 (1961) S. 255–265. — 1 Abb., 6 Tab., 11 Lit.

Unter Feldbedingungen wurde Boden mit elektrischem Strom (10 und 20 mA) behandelt. Die Versuche ließen in jedem Falle eine Förderung der Mikroorganismen (Ammonifikanten, Nitrifikanten, freilebende aerobe N-Binder, Zersetzer von P-haltiger org. Subst.) und der Aktivität durch den elektrischen Strom erkennen. Im Vergleich zur unbehandelten Kontrolle wurden von den Pflanzen der mit Strom behandelten Varianten 15,6–61,1 kg/ha mehr N und 26,4–64,8 kg/ha mehr P aufgenommen; die Maiserträge stiegen um 97–137 dt/ha. H. Winkler. 350.

Tuzimura, Katura und Watanabe, Iwao; Tokyo, Univ., Fac. of Agric. The growth of Rhizobium in the rhizosphere of the host plant. Ecological studies of root nodule bacteria. Part 2. **(Das Wachstum von Rhizobium in der Rhizosphäre der Wirtspflanze. 2. Mitt. Ökologische Untersuchungen der Knöllchenbakterien.)** Soil Sci. Plant Nutrit. [Tokyo] 8 (1962) Nr. 2. S. 19–24. – 1 Abb., 3 Tab., 12 Lit. Orig.: engl. 1. Mitt. vgl. LZ. Abt. II 7 (1962) Nr. 10. S. 2650.

Die an *Astragalus sinicus* durchgeführten Untersuchungen zeigten, daß das Wachstum der Rhizobien in der Nähe der Wirtswurzel gefördert wird und daß sie sich dort vermehren. Unter normalen Verhältnissen dürfte deshalb die Dichte der Rhizobien rund um die Wurzel nicht der begrenzende Faktor für die Zahl der Knöllchen sein. Diese Tatsachen bilden die notwendigen Grundlagen für eine Samenimpfung, deren Erfolg weitgehend von günstigen Bedingungen für die Knöllchenbakterien in der Rhizosphäre abhängig ist. K. E. Lindner. 352.

Hamatová, Eva; Ruzyně, Výzkumný Ústav Rostlinné Výroby, Mikrobiol. Odd. Vliv mikrocidu na rhizobia v čistých kulturách a v symbióze s rostlinami. **(Einfluß des Mikrocides auf Rhizobien in Reinkulturen und in Symbiose mit Pflanzen.)** Rostlinná Výroba **8(35)** (1962) Nr. 6. S. 811–824. – 9 Abb., 5 Tab., 13 Lit. Zus. in Russ., Dtsch.

Die Wirkung des flüssigen ukrainischen antibiotischen Präparats „Mikrocid" wurde geprüft, und zwar an Reinkulturen von 30 *Rhizobium*-Stämmen in Bakterisierungs- und Vegetationsversuchen mit Luzerne und Erbse. Auf Agarplatten hemmte das „Mikrocid" am stärksten das Wachstum der Reinkulturen von *Rhizobium trifolii*, weniger das von *Rh. leguminosarum* und am geringsten das von *Rh. meliloti*. Die einzelnen Stämme waren allerdings unterschiedlich empfindlich. In Vegetationsversuchen gelang es bes. bei Luzerne durch Eintauchen des Saatgutes in Mikrocid-Lösungen vor der Bakterisierung oder durch Anwendung von Rhizobien nach einer Passage über einen Nährboden, dem das Mikrocid zugesetzt worden war, die Wirksamkeit der Bakterisierung (Erhöhung der Knöllchenzahl und -größe, Stimulierung der Tr.-Subst.-Bildung von Pflanzen und Knöllchen, Intensivierung der N-Bindung) zu erhöhen. In zahlreichen anderen Fällen hatte sich die Virulenz der *Rh.*-Stämme nicht verändert. Die Versuche haben gezeigt, daß man mit dem „Mikrocid" phytopathogene Bakterien abtöten kann, ohne gleichzeitig die Möglichkeit der Bakterisierung zu verringern. Jeder Bakterienstamm und jede Abart der Leguminosenblütler müssen jedoch vor der praktischen Anwendung gründlich getestet werden. Z. Šesták. 352.

Melkumova, T. A. (Melkumowa, T. A.); Baku, Inst. für Bodenkunde und Agrochem. Vlijanie antibiotikov na aktivnost' i virulentnost' klubeńkovych bakterij ljucerny. **(Einfluß von Antibiotica auf die Aktivität und Virulenz der Knöllchenbakterien der Luzerne.)** Izvestija Akademii nauk SSSR. Serija biologičeskaja, Moskva **27** (1962) Nr. 1. S. 117–121. – 3 Abb., 2 Tab., 7 Lit. Zus. in Engl.

Laborversuche ergaben, daß Streptomycin in Konz. von 10–0,01 Einheiten/ml Nährmedium das Wachstum des untersuchten *Rhizobium*-Stammes auf Petrischalen beeinträchtigte. Biomycin wirkte etwas schwächer als Streptomycin. Die Zugabe von Streptomycin zum Nährmedium nach Kovorec hemmte in Konz. von 10–0,0001 Einheiten/ml die Entwicklung der Luzerne und die physiol. Aktivität sowie die Virulenz der Knöllchenbakterien; durch Konz. von 0,000 000 1 Einheiten/ml wurden Wachstum und Entwicklung von *Rh.*-Bakterien geringfügig gefördert. Die Hemmung äußerte sich in geringeren Tr.-Subst.-Erträgen, schlechterer Entwicklung des Wurzelsystems, Fehlen von Knöllchen und chlorotischen Blättern. Biomycin beeinflußte die Pflanze nur in Konz. von 10–1 Einheiten/ml negativ. Die geschädigten Pflanzen zeigten die gleichen Merkmale wie die mit Streptomycin behandelten. H. Winkler. 352.

Vincent, J. M.; Sydney, Univ., School of Agric., Microbiol. Lab. Influence of calcium and magnesium on the growth of Rhizobium. **(Einfluß von Ca und Mg auf das Wachstum von Rhizobium.)** J. gen. Microbiol. **28** (1962) Nr. 4. S. 653–663. – 3 Abb., 7 Tab., 18 Lit.

Mangel an Ca und reichliches Vorhandensein von Mg reduzierten die Wachstumsrate von *Rhizobium*. Die Ca-Mangelzellen waren angeschwollen und vakuolisiert. Mangel an Mg und reichliches Angebot an Ca beeinflußten die Wachstumsrate nicht; die Zahl der lebensfähigen Organismen wurde aber deutlich herabgesetzt. Die Mg-Mangelzellen waren beträchtlich verlängert. Ca-Mangelerscheinungen ließen sich bei weniger als 0,025 mmol. Lösungen, Mg-Mangel bei weniger als 0,1 mmol. feststellen. K. E. Lindner. 352.

Smirnova, V. I. (Smirnowa, W. I.) Azotobakter i rastenie. **(Azotobacter und die Pflanze.)** Kukuruza, Moskva **7** (1962) Nr. 11. S. 22–23. – 5 Abb., 2 Tab. 352.

Kucharkova, A. M. (Kucharkowa, A. M.) Razvitie i priživaemost' azotobaktera v rizosfere nekotorych sel'skochozjajstvennych rastenij. **(Entwicklung und Akklimatisation des Azotobacter in der Rhizosphäre einiger landwirtschaftlicher Kulturen.)** Uč. zap. Chaŕkovsk. un-t **1961** Nr. 12. Tr. N.-i. in- ta biol. i biol. fak. **30** S. 107–115. – Aus: Referativnyj žurnal. Biologija, Moskva **1962** Nr. 3. B 336. S. 38.

In der Rhizosphäre von Mais, Wi- und So-Weizen konnte *Azotobacter* – ohne merkliche quantitative Veränderungen – während der gesamten Vegetationsperiode festgestellt werden. Bakterisierung der untersuchten Pflanzen mit *A. chroococcum* steigerte die Erträge um 10–19%. Mit N versorgter Wi-Weizen, der auf mehrjährige Futterpflanzen folgte, wurde durch *A*-Gaben nicht beeinflußt, obgleich der angewendete *A*.-Titer hoch war. Eine Steigerung der *A*.-Dosis auf 800 Md. Zellen wirkte auf Mais nicht, während Wi-Weizen auf die erhöhte *A*.-Dosis positiv reagierte. übersetzt v. G. Boetticher. 352.

Abutalybov, M. G. und Gazieva, N. I. (Abutalybow, M. G. und Gasijewa, N. I.) Vlijanie mikroėlementov na razvitie azotobaktera i na dejatel'nost' azotfiksirujuščich mikroorganismov v počve. **(Der Einfluß von Mikroelementen auf die Entwicklung des Azotobacter und auf die Tätigkeit stickstoffbindender Mikroorganismen im Boden.)** Učenye zapiski. Azerbajdžanskij gosudarstvennyj universitet im. S. M. Kirova. Biologičeskaja serija, Baku **1961** Nr. 1. S. 45–53. – Aus: Referativnyj žurnal. Biologija, Moskva **1962** Nr. 3. B 337. S. 38.

Es wird darauf hingewiesen, daß Mn, B und Cu die Entwicklung der N-sammelnden Mikroorganismen des Bodens sowie ihre Fähigkeit, N zu sammeln, stark positiv beeinflussen. In Versuchen der Vff. wurde festgestellt, daß Zn und Co in geringerem Maße die Entwicklung von *Azotobacter* und das N-Fixierungsvermögen bestimmen. Eine P-Düngung der untersuchten Böden blieb ohne Einfluß auf die Entwicklung von *Azotobacter*.
übersetzt v. G. Boetticher. 352.

Saubert, Synnöve und Grobbelaar, N.; Pretoria, Margaretha Res Inst., Div. of Crops and Pastures, Dep. of Agric., Techn. Serv. The identification and nitrogen fixation of some free-living micro-organisms from the Northern Transvaal. **(Die Bestimmung und Stickstoffbindung einiger freilebender Mikroorganismen aus dem nördlichen Transvaal.)** South African J. agric. Sci. **5** (1962) Nr. 2. S. 283–292. – 2 Abb., 2 Tab., 19 Lit. Zus. in Franz.

Aus Wasser- und Bodenproben isolierten Vff. 9 Algen- und 3 Bakterienarten, die in der Lage waren, Luft-N zu binden. Für die folgenden 5 der 9 blaugrünen Algenarten konnte die N-Bindung erstmalig nachgewiesen werden: *Anabaena laxa* A. Br., *Anabaena minutissima* Lemm., *Calothrix antarctica* Fritsch,

Calothrix clavata G. S. West und eine *Scytonematopsis*-Art. Letztere war die erste Art dieser Gattung mit Luft-N-Bindungsvermögen.

Horst Unger. 352.

Okuda, Azuma, Yamaguchi, Masuro und Nioh. Ichio; Kyoto, Univ., Fac. of Agric. Nitrogen-fixing microorganisms in paddy soils. X. Effect of molybdenum on the growth and the nitrogen assimilation of Tolypothrix tenuis. **(Stickstoffbindende Mikroorganismen in Reisböden. 10. Mitt. Wirkung von Molybdän auf das Wachstum und die Stickstoffassimilation von Tolypothrix tenuis.)** Soil Sci. Plant Nutrit. [Tokyo] 8 (1962) Nr. 3. S. 35–39. – 1 Abb., 6 Tab., 24 Lit. Orig.: engl. 9. Mitt. vgl. LZ. Abt. II 8 (1963) Nr. 2. S. 346.

Wie bei der N-Bindung von *Azotobacter* und *Clostridium* spielt das Mo auch bei der blaugrünen Alge *Tolypothrix* eine entscheidende Rolle. Bei Ausnutzung von molekularem N als einziger N-Quelle ist eine Mo-Konz. von 10^{-2} ppm nötig, desgleichen bei Verwertung von Nitrat. In Gegenwart anderer N-Verbindungen, wie Ammonsulfat, Harnstoff und Natriummonoglutamat, fördert Mo das Wachstum der Alge nicht. Das Mo wird für die Tätigkeit eines Molybdoflavin-Enzyms zur Nitratassimilation benötigt. K. E. Lindner. 352.

Freytag, H. E.; Müncheberg, Inst. für Acker- und Pflanzenbau der Dtsch. Akad. der Landwirtsch.-Wiss. zu Berlin. **Über die Zersetzung von pflanzlichem Material im Boden und einige Erfahrungen in der Messung von $^{14}CO_2$ mit einer Gas-Zählkammer.** Albrecht-Thaer-Arch. **6** (1962) Nr. 10. S. 685–697. – 9 Abb. nach Zus.

Nach Besprechung einer hier zur Messung von radioaktivem CO_2 benutzten Apparatur mit dem üblichen Endfensterzählrohr und der Prüfung ihrer Funktionsweise wird in einem I. Versuchsansatz (Boden + radioaktiv über Photosynthese markiertes Pflanzenmaterial) die CO_2-Abgabe aus der sich im Boden zersetzenden org. Subst. verfolgt. Die dabei aus der Pflanzensubstanz freigesetzte, relativ zur erwarteten nur geringe C-Menge gab Anlaß, über weitere, auf die Mikroflora stimulierend wirkende Eingriffe eine fortschreitende Zersetzung des erstverabreichten Materials zu erzwingen (im II.–IV. Ansatz durch den Zwischentrocknungseffekt, im V. Ansatz durch erneuten Zusatz der gleichen Menge wie beim I. Ansatz, diesmal aber unmarkierter Pflanzensubstanz). Die jedoch erzielte, nur sehr geringe weitere C-Abgabe dürfte eher aus sekundär im Baustoffwechsel markierten Stoffen stammen (über die Mikrobentätigkeit aus den zugänglichen, leicht angreifbaren Komponenten des im I. Ansatz verabreichten aktiven Pflanzenmaterials gebildet) als aus der restlichen, schwer angreifbaren radioaktiven Pflanzensubstanz selbst. Hinweise auf die Existenz hierfür zu erwartender Assimilations-Dissimilations-Zyklen ergaben sich aus zeitlich einander folgenden Maxima in der CO_2-Abgabe. 354.

Szegi, József. A nedvesség hatása a cellulóz elbontására egyes hazai talajainkban. **(Einfluß der Feuchtigkeit auf die Zersetzung der Cellulose in einigen ungarischen Böden.)** Agrokémia és Talajtan [Agrochem. u. Bodenkunde] **11** (1962) Nr. 1. S. 105–114. – 2 Abb., 2 Tab., 25 Lit. Zus. in Russ., Engl. Aus: Ung. Agrar-Rdsch. **1963** Nr. 1.

Versuchsböden waren ein Tschernosem mit Kalkbelag und ein brauner Waldboden mit Toneinwaschung. Je 250 g des Bodens wurden mit 2 g Cellulose, feingemahlenem Filterpapier, versetzt und bei 25 °C bebrütet. Während der Versuchsdauer von 140 Tagen wurde in Abständen von je 14 Tagen die vom Boden abgegebene CO_2-Menge bestimmt. – a) Die Entwicklung von CO_2 war stets während der beiden ersten Wochen am intensivsten und ließ später nach. Nach 10–14 Wochen stieg sie vorübergehend wieder an. Mit Cellulosezusatz traten größere Schwankungen auf als ohne. b) Stets wurde „mit Cellulose“ mehr CO_2 frei als „ohne“. Die Unterschiede waren i. allg. im Tschernosem größer als im Waldboden und kulminierten während der beiden ersten Wochen des Versuches. Im Waldboden verringerten sie sich später zuweilen beträchtlich, bes. bei geringerer Bodenfeuchtigkeit. c) Der Feuchtigkeitsgehalt war von erheblichem, jedoch in den einzelnen Abschnitten der Versuche von wechselndem Einfluß auf die CO_2-Entwicklung. „Ohne Cellulose" zeigten sich jedoch in keinem Boden große, vom Feuchtigkeitsgehalt abhängige Unterschiede. d) Die Gesamtmenge des gebildeten CO_2 war ohne Cellulosezusatz bei 60% Bodenfeuchte am höchsten, bei 20% am geringsten. „Mit Cellulose" nahm die Bildung von CO_2 mit zunehmendem Feuchtigkeitsgehalt des Bodens zu. — Die zersetzte Menge an Cellulose stieg mit dem Feuchtigkeitsgehalt. — Die Zahl der *Azotobacter*-Zellen je g Boden veränderte sich im Tschernosem nur wenig mit dem Wassergehalt („ohne Cellulose" 570–660, „mit Cellulose" 120–320). Die *A.*-Zahl im Waldboden schwankte zwischen 100 und 210, nur bei 80% Feuchtigkeit „mit Cellulose" stieg sie aus unbekannten Gründen auf 1000 an. 354.

Johannsson, Olle; Uppsala, Kungl. Lantbrukshögskolan. Effekt av mineraloljeinblandning i jord. **(Wirkung von Mineralölen auf Böden.)** Kungl. Skogs- och Lantbruksakad. Tidskr. **101** (1962) Nr. 3/4. S. 278–290. — 3 Abb., 6 Tab., 1 Lit. Zus. in Engl.

Mehr als 100 Mikrobenarten des Bodens sind imstande, verschiedene Kohlenwasserstoffe des Öls zu zersetzen. Größere Ölverunreinigung des Bodens beeinflußt aber ohne Ausnahme die Bodenfruchtbarkeit negativ, je nach Öl- oder Bodentyp unterschiedlich. Es zeigte sich, daß auf einem armen Boden eine Leichtölzugabe von weniger als 1% die Samenkeimung verhindert. Hoher Ton- und Humusgehalt erhöht die Pufferkapazität gegen Ölverschmutzung. 1 kg Öl/m² Boden scheint die Grenze für eine erträgliche Ölverunreinigung zu sein. Maßnahmen zur Verbesserung des Bodenzustandes nach Ölverunreinigung sind Verdünnung des betr. Bodens, umfassende Düngung und ausreichende Kalkung. K. E. Lindner. 354.

Weber, Deane F. und Gainey, P. L.; Kansas Agric. Exp. Stat. Relative sensitivity of nitrifying organisms to hydrogen ions in soils and in solutions. **(Relative Empfindlichkeit nitrifizierender Organismen gegenüber Wasserstoffionen in Böden und in Lösungen.)** Soil Sci. **94** (1962) Nr. 3. S. 138–145. — 4 Tab., 17 Lit.

Bei Zunahme der H-Ionenkonz. bis zu einem pH von 4 wurde eine NO_3-Akkumulation in schwach und auch in stark gepufferten Böden beobachtet. Die NO_3-Akkumulation der unbehandelten Böden ist enger mit dem Gehalt an org. N des Bodens als mit seiner H-Ionenkonz. verknüpft, zumindest bis zu einem pH von 4. Die nitrifizierenden Bakterien der 3 untersuchten Böden scheinen eher gegenüber NH_4- oder SO_4-Ionen empfindlich, da ein Äquivalent von nur 50 ppm N/100 g Boden in Form von $(NH_4)_2SO_4$ die Nitrifikation verzögerte oder sogar vollständig hemmte. In einem gepufferten, flüssigen Medium (pH etwa 6) konnte keine NO_3-Anreicherung festgestellt werden. K. E. Lindner. 356.

Bergersen, F. J.; Canberra, Australia, C.S.I.R.O., Div. of Plant Ind. The effects of partial pressure of oxygen upon respiration and nitrogen fixation by soybean root nodules. **(Die Wirkungen des Sauerstoffpartialdruckes auf Respiration und Stickstoffbindung durch Sojabohnen-Wurzelknöllchen.)** J. gen. Microbiol. **29** (1962) Nr. 1. S. 113–125. — 8 Abb., 3 Tab., 16 Lit.

Bei abgetrennten *Soja*-Wurzelknöllchen jeden Alters erhöhte zunehmende O_2-Spannung die Respirationsquote, ebenso nahm die Atmungsintensität der Bakteroiden zu. Die N-Bindung der Knöllchen stieg mit zunehmender O_2-Spannung (pO_2) bis zu einem Maximum an, das dem ersten Maximum bei der Atmungssteigerung entsprach. Höherer pO_2 senkte die N-Bindung. Ähnliche Effekte ließen sich bei Verwendung von geschnittenen Knöllchen erzielen.

Die in vorliegender Arbeit erzielten Ergebnisse stützen die Hypothese, daß eine der Hauptfunktionen der Bakteroiden bei der N-Bindung die Bereitstellung der nötigen Reduktionskraft ist, um N_2 zu NH_3 reduzieren zu können. K. E. Lindner. 356.

Ponomareva, N. S. (Ponomarjowa, N. S.); Omsk, Landwirtsch. Kirow-Inst. O roli biologičeskogo faktora v processach obrazovanija ščeloči v soloncach. **(Die Rolle des biologischen Faktors bei der Bildung von Soda in Solonetzböden.)** Počvovedenie, Moskva **1962** Nr. 9. S. 35–43. – 9 Tab., 5 Lit. Zus. in Engl.

In Solonetzböden, die anhaltend überschwemmt sind, wird HCO_3^- angereichert. 70–90% der HCO_3-Mengen werden unter dem Einfluß sulfatreduzierender Bakterien nach folgender Gleichung gebildet: $Na_2SO_4 + 2\,C \rightarrow 2\,CO_2 + Na_2S$; $Na_2S + H_2O + O_2 \rightarrow Na_2CO_3^- + H_2S$. Im B_1-Horizont ist die Reduktion der Sulfate sowohl auf eine verstärkte Aktivität der Mikroorganismen als auch auf eine Zunahme der Mikrobenzahl zurückzuführen, im A_1-Horizont nur auf die verstärkte Aktivität der sulfatreduzierenden Bakterien und im B_2-Horizont auf die Tätigkeit von Fäulniserregern. Ch. Bachmann. 358.

Alexander, Martin. **Introduction to soil microbiology.** New York; London: John Wiley & Sons Ltd. 1961. (472 S. m. Abb., Tab. u. Index) 8°. $ 74,00. Ausgehend von der Tatsache, daß sich heute die Bodenmikrobiologie aus mehreren Disziplinen zusammensetzt, wird vorliegendes Werk dem Leser unter den Aspekten der Bodenkunde, Mikrobiologie und Biochemie vorgestellt. Jede Umformung wird, wenn möglich, als bedeutende Reaktion für den Boden und seinen Ertrag angesehen; als biol. Prozeß, der durch spez. Mikroorganismen und als Folge enzymatischer Wirkungen in Gang gehalten wird. Der Stoff ist in 3 Teile gegliedert. Nach der Besprechung der Hauptgruppen der Mikroorganismen einschl. der Algen, Protozoen und Viren hinsichtlich ihrer Taxonomie, Funktion und Bedeutung sind die wichtigsten, durch die Mikroflora bewirkten Stoffumwandlungen (C, N, P, S, Fe, Mn. u. a.) dargestellt. Den Schluß bildet die Ökologie (Biol. Gleichgewicht, Antibiose, Parasitismus, Pflanzenpathogenität, Rhizosphäre u. a.). Am Ende jedes Kapitels ist die zur Vertiefung des Stoffes wichtigste Literatur zitiert. K. E. Lindner.

Rodale, Robert. **The challenge of earthworm research.** Emmaus, Pensylvania: The Soil and Health Foundation. 1961. (102 S. m. Abb.) 21,5 × 14 cm. Vorliegende Broschüre entstand aus dem Bestreben der „Soil and Health Foundation", das Interesse eines größeren Kreises an der Forschung über Regenwürmer zu wecken. Sie enthält einige der besten wissenschaftlichen Arbeiten, die den Nutzen des Forschungsobjektes deutlich herausstellen und das nötige Rüstzeug für Arbeiten auf diesem Gebiet vermitteln. Die 12 kurzgefaßten Artikel behandeln u. a. folgende Themen: Einwirkung von Düngemitteln und Exkreten auf Regenwürmer; Weißklee, Regenwürmer und Molybdän, Qualität der Wiesen in Abhängigkeit von der Qualität der Regenwurmpopulation, Regenwurm-Wegbereiter der Zivilisation, Einfluß der Regenwürmer auf die Produktivität landwirtsch. Böden, Methoden zur Regenwurmsammlung, Bodenzoologie und ihre Aufgaben. Ein reichhaltiges Schrifttumsverzeichnis ergänzt die Ausführungen. K. E. Lindner

---

Tišić, Živojin P. **Mikrobiologija šumskog zemljišta sa osnovima opste mikrobiologije.** (Die Mikrobiologie des Waldbodens.) Beograd: Naučna knjiga. 1961. (177 S.) 8°. (1962 A 1665)
Mikrobiologija sil'skomu gospodarstvu ta medycyny. Zbirnyk statej. (Mikrobiologie in der Landwirtschaft und in der Medizin.) Hrsg.: Akad. nauk URSR; Inst. mikrobiologii im. D. K. Zabolotnogo. Kyïv: Vyd. akad. nauk URSR. 1962. (129 S.; ukrain.) 8°. (1962 A 818)

F. Bodensystematik und Bodengenese

Schlichting, E. **Bodengenetik und Bodennutzung.** Landwirtsch. Hochschule Hohenheim, Reden u. Abh. **1962** Nr. 14. S. 30–39. – 4 Abb.

Vortrag, der auf dem Hohenheimer Hochschultag 1962 gehalten wurde. 360.

Raychaudhuri, S. P.; New Delhi, Planning Commiss. Development of legends for classification and nomenclature of Indian soils. **(Entwicklung der Begriffserklärungen für die Klassifikation und Nomenklatur der indischen Böden.)** J. Indian Soc. Soil Sci. **10** (1962) Nr. 1. S. 1–18. – 11 Lit.

Für die Übernahme des umfassenden Bodenklassifikationsschemas der U.S.D.A. (1960) in die ind. Verhältnisse ist es ratsam, einige grundlegende Erläuterungen zu den neuen Begriffsbildungen zu geben sowie den 27 großen Bodenklassen der ind. Systematik die entspr. Unterordnungen des U.S.D.A.-Systems gegenüberzustellen. Da jedoch bereits Agarwal (1961) beim Kartieren alluvialer Böden im Gebiet des Uttar Pradesh über Schwierigkeiten bez. der Einordnung der dort gefundenen Bodenbildungen in das U.S.D.A.-System berichtet hatte, schlägt Vf. beim Arbeiten mit diesem Einteilungsschema und speziell im Bereich der Typen sowie der Untertypen vor, einige wesentliche phys.-chem. Bodeneigenschaften, wie z. B. pH, Gesamt-N-Gehalt, Ausgangsgestein und tonbildende Minerale, als Klassifikationskriterien stärker zu berücksichtigen. Die Zweckmäßigkeit dieses Vorgehens wird an Hand von 10 Profilen, die Vertreter der großen ind. Bodenklassen repräsenieren, demonstriert. W. Prager. 360.

Kojnoff, W.; Sofia, Agronom. Fak. **Die Böden Bulgariens.** Albrecht-Thaer-Arch. **6** (1962) Nr. 10. S. 724–733. – nach Zus.

Die große Mannigfaltigkeit der bulgarischen Böden wird sowohl im Hinblick auf die sehr unterschiedlichen bioklimatischen Verhältnisse des Landes als auch seines Reliefs und der verschiedenen bodenbildenden Gesteine geschildert. In Nordbulgarien, wo die Steppen- und Waldsteppenverhältnisse dominieren, sind Tschernosemböden und graue Waldböden weit verbreitet. In Südbulgarien mit stärkerem mediterranem Einfluß sind die zimtfarbigen Waldböden und die Tschernosem-Smolnitza-Böden zu Hause; daneben kommen auch zimtfarbige Wiesenböden, Wiesentschernosemböden und Wiesentschernosem-Smolnitza-Böden, Alluvial-Wiesenböden und Diluvial-Wiesenböden, Wiesensumpfböden, Salzböden u. a. vor. In den südlichsten Landesteilen sind auch gelberdig-podsolige Böden zu finden. Die Gebirgsregion ist durch weite Verbreitung brauner Waldböden, dunkel gefärbter Gebirgswaldböden und Gebirgswiesenböden gekennzeichnet. 362.

Kanwar, J. S. und Sehgal, J. L.; Ludhiana, Panjab, Government Agric. Coll. Classification of saline-sodic and normal soils of Karnal District. **(Zur Klassifikation der Soda-Solontschaks und der normalen Bodenbildungen des Karnal-Distriktes.)** J. Indian Soc. Soil Sci. **10** (1962) Nr. 1. S. 19–25. – 4 Tab., 21 Lit.

Salinität und Alkalinität stellen extreme Stadien des Bodenbildungsprozesses dar, deren produktionshemmender Einfluß sich auch bei einem beträchtlichen Teil der Böden des Karnal-Gebietes bemerkbar macht. Da jedes moderne Meliorationsprogramm mit dem makromorphologischen Profilstudium im Gelände begann, hatten Vff. Gelegenheit, neben verschieden stark versalzten Böden auch salzfreie Bodenbildungen zu untersuchen. Für die systematische Einordnung dieser Salzböden erwies sich das von den Mitarbeitern des U.S. Salinity-Laboratoriums (1954) vorgeschlagene Schema als zu weitläufig, so daß seine Anwendung im Karnal-Gebiet nicht befriedigen konnte. Aus diesem Grunde entwarfen Vff. ein detailliertes Klassifikationsschema für Salzböden, das neben dem Grundwasserstand auch eine Reihe charakteristischer chem. Eigenschaften als Kriterien berücksichtigt. W. Prager. 364.

Untersuchungen zur Systematik der Waldböden im Diluvialgebiet der DDR. Forsch.- u. Entwickl.-Stelle Eberswalde, Institut für forstliche Bodenkunde und Standortslehre 14 S. Abschlußber. 15/12. 1961. Plan-Nr.: 2151 82/0–07/7. – 2 Abb., 9 Tab.

An Hand von Musterprofilen werden die Waldböden aus Geschiebemergel und aus Sand im nordostdeutschen Tiefland charakterisiert, ihre Bildungsbedingungen beschrieben und eine systematische Einordnung vorgenommen. Die Musterprofile wurden nach 29 Analysenverfahren horizontweise untersucht. Die Böden aus Geschiebemergel gehören zu den Subtypen Mullrendzina, Restcarbonat-Braunerde, Lessivé-Braunerde, Braunerde-Lessivé, typischer Lessivé und Podsol-Lessivé, die Böden aus Sand zu den Subtypen Mullrendzina, Lessivé-Braunerde, Braunpodsol, Eisenpodsol und Eisenhumuspodsol. Unter den Böden aus Sand tritt der Lessivé nicht auf, weil der Gehalt an Ton zu gering ist und im Stadium der Lessivé-Braunerde neben der Lessivierung die Verbraunung überwiegt. Grundsätzliche Unterschiede in der Bodenbildung aus Geschiebemergel und aus Sand bestehen nicht. Durch das Ausgangsmaterial werden nur Unterschiede im Ausmaß der gleichen Prozesse verursacht. 364.

Satyanarayana, K. V. S. und Thomas, P. K. Studies on laterites and associated soils. II. Chemical composition of laterite profiles. **(Untersuchungen an Lateriten und verwandten Böden. 2. Mitt. Chemische Zusammensetzung von Lateritprofilen.)** J. Indian Soc. Soil Sci. **10** (1962) Nr. 3. S. 211–222. – 1. Mitt. vgl. LZ. Abt. II **7** (1962) Nr. 4. S. 970. 364.

Sinha, S. D., Verma, R. P. und Lall, A. B.; Sabour, Bihar, Agric. Res. Inst. A study of the morphology of some of the red soils of Ranchi District in relation to the topography of the land. **(Eine Untersuchung der Morphologie einiger roter Böden des Ranchi-Distriktes im Hinblick auf die Topographie des Landes.)** J. Indian Soc. Soil Sci. **10** (1962) Nr. 1. S. 35–42. – 1 Tab., 9 Lit.
Der Ranchi-Distrikt ist mit 18442 km² das größte Teilgebiet des Chotanagpur-Plateaus. Seine Böden stellen authochtone Bildungen dar, die aus Verwitterungsprodukten metamorpher Gesteine, unter denen der Gneis überwiegt, hervorgegangen sind. Raychaudhuri (1958) bezeichnete diese Bodenbildungen als rote Böden, deren Variationen unter dem Einfluß der topographischen Verhältnisse im Rahmen einer bodenkundlichen Landesaufnahme zu untersuchen waren. Vff. unterscheiden vom Hochland bis zur Niederung 4 topographische Sequenzen, deren Bodenbildungen morphol., phys. und chem. charakterisiert werden. Dabei war i. allg. ein verhältnismäßig hoher Grad der Übereinstimmung zwischen den Profilmerkmalen einerseits und den sich ändernden topographischen Verhältnissen andererseits zu beobachten.
W. Prager. 364.

Delmas, J. und Dartigues, A.; Pont-de-la-Maye/Gironde, Stat. d'Agronomie. **Die Probleme der Nutzung der podsoligen Sandböden im Gebiet Landes in der Gascogne.** Dtsch. Akad. Landwirtsch.-Wiss. Berlin, Tagungsber. **1962** Nr. 44. S. 217–222. – 3 Tab. Zus. in Russ., Engl. nach Zus.
Auf einem Territorium von 1 Mill. ha sind äolische Sande mehr oder weniger verändert angeordnet. Dieses Gebiet bildet ein weites Plateau, dessen traditionelle Kulturpflanze die Seekiefer ist. Seit 10 Jahren versucht man, dieses Gebiet in landwirtsch. Kultur zu nehmen. Die Nivellierung und Zerstörung der Ortsteinschicht durch Tiefpflügen erhöhten die Erträge, wenn gleichzeitig für Dränage gesorgt wurde. Eine Beregnung im Juli-Aug. erwies sich in normalen Jahren als notwendig. Der Nutzeffekt war insbes. bei Mais und Futterpflanzen bedeutend, selbst in der „feuchten" Heide. – Die Erträge an Körnermais konnten durch regulierte Zugabe starker Gaben der Hauptnährstoffe beträchtlich gesteigert werden. Mangel an Mikronährstoffen, insbes. an Cu, wurde durch eine einzige Gabe für mehrere Jahre beseitigt. – Die im Boden gebildeten und die dem Boden zugefügten org. Stoffe haben eindeutig die Natur und die Zusammensetzung des Humus in der betr. Parzelle verändert. Die Eingliederung von etwa 30% Gräsern bzw. Kleegras in die Fruchtfolge hat sich als notwendig erwiesen. 364.

Pfingsten, E.; Hannover. **Die Ernteerträge niedersächsischer Ackerböden und ihre Bewertung nach dem Bodenschätzungsgesetz.** Agrarwirtschaft **12** (1963) Nr. 1. S. 16–27. – 10 Abb., 18 Tab., 4 Lit. 368.

Kerpen, Willi. **Die Böden des Versuchsgutes Rengen, Kartierung, Eigenschaften und Standortswert.** Diss. Univ. Bonn, Landwirtsch. Fak. 1960. (314 S. m. 5 Kt.)
Stefanovits, Pál und *Szücs, László.* **Magyarország genetikus talajtérképe.** (Ungarns genetische Bodenkarte.) Budapest: OMMI. 1961. (75 S.) 8° = Genetikus talajtérképek. 1. Ser. Sorozat. No. Szam 1. (SR 2948, 1)

Počvy Kaliningradskoj oblasti. (Die Böden des Kaliningrader Gebietes.) Hrsg.: Akad. nauk SSSR; Počvennyj inst. im. V .V. Dokučaeva. Moskva: Izd. Akad. nauk SSSR. 1961. (174 S.) 4°. (1962 B 115)

Tropical soils and vegetation. Paris: Unesco. 1961. (115 S. m. Abb.) 4°. (1962 B 262)

G. Bodenuntersuchung

Harmsen, G. W. und Jager, G.; Groningen, Netherlands, Inst. for Soil Fertilization. Determination of the quantity of carbon and nitrogen in the rhizosphere of young plants. **(Bestimmung der Kohlenstoff- und Stickstoffmenge in der Rhizosphäre junger Pflanzen.)** Nature [London] **195** (1962) Nr. 4846. S. 1119–1120. – 2 Abb., 1 Tab., 7 Lit.

Zur Bestimmung der org. Subst. in der Rhizosphäre junger Pflanzen wurde folgende Versuchsanordnung entwickelt: Das Wachstum der Pflanze erfolgt in einer aus Nickelblech (0,1 mm) gefertigten und mit vielen Löchern (60 μm) versehenen Kammer, die sich in einem großen Behälter befindet. Beide Behälter sind mit demselben Substrat, einer Mischung von 70% reinem Sand, 25% fein gepulvertem Feldspat und 5% Kaolinit mit etwas fein granuliertem Bimsstein (zur Verbesserung der Struktur und Aeration dieses künstlichen Bodens), versehen. Diese Mischung (~600 g) wird mit 200 ml einer Lösung von Crones Mischung (1,5 g/l) versetzt. Wenn nötig, wird Wasser in der entspr. Menge während des Versuches nachgegeben. Zur C- und N-Bestimmung wird der Inhalt der geöffneten Wurzelkammer frei von Boden gewaschen. Die Lösung wird bei 105 °C getrocknet und analysiert. N wird nach der Mikro-Kjeldahl-Methode, C durch Verbrennung bestimmt. Infolge Anwesenheit von NH_4NO_3 in der Nährlösung sind die N-Werte weniger verläßlich als die C-Werte. Weitere Analysen können an der die Wurzelkammer umgebenden 1-cm-Schicht und am Bodenrest durchgeführt werden. Die Konz. nahm nach außen hin deutlich ab. P. Stoß. 372.

Hoffmann, W. und Steinfatt K.; Bremen, Staatl. Moorversuchsstat. **Untersuchungen über pflanzenaufnehmbare Nährstoffe und Grenzzahlen in Niedermoorböden.** Z. Acker- u. Pflanzenbau **116** (1962) Nr. 1. S. 88–108. – 12 Tab.

Für Gefäßversuche wurden 3 weitgehend verschiedene, für den Feldversuch ein in hoher Kultur befindlicher Niedermoorboden ausgewählt, um die Anwendungsmöglichkeiten der Doppellactat-(DL-) und der Ammoniumessigsäure-(AL-)Methode bei Niedermoortorfen mit möglichst gegensätzlichen phys. und chem. Eigenschaften zu prüfen. Die Gefäßversuche wurden 4 bzw. 2, der Feldversuch 4 Jahre lang in 4facher Wiederholung mit steigenden K_2O- und P_2O_5-Gaben durchgeführt. Die Untersuchungsergebnisse lassen erkennen, daß die beiden gen. Methoden auch für Niedermoorböden anwendbar sind und die wurzellöslichen Nährstoffvorräte genügend differenziert erfassen. Nach der AL-Methode werden höhere Werte als nach der DL-Methode gefunden. Die Untersuchungen müssen in naturfrischen Böden vorgenommen werden. Für Niedermoorböden der hier untersuchten Art werden folgende Grenzwerte vorgeschlagen: (in mg K_2O bzw. P_2O_5) DL-Methode: 9–10/5 = gut versorgt, 6–7/3 = normal versorgt; AL-Methode: 13–14/7–8 = gut versorgt. 10–11/5 = normal versorgt. Für Niedermoorneukulturen wird empfohlen, nach den üblichen Grundsätzen der Moorversuchsstation auf Vorrat zu düngen. Wird später auf die DL- und AL-Methode zurückgegriffen, dann müssen anschließend die bekannten laufenden Ersatzdüngemengen verabreicht werden. Bodenuntersuchungen erübrigen sich für lange Zeit. H. Masche. 372.

Jahn-Deesbach, W.; Gießen. **Ein Methodenvergleich an Böden langjähriger Düngungsversuche. 1. Mitt. Vergleich an Böden mit unterschiedlicher Düngung auf gleichem Standort.** Z. Acker- u. Pflanzenbau **115** (1962) Nr. 3. S. 247 bis 258. – 8 Tab., 6 Lit. Zus. in Engl.

Von Bodenproben aus 8 Parzellen des langjährigen Thyrower Dauerdüngungsversuches wurden die Gehalte an K, P und Mg, die org. Subst. sowie die Kationenumtauschkapazität mit unterschiedlichen Methoden bestimmt und die Ergebnisse untereinander und mit der durchgeführten Düngung verglichen. — Die Untersuchungen der K- und P-Gehalte (HCl,- Lactat-, Keimpflanzen- und $SrCl_2$-Methode) ließen neben einer rel. guten Übereinstimmung erkennen, daß die Keimpflanzenmethode im Mittel eine schlechtere K-Versorgung als die Lactatmethode, dagegen die Keimpflanzenmethode höhere P-Werte als die Lactatmethode anzeigt. Es wird darauf hingewiesen, daß es nicht möglich ist, Böden von verschiedenen Standorten mit nur einer feststehenden Bewertungsskala zu beurteilen. H. Ansorge. 372.

Dobrickaja, Ju. I. (Dobrizkaja, Ju. I.); Moskau, Bodenkundl. Dokutschajew-Inst. der Akad. der Wiss. der UdSSR. Uskorennyj metod nepolnogo valovogo analiza počv. **(Schnellmethode zur Bestimmung des Gesamtgehaltes an SiO_2, R_2O_3, MgO, CaO, TiO_2 und MnO im Boden.)** Počvovedenie, Moskva **1962** Nr. 9. S. 88—96. — 4 Tab., 27 Lit. Zus. in Engl.

Nach dieser Methode wird SiO_2 mit Gelatine ausgefällt. Die Sesquioxyde werden mit Urotropin isoliert. Die Bestimmung von Fe, Al, Mg und Ca erfolgt titrometrisch, von Trilon B, Ti; und Mn colorimetrisch. Analysengang und Reagentien werden beschrieben. Ch. Bachmann. 372.

Uhlen, Gotfred und Semb, Gunnar. Sammenligning av al-metoden og tidligere brukte metoder for kalium-og fosforanalyse i jordprøver fra forsøksfelter. **(Ein Vergleich der AL-Methode mit früheren Methoden zur Bestimmung von Kali und Phosphor aus Bodenproben und Feldversuchsproben.)** Forskn. Forsøk Landbruket **13** (1962) Nr. 3. S. 189—207. — 8 Tab., 22 Lit. Zus. in Engl.

In Feldversuchen und an Bodenproben wurden die Ammonium-Lactat-Acetat- (AL), die Calciumlactat-(L) und Monochloressigsäure-(M)Methode verglichen. — Bei jahrelanger lufttrockner Lagerung der Proben sinkt nur bei M der K-Gehalt ab. Hohe Korrelation besteht für die K-Werte zwischen M und AL. Nur wenig korrelieren die Gehalte an leichtlöslichem und säurelöslichem K. Bez. der Korrelation zum Ertrag verhalten sich beide Extraktionen gleich. Aus dem Vergleich beider Untersuchungen kann auf das Nachlieferungsvermögen geschlossen werden. Bez. P unterscheiden sich AL und L nur durch das größere Lösungsvermögen von AL (doppelt so groß). Die Korrelation sowohl zwischen den Werten als auch zum Ertrag ist gut. H. Peter. 372.

Malingerová, N.; Brno, VŠZ, Katedra Chem., Biochem. Ústav. Připomínky ke kolorimetrickému stanovení dusičnanů kyselinou fenoldisulfonovou v půdach a v živných roztocích. **(Bemerkungen zur colorimetrischen Bestimmung der Nitrate mittels der Phenoldisulfonsäure im Boden und in Nährlösungen.)** Sborník Vysoké Školy zemědělské Brně, Řada A **1962** Nr. 1. S. 63—72. — 2 Tab., 27 Lit. Zus. in Russ., Engl.

Die ersten Ergebnisse der Überprüfung einer neu entwickelten Methode zur Nitratbestimmung während des Nitrifikationsprozesses werden mitgeteilt. Bekannte Mengen einer n Nitratlösung wurden den untersuchten Proben zugesetzt. Es stellte sich heraus, daß die gefundenen Nitratzuwachswerte von der zugesetzten Nitratmenge stark abwichen. Verschiedene Stoffe, wie org. Chloride, Nitrite, Carbonate, beeinflussen die Bestimmung und die eigentliche Ermittlung der Nitrate mittels Phenoldisulfonsäure negativ. Die Beseitigung dieser störenden Faktoren kompliziert den Arbeitsprozeß bedeutend, und es ist daher notwendig, im voraus festzustellen, ob bei einer gegebenen Probe die Methode ohne vorherige Vorbereitung der Proben anwendbar ist. M. Pštross. 372.

Chang, Fu-chu; Moskau, Bodenkundl. Dokutschajew-Inst. der Akad. der Wiss. der UdSSR. Opredelenie zapasov podvižnych fosfatov počvy s primeneniem izotopnoj metki. **(Bestimmung des pflanzenverfügbaren Phosphors im Boden unter Verwendung radioaktiver Isotope.)** Počvovedenie, Moskva **1962** Nr. 9. S. 54–58. – 3 Tab., 7 Lit. Zus. in Engl.

Bei der P-Bestimmung nach Tschirikow, Truog, Kirsanow, Matschigina und Arrenius wird den Bodenauszügen ^{32}P zugefügt. Dabei werden sekundäre Reaktionen ausgelöst, die z. T. zu erneuter P-Festlegung im Boden führen. Die nach den genannten chem. Methoden ermittelten P_2O_5-Mengen sind daher geringer als die tatsächlich im Boden pflanzenverfügbaren.
Ch. Bachmann. 372.

Oommen, P. K.; New Delhi, Indian Agric. Res. Inst., Div. of Soil Sci. and Agric. Chem. Correlation between soil test values for potassium and crop responses to potassic fertilizers by paddy and wheat in Indian soils. **(Korrelation zwischen Bodenuntersuchungswerten für Kalium und der Pflanzenreaktion auf Kaliumdüngemittel zu Reis und Weizen in indischen Böden.)** J. Indian Soc. Soil Sci. **10** (1962) Nr. 2. S. 155–159. – 3 Tab., 15 Lit.

Bodenproben von 8 Düngungsversuchen (variierte NPK-Gaben mit 20 bzw. 40 lb./acre K_2O), die in 7 verschiedenen Bundesstaaten Indiens auf tonigen Böden durchgeführt worden waren, wurden auf ihren Gehalt an verfügbarem K nach 5 verschiedenen Methoden analysiert. Eine Gegenüberstellung der erhaltenen Werte und der durch die K-Düngung erzielten Mehrerträge erbrachte signifikante negative Korrelationskoeffizienten bei Extraktion von Rotlehmböden mit Morgans Reagens (1% Na-acetatlösung + 3%iger Essigsäure) oder 0,5 n HNO_3, von alluvialen Küstenböden mit 0,5 n HNO_3 und von submontanen Waldböden mit 1%iger Citronensäurelösung. Am wenigsten eignete sich für alle untersuchten Böden im vorliegenden Zusammenhang neutrales n NH_4-acetat.
V. Koepke. 372.

Johansson, Arne. Kemisk analys av mangan i jord. **(Chemische Bestimmung von Bodenmangan.)** Kungl. Lantbrukshögskolan Statens Lantbruksförsök, Statens Jordbruksförsök, Medd. **1962** Nr. 132. S. 25–40. – 10 Abb., 1 Tab., 16 Lit. Zus. in Engl.

Bodenproben aus Feldversuchen mit $MnSO_4$-Blattspritzung wurden auf Gesamt-(**I**), aktives (nach Jones und Lepper) (**II**), mit Mg austauschbares (**III**) und mit Co austauschbares (**IV**) Mn sowie auf Austauschkapazität, austauschbare Basen und pH-Wert untersucht. Bei niedrigem pH-Wert war der %-Anteil des austauschbaren Mn an **I** erhöht. Bei pH-Werten > 6 bestand **II** hauptsächlich aus leicht reduzierbarem Mn. Bei niedrigen pH-Werten war mehr austauschbares als leicht reduzierbares Mn vorhanden. Die **IV**-Werte waren höher als die von **III**. Zwischen den Gehalten an **II**, **III** und **IV** ergaben sich Korrelationen. Zwischen dem **III**- und **IV**-Gehalt und der Ertragssteigerung durch Mn-Blattspritzung waren Beziehungen vorhanden. Bei einem **IV**-Anteil > 2,0% am S-Wert des Bodens erhöhte sich der Ertrag durch Mn-Spritzung nicht.
O. Knabe. 372.

Kovátsits, L. Uj módszer a talajok fizikai féleségének megbizható meghatározására. **(Ein neues Verfahren zur zuverlässigen Bestimmung der physikalischen Bodenart.)** Országós mezögazdasági Minöségvizsgáló Intézet, Évkönyve [Jb. Landesinst. landwirtsch. Qualitätsprüf., Budapest] **5** (1961) S. 405–426. – Aus: Ung. Agrar-Rdsch. **1962** Nr. 3.

Das vom Vf. ausgearbeitete Verfahren zur Bestimmung der Textur des Bodens beruht auf der unterschiedlichen Geschwindigkeit der Sedimentation verschiedener Korngrößen. Es ist geeignet für mineral. Böden, d. h. für solche mit geringem Humusgehalt. Aus den Meßwerten lassen sich a) phys. Bodenart, b) etwaige Alkalität des Bodens und Bindigkeit ermitteln. 374.

Klimes-Szmik, Andor und Kullmann, Anton. A talaj porozitásának közvetlen meghatározását befolyásoló tényezök. **(Über Faktoren, welche die Direktbestimmung der Bodenporosität beeinflussen.)** Agrokémia és Talajtan [Agrochem. u. Bodenkunde] **11** (1962) Nr. 1. S. 55–72. – 6 Abb., 6 Tab., 7 Lit. Zus. in Russ., Franz. Aus: Ung. Agrar-Rdsch. **1963** Nr. 1.

Die Gesamtporosität des Bodens (P) wurde einerseits berechnet (Unterschied zwischen Raumgewicht und spez. Gew.), andererseits experimentell bestimmt (mit dem Luftpyknometer nach Kunze bzw. Polikeit). Die gemessenen Werte der bei 105 °C getrockneten Bodenproben waren größer als die berechneten, und zwar infolge der Adsorption der Luft durch den Boden. Diese Fehlerquelle machte sich bes. beim Polikeitschen Apparat bemerkbar. Die durch Luftadsorption bewirkte Abweichung konnte mit Hilfe der Kröckerschen Isotherme berücksichtigt werden, danach war der erwähnte Unterschied wesentlich geringer. – Die Luftadsorption des feuchten Bodens ist unbedeutend. Tatsächlich war der Unterschied zwischen gemessenen und berechneten Werten gering und nahm noch mehr ab, wenn die Meßwerte auch hier berichtigt wurden, gemäß der Volumenverringerung des adsorbierten Wassers nach der Formel von Tschapek. – Die gemessenen und berechneten Werte für P wiesen jedoch auch nach obigen Korrekturen bestimmte Unterschiede auf, deren Ursache nicht geklärt werden konnte. Diese Restdifferenz wurde als „Bindigkeitsfaktor" bezeichnet, da sich derselbe proportional zum Tongehalt des Bodens verändert. Im Falle der untersuchten, nicht sonderlich schweren Böden konnte der Bindigkeitsfaktor noch vernachlässigt werden, bei schweren Lehm- und Tonböden ist jedoch sein Wert ziemlich groß und erfordert die Eichung der Luftpyknometer für die einzelnen Bodenarten. Die Eichung ist leicht durchführbar, da sich der Bindigkeitsfaktor innerhalb weiter Porositätsgrenzen (10–60%) als ziemlich gleichbleibend erwies. 374.

Mina, V. N. (Mina, W. N.); Staatl. Plankommiss. beim Ministerrat der UdSSR, Lab. für Forstkunde. Opyt sravnitel'noj ocenki metodov opredelenija intensivnosti dychanija počv. **(Vergleichende Einschätzung der Methoden zur Bestimmung der Atmungsintensität der Böden.)** Počvovedenie, Moskva **1962** Nr. 10. S. 96–100. – 1 Tab., 15 Lit. Zus. in Engl.

Verglichen werden die 3 Grundmethoden zur Bestimmung der Atmungsintensität des Bodens: a) CO_2-Anreicherung nach Lundegårdh, b) Verdrängung der mit CO_2 angereicherten Luft durch CO_2-freie (nach Humfeld), c) Absorption. Nach Ansicht des Vf. sind a in der Modifikation Makarows und c am besten geeignet. Ch. Bachmann. 376.

Vasilenko, E. S. (Wassilenko, Je. S.); Moskau, Bodenkundl. Dokutschajew-Inst. der Akad. der Wiss. der UdSSR. Ob aktivnosti ureazy v počve. **(Über die Ureaseaktivität im Boden.)** Počvovedenie, Moskva **1962** Nr. 11. S. 61–67. – 2 Abb., 6 Tab., 15 Lit.

Die Ureaseaktivität des Bodens wurde nach Drobnik mit folgenden Veränderungen bestimmt: Einwaage von 5 g Boden in großen Petrischalen, Zugabe von 10 ml 0,1 n HCl (NH_3-Bindung!), 24std. Bebrütungszeit. Die Aktivität wird in mg NH_3-N je g Boden ausgedrückt und schwankt in jungfräulichen Böden zwischen 0,042 und 5,81, in Ackerböden zwischen 0,20 und 7,298. In Laborversuchen wurde außerdem der Einfluß der Bodenfeuchtigkeit, des pH-Wertes und der Zugabe verschiedener Stoffe (Harnstoff, Glucose, Pepton und Kali) auf die Ureaseaktivität des Bodens geprüft.
Ch. Bachmann. 376.

Peter, H.; Leipzig, Inst. für Landwirtsch. Versuchs- und Untersuchungswes. **Die Bodenuntersuchungen im Bezirk Dresden.** Z. landwirtsch. Versuchs- u. Untersuchungswes., Vortragstag. **1961/62** (hrsg. 1962) S. 42–61. – 17 Abb.

Die Ergebnisse der Bodenuntersuchungen in den Jahren 1948–54 und 1955 bis 59 zeigten bei einer Gegenüberstellung, daß sich der Ca-Zustand der Böden im Bezirk Dresden verschlechtert hat. Das Absinken der Ca-Noten beträgt 7 Punkte (von Note 36 auf Note 29), d. h., daß die Böden schlecht mit Ca versorgt sind. — Die Versorgung der Böden mit P ist, obwohl sie sich im 2. Turnus verbesserte, noch immer schlecht. Der geringe Anstieg des P-Spiegels ist nach Ansicht des Vf. auf 2 Faktoren zurückzuführen, auf die erhöhte Anwendung von P-Düngemitteln und auf die feuchte Witterung der letzten Untersuchungsjahre. Im Gegensatz zu der erhöhten Ca-Auswaschung in niederschlagsreichen Jahren findet offenbar in bezug auf P eine vermehrte Mobilisierung statt. Betrachtet man die Ca- und P-Noten gemeinsam, dann erkennt man den engen Zusammenhang zwischen der Versauerung und dem P-Zustand der Böden. — Die K-Versorgung ist als ausreichend anzusehen. — Zur Verbesserung des P-Spiegels ist bei geregelten Wasserverhältnissen eine Gesundungskalkung notwendig. Eine Düngung mit 32 kg/ha P_2O_5 ist auf Böden mit starkem P-Mangel nutzlos. Eine Vermehrung des Humusgehaltes im Boden vermindert die P-Festlegung in nicht pflanzenaufnehmbare Form.

H. Masche. 378.

Dittmer, Martin. **Weitere Untersuchungen zur Methodik der Bestimmung des organisch gebundenen Phosphors im Boden.** Diss. Univ. Bonn, Landwirtsch. Fak. 1959. (71 S.)

Chimičeskie analizy počv pri sostavlenii počvennych kart v kolchozach i sovchozach. (Chemische Bodenanalyse bei der Aufstellung der Bodenkarten in Kolchosen und Sowchosen.) Hrsg.: Vsesojuznaja akad. sel'skochoz. nauk im. V. I. Lenina; Vsesojuznyj naučno-issledovatel'skij inst. udobrenij i agropočvovedenija. Moskva: Izd. „Moskovskaja pravda". 1960. (158 S. m. Abb.) 8° = Trudy VIUA. Vsesojuznyj naučno-issledovatel'skij institut udobrenij i agropočvovedenija Nr. 37. (ZA 1713)

H. Bodenfruchtbarkeit

Wolde, H. J. und Fröhmcke, P.; Berlin, Dtsch. Akad. der Landwirtsch.-Wiss. **Programme zur Steigerung der Bodenfruchtbarkeit in den landwirtschaftlichen Betrieben der Akademie.** Dtsch. Landwirtsch. **14** (1963) Nr. 1. S. 23 bis 24. — 1 Tab. nach Zus.

Mit der Ausarbeitung der Programme zur Steigerung der Bodenfruchtbarkeit haben die Betriebe der Akademie einen Maßnahmeplan festgelegt, der eine systematische Steigerung der Ertragsleistungen und Festigung bisheriger Spitzenleistungen vorsieht. Dabei gilt es, unter Mitarbeit aller in der Landwirtschaft Beschäftigten die neuesten wissenschaftlichen Erkenntnisse im praktischen Betrieb wirksam anzuwenden, um damit den Anforderungen an einen vorbildlichen sozialistischen Landwirtschaftsbetrieb mit hohen Produktionsleistungen und hoher Arbeitsproduktivität gerecht zu werden. 380.

Veil, Eberhard. **Bodenkundliche Probleme bei der Feldgraswirtschaft im Hochschwarzwald.** Arb. landwirtsch. Hochschule Hohenheim **13** (1962) S. 1—98.

Untersucht wurde die für die Landwirtschaft des Schwarzwaldes wichtige Frage, welche Form der Feldgraswirtschaft mit einer möglichst hohen Ertragsleistung als optimal unter Einschluß der Erhaltung oder gar Mehrung der Fruchtbarkeit dieser Böden anzusehen sei. Extensiv und intensiv bewirtschaftete Feldgraswirtschaften wurden miteinander verglichen. Unter Einbeziehung von Untersuchungen über Humusgehalt und andere Bodeneigenschaften wird der Praxis eine bodenschonende Ackerperiode (mit abtragender Halmfrucht und Einsaat einer Wechselwiesenmischung) im Wechsel mit 7 bis 8 Jahren Grasnutzung empfohlen. Erst dadurch kann dem Humusschwund wirksam begegnet werden. Ob dieser vom Gesichtspunkt des Bodenkundlers empfohlene Weg allen weiteren betriebs- und volkswirtsch., agrarpolit. und soziolog. Gesichtspunkten Rechnung trägt, bleibt dahingestellt.

H. Pätzold. 380.

IV. BODENBEARBEITUNG

C. Spezielle Fragen der Bodenbearbeitung

Caparrini, Pietro; Pisa, Univ., Ist. di Meccanica Agraria. Prove di lavorazione del terreno con l'aratro e con la zappatrice rotante. **(Bodenbearbeitungsversuche mit Pflügen und Fräsen.)** Agric. ital. [N.S.] **17(62)** (1962) Nr. 8. S. 265–270. – 4 Abb. Zus. in Engl.

Im Rahmen von Bodenbearbeitungsversuchen wurde die normale Pflugarbeit mit der durch rotierende Fräswerkzeuge erreichten Bodenlockerung verglichen. Die Prüfnummern waren normale Pflugarbeit (I) und die Bodenlockerung mit Wühlgeräten (II) in den Varianten Boden hart (fest), Boden vorher gepflügt, Boden vorher gefräst. Während der Versuchsdurchführung wurden folgende Qualitäts- und Leistungsmerkmale festgehalten: die Geschwindigkeit in m/s, die Tiefe und Breite der Bearbeitung (cm), die bearbeitete Fläche in ha/h, die Bodenlockerung in m^3/h, der Verbrauch an Betriebsstoff in kg/h, ferner in kg/ha und g/m^3, außerdem der Verbrauch an Energie in CVh/ha und CVh/m^3. Insgesamt gesehen schnitt die Pflugarbeit am günstigsten ab. Besonders durch die höhere Geschwindigkeit des Pflügens (m/sec 1,043) wurde die vom breiteren Frässchwanz (1,40 m) bearbeitete Fläche in der Hektarleistung/h wieder ausgeglichen [I] = 0,184, [II] = 0,094 bzw. 0,163). Der Betriebsstoffverbrauch in kg/h schwankte zwischen (I) mit 3,605 und (II) von 2,954 bis 4,743 sowie je ha bei (I) mit 22,0 kg und (II) von 17,2 bis 36,2 kg.

G. Müller/Leipzig. 430.

Alekseeva, A. M. (Alexejewa, A. M.); Woronesh, Landwirtsch. Inst. Kompleks agropriemov, obespečivajuščij povyšenie urožaja tverdoj pšenicy. **(Ein Komplex von Agroverfahren erhöht die Hartweizenerträge.)** Vestnik sel'skochozjajstvennoj nauki, Moskva 7 (1962) Nr. 9. S. 39–42. – 3 Tab. Zus. in Engl., Franz., Dtsch. 430.

Černyšov, V. (Tschernyschow, W.) Ėffektivnost' glubokoj obrabotki počvy. **(Wirksamkeit des Tiefpflügens.)** Kartofel' i ovošči, Moskva 7 (1962) Nr. 8. S. 34–35. – 2 Tab.

Bisherige Erfahrungen zeigten, daß bei der Tiefenbearbeitung des Bodens die jeweiligen Bodentypen und bodenklimatischen Verhältnisse berücksichtigt werden müssen. Auf schweren Böden ist z. B. das Tiefpflügverfahren weniger erfolgversprechend als auf leichten Böden. An der Kartoffelkultur wurde die Frage des Tiefpflügens näherer Betrachtung unterzogen. Eine Vertiefung der Ackerfurche im Frühjahr ist nicht wünschenswert und hat niedrigere Ernten zur Folge. Auf anlehmigen Böden brachte das Frühjahrspflügen in Höhe der Ackerfurche eine Frühkartoffelernte von 48,5 dt/ha, bei tiefem Pflügen nur 40 dt/ha. Auf Böden, wo die Ackerfurche flacher als 20 cm ist, schafft die Kartoffelkultur unter Einbringung von organ. und mineral. Dünger günstige Voraussetzungen für eine Vertiefung der Ackerfurche. So hatte eine Vertiefung der Ackerfurche im Herbst um 2–4 cm eine Erhöhung der Kartoffelerträge um 1,5–4,5 dt/ha zur Folge. L. Tunger. 435.

Černenkov, A. D., Ośmakov, I. G. und Karavjanskij, I. S. (Tschernenkow, A. D., Osmakow, I. G. und Karawjanski, I. S.); Lugowaja, Gebiet Moskau, Williams-Unions-Inst. für Futtermittelforsch. Frezerovanie tjaželych počv pri vozdelyvanii propašnych kul'tur. **(Das Fräsen schwerer Böden beim Anbau von Hackfrüchten.)** Vestnik sel'skochozjajstvennoj nauki, Moskva 7 (1962) Nr. 8. S. 54–59. – 8 Tab., 10 Lit. Zus. in Engl., Franz., Dtsch.

Feldversuche zum Einsatz von Fräsen bei der Saatbettbereitung auf wenig kultivierten lehmigen Podsolböden wurden von 1955 bis 58 durchgeführt. Die eingesetzte Fräse (Typ FB-1,9) hatte eine Umlaufgeschwindigkeit von 149 und 218 U/min, was einer Schnittgeschwindigkeit von 5,2 und 8,1 m/s entspricht. Je nach der Menge der pflanzlichen Rückstände wurden an der Frästrommel Messer oder Meißel angebracht. Als Kontrolle dienten Schläge, die mit Schlepperpflug und angehängter Egge bearbeitet worden waren. Nach dem Fräsen (149 U/min) erzielte man im Vergleich zur Kontrolle bei Zuckerrüben einen Mehrertrag von 69 dt/ha (124%) und bei Futterkohl 50 dt/ha (114%). Auf einem Schlag, der stark mit Drahtwürmern verseucht war, stieg nach der Fräsbearbeitung der Maisertrag um mehr als das Doppelte und erreichte auf den besten Schlägen 500 dt Grünmasse je ha. Hierbei waren die Maispflanzen 3–5 Tage früher aufgelaufen als nach dem Pflügen und wurden auch weniger von den Drahtwürmern befallen, von denen 34–40% gleich nach der Bearbeitung und 72–90% am Ende der Vegetation eingingen. Die Umdrehzahl von 218 U/min hatte keinen sicheren Mehrertrag erbracht. Wenn sich auch die Struktur der Böden nach dem Fräsen etwas verschlechterte, so wird diese durch die einsetzende lebhafte Tätigkeit der Wurzeln rasch wiederhergestellt. E. Kahn. 440.

V. BODENMELIORATION UND BODENSCHUTZ

A. Allgemeine Literatur, Berichte, Statistiken u. a.

Jiroušek, Josef. Vědeckovýzkumná činnost Výzkumného ústavu vodohospodářského v roce 1961. **(Wissenschaftliche und Forschungsarbeit des Forschungsinstitutes für Wasserwirtschaft im Jahre 1961.)** Vodní Hospodářství **1962** Nr. 5. S. 229–230.

Die Zahl der für das Jahr 1961 geplanten Forschungsaufgaben betrug fast 300; für das Jahr 1962 wurden 265 Aufgaben geplant. Von im Jahre 1961 insgesamt gelösten 72 Aufgaben entfielen 53 auf das Gebiet des Reinwassers und der Abfallwasserreinigung; von diesen bezogen sich 6 Aufgaben auf Hydrologie, 13 auf Hydraulik, 19 auf Reinheit der Wasserläufe, 5 auf Reinigung städtischer und gemischter Abfallgewässer und 10 auf Wasserwerke. Die beratende und Begutachtungstätigkeit war im Jahre 1961 gleichfalls sehr umfangreich (290 schriftliche Begutachtungen, überwiegend auf dem hygienisch-wasserwirtschaftlichen Gebiet). Außerdem wurde eine Zentralstelle für technisch-ökonomische Informationen und eine solche für Patentwesen errichtet. J. Špinka. 501.

Anonym. Thirtieth annual report for the year ended 31 March 1962. **(30. Jahresbericht der Freshwater Biological Association 1961/1962.)** Freshwater biol. Assoc., annu. Rep. **30** (1962) S. 1–99. – 1 Abb., 399 Lit. 29. Jahresber. vgl. LZ. Abt. III **7** (1962) Nr. 5. S. 1077.

Nach dem Bericht des Rates kommen die Ausführungen des Direktors über die Operation „Swizzlestick“ (künstliche Durchmischung eines Sees), die chem. Arbeiten, die Fritsch-Sammlung von Illustrationen von Süßwasseralgen, Algenphysiologie, Mykologie, Bakteriologie, Invertebraten, Fische, Fischphysiologie sowie über das Flußlaboratorium. Wie üblich, sind Listen der Veröffentlichungen der Mitarbeiter der Vereinigung der gesamten 1961 auf den Britischen Inseln erschienenen limnologischen Publikationen und der Mitglieder dem Jahresbericht beigefügt. W. Steffens. 501.

Tschörtner, Ulrich; Wuppertal-Elberfeld. **Die britische Abwasserforschung in Stevenage und das neue Wassergesetz in Großbritannien.** Wasserwirtschaft **52** (1962) Nr. 11. S. 310–315. – 12 Abb.

Das britische Abwasserforschungszentrum in Stevenage wurde im Jahre 1927 gegründet. 1954 wurde eine wesentliche Erweiterung dieser Einrichtung vorgenommen, so daß z. Z. 150 Chemiker, Biologen, Physiker und Chemie-Ingenieure hier beschäftigt sind. Folgende Hauptprobleme werden bearbeitet: 1. Die Verwendung von „weichen“ Detergentien wird im sogenannten „Luton

Experiment" erprobt. 2. Die Schlammtrocknung und -beseitigung, die für Klärwerke und Industriebetriebe wichtige Probleme darstellen, werden bearbeitet. 3. Es wird der rationelle Einsatz von Tropfkörpern und deren Füllmaterial untersucht. 4. Wichtige Forschungsarbeit wird auf dem Gebiet des Belebtschlammverfahrens geleistet. 5. Betriebsberatungen. 6. Es werden Fragen der biologischen Selbstreinigung sowie der radioaktiven Belastung der Flüsse untersucht. 7. Auf fischereibiologischem Gebiet werden Untersuchungen über die Giftwirkung von Abwasserstoffen auf Fische durchgeführt. – Das britische Abwasserforschungszentrum ist maßgeblich an der Erarbeitung von 3 Gesetzvorlagen beteiligt, nach denen die Stadtverwaltungen den Industriebetrieben hinsichtlich der Abwasserreinigung gleichgestellt und die Anforderungen an den Reinheitsgrad der Kläranlagenabläufe beträchtlich erhöht werden. D. Nehring. 501.

B. Bodenmelioration

Tuan, Dao Tche; Hanoi, Inst. für Land- und Forstwirtsch. **Die ersten Ergebnisse von Versuchen zur Melioration wenig fruchtbarer leichter Böden.** Dtsch. Akad. Landwirtsch.-Wiss. Berlin, Tagungsber. **1962** Nr. 44. S. 235–242. – 8 Tab. Zus. in Russ., Engl. nach Zus.

Im nördlichen Vietnam gibt es etwa 500000 ha wenig fruchtbare leichte Böden mit geringem Humus- und Nährstoffgehalt sowie niedrigem pH-Wert. Der steigende Gehalt an abschlämmbaren Teilchen mit zunehmender Tiefe läßt auf starke Auswaschung schließen (Niederschlagssumme 1600 mm). – Zur Verbesserung dieser Böden wird vorgeschlagen, die Pflugtiefe so zu verändern, daß der feinerde- und nährstoffreiche Einwaschungshorizont an die Oberfläche gebracht wird. Durch jährlich eingebrachte organ. und mineral. Düngung sowie durch Kalkung soll eine nachhaltige Verbesserung der Bodenfruchtbarkeit erreicht werden. So konnten durch Vertiefung der Pflugfurche auf 18–22 cm und verstärkte Stallmistdüngung Mehrerträge von 23–35% erreicht werden. Die Anwendung von 60 dt/ha Stallmist und 500 kg/ha Kalk erhöhte den Ertrag gegenüber Stallmistdüngung ohne Kalk um 38–61%. Düngung mit Phosphoritmehl brachte Mehrerträge von 10%, Düngung mit Superphosphat Mehrerträge von 10–11%. 520.

Rémy-Berzencovich, Eduard; Klagenfurt. **Hydrographie. Wasserwirtschaftliche Grundlagenforschung.** Österr. Wasserwirtsch. **14** (1962) Nr. 10/11. S. 196–203. – 5 Abb., 2 Tab., 9 Lit.

Die Hydrographie hat die Aufgabe, eine große Anzahl von Meßwerten und Erhebungen zu sammeln und zu ordnen. Die am meisten benötigten Unterlagen beziehen sich auf die Bewirtschaftung der Wassermengen. Hierzu gehört insbesondere die Messung der Niederschläge mittels Regenmessern und -schreibern und Totalisatoren. Häufig muß auch der Wasserstand an Flußläufen oder stehenden Gewässern mit einem Lattenpegel oder Schreibpegel festgestellt werden. Zur Durchflußmengenmessung dienen hauptsächlich hydrometrische Flügel, daneben Staurohre, Schwimmermessungen, Hitzdrahtmeßgeräte usw. Weiterhin werden Untersuchungen des Grundwassers durchgeführt. Für die Wassergütewirtschaft werden chem. und bakteriolog. Untersuchungen sowie Messungen der Radioaktivität durchgeführt. Eine weitere Hauptaufgabe der Hydrographie ist die Erhebung der Feststoffführung in den Flußläufen. Der Aufbau und die Arbeit des Hydrographischen Dienstes wird am Beispiel Kärntens gezeigt. D. Nehring. 525.

Falchi, Paolo; Roma, Sez. Studi Irrigazione. Studio preliminare sulla variabilità dell' umidità del terreno. **(Voruntersuchungen über Feuchtigkeitsänderungen im Gelände.)** Irrigazione [Bologna] **9** (1962) Nr. 1/3. S. 45–49. – 2 Abb., 2 Tab. 525.

Neudecker, Josef; Klagenfurt. **Die Entwässerungen und Bewässerungen in Kärnten.** Österr. Wasserwirtsch. **14** (1962) Nr. 10/11. S. 215–221. – 5 Abb., 1 Tab.

Die gesamte Entwässerungsfläche Kärntens von 28454,5 ha stellt 10,1% der LN von 282308 ha dar, die Bewässerungsfläche von 13097 ha 4,6%, die gesamte Meliorationsfläche von 41552,5 ha 14,7% der LN. Die Niederschlagshöhe und -verteilung ist günstig für die landwirtsch. Nutzung. Bei den landwirtsch. genutzten Flächen überwiegen die mittleren Bodenarten. Die Nachfrage nach Bewässerungen ist trotz zahlreicher 1954–56 in allen Landesteilen errichteter Beispielanlagen ziemlich gering. In erster Linie dienen Bewässerungsanlagen dem Frostschutz im Obstbau. Hingegen haben Entwässerungen große Bedeutung. Als entwässerungsbedürftig werden in Kärnten i. allg. nur versumpfte Wiesen angesehen, Ackerdränungen sind selten. An Moorflächen gibt es über ganz Kärnten verstreut 105 Niedermoore (3978,4 ha) und 28 Hochmoore (217,0 ha). Entwässerungsanlagen sind dort seit etwa 100 Jahren nachweisbar. In den Entwässerungsanlagen spiegelt sich die wirtsch. Entwicklung der Landwirtsch. des Landes. Zuerst ging es nur darum, durch die Regulierung von Flußläufen die frühere, oft den größeren Teil des Jahres dauernde Überstauung der Flächen zu beseitigen. Seit 55 Jahren werden größere Entwässerungen unter Anwendung von Tondräns ausgeführt. Ein bes. schwieriges Problem ist der hohe Fe-Gehalt der meisten Böden und die dadurch bedingte Verockerung der Stränge, da z. T. durch Vorrichtungen zur Durchspülung mit Fremdwasser begegnet wird. Seit 1954 wird auch die Maulwurfdränung angewandt, und zwar in erster Linie bei tagwasservernäßten Böden. Es gibt zwar Beispiele dafür, daß Naturschutz und Entwässerung sich nicht ausschließen (Bleistättermoor), doch ist es nicht immer möglich, den Ausgleich zwischen den Belangen des Naturschutzes und den landwirtsch. Interessen zu finden, die für Entwässerungen sprechen. W. Fleischmann. 530.

Untergrundbewässerung und Wasserhaushalt des Bodens (Kurzfassung). Forsch.- u. Entwickl.-Stelle Halle/Saale, Institut für Grünland und Meliorationswesen der Martin-Luther-Universität Halle-Wittenberg 40 S. Abschlußber. 8/2. 1962. Plan-Nr.: 2155 23/1–06/8.

Es wird über die auf einem mittleren Boden durchgeführten mehrjährigen Unterflurbewässerungsversuche, insbesondere über die seitliche Wasserbewegung bei ein- und mehrjährigen Pflanzenbeständen unter Verwendung mehrerer Spezialrohrarten berichtet. In diesem Zusammenhang werden u. a. auch Hinweise über Bewässerungsdauer, Untersuchungen des Wurzelwachstums und Eignung des Rohrmaterials sowie der Kulturpflanzenarten für die Unterflurbewässerung gegeben. 530.

Doerpinghaus, Ernst H. **Moderne Abdichtungsverfahren für Erdgruben, Kanäle und Abdeichungen sowie deren Anwendungen.** Städtehygiene **1962** Nr. 12. S. 255–257. – 2 Abb. 530.

Anonym. The advantages of irrigation systems. **(Die Vorzüge von Bewässerungssystemen.)** Fruit Wld. Market Grower **63** (1962) Nr. 11. S. 19. 21. – 1 Abb.

Es wird das Wesen der Bewässerung durch Überflutung (ganzflächig durch Überstau bzw. teilflächig durch Furchen- oder Grabenbewässerung) dargestellt und darauf hingewiesen, daß z. B. das Gelände nicht mehr als 1% Neigung aufweisen darf, daß ferner keine vollständige Landnutzung (Flächenblockierung durch Furchen usw.) möglich ist und daß die Überflutung leicht zu Bodenabtrag führen kann. Dann werden die Vorzüge der Regnerbewässerung herausgestellt, die dieses System gegenüber dem erstgenannten hat: 1. gleichmäßige Wasserverteilung über die Bodenfläche, unabhängig vom Boden; 2. gelenkte Keimungshilfe der Pflanzen; 3. keine Beanspruchung von

Bodenfläche für Furchen, Gräben usw. sowie dadurch Ausschaltung der Verunkrautungsgefahr entlang der Grabenauswürfe; 4. Kombinationsmöglichkeit mit Düngemitteln durch Lösung im Bewässerungswasser; 5. keine unbedingte Veranlassung zur Geländeplanierung; 6. Bewässerungsmöglichkeit auch für leichte und hängige Böden ohne Erosionsgefahr; 7. Einsatzmöglichkeiten auch bei hohem Grundwasserspiegel; 8. rationellerer Wasserverbrauch; 9. die Möglichkeit der „rationierten Zuteilung" des Wassers spielt dann eine bes. Rolle, wenn nur zusätzliche Gaben verabfolgt werden sollen.
W. Fleischmann. 535.

Pecout, W. L'irrigation de la canne à sucre à la Société Sucrière de la Mahavavy (Sosumav) (Madagascar). **(Die Bewässerung von Zuckerrohr durch die Mahavavy-Gesellschaft [Sosumav] in Madagaskar.)** Agronom. trop. **17** (1962) Nr. 7/8. S. 653–678. – 12 Abb., 12 Tab. Zus. in Engl., Span.
Die Mahavavy-Gesellschaft ist eine 1949 gegründete private Gesellschaft, die wissenschaftliche und praktische Arbeiten über den Zuckerrohranbau durchführt. Die bisher zur Bewässerung geleistete Arbeit wird dargelegt. Das benötigte Wasser stammt aus einem tropischen Fluß, dessen Wasserstand zwischen 50000 l/s und 5000000 l/s schwankt. Die notwendigen hydrotechn. Anlagen zur Flußregulierung sind im Bau. Geplant ist die Anlage von Gräben und Dräns. Bewässerung im Zuckerrohranbau ist von Mai bis Mitte Dez. notwendig. Für die einzelnen Gebiete ist ein Bewässerungskalender erarbeitet worden. Umfangreiche Bewässerungsversuche wurden durchgeführt.
E. M. Ardelt. 535.

Jones, Ted L. und Miller, Frank; Univ. of Missouri. Irrigation practices and costs in Southeastern Missouri – 1960. **(Bewässerungs-Praktiken und -kosten im südöstlichen Missouri 1960.)** Univ. Missouri, Coll. Agric., agric. Exp. Stat., Res. Bull. **1962** Nr. 795. S. 1–43. – 5 Abb., 22 Tab.
Die Ermittlungen erstreckten sich auf 65 Farmer und einen Zeitabschnitt von 2 Jahren. Die Durchschnittsgröße der Betriebe betrug 73 acres. – 54% aller Beregnungsflächen betrafen Baumwolle, die mit 2,9–3,9 in. Zusatzwasser beregnet wurde. Die Beregnungshöhe zu Mais betrug 5,9 in. und brachte einen Mehrertrag von 20 bu./acre. In geringem Umfang wurden auch Sojabohnen beregnet (3,4 in.). Dies führte zu einem Mehrertrag von 12 bu./acre. – Die fixen Kosten variierten zwischen 60 und 73, die variablen zwischen 27 und 40%.
H. Pätzold. 535.

Pereira, H. C. und Hosegood, P. H.; Muguga, Kenya, East African Agric. and Forestry Res. Organization; Kenya Forest Dep. Comparative water-use of softwood plantations and bamboo forest. **(Wasserverbrauchsvergleich in Weichholzplantagen und Bambuswäldern.)** J. Soil Sci. **13** (1962) Nr. 2. S. 299 bis 313. 535.

Falchi, Paolo; Roma, Sez. Studi Irrigazione. Indagine sull' irrigazione aziendale. **(Forschungen auf dem Gebiet des Bewässerungsbetriebes.)** Irrigazione [Bologna] **9** (1962) Nr. 1/3. S. 9–36. – 20 Abb., 2 Tab.

Veri, Giuliano; Roma, Sez. Studi Irrigazione. Prove di irrigazione e di concimazione azotata all'erbaio di mais. **(Bewässerungs- und N-Düngungsversuche zu Mais.)** Irrigazione [Bologna] **9** (1962) Nr. 1/3. S. 81–88. – 1 Abb., 5 Tab., 8 Lit. 535.

Mattei, Franco; Roma, Sez. Studi Irrigazione. Concimazione solfatica e azotata del mais da foraggio e suoi rapporti con l'irrigazione. **(P- und N-Düngung zu Mais in Abhängigkeit von Bewässerung.)** Irrigazione [Bologna] **9** (1962) Nr. 1/3. S. 57–64. – 5 Tab., 15 Lit. 535.

Bartels, L. F.; Werribee, Victoria. Estimation of irrigation need. **(Schätzung der Beregnungs-Bedürftigkeit.)** J. Agric. [Melbourne] **60** (1962) Nr. 11. S. 507 bis 510. – 2 Abb., 1 Tab.

Da die „klassischen" Evaporations-Formeln von Penman und Thornthwaite keine Aussagekraft für die Beregnungsbedürftigkeit australischer Feldkulturen besitzen, wird der Versuch unternommen, andere Maßstäbe zu finden. Als solcher wird die Differenz zwischen Evapotranspiration und Niederschlagsmenge betrachtet. Erreicht sie einen negativen Wert (höhere Evapotranspiration), so ist künstliche Wasserzufuhr nötig. H. Pätzold. 535.

Widmoser, Peter. Perdite dell'irrigazione a pioggia e un nuovo metodo per determinarle. **(Verdunstungsverluste bei Beregnung und eine neue Methode zu ihrer Bestimmung.)** Irrigazione [Bologna] **9** (1962) Nr. 4/5. S. 18–21. – 5 Lit.
Im 1. Teil der Arbeit erwähnt Vf. die von anderen Autoren gemachten Erfahrungen, insbes. in den USA, sowie einen eigenen Versuch, den er 1960 am Landwirtsch.-Inst. in Neu Delhi durchgeführt hat. Hier hatte er bei gleichen Klimaverhältnissen höhere Verdunstungsverluste gefunden als Frost und Schwalen, und zwar traten diese Verluste sozusagen auf der Strecke zwischen den einzelnen Regnerdüsen und der Pflanzendecke auf. Die von den verschiedenen Autoren angegebenen Verluste schwanken zwischen 5 und 30% in Abhängigkeit von der unterschiedlichen Arbeitsweise bei den Untersuchungen. Vf. weist auf Ungenauigkeiten hin, z. B. ist wohl niemals der durchaus wirksame Faktor der Wassertemp. berücksichtigt worden. Abschließend schlägt er eine neue Methode zur Bestimmung der Verluste vor, die darauf beruht, daß die Veränderungen im Konzentrationsgrad in der salzigen Lösung des in Prüfgefäßen aufgefangenen Bewässerungswassers mittels seiner elektr. Leitfähigkeit gemessen werden. Das dem Wasser in einem best. Verhältnis zugefügte Salz ist am besten KCl. Diese Methode gestattet die schnelle Bestimmung aus sehr kleinen Wasserproben und auch bei laufenden Regnern. W. Fleischmann. 535.

Witte, K. Come prevenire i danni del gelo, per mezzo della irrigazione a pioggia. **(Frostschadenverhütung durch direkte Beregnung.)** Irrigazione [Bologne] **9** (1962) Nr. 4/5. S. 24–40. – 3 Abb., 5 Tab.
Vf. behandelt einleitend die Frostschadenverhütung als eine der neuesten Anwendungsmöglichkeiten der Beregnung, um dann auf die physik. Grundlagen der Frostschutzberegnung einzugehen (Erstarrungswärme beim Gefrieren des verregneten Wassers; Luft- und Gewebetemp., Luftfeuchte, Wind; Wärmebilanz; Regendichte, Benetzungsintervalle; Ein- und Ausschalttermin). Ferner bespricht er die techn. Einrichtungen, wie Wassergewinnung, Pumpen, Rohre, Regner, Temp.-Kontrolle, Frostwarnung und schließlich Arbeitsaufwand und Kosten. – Die Ausführungen lassen erkennen, daß sich nur betriebssichere Beregnungsanlagen mit möglichst gleichmäßig das Wasser verteilenden Regnern zur Frostschadenverhütung eignen. Die Anlagen müssen so leistungsfähig sein, daß auch bei Strahlungsfrösten mit Temp.-Abfall auf −6 bis −7 °C eine volle Frostschutzwirkung erreicht wird. Pro Min. sollen die Regner mindestens ½ Umdrehung machen. Diese Mindestforderungen werden noch nicht von allen auf dem Markt befindlichen Anlagen erfüllt. Die Kontrollthermometer müssen repräsentativ verteilt werden, d. h. sowohl in geschützten als auch in offenen Lagen. Die Notwendigkeit genauer Kenntnisse der meteorol. und pflanzenphysiol. Voraussetzungen wird bes. deutlich. W. Fleischmann. 535.

Kragtwijk, C. Moeilijkheden met de sproei-installaties. **(Möglichkeiten mit einer Beregnungsanlage.)** Vakbl. Bloemisterij **17** (1962) Nr. 43. S. 799. – 1 Abb.
Für das gute Pflanzenwachstum von ausschlaggebender Bedeutung ist die gleichmäßige Wasserversorgung. Diese ist abhängig vom Wasserdruck, der Länge und dem Durchmesser der Leitung. Hinweise für die Installation von Regenleitungen werden gegeben. I.-G. Gründler. 535.

Sládeček, Vladimír; Praha, Katedra Technol. Vody VŠCHT. Klasifikace odpadních vod z biologického hlediska. **(Die Abwasserklassifikation vom biologischen Standpunkt.)** Vodní Hospodářství **1962** Nr. 5. S. 197–249. – 1 Tab., 10 Lit.
Die Grenze zwischen Oberflächen- und Abfallwasser wurde im BSV5-Wert (biolog. Sauerstoffverbrauch) auf ungefähr 40 festgesetzt, was etwa 20 Millionen coliforme Keime je 1 Liter bedeutet. Rohes städtisches Abfallwasser enthält 10–50000 Ciliata/ml, BSV5 40–600 und läßt sich z. B. nach biolog. Oxydationsmethoden reinigen. Verfaultes städtisches Abfallwasser enthält bis 300000 Flagellate, bei einem BSV5-Wert bis 700, und muß noch vor Beginn der biolog. Reinigung vom Schwefelwasserstoff befreit werden. Sulfit- und Rübenschnitzelabwässer weisen bis 60000 BSV5 auf und lassen sich nach anaeroben Methoden reinigen. Auf ähnliche Weise werden auch Abfallgewässer mit konzentriertem Bakteriengehalt gereinigt. Giftstoffe enthaltendes Abfallwasser enthält normalerweise keine lebenden Organismen, sein BSV5 ist gleich 0, und solches Wasser muß nach evt. Verdünnung chemisch gereinigt werden. Abwässer mit radioaktiven Isotopen können Organismen mit sich führen, die biogene Isotope absorbiert haben und daher auf eine besondere Weise gereinigt werden müssen. J. Špinka. 535.

Hirsch, Arnold; Koblenz, Bundesanst. für Gewässerkunde. **Die Beseitigung von Treibzeug (Rechengut) an den Bundeswasserstraßen — ein Beitrag zur Frage der Reinhaltung der Gewässer.** Dtsch. gewässerkundl. Mitt. **6** (1962) Nr. 6. S. 124–131. – 12 Abb., 2 Lit.
Unter dem Begriff Treibzeug versteht man schwimm- oder schwebfähiges Material insbesondere organ. Herkunft, das vom Wasser mitgeführt wird. Für die Reinhaltung der Gewässer spielt die Beseitigung des aus dem Wasserlauf herausgeholten Treibzeuges gegenüber der Abwasserreinigung nur eine untergeordnete Rolle. – Es wird unterschieden zwischen kleinem Treibzeug (abgestorbene Pflanzenteile, Lebensmittelabfälle, kleinere Gebrauchsgegenstände), großem Treibzeug (Bäume, Stamm- und Wurzelteile) und Kadavern (Tier- und Fischleichen). Die Entfernung dieser Materialien ist insbes. wichtig für Kraftwerke, für den Betrieb von Wehr- und Schleusenanlagen, für die Schiffahrt und die Fischereiausübung (Versetzen der Netze). Methoden zur Beseitigung des gesammelten und abgelagerten Treibgutes sind der Abtransport durch die städtische Müllabfuhr sowie die Verbrennung oder Kompostierung. Für die Beseitigung der Tierkadaver sind Sondervorschriften erlassen worden. D. Nehring. 535.

Fritzsche, K. **Zur Frage der Branntkalkwirkung und Kalkauswaschung auf Niederlausitzer Kippensanden.** Albrecht-Thaer-Arch. **6** (1962) Nr. 10. S. 742 bis 750. – nach Zus.
Die bei den Pappelsteckholzkulturen aufgetretenen Verbesserungen der Anwuchsprozente durch Branntkalkgaben dürften unter den gegebenen Verhältnissen im wesentlichen auf die wasserhaushaltbeeinflussende Wirkung des $Ca(OH)_2$ als Hydrogel zurückzuführen sein. Nach 414 Tagen mit 890 mm Niederschlägen wurden den pH-Wert wesentlich beeinflussende Calciummengen 15 – 20 cm in die Tiefe gewaschen. Um den pH-Wert möglichst rasch in einem großen Bodenraum zu verbessern und die den Wassergehalt günstig beeinflussende Wirkung des CaO mit auszunutzen, erscheint es bei diesen biol. inaktiven und sauren Sanden zweckmäßig – entgegen der herkömmlichen Meinung –, mit Brannt- oder Mischkalk zu arbeiten. Dabei ist tiefes Einarbeiten besonders wertvoll. Die Auswaschungsverluste an Calcium sind bei dem geprüften Niederlausitzer Kippensand relativ gering und stimmen gut mit den aus der Literatur bekannten Werten überein. Normale Erhaltungskalkungen in Höhe von 8–10 dt/ha Branntkalk alle 3–4 Jahre dürften daher ausreichend sein. 545.

Trénel, M. **Die Kompostierung von Müll nach dem „Biotank“-Verfahren.** Städtehygiene **13** (1962) Nr. 11. S. 224–226. 227–229. – 11 Abb.
Durch die starke gleichmäßig verteilte Belüftung des im „Biotank“ gärenden Mülls entwickeln sich so hohe Temp. (bis zu 80 °C), daß der zu trocknende Kompost nach 18 Tagen frei von pathogenen Keimen, Unkrautsamen und Wurzeln ist. Da der anfallende Müll sofort unter Verschluß genommen wird, ist auch die Ansiedlung von Ungeziefer unmöglich. Eine Belästigung der Anlieger durch Staub oder Gestank ist ausgeschlossen. Ohne daß biol. Prozesse weiterlaufen, bleibt der ausgegorene Kompost mit sehr geringem Wassergehalt an der Stelle auf Lager, wo er entstanden ist. Die Kosten des weitgehend automatisierten Verfahrens sind hinsichtlich des Energieverbrauches und des AK-Bedarfes so niedrig, daß die Amortisation der hohen Anlagekosten im Bereich des Möglichen liegt. W. Fleischmann. 550.

Hofman, G. H. B. **Einfache Staueinrichtungen und Wirtschaftswegbrücken aus Betonfertigteilen.** Wasser u. Boden **14** (1962) Nr. 11. S. 393–395. – 5 Abb.
Die Baukosten eines Staues aus Betonfertigteilen sind niedriger als die eines Staues aus Ortbeton. Der Entwurf eines solchen Staues der Nederlandsche Heidemaatschappij ist für Durchflußbreiten von 95, 143 und 190 cm bestimmt. Die Höhe zwischen Drempel und Stauwasserspiegel beträgt 100 bzw. 130 cm. Die Bauzeit beträgt zwei bis vier Tage. Der Entwurf einer Wirtschaftswegbrücke besteht aus nebeneinander liegenden Betonplatten für 8 oder 4 t Achslast. Die Breite der Platten beträgt 75 oder 100 cm, die Länge 4,30 m bis 8,30 m. An einem Tage können bis zu fünf kleinere Brücken eingebaut werden. Unmittelbar nach der Fertigstellung können die Brücken passiert werden. D. Voigt. 555.

C. Bodenabtrag und Bodenschutz

Antropov, T. F. (Antropow, T. F.); Moskau, Bodenkundl. Dokutschajew-Inst. der Akad. der Wiss. der UdSSR. Zaščita počv ot vodnoj ėrozii v sevooborote s propašnymi kul'turami. **(Schutz des Bodens vor Wassererosion in Hackfrucht-Fruchtfolgen.)** Zemledelie, Moskva **24** (1962) Nr. 10. S. 69–73. – 1 Abb., 2 Tab., 9 Lit. 570.

Joachim, H. F. und Wachter, H.; Eberswalde, Inst. für Forstwiss. der Dtsch. Akad. der Landwirtsch.-Wiss. zu Berlin; Nedlitz, Staatl. Forstwirtsch.-Betr. Zerbst. **Über Begründung und Bewirtschaftung der Pappel in Plantagen.** Arch. Forstwes. **11** (1962) Nr. 10. S. 1059–1084. – 9 Abb., 2 Tab., 11 Lit. Zus. in Russ., Engl. nach Zus.
Zu den wichtigsten Ergebnissen dieser Untersuchung gehören: Die Bewirtschaftung der Pappel in „Plantagen“ bietet gegenüber der bisher allgemein angewandten Anbaumethode wesentliche Vorteile. Pflanzenausfälle und Dothichiza-Schäden sind gering, so daß ein voller Kulturerfolg gesichert ist. Die Ertragsleistung liegt in den ersten 10 Jahren hoch. Entscheidend für die Entwicklung der Plantagenflächen sind die vom Jahr der Anlage an vorgenommenen intensiven maschinellen Pflegearbeiten und (oder) der Mitanbau von Hackfrüchten in den ersten Standjahren. – Die eingeleiteten Durchforstungsversuche lassen nach der 1. Durchforstung noch kein eindeutiges Bild des wirtschaftlich günstigsten Zeitpunktes der ersten Entnahme in Pappelplantagen erkennen. – Es wird vorgeschlagen, auf den geeigneten Standorten bei allen Flächenpflanzungen die Pappel in „Plantagenform“ zu bewirtschaften und von der bisherigen platzweisen Begründungs- und Pflegeart Abstand zu nehmen. 580.

Kreutz, Wilhelm; Gießen, Dtsch. Wetterdienst, Agrarmeteorol. Versuchs- und Beratungsstelle. **Die Wirkung des Windschutzes auf Boden und Pflanzen.** Advances horticult. Sci. **3** (1962) S. 374–382. – 8 Abb. Zus. in Engl., Franz.

Windschutzanlagen mit einer 40—50%igen Durchlässigkeit bieten den besten Schutz, da es hierbei nicht zur Wirbelbildung kommt. Der Wind wird hier aufgeleitet, ein Teil der Strömung geht über und ein Teil durch das Hindernis. Untersuchungen der Strömungsvorgänge an dichten und durchlässigen ein- und mehrreihigen Hindernissen ergaben, daß das ein- und zweireihige Hindernis die beste Schutzwirkung zeigte. 4 und mehr Reihen verschlechtern die Wirkung. Der optimale Wirkungsgrad der 2. Windschutzanlage wird erreicht, wenn diese ungefähr im Abstand der 20fachen Höhe steht. Die Windschutzanlagen müssen bis zum Boden geschlossen sein, daß keine Winddüsen entstehen. Die Reichweite des Schutzes geht auf der Luvseite bis zur 5fachen, auf der Leeseite bis zur 15fachen Höhe des Windschutzes. Die Niederschläge auf der Leeseite können bis zu 15% höher sein im Vergleich zu einem nicht geschützten Feld. Durch Windschutz werden 29–35% weniger Wasser verdunstet, und die Taumenge kann doppelt so hoch sein. Die Trockenschäden sind ebenfalls gemildert. Der Ertrag von Gemüse und Mais erreicht in einer Entfernung der 1½fachen Höhe des Hindernisses den Durchschnittsertrag, in einer Entfernung der 5fachen Höhe steigt er auf 150%, bei der 12fachen Höhe ist er wieder auf der Höhe des Durchschnittsertrages.

W. Hiller. 585.

Vinokurova, I. K. (Winokurowa, I. K.) Vlijanie lesnych polos na mikroklimat i urožaj zernovych kul'tur. **(Einfluß der Waldstreifen auf das Mikroklima und den Ertrag von Getreidekulturen.)** Sb. naučn. rabot. N.-i. in-t s. ch. Centr.-černozemn. polosy **2** (1961) Nr. 4. S. 47–55. — Aus: Referativnyj žurnal. Biologija, Moskva **1961** Nr. 24. G 420. S. 48.

Die Versuche wurden in den Jahren 1943—55 in der Steinsteppe durchgeführt. Waldstreifen trugen zur Minderung der Windkraft, zur Erhaltung und verhältnismäßig gleichmäßigen Verteilung des Schnees auf den Feldern, zur geringeren Durchfrierung des Bodens, zum verminderten Tauwasserabfluß, zur verbesserten Wasseraufnahme und zur Veränderung der Temperaturverhältnisse der Luft bei. Im Mittel der Jahre 1948—55 betrug der Mehrertrag an Wi-Weizen (angebaut zwischen Waldstreifen) 3,2 dt/ha und der von So-Weizen 2 dt/ha. Für Wintergräser war die Schutzwirkung der Waldstreifen bei ungünstigen Witterungsbedingungen im Winter und im Sommer noch effektiver. Für Sommergräser erhöhte sich der Wirkungsgrad der Waldstreifen bei kühlem Wetter im Frühjahr. übersetzt v. W. Peitz. 585.

Berge, Helmut. **Phytotoxische Immissionen (Gas-, Rauch- und Staubschäden).** Berlin; Hamburg: Verlag Paul Parey. 1963. (108 S. m. 26 Abb. u. 4 Taf.) 8°. DM 26,— = Sonderdruck aus Sorauer, Handbuch der Pflanzenkrankheiten, Band 1, 7. Aufl., 4. Lfrg. Fortschreitende Industrialisierung und Chemiesierung lassen die hiermit verbundene schädliche Auswirkung der verunreinigten Luft zu einem Problem werden, das weite Kreise beschäftigt, von ihnen fordert, sich über die Faktoren zu orientieren, die den Umfang der Schädigung beeinflussen und sie zwingt, sich mit den möglichen Maßnahmen zur Verhütung, Bekämpfung oder dem Ausgleich solcher Schäden vertraut zu machen. Oft mögen medizinische, technische oder städteplanerische Erwägungen im Vordergrund stehen, jedoch auch hier wird auf Pflanzenanalysen nicht verzichtet werden können. Es kann auch der außerhalb der Phytopathologie stehende Personenkreis bei der Behandlung von Immissionsfällen nicht umhin, die Faktoren zu berücksichtigen, von denen der Umfang der Schäden abhängt, wie Witterungsbedingungen, Standortverhältnisse, geologische Gegebenheiten, Anfälligkeit der einzelnen Pflanzengattungen und -sorten. So sind Gewerbeaufsichtsämter, Stadt- und Kreisverwaltungen, Gartenämter und die in Hochschulinstituten für Chemie, Botanik und Hygiene Tätigen bes. angesprochen. Sie werden das Erscheinen dieses Handbuches, das unter Berücksichtigung neuester Veröffentlichungen und Erkenntnisse des In- und Auslandes geschrieben ist, dankbar begrüßen. Der spezielle Teil, der bei der Beschreibung der zahlreichen einzelnen Immissionen jeweils Vorkommen, makroskopische und mikroskopische Schäden, Wirkungsweise, Resistenzunterschiede sowie Diagnose behandelt, empfiehlt sich als praktisches Nachschlagewerk. E. v. Wangenheim.

Olivier, Henry. **Irrigation and climate.** London: Edward Arnold (Publishers) Limited. 1961. (250 S. m. Abb. u. Tab.) 8°. 100 s. Das Buch soll Ingenieuren und Agronomen bei der Aufstellung von Beregnungsprojekten eine Hilfe sein, indem es die mannigfachen klimatischen Auswirkungen darlegt, die u. a. Zeit und Menge des zusätzlichen Wasserdargebots maßgeblich beeinflussen. Besonders berücksichtigt werden die Verhältnisse in unentwickelten Ländern, um auch hier mit einfachen Methoden sogar unter schwierigen Verhältnissen die Anforderungen befriedigen zu können. Eine große Anzahl der verschiedensten in dieser Richtung angestellten Versuche wurden zusammengetragen und ausgewertet. Das Schrifttumsverz. enthält 148 Titel der Weltfachliteratur. Eigene Erfahrungen des Vf. aus langjährigen Arbeiten in Persien, Rhodesien und Ostafrika geben wertvolle Ergänzungen. E. v. Wangenheim.

Wasser für den Hof und das Feld. Vorträge der 10. Landeskulturtagung der DLG in Würzburg am 4. 7. 1962. Frankfurt/Main: DLG-Verlag. 1962. (52 S. m. 6 Abb.) 4°. DM 3,60 = Arbeiten der DLG. Band 87. Das Heft enthält die Wiedergabe folgender 3 Vorträge: H. Zölsmann, Bonn: „Das neue Wasserhaushaltsgesetz – was der Landwirt davon wissen soll". Hier werden die wasserwirtschaftlichen Grundlagen der neuen Gesetzgebung dargelegt und Ausführungen über die Benutzung der Gewässer und sonstige wasserrechtliche Bestimmungen gemacht. K. Baltzer, Frankfurt/Main, behandelt unter dem Titel "Wasserwirtschaft in Haus und Hof" die Wassergewinnung, Anforderungen an das Trinkwasser, Wasserbereitstellung, Warmwasserversorgung und Abwasserfragen. Über „Wasser, Gülle und Abwasser als Produktionsfaktoren in der Landwirtschaft" macht G. Schonnopp im letzten Titel eingehende Ausführungen. Das Schrifttumsverz. enthält insges. 48 Titel, die bes. die neuesten Arbeiten der behandelten Themen umfassen. E. v. Wangenheim.

Addison, Herbert. **Land, water and food.** A tropical commentary on the past, present and future of irrigation, land reclamation and the food supplies they yield. 2 nd. ed., rev. and enl. London: Chapman & Hall. 1961. (XII, 284 S.) 8°. (1962) A 1625)

Farský, Zostavil Imrich. **Praktické otázky prípravy vel'koplošnych závlah.** (Praktische Fragen der Vorbereitung der Großflächenbewässerung.) Bratislava: Slov. vyd. pôdohospod. lit. 1962. (104 S.) 8° = Veda pomáha pol'nohospodárstvu. 7. (SR 2883, 7)

Fenolové odpadní vody. (Phenol-Abwässer.) Praha: Minist. zeměd., lesního a vódního hospod. 1962. (81 S.) 4°. (1962 B 231)

Kipenvarlic, Aleksandra Fedorovna (unter d. Red. v. *Giljarov, M. S.*) **Izmenenie počvennoj fauny nizinnych bolot pod vlijaniem melioracii i sel'skochozjajstvennogo osvoenija.** (Die Veränderung der Bodenfauna der Niederungsmoore unter dem Einfluß der Melioration und der landwirtschftlichen Erschließung.) Minsk.: Gos. izd. sel'skochoz. lit. BSSR. 1961. (196 S.) 8°. (1962 A 932)

Lhotský, Jiří. **Meliorace pud pred zalesněním.** (Bodenmelioration vor der Aufforstung.) Praha: Státní zeměd. naklad. 1962. (213 S.) 8° = Lesnické aktuality. 7. (SR 2584, 7)

Roginski, Stefan. **Wiadomosci z melioracji rolnych.** (Die landwirtschaftliche Melioration.) Warszawa: Panstw. wyd. rolnicze i lesne. 1962. (237 S.) 8°. (1962) A 1349)

Dynamics of land use: Needed adjustment. Ames: Iowa State Univ. Press. 1961. (VIII, 371 S.) 8°. (1962 A 1302)

VI. PFLANZENERNÄHRUNG UND DÜNGUNG

B. Pflanzenernährung

Lutkova, I. N. (Lutkowa, I. N.) O nekotorych izmenenijach v razvitii rastenij pod vlijaniem ėlektričestva na počvu. **(Einige Veränderungen in der Pflanzenentwicklung unter dem Einfluß der Elektrisierung des Bodens.)** Trudy Central'noj genetičeskoj laboratorii imeni I. V. Mičurina, Mičurinsk 7 (1961) S. 266–284. – 3 Abb., 9 Lit.

Die Behandlung des Bodens (Feldversuche!) mit sehr schwachen Strömen ($2 \cdot 10^{-8}$ bis $18 \cdot 10^{-8}$ A/cm^2) beschleunigte die Entwicklung von Zuckerrüben, Tomaten, Baumwolle und Kartoffeln (Die Triebkraft der Samen wurde verbessert, die ersten Blätter erschienen eher, die Anlage der Früchte erfolgte zeitiger, Knospenbildung, Blüte und Reife wurden verkürzt.). Ferner erhöhte sich die Zahl der reproduktiven Organe der Baumwolle. Auch der Zuckergehalt der Zuckerrüben und der Tomaten stieg um 0,3–0,4% bzw. 0,3–1%, der Stärkegehalt der Kartoffeln um 1–2% an. Zum Teil wurden beträchtlich höhere Erträge festgestellt (Tomaten 20–35%, Kartoffeln 15–30%). Ursache hierfür ist die durch Stromreize bewirkte intensivere Photosynthese.
H. Winkler. 625.

Charanjan, N. N.; Moskau, Pflanzenphysiol. Timirjasew-Inst. der Akad. der Wiss. der UdSSR. Nekotorye fiziologičeskie osobennosti kornevoj sistemy risa v svjazi s različnymi uslovijami mineral'nogo pitanija. **(Einige physiologische Besonderheiten des Wurzelsystems von Reis im Zusammenhang mit verschiedenen Bedingungen der Mineralstoffernährung.)** Fiziologija rastenij, Moskva 9 (1962) Nr. 4. S. 488–492. – 4 Abb., 9 Lit.

Starke N-Düngung zu Reis erhöht die Atmungsintensität während des Bestockens und Fahnenschiebens und senkt sie in den folgenden Phasen. Wenn hohe N- und P-Gaben angewendet werden, sinkt das Redoxpotential und steigt der pH-Wert, was die Absorptionsfähigkeit der Pflanzen verringert. Die höchste physiol. aktive Wurzeloberfläche besitzt der Reis während des Bestockens und Fahnenschiebens. In dieser Zeit verlaufen die Atmungsprozesse am intensivsten, was für eine Kopfdüngeranwendung in dieser Periode spricht. Die gesamte und aktive Wurzeloberfläche entwickelt sich am besten bei einer Düngung von P_{120} N_{120}. $P_{240}N_{240}$-Gaben senken bedeutend die aktive Wurzeloberfläche. J. Birke. 625.

Dadykin, V. P. und Ivanova, R. P. (Dadykin, W. P. und Iwanowa, R.P.); Karel. Zweigstelle der Akad. der Wiss. der UdSSR. O kislotorastvorimych soedinenijach v rastenijach rapsa i sacharnoj svekly, vyraščivaemych pri raznoj temperature počvy i različnom mineralnom pitanii. **(Säurelösliche Verbindungen in Raps- und Zuckerrübenpflanzen, die bei verschiedener Temperatur und unterschiedlicher Mineralstoffernährung gezogen wurden.)** Doklady Akademii nauk SSSR, Moskva **146(30)** (1962) Nr. 1. S. 229–232. — 2 Abb., 16 Lit.

Die optischen Eigenschaften der Blätter verschiedener Pflanzen veränderten sich stark, wenn sie bei niedrigen Bodentemperaturen (6–8 °C) oder guter Mineralstoffernährung angezogen wurden. Unter diesen Bedingungen waren die Blätter in der Lage, mehr Lichtenergie zu absorbieren als bei hohen Bodentemperaturen (20–25 °C) oder mäßiger Mineralstoffversorgung. Vff. untersuchten darauf den Gehalt an säurelöslichen Verbindungen (Extraktion mit Trichloressigsäure) in den Blättern von Raps und Zuckerrüben. Der Gehalt an energiereichen P-Verbindungen (u. a. ATP) war in den Pflanzen, die unter niedrigen Bodentemperaturen aufwuchsen, gegenüber den Kontrollen bei hohen Temperaturen deutlich erhöht. Eine gute Versorgung mit Mineralstoffen, bes. mit P, bewirkte ebenfalls eine Zunahme dieser für die Pflanzen wichtigen Verbindungen. Die Parallelität zwischen der Erhöhung der Absorptionsfähigkeit der Blätter für Lichtenergie und der Zunahme an energiereichen P-Verbindungen läßt eine direkte Beziehung zum Energiestoffwechsel der Pflanzen vermuten. H. Leike. 625.

Clor, M. A., Crafts, A. S. und Yamaguchi, S.; Davis, Univ. of California, Dep. of Bot. Effects of high humidity on translocation of foliar-applied labeled compounds in plants. Part: I. **(Einfluß hoher Feuchtigkeit auf die Verteilung blattangewandter markierter Verbindungen in Pflanzen. 1. Mitt.)** Plant Physiol. **37** (1962) Nr. 5. S. 609–617. — 6 Abb., 16 Lit.

Unter Benutzung radioautographischer Methoden wurde der Einfluß hoher rel. Feuchtigkeit auf die Verteilung von blattangewandtem, mit ^{14}C markiertem 2.4-D und Harnstoff in Baumwollsämlingen untersucht. Unter normalen Bedingungen (rel. Feuchtigkeit 40–60%) wanderten 2.4-D und Rohrzucker (synthetisiert aus CO_2 des hydrolysierten Harnstoffs) aus den Blättern im Phloem abwärts zu den Wurzeln und aufwärts zu den wachsenden Sprossen. Bei hoher rel. Feuchtigkeit (etwa 100%) war die Verteilung der markierten Verbindungen stark erhöht, die sich aus den behandelten Organen im Xylem sproßwärts und gleichzeitig im Phloem abwärts zu den Wurzeln bewegten. O. Knabe. 625.

Voskresenskaja, N. P. und Grišina, G. S. (Woskressenskaja, N. P. und Grischina, G. S.) O konkurentnych otnošenijach meždu CO_2 i nekotorymi drugimi okisliteljami pri fotosinteze v različnych učastkach spektra. **(Das konkurrierende Verhalten von CO_2 und anderen Oxydationsmitteln bei der Photosynthese in verschiedenen Bereichen des Spektrums.)** Doklady Akademii nauk SSSR, Moskva **144(30)** (1962) Nr. 4. S. 922–925. — 3 Tab., 14 Lit.

Die Photosyntheseintensität von Rote Rüben- und Tabakblättern wurde mit Hilfe von ^{14}C im Beisein von Oxydationsmitteln (Sulfate, Nitrate und Nitrite), die durch Vakuuminfiltration eingeführt wurden, bei lang- (rot) und kurzwelligem (blau) Licht bestimmt. Licht war im Hinblick auf die Photosynthese nicht im Überfluß vorhanden. — Die zugeführten Oxydationsmittel senkten — mit Ausnahme von Na_2SO_4 im Rotlicht — die $^{14}CO_2$-Fixierung, die in einem bestimmten Bereich nicht von der Konz. der Oxydationsmittel abhängig war. Die Senkung der Photosyntheseintensität durch alle Oxydationsmittel war stärker im kurzwelligen Bereich des Lichtes. Konkurrenz zwischen Oxydationsmitteln braucht nicht, wenn auch für die Photosynthese die Beleuchtung nicht völlig genügt, aufzutreten, vorausgesetzt, daß R (photochem. Reduktionsstoff) im Überschuß vorhanden ist. Verstärkung oder Schwächung der Konkurrenz des CO_2 und der Oxydationsmittel können ein Grund für die veränderte Gesamteffektivität und Zusammensetzung der Photosyntheseprodukte in verschiedenen Spektralbereichen sein.

J. Birke. 625.

Christeva, L. A. und Luk'janenko, N. V. (Christewa, L. A. und Lukjanenko, N. W.); Dnepropetrowsk, Landwirtsch. Inst. Rol' fiziologičeski aktivnych veščestv počvy-guminovych kislot, bitumov i vitaminov B_2, C, P-P, A i D v žizni rastenij i puti ich popolnenija. **(Die Rolle physiologisch aktiver Stoffe des Bodens - Huminsäuren, Bitume und Vitamine B_2, C, P-P, A und D - im Leben der Pflanzen und Wege zu ihrer Anreicherung.)** Počvovedenie, Moskva **1962** Nr. 10. S. 33–39. — 2 Abb., 1 Tab., 32 Lit. Zus. in Engl.

Die im Titel aufgeführten physiol. aktiven Stoffe vermindern den O_2-Mangel in den Pflanzenzellen. Sie fördern demnach die O_2- und damit auch die Nährstoffaufnahme der Pflanzen. Na-Humatgaben erhöhten die Maiserträge in der Ukraine um durchschnittlich 50%. Möglichkeiten der Anwendung spez. Düngemittel und Maßnahmen zur Aktivierung der physiol. aktiven Stoffe im Boden werden genannt. Ch. Bachmann. 625.

Elgabaly, M. M.; Alexandria, Univ., Dep. of Soils and Plant Nutrit. On the mechanism of anion uptake by plant roots. II. Effect of valence of associated cation on Cl^- uptake by excised barley roots. **(Über den Mechanismus der Anionenaufnahme durch Pflanzenwurzeln. 2. Mitt. Wirkung der Wertigkeit des assoziierten Kations auf die Cl^--Aufnahme abgeschnittener Gerstenwurzeln.)** Plant and Soil [The Hague] **16** (1962) Nr. 2. S. 148–156. — 3 Abb., 2 Tab., 6 Lit.

Die Cl^--Aufnahme durch Gerstenwurzeln aus Cl^--Lösungen mit einer Temperatur von 26 °C bei Anwesenheit von Li, Na oder K als Kation sinkt in dieser Reihenfolge nur wenig, aber stärker bei Anwesenheit von Rb und bes. von Cs. Sind 2wertige Kationen vorhanden, nimmt die Cl^--Aufnahme von Mg bis Ba kontinuierlich ab; bei 3wertigen (Fe, La) ist sie gering. Haben die Kationen etwa gleichen Radius, wird Cl^- in der gleichen Größenordnung aufgenommen. Wird die rel. Aufnahme von Cl^- und assoziiertem Anion verglichen, sind deren Verhältnisse höher bei 3wertigen gegenüber 2- und einwertigen Kationen. Bei diesen ergibt sich eine deutlich lyotrope Reihenfolge. Die Höhe der Cl^--Aufnahme aus Lösungen monovalenter Kationen ist mit der Fähigkeit des betr. Kations verknüpft, in den Wurzeln vorhandenes Ca und Mg auszutauschen. Die abs. niedrige Cl^--Aufnahme bei 3- und 2wertigen Kationen kommt dadurch zustande, daß diese infolge ihrer hohen Ladung stärker an die Wurzeloberfläche gebunden werden und den Transport des Cl^- hemmen. Bei abnehmender Temperatur (6 bzw. 2 °C) geht die Cl^--Aufnahme stark zurück, doch werden Kationen in höherem Maße aufgenommen, was auf die negative Ladung der Wurzeloberfläche zurückgeführt werden kann. W. Schulze. 630.

Elgabaly, M. M.; Alexandria, Univ., Dep. of Soils and Plant Nutrit. On the mechanism of anion uptake by plant roots. III. Effect of the dominant cation in the root on chloride uptake by excised barley roots. **(Über den Mechanismus der Anionenaufnahme durch Pflanzenwurzeln. 3. Mitt. Wirkung des dominierenden Kations in der Wurzel auf die Chloridaufnahme abgeschnittener Gerstenwurzeln.)** Plant and Soil [The Hague] **16** (1962) Nr. 2. S. 157–164. – 1 Abb., 4 Tab., 5 Lit. 2. Mitt. vgl. vorst. Ref.

Die Cl^--Aufnahme bei 26 °C aus Lösungen der Chloride einwertiger Kationen von in $CaSO_4$-Lösung gezogenen Gerstenwurzeln ist höher gegenüber der Cl^--Aufnahme der in Na_2SO_4-Lösung gezogenen. Hier ergibt sich die Reihenfolge $LiCl < NaCl < KCl = RbCl$, $CaSO_4$-Wurzeln verhalten sich entgegengesetzt. Bei Anwesenheit der Chloride 2wertiger Kationen sind die Differenzen beider Wurzeltypen nicht so ausgeprägt, die Reihenfolge ist immer $MgCl_2 > CaCl_2 > SrCl_2 > BaCl_2$. Diese Ergebnisse lassen sich durch niedrige negative Anfangsladungen bei Ca-Wurzeln bzw. hohe negative Anfangsladung bei Na-Wurzeln erklären. Wenn Ca-Wurzeln mit Na-EDTA-Lösung vorbehandelt werden, ist die Cl^--Aufnahme ähnlich wie die von Na-Wurzeln. Bei 2 °C nehmen Ca-Wurzeln unter den Versuchsbedingungen wenig oder kein Cl^- auf, während bei Na-Wurzeln deutliche Verluste zu verzeichnen sind. Dies steht in Zusammenhang mit deren stärkeren negativen Ladung, die einem höheren Energiebedarf für die Cl^--Aufnahme – bei geringer Stoffwechselaktivität – entsprechen muß. W. Schulze. 630.

Elgabaly, M. M. und Handley, R.; Alexandria, Univ., Dep. of Soils and Plant Nutrit. On the mechanism of anion uptake by plant roots. V. Chloride uptake by maize root tips. **(Über den Mechanismus der Anionenaufnahme durch Pflanzenwurzeln. 5. Mitt. Chloridaufnahme durch Maiswurzelspitzen.)** Plant and Soil [The Hague] **16** (1962) Nr. 2. S. 165–170. – 1 Abb., 2 Tab., 8 Lit. 3. Mitt. vgl. vorst. Ref.

Für die Versuche wurden vakuolenlose Gewebe von 1,8 mm langen primären Maiswurzelspitzen benutzt, die stoffwechselunabhängig sind. Die Cl^--Aufnahme dieser Wurzeln wurde aus Cl^--Austauschern – im Gleichgewicht mit NaCl- und $CaCl_2$-Lösungen und Filtraten – mit Hilfe von ^{36}Cl bestimmt. – In dem System Austauscher-NaCl war die Cl^--Aufnahme höher gegenüber dem Filtrat, bei $CaCl_2$ zeigten sich nur geringe Unterschiede infolge Erniedrigung der negativen Ladung der Wurzeln, die den Cl^--Eintritt erleichtert. Mit zunehmender Wertigkeit des entspr. Kations nahm die negative Ladung der Wurzeloberfläche ab und führte zu höherer Cl^--Aufnahme. Vorbehandlung der Wurzelspitzen mit Na_2-Cyclohexan-diamino-tetra-acetat als Chelat verringerte die Cl^--Aufnahme. Die Abnahme betraf vor allem NaCl- und weniger $CaCl_2$-Lösung. W. Schulze. 630.

Mirčik, T. G., Kopysskaja, F. G. und Grešnych, K. P. (Mirtschik, T. G., Kopysskaja, F. G. und Greschnych, K. P.); Moskau, Lomonossow-Univ., Biol.-Bodenkundl. Fak. Vlijanie toksinov počvennych gribov na soderžanie azota i aminokislot v rastenii. **(Einfluß der Toxine der Bodenpilze auf den Gehalt an Stickstoff und Aminosäuren in Pflanzen.)** Mikrobiologija, Moskva **31** (1962) Nr. 4. S. 669–676. – 2 Abb., 5 Tab., 12 Lit. Zus. in Engl.

Der Einfluß der Toxine von *Penicillium purpurogenum* (**I**), *Penicillium cyclopium* (**II**) und *Penicillium martensii* (**III**) auf den Gehalt an Gesamt-N, Eiweiß-N und freien Aminosäuren von Erbsen-, Wicken- und Weizenpflanzen wurde untersucht. Versuche mit Erbsenpflanzen ergaben, daß die Toxine (Konz. 1:320 für **II**, 1:16 für **I** und **III**) sowohl aus dem Boden als auch aus der Nährlösung aufgenommen werden. Bei den verwendeten Konz. starben die Pflanzen nicht ab. Die Toxine wurden vorwiegend in die oberirdischen Pflanzenteile transportiert und bewirkten dort Verminderung des Gehalts an freien Aminosäuren und Eiweiß-N. Dabei wirkten die Toxine von **II** und **III** bei Erbsen und Wicken bes. stark, während der Gehalt an N-Produkten in Weizenpflanzen fast nicht beeinträchtigt wurde. Die stärkste Wirkung

aller Toxine besaß das Toxin von I. Der N-Gehalt der Wurzeln der untersuchten Pflanzen wurde fast nicht verändert, was mit dem überwiegenden Transport der Toxine in die oberirdischen Pflanzenteile übereinstimmt.
P. Stoß. 630.

Linser, H., Kühn, H. und Klingst, A.; Gießen, Justus-Liebig-Univ., Inst. für Pflanzenernähr. **Die Beziehung zwischen Nährstoffentzug und Ertrag bei steigenden Nährstoffgaben.** Bodenkultur [Wien], Ausg. A **13** (1962) Nr. 2. S. 133–144. – 9 Abb., Lit. Zus. in Engl.
Die von der Pflanze tatsächlich aufgenommene Nährstoffmenge ist im Feldversuch nicht leicht bestimmbar; an ihre Stelle kann daher auch jene Nährstoffmenge gesetzt werden, die in den geernteten und vom Felde entfernten Pflanzenteilen enthalten ist, nämlich der Entzug. Vff. diskutieren die physiol. Bedeutung der Beziehung zwischen Ertrag und Nährstoffentzug und verwenden zur mathematischen Formulierung die Gleichung des Mitscherlichschen Ertragsgesetzes. Die Begriffe „Systemwachstum“ und „Produktwachstum“ werden wie folgt abgegrenzt. Während des Pflanzenwachstums erfolgt einerseits eine Vermehrung des Bestandes an lebendem System („Systemwachstum“), andererseits eine Zunahme des Gehaltes an von diesem produzierten, dem lebenden System nicht essentiell zugehörenden Stoffen („Produktwachstum“). Das Gesamtgewicht der Pflanze besteht demnach aus System, Produkt und aus zwar aufgenommenen, jedoch noch nicht umgewandelten Stoffen (bei Frischsubst. kommt das Wasser als bes. gemessener Anteil noch dazu). Die an Hand experimenteller Befunde erhaltenen Kurven zeigen für verschiedene Nährstoffe und Pflanzen (Zuckerrüben, Sonnenblumen und Hafer) charakteristische Unterschiede und weisen auf Einflüsse hin, die bei der Ertragsbildung wirksam sind, sich jedoch gewöhnlich der Beobachtung entziehen. G. Loßner. 635.

Skomroch, W.; Kiel, Inst. für Landwirtsch. Betriebslehre. **Betrachtungen zum Ertragsgesetz.** Z. Acker- u. Pflanzenbau **115** (1962) Nr. 2. S. 160–169. – 9 Abb.
Vf. versucht an Hand theoretischer Überlegungen den Kurvenverlauf des Ertragsgesetzes abzuleiten. Ausgehend von der Produktion eines Erzeugnisses mit einem Faktor wird anschließend die Produktion eines Erzeugnisses mit 2 Faktoren erörtert, und zwar ohne und mit Substitution der Faktoren. Dabei kommt Vf. zu dem Schluß, daß der Kurvenverlauf des Ertragsgesetzes nur dann zutrifft, wenn 1. zu der betr. Erzeugung mindestens 2 Produktionsfaktoren eingesetzt sind, 2. diese Faktoren in nicht konstanten Raten gegeneinander substituierbar sind und 3. die Menge des einen Faktors konstant gehalten wird. W. Bergmann. 635.

England, C. B. und Lesesne, E. H.; Raleigh, North Carolina State Coll. Evapotranspiration research in Western North Carolina. **(Forschungsarbeit über Evapotranspiration im westlichen Nord-Carolina.)** Agric. Engng. **43** (1962) Nr. 9. S. 526–528.
Um Erkenntnisse über die Verdunstung und den Wasserbedarf von Pflanzen zu erhalten, wurden im westlichen Nord-Carolina 10 Jahre lang Versuche durchgeführt. Die Untersuchungen wurden an verschiedenen Pflanzenarten nach 3 verschiedenen Methoden mit unterschiedlichen Meßgeräten bzw. -einrichtungen vorgenommen. Die jeweiligen Versuchseinrichtungen und deren Anwendung werden besprochen und die erzielten Ergebnisse diskutiert. Durch zweckentsprechende Zusammenfassung der Teilergebnisse wurden allgemeingültige Erkenntnisse über den Zusammenhang von Klima, Bodenbedeckung, Verdunstung und Wasserbedarf verschiedener Pflanzen gewonnen.
W. Bohrisch. 640.

Ivanič, Jozef; Nitra, Vysoká Škola Pol'nohospodárska, Agronom. Fak. Transpirácia ako ukazovatel' pomerov vo výžive koreninovej papriky. **(Trans-**

piration als Kennziffer der Ernährungsverhältnisse beim Gewürzpaprika.) Pol'nohospodárstvo **9** (1962) Nr. 1. S. 7–16. – 3 Abb., 7 Tab., 17 Lit. Zus. in Russ., Engl.

Unter Verwendung der Arlandschen Transpirationsmethode untersuchte Vf. die Wirkung der Düngung auf den Wasserhaushalt des Gewürzpaprikas. Die auf Parzellen angebaute Paprikasorte 'Agronomka' wurde mit Ostrauer Salpeter, Superphosphat und Kalisalz gedüngt. Handelsdünger beeinflußte die Intensität der Transpiration. Der niedrige Gehalt und das ungünstige Verhältnis an pflanzenverfügbaren Nährstoffen des Bodens steigerten die Transpirationsintensität. Durch geeignete Düngung konnte die Transpirationsquote gesenkt werden. Rel. Transpiration und Ertrag korrelierten signifikant negativ zu Beginn der Blüte und des Fruchtansatzes. Niedrige Transpiration ergab höhere Erträge. Der beste Zeitpunkt zum Studium der Ernährungsfragen von Gewürzpaprika bot sich zu Beginn der Blüte, z. Z. der intensiven Nährstoffaufnahme. P. Bartoš. 640.

Karmanov, V. G. und Savin, N. V. (Karmanow, W. G. und Sawin, W. N.) Izmenenie intensivnosti transpiracii rastenij fasoli pri oblučenii semjan γ-lučami Co^{60}. **(Veränderung der Transpirationsintensität der Bohne nach Behandlung des Saatgutes mit γ-Strahlen von ^{60}Co.)** Sbornik trudov po agronomičeskoj fizike. Agrofizičeskij naučno-issledovatel'skij institut, Moskva **1962** Nr. 9. S. 54–55. – 1 Abb., 1 Tab.

Samen von *Phaseolus*, Sorte 'Mexikanskaja', wurden mit 10 kr γ-Strahlen behandelt. Mit Hilfe eines von Karmanow konstruierten selbstschreibenden Mikrohygrometers konnten Transpirationsverlauf und -intensität der Pflanzen sowie auch einzelner Blätter ermittelt werden. Versuchs- und Kontrollpflanzen zeigten etwa den gleichen Transpirationsverlauf. Beim 1. Blatt der Pflanzen, die aus bestrahlten Samen hervorgegangen sind, war die Transpirationsintensität um über die Hälfte, beim 2. Blatt um ein Drittel geringer als bei den Kontrollpflanzen, während beim 3. Blatt keine Unterschiede auftraten. Die Ursache hierfür wird in einer Beschleunigung des Alterns der Blätter und einer Verringerung von deren Lebensfähigkeit gesehen. Während die ersten Blätter der Kontrollpflanzen erst nach 41 Tagen vergilbten, war das bei den Versuchspflanzen schon nach 24 Tagen der Fall. Die Blattgröße, bes. die des 1. und 2. Blattes, war bei den Versuchspflanzen stark verringert. Das Abfallen der Transpirationsintensität war mit einer Vitalitätsminderung der gesamten Pflanze verbunden. G. Krauße. 640.

Baroccio, A.; Roma, Staz. Chim.-Agraria Sperimentale. Fenomeni di sinergismo molibdeno-potassio nella nutrizione potassica delle piante. **(Erscheinungen des Synergismus zwischen Molybdän und Kali bei der Kalidüngung einiger Pflanzen.)** Agric. ital./N.S./ **17(62)** (1962) Nr. 6. S. 191–197. – 3 Tab., 9 Lit. Zus. in Engl.

In Feld- und Gefäßversuchen wurde der von Rossiter beschriebene Synergismus zwischen Mo und K durch Analysen an Luzerne- und Weizenpflanzen bestätigt. Während die Parzellen von 4 verschiedenen Versuchsböden (Freiland) eine Düngung von je 16 dt/ha P, 2,5 dt/ha K und 2 kg/ha Ammoniummolybdat erhielten, wurden 5 verschiedene in Mitscherlich-Gefäße eingefüllte Böden mit 2 verschiedenen K-Gaben (65 und 130 ppm je Gefäß), 2 Ammoniummolybdat-Gaben (0,5 und 1 ppm je Gefäß) sowie mit 200 ppm P gedüngt. Aus den vorliegenden Analysen ist ersichtlich, daß in allen Pflanzen der Freilandparzellen, die eine Mo-Düngung erhalten hatten, der K-Gehalt angestiegen war. In den Gefäßversuchen bewirkte die Mo-Gabe von 0,5 ppm in den Pflanzen aller Varianten eine Erhöhung des K-Gehaltes. Dagegen wurden mit der Mo-Menge von 1 ppm recht unterschiedliche Ergebnisse erzielt, und zwar in der Weise, daß die K-Gehalte teils nur eine geringfügige Erhöhung erfuhren, während in anderen Prüfnummern – allerdings ohne Regel – die

Mo-Gabe zu einem Rückgang des K-Anteiles führte. Aus den Untersuchungen kann die Schlußfolgerung gezogen werden, daß Mo häufig K aktiviert oder u. U. sogar den Platz des K in den Pflanzen einnehmen könnte.

G. Müller Leipzig. 645.

Hanway, J. J.; Ames, Iowa, Agric. and Home Econ. Exp. Stat. Corn growth and composition in relation to soil fertility: II. Uptake of N, P, and K and their distribution in different plant parts during the growing season. **(Wachstum und Zusammensetzung des Maises im Verhältnis zur Düngung. 2. Mitt. Aufnahme von N, P und K und ihre Verteilung in den verschiedenen Pflanzenteilen während der Wachstumsperiode.)** Agronomy J. **54** (1962) Nr. 3. S. 217–222. — 5 Abb., 5 Lit. 1. Mitt. vgl. LZ. Abt. II **8** (1963) Nr. 4. S. 991.

Von Maispflanzen wurden folgende Nährstoffmengen aufgenommen (in lb./acre): ohne Düngung: 32 N, 9 P, 29 K; ohne K: 144 N, 27 P, 58 K; ohne P: 146 N, 21 P, 75 K; Volldüngung: 180 N, 30 P, 95 K. Mit Beginn der Kolbenbildung wurden N und P aus allen Teilen der Pflanze zu den Körnern transportiert. Bei K war dies in geringerem Umfang der Fall. K wurde während der Reife von den Blättern vorwiegend in die Stengel transportiert.

W. Schmidt. 645.

Hanway, J. J.; Ames, Iowa, Agric. and Home Econ. Exp. Stat. Corn growth and composition in relation to soil fertility: III. Percentages of N, P and K in different plant parts in relation to stage of growth. **(Wachstum und Zusammensetzung des Maises im Verhältnis zur Düngung. 3. Mitt. Anteil von N, P und K in verschiedenen Pflanzenteilen im Verhältnis zu den Wachstumsstadien.)** Agronomy J. **54** (1962) Nr. 3. S. 222–229. — 9 Abb., 9 Lit. 2. Mitt. vgl. vorst. Ref.

Nährstoffmangel veränderte vor allem den Nährstoffgehalt der Blätter. Andere Pflanzenteile wurden davon weniger betroffen. Die Bestimmung von N, P und K im Mais ergab z. Z. des Fahnenschiebens rel. sichere Ergebnisse. Bei jungen Maispflanzen diente der NO_3-Gehalt als Grundlage für die Feststellung der Mangellage. Bei älteren Pflanzen wurde der Gehalt an Gesamt-N benutzt. Im P-Gehalt ergaben sich keine Unterschiede, wenn mit Gesamt-P oder wasserlöslichem P gearbeitet wurde. N-Mangel im Boden erschwerte Rückschlüsse, denn er verursachte niedrige P- und hohe K-Werte in den Blättern.

W. Schmidt. 645.

Dastur, R. H. The interrelationships between the uptake of nitrogen, phosphate, and potash from the soil by the cotton crop. **(Die Wechselbeziehungen zwischen der Aufnahme von Stickstoff, Phosphat und Kali aus dem Boden durch die Baumwollpflanze.)** Indian J. agric. Sci. **32** (1962) Nr. 2. S. 119–128. — 14 Tab., 5 Lit.

In einer Reihe von Düngungsversuchen mit variierten NPK-Gaben wurde festgestellt, daß das Verhältnis von N:P:K in Baumwollpflanzen relativ konstant ist und etwa 3,3:1:3,3 beträgt. Unabhängig vom Gesamtgewicht der Einzelpflanze (5—200 g Tr.-Subst.) waren in der Pflanzensubstanz 15—16 mg N, 5—6 mg P_2O_5 und 15—16 mg K_2O/g enthalten. Abweichungen von diesen Gehaltszahlen deuteten auf Mangel an einem der 3 Nährstoffe hin, wenn kein Krankheits- oder Schädlingsbefall vorlag. V. Koepke. 645.

Bykov, O. D. (Bykow, O. D.) Molekuljarno-kinetičeskaja model' fotosinteza kak processa, zavisjaščego ot koncentracii uglekislogo gaza. **(Molekularkinetisches Modell der Photosynthese als Prozeß, der von der CO_2-Konzentration abhängt.)** Vestnik Leningradskogo universiteta **17** (1962) Nr. 15. Serija biologii Nr. 3. S. 66–75. — 5 Abb., 4 Tab., 9 Lit. Zus. in Engl.

Vf. entwickelt eine Formel, die die Abhängigkeit der Photosynthese von der CO_2-Konz. aufzeigt. Die Formel stützt sich dabei einerseits auf die Vorstellungen der kinetischen Gastheorie und auf den zyklischen Charakter der Photosynthese andererseits:

$$F = \frac{\alpha_i C_i n_o \sigma \sqrt{T_e} - \frac{Ea}{RT}}{\beta_i C_i \tau_p \sigma \sqrt{T_e} - \frac{Ea}{RT} + 1}$$

(F = die Photosyntheseintensität; α_i, β_i = Konst., die von der Maßeinheit der CO_2-Konz. C_i abhängig sind; n_o, σ, $E a$, τ_p = phys. Größen, die den Photosynthesezyklus charakterisieren; T = abs. Temperatur; e = Basis des nat. Logarithmus; R = universale Gaskonstante). N. Meyer. 652.

Baird, Bruce L., Fitts, J. W. und Mason, D. D.; Raleigh, Agric. Exp. Stat.; Tennessee Valley Authority, Div. of Agric. Relations. The relationship of nitrogen in corn leaves to yield. **(Die Beziehung zwischen dem Stickstoffgehalt in den Blättern von Mais und dem Ertrag.)** Proc. Soil. Sci. Soc. America 26 (1962) Nr. 4. S. 378–381. – 2 Abb., 3 Tab., 9 Lit.

An Hand der Daten aus 38 Feldversuchen (Küstengebiet von North Carolina, 1955–57) werden die Korrelations- und Regressionskoeffizienten zwischen der Höhe der N-Düngung, dem Kornertrag, dem N-Gehalt der Körner und dem der Maisblätter sowohl unter Beachtung der für ökonomisch optimale als auch für Maximalerträge ausreichenden Düngermengen verglichen, um die Faktoren zu ermitteln, die noch störend auf die eigentlich gesuchte Beziehung zwischen N-Gehalt der Blätter (bzw. der Körner) und Maisertrag einwirken. Ohne auf eine Erklärung der zugrundeliegenden physiol. Abhängigkeiten einzugehen, sollten damit die Grenzen bei Anwendung obigen Zusammenhanges als Indikationsfaktor für die zu verabreichenden N-Mengen festgelegt werden. Der N-Gehalt in den Körnern korreliert schwächer als der in den Blättern mit den durch die N-Gaben erreichten Ertragsanstiegen. Die Beziehung ist jedoch von der Höhe der durch die N-Gabe bewirkten Ertragsanstiege abhängig, und die Korrelationskoeffizienten gehen mit steigender N-Gabe zurück bzw. werden sogar negativ, weshalb der Blatt-N-Gehalt nicht allgemein als ein Kriterium für die Höhe der zu verabreichenden N-Düngermenge dienen kann. H. E. Freytag. 654.

Routchenko, Wladimir und Delmas, Jacques; Pont-de-la-Maye/Gironde, I.N.R.A., Stat. d'Agronomie. Contribution à l'étude des variations de la composition minérale du suc de maïs soumis à deux types d'alimentation azotée (l'une totalement nitrique, l'autre totalement ammoniacale). **(Beitrag zum Studium der Veränderungen der mineralischen Zusammensetzung des Saftes von Mais, der zweierlei Arten Stickstoffdüngung [eine gänzlich als Nitrat, die andere gänzlich als Ammonium] unterworfen wurde.)** C. R. hebd. Séances Acad. Sci. 254 (1962) Nr. 24. S. 4199–4201. – 2 Tab., 4 Lit.

An mit NH_4^+ gedüngtem Mais – Wasserkultur, 10 mval N/l – zeigten sich anfangs typische Symptome von NH_3-Vergiftung, nach Erscheinen des 7. Blattes setzte aber normales Wachstum ein. Die NO_3^--Pflanzen entwickelten sich ohne Stockung. Der Preßsaft des Maises enthielt bei NO_3^--Angebot vom 4-Blattstadium ab nur noch Spuren von NO_3^-, wenn normal belichtet wurde. Zur Zeit der 1. Probenahme wurden im Preßsaft 1160 mg NO_3-N gefunden. Der N-Gehalt der Nährlösung reichte für ein optimales Wachstum des Maises nicht aus. Die Gehalte des Preßsaftes an NH_4^+ bei NH_4-Angebot sanken vom 3. bis zum 15. Apr. von 265 auf 20 mg N/l. Eine Anhäufung von P_2O_5 (in mineral. Form) trat immer dann ein, wenn sich dessen Verbrauch in der Pflanze verlangsamte. Maximal wurden im Preßsaft 740 mg P/l erreicht, das entsprach etwa dem 5fachen Wert des bei optimalem Wachstum vorhandenen. W. Schulze. 654.

Massantini, F.; Pisa, Univ., Ist. di Agronomia Gen. e Coltivazioni Erbacee. Ricerche sulla nutrizione azotata des granoturco. L'assorbimento delle diverse forme di azoto da parte dei sistemi radicali embrionale ed avventizio. **(Stickstoffernährungsversuche mit Maiskörnern. Aufnahme bestimmter Stickstoffformen von den Wurzeln in den ersten Stadien der Pflanzenentwicklung.)** Agric. ital. [N. S.] **62 (17)** Nr. 6. S. 175–190. – 4 Abb., 4 Tab., 17 Lit.

Maiskörner wurden mit einer Nährstofflösung folgender Zusammensetzung ernährt (in ppm): 80 N (Chilesalpeter), 80 N (schwefelsaures Ammoniak), 40 P (Monocalciumphosphat), 156 K (Kalimagnesia), 50 Mg (Magnesiumsulfat) und 180 Ca (Calciumoxyd, unter Berücksichtigung des Ca-Gehaltes der anderen Düngemittel und des H_2O). Der pH-Wert wurde auf 6 eingestellt. Die Untersuchungen erfolgten nach 20 und 40 Tagen. – Die Ergebnisse zeigten, daß im Anfangsstadium des Wachstums eine große Initialwirkung von Ammoniak-N ausgeht, während der Nitrat-N mit zunehmender Pflanzenentwicklung größere Bedeutung gewinnt. G. Müller/Leipzig. 654.

Lesik, B. V. (Lessik, B. W.); Shitomir, Landwirtsch. Inst. Vlijanie form azotnych udobrenij na uglevodno-belkovyj obmen u konopli. **(Einfluß der Stickstoffdüngerformen auf den Kohlenhydrat-Eiweißstoffwechsel von Hanf.)** Fiziologija rastenij, Moskva **9** (1962) Nr. 4. S. 476–479. – 2 Tab., 10 Lit. Zus. in Engl.

Hanf wurde mit $(NH_4)_2SO_4$, $NaNO_3$, NH_4NO_3 (100 mg N/kg Boden, Grunddüngung: 75 mg P_2O_5 und 75 mg K_2O/kg Boden) gedüngt. NH_4^+ förderte die Eiweißsynthese in den Blättern, bes. bis zur Blüte stärker als NO_3^-. Gleiches wurde für die Zuckerbildung festgestellt. Die Fasern des mit NH_4^+ gedüngten Hanfes enthalten demnach mehr Cellulose als die Fasern der mit NO_3^- gedüngten Pflanzen. J. Birke. 654.

Beaton, J.D., Read, D.W.L. und Hinman, W.C.; Swift Current, Saskatchewan, Canada Dep. of Agric., Res. Branch, Exp. Farm. Phosphorus uptake by alfalfa as influenced by phosphate source and moisture. **(Phosphoraufnahme durch Luzerne unter dem Einfluß von Phosphatquelle und Feuchtigkeit.)** Canad. J. Soil Sci **42** (1962) Nr. 2. S. 254–265. – 4 Abb., 2 Tab., 27 Lit.

In einer Klimakammer angezogene Luzernepflanzen nahmen aus kalkreichem feinsandigen Lehm und kalkreichem tonigen Lehm nach Düngung mit verschieden löslichen P-Salzen innerhalb von 6 Wochen unterschiedliche P-Mengen auf. Einstellung des Bodens auf abgestufte Feuchtigkeitsgehalte (0,4–6 bar Saugspannung) nach der Düngung und 10wöchige Lagerung bei dieser Feuchtigkeit und einer Temperatur von 18 °C vor der Luzernepflanzung hatten nur einen geringen oder gar keinen Einfluß auf die P-Aufnahme der Pflanzen. Zwischen P-Aufnahme und der mit $NaHCO_3$ aus dem Boden extrahierbaren P-Menge bestand eine signifikante Korrelation im Falle der ungedüngten und der mit Ammoniumpolyphosphat gedüngten Böden. Bei Düngung mit schwerlöslichen Phosphaten wurden negative Korrelationskoeffizienten ermittelt. Die Bodenfeuchtigkeit während der Vorbehandlungsperiode beeinflußte nur wenig oder gar nicht die obige Korrelation.
K. Koepke. 656.

Agarwala, S. C. und Kumar, A. The effect of heavy metal and bicarbonate excess on sunflower plants grown in sand culture, with special reference to catalase and peroxidase. **(Die Wirkung eines Schwermetall- und Bicarbonatüberschusses auf in Sandkultur gezogene Sonnenblumenpflanzen unter besonderer Berücksichtigung der Katalase und Peroxydase.)** J. Indian bot. Soc. **41** (1962) Nr. 1. S. 77–92. – 7 Abb., 6 Tab., 27 Lit.

Sonnenblumen wurden in Sandkultur mit einer spurenelementhaltigen Nährlösung angezogen, und in verschiedenen Wachstumsstadien wurden zusätzlich 0,5 und 1 mval Co, Ni oder Cu bzw. 8 mval Bicarbonatlösung gegeben. 3–7

Tage danach zeigten sich chlorotische Schäden an den jüngeren Blättern sowie Schäden an den übrigen Blättern, den Stengeln und den Blütenkörben bei Gabe von Ni oder Co. Alle Zusätze minderten den Ertrag. Sie senkten den Chlorophyllgehalt und die Katalaseaktivität der jüngeren Blätter, während die älteren Blätter unbeeinflußt blieben. Die Peroxydaseaktivität änderte sich nicht oder wurde durch die Zusätze noch erhöht. In allen Fällen zeigten Ni und Co stärkere Wirkungen als Cu und Bicarbonat. Die Fe-Konz. im Gewebe wurde meist nicht herabgesetzt und das Fe/P-Verhältnis blieb konstant. Die Schadsymptome ließen sich durch Blattapplikation von Fe-EDTA mildern, indes die Wachstumsdepressionen dadurch nicht abgeschwächt werden konnten. W. Franzke. 665.

Škol'nik, M. Ja. und Solov̌eva-Troickaja, E. A. (Schkolnik, M. Ja. und Solowjowa-Troizkaja, Je. A.); Leningrad, Bot. Komarow-Inst. der Akad. der Wiss. der UdSSR. O fiziologičeskoj roli bora. 3. K voprosu o pričinach osoboj roli bora v fermirovanii reproduktivnych organov i plodoobrazovanii. **(Die physiologische Rolle von Bor. 3. Mitt. Über die Ursachen der besonderen Rolle von Bor bei der Bildung reproduktiver Organe und bei der Fruchtbildung.)** Botaničeskij žurnal, Moskva-Leningrad **47** (1962) Nr. 10. S. 1414–1425. – 7 Abb., 2 Tab., 40 Lit. Zus. in Engl.

Anhand von Lit. werden die Ursachen der bes. Funktion von B bei der Bildung reproduktiver Organe, der Befruchtung und der Fruchtbildung diskutiert. Die an eigenen früheren Arbeiten der Vff. gefundenen Erkenntnisse führen zu der Vermutung, daß die Funktion von B bei der Bildung reproduktiver Organe, der Befruchtung und Fruchtbildung mit der Funktion von B bei der Biosynthese von Nucleinsäuren zusammenghängt. Durchgeführte Versuche bestätigten diese Hypothese. Während B-Mangel in der Nährlösung zu Wachstumsschädigungen und bei Haferrispen zu Sterilität führte sowie die Bildung der Staubbeutel in den Blüten von Weizen unterdrückte, konnten diese Schädigungen durch Zugabe von freier Ribonucleinsäure zur Nährlösung weitgehend behoben werden. J. Stoß. 665.

Wall, J. R. und Andrus, C. F.; Charlestone, S. C., U. S. Dep. of Agric., U. S. Vegetable Breeding Lab. The inheritance and physiology of boron response in the tomato. **(Die Vererbung und Physiologie der Borwirkung in der Tomate.)** Amer. J. Bot. **49** (1962) Nr. 7. S. 758–762. – 3 Abb., 3 Tab., 19 Lit.

B-Mangel erzeugt bei einigen Genotypen der Tomate, z. B. Stamm T 3238, eine Krankheit, die als „brittle stem" (btl) bezeichnet wird. Es bildet sich ein anormaler, subletaler Phaenotyp aus, wofür ein einziges rezessives Gen verantwortlich ist. Für die Ausbildung von btl ist nicht nur die B-Konz. des Nährmediums von Bedeutung, sondern auch andere Umweltfaktoren. Belichtungsdauer und -intensität fördern bes. deutlich, während der Gehalt des Nährmediums an verfügbarem N, P und Ca sowie die Temperatur zur Manifestation beitragen. Ist die B-Konz. im Nährmedium zu gering, so werden die Symptome durch jeden Faktor verstärkt, der das Pflanzenwachstum fördert. Pflanzen des btl/btl-Genotyps enthalten bei gleicher B-Gabe in den Blättern wesentlich weniger B als die Kontrollsorte „Rutgers". Bei höheren B-Gaben (2, 25 und 50 ppm) dagegen enthalten ihre Wurzeln mehr B als die Vergleichssorte. – Der mögliche Modus der Genwirkung wird diskutiert.
W. Franzke. 665.

Škol'nik, M. Ja. und Kosicyn, A. V. (Schkolnik, M. Ja. und Kossizyn, A. W.); Leningrad, Bot. Komarow-Inst. der Akad. der Wiss. der UdSSR. Vlijanie bora na skorost' vključenija P^{32} v nukleinovye kisloty podsolnečnika. **(Einfluß von Bor auf die Schnelligkeit des ^{32}P-Eintritts in die Nucleinsäuren der Sonnenblume.)** Doklady Akademii nauk SSSR, Moskva **144(30)** (1962) Nr. 3. S. 662–664. – 1 Tab., 7 Lit.

Die von einem der Vff. aufgestellte Hypothese über die Bedeutung des B im Nucleinstoffwechsel wurde an Hand von Vegetationsversuchen (Wasserkultur) unter Verwendung von ^{32}P an Sonnenblumen geprüft. Das Jungpflanzenmaterial wurde in flüssiger Luft fixiert und hinsichtlich verschiedener P-Fraktionen untersucht. – In den Organen, in denen eine intensive Gewebeneubildung stattfindet, führt B-Mangel zu einer starken Hemmung der Nucleinsäuresynthese. Bes. deutlich ist dies in den obersten Blättern ausgeprägt, die zusammen mit den Vegetationspunkten analysiert wurden. In den Kotyledonen und den Stengeln ist dagegen die Nucleinsäuresynthese bei B-Mangel am höchsten. J. Birke. 665.

Sorteberg, A.; Agric. Coll. of Norway. Copper relationships with oats on adding cultivated to uncultivated peat. **(Beziehungen zwischen Cupfer und Hafer bei Zufuhr von kultiviertem zu unkultiviertem Torf.)** Soil Sci. **94** (1962) Nr. 2. S. 80–86. – 2 Abb., 3 Tab.

Kultivierter Torfboden, in Mengen von 0,5–1% einem unkultivierten, zu Cu-Mangel neigendem *Sphagnum*-Torf zugesetzt, bewirkte in Gefäßversuchen starken Cu-Mangel und große Ertragsabfälle bei Hafer. Auch in Verbindung mit einer Cu-Düngung (125 mg $CuSO_4 \cdot 5\,H_2O$/Gefäß) konnte man die gleiche Wirkung des kultivierten Torfbodens beobachten. Wurde der zugefügte Torfboden erhitzt (4 Std. bei 102–105 °C), so nahmen die Erträge nur wenig ab. Dem Versuchsboden zugemischter kultivierter Mineralboden, Kompost oder Stallmist beeinflußten den Haferertrag nicht. Vf. folgert, daß die durch Zufuhr von kultiviertem Torfboden eingetretene Ertragsdepression nicht auf Cu zurückgeführt werden kann. Die Untersuchungen werden fortgesetzt. O. Knabe. 665.

Wallace, A., Jeffreys, R. A. und Hale, V. Q.; Los Angeles, Univ. of California. Differential ability of two soybean varieties to take up Fe59 from soil added to a nutrient solution. **(Unterschiedliche Fähigkeit von zwei Sojabohnensorten zur ^{59}Fe-Aufnahme aus Nährlösungen, denen Boden zugefügt wurde.)** Soil Sci. **94** (1962) Nr. 2. S. 111–114. – 3 Tab., 5 Lit.

Kalkhaltiger (30% $CaCO_3$) mit ^{59}Fe markierter Boden wurde als Fe- und Spurenelementquelle (8 g/l) Nährlösungen zugesetzt, in denen 'Hawkeye' (**I**)- und PI 54619-5-1-(**II**)-Sojabohnen kultiviert wurden. Der ^{59}Fe-Gehalt der Blätter von **II** war sehr gering, es zeigten sich Chloroseerscheinungen. Die ^{59}Fe-Aufnahme von **I** wurde durch **II** gehemmt, wenn beide Sorten zusammen in der gleichen Nährlösung aufwuchsen; **I** hatte keinen Einfluß auf die ^{59}Fe-Aufnahme von **II**. Zusatz von Citrat, Riboflavin-5-Phosphat oder Glycin hemmte die ^{59}Fe-Aufnahme von **I**. EDDHA erhöhte erheblich den ^{59}Fe-Gehalt des Sprosses und der Wurzel beider Sorten. Mit Erhöhung des pH-Wertes verminderte sich der ^{59}Fe-Gehalt, bes. der der Blätter. O. Knabe. 665.

Vlamis, J. und Williams, D. E.; Univ. of California, Dep. of Soils and Plant Nutrit. Ion competition in manganese uptake by barley plants. **(Ionen-Konkurrenz bei der Manganaufnahme durch Gerstenpflanzen.)** Plant Physiol. **37** (1962) Nr. 5. S. 650–655. – 6 Abb., 4 Tab., 26 Lit.

In kompletter Nährlösung (nach Hoagland) mit steigender Mn-Konz. gewachsene junge Gerstenpflanzen zeigten Toxizitätssymptome und hohe Mn-Konz. in den Blättern. Um den Einfluß der einzelnen Ionen der Nährlösung auf die Mn-Aufnahme zu ermitteln, wurden diese jeweils in normaler Konz. verdünnten Nährlösungen ($^1/_5$ der normalen Konz.) zugefügt. Durch Ca-, Mg- und NH_4-Nitrat oder -Sulfat ging die Mn-Absorption zurück. KNO_3 oder K_2SO_4 und Mg-Phosphat veränderten die Mn-Aufnahme der Pflanzen nicht. Während der Mn-Gehalt durch Ca- oder NH_4-Phosphat verringert wurde, nahm er durch K-Phosphat zu. Na glich in seiner Wirkung dem K. Mit steigendem pH-Wert der Nährlösung wurde die Mn-Aufnahme erhöht. O. Knabe. 665.

Steward, F. C. und Margolis, David; Ithaca, Cornell Univ., Dep. of Bot. The effects of manganese upon the free amino acids and amides of the tomato plant. **(Die Wirkungen des Mangans auf die freien Aminosäuren und Amide der Tomatenpflanze.)** Contr. Boyce Thompson Inst. **21** (1962) Nr. 6. S. 393 bis 409. — 1 Abb., 8 Tab., 16 Lit.

In Nährlösungsversuchen untersuchten Vff. den Einfluß von Mn in Verbindung mit NH_4- oder NO_3-N auf den Gehalt an lösl. Aminosäuren und Amiden in Tomatenpflanzen. Bei Mn-Mangel in Gegenwart von NH_4- bzw. NO_3-N wurden in den Pflanzen lösl. N-Verbindungen (hauptsächlich Amide) angereichert, die bei Mn-Zufuhr schnell wieder abnahmen. Pflanzen, die unter Mn- und NO_3-N-Mangel aufwuchsen, reagierten auf die Zufuhr dieser Nährstoffe mit der Bildung von lösl. N-Verbindungen, insbes. sauren Aminosäuren und Glutamin. Vff. folgern, daß Mn an der Nitratreduktion und an der Umwandlung des NO_3 in die org. Form nicht beteiligt ist, jedoch den schnellen Aufbau lösl. N-Verbindungen durch Zufuhr von NH_3-Akzeptoren aus dem Tricarbonsäurezyklus fördert. Mn beeinflußt komplex den N-Stoffwechsel, wobei Wechselbeziehungen zur Umgebung, Ernährung und Entwicklung der Pflanze vorhanden sein können. Mn ist im N-Stoffwechsel wesentlich an der Umformung lösl. N-Verbindungen zu Protein und somit am Wachstum und an der Proteinsynthese beteiligt. O. Knabe. 665.

Anke, M. und Gruhn, K.; Jena, Friedrich-Schiller-Univ., Inst. für Tierernähr. **Der Einfluß des Molybdäns auf die Zusammensetzung der Pflanzen.** Z. landwirtsch. Versuchs- u. Untersuchungswes. 8 (1962) Nr. 4. S. 321—330. — 5 Tab., 35 Lit. Zus. in Russ., Engl.

Auf oberem Muschelkalk gewachsene, sichtbar Mo-mangelkranke (**I**), normal aussehende (**II**) und mit 2 kg/ha Na_2MoO_4 gedüngte (**III**) Schwedenklee-, Rotklee- und Huflattichpflanzen wurden auf den Gehalt an Rohnährstoffen, Reineiweiß, Amiden, Aminosäuren, Mengen- und Spurenelementen untersucht. Der Rohfett- und NFE-Anteil war in **I** größer als in **III**, der Gesamt-N- und Reineiweißgehalt in **III** am höchsten. In **III** wurden ein geringerer Anteil an Amid-N und sauren Aminosäuren sowie höhere Gesamtmengen an Arginin, Threonin, Methionin, Gesamtleucin und Phenylalanin als in **I** oder **II** ermittelt. Der Ca-, Mg-, P-, Fe- und Zn-Gehalt lag in **I** höher als in **III**. Der Mo-Gehalt betrug in **I** 0,03 ppm, in **II** 0,05—0,06 ppm und schwankte in **III** zwischen 0,37—3,23 ppm. O. Knabe. 665.

Steward, F. C. und Margolis, David; Ithaca, Cornell Univ., Dep. of Bot. The effects of molybdenum upon the free amino acids and amides of the tomato plant. **(Die Einflüsse des Molybdäns auf die freien Aminosäuren und Amide der Tomatenpflanze.)** Contr. Boyce Thompson Inst. **21** (1962) Nr. 6. S. 411—421. — 1 Abb., 4 Tab., 16 Lit.

In Nährlösungsversuchen wurde der Einfluß von Mo in Verbindung mit NH_4- und NO_3-N auf den Gehalt an lösl. Aminosäuren und Amiden der Tomatenpflanzen untersucht. Pflanzen mit Mo-Mangel enthielten bei ausreichender NO_3-Zufuhr weniger Glutamin als gut mit Mo versorgte. Mo-Zufuhr in Verbindung mit NO_3-N führte bei Mo-Mangelpflanzen zu einer temporären Zunahme des Gehaltes an lösl. N-Verbindungen, insbes. an Glutamin. Pflanzen, die anfänglich unzureichend mit Mo und N versorgt wurden, enthielten geringe Mengen lösl. N-Verbindungen, insbes. Glutamin. Durch Zufuhr von NO_3 wurde der Gehalt an diesen Verbindungen kaum erhöht. Erst durch Mo-Gaben in Verbindung mit NO_3 stieg der Glutamingehalt. Der Anteil an lösl. N-Verbindungen erhöhte sich durch Zufuhr von NH_4-N in Verbindung mit Mo nicht. Der Arginin- und Asparagingehalt der Wurzeln war höher als der der Blätter. Der Asparagingehalt in den Blättern nahm durch Mo in Gegenwart von NO_3 zu. Vff. folgern, daß Mo, wie bereits bekannt, die N-Reduktion katalysiert, jedoch keine spez. Wirkungen im N-Stoffwechsel hat. O. Knabe. 665.

Essington, E., Nishita, H. und Wallace, A.; Los Angeles, Univ. of California, Med. Center. Influence of chelates on availability of fission products to plants grown in a contaminated soil. **(Einfluß von Chelaten auf die Verfügbarkeit von Spaltprodukten für Pflanzen auf verseuchtem Boden.)** Soil Sci. **94** (1962) Nr. 2. S. 96–105. – 5 Abb., 3 Tab., 20 Lit.

Im Gefäßversuch mit kalkhaltigem Boden wurde der Einfluß von CDTA, DTPA, DHEEDDA, EDDHA, EDTA, HEEDTA, NTA und 156 Ra als Na- und H-Verbindungen auf die Aufnahme von zugefügtem ^{91}Y, ^{90}Sr, ^{65}Zn und ^{137}Cs durch Bohnenpflanzen untersucht. Während sich die ^{90}Sr- und ^{137}Cs-Aufnahme durch die Chelate nicht veränderte, wurde die ^{91}Y- und ^{65}Zn-Aufnahme durch die meisten Chelate, bes. durch DTPA und H-CDTA, erhöht. EDDHA und ^{156}Ra hatten, bedingt durch ihre geringe chelatisierende Kraft bei dem pH-Wert des Bodens von 7,8, keinen Einfluß auf die ^{91}Y-Aufnahme. Die ^{65}Zn-Aufnahme wurde durch Na-EDDHA verringert. Durch die Chelate verlagerte sich das ^{91}Y und ^{65}Zn aus den Wurzeln in die Blätter.

O. Knabe. 665.

Poljakov, Ju. A., Leont'ev, A. M. und Mel'nikov, L. K. (Poljakow, Ju. A., Leontjew, A. M. und Melnikow, L. K.) K voprosu o vypadenii Sr^{90} v srednich širotach SSSR. **(Zur Frage der Zufuhr von ^{90}Sr in den mittleren Breiten der UdSSR.)** Počvovedenie, Moskva **1962** Nr. 11. S. 45–50. – 2 Tab., 15 Lit. Zus. in Engl.

Von 40 untersuchten Pflanzenarten wiesen Moose und Flechten die stärkste Akkumulation radioaktiver Stoffe auf und eignen sich daher am besten für die Bestimmung der ^{90}Sr-Zufuhr aus der Atmosphäre. In 3jährigen (1959–61) Untersuchungen am Kybinski-Stausee zeigte sich in der Tendenz eine jährlich ansteigende Akkumulation von ^{90}Sr in den Pflanzen; die radioaktive Strahlung betrug z. B. bei *Sphagnum* 2036, 2239 und 2260 $\mu\mu$c, bei *Cetraria crispa* 6300, 6660 und 6650 $\mu\mu$c je kg Pflanzensubstanz. Ch. Bachmann. 665.

Kopetz, L. M. und Steineck, O.; Wien, Hochschule für Bodenkult., Inst. für Pflanzenbau und Pflanzenzücht. **Zur Frage der Untersuchung von Nährstoffwirkungen.** Bodenkultur [Wien], Ausg. A **13** (1962) Nr. 2. S. 145–162. – Tab., Lit. Zus. in Engl.

Vff. versuchen, die Art der Nährstoffdarbietung bei den verschiedenen Experimentalverfahren darzulegen, die der Untersuchung von Nährstoffwirkungen dienen. Im Hinblick auf die Art der Nährstoffnachlieferung scheint eine Einteilung in 2 Gruppen gerechtfertigt: 1. Experimentalverfahren mit Vorratswirkungen des Nährstoffträgers und 2. Experimentalverfahren mit Wirkungen konstanter Ionenkonzentrationen. In der 1. Gruppe ist die Änderung der Nährstoffdarbietung während des Wachstums, durch die die spez. Wirkung einer bestimmten Nährstoffmenge überdeckt wird, besonders nachteilig. So stellt die ständige Verringerung der Nährstoffmenge durch die Aufnahme der Pflanze einen Vorgang dar, dessen Einfluß auf die Ertragsbildung unkontrollierbar ist. Als sehr geeignete Verfahren für die Ermittlung der spez. Wirkung eines Nährstoffes bei konstanter Ionenkonz. werden die Kultur mit fließender Nährlösung und bes. die sog. Wechsellösungskultur angesehen. Im ersteren Falle hängt die Zahl der Nährionen von der Ionenkonz. und von der Fließgeschwindigkeit ab. Die Beeinflussung der Nährstoffdarbietung durch die Fließbewegung ist allerdings auch hier eine nur schwer kontrollierbare Größe. Bei der Wechsellösungskultur endlich ist die Nährstoffversorgung in hohem Maße definiert, kontrollierbar und regulierbar. Bei der Festlegung der jeweiligen Nährstoffgabe kann nur die Ionenkonz., also die Ionenzahl, die Basis sein, deshalb erweist sich die Mengenbemessung der Nährstoffe in Milligrammatom als berechtigt. G. Loßner. 667.

Beyers, E.; Stellenbosch, South Africa, Western Prov. Fruit Res. Stat. Diagnostic leaf analysis for deciduous fruit. **(Diagnostische Blattanalysen bei**

Baumobst.) South African J. agric. Sci. **5** (1962) Nr. 2. S. 315–329. – 3 Tab., Lit. Zus. in Franz.
Ausführlich werden die Faktoren untersucht, die die Zusammensetzung der Blätter beeinflussen. Die Verfahren der Probenahme, Aufbereitung und Analyse der Blätter werden standardisiert. Die Blattproben sammelt man in Stoffbeuteln, da braune Papiertüten den B-Gehalt der Blätter verändern. Nach der Zusammenstellung der Proben (je 100–150 Obstbaum- oder 30 bis 40 Weinblätter) werden diese gewaschen, bei 70 °C getrocknet und in Kugelmühlen pulverisiert. Ca und K bestimmt man flammenphotometrisch, Mg, Na, Fe, Mn und Cu spektrographisch, N, P, B und Cl nach den üblichen Methoden. Als Basis für die Nährstoffdiagnose werden Standardwerte der Blattzusammensetzungen des „optimalen Bereiches" für die einzelnen Obstsorten mitgeteilt, wobei die angegebenen Minimal- und Maximalwerte aus den erhaltenen Kennziffern analysierter Hochleistungspflanzen stammen. Die mitgeteilten oberen Grenzen für Mn, Fe, Cu, B, Na und Cl dürfen deshalb nicht mit solchen Konz. verwechselt werden, bei denen bereits toxische Symptome auftreten. Die Ergebnisse eines durchgeführten Weindüngungsversuches werden unter den angeführten Aspekten diskutiert.
G. Loßner. 667.

Povolný, Milan; Praha, Vysoká Škola Zemědělská, Katedra Šlechtění a Zahradnictví. Stanovení kysličníku uhličitého konduktometrickým přístrojem. **(Bestimmung des Kohlendioxyds mit einem konduktometrischen Gerät.)** Rostlinná Výroba 8**(35)** (1962) Nr. 6. S. 781–792. – 6 Abb., 6 Tab., 6 Lit. Zus. in Russ., Dtsch.
Das konduktometrische Gerät zur kinetischen Bestimmung von CO_2, das aus Boden, Samen, Knollen, eingelagertem Obst usw. frei wird, besteht aus 4 Absorptionsgefäßen mit 4 Behältern für das Versuchsmaterial, aus einer Vibrationsluftpumpe, einem Konduktor (tschechoslowakisches Fabrikat, Typ III), einer 50 ml Bürette und einer Reserveflasche von 10 l Kapazität, die 0,1 n Bariumhydroxydlösung enthält. Die Absorptionsbehälter sind mit 2 Platinelektroden von 1 cm^2 Fläche ausgerüstet. Die Pumpe treibt die Luft durch das Versuchsmaterial in den Absorptionsbehälter und zurück. Die Bariumhydroxydlösung ergänzt sich selbst durch Gravitationswirkung. Die Anfertigung einer CO_2-Eichkurve wird beschrieben sowie ihre Benutzung bei verschiedenen Temperaturen und ihre Überprüfung durch Titration.
Z. Šesták. 667.

Vlček, Ludvík; Šumperk-Temenice, Výzkumná Stanice Přadných Rostlin a Luskovin. Stanovení chlorečnanů vedle chloridů v. extraktech rostlinného materiálu. **(Bestimmung von Chloraten und Chloriden in Pflanzenextrakten.)** Rostlinná Výroba 8**(35)** (1962) Nr. 5. S. 719–724. – 5 Abb., 6 Lit. Zus. in Russ., Dtsch.
Mit der vorgeschlagenen Methode kann neben den Chloriden auch die Menge der Chlorate polygraphisch ermittelt werden. Die Messung erfolgt im Novákschen Gefäß, das mit 0,1 mol. Schwefelsäure als Elektrolyt und CO_2 gefüllt wird. Die Chlorate werden mit Natriumhydrogensulfit reduziert. Einwandfreie Extraktion des trockenen Materials erfordert ½ std. Kochen in dest. Wasser. Durch Kochen wird das Chlorat nicht zersetzt. Die Methode wurde in Versuchen mit Weizen überprüft, der mit 1%iger Kaliumchloratlösung gespritzt wurde.
Z. Šesták. 667.

Homès, Marcel V. L. **L'alimentation minérale équilibrée des végétaux.** Volume 1. L'alimentation sur milieux dépourvus de fertilité naturelle. Wetteren (Belgique): Universa. 1961. (298 S. m. Abb. u. Tab.) 8°. Der theoretische Teil der Monographie beginnt mit dem Gesetz vomMinimum (Sprengel, Liebig) und dem Ertragsgesetz von Mitscherlich, das nach individuellen Wirkungen – chemisch und physikalisch – der einzelnen Nährstoffe bzw. ihrer Kombinationen erweitert wird. Die daraus entwickelte Fundamentalformel drückt die Abhängigkeit des Ertrages (y) als Funktion der Zusammensetzung des äußeren Milieus, nämlich der Konz. (C), und der Konstitution der verschiedenen anwesenden Elemente ($\alpha, \beta, \ldots$) aus:

$$y = K\, C^{s-u} \frac{\alpha^a \cdot \beta^b \cdot \gamma^c \ldots (1 - \alpha - \beta)^n}{k_1 \alpha^u + k_2 \beta^u + k_3 \gamma^u + \ldots + k_n (1 - \alpha - \beta \ldots)^u}$$

Es folgen Kapitel über Austauschtoxizität und die mathematische Behandlung einfacher und komplexer Nährstoffwirkungen. Im 2. Teil wird die Theorie den experimentellen Tatsachen gegenübergestellt. Es handelt sich im einzelnen um Toxizität, Dosiswirkung und vor allem um die Gestalt der Ertragskurven in Abhängigkeit von binären Nährstoffgemischen konstanter Summe. Auch ternäre Nährstoffsysteme werden berücksichtigt. Die experimentellen Befunde stimmen mit der Fundamentalformel gut überein, die übrigens implizit auch die Mitscherlich-Kurve enthält. Der 3. Teil enthält methodologische Gesichtspunkte. Hierbei kommt es bes. darauf an, das jedem binären System bzw. ihren Kombinationen entspr. optimale Pflanzenwachstum zu ermitteln. Der letzte Teil des Buches ist praktischen Anwendungen gewidmet. Hier werden Gefäßdüngungsversuche mit Rechnungsgang als Beispiele beschrieben. Auch auf die Perspektiven bez. der Erweiterung der Theorie und Anwendung wird hingewiesen.
W. Schulze.

Ostrovskaja, Ljudmila Konstantinovna. **Fiziologičeskaja rol' medi i osnovy primenenija mednych udobrenij.** (Die physiologische Rolle des Kupfers und die Grundlagen für die Anwendung von Kupferdüngermethoden.) Hrsg.: Ukrainskaja akad. sel'skochoz nauk. Kiev: Izd. Ukrain. akad. sel'skochoz. nauk. 1961. (283 S.) 8°. (1962 A 1204)

Vlasjuk, Petr Aantipovič. **Marganceve žyvlennja i udobrennja roslyn.** (Die Ernährung und Düngung der Pflanzen mit Mangan.) Kyïv: Vyd. Ukr. adkad. sil'škog. nauk. 1962. (420 S.; ukrain.) 4°. (1962 B 177)

Primenenie mikroelementov, polimerov i radioaktivnych izotopov v sel'skom chozjajstve. (Die Verwendung von Spurenelementen, Polymeren und radioaktiven Isotopen in der Landwirtschaft.) Hrsg.: Ukrainskaja akad. sel'skochoz. nauk. Kiev: Izd. Ukrain. akad. sel'skochoz. nauk. 1962. (296 S.) 4° = Trudy koordinacionnogo soveščanija problemnoj komissii UASChN ot 20–21 aprelja 1960 g. Nr. 1. (1962 B 187, 1)

C. Düngemittel, ihre Gewinnung und Anwendung

Kudrin, S. A.; Moskau. Nekotorye soobraženija o putjach izučenija udobrenij. **(Einige Überlegungen über die Art der Düngungsversuche.)** Agrobiologija, Moskva **1962** Nr. 5. S. 756–768. – 6 Tab., 12 Lit.

Die Plastizität der physiol. Prozesse in den Pflanzen kommt deutlich darin zum Ausdruck, daß keine direkte Abhängigkeit zwischen veränderter Ertragshöhe durch K-Düngung und dem veränderten K-Gehalt der Pflanzen besteht. Der Gehalt an K und sonstigen Elementen in den Pflanzenorganen ist das Ergebnis der Gesamtheit aller Lebensvorgänge, weist aber trotzdem eigene Gesetzmäßigkeiten auf. Unter Ausnutzung dieser Gesetzmäßigkeiten kann man in bestimmtem Maße das Wachstum und die Entwicklung der Pflanzen lenken. Da die physiol. Prozesse in den Pflanzen nicht streng parallel mit den biol. Erscheinungen verlaufen, ergibt sich eine erweiterte Möglichkeit der Einwirkung von K in Kombination mit anderen Düngemitteln auf Höhe und Qualität des Ertrages. Durch die unterschiedlichen Verfahren der K-Düngung können die physiol. Prozesse verändert und damit die Pflanzen in der gewünschten Richtung beeinflußt werden. E. Kahn. 671.

Chomenko, A. D.; Ukrain. Forsch.-Inst. für Pflanzenphysiol. Primenenie polimerov dlja izgotovlenija kompleksnych udobrenij i ich ėffektivnost'. **(Die Anwendung von Polymeren zur Herstellung von Komplexdüngemitteln und deren Wirkung.)** Zemledelie, Moskva **24** (1962) Nr. 11. S. 65–69. – 4 Tab.

Seit 1959 wird im o. g. Inst. an der Herstellung und Anwendung von Komplexdüngemitteln gearbeitet. Als Polymere werden Polyacrylamid und Harnstoff-Formaldehyd-Teere verwendet. Mineraldünger, Mikroelemente, Fungicide, Insekticide, Herbicide und Wuchsstoffe können damit in beliebigem Verhältnis gebunden und ohne Trocknung granuliert werden. Zur Anwendung kommen Granulate, Würfel ($2 \times 2 \times 2$ cm), die unter Obstbäumen und Weinstöcken eingebracht werden, und Platten, die bei der künstlichen Bewässerung einzusetzen sind. Die Hygroskopizität dieser Düngerformen ist gering, die Nährstofflieferung langsam und kontinuierlich. 1960/61 konnten auf verschiedenen

Böden bei Mais, Kartoffeln, Zuckerrüben und Wein hohe Ertragssteigerungen im Vergleich zum einfachen Gemisch gleicher Nährstoffzusammensetzung erzielt werden. R. Schlenker. 671.

Schmitz, Franzjosef; Bonn. **Das neue Düngemittelgesetz.** Mitt. dtsch. Landwirtsch.-Ges. 78 (1963) Nr. 1. S. 13–15. 671.

Duchanin, A. A.; Novosybkow, Allunionsinst. für Düng. und Landwirtsch. Bodenkunde (WIUA), Versuchsstat. **Einfluß der organischen Düngemittel auf die Erhöhung der Fruchtbarkeit von Sandböden.** Dtsch. Akad. Landwirtsch.-Wiss. Berlin, Tagungsber. **1962** Nr. 44. S. 11–20. – 6 Tab. Zus. in Russ., Engl. nach Zus.
In der Versuchsstation Novosybkow, Gebiet Moskau, werden seit 1916 Versuche zur Verbesserung leichter Sandböden mittels Stallmist und Gründüngung durchgeführt. – In der Fruchtfolge Brache – Roggen – Kartoffeln – Hafer konnten durch Einführung von Leguminosenbrachen im Vergleich zur Schwarzbrache die Erträge im 16jährigen Durchschnitt bei Lupinen um 56%, bei Serradella um 41% und bei Wickhaferbrache um 36% gesteigert werden. Günstig wirkte sich eine Kombination von Stalldung und Lupinengründüngung auf den Ertrag und auf die chem.-phys. Bodeneigenschaften aus. – Die gemeinsame Anwendung von Gründüngung und Mineraldünger führte zu einer allmählichen Abnahme der Ertragsleistung, wogegen Gründüngung, Stallmist und Mineraldüngung zusammen angewandt einen steten Ertragsanstieg zur Folge hatten. Stallmist förderte auch die Wirksamkeit von Mg- und B-Düngern. – In einem 1954 angelegten Dauerversuch wurde neben der Gründüngung die Wirkung unterschiedlich hoher Mengen von Stallmist-Torf-Kompost und Mineraldünger geprüft. Die bisherigen Ergebnisse zeigen, daß auf dem inzwischen stärker kultivierten Sandboden die jährliche Einbringung von 50 dt Kompost einen größeren Nutzeffekt aufweist als die Einbringung von 400 bzw. 800 dt Kompost zu 2 bzw. 3 Früchten der 8feldrigen Rotation. 671a.

Malý, V.; Praha, Tschechoslow. Akad. der Landwirtsch.-Wiss., Versuchsinst. für Landwirtsch. und Forstwirtsch. Melioration. **Einige Erfahrungen bei der Hebung der Fruchtbarkeit von Sandböden in Mittelböhmen.** Dtsch. Akad. Landwirtsch.-Wiss. Berlin, Tagungsber. **1962** Nr. 44. S. 21–27. – 3 Tab. Zus. in Russ., Engl. nach Zus.
Forschungsarbeiten zur Verbesserung von Sandböden in Böhmen waren auf die Anwendung der Gründüngung und auf die Durchführung der tiefen Schichtdüngung gerichtet. Von den geprüften Gründüngungspflanzen bewährte sich am besten der Inkarnatklee mit einem Ertrag bis zu 300 dt/ha Grünmasse. Durch die Gründüngung konnten eine Steigerung des Humusgehaltes von 0,84% auf 1,37%, eine Erhöhung des Gesamt-N-Gehaltes und der übrigen aufnehmbaren Nährstoffe sowie eine Verbesserung der phys. Bodeneigenschaften erreicht werden. Infolgedessen wurde bei Kartoffeln eine Ertragssteigerung um 47–68%, bei Zuckerrüben um 109% erzielt. – Bei der tiefen Schichtdüngung können außer Stallmist auch andere Arten org. Masse verwendet werden. Der Nährstoffunterschied ist jedoch durch Mineraldüngung auszugleichen. Die höchsten Erträge wurden nach tief eingepflügtem Stallmist, ferner nach Getreidespreu erreicht (Ertragssteigerung bei Kartoffeln um 48%, bei Sommergemenge 130%). Die Bodenfeuchtigkeit war auf Parzellen mit tiefer Schichtdüngung durchschnittlich um 2,89% höher als auf der normal gedüngten Kontrolle, am höchsten auf der Parzelle mit tief eingebrachter Getreidespreu. 671a.

Alten, F. und Werner, W.; Hohenbostel a. D. über Barsinghausen. **Die Festlegung des Stickstoffes bei biochemischen Umsetzungen im Boden.** Dtsch. Akad. Landwirtsch.-Wiss. Berlin, Tagungsber. **1962** Nr. 44. S. 28–37. – 6 Abb. Zus. in Russ., Engl. nach Zus.

Düngungsversuche zu Hafer mit Variation der Strohzufuhr und der Mineralstoffgabe zeigten, daß der Wirkungswert der mineral. N-Düngung proportional der Höhe der Strohgabe vermindert wird. Die hieraus resultierende Ertragsdepression stand in direkter Relation zur biol. Aktivität — gemessen an der CO_2-Entwicklung — zum Zeitpunkt der Mineralstoffgabe. — Die Ertragsdepression erwies sich auch vom zeitlichen Abstand zwischen Stroheinbringung und Mineraldüngung abhängig. Je größer dieser Abstand war, desto geringer waren die biol. Aktivität zum Zeitpunkt der mineral. N-Gabe und damit auch die N-Fixierung und die hierdurch veranlaßte Ertragsminderung. Durch Verabfolgung der mineral. Düngung erst nach weitgehendem Abbau der org. Subst. konnte die mikrobiol. Festlegung von mineral. Boden- und Dünger-N erheblich verringert und gegebenenfalls gänzlich vermieden werden. 671a.

Rauhe, K.; Leipzig, Karl-Marx-Univ., Inst. für Acker- und Pflanzenbau. **Die komplexe Wirkung organischer Düngemittel auf Boden und Pflanze.** Dtsch. Akad. Landwirtsch.-Wiss. Berlin, Tagungsber. **1962** Nr. 44. S. 143 bis 164. — 5 Abb., 11 Tab., 28 Lit. Zus. in Russ., Engl. nach Zus.
Mit den dargestellten Untersuchungen und Gegenüberstellungen wird der Versuch unternommen, einen Beitrag zur Klärung der in Deutschland viel umstrittenen Frage zu leisten, ob die Mineraldüngung allein in der Lage ist, die Bodenfruchtbarkeit zu erhalten, oder ob dazu die Anwendung org. Dünger notwendig ist. Hierzu werden 6 bis 8jährige Ergebnisse von Müncheberger Dauerversuchen benutzt und mit den Ergebnissen anderer Dauerversuche verglichen. Aus den Untersuchungen geht eindeutig die Überlegenheit der org.-mineral. Düngung hervor gegenüber reiner NKP-Düngung. Nicht nur ein höherer Tr.-Subst.-Ertrag bei Hackfrüchten und Getreide, sondern auch wesentlich höhere Nährstoffaufnahmen wurden erzielt. Darüber hinaus erhöhte sich auch der Humus- und Nährstoffgehalt des Bodens. — Die ausgewerteten Dauerversuche zeigen, daß die ausschließliche Anwendung von Mineraldüngern mit einem Raubbau am C- und N-Vorrat des Bodens verbunden ist. Der Raubbau ist auf den einzelnen Böden sehr unterschiedlich, bes. stark aber auf den Sandböden. Der jährlich und regelmäßig auftretende C- und N-Verlust kann nur durch eine org.-mineral. Düngung ausgeglichen werden, wobei dem Stallmist heute noch die größte Bedeutung zukommt. 671a.

Lehne, I.; Müncheberg/Mark, Inst. für Acker- und Pflanzenbau der Dtsch. Akad. der Landwirtsch.-Wiss. zu Berlin. **Die Wirkung organischer Düngemittel bei verschieden hohen Mineraldüngergaben.** Dtsch. Akad. Landwirtsch.-Wiss. Berlin, Tagungsber. **1962** Nr. 44. S. 165—175. — 6 Abb., 5 Tab. Zus. in Russ., Engl. nach Zus.
Erste Ergebnisse eines mehrfaktoriellen Müncheberger Dauerdüngungsversuches werden mitgeteilt, in dem die Wirkung von Stallmist und Gründüngung bei unterschiedlicher Mineraldüngung geprüft wird. — Die Ertragswirkung der org. Düngung war weitgehend von der Höhe der NPK-Gabe abhängig. Bei Mais, Kartoffeln und Futterrüben wurden zusammen mit einer normalen NPK-Gabe — je nach dem Nachlieferungsvermögen — des Bodens, Mehrerträge von 8—22% erzielt. Die Nachwirkung im 2. Jahr bei Getreide war mit durchschnittlich 10% sehr stark. — Während die Wirkung von Stallmist und Gründüngung im Anwendungsjahr zu Hackfrüchten annähernd gleich war, zeigte der Stallmist eine bessere Nachwirkung. Die Kombination von Stallmist und Gründüngung brachte bei normaler NPK-Düngung keine zusätzliche Ertragssteigerung. — Durch org. Düngung wurden die vom Mais und Wi-Roggen mehr aufgenommenen Nährstoffmengen, vor allem N, K und Mg, wesentlich stärker erhöht als die Erträge. Auch hier war, bes. bei der K-Aufnahme, die Wirkung der Gründüngung etwas geringer als die des Stallmistes. 671a.

Koepke, V.; Müncheberg/Mark, Inst. für Acker- und Pflanzenbau der Dtsch. Akad. der Landwirtsch.-Wiss. zu Berlin. **Über die Ausnutzung des Stickstoffs organischer und mineralischer Dünger.** Dtsch. Akad. Landwirtsch.-Wiss. Berlin, Tagungsber. **1962** Nr. **44.** S. 177–188. – 6 Abb., 6 Tab., 11 Lit. Zus. in Russ., Engl. nach Zus.

An 2 Dauerdüngungsversuchen mit 4 verschieden gelagerten Stallmistarten und 3 Bodenbearbeitungs-Düngungs-Versuchen mit kombinierter org. und mineral. Düngung auf anlehmigen bzw. lehmigen Sandböden in Müncheberg wurden Untersuchungen über die Verwertung des verabreichten org. und mineral. Dünger-N vorgenommen. – Die Ausnutzung des Stallmist-N durch Mais bzw. Kartoffeln lag im Anwendungsjahr in 4 ausgewerteten Versuchen zwischen 20–30%. Im 2. Jahr wurden für den nachgebauten Wi-Roggen weitere 10% des Stallmist-N aufnehmbar. – Der Gründüngungs-N war im ersten Jahr nach der Einbringung etwas besser verfügbar als der des Stallmistes, dagegen war die Nachwirkung nicht ganz so hoch. – Die Ausnutzung des Mineraldünger-N betrug 40–65%. Sie war bei Mais höher als bei Roggen. Die N-Aufnahme aus Mineraldünger war bei gleichzeitig starker org. Düngung im Anwendungsjahr geringer als bei alleiniger Mineraldüngeranwendung. Im 2. Jahr nach der Einbringung von org. Düngerstoffen wurde beim Getreide auf den org. gedüngten Parzellen eine deutlich bessere Ausnutzung des Mineraldünger-N festgestellt als auf den nur mineralisch gedüngten. 671a.

Egerszegi, S.; Budapest, Ung. Akad. der Wiss., Forsch.-Inst. für Bodenkunde und Agrochem. **Künstliche Düngemittel mit kolloidaler Grundsubstanz für Sandböden.** Dtsch. Akad. Landwirtsch.-Wiss. Berlin, Tagungsber. **1962** Nr. 44. S. 207–215. – 5 Tab., 7 Lit. Zus. in Russ., Engl. nach Zus.

Die in den Versuchen geprüften Sandbodendünger Monit und Monplex enthalten als Grundsubstanz Tonminerale. Der Wirkstoff von Monit I ist Ammoniumnitrat, der von Monit II Harnstoff. Der erstere enthält 20,5%, der letztere 23,3% Gesamt-N. Nährstoffgehalt und Nährstofform können in Abhängigkeit von der Art und Menge der anwesenden Kolloide sowie der übrigen Ergänzungssubstanzen (Spurenelemente) verändert werden. Außer den mineral. Kolloiden sind im Monit II und Monplex, das 25,3% N und P_2O_5 als Wirkstoffe enthält, auch org. Kolloidsubstanzen vorhanden. – Die Sandbodendünger Monit und Monplex sind infolge ihrer trockenen Konsistenz gut lagerfähig. Auf Grund der bisher durchgeführten Versuche im Laboratorium, auf kleinen Teilstücken sowie auf Großflächen läßt sich feststellen, daß sie sich – im Vergleich mit N und NP enthaltenen Standarddüngern – bewährt haben. In den Versuchen über Bodenbearbeitung mit mehrschichtiger Nährstoffversorgung in einem Arbeitsgang erwiesen sich die Sandbodendünger Monit und Monplex im Vergleich zu den üblichen Handelsdüngern als ausreichend wirksam. 671a.

Schnieder, E.; Thyrow, Kreis Zossen, Landwirtsch. Lehr- und Versuchsstat. des Inst. für Acker- und Pflanzenbau der Humboldt-Univ. zu Berlin. **Einfluß von Kalkung und Mistdüngung auf die Stickstoffumsetzungen im Boden.** Dtsch. Akad. Landwirtsch.-Wiss. Berlin, Tagungsber. **1962** Nr. **44.** S. 265 bis 275. – 4 Abb., 4 Tab., 3 Lit. Zus. in Russ., Engl. nach Zus.

Um den Einfluß von Kalkung und Mistdüngung auf die N-Umsetzungen im Boden zu ermitteln, wurden verschiedene Untersuchungen an den wichtigsten Versuchsgliedern des statischen Nährstoffmangelversuches in Thyrow vorgenommen. Dabei wurde einmal der NH_3- und NO_3-Gehalt des Bodens bei natürlicher Lagerung mehrfach bestimmt und zum anderen geprüft, welche N-Mengen im Boden während einer 4wöchigen Bebrütung mobilisiert werden. Durch die regelmäßige Mistdüngung wurde das Angebot an pflanzenaufnehmbarem N gegenüber alleiniger Mineraldüngung erhöht und zugleich auch noch die Umwandlung des NH_3 zu NO_3 gefördert. Kalkmangel hemmte die Nitratbildung stark, so daß in der Regel viel NH_3–N und wenig NO_3–N im Boden festgestellt werden konnten. Bei einer langen Bebrütungszeit war die Menge des mobilisierten N nach Kalkmangel geringer als nach mineral. Volldüngung. 671 a.

Birecki, M. und Fabijanski, J.; Warszawa, Landwirtsch. Hochschule, Inst. für Allg. Acker- und Pflanzenbau. **Organische Düngung und Kalkung in der Fruchtfolge auf leichten Böden.** Dtsch. Akad. Landwirtsch.-Wiss. Berlin, Tagungsber. **1962** Nr. 44. S. 287–294. – 9 Tab. Zus. in Russ., Engl. nach Zus.

In einem Fruchtfolgeversuch auf einheitlichem losem Sandboden und Sandboden mit Lehmschichten im Untergrund wurde die Wirkung von Stallmist, Torf-Stallmist-Kompost und Kalk, die man allein und zusammen anwendete, untersucht. – Die Düngungswirkung von Stallmist auf sandigen Böden war bei Kartoffeln höher als bei Mais. Kleine Kompostgaben – 60 dt/ha – erhöhten die Kartoffelerträge, während bei Mais keine gesicherten Ertragssteigerungen festgestellt wurden. Kleine Kalkmengen – 5–10 dt/ha als $CaCO_3$ – gaben bei Kartoffeln bes. gute Ergebnisse auf reinen Sandböden, nicht dagegen bei Mais. Die gleichzeitige Anwendung kleiner Kompost- und Kalkgaben erhöhte die Wirkung dieser Komponenten beim Kartoffelanbau. – Eine positive Wirkung der Kalkdüngung zu So-Weizen und Hafer sowie auch eine positive Nachwirkung zu Roggen und Hafer wurden festgestellt. Dagegen zeigte die Gerste auf leichten Böden bei Kalkdüngung eine Ertragsminderung. Bei Grünfutterlupine war eine positive, bei Lupine zur Körnergewinnung eine negative Kalkwirkung vorhanden. 671 a.

Tóth, A. Trágyázási kérdések tanulmányozása hazai sikláptalajainkon. **(Studien über Düngungsfragen auf ungarischen Niedermoorböden.)** Keszthelyi mezögazdasági Akad. Kiadványai [Mitt. landwirtsch. Akad. Keszthely] **1961** (hrsg. 1962) Nr. 11. S. 21. – Aus: Ung. Agrar-Rdsch. **1962** Nr. 4.

Eine bislang nicht zureichend geklärte Frage der Moorwirtschaft ist die der richtigen Düngeranwendung. Vf. gibt einen Überblick über die von ungar. Moorforschern unseres Jahrhunderts verfochtenen Ansichten, die oft stark voneinander abweichen, gelegentlich sogar einander widersprechen. Nach kurzer Kennzeichnung der wichtigeren Moorgebiete Ungarns zieht Vf. einige Schlüsse, die nur gültig sind nach entspr. Wasserregulierung der Moorgebiete: a) Düngung mit Stallmist dürfte jedes 4. Jahr zweckmäßig sein (etwa 120 dt/kj). b) Die Wirksamkeit der N-Düngung schwankt zuweilen sehr beträchtlich. N-Düngung ist i. allg. nicht überflüssig, bes. dann nicht, wenn die Umlagerung des Moor-N nur langsam erfolgt, z. B. bei hohem Grundwasserstand, bei kühler Witterung usw. c) Ebenfalls veränderlich ist auf Moorböden die Wirkung der P-Dünger; gelegentlich wurden Mindererträge verzeichnet. Oftmals erhöhte die Phosphatdüngung den Ertrag auch bei alleiniger Verabreichung, jedoch nicht so wie in Verbindung mit K. d) Der K-Gehalt der Moorböden ist i. allg. ungenügend. Auch einseitige K-Düngung zeitigte vielfach Mehrerträge. Meist war die PK-Düngung noch wirksamer, selbst bei hohen Gaben (bis 400 kg/kj). In solchen Fällen war auch die Nachwirkung meist erheblich. e) In bezug auf die Spurenelemente konnte in vielen Moorböden Mangel an Cu, manchmal auch an Co und Mn festgestellt werden. Die Düngung mit den beiden letzterwähnten Elementen hatte in einigen Fällen eine sehr bedeutende Erhöhung der Erträge zur Folge. 671 a.

Koltay, Á. Ujabb adatok a trágyázás elvi kérdéséhez. **(Neuere Beiträge zur grundsätzlichen Frage der Düngung.)** Magyar Mezögazdaság [Ung. Landwirtsch.] **17** (1962) Nr. 8. S. 10–11. – Aus: Ung. Agrar-Rdsch. **1962** Nr. 4.

Neuerdings wird oftmals die Frage aufgeworfen, ob der Stallmist durch Handelsdünger ersetzt werden könne, und, falls ein solcher Ersatz möglich, in welchem Ausmaß derselbe zu erfolgen habe. Um diese Frage zu klären, führt Vf. Versuche mit Mais und — um auch die Nachwirkung der Düngung beobachten zu können — mit Weizen durch, wobei den einzelnen Parzellen teils Stallmist, teils Handelsdünger, teils die Kombination verabreicht wurde. — Es zeigte sich deutlich, daß sich die Erträge des Versuchsbodens auch ohne Stallmist beträchtlich erhöhen lassen. 671a.

Gupta, Y. P. und Das, N. B.; New Delhi, Indian Agric. Res. Inst. Nutritive value of maize as influenced by manures and fertilizers. I. Chemical composition. **(Nährwert von Mais unter dem Einfluß von organischen und mineralischen Düngemitteln. 1. Mitt. Chemische Zusammensetzung.)** Indian J. agric. Sci. **32** (1962) Nr. 1. S. 79–86. — 3 Tab., 19 Lit.

Die Ergebnisse eines langjährigen Düngungsversuches mit Stallmist, Rapskuchen und mineral. Düngemitteln zeigen, daß N i. allg. positiv wirkt auf den Gehalt an Protein und Stärke sowie auf den Feuchtigkeitsgehalt der Maiskörner und negativ auf den P-, Ca-, Fe-Gehalt und das 100-Korn-Gewicht. Bei P-Düngung stieg vor allem der P-Gehalt, dabei nahm aber der Gehalt an Phytin-P relativ ab. Dieser Wert bewegte sich zwischen 70 und 90% des Gesamt-P. Durch die P-Gabe wurden nur Protein- und Feuchtigkeitsgehalt sowie das 100-Korn-Gewicht gemindert. In ähnlicher Weise wirkte K. Im Gegensatz zu den Mineraldüngemitteln wurde das 100-Korn-Gewicht durch org. Düngung erhöht. Der Gehalt an Fe sank bei alleiniger Mistgabe, und nur in Verbindung mit Rapskuchen konnte ein günstiger Einfluß — ähnlich dem der mineral. Düngemittel — beobachtet werden. W. Lesch. 671a.

Anochin, A. S. Vlijanie mikroėlementov i podkormki mineral'nymi udobrenijami na urožajnost' i sozrevanie kukuruzy. **(Einfluß der Spurenelemente und der Mineralkopfdüngung auf die Leistung und die Reife von Mais.)** Bjulleteń Instituta biologii. Akademija nauk Belorusskoj SSR, Minsk **1960** (hrsg. 1961) Nr. 6. S. 228–232. — 2 Tab., 6 Lit.

Ein 24std. Einquellen von Maissaatgut in Lösungen von HBO_3 (0,025%ig), $(NH_4)_2MoO_4$ (0,05%ig) sowie $ZnCl_2$ (0,05%ig) vor der Aussaat führte im Vergleich zu den Kontrollen (trockenes bzw. in H_2O eingequelltes Saatgut) zu Mehrerträgen an Kolben bzw. Körnern. Die größte Wirkung hatte Mo mit einem Mehrertrag von 3 dt Körnern. Die Vorsaatbehandlung mit Spurenelementen hatte auch eine beschleunigte Entwicklung der generativen Organe und eine um 3 Tage frühere Blüte derselben zur Folge. — Eine zusätzliche Kopfdüngung zur normalen Grunddüngung (300 dt Stalldung + N_{60} + P_{60} + K_{60}) im 2. Blattstadium des Maises erhöhte in allen Fällen den Kolben- bzw. Körnerertrag. Der höchste Mehrertrag mit 5,6 dt wurde bei einer Kopfdüngung von N_{10} + P_{15} + K_{10} erzielt. Alleinige N_{10}-Kopfdüngung erhöhte zwar ebenfalls den Ertrag um 1,8 dt, führte aber gleichzeitig zu einem erhöhten %-Satz an Kolben, die die Wachsreife nicht erreichten, während bei einer Kopfdüngung von P_{15} + K_{15} neben einem Mehrertrag von 2,3 dt Körnern der Anteil nichtreifer Kolben unter dem der Kontrolle lag. Die reifebeschleunigende Wirkung einer PK-Düngung wird auf eine Erhöhung der Kältewiderstandsfähigkeit und des Wachstumstempos der Maispflanzen in frühem Stadium zurückgeführt. L. Rösler. 671a.

Ansorge, H.; Halle-Lauchstädt, Inst. für Landwirtsch. Versuchs- und Untersuchungswes. der Dtsch. Akad. der Landwirtsch.-Wiss. zu Berlin. **Der Einfluß einer langjährig unterschiedlichen Düngung auf Ertrag und Zusammensetzung von Luzernegras.** Z. landwirtsch. Versuchs- u. Untersuchungswes. 8 (1962) Nr. 5. S. 385–407. — 10 Abb., 8 Tab. Zus. in Russ., Engl. nach Zus.

Auf einem Teil des „Statischen Düngungsversuches" Lauchstädt wurde zur Überprüfung des Einflusses eines Leguminosenanbaues auf die Bodenfruchtbarkeit in den Jahren 1952/53 und 1958/59 ein Luzernegrasgemisch angebaut. — Im Mittel aller Versuchsjahre hatten die mineral. Mangeldüngungen bei gleichzeitigen Stallmistgaben wesentlich geringere Ertragsunterschiede zur Folge als auf dem rein mineralisch gedüngten Block. Die variierte Düngung beeinflußte die Erträge des Luzernegrasgemischs in den Ansaatjahren stärker als in den zweiten Anbaujahren. — Nicht nur die Gesamterträge, sondern auch die Anteile von Gras und Luzerne wurden durch die Düngung erheblich verändert. So hatten die Unterlassung der P-Düngung und noch wesentlich stärker das Fehlen von K eine Abnahme der Luzerneerträge im Vergleich zur Volldüngung zur Folge, während bei N-Mangel der Luzerneanteil anstieg. — Auf den NPK-Parzellen bewirkten die Stallmistgaben von 300 bzw. 200 dt/ha im Mittel eine Steigerung der Luzerneerträge von 34—28%. Diese rel. großen Ertragsunterschiede, die bei den übrigen 4 Früchten des „Statischen Versuches" nur 6—8% betragen, waren auf eine Zunahme der Luzerne- und nicht der Graserträge zurückzuführen. Sie sind nach Ergebnissen von Gefäßversuchen eine Folge von Mo-Mangel bei Unterlassung der Stallmistdüngung. — Neben den Ertragsunterschieden hatte die variierte Düngung eine starke Veränderung der Mineralstoffgehalte des Luzernegrasgemisches zur Folge. — Auf die Nachfrüchte übte das Luzernegras auf den N-Mangelparzellen einen günstigen Einfluß aus, während bei Volldüngung und vor allem bei einseitigen N-Gaben im Mittel der ersten Nachfruchtjahre eine schlechte Vorfruchtwirkung festgestellt wurde. Dieser geringe Vorfruchtwert des Luzernegrasgemisches ist neben einer teilweisen N-Überdüngung bes. in Trockenjahren auf den hohen Wasserentzug zurückzuführen. 671a.

Skrjabin, F. A.; Taschkent, Landwirtsch. Inst. O svranitel'nom vlijanii priemov sovmestnogo vnesenija navoza i mineral'nych udobrenij na urožaj chlopčatnika. **(Über den Einfluß verschiedener Methoden der gemeinsamen Einbringung von Stallmist und Mineraldüngern auf den Baumwollertrag.)** Počvovedenie, Moskva **1962** Nr. 11. S. 82—88. — 6 Tab., 8 Lit. Zus. in Engl.
Ein- und zweijährige Versuche auf verschiedenen Grauerdeböden zeigten, daß — ausgehend von gleichen Frischmistmengen — org.-mineral. Düngergemische aus gut zersetztem Stallmist bez. ihrer Wirkung auf den Baumwollertrag und die Bodenfruchtbarkeit keinen Vorteil gegenüber gemeinsamer Einbringung schwach zersetzten Stallmistes und mineral. Düngemittel zur Pflugfurche bringen. Ch. Bachmann. 671a.

Mätzold, G.; Gundorf, Inst. für Landwirtsch. Betriebs- und Arbeitsökon. der Dtsch. Akad. der Landwirtsch.-Wiss. zu Berlin. **Technologische und ökonomische Probleme bei neuen Verfahren der Mineraldüngung.** Dtsch. Landwirtsch. **14** (1963) Nr. 1. S. 25—27. — 1 Abb., 10 Lit. nach Zus.
Der Mineraldüngung ist zur Verbesserung der Bodenfruchtbarkeit große Bedeutung beizumessen. Die damit verbundenen Arbeiten müssen neu organisiert werden mit dem Ziel der Arbeitszeiteinsparung, Arbeitserleichterung und Vereinfachung des Betriebsablaufes in den sozialistischen Landwirtschaftsbetrieben, also zur Erreichung industriemäßiger Verfahren. — Für den Antransport des Mineraldüngers in den landwirtsch. Betrieb werden unter diesen Blickpunkten die Vorteile der Ladegemeinschaften erläutert. Das Ausstreuen von P- und K-Düngemitteln vor dem Pflügen — bes. auch als Vorratsdüngung für mehrere Jahre — bringt beachtliche technologische und arbeitsökonomische Vorteile, trägt außerdem zur Schonung der Bodenstruktur bei und hilft eine Verzettelung der P-Düngemittel vermeiden. Die Düngung mit dem Flugzeug dürfte trotz hoher Kosten in Zukunft größeren Umfang einnehmen, bes. dort, wo das Bodengerät nicht einsetzbar ist oder eine zu geringe Kapazität aufweist. Schließlich werden ausführlich die technolog. und arbeitsökonom. Probleme der N-Flüssigdüngung besprochen. 671b.

Kuipers, S. F. De toepassing van mengmeststoffen in bedrijfsverband. **(Die Verwendung von Mischdüngern im Betrieb.)** Landbouwvoorlichting **19** (1962) Nr. 3. S. 144–151. – 2 Abb., 2 Tab.
Die Anwendung von Mischdüngern im landwirtsch. Betrieb wird besprochen. Bei einigen Feldfrüchten wie z. B. Zuckerrüben ist eine zusätzliche Düngung erforderlich. Betriebswirtsch. gesehen ist es vorteilhafter, N einmalig oder in geteilten Gaben in Form eines N-Düngers zuzuführen, da man in diesem Fall für die verschiedenen Kulturen mit 4 N-P-K-Verhältnissen im Mischdünger auskommt. Bei 3 verschiedenen N-Varianten ergeben sich 17 verschiedene N-P-K-Verhältnisse. Der Gebrauch einer so großen Anzahl verschiedener Mischdünger ist jedoch praktisch unmöglich. E. M. Ardelt. 671b.

Jewell, R. E.; Ipswich, Suffolk, Fisons Fertilizers Ltd., Levington Res. Stat. Drying and storage of NPK granular fertilisers based on superphosphate and containing urea as a plant nutrient. **(Trocknung und Lagerung von granulierten NPK-Düngemitteln auf Superphosphat-Basis, die Harnstoff als Pflanzennährstoff enthalten.)** J. Sci. Food Agric. **13** (1962) Nr. 8. S. 414–422. – 8 Abb., 12 Lit.
Der Einfluß von freier Feuchtigkeit, freier Acidität, Harnstoffgehalt und Temperatur auf die Lagerungsstabilität von NPK- (10-10-18)-Düngemitteln, die Superphosphat und 2–15% Harnstoff enthalten, wurde untersucht. Zur Sicherstellung der Stabilität der Düngemittel müssen folgende Bedingungen erfüllt sein: Während der Trocknung soll die Temperatur der Granalien nicht über 70 °C steigen. Temperaturen bis zu 90 °C sind noch statthaft, sofern die Trocknungszeiten auf 15 Min. begrenzt werden. Als N-Komponente in Ergänzung zu Harnstoff ist $(NH_4)_2SO_4$ gegenüber NH_4NO_3 zu bevorzugen, da damit ein stabileres Produkt erhalten wird. Die Lagerungstemperatur des Düngemittels soll < 35 °C betragen. Bei Einhaltung dieser Bedingungen sind die N-Verluste aus dem Düngemittel zu vernachlässigen. Es tritt eine gewisse Verminderung des Gehalts an wasserlöslichem Phosphat ein. Versuche mit neutraler Ammoniumcitrat-Lösung ergaben, daß das gebildete wasserunlösliche Phosphat jedoch in pflanzenverfügbarer Form vorliegt.
P. Stoß. 671b.

Fintel, R. G. H. von und Quicke, G. V.; Pietermaritzburg, South Africa, Agric. Res. Inst. Soil fertilization and the protein, zein, essential amino acid and niacin content of maize grain. **(Bodendüngung und der Gehalt des Maiskornes an Protein, Zein, Niacin und essentiellen Aminosäuren.)** South African J. agric. Sci. **5** (1962) Nr. 2. S. 165–175. – Abb., Lit. Zus. in Franz.
An der Cedara Hochschule für Landwirtschaft läuft seit 1949 ein Felddüngungsversuch mit Mais. 1957/58 und 1958/59 wurden Maiskornproben genommen, die das Material für die vorliegende Untersuchung lieferten. Dabei wurden die Gehalte an Gesamtprotein, Zein, Niacin, Leucin, Isoleucin, Phenylalanin, Arginin, Methionin, Lysin und Tryptophan bestimmt. K beeinflußte maßgebend das Protein-Niacin- und das Ertrag-Protein-Verhältnis. Wenn sowohl K als auch N verabreicht wurden, dann war der gesteigerte Ertrag mit einem erhöhten Gehalt an Protein bzw. an Aminosäuren verbunden. K-Gaben – zur Erzielung eines hohen Ertrages – erniedrigten signifikant den Niacingehalt der Maiskörner, während Niacin unter diesen Bedingungen negativ mit dem Gesamtprotein korrelierte. G. Loßner. 671b.

Singh, Gajadhar; Jobner, Rajasthan State, India, S.K.N. Government Coll. of Agric. Effect of superphosphate application in various doses and at different depths with and without ammonium sulfate on the N and P_2O_5 content of wheat plant. **(Einfluß der Superphosphatanwendung – mit und ohne Ammoniumsulfat – in verschiedenen Mengen und unterschiedlichen Tiefen auf den N- und P_2O_5-Gehalt von Weizenpflanzen.** Soil Sci. **94** (1962) Nr. 2. S. 120–128. – 6 Tab., 19 Lit.

In Feldversuchen wurde der Einfluß steigender Superphosphatgaben (0, 120, 240 lb./acre), in Bodentiefen von 0, 3, 6, 9 in. eingebracht, ergänzt durch 0 oder 40 lb./acre N als $(NH_4)_2SO_4$, auf den N- und P_2O_5-Gehalt von Weizenpflanzen untersucht. Die N-Düngung steigerte erheblich die Erträge und führte zu erhöhter N- und P_2O_5-Aufnahme, die im Laufe der Vegetation zunahm. Die P_2O_5- und N-Aufnahme wurde durch steigende P_2O_5-Gaben nur geringfügig erhöht, in Verbindung mit der N-Gabe stieg die P_2O_5-Aufnahme beträchtlich an. Das in eine Tiefe von 6 in. eingebrachte Superphosphat bewirkte den höchsten N- und P_2O_5-Gehalt in den Weizenkörnern. O. Knabe. 671b.

Aslanjan, S. A.; Stepanakert, Lehr-Versuchswirtsch. Vlijanie mineral'nych udobrenij na soderžanie vitamina C v klubnjach kartofelja. **(Der Einfluß der mineralischen Düngemittel auf den Gehalt an Vitamin C in den Kartoffelknollen.)** Vestnik sel'skochozjajstvennoj nauki, Moskva 7 (1962) Nr. 10. S. 21–24. — 2 Tab., 12 Lit. Zus. in Engl., Franz., Dtsch.
Durch Superphosphatdüngung wurde der %-Gehalt an Vitamin C herabgesetzt, durch N-Düngung (Ammonsalpeter) erhöht. Hierbei reagierten die einzelnen Sorten unterschiedlich. Die NPK-Volldüngung erhöhte den Gehalt an Vitamin C. Den besten Erfolg erzielte man, wenn K_{30} vor dem Legen breitwürfig und $N_{15}P_{30}$ direkt in die Pflanzlöcher ausgebracht wurden. Dabei stiegen nicht nur Vitamin- und Stärkegehalt, sondern auch der Kartoffelertrag erhöhte sich. E. Kahn. 671b.

Byczkowski, A.; Bydgozscz, Inst. für Ackerbau, Düng. und Bodenkunde. **Biologische Eigenschaften der Wurzeln verschiedener Leguminosen als Kriterium der Wirksamkeit der Gründüngung.** Dtsch. Akad. Landwirtsch.-Wiss. Berlin, Tagungsber. **1962** Nr. 44. S. 57–64. — 1 Abb., 2 Tab. Zus. in Russ., Engl. nach Zus.
Auf die große Bedeutung der Leguminosen-Gründüngung für die Düngerbilanz auf leichten Böden wird hingewiesen. Dort, wo durch das Einpflügen von Lupinenstoppeln annähernd der gleiche Ertrag erzielt wird wie durch das Einpflügen der gesamten Grünmasse, wird empfohlen, die oberirdische Masse zu verfüttern oder auf anderen Feldern als Gründünger anzuwenden. Viel größere Aufmerksamkeit sollte dem Anbau von Leguminosen als Stoppelfrüchte geschenkt werden. Selbst wenn die Vegetationszeit für die Ausbildung umfangreicher Grünmasse nicht ausreicht, wird wertvolles, insbes. N-reiches Wurzelmaterial erzeugt. — In Gefäßversuchen wurde durch Anbau von Luzerne, Lupine und Serradella mit anschließendem Nachbau von Nichtleguminosen im Verlauf von 3 Jahren die Abbaudynamik der Leguminosenwurzeln untersucht. An Hand der aufgenommenen N-Mengen der Nachfrüchte konnte festgestellt werden, daß das Zersetzungstempo der Leguminosenwurzeln in der Reihenfolge Luzerne-Lupine-Serradella zunahm. Weitere Gefäßversuche zeigten die große Fähigkeit von Lupinen und Serradella, P aus schwerlöslichen Verbindungen aufzunehmen. So wurden z. B. aus einem Sandboden ohne P-Düngung folgende rel. P-Mengen aufgenommen: von Serradella 244 und von Lupinen 360 (Hafer = 100). 672.

Batalin, M.; Bydgoszcz, Inst. für Ackerbau, Düng. und Bodenkunde. **Die Winterwicke als Gründünger auf Sandböden.** Dtsch. Akad. Landwirtsch.-Wiss. Berlin, Tagungsber. **1962** Nr. 44. S. 73–77. — 1 Tab. Zus. in Russ., Engl. nach Zus.
Auf Sandböden wurde die Eignung von Winterwicken-Getreidegemengen als Gründünger zu Kartoffeln geprüft. Es konnte nachgewiesen werden, daß die Wirkung solcher Gründüngung stark von den Witterungsbedingungen, insbes. vom Temperaturverlauf im Frühjahr abhängig ist. Bei verspätetem Frühjahr wirkten sich die langsame Entwicklung der Gründüngungspflanzen, der verhältnismäßig hohe Wasserentzug aus dem Boden und der verspätete Pflanztermin der Kartoffel negativ auf deren Ertrag aus. In solchen Jahren sollte

der Pflanztermin nicht hinausgezögert und die Gründüngungsmasse neben NPK noch mit einer Stalldunggabe ergänzt werden. Abfüttern des Wickroggens und Einbringung einer Stalldunggabe sind inGebieten mit hohem Viehbesatz trotz eines geringen Mindererträges an Kartoffeln wirtschaftlich gerechtfertigt. Eine Stallmistgabe zur Winterzwischenfrucht brachte niedrigere Kartoffelerträge als deren Einbringung zu Kartoffeln. Der geringe Mehrertrag an Grünfutter wog diesen Verlust nicht auf. 672.

Swietochowski, B. und Gonet, Z.; Wrocław, Landwirtsch. Hochschule, Inst. für Acker- und Pflanzenbau; Inst. für Bodenbearb., Düng. und Bodenkunde. **Probleme der gelben Lupine auf Sandböden.** Dtsch. Akad. Landwirtsch.-Wiss. Berlin, Tagungsber. **1962** Nr. 44. S. 79–87. — 5 Tab. Zus. in Russ., Engl. nach Zus.
Die auf Sandböden durchgeführten Düngungsversuche mit der gelben Lupine, die als Haupt- bzw. Stoppelfrucht angebaut wurde, zeigten eine unterschiedliche Düngewirkung der oberirdischen Masse und der Ernterückstände in den einzelnen Versuchsjahren. Die Wirkung der als Stoppelfrucht angebauten Lupine auf die Kartoffelerträge war geringer als die Wirkung der als Hauptfrucht angebauten Lupine auf die Roggenerträge. Die durch Verfütterung zu Stalldung verarbeitete Lupine hatte einen geringeren Düngungswert als die gleiche zur Gründüngung eingepflügte Menge Grünmasse; jedoch sollte man den Futterwert der Süßlupine mit in Betracht ziehen. — Die Herbsteinbringung des Gründunges erwies sich gegenüber der Frühjahrseinbringung auf stark verqueckten Feldern als vorteilhafter. — Nach der Leguminosengründüngung sind in den folgenden Jahren erhöhte Mineraldüngergaben erforderlich, um die günstige Wirkung der Leguminosendüngung auf die Bodenstruktur besser auszunutzen. 672.

Strelkow, I. G.; Minsk, Beloruss. Akad. der Landwirtsch.-Wiss., Beloruss. Wiss. Forsch.-Inst. für Ackerbau. **Die gelbe Futterlupine — ein entscheidender Faktor zur Ertragssteigerung auf Sandböden.** Dtsch. Akad. Landwirtsch.-Wiss. Berlin, Tagungsber. **1962** Nr. 44. S. 89–96. — 6 Tab. Zus. in Russ., Engl. nach Zus.
Die gelbe Futterlupine hat als N-Sammler auf leichten Sanden keine Konkurrenten unter den Leguminosen. In Gebieten mit ausreichenden Niederschlägen ist der Anbau der Lupine nur für Gründüngungszwecke vom ökonomischen Standpunkt nicht gerechtfertigt. Eine progressive Methode, die große Aufmerksamkeit verdient und in der Praxis sofort Anklang fand, ist die 2fache Nutzung der gelben Futterlupine — die oberirdische Masse als Futter und die Ernterückstände als Düngemittel. — Die Vertiefung der Ackerkrume auf Sandböden fördert die Wurzelentwicklung und Knöllchenausbildung der Lupine, erhöht die Anreicherung des Bodens mit org. Masse und N und trägt somit zur Ertragssteigerung der Nachfrüchte bei. — Die Einbringung von Torf und PK-Düngemitteln erhöht zusammen mit der Vertiefung der Ackerkrume in bedeutendem Maße die Erträge der Lupine und der folgenden Kulturen. 672.

Hepp, F.; Budapest, Ung. Akad. der Wiss., Forsch.-Inst. für Bodenkunde und Agrochem. **Die schichtenweise Sandbodenmelioration mit Gründüngern.** Dtsch. Akad. Landwirtsch.-Wiss. Berlin, Tagungsber. **1962** Nr. 44. S. 97–106. — 8 Tab. Zus. in Russ., Engl. nach Zus.
Auf humusarmen, kalkhaltigen Sandböden wurde die tiefe schichtweise Einbringung von Topinambur- und Sonnenblumengrünmasse mit der Wirkung einer Stallmisttiefdüngung verglichen. Die Grünmasse wurde in Mengen angewandt, deren Tr.-Subst.-Gehalt jeweils dem von 520 dt/ha Stallmist (Vergleichsvariante) entsprach. In je einer Variante wurden dem Gründünger NPK zugegeben, um den Gehalt an Hauptnährstoffen dem des Stallmistes anzunähern. — Auf beiden Standorten konnten im Prinzip die gleichen Ergeb-

nisse erzielt werden. Während im ersten Versuchsjahr die Gründüngungsvarianten ohne NPK deutliche Mindererträge zeigten, glichen sich die Erträge in den folgenden Jahren weitgehend aus. Bemerkenswert ist dabei, daß die Gründüngungsvarianten insgesamt der Stallmistdüngung nur wesentlich unterlegen waren und daß bei NPK-Zugabe die Ertragsqualität der Stallmistvariante übertroffen wurde. Es wird jedoch empfohlen, den NPK-Dünger nicht auf einmal, sondern auf mehrere Jahre verteilt zu verabreichen. 672.

Paschkowskaja, A. Je. und Atraschkowa, N. A.; Moskau, Allunionsinst. für Düng. und Landwirtsch. Bodenkunde (WIUA). **Die Düngewirkung der Lupine auf Böden mit unterschiedlichem Kulturzustand.** Dtsch. Akad. Landwirtsch.-Wiss. Berlin, Tagungsber. **1962** Nr. 44. S. 107–114. — 1 Abb., 9 Tab. Zus. in Russ., Engl. nach Zus.
In der Versuchsstation Nowosybkow, Gebiet Moskau, wurde der Einfluß der gelben Futterlupine auf die Fruchtbarkeit geringer Sandböden geprüft. — Während ein in der Praxis übliches Wickhafergemenge nur durchschnittlich 41 dt/ha Grünmasse und 0,7 dt/ha Rohprotein lieferte, brachte die gelbe Futterlupine 162 dt/ha Grünmasse und 4,5 dt/ha Rohprotein. Der positive Einfluß der Lupine auf die Bodenfruchtbarkeit geht aus der Steigerung der Wi-Roggenerträge von 10,1 dt/ha nach Schwarzbrache auf 16,5 dt/ha (nach eingepflügter Lupinengrünmasse) hervor. Das Einpflügen der Ernterückstände brachte nur einen Ertrag von 12 dt/ha Roggen, jedoch konnte durch Zugabe von 20 kg N zur eingepflügten Lupinenstoppel der Ertrag auf 16,9 dt/ha gesteigert werden. Bes. wirksam erwies sich das Einpflügen einer hohen Lupinenstoppel; Schneiden der Lupine zu Beginn der Blüte und Einpflügen des Lupinennachwuchses erhöhten zwar den Ertrag des Wintergetreides, brachten aber einen geringeren Gesamtertrag an Futtereinheiten. In Gefäßversuchen konnte nachgewiesen werden, daß die Lupine nicht nur mit dem in ihren Wurzel- und Stoppelrückständen enthaltenen N auf den Ertrag der Nachfrucht einwirkt, sondern daß sie die Bodenfruchtbarkeit, bes. den N-Haushalt, positiv beeinflußt. 672.

Swietochowski, B. und Sienkiewicz, J.; Wrocław, Inst. für Bodenbearb., Düng. und Bodenkunde. **Die Bedeutung des Steinklees als Gründüngungspflanze auf leichten Böden.** Dtsch. Akad. Landwirtsch.-Wiss. Berlin, Tagungsber. **1962** Nr. 44. S. 115–124. — 1 Abb., 5 Tab., 1 Lit. Zus. in Russ., Engl. nach Zus.
Der Steinklee hat in Polen bes. in viehschwachen Betrieben als Gründüngungspflanze Bedeutung. Sein Anbau erfolgt auf etwas besseren Sandböden mit lehmigen Schichten im Unterboden. Die Grünmasse wird auf den anderen, weniger guten Sandböden verteilt. — Bei richtiger Auswahl des Standortes und entspr. Agrotechnik können mit 1 ha Steinklee 5 ha Feldoberfläche abgedüngt werden (1 ha mit Ernterückständen). Im Vergleich zu 300 dt/ha Stalldung war eine Gabe von 200 dt/ha Steinkleegrünmasse vorteilhafter. Im 2. Jahr nach der Steinkleedüngung ist eine erhöhte Mineraldüngung notwendig, um die positive Nachwirkung der eingepflügten Grünmasse auszunutzen. — Es wird vorgeschlagen, die Steinklee-Ernte zur Gründüngung mit einem Mähhäcksler durchzuführen und die gehäckselte Grünmasse gleich mit dem Dungstreuer auf der vorgesehenen Fläche auszubreiten. 672.

Ehrenpfordt, V.; Halle/S., Martin-Luther-Univ. Halle-Wittenberg, Inst. für Acker- und Pflanzenbau. **Wert und rentable Ausnutzung einer Gründüngung zu Kartoffeln.** Dtsch. Akad. Landwirtsch.-Wiss. Berlin, Tagungsber. **1962** Nr. 44. S. 125–133. — 8 Tab. Zus. in Russ., Engl. nach Zus.
In 3jährigen Versuchen mit 4 Gründüngungsvarianten, 3 Kartoffelsorten, 2 Stallmist- und 2 N-Stufen wurden folgende Ergebnisse erzielt: Der Knollenertrag stieg durch Erbsen und Serradella im Durchschnitt um 15 bzw. 7%,

nach Sonnenblumen ohne weitere Düngung wurde er dagegen meist gedrückt (–5%). Bei N- oder Stallmistgaben war dies nicht mehr der Fall. Eine Erbsengründüngung brachte die gleichen Mehrerträge wie eine Stallmistgabe von 200 dt/ha. Die Kombination von Gründüngung +N + Mist führte z.T. zu Ertragsdepressionen. Der Stärkegehalt wurde durch Gründüngung bes. positiv beeinflußt. Daher empfiehlt sich vorzugsweise der Nachbau von Spätkartoffeln. Auf Grund von Wurzelauswaschungen und N-Bestimmungen bei der Stoppelfrucht konnte durch Korrelationsberechnungen die Abhängigkeit des Kartoffelertrages von der dem Boden zugeführten N-Menge nachgewiesen werden. Die Gesamttrockenmasse hatte dagegen keinen signifikanten Einfluß. 672.

Antal, J.; Szeged, Landwirtsch. Inst. der Südl. Ung. Tiefebene. **Einige Fragen der Gründüngung auf niederschlagsarmen Sandböden.** Dtsch. Akad. Landwirtsch.-Wiss. Berlin, Tagungsber. **1962** Nr. 44. S. 135–141. – 1 Abb., 4 Tab., 5 Lit. Zus. in Russ., Engl. nach Zus.

Auf den ungar. Sandböden kommt den org. Düngern wegen des großen Düngerbedarfes der Wein- und Obstkulturen eine große Bedeutung zu. Da nicht genügend Stallmist zur Verfügung steht, muß Gründüngung eingeschaltet werden. – Auf lockerem Flugsand durchgeführte Versuche zeigten, daß die Ertragsfähigkeit des Bodens hauptsächlich durch den wechselnden Grundwasserstand, die aus dem Grundwasser zurückbleibenden Salze sowie die kapillare Wasseranstiegs- und Wasserhaltefähigkeit des Sandes beeinflußt wird. Systematische Düngung und Sandbodenmelioration führten zur allmählichen Verbesserung des Fruchtbarkeitszustandes. In Trockenjahren verursachte eine Gründüngung auf armen Sanden keine vorteilhafte Wirkung, sondern sogar eine Depression, was in erster Linie auf Wassermangel zurückzuführen war. Der Roggen als Nichtleguminose war nur dann ein vorteilhafter Gründünger, wenn beim Unterpflügen eine ergänzende Mineraldüngergabe verabreicht wurde. – Bei systematisch durchgeführter Gründüngung mit Roggen-Zottelwicke wurde in normalen Jahren im Durchschnitt eine Ertragssteigerung von 41%, bei Stallmist von 60% und bei schichtweiser Sandverbesserung von 87% erzielt. 672.

Jonas, F.; Prag, Tschechoslowak. Akad. der Landwirtsch.-Wiss., Forsch.-Inst. für Land- und Forstwiss. Melioration. **Der Einfluß der gelben Lupine auf die Dynamik des Wassers und der Nitrate in Sandböden.** Dtsch. Akad. Landwirtsch.-Wiss. Berlin, Tagungsber. **1962** Nr. 44. S. 251–263. – 6 Abb., 4 Tab. Zus. in Russ., Engl. nach Zus.

Vf. berichtet über einen 1954–56 durchgeführten Versuch. Im Ansaatjahr erforderte die Lupine eine Impfung mit aktiven Knöllchenbakterienformen. Die Erträge betrugen im 1. Jahr auf der geimpften Parzelle 33,1 dt/ha Trockenmasse und auf der ungeimpften 27,0 dt/ha, während die Höchstproduktion erst im 2. und 3. Anbaujahr mit 71 dt/ha Trockenmasse erreicht wurde. Die Untersuchungen wurden in niederschlagsreichen Jahren durchgeführt. Die durchschnittlichen Wasserverluste je kg erzeugter Tr.-Subst. betrugen 458 kg. – Während des höchsten Zuwachses an org. Masse, d. h. bis zur Blütezeit, nahm der Nitratgehalt des Bodens im Vergleich zur Kontrollparzelle ab; daraus geht hervor, daß die Lupine ebenso wie andere Pflanzen Anforderungen an den NO_3-N-Gehalt des Bodens stellt. Es konnte nicht festgestellt werden, ob eine Diffusion der von der Lupine gebildeten N-Verbindungen in dem benachbarten Boden bereits während des Wachstums eintritt. 672.

Solowjow, P. P.; Sudogodsk, Gebiet Wladimir, Allunionsinst. für Düng. und Landwirtsch. Bodenkunde (WIUA), Versuchsstat. **Die Bedeutung der mehrjährigen Lupine auf Sandböden.** Dtsch. Akad. Landwirtsch.-Wiss. Berlin, Tagungsber. **1962** Nr. 44. S. 277–286. – 8 Tab. Zus. in Russ., Engl. nach Zus.

Verschiedene in Feldversuchen und in der Praxis geprüfte Nutzungsverfahren der mehrjährigen Lupine zur Gründüngung leichter Böden werden besprochen. Im Vorbracheschlag zu Hafer untergesät (40—45 kg/ha Aussaatmenge) und im folgenden Jahr im Blütenstadium zur Gründüngung des Wintergetreides eingepflügt, konnten durch die mehrjährige Lupine Ertragssteigerungen von über 50% bei Wi-Roggen erzielt werden. — Auf leichten Böden in schlechtem Kulturzustand hat sich die Einrichtung sideraler Fruchtfolgen mit 2- bis 3jähriger Nutzung der mehrjährigen Lupine, die in Blanksaat (30—35 kg/ha) ausgesät und im 2. oder 3. Jahr nach der Samenreife untergepflügt wird, bewährt. — Hinsichtlich der N-Ausnutzung und der Ertragsleistung ist es am zweckmäßigsten, die Gründüngung zu Hackfrüchten durchzuführen. In Futtereinheiten ausgedrückt, konnte durch die Gründüngung bei Mais gegenüber Roggen ein Mehrertrag von 18,7% und bei Kartoffeln um 110% erreicht werden. — Unter dem Einfluß der mehrjährigen Lupine wurde neben der Verbesserung des pH-Wertes und des Gehaltes an pflanzenaufnehmbaren Nährstoffen eine Erhöhung des Humusgehaltes (von 0,83% auf 1,36%) nach 4jähriger Lupinennutzung festgestellt. 672.

Lindner, H; Gundorf, Inst. für Landwirtsch. Betriebs- und Arbeitsökon. der Dtsch. Akad. der Landwirtsch.-Wiss. zu Berlin. **Ergebnisse und Folgerungen aus zehnjährigen Düngungsversuchen mit Stallmist und Stroh.** Albrecht-Thaer-Arch. 6 (1962) Nr. 9. S. 597-609. — 9 Tab., 64 Lit. Zus. in Russ., Engl. nach Zus.

1. Die traditionelle Stroh-Stalldung-Kette erfordert einen nicht unbeträchtlichen Aufwand an lebendiger sowie vergegenständlichter Arbeit und belastet die Betriebs- und Arbeitsorganisation der landwirtsch. Betriebe. 2. Der Mähdrescher beseitigt den Zwang, das Stroh wegen der Gewinnung der Körner vom Feld abräumen zu müssen, und bietet die Möglichkeit der transportlosen Verwertung des Strohes direkt auf dem Feld. 3. Bodenkundliche und pflanzenbauliche Einwände gegen ein solches Verfahren bestehen nach zahlreichen vorliegenden Versuchs- und Untersuchungsergebnissen offenbar nicht. 4. Für die Viehwirtschaft bedeutet das Belassen des Streustrohes auf dem Feld die Konsequenz zur strohlosen Aufstallung. Erfahrungen darüber ermutigen zur Fortsetzung entspr. Bemühungen und exakter Untersuchungen. 5. Die vorliegenden naturwissenschaftlich-ökonomischen Erkenntnisse sollten der Landtechnik als Vorstudie für die Entwicklung eines Anbaustrohschneiders am Mähdrescher dienen. 6. Die Verwertung des Strohes außerhalb der Landwirtschaft in anderen Volkswirtschaftszweigen wirft aus bodenkundlichen und humuswirtschaftlichen Erwägungen die Frage nach dem möglichen Umfang der Ausfuhr org. Subst. aus dem innerlandwirtsch. Kreislauf auf. 672.

Fruhstorfer, A.; Hamburg-Sasel. **Stallmist in flüssiger Form.** Mitt. dtsch. Landwirtsch.-Ges. 78 (1963) Nr. 1. S. 3—4. 673.

Koepke, V.; Müncheberg, Inst. für Acker- und Pflanzenbau der Dtsch. Akad. der Landwirtsch.-Wiss. zu Berlin. **Ausnutzung des Stickstoffs unterschiedlich gelagerter Stallmistarten auf leichtem Boden.** Albrecht-Thaer-Arch. 6 (1962) Nr. 9. S. 585-596. — 5 Abb., 9 Tab., 9 Lit. Zus. in Russ., Engl. nach Zus.

Die Ausnutzung des N von 4 unterschiedlich gelagerten Stallmistarten (Grubenmist, Stapelmist, Erdmist, Hofmist) bei zusätzlicher NPK-Düngung in einer Hackfrucht-Getreide-Rotation auf einem schwach lehmigen Sandboden wurde an Hand der Ergebnisse von 2 Dauerdüngungsversuchen in den Jahren 1958 bis 61 untersucht. Im Anwendungsjahr lag die Ausnutzung des Stallmist-N durch Mais bzw. Kartoffeln zwischen 20 und 30% der insgesamt im Stallmist enthaltenen Menge. Von den Maispflanzen sind höhere Anteile aufgenommen worden als von den Kartoffeln. Für das nachgebaute Getreide wurden weitere

10% des im Vorjahr gegebenen Stallmist-N verfügbar. Die einzelnen Stallmistarten unterscheiden sich nur wenig in bezug auf die Verfügbarkeit ihrer N-Verbindungen, jedoch war in der Tendenz sowohl im Haupt- wie auch im Nachwirkungsjahr eine Überlegenheit der anaerob gelagerten Arten im Vergleich zu den aerob gelagerten feststellbar. Bezogen auf gleiche Ausgangsmengen an Frischmist hatte die etwas bessere N-Ausnutzung bei den anaeroben Mistarten (Grubenmist, Stapelmist) zusammen mit den wesentlich geringeren Lagerungsverlusten eine 25%ige Überlegenheit gegenüber Hofmist zur Folge. Die N-Lieferung des Erdmistes lag zwischen den beiden Extremen. Die flache Stallmisteinbringung (12 cm) führte in Trockenjahren im Vergleich zur tieferen Einbringung (18 bzw. 24 cm) sowohl im ersten Jahr wie auch in der Nachwirkung zu einer wesentlich schlechteren Verwertung des Stallmist-N. In den übrigen Jahren mit gleichmäßigerer Niederschlagsverteilung war kein Einfluß der Einbringungstiefe erkennbar. 673.

Rübensam, E.; Müncheberg/Mark, Inst. für Acker- und Pflanzenbau der Dtsch. Akad. der Landwirtsch.-Wiss. zu Berlin. **Die Wirkung der Stallmistdüngung, dargestellt an Ergebnissen von Dauerversuchen in Thyrow und Müncheberg.** Dtsch. Akad. Landwirtsch.-Wiss. Berlin, Tagungsber. **1962** Nr. 44. S. 5–10. – 3 Tab. Zus. in Russ., Engl. nach Zus.

In Auswertung der Thyrower und Müncheberger Dauerdüngungsversuche auf Sandböden im gemäßigten Klima wurde festgestellt, daß bei intensiver Bodennutzung nur durch Kombination org. und mineral. Düngung die Bodenfruchtbarkeit erhalten und verbessert sowie ein hoher Ertrag unserer Kulturpflanzen erzielt werden kann. – Durch systematische Stallmistdüngung wurde gegenüber mineral. Volldüngung im Anwendungsjahr bei Hackfrüchten eine Ertragssteigerung von 11–27%, im Nachbau bei Getreide ein Mehrertrag von 12–30% erreicht. Die Qualität der Ernteprodukte konnte durch Stallmistdüngung wesentlich verbessert werden. – Die günstige Wirkung des Stallmistes auf die Bodenfruchtbarkeit zeigte sich in einer Erhöhung des pH-Wertes, des Gehaltes an pflanzenaufnehmbaren Nährstoffen K_2O, P_2O_5, Mg (durchschnittlich auf das Doppelte) und des C-Gehaltes (in Thyrow auf annähernd das Doppelte, in Müncheberg um 12%). Gegenüber mineral. Volldüngung konnte durch systematische Stallmistdüngung in Thyrow der Gehalt an Bodenbakterien, Aktinomyceten und Bodentieren fast verdoppelt werden. 673.

Sen, S. und Bonde, W. C.; New Delhi, Indian Agric. Res. Inst. Effect of time of application of farmyard manure at different levels on wheat. **(Einfluß der Anwendungszeit von Stallmist bei unterschiedlichen Gaben zu Weizen.)** J. Indian Soc. Soil Sci. **10** (1962) Nr. 1. S. 61–66. – 2 Tab., 8 Lit.

In 6jährigen Feldversuchen war die frühzeitige Einbringung von Stallmist zu Weizen (3 Mon. vor der Aussaat) der kurz vor der Aussaat erfolgten Gabe hinsichtlich der Ertragsbeeinflussung in der Tendenz überlegen. Der NO_3-Gehalt im Boden war zum Zeitpunkt der Aussaat in der Variante mit der frühesten Stallmisteinbringung am höchsten und nahm mit geringer werdendem Zeitabstand zwischen Stallmistdüngung und Aussaat ab. Steigende Stallmistgaben (2,5–10 t/acre) bewirkten einen zunehmenden Anstieg der Kornerträge sowie des C- und N-Gehaltes im Boden. V. Koepke. 673.

Stracke, W. und Sasum, K.; Jena, Friedrich-Schiller-Univ., Inst. für Acker- und Pflanzenbau. **Stallmistkopfdüngung zu Winterzwischenfrüchten.** Dtsch. Landwirtsch. **14** (1963) Nr. 1. S. 28–29. – 3 Abb., 3 Tab., 10 Lit. nach Zus.

Es ist allen sozialistischen landwirtsch. Großbetrieben zu empfehlen, verstärkt zu einer Stallmistkopfdüngung von Winterzwischenfrüchten überzugehen, insbes. von sonst rel. spät schnittreifem Roggen, Wickroggen und Landsberger

Gemenge. Der Schnittermin der Zwischenfrüchte wird dadurch i. allg. vorverlegt und ihr Ertrag erhöht. Aber auch der nachfolgende Zweitfruchtbau wird durch die winterliche Stallmistdüngung der Winterzwischenfrucht günstig beeinflußt. 673.

Buhtz, E.; Halle-Lauchstädt, Inst. für Saatgut und Ackerbau der Dtsch. Akad. der Landwirtsch.-Wiss. zu Berlin. **Stallmist und Grünland.** Dtsch. Landwirtsch. **14** (1963) Nr. 2. S. 73–75. — 2 Abb., 4 Tab. nach Zus.

Der Stallmist übt auf dem Grünland, insbes. durch Nährstoffzufuhr — die Schutzwirkung ist von geringerer Bedeutung — eine nachhaltig ertragssteigernde Wirkung aus. Der I. Schnitt kann vorverlegt bzw. die Weideperiode verlängert werden. In trockenen Jahren sind die Verbesserungen des Wasserhaushaltes im Boden und für die Weidenarbe die Stärkung der Durchhaltekraft entscheidend. Festgelegte Phosphorsäure kann u. U. mineralisiert werden. Der Praxis ist somit die Anwendung von Stallmist auf Wiesen und Weiden als Nährstofflieferant mit seiner schützenden und biol. Wirkung im Wechsel bzw. bei unausgeglichenem Nährstoffverhältnis oder Versorgungsgrad des Bodens in entspr. Kombination mit der mineral. Düngung zu empfehlen. Bei Versuchen brachten Frühjahrs- oder Herbstgaben die größten Ertragssteigerungen. Auf Wiesen mit sehr hohem Grundwasserstand hatte der Stallmist fast keine Wirkung. Die Höhe der Gabe sollte sich auf geringe, noch streubare Mengen beschränken, die in möglichst 4jährigem Turnus auf den einzelnen Grünlandflächen wiederkehren, vorausgesetzt, daß dem Ackerland die notwendige Stalldungmenge nicht vorenthalten wird. 673.

Trénel, M.; Berlin, Humboldt-Univ., Inst. für Bodenkunde, Pflanzenernähr. und Bodenbiol. **Der Müll als Rohstoff für die Humusanreicherung des Bodens.** Dtsch. Akad. Landwirtsch.-Wiss. Berlin, Tagungsber. **1962** Nr. 44. S. 225–234. — Zus. in Russ., Engl. nach Zus.

Die anfallenden Mengen von Müll und Fäkalien verhalten sich etwa wie 2:1. Die zweckmäßige Verwertung dieser Abfälle ist eine der wichtigsten Forderungen der Gegenwart. Vf. berichtet über die einzelnen in den verschiedenen Ländern bisher entwickelten Verfahren der Müllverwertung (Deonie, Müllverbrennung, biol. Aufbereitung). — Als bes. zweckmäßig hat sich das 1958 in Frankreich entwickelte Biotankverfahren erwiesen. Nach dieser Methode verwertet die Stadtverwaltung von Calais erfolgreich ihre anfallenden Müllmengen. Der Müll wird vergoren und als Kompost an die Gärtnereien verkauft. Nach Ansicht des Vf. müßten die Kosten für die Müllverwertung ausschl. von den Kommunalverwaltungen getragen werden. 675.

Mel'ničuk, P. P. und Utėuš, Ju. A. (Melnitschuk, P. P. und Uteusch, Ju. A.); Ukrain. Forsch.-Inst. für Pflanzenphysiol. der Akad. der Wiss. der Ukrain. SSR. Navozno-zemljanye komposty. **(Stalldung-Erdkomposte.)** Sacharnaja svekla, Moskva **7** (1962) Nr. 10. S. 17–19. — 4 Tab.

Verschiedene Komposte (1. Erde, 2. Stalldung + Erde [1:2] 3. Stalldung + Erde [1:3] 4. Stalldung + Erde [1:2] + Phosphoritmehl, 5. Stalldung + Erde [1:3] + Phosphoritmehl, 6. Stalldung + Erde [1:2] + Phosphoritmehl + Scheideschlamm, 7. Stalldung + Erde [1:3] + Phosphoritmehl + Scheideschlamm) wurden in Versuchen mit Zuckerrüben geprüft. 4 und 5 erzielten die besten Ergebnisse. Der Zusatz von Scheideschlamm oder Kalk senkt den P_2O_5-Gehalt und ist nur bei Böden < pH 6 zu empfehlen. Den Kosten bei Kompostanwendung (20 t/ha) von 40,60 Rubel/ha stehen Mehreinnahmen von 151,20 Rubel/ha gegenüber. G. Jury. 676.

Birecki, M. und Fabijanowski, J.; Warszawa, Landwirtsch. Hochschule, Inst. für Allg. Acker- und Pflanzenbau. **Einfluß der tiefen Kompostmeliorationen auf den Ertrag verschiedener Pflanzenarten.** Dtsch. Akad. Landwirtsch.-Wiss.

Berlin, Tagungsber. **1962** Nr. 44. S. 65-72. – 5 Tab. Zus. in Russ., Engl. nach Zus.
Seit Herbst 1954 wurde der Einfluß eines Torfstallmistkompostes (Gewichtsverhältnis 1:1) bei oberflächlicher, 30 cm und 50 cm tiefer Einbringung auf den Kulturpflanzenertrag in Fruchtfolgen auf leichten Böden untersucht. – Die Wirksamkeit der Meliorationsmaßnahme war vom Boden, von der Niederschlagsverteilung und der Einbringungstiefe des Kompostes abhängig. Eine 30–50 cm tiefe Einbringung kann als ausreichend bezeichnet werden. Den besten Effekt brachte die Meliorationsmaßnahme in den ersten 3 Jahren, in den folgenden Jahren nahm die Wirkung der Kompostmelioration ab. Im ersten Jahr nach der Melioration traten Mehrerträge von 75% bei Sommerweizen, bis 15% bei Roggen, von 60% bei Hafer und von 34% bei Kartoffeln auf. Der 5jährige mittlere Mehrertrag betrug beim Sommerweizen 20%, bei anderen Pflanzen nur 12–13%. Die Wirkungsdauer der Meliorationsmaßnahmen nahm bei den untersuchten Pflanzen in folgender Reihenfolge ab: Roggen, Kartoffeln, Sommerweizen, Gerste, Hafer und Mais. Die Lupine reagierte nicht auf die Meliorationsmaßnahmen. 676.

Dmitrenko, P. A. und Šestidesjatnaja, N. E. (Dmitrenko, P. A. und Schestidesjatnaja, N. Je.); Ukrain. Forsch.-Inst. für Ackerbau. Vlijanie izvestkovanija na plodorodie počv Zakarpat'ja. **(Einfluß der Kalkung auf die Bodenfruchtbarkeit im Transkarpatengebiet.)** Počvovedenie, Moskva **1962** Nr. 10. S. 40–46. – 5 Tab., 13 Lit. Zus. in Engl.
Kalkgaben (1/8–1/1 der nach der hydrolytischen Acidität berechneten Norm) steigerten den Kornertrag von Mais und Weizen um 5,0–6,1 bzw. 2,3–5,1 dt/ha, wobei mit 1/4 der Norm bereits der max. Ertrag erreicht wurde. Durch kombinierte ½ Stallmist- + 1/4 Kalkgaben wurden die Erträge mehr gesteigert (6,2 dt Mais und 3,4 dt Weizen/ha) als durch 1/1 Stallmistgabe (200 dt/ha) und 1/2 Kalkgabe bei getrennter Anwendung (5,25 dt Mais und 2,65 dt Weizen/ha). Die Kalkung beeinflußte außerdem positiv die Bodeneigenschaften (pH-Wert, Gehalt an freiem Al, N- und P_2O_5-Gehalt).
Ch. Bachmann. 678.

Egorov, V. E. und Dospechov, B. A. (Jegorow, W. Je. und Dospechow, B. A.) Effektivnost' izvestkovanija staropachotnych dlitel'no udobrjavšichsja počv. **(Die Effektivität der Kalkdüngung auf schon seit längerer Zeit und regelmäßig gedüngten Böden.)** Izvestija Timirjazevskoj sel'skochozjajstvennoj akademii, Moskva **1962** Nr. 3. S. 7–24. – 3 Abb., 16 Tab., 17 Lit. Zus. in Engl.
Die Versuchsfelder (Monokultur, geregelte Fruchtfolge [Brache, Wi-Roggen, Kartoffeln, Hafer und Klee, Klee, Lein]) werden seit 1912 regelmäßig mit Stalldung, N, P und K gedüngt. 1949 wurde zum ersten Mal gekalkt. – Nach der statistischen Auswertung ermöglicht die Kalkung eine rationelle Ausnutzung der Düngemittel; die ackerbaulichen Eigenschaften des Bodens werden verbessert. Die besten Ergebnisse wurden durch Kalkung erzielt, wenn der Boden lange Zeit mit N, P, K und Stalldung regelmäßig gedüngt worden war.
H. Beyer. 678.

Kuron, H. und Jung, L.; Gießen, Justus-Liebig-Univ., Inst. für Bodenkunde und Bodenerhalt. **Unterbodenkalkung auf Tonschieferverwitterungsboden.** Z. Acker- u. Pflanzenbau **115** (1962) Nr. 2. S. 144–159.
Die Ergebnisse des in den Jahren 1952 –60 auf saurem Tonschieferverwitterungsboden im Rothaargebirge durchgeführten Kalkungsversuches (Tiefkalkung, Oberflächenkalkung, Untergrundlockerung ohne jegliche Kalkung) werden verglichen. Die Kalkung wurde insgesamt 4mal durchgeführt. Die Standortverbesserung durch Tiefkalkung und Lockerung konnte durch jährlich durchgeführte chem. und phys. Bodenanalysen nachgewiesen werden. Ebenfalls positiv wirkte sich die Pflugsohlenkalkung in Verbindung mit

gelockertem Untergrund aus. Stabilitätsmessungen durch Naßsiebung an Bodenaggregaten von 1–2 mm Größe ergaben auf den tiefgekalkten Flächen eine hohe Stabilität dieser Aggregate. Ertragsmessungen sowie Wurzeluntersuchungen bestätigten die Ergebnisse der Bodenanalysen. Die Kalkung des Unterbodens ermöglichte den Anbau von Luzerne. H. Masche. 678.

Semenova, F. I. (Semjonowa, F. I.) Vlijanie magnija pri izvestkovanii počvy na urožaj korneplodov. **(Einfluß des Magnesiums bei der Kalkung des Bodens auf den Ertrag der Hackfrüchte.)** Trudy Vsesojuznogo naučno-issledovatel'skogo instituta udobrenij i agropočvovedenija, Moskva **1962** Nr. 38. S. 73–92. – 15 Tab., 24 Lit.
Die Ergebnisse der Untersuchungen zeigen, daß bei richtiger Kalkung saurer Rasenpodsolböden nicht nur Erträge, sondern auch Qualität der Hackfrüchte gesteigert werden können. Andererseits können bei Mg- und B-Mangel auch neg. Erscheinungen durch die Kalkung auftreten. Die positive Wirkung Mg-haltiger Kalkdüngemittel auf die Hackfrüchte erstreckt sich bes. auf die Samen, weniger auf die Wurzeln und vegetativen Organe. Anwesenheit von Mg und B in Kalkdüngemitteln bewirkt Zunahme des Gehalts an Zucker, Carotin, Ascorbinsäure, Inulin, Stärke, Chlorophyll und Fett in den entspr. Organen. Die Reaktion der Hackfrüchte auf die Kalkung nimmt in der Reihenfolge Kok-Saghys, Radieschen, Futterrübe, Möhre und Zichorie, die Reaktion auf Mg des Kalkdüngers in der Reihenfolge Futterrübe, Möhre, Radieschen, Zichorie und Kok-Saghys ab. Es wird empfohlen, die Kalkung des Bodens bei Hackfrüchten mit Mg-haltigen Düngemitteln durchzuführen. Bes. bei Kulturen zur Saatgutgewinnung müssen die benötigten Mg- und B-Mengen in Form von Salzen, Mg-Gußschlacke usw. zugegeben werden, falls für die Kalkung keine Mg- und B-haltigen Düngemittel zur Verfügung stehen. P. Stoß. 678.

Sluijsmans, C. M. J. und Struijs, L.; Groningen, Inst. voor Bodemvruchtbaarheid; De Bilt, Nederlands Kalk Bureau. Overbekalking van aardappelen. **(Kopfkalkung von Kartoffeln.)** Landbouwvoorlichting **19** (1962) Nr. 1. S. 48–52. – 3 Tab., 5 Lit.
Da in Deutschland gute Erfolge (ca. 10% höhere Erträge) mit der Kopfkalkung von Kartoffeln erzielt wurden, legte man 1959 und 1960 in den Niederlanden 8 Versuchsfelder zur Überprüfung dieser Ergebnisse an. Die Versuchsfelder lagen auf Sand- bzw. Moorböden mit einem pH-Wert von 4,7–5,3. Angebaut wurde die Kartoffelsorte „Voran". Die Ca-Düngung, 1500 kg/ha $CaCO_3$, erfolgte zwischen dem 9. und 18. Juni als die Kartoffelpflanzen 10–30 cm hoch waren. Nach dem Kalken wurden die Kartoffeln angehäufelt, *Phytophthora* wurde mittels Kupferoxychlorid bekämpft. Die Erträge wurden durch die Kopfkalkung nicht gesteigert, da der Kalkzustand der Böden für den Kartoffelanbau günstig war. Auch der *Phytophthora*-Befall wurde durch die Kopfkalkung nicht beeinflußt. E. M. Ardelt. 678.

Fiedler, G.; Blösien, Landwirtsch. Versuchsstat. der VEB Leuna-Werke „Walter Ulbricht" in Leuna. **Die Anwendung flüssiger Düngemittel.** Dtsch. Landwirtsch. **14** (1963) Nr. 2. S. 66–70. – 5 Tab. nach Zus.
Die größte Bedeutung haben in einer Reihe von Ländern flüssige N-Dünger in Form von flüssigem NH_3, NH_3-Wasser und die verschiedensten N-Lösungen erlangt, jedoch werden auch in steigendem Maße K- und NH_4-Phosphatlösungen sowie flüssige Volldünger verwendet. Die Leuna-Werke „Walter Ulbricht" beschäftigen sich seit einigen Jahren mit der Produktion und Verwendung flüssiger N-Dünger. Als erstes flüssiges N-Düngemittel wurde flüssiges NH_3 untersucht. In Zusammenarbeit mit Inst. der Deutschen Akademie der Landwirtschaftswissenschaften sowie einigen Hochschulinstituten wurde eine große Anzahl von Feldversuchen durchgeführt. Dabei konnte ermittelt werden, daß die Düngewirkung von flüssigem NH_3 auf den meisten

Böden den festen Düngemitteln entspricht. Wie erste orientierende Versuche zeigen, besteht auch die Möglichkeit, auf sorptionsstarken Böden flüssiges NH_3 bereits im Herbst anzuwenden. – In Laboratoriumsversuchen wurde die Wirkung von flüssigem NH_3 auf den Boden geprüft. Bodentemperatur, Wassergehalt und die Sorptionsträger sind von Einfluß auf die Sorption des flüssigen NH_3 im Boden. Die Nitrifikation von flüssigem NH_3 erfolgt in gleicher Weise wie bei Ammonsulfat. Werden größere NH_3-Mengen dem Boden zugeführt, kommt es zu einer zeitweiligen Sterilisation des Bodens. Im leichten Boden erfolgt die NH_3-Verteilung in tiefere Schichten und in breitere Zonen als in schwereren Böden. Seit 1960 wird flüssiges NH_3 in der Praxis auf mehreren tausend Hektar angewendet. 680.

Koreńkov, D. A. (Korenkow, D. A.); Moskau, Unions-Forsch.-Inst. für Düng. und Bodenkunde. Primenenie vodnogog ammiaka. **(Die Anwendung des Ammoniakwassers.)** Zemledelie, Moskva **24** (1962) Nr. 7. S. 47–52. – 6 Tab.

Ammoniakwasser eignet sich bes. für Hackfrüchte. Der Handarbeitsaufwand bei Verwendung von Ammoniakwasser beträgt ¼–⅓ des Aufwandes, der bei Verwendung von festen mineral. Düngemitteln erforderlich ist. Mit 60–80 kg/ha N in Form von Ammoniakwasser wurden in Großbetrieben Mehrerträge bei Mais von 70–90 dt/ha erzielt. Da Ammoniakwasser bereits im Herbst eingebracht werden kann, ist eine kontinuierliche Anwendung – 5½–6½ Monate des Jahres – möglich. Das Einbringen erfolgt mit dem Anbaugerät „GAN-8". R. Schlenker. 680.

Ansorge, H.; Halle-Lauchstädt, Inst. für Landwirtsch. Versuchs- und Untersuchungswes. der Dtsch. Akad. der Landwirtsch.-Wiss. zu Berlin. **Stickstoffnachlieferung und Stickstoffausnutzung von langsam wirkenden N-Düngemitteln (Ureaformen).** Z. landwirtsch. Versuchs- u. Untersuchungswes. 8 (1962) Nr. 5. S. 357–368. – 8 Tab., 11 Lit. Zus. in Russ., Engl. nach Zus.

Die N-Nachlieferung von mehreren langsam wirkenden N-Düngemitteln (Ureaformen) wurde in mehrjährigen Nachwirkungsversuchen in Gefäßen und auf Acker- und Grünland überprüft. – In den Anlagejahren hatten die Ureaformen infolge der langsamen N-Umsetzung immer eine etwas geringere Düngewirkung als die wasserlöslichen N-Düngemittel zur Folge. Die hierdurch bedingten Erträge wurden jedoch in den darauffolgenden Jahren durch eine mehr oder weniger hohe N-Nachlieferung z. T. wieder ausgeglichen. – Untersuchungen über die N-Ausnutzung ließen erkennen, daß dieselbe in den Gefäßversuchen bei einer genügend langen Laufzeit relativ gut war. Hierbei zeigten die Kondensationsprodukte, bei deren Herstellung ein enges Verhältnis zwischen Formaldehyd und Harnstoff angewendet wurde und die im Anlagejahr nur eine geringe N-Wirkung entwickelten, auch in den folgenden Jahren eine geringere N-Nachlieferung als die Ureaform mit einer schnelleren Umsetzbarkeit. – In den Nachwirkungsversuchen auf Acker- und Grünland war die N-Ausnutzung wesentlich schlechter als in den Gefäßversuchen. Diese schlechte N-Nachlieferung ist wahrscheinlich teilweise mit auf die sehr trockene Witterung in einigen Versuchsjahren, vor allem im Jahre 1959, und auf die hiermit verbundene geringe N-Wirkung zurückzuführen. 680.

Szabolcs, I. A szerves-ásványi fozfáttrágyák hatásmechanizmusának, hatásfokának és gyártásuk gazdaságosságának vizsgálata. **(Die Untersuchung des Wirkungsmechanismus, des Wirkungsgrades und der Wirtschaftlichkeit der Erzeugung von organomineralischen Phosphatdüngern.)** Diss. Budapest **1960** 336 S. – Aus: Ung. Agrar-Rdsch. **1962** Nr. 4.

Auf Grund der Ergebnisse nimmt Vf. an, daß sich die fabrikmäßige Erzeugung von org.-mineral. P-Düngemitteln (Biophosphat, Biosuper, Biokola usw.) nicht lohnt. Die in manchen Fällen erzielten Mehrerträge übertrafen die mit Superphosphat erzielten niemals. Die Ergebnisse weisen auch darauf hin, daß die Herstellung von gekörntem Superphosphat – weil kostspieliger als die von pulverförmigem – von höchst zweifelhafter Wirtschaftlichkeit ist. 682.

Lupinovič, I. S. und Kulakovskaja, T. N. (Lupinowitsch, I. S. und Kulakowskaja, T. N.); Minsk, Inst. für Bodenkunde des Min. für Landwirtsch. der Beloruss.SSR. Éffektivnost' fosfornych udobrenij v zavisimosti ot agrochemičeskich svojstv dernovo-podzolistych srednesuglinistych počv. **(Die Wirksamkeit der Phosphordüngemittel in Abhängigkeit von den agrochemischen Eigenschaften lehmiger Rasenpodsolböden.)** Počvovedenie, Moskva **1962** Nr. 11. S. 17–23. – 8 Tab., 13 Lit. Zus. in Engl.

In einjährigen Versuchen zeigte sich auf Böden mit einem P_2O_5-Gehalt von < 10 mg/100 g Boden eine gute Wirkung der P-Düngung (bis 22,5% Mehrertrag bei Hafer durch P_{45}), auf mit P_2O_5 gut versorgten Böden (> 20 mg P_2O_5/100 g Boden) dagegen nur ein geringer Effekt. Zwischen Haferertrag und pflanzenverfügbarem P_2O_5 im Boden wurde eine statistisch gesicherte Korrelation ermittelt ($r = + 0{,}702 \pm 0{,}09$). Auf Böden mit gleichem P_2O_5-Gehalt hängt die Wirkung der P_2O_5-Düngung von den agrochem. Eigenschaften des Bodens ab. Hydrolytische Acidität und der Gehalt an freiem Al korrelierten negativ, pH-Wert, Basensättigungsgrad und S-Wert positiv mit dem P_2O_5-Gehalt des Bodens und dem Ernteertrag. Ch. Bachmann. 682.

Hampl, Ján, Bízik, Ján und Moravčík, Jozef; Nitra, Vysoká Škola Pol'nohospodárska, Katedra Agrochem. Výsledky pol'ných a nádobových pokusov s novým preparátom superfosfátu. **(Ergebnisse der Feld- und Gefäßversuche mit einem neuen Superphosphatpräparat.)** Pol'nohospodárstvo **9** (1962) Nr. 2. S. 97–108. – 13 Tab., 4 Lit. Zus. in Russ., Engl.

In Gefäß- (Gerste, Hafer) und Feldversuchen (Gerste, Kartoffeln, Mais) bewährte sich am besten ein aus Rohphosphaten erzeugtes Superphosphat, zu dessen Herstellung ein Gemisch von 64%iger Schwefelsäure und kolloidaler Kieselsäure im Verhältnis von 200 Gewichtsteilen Rohphosphat zu 100 Gewichtsteilen Schwefelsäure und 100 Gewichtsteilen kolloidaler Kieselsäure verwendet wurde. Bei dieser Methode spart man 50% der Schwefelsäure ein. In Gefäßversuchen war der neue Superphosphattyp dem normalen Superphosphat vollkommen gleichwertig. Die Ergebnisse der Feldversuche wiesen je nach den Bodenbedingungen stärkere Schwankungen auf. Die Wirkung war bes. auf neutralen und schweren Böden gut. P. Bartoš. 682.

Majumder, S. K. und Rao, Ch. Narasinga; Cuttack, Centr. Rice Res. Inst. An efficient organic source of phosphorus for nutrient culture of rice. **(Eine wirksame organische Phosphorquelle für die Nährkultur des Reises.)** Current Sci. [Bangalore] **31** (1962) Nr. 7. S. 283–284. – 1 Tab., Lit.

Bei Lösungskulturen ist die Wechselwirkung zwischen Phosphaten und Fe zur Aufrechterhaltung des Nährstoffgleichgewichtes von außerordentlicher Bedeutung. Im Äthylammoniumphosphat wurde ein P-Lieferant gefunden, der in Lösung nicht dissoziiert und deshalb den Fe-Gehalt der Nährlösung selbst bei ungünstigem pH-Wert nicht verändert. Gefäßversuche mit Reis dienten der Prüfung der Wirksamkeit des Äthylammoniumphosphats im Vergleich mit Na- und K-Dihydrogenphosphat (20 ppm P_2O_5, Grundnährlösung nach Tanaka). Pflanzenproben zur P-Bestimmung wurden nach 40, 60, 70 und nach 110 Tagen genommen. Die nach 40 und 60 Tagen geernteten, mit den 3 verschiedenen Phosphatquellen versorgten Pflanzen zeigten keine Differenzen im P-Gehalt. Mit KH_2PO_4 gedüngte Pflanzen absorbierten in allen Stadien die höchsten P_2O_5-Mengen, was sich jedoch nicht auf den Kornertrag auswirkte. NaH_2PO_4-Düngung führte durchweg zu einer geringeren P_2O_5-Aufnahme. Die Verabreichung von Äthylammoniumphosphat endlich

brachte, mit Ausnahme der reproduktiven Phase, in allen Stadien niedrigere Absorption und Akkumulation von P_2O_5. Ein Vergleich der Kornerträge, der 1000-Korngewichte usw. ergab, daß Äthylammoniumphosphat als gleichwertiger P-Lieferant bei Nährlösungskulturen mit Reis dienen kann.
G. Loßner. 682.

Barák, K. und Jurčík, F.; Brno, VŠZ, Katedra Agrochem. a Analyt. Chem. Srovnávací pokusy s některými kombinovanými hnojivy domácí i zahraniční výroby. **(Vergleichsversuche mit einigen Mehrnährstoffdüngemitteln der tschechoslowakischen und ausländischen Produktion.)** Sborník Vysoké Školy zemědělské Brně, Řada B **1962** Nr. 1. S. 18–30. – 7 Tab., 10 Lit. Zus. in Russ., Dtsch.
Die Wirksamkeit verschiedener Mehrnährstoffdüngemittel mit unterschiedlichem Phosphorsäuregehalt wurde geprüft. In Gefäßversuchen mit Hafer und schwach saurem Boden wirkten Mehrnährstoffdüngemittel, die P nur in Citratform enthielten, weniger gut. In P-reichem Boden gab es keine wesentlichen Unterschiede in bezug auf die P-Wirksamkeit der Mehrnährstoffdüngerarten. In biol. aktiven und mit assimilierbaren Nährstoffen gut versorgten Böden waren die Düngemittel wenig wirksam. Unter den gegebenen Bedingungen führte die Anwendung des tschechoslowakischen, auf Nitrocarbonatgrundlage hergestellten Handelsdüngers zu guten Ergebnissen.
M. Pštross. 686.

Selke, W.; Potsdam, Inst. für Landwirtsch. Versuchs- und Untersuchungswes. der Dtsch. Akad. der Landwirtsch.-Wiss. zu Berlin. **Die Bedeutung der Magnesiumdüngung für die brandenburgischen Sandböden.** Dtsch. Akad. Landwirtsch.-Wiss. Berlin, Tagungsber. **1962** Nr. 44. S. 243–249. – 5 Tab. Zus. in Russ., Engl. nach Zus.
Untersuchungen einer größeren Zahl von Mineralböden aus den brandenburgischen Bezirken (Potsdam, Cottbus, Frankfurt/Oder) nach der Methode Schachtschabel zeigten, daß 53,8% in dem nach Schachtschabel ungenügend versorgten Bereich von 0–2,5 mg Mg/100 g Boden fielen, 15,5% lagen sogar unter 1,1 mg, und nur 21,1% wiesen den erwünschten Gehalt von mehr als 5 mg auf. – Der %-Anteil an schlecht mit Mg versorgten Böden ist bei niedriger pH-Zahl und geringer Sorptionskraft erheblich größer. Die Beziehungen zwischen Mg-Gehalt und Sorptionskapazität ($r = 0{,}80$) sind wesentlich enger als diejenigen zwischen Mg-Gehalt und pH-Zahl ($r = 0{,}39$). – Die durch Kalkung und Mg-Düngung möglichen Ertragssteigerungen auf stark versauerten und Mg verarmten brandenburgischen Sandböden werden an einem 4jährigen Feldversuch demonstriert. Natronsalpeter förderte Mg-Mangel viel weniger als schwefelsaures Ammoniak. Harnstoff, Ammoniakwasser und Ammonnitrat nahmen in dieser Beziehung (Gefäßversuch zu Hafer) eine zwischen beiden liegende, dem Natronsalpeter nahekommende Stelle ein.
689.

Sasum, K.; Jena, Friedrich-Schiller-Univ., Inst. für Acker- und Pflanzenbau. **Über die Beeinflussung von Keimung und Schlauchwachstum des Luzernepollens durch eine Blattdüngung mit Bor.** Albrecht-Thaer-Arch. **6** (1962) Nr. 8. S. 556–559. – 2 Tab., 9 Lit. Zus. in Russ., Engl.
Während im Gefäßversuch durch B-Düngung (8 mg B/Gefäß) Keimung und Schlauchwachstum der stäubenden Luzernepollen verbessert wurden, war im Feldversuch durch Naßkopfdüngung mit Borax (26,4 kg/ha) und Borsäure (4,29 kg/ha) bei verschiedener Anwendungszeit (Knospe, Blüte, 2mal Blüte, Knospe und Blüte) kein Einfluß erkennbar.
O. Knabe. 689.

Poluchina, I. N. und Masljanaja, M. K. Vlijanie medi na razvitie zavjazej i zernovok u kul'turnych zlakov. **(Der Einfluß von Kupfer auf die Entwicklung der Frucht- und Kornanlagen bei Kulturgräsern.)** Izvestija Timirjazevskoj sel'skochozjajstvennoj akademii, Moskva **1962** Nr. 1. S. 74–86. – 6 Abb., 8 Tab., 6 Lit. Zus. in Engl.

Auf Cu-armen Torfmoorböden wurden an Hafer und Gerste die morphologische Entwicklung der Samenanlagen, der Staubgefäße und die Embryogenese anatomisch untersucht. In jedem untersuchten Falle verlief die Mikro- und Makrosporogenese normal. In Abhängigkeit von der Düngung entstanden jedoch Unterschiede in der Schnelligkeit der Entwicklung der Samenanlagen und Staubgefäße, die bei einer NPK-Düngung + Cu am schnellsten und bei einer NPK-Gabe ohne Cu am langsamsten verlief, während die Pflanzen von einer PK-Parzelle eine Mittelstellung einnahmen. Cu zeigte sich in der Lage, den hemmenden Überschuß an N zu kompensieren. Im Verlaufe der gesamten Entwicklung bis zur Reife trat eine Reihe weiterer charakteristischer anatomischer Unterschiede an Cu-Mangelpflanzen auf. Die durch Cu-Mangel induzierten Störungen zeigten sich schon an den Fruchtknoten, die eine embryonale Störung aufwiesen. Waren Embryo und Endosperm vorhanden, führte Cu-Mangel zur Bildung von Schmachtkörnern oder zur völligen Verkümmerung. Auf den untersuchten Böden reichten 25 kg $CuSO_4$ aus, um diese Erscheinungen zu beseitigen. H. Winkler. 689.

Danilova, T. A. (Danilowa, T. A.) O dejstvii kobal'ta na rastenija. **(Die Wirkung von Cobalt auf Pflanzen.)** Trudy Vsesojuznogo naučno-issledovatel'skogo instituta udobrenij i agropočvovedenija, Moskva **1962** Nr. 38. S. 305–312. – 1 Abb., 8 Tab.

Die Wirkung von Co auf das Wachstum und den Ablauf der physiol. Prozesse verschiedener Kulturen wurde in Gefäß- und Feldversuchen untersucht. Die zugegebene Co-Menge (als $CoSO_4$) betrug bei den Gefäßversuchen 0,05 (in einem Falle 0,1) bis 0,001 mg/kg Boden bzw. bei den Feldversuchen (Kopf- und Bodendüngung) 2 kg/ha. Dabei wurden das Wachstum von Bohnen und der Ertrag von Hirse und Zuckerrüben günstig beeinflußt, wobei auf Schwarzerdeboden der Zuckergehalt der Rüben und der Zuckerertrag/ha zunahmen. Die Kopfdüngung ergab höhere Zuckerrübenerträge als die Einbringung von Co in den Boden. Co-Zugabe bewirkte weiterhin große Veränderungen im Ablauf der physiol. Prozesse. Die Regenerationsfähigkeit der Gewebe sowie der Gehalt der Blätter an Chlorophyll, kolloidal gehaltenem H_2O und (im Falle von Zuckerrüben) reduzierenden Zuckern wurden vergrößert. P. Stoß. 689.

Duchoň, František und Pásková, Jiřina; Praha, Vysoká Škola Zemědělská, Agrochem. Ústav. Orientační pokusy s využitím odpadních látek bohatých manganem v rostlinné výrobě. **(Orientierungsversuche über die Ausnutzung manganreicher Stoffe in der Pflanzenproduktion.)** Rostlinná Výroba **8(35)** (1962) Nr. 6. S. 793–802. – 1 Abb., 4 Tab., 31 Lit. Zus. in Russ., Dtsch.

Durch den Versuch wurde bestätigt, daß Mn zur Gruppe von oligobiogenen Elementen gehört, die sowohl für die pflanzliche als auch tierische Produktion unbedingt notwendig sind. Mn beeinflußt das enzymatische und humorale System der lebenden Substanz. Bei der zunehmenden Anwendung von Handelsdüngemitteln wird man auch die Mn-Zufuhr zu berücksichtigen haben. Als Mn-Quelle kommen die Abfälle der Mn-Bergwerke in Betracht. Sie enthalten bis 10% Mn und eine Anzahl anderer Elemente. Es wurde vorgeschlagen, diese Abfälle bei der Bereitung von Wirtschafts- oder Industriekomposten oder teilweise als Ca-Ersatz für die Herstellung von Lobositzer Salpeter zu verwenden. M. Pštross. 689.

Hamatová, Eva; Ruzyně, Výzkumný Ústav Rostlinné Výroby, Mikrobiol. Odd. Nitrazon a jeho skladovatelnost. **(Lagerfähigkeit des Nitrazons.)** Rostlinná Výroba **8(35)** (1962) Nr. 6. S. 825–838. – 6 Abb., 4 Tab., 39 Lit. Zus. in Russ., Dtsch.

Nitrazon zeichnet sich durch einen hohen Titer, vollkommene Reinheit und Haltbarkeit aus, so daß es möglich wurde, die Garantiefrist bis auf ein Jahr zu verlängern. Auch bei Einlagerung unter normalen Betriebsbedingungen behält es 2 Jahre seine Wirksamkeit. Aus einer Übersicht und einem Vergleich mit ausländischen Bakterisierungspräparaten geht hervor, daß in Qualität und Haltbarkeit andere Substanzen von Nitrazon übertroffen werden. M. Pštross. 689.

Stepanov, N. S. (Stepanow, N. S.); Uljanowsk, Landwirtsch. Inst. Vlijanie azotobakterina na urožaj i soderžanie belka v zerne jarovoj pšenicy. **(Der Einfluß einer Stickstoffbakterienimpfung auf Ertrag und Eiweißgehalt des Sommerweizens.)** Zemledelie, Moskva **24** (1962) Nr. 11. S. 60–62. – 3 Tab.
Die Saatgutimpfung mit „Azotobakterin" erhöhte den Weizenertrag um 0,8–2,2 dt/ha ohne Düngung, mit Volldüngung um 2,6–3,7 dt/ha bei unterschiedlicher Sortenreaktion. Der Eiweißgehalt des Kornes stieg um 0,73 bis 2,85% und der Mehrertrag an Eiweiß um 16–76 kg/ha. Das Verfahren fordert keine zusätzlichen Aufwendungen und soll zu So-Weizen stärker angewendet werden. R. Schlenker. 689.

Novikova, A. T. (Nowikowa, A. T.); Leningrad, Unions-Forsch.-Inst. für Landwirtsch. Mikrobiol. Sovmestnoe protravlivanie i obrabotka semjan fosforobakterinom. **(Die kombinierte Beizung und Behandlung der Samen mit Phosphorbakterin.)** Zaščita rastenij ot vreditelej i boleznej, Moskva **7** (1962) Nr. 11. S. 26–27.
Eine chem. Beizung schützt die Samen vor Krankheiten, und eine Behandlung mit dem Bakterienpräparat „Phosphorbakterin" verbessert die Nährstoffaufnahme der jungen Pflanze. Versuche ergaben, daß beide Maßnahmen kombiniert werden können, ohne daß ihre Wirksamkeit herabgesetzt wird. Der Gerstenertrag stieg durch Behandlung mit „Phosphorbakterin" von 15,7 dt/ha (Kontrolle) auf 16,9 dt/ha und bei Kombination von Saatgutbeizung mit Granosan und Behandlung mit „Phosphorbakterin" auf 17,0 dt/ha. Die Zahl der Phosphorbakterien wird durch das Beizmittel nur wenig herabgesetzt. H. Decker. 689.

Kudzin, Ju. K. (Kudsin, Ju. K.); Dnepropetrowsk, Unions-Inst. für Maisforsch. Primenenie fosforobakterina pri poseve kukuruzy. **(Die Anwendung von Phosphorbakterin bei der Maisaussaat.)** Zemledelie, Moskva **24** (1962) Nr. 11. S. 63–65. – 3 Tab.
Die Verbesserung der P-Versorgung der Maispflanze durch „Phosphorbakterin" wurde nachgewiesen. Zur Zeit wird das Präparat auf einigen Mill. ha Schwarzerdeboden u. a. Böden angewendet. In 30 Feldversuchen wurden 2,1 dt/ha Mehrertrag bei Körnermais erzielt. Die Saatgutimpfung kann ohne zusätzliche Aufwendungen in Zukunft zusammen mit der Beizung in zentralen Speichern durchgeführt werden. R. Schlenker. 689.

Gusejnov, Džebrail Muchtarovič. **Primenenie novych vidov udobrenij neftjanogo proischoždenija.** (Die Verwendung neuer Arten von Düngemitteln.) Moskva: Sel'chozgiz. 1961. (63 S.) 8°. (1962 A 648)

Prjanišnikov, Dmitrij Nikolaevič. **Ob udobrenii polej i sevooborotach.** (Über Düngung der Felder und Fruchtfolgen.) Moskva: Izd. Minist. sel'skogo chozjajstva RSFSR. 1962. (253 S.) 8°. (1962 A 1288)

Kratkij spravočnik po udobrenijam. (Kleines Handbuch über Düngung.) Moskva: Sel'chozgiz. 1961. (221 S.) 8°. (1962 A 765)

Voprosy izvestkovanija dernovo-podzolistych počv. (Probleme der Kalkung von Rasenpodsolböden.) Hrsg.: Vsesojuznaja akad. sel'skochoz. nauk im. V. I. Lenina; Vsesojuznyj naučno-issledovatel'skij institut udobrenij i agropočvovedenija. Moskva: Izd. „Moskovskaja pravda". 1961. (313 S. m. Abb.) 8° = Trudy VIUA. Vsesojuznyj naučno-issledovatel'skij insitut udobrenij i agropočvovedenija Nr. 38. (ZA 1713)

VII. PFLANZENBAU AUF DEM ACKER

A. Allgemeine Literatur, Berichte, Statistiken u. a.

Meijerman, G. C.; Wageningen, Inst. voor Culturtechn. en Waterhuishouding. De mogelijke oppervlakte van Veenkoloniale akkerbouwbedrijven bij sterke mechanisatie. **(Die mögliche Flächengröße von Ackerbaubetrieben in den Veenkolonien bei hoher Mechanisierung.)** Landbouwkund. Tijdschr. **74** (1962) Nr. 18. S. 769–788. – 4 Abb., 5 Tab., 5 Lit. Zus. in Engl.
In den Moorkolonien, ein Gebiet mit vorwiegend Ackerbau, beträgt die Betriebsgröße im Mittel 20 ha. Auf diesen Betrieben sind ständig 2 AK vorhanden, dazu kommen Saisonkräfte für Arbeitsspitzen. Die kulturtechn. Gegebenheiten erschweren eine hohe Mechanisierung: Einteilung der Fläche in langgestreckte Schläge von nur 1–2 ha Größe: ausgedehntes Kanalnetz; zu geringe Zahl von Brücken. Jedoch werden diese Schwierigkeiten bei der Feststellung der optimalen Betriebsgröße und des günstigsten AK-Besatzes bei hoher Mechanisierung außer acht gelassen. – Die max. Betriebsgröße beträgt für einen hochmechanisierten Betrieb mit 2 AK ca. 60 ha, mit 3 AK 90 und 4 AK 120 ha. Das Arbeitseinkommen je AK ist bei Betrieben mit 4 AK am höchsten, danach folgen der Dreimann- und der Zweimannbetrieb. Zusammenfassend wird festgestellt, daß in hochmechanisierten Betrieben 4 AK notwendig sind. Die Betriebsgröße, bei der die besten ökonom. Ergebnisse erzielt wurden, betrug 120 ha. Der Anbauplan umfaßt $^1/_3$ Kartoffeln und $^2/_3$ Getreide. M. Lüpnitz. 701.

Sipos, G. **Földmüveléstan.** (Ackerbaulehre.) Budapest: Mezögazdasági Kiadó. 1962. (439 S.) – Aus: Ung. Agrar-Rdsch. 1962 Nr. 4. Die Einleitung behandelt die Geschichte der Agrarwissenschaften und die Aufgaben und Eigentümlichkeiten der landwirtsch. Produktion. – Im 1. Kap., Über die Wachstums- und Entwicklungsbedingungen der landwirtsch. Kulturpflanzen, wird die Rolle von Licht, Wärme, Luft, Wasser und Nährstoffen sowie die Bedeutung der Bodenstruktur für hohe Erträge analysiert. – Das 2. Kap., Bodenschutz, behandelt die Erscheinungsformen und Ursachen der Erosion sowie ihre Bekämpfung, bes. unter den Bedingungen des Großbetriebes. Das 3. Kap., Bodenmelioration, erörtert Maßnahmen der Rodung, des Wiesenumbruchs, der Entwässerung sowie Möglichkeiten der Verbesserung von Moorböden, der sauren, bindigen sowie Szik- und Sandböden. – Das 4. Kap., Grundkenntnisse der Bewässerung, ist den bodenphysikal. Beziehungen der Bewässerung und den Arten der Bewässerung gewidmet. – Im 5. Kap., Düngung, werden die Faktoren der Bodenernährung ausführlich analysiert. Org. und mineral. Dünger sowie die Prinzipien der modernen org. Düngung im Großbetrieb (Stalldung, Gründünger, Mähdrescherstroh, Maisstengel, Wurzel- und Stoppelrückstände der perennierenden Pflanzen) sowie der mineral. Düngung werden unter Berücksichtigung der verschiedenen Bodentypen und klimatischen Bedingungen behandelt. – Im Kap. 6, über Ackerunkräuter, werden hauptsächlich die biol. Typen der Unkrautpflanzen, die Wirkung der Standortverhältnisse, Maßnahmen der Unkrautbekämpfung sowie Wirkungsmechanismus der chem. Unkrautbekämpfung und die neuesten Verfahren behandelt. Das 7. Kap., Bodenbearbeitung, behandelt die Wirkung der einzelnen Bodenbearbeitungsgeräte sowie die Systeme des Wiesenumbruchs, der Bodenbearbeitung für Sommer-, Winter- und Stoppelsaaten. – Kap. 8, Fruchtfolgen, ist der Struktur der Fruchtfolge, der modernen Theorie der Vorfrüchte, den Prinzipien der großbetrieblichen Feldregulierung sowie der Planung und Einführung der Fruchtfolgen gewidmet. – Kap. 9, über die Ackerbausysteme, kennzeichnet die Entstehung und die Bedeutung der Brachen-, Fruchtwechsel- und Gründüngungs-Ackerbausysteme mit bes. Berücksichtigung der wirtsch. und sozialen Verhältnisse. Außerdem werden die in letzter Zeit entstehende sog. periodische Monokultur und die Grasfruchtfolge nach Williams erörtert.

B. Fruchtwechsel und Fruchtfolgen

Christov, A. (Christow, A.) Izučavanija za ustanovjavane na agrotechnikata i ikonomičeskata efektivnost na zasjavane na pšenicata v neobran pamukov posev. **(Studien zur Ermittlung der Agrotechnik und des wirtschaftlichen Nutzeffektes bei der Aussaat von Weizen in noch nicht abgeernteten Baumwollbeständen.)** Izvestija na Selskostopanskija naučnoizsledovatelski institut – Kneža, Sofija **3** (1962) S. 79–87. – 5 Tab., 6 Lit. Zus. in Russ., Engl.
Der Weizen wurde ausgesät a) nach der 1. Baumwollpflücke (nach Bearbeitung zwischen den Reihen mit dem Grubber), b) nach der 2. Pflücke (Behandlung wie bei a), c) Aussaat nach voller Aberntung zwischen die Stauden und d) Aussaat nach Umbruch des abgeernteten Feldes (18–20 cm tiefe Herbst-

furche). Bei Variante a waren der Weizen-Kornertrag und der ökonom. Nutzeffekt am höchsten. Bei Variante d waren die Erträge unabhängig davon, ob gepflügt wurde oder nicht, nur gering. K. Tschanew. 716.

Stracke, W. **Bemerkungen zu Fruchtfolgefragen.** Dtsch. Landwirtsch. **13** (1962) Nr. 10. S. 497–500. – 4 Tab.
Über die Länge der Anbaupausen bei mit sich selbst unverträglichen Früchten bestehen vielfach noch Meinungsverschiedenheiten. Es ist jedoch erwiesen, daß bei Zucker-, Futterrüben und Luzerne eher etwas längere als zu kurze Anbaupausen einzuhalten sind. Einige Vorschläge zur Eingliederung der genannten Früchte in die Fruchtfolge werden erörtert. Die Fruchtfolge So-Gerste–Hafer und umgekehrt wird von einigen Autoren bald günstig, bald ungünstig beurteilt. Zur Fruchtfolge des Silomaises wird mitgeteilt, daß seine Stellung nach 2 reifenden Getreidearten und einem Futterroggenschlag als 4. Getreide nicht angebracht und abzulehnen ist. Sein eigener Vorfruchtwert als Hackfrucht bzw. als Getreide ist davon abhängig, ob der Mais in Anbau, Düngung und Pflege als Hackfrucht oder als Getreide behandelt wird. H. Rieger. 718.

Scherz, Joachim. **Umfang und Art des Zwischenfruchtanbaues in einigen bayerischen Gegenden unter Berücksichtigung seiner Bedeutung für die Bodenfruchtbarkeit.** Bayer. landwirtsch. Jb. **39** (1962) Nr. 4. S. 437–451.
Der Zwischenfruchtanbau verbindet die Erhöhung des Humusgehaltes, die Verbesserung der Bodenstruktur und der Bearbeitungsfähigkeit des Bodens mit einer erheblichen Entlastung der Hauptfutterflächen. Hierbei haben Bodenbedeckung und hohe Wurzelleistungen bes. Bedeutung für die Steigerung der Bodenfruchtbarkeit, wogegen die Schwarzbrache zu Schäden der Bodenstruktur führt. Hinzu kommen die schädlichen Auswirkungen der einseitigen Fruchtfolgen, in denen die Verkaufsfrüchte Weizen und Gerste stark in den Vordergrund treten und die guten Vorfrüchte aus ökonom. Gründen zurücktreten. Der Zwischenfruchtbau ist daher auszudehnen, um die Bodenfruchtbarkeit und damit die Rentabilität zu erhalten. Erhebungen in Bayern in den Mon. Sept./Okt. 1960 und 1961 ergaben folgendes Bild: Der Zwischenfruchtbau nimmt mit zunehmender Schwierigkeit der Bodenbearbeitung rapide ab, während er auf leichteren Böden 15–20% des AL erreicht. Wo unter schwierigen Verhältnissen der Zwischenfruchtbau erzwungen wurde, ist die Bodenbearbeitung leichter geworden und ein Gewinn herausgekommen. Nur die unzureichende Schlagkraft der kleineren Betriebe kann als Gegenargument Gültigkeit beanspruchen. Auf mittleren Böden stehen etwa 1–5% Zwischenfrucht. Hier sind vor allem Betriebe ohne Grünland im Münchener Gebiet gezwungen, ihr Futter vom Acker zu gewinnen. Im Gegensatz hierzu ist in Unterfranken trotz mittlerer Böden kaum Zwischenfruchtbau vorhanden, da die Niederschläge geringer und die Betriebsverhältnisse ungünstiger sind. Trotzdem müßte auch hier Zwischenfruchtbau möglich sein. Die Bodenhygiene kann bei 60–70% Weizen/Gerste-Anteilen nicht allein der Luzerne überlassen werden. Auf den leichten Böden wurde meist über 15% Zwischenfruchtbau vorgefunden. Er ist jedoch für die Boden- und Humuswirtschaft bedeutungslos, weil er in der Hauptsache aus Stoppelrüben besteht, die kaum Ernterückstände hinterlassen. Nur einzelne Betriebe beweisen auch hier, daß auf leichten Böden alle Formen des Zwischenfruchtbaus möglich sind. C. Freyer. 718.

Konova, L. (Konowa, L.) Mnogogodišni i ednogodišni trevi v polskite seitboobrŭštenija. **(Mehr- und einjährige Gräser in den Fruchtfolgen der Feldkulturen.)** Izvestija na Selskostopanskija naučnoizsledovatelski institut – Kneža, Sofija **3** (1962) S. 41–77. – 30 Tab., 34 Lit. Zus. in Russ., Engl.
In den Jahren 1955–59 wurden Anbauversuche mit ausdauernden Grasgemischen mit 2jähr. Nutzung, Luzerne ebenfalls mit 2jähr. Nutzung, mehr-

jährigem Grasgemisch mit einjähriger Nutzung sowie mit Wickhafer und Sudangras als Vorfrüchten für Weizen und Mais im Rahmen von 5 achtfeldrigen Fruchtfolgen ausgeführt. Der Weizen brachte in feuchten Jahren im 1. Jahr nach dem Umbruch der Vorfrüchte nach Luzerne, ausdauernden Grasgemischen und Hafergemenge fast die gleichen Kornerträge, während die Maiserträge nach Luzerne und ausdauernden Grasgemischen am höchsten waren. In Jahren mit unzureichenden Niederschlägen lagen die Weizen- und Maiserträge nach den ausdauernden Grasgemischen am niedrigsten. Im 2. Folgejahr nach dem Umbruch der Vorfrüchte lag der Weizenertrag nach mehrjährigem Grasgemisch und Luzerne am höchsten. Es wird darauf hingewiesen, daß der Anbau von mehr- und einjährigen Grasgemischen ohne Bewässerung wirtsch. nicht gerechtfertigt ist. K. Tschanew. 718.

C. Saat- und Pflanzgut

Kalinina, L. V. (Kalinina, L. W.) Fiziologičeskaja zrelost' zernovki. **(Die physiologische Reife der Getreidefrucht.)** Kukuruza, Moskva 7 (1962) Nr. 10. S. 42–44. – 1 Abb., 1 Tab.

Für die Züchtung von Maissorten und -hybriden für neue, nördliche Gebiete ist nicht nur die Körnerreife (d. h. Ernte- und Lagerfähigkeit), sondern auch die physiol. Reife der Samen (d. h. Keimfähigkeit) äußerst wichtig. Langjährige Untersuchungen zum Problem der physiol. Reife des Korns und seiner Teile (Keim, Endosperm und Hülle) ergaben: Zuerst reift der Keim, dann das Endosperm und danach die Hülle (deren Reifung das Keimen des ganzen Samens um 15–17 Tage hemmt.) Das Reifen der Hülle konnte durch Trocknung der Getreidefrucht beschleunigt werden. Zeiteinsparung bei der Gewinnung von keimfähigen Samen durch Antrocknung gab die Möglichkeit, im Gebiet Moskau von wertvollen Maissorten 2 Ernten im Jahr zu erzielen.
L. Rang. 720.

Bulat, Helene. **Probleme der Triebkraftbestimmung.** Saatgut-Wirtsch. 14 (1962) Nr. 11. S. 305–307. – 18 Lit.

Die Triebkraftbestimmung ist eine Keimprüfung unter erschwerten Bedingungen und soll in Ergänzung zum Keimversuch die Zahl der geschwächten Samen ermitteln, da Samen mit verminderter Vitalität zwar unter optimalen Bedingungen noch keimen, aber nicht triebfähig sind. Allerdings kann im sorgfältig durchgeführten Keimversuch unter optimalen Bedingungen auch die Entwicklungsfähigkeit der Samen beurteilt werden. Bei der Auswahl der Methoden zur Triebkraftbestimmung sind die Keimbedingungen genau festzulegen, um zu garantieren, daß nur die tatsächlich geschwächten Samen erfaßt werden. Neben der Ziegelgrusmethode nach Hiltner wird auch das Topographische Tetrazoliumverfahren nach Lakon hierzu verwendet, das zuverlässige Ergebnisse liefert. Weitere brauchbare Verfahren sind die Keimrollenmethode nach Germ und der Cold Test von Isely.
C. Tittel. 725.

Ader, Franz; Speyer, Pfälz. Landwirtsch. Untersuchungs- und Forsch.-Anst. **Die Bestimmung der Tetrazolium-Triebkraft bei Getreide.** Saatgut-Wirtsch. 14 (1962) Nr. 12. S. 338–340. – 1 Tab., 8 Lit.

Seit dem Jahre 1950 beschäftigen sich die deutschen Samenprüfstellen stärker mit der Triebkraftbestimmung bei Getreide mit Hilfe des Tetrazoliumverfahrens. Die günstigen Erfahrungen, die damit gemacht wurden, führten dazu, daß diese Methode seit 1961 als gleichberechtigt mit dem bisherigen Ziegelgrusversuch anerkannt wird. Auf Grund der topographischen Färbebilder können die Embryonen in 3 Gruppen eingeteilt werden: 1. Keine Nekrosen bzw. Nekrosen nur an der Hauptwurzel, 2. Nekrosen an Haupt- und Nebenwurzeln, 3. Starke Nekrosen und völlig tote Embryonen. Die 1. und 2. Gruppe zusammen ergeben die Keimpotenz oder optimale Keimfähigkeit, die Gruppe 1 allein die triebfähigen Embryonen, die 3. Gruppe hat für die Keimung keinen Wert. C. Tittel. 725.

Honma, Shigemi und Denna, Donald; Fort Collins, Colo., State Univ., Dep. of Horticult. Moisture movement in impermeable snap bean seed. **(Feuchtigkeitsbewegung in undurchlässigen Buschbohnensamen.)** Michigan State Univ., agric. Exp. Stat., quart. Bull. **44** (1962) Nr. 4. S. 726–730. – 1 Abb., 1 Tab., 6 Lit.
Die Feuchtigkeitsbewegung durch den Nabel wurde bei hartschaligen Buschbohnensamen untersucht. Die Samen wurden mit Paraffin in Petrischalen befestigt und unterschiedlicher Feuchtigkeit ausgesetzt. Mit Hilfe eines Stereomikroskopes (10fache Vergrößerung) konnten die Öffnungs- und Schließbewegungen des Spaltes im Nabel beobachtet werden. Der Nabel wirkt wie ein Ventil. Bei geringer Feuchtigkeit bleibt er offen, bei höher werdender schließt er sich. Dies konnte auch durch die Aufbewahrung der hartschaligen Samen in der Nachbarschaft von Jodkristallen nachgewiesen werden. Bei trockener Lagerung wurden die Tracheiden durch die eindringenden Joddämpfe braun gefärbt. Bei feuchter Lagerung trat dagegen keine Färbung ein. C. Tittel. 725.

Alechin, N. V. (Alechin, N. W.) Obosnovanie mašinnogo sortirovanija dlja vydelenija naibolee cennych semjan pšenicy. **(Grundlagen der maschinellen Sortierung des Weizens zur Abtrennung der wertvollsten Körner.)** Izvestija Timirjazevskoj sel'skochozjajstvennoj akademii, Moskva **1962** Nr. 3. S. 34–46. – 3 Abb., 3 Tab., 14 Lit. Zus. in Engl.
Die Teilung der Ähren in gleiche Teile und die Auswahl der Körner aus der mittleren Zone genügt nicht den Anforderungen, da hier neben hochwertigen Körnern auch solche geringerer Qualität vorhanden sind. Mit dem Gewicht der Samen sind die biol. Eigenschaften der Körner gesetzmäßig verbunden. Die Auswahl der wertvollsten Körner nach dem Gewicht ermöglicht die maschinelle Sortierung. H. Beyer. 726.

Gruševaja, P. (Gruschewaja, P.) Vlijanie ozelenenija semennych klubnej na chranenie i urožaj. **(Einfluß des Ergrünens von Pflanzkartoffeln auf Lagerung und Ertrag.)** Kartofel' i ovošči, Moskva **7** (1962) Nr. 9. S. 26. – 1 Tab.
Nach den Ergebnissen 4jähr. Versuche wirkt sich das Angrünen der Kartoffelknollen nach der Ernte verlustsenkend und ertragssteigernd aus. Die Pflanzkartoffeln grünen nach der Ernte im Sept. im Treibhaus bei 15–18 °C (20 Tage). Danach werden sie bei 1–3 °C gelagert. Bei der Sorte 'Poleski (S-36)' betrugen die Lagerungsverluste 8,2% gegenüber 15,4% (Kontrolle) und der Ertrag 234 gegenüber 211 dt/ha (Kontrolle); bei der Sorte 'Poleski ranny (S-328)' lagen die Zahlen bei 2,05% und 4,08% bzw. 191 und 173 dt. Hinsichtlich der Länge der Vegetationsperiode, des Virusbefalls und des Stärkegehalts wurden keine Unterschiede ermittelt. Die auftretenden Mehrkosten je ha betrugen in vorliegenden Versuchen 7,5 Rbl. Demgegenüber steht eine Mehreinnahme bei der Sorte ‚Poleski' von 100 Rbl und bei 'Poleski ranny' von 58,5 Rbl. G. Jury. 726.

Kameraz, A. (Kameras, A.) Priemy ulučšenija semennogo kartofelja. **(Verfahren zur Verbesserung der Pflanzkartoffeln.)** Kartofel' i ovošči, Moskva **7** (1962) Nr. 12. S. 14–16. 726.

Wheatley, G. W. und Johnson, R. T. Germination-emergence of sugar beet seed as affected by treatment and storage. **(Der Einfluß einer Behandlung und Lagerung auf die Keimung von Zuckerrübensaatgut.)** J. Amer. Soc. Sugar Beet Technologists **11** (1962) Nr. 8. S. 649–655.
Normales, poliertes und kalibriertes Zuckerrübensaatgut wurde unbehandelt und gebeizt bis 50 Mon. gelagert. Als Beizmittel dienten das Fungizid Phycon

und das Insekticid Lindan. Beide Mittel kamen teils rein, teils kombiniert in verschiedener Konz. zur Anwendung. Dabei traten selbst nach Verabreichung einer dreifach überhöhten Konz. von 12 oz. Phycon oder 16 oz. Lindan auf 100 lb. Saatgut keine Keimschädigungen auf. Die Kombinationsbeize wirkte in den ersten Mon. der Lagerung stimulierend auf das Saatgut und verbesserte den Aufgang. Lindan erhöhte die fungicide Wirkung von Phycon bei einer Lagerdauer bis zu 20 Monaten. Nach etwa einjähriger Lagerung traten bei den behandelten Prüfgliedern 21 Tage nach dem Aufgang mißgestaltete Pflanzen auf, deren Anteil sich mit steigender Lindangabe erhöhte.

H. Schneider. 726.

D. Saat und Pflege

Rid, H. und Schiecke, I.; München, Bayer. Landesanst. für Pflanzenbau und Pflanzenschutz. **Versuche mit Verfahren des mechanischen Auslichtens von Zuckerrüben.** Zucker **16** (1963) Nr. 2. S. 42–47.; Nr. 3. S. 57–61. — 5 Abb., 10 Tab., 14 Lit.

In Versuchen 1957–61 wurden der Ausdünnstriegel (1) und Geräte mit Scheibendünnern (2), Auslichtbürsten (3), rotierenden (4) und pendelnden (5) Messern, zum Teil in Kombination auf Beständen aus polykarpem (A) und segmentiertem (B) Saatgut geprüft. (1) ist einfach und billig, läßt aber eine Variation des Ausdünneffekts nicht zu. (2) ist ebenfalls unkompliziert und ließ Arbeitszeiteinsparungen von etwa 20% zu. Nach (3), das sind bürstenartige Stäbe an Geräten, die sonst (4) gleichen, konnten in (A) 18% und in (B) 45% Arbeitszeiteinsparung erzielt werden. Bei Kombination von (3) und (4) sind keine wesentlichen Fortschritte mehr zu erzielen. Versuche mit nur einem Arbeitsgang (4) ergaben günstigste Ergebnisse bei 8 bis 14 Messern je Stern und 20 mm Messerlänge. Der Erfolg war bei (B) größer als bei (A). Außerdem ist es nicht erforderlich, die Messerbestückung nach Pflanzenauszählungen vorzunehmen, da visuelle Beurteilung bei einiger Erfahrung ausreichend ist. (5) gleicht in Voraussetzungen und Ergebnissen (4). Vff. empfehlen den Einsatz vor allem von (4) und (5) auf Böden, die für Einzelkornsaat zu riskant sind. Es ist nur ein Arbeitsgang vorzusehen und die vorherige Aussaat von (B) zweckmäßig. Ausdünnmaschinen haben nach Ansicht der Vff. einen festen Platz in der Rübenpflege erobert.

W. Schinkel. 738.

F. Konservierung und Lagerung des Erntegutes

Garbuz, T.; Inst. Mechanizacji i Elektryfikacji. Wstępne badania nad konwencyjnym suszeniem ziarna słonecznika ogrzanym powietrzem. **(Vorversuche über das konventionelle Trocknen der Sonnenblumenkörner mittels erwärmter Luft.)** Zeszyty problemowe postępów Nauk rolniczych **26** (1961) S. 267–278. — 12 Abb., 5 Lit.

Vf. untersuchte den Einfluß des Feuchtigkeitsgehaltes der Luft, des Luftdurchsatzes und der Menge des Materials auf die Trocknungsgeschwindigkeit, den Einfluß der Temperatur und des Luftdurchsatzes auf Keimfähigkeit, Keimschnelligkeit sowie auf Fettgehalt und Jodzahl der Sonnenblumenkerne. In Formeln und Gleichungen werden die Zusammenhänge zwischen Schichtdicke, Luftdurchsatz und Wassergehalt dargestellt. Die günstigste Trocknungstemperatur für Saatgut ist mit 35–58 °C angegeben. Wahrscheinlich wird sich dieser Bereich bei geringerer Anfangsgeschwindigkeit erweitern. Bei hohen Niederschlägen sind diese Werte aber nicht zu erreichen.

W. Święcicki. 756.

Untersuchungen über Werbung und Konservierung von Futterstoffen. Forsch. u. Entwickl.-Stelle Rostock, Institut für Landwirtschaftliches Versuchs- und Untersuchungswesen Plan-Nr.: 1701 25 h/1–02/6.

Wi-Rübsen, Futterroggen, Wiesengras, Rotkleegras, Silomais und Markstammkohl wurden geprüft. Der Nährstoffgehalt der Silagen wurde (außer von der Einsäuerungstechnik) vom Schnittzeitpunkt stark beeinflußt. Die Gärverluste an org. Subst., Rohprotein, NFE u. Carotin nahmen mit fortschreitendem Vegetationsstadium ab, nur beim Silomais stiegen sie nach Erreichung von 28–30% wieder an. Am Rückgang der Gärverluste sind die Tr.-Subst. und Kohlenhydratfraktionen vor allem beteiligt. Mittlere Schnittzeiten sind zur Erzielung nährstoffreicher Silagen am günstigsten. Die entspr. phänolog. Kennzeichen der besten Schnittzeiten (höchste Stärkewerterträge) werden mitgeteilt. Die Säureanalysen stehen in keiner Beziehung zu den Nährstoffverlusten; die höchsten Stärkewerterträge waren stets mit den höchsten Erträgen an verd. Rohprotein verbunden. 758.

Knaack, H.; Neetzow, Inst. für Agrarökon. der Dtsch. Akad. der Landwirtsch.-Wiss. zu Berlin. **Kartoffelverluste während des Winters.** Dtsch. Landwirtsch. **14** (1963) Nr. 2. S. 81–82. – 3 Tab. nach Zus.

Es wird über eine Erhebung berichtet, die 1961 in Gemeinschaftsarbeit zwischen staatlichen Stellen und dem Institut für Agrarökonomik der DAL in der DDR durchgeführt wurde, um die Kartoffelverluste während des Winters zu ermitteln. – Bei der am weitesten verbreiteten Lagerungsform, den Erd-Stroh-Mieten, treten die höchsten Verluste auf. Die niedrigsten Verluste wurden in gebläsebelüfteten Häusern festgestellt. Solange nicht alle kartoffelproduzierenden Betriebe gebläsebelüftete Kartoffelhäuser anwenden können, sollten die Kartoffeln in Erd-Stroh-Mieten mit Gebläsen belüftet werden. Besonders im gegenwärtigen Winter 1962/63 müssen die Mietentemperaturen systematisch und gründlich kontrolliert werden. In denjenigen Mieten, in denen die Mietentemperaturen auf über 4 °C angestiegen sind, sollte mit Außenluft von 0 bis 4 °C belüftet werden. Bes. gut sind solche Mieten für das Belüften mit Gebläsen geeignet, in denen ein aus Rosten geformter Luftkanal vorhanden ist. 759.

Fischnich, O., Pätzold, Chr. und Heilinger, F.; Braunschweig, FAL, Inst. für Pflanzenbau und Saatguterzeug. **Verluste stärkereicher Kartoffeln im Verlaufe der Lagerung.** Kartoffelbau **13** (1962) Nr. 11. S. 243–245. – 2 Abb., 2 Tab., 9 Lit.

Die Einlagerung von mittelgroßen und großen, unverletzten Knollen der Sorten 'Maritta', 'Capella', 'Herkula' und 'Ostbote' in Feldmieten, Keller und Lagerhausboxen zeigte bei der Aufbewahrung bis Juni im Durchschnitt von 5 Jahren, daß in den ersten Wochen der Lagerung höhere Verluste als während der späteren Zeit eintreten; nach dem Einsetzen der Keimung erhöht sich dann der Gewichtsverlust erheblich (bis Apr. 5%, bis Juni 12%). Der Gewichtsverlust setzt sich aus dem Verlust an Wasser und Tr.-Subst. (und damit Stärke) zusammen; von Sorte zu Sorte ergaben sich keine wesentlichen Unterschiede. Ein Parallelversuch mit einer Kühlboxe wies nach, daß konstante Kühllagerung bei etwa 4 °C (ebenso wie Behandlung mit Keimhemmungsmitteln) erst ab April/Mai lohnt, da zu dieser Zeit die hohen Verluste durch Keimung bei normaler Lagerung beginnen. Kleine und verletzte Knollen erleiden durch stärkere Wasserabgabe und erhöhte Fäulnis erheblich höhere Gewichtsverluste als ausgelesene Kartoffeln. R. Kämmerer. 759.

Joiner, Sue und Mackey, Andrea; Corvallis, Oregon State Univ., Agric. Exp. Stat. Weight loss, specific gravity and mealiness during storage of Russet Burbank potatoes. **(Gewichtsverlust, spezifisches Gewicht und Mehligkeit während der Lagerung von 'Russet Burbank'-Kartoffeln.)** Amer. Potato J. **39** (1962) Nr. 8. S. 320–325. – 6 Tab., 11 Lit.

Kartoffelproben der Sorte 'Russet Burbank' von 16 Farmen in Oregon wurden nach dem spez. Gew. in 6 Klassen geteilt und in Säcken bei 40 °F und 38%

rel. Luftfeuchte 6 Mon. gelagert. Das spez. Gew. und Gewichtsveränderungen wurden monatl. bestimmt und eine organoleptische Prüfung durch eine erfahrene Jury am Ende der Lagerungsperiode vorgenommen. Die Beobachtung der Mehligkeit nach 1, 2, 4 und 6 Mon. von 3 spez. Gewichtsklassen ergab eine leichte Zunahme der Mehligkeit bis zum Ende der Lagerzeit. Auch das spez. Gew. nahm während der Lagerung etwas zu, und zwar nahm es bei Klassen niedrigen spez. Gewichtes stärker zu als bei solchen mit hohem. Über 50% der Gesamtverluste während der Lagerung traten während der ersten 60 Tage ein. Knollen, deren spez. Gew. während der Lagerung zunahm, hatten signifikant höhere Gewichtsverluste als die Knollen, deren spez. Gew. abnahm oder gleich blieb. Knollen, deren spez. Gew. sich während der Lagerungszeit nicht änderte, waren mehliger in den entspr. Klassen als Knollen, deren spez. Gew. sich änderte. Korrelationen zwischen Gewicht, Größe oder spez. Gew. bei der Ernte der Knollen und der Schrumpfung wurden nicht gefunden.
Ch. Pfeffer. 759.

Šimek, Jaroslav. Vliv skladování na změny obsahu vitamínu C u bramborových hlíz. **(Einfluß der Lagerung auf den Vitamin-C-Gehalt in Kartoffelknollen.)** Průmysl Potravin **13** (1962) Nr. 6. S. 311–312. — 4 Tab., 5 Lit.
Bei der Kartoffelsorte 'Erstling' betrug der Gehalt an Ascorbinsäure im Okt. 19,7 mg%, im Mai, bei +2,5 °C in der Miete, 9,6 mg%, bei der Sorte 'Bojar' im Okt. 11,2 mg%, im Mai (in der Miete) 3,5 mg%. Bei der Aufbewahrung im Lagerhaus wies die Sorte 'Erstling' im Okt. 17,75 und im Mai 6,80 mg% und die Sorte 'Bojar' unter gleichen Bedingungen im Okt. 9,25, im Mai 5,25 mg% auf. Die Monate Jan.–März stellen demzufolge die entscheidende Einlagerungsperiode dar. Die Vitamin-C-Verluste sind in der Zeit von März bis Mai nicht mehr so hoch. Die bei +16 °C lagernden Knollen zeigen im Vergleich mit den bei +5 °C eingelagerten Kontrollknollen starkes Keimwachstum . Von Okt.–Mai verlieren die eingelagerten Kartoffeln 36–80% des Vitamin-C-Gehaltes. Dieser Verlust hängt nicht nur von der Temperatur in der Miete, sondern auch von der Sorte, vom Boden und von den Vegetationsfaktoren ab. J. Špinka. 759.

Boneta-García, E. und Lugo-López, M. A.; Rio Piedras, Univ., Agric. Exp. Stat. Losses of sucrose in cut cane kept under shade or sun for different periods. **(Saccharoseverluste bei geschnittenem Zuckerrohr nach verschieden langer Lagerung im Schatten oder in der Sonne.)** J. Agric. Univ. Puerto Rico **46** (1962) Nr. 3. S. 189–194. — 2 Abb., 2 Tab., 7 Lit.
Von je 200 Stengeln der 6 führenden Zuckerrohrsorten von Puerto Rico wurden 100 im Schatten und 100 in der Sonne 20 Tage lang gelagert und alle 5 Tage analysiert. Bei jeder Art Lagerung gab es signifikante Verluste. Die Unterschiede zwischen beiden Varianten waren nur gering. Bei Lagerung in der Sonne waren die Verluste geringfügig, jedoch nicht signifikant höher. Die Gehaltskurven zeigen ein Auf und Ab, wahrscheinlich bedingt durch Änderungen des Wassergehaltes der Stengel. In den mittleren tägl. Verlusten bestanden erhebliche Sortenunterschiede (0,1273–0,3731%; Anfangsgehalt der Sorten 12,18–14,47%). W. Stenz. 759.

G. Versuchswesen

Bätz, G. und Möbius, H. J.; Bernburg, Inst. für Pflanzenzücht. der Dtsch. Akad. der Landwirtschafts-Wiss. zu Berlin; Hochschule für Landwirtsch., Inst. für Acker- und Pflanzenbau. **Ein Vorschlag zur Einführung des Betriebsgroßversuches in das Prüfungssystem für agrotechnische Verfahren und Neuzüchtungen.** Dtsch. Landwirtsch. **14** (1963) Nr. 2. S. 75–78. — 2 Tab. nach Zus.
Die verschiedenen Prüfungsstufen, die sich in den letzten Jahrzehnten im Feldversuchswesen herausgebildet haben, werden definiert, und die Einführung

von Betriebsgroßversuchen wird vorgeschlagen. Der Betriebsgroßversuch hat drei Aufgaben zu erfüllen: 1. Ermittlungen über die ökonomischen Auswirkungen neuer Verfahren bzw. Sorten; 2. Überprüfung von Erkenntnissen, die in Parzellenversuchen gewonnen wurden unter den Bedingungen des sozialistischen Großbetriebes; 3. Überleitung neuer Erkenntnisse in die Praxis. Zur Lösung dieser Aufgaben müssen bei der Planung, Durchführung und Auswertung der Betriebsgroßversuche mehrere methodische Grundsätze, auf die im einzelnen hingewiesen wird, berücksichtigt werden. 760.

Geidel, H. und Schuster, W.; Gießen, Univ., Inst. für Pflanzenbau u. -züchtung.; Braunschweig-Völkenrode, Forsch.-Anst. für Landwirtsch. **Untersuchungen über die Teilstückgröße bei Feldversuchen mit Sommergerste.** Z. Acker- u. Pflanzenbau **116** (1962) Nr. 1. S. 1–13. – 1 Abb., 3 Tab., 10 Lit. Zus. in Engl.
Zur Einsparung an Arbeit und Kosten könnte die Verkleinerung der Teilstücke zumindest bei Sorten- und Stammesprüfungen beitragen, die jedoch nicht auf Kosten der Versuchsaussage gehen darf. In 3jähr. Blindversuchen nahm mit zunehmender Teilstückgröße die Standardabweichung ($_2$s dt/ha) ab, und zwar von 2,4 m² bis 9,6 m² und 14,4 m² mehr als von 16,8 m² bis 50 m². Bei großen Bodenunterschieden und 4–6 Wiederholungen soll die Teilstückgröße nicht unter 9,6 m², besser bei 15 m² liegen. Ihre Form hat keinen Einfluß. Durch Erhöhung der Wiederholungszahl wurde die Standardabweichung nicht kleiner, jedoch der mittlere Fehler der Differenz. Die Mittelwerte der kleinen Teilstücke zeigten eine wesentlich bessere Übereinstimmung mit den großen Ernteflächen als die Standardabweichungen. H. Görlitz. 761.

Wellisch, Péter. Nagyüzemi kísérletek statisztikai értékelése, ha a gazdaságok száma kezelésenként változó. **(Statistische Auswertung von Großflächenversuchen, wenn die Zahl der Betriebe je Behandlung unterschiedlich ist.)** Nemesített Növényfajtákkal végzett Országos Fajtakísérletek Eredményei [Ergebn. Zücht. Pflanzensorten d. Staatl. Sortenprüfanst.] **1960** (hrsg. 1962) S. 89 bis 104. – 10 Tab., 13 Lit. Zus. in Russ., Engl., Dtsch. Aus: Ung. Agrar-Rdsch. **1963** Nr. 1.
Bei Großflächenversuchen kommen häufig nicht alle Sorten oder Behandlungen (Prüfglieder) in allen Prüfbetrieben vor. In diesen Fällen kann eine Methode, die auf orthogonaler Anordnung beruht, zur statistischen Auswertung der Angaben nicht angewendet werden. Die in solchen Fällen bisher angewandte Methode war der auf dem paarweisen Vergleich der Behandlung beruhende t-Test. Diese Berechnung ist aber umständlich und hat den Nachteil, daß sich aus den verschiedenen Behandlungen keine Gesamt-Ausfalltabelle aufstellen läßt. Die vorgeschlagene neue Methode beruht darauf, daß mindestens ein Prüfglied, besser aber zwei, in allen Betrieben vorkommen. Diese Behandlungen können als Standard-Verbindungsglieder verwendet werden, und dadurch kann eine Korrektur der Durchschnitte der nur in einem Teil der Betriebe vorkommenden Behandlungen erfolgen, so daß schließlich aus allen Behandlungen eine einzige Gesamt-Ausfalltabelle aufgestellt werden kann. Bei der Berechnung der Standardabweichungen können zur statistischen Rechnung sämtliche Angaben berücksichtigt werden, so daß die Abschätzung der Streuung genauer ist als bei der paarweisen Bewertung. Der t-Test muß aber aus der gemeinsamen Fehlerstreuung auch in diesem Falle je Behandlungspaar ausgeführt werden. Die Formel zur Bestimmung der Zahl der zum t-Test benötigten Freiheitsgrade sowie der ausführliche Berechnungsgang werden an einem praktischen Beispiel erläutert. 768.

H. Pflanzen der gemäßigten Zone

Fischbeck, G. **Acker- und pflanzenbauliche Voraussetzungen für hohe Erträge.** Bayer. landwirtsch. Jb. **39** (1962) Nr. 4. S. 420–436.

Nach jahrelangen Ertragssteigerungen in der DBR trat 1961 ein Rückgang ein, der gegenüber 1962 bei Getreide etwa 20%, bei Kartoffeln 12,5% und bei den Rüben 7–15% betrug. Lediglich der Ackerfutterbau, vor allem die Ackerbohne, brachte um 5–14% höhere Erträge. Die Gründe sind verschiedener Art. Durch den milden Winter geriet der Boden in einen schlechten Strukturzustand. Die hierdurch bedingte schlechte Tätigkeit des Bodens wurde durch Nichteinhaltung optimaler Bestellungstermine weiter gemindert und das Nachschubvermögen an wurzellöslichen Nährstoffen stark gehemmt. Die durch Düngung eingebrachten Nährstoffe wurden von den Pflanzen schnell verbraucht, sodaß die Zufuhr löslicher Nährstoffe stockte. Späte und geteilte N-Gaben brachten daher 1961 gute Erfolge. Weiter wirkten sich ungünstige Fruchtfolgen, weitere Verschlechterung der Bodenstruktur, Bodenmüdigkeit, Störung des biol. Gleichgewichts und Ausscheidung von Hemmstoffen ertragsschädigend aus. Eine Abwendung von einseitigen Verkaufsfrüchten zu Fruchtfolgen mit Kleegras u. a. Futterpflanzen, die gleichzeitig die Veredelungswirtschaft fördern, ist daher dringend erforderlich. Die Anhäufung von Fußkrankheiten bei Weizen und Gerste sowie die Gelbrostepedemie der Gerste führen zwangsläufig zur Einschränkung dieser Kulturen. Auch die Verunkrautung führte zu erheblichen Ertragsminderungen. Die Unkrautflora paßt sich einseitigen Maßnahmen an. Teure Spezialmittel sollten nur dort eingesetzt werden. wo die betr. Unkräuter vorherrschen. Dringend zu empfehlen sind Abwechslung der Methoden und Bevorzugung ackerbaulicher Maßnahmen, die bedeutend billiger sind. Der richtig eingesetzte Mähdrescher kann durch Bergung von Samenunkräutern und in Verbindung mit Schälpflug und Egge zur Unkrautbekämpfung mit herangezogen werden. Nicht zuletzt ist die Verwendung hochwertigen Saatgutes von ausschlaggebender Bedeutung für hohe Erträge. Bei Getreide bedeutet dies keinen wesentlichen Mehraufwand, jedoch entfernt sich die Pflanzkartoffelerzeugung durch ständige Verfeinerung immer weiter vom Konsumanbau. Allein durch die Augenstecklingsprüfungen konnten Fehleinstufungen von 30 auf 4% reduziert werden. Einer Förderung bedarf die Erzeugung des Futterpflanzensaatgutes. So werden immer noch 95% des Rotkleesamenbedarfes im Auslande gedeckt, wobei zu beachten ist, daß Herkünfte aus Südfrankreich, Italien und Jugoslawien häufig versagen. Bei Luzernesamen bahnt sich jedoch insofern eine Besserung an, als amerikanische Spezialbetriebe Elitesaatgut deutscher Zuchtsorten vermehren und der deutschen Landwirtschaft wieder zur Verfügung stellen. Auf diese Weise können 20% der jährlichen Neuansaaten im Bundesgebiet gedeckt werden. C. Feyer. 770.

Boekholt, K.; Eutin. **Die Unterschiede in der Ertragsstruktur zwischen ertragreichen und ertragärmeren Sorten und Neuzüchtungen von Winterweizen und Hafer.** Z. Acker- u. Pflanzenbau **115** (1962) Nr. 4. S. 309–318. — 1 Abb., 5 Tab., 20 Lit. Zus. in Engl.

19 bzw. 16 Prüfreihen von Wi-Weizen und Hafer des Bundessortenamtes aus den Jahren 1950–60 wurden zur Auswertung der Ertragsstruktur herangezogen (204 Wi-Weizenversuche mit 340 geprüften — davon 152 verschiedenen — Sorten und 136 Haferversuche mit 325 geprüften — davon 148 verschiedenen — Sorten). Die Ertragskomponenten: Einzelähren- bzw. -rispenertrag, Kornzahl je Ähre bzw. Rispe und Bestandesdichte, bildeten die Grundlagen für die Gegenüberstellung der ertragreichen mit den ertragarmen Sorten. Bei den ertragreichen Sorten hat sich vor allem der Einzelähren- bzw. -rispenertrag überlegen gezeigt. Die TKM war nur bei den ertragreichen Weizen entsprechend höher, während sie beim Hafer bei den ertragreichen Sorten niedriger war. Die Bestandesdichte hat beim Hafer eine größere Bedeutung für die Ertragsbildung als beim Weizen. Bei der Züchtung ist darauf zu achten, daß beim Weizen wie auch beim Hafer die Kornzahl je Ähre bzw. Rispe

ein charakteristisches Merkmal ertragreicher Sorten ist. Eine Gegenüberstellung der Schwankungsbreite bei den einzelnen Merkmalen beider Ertragsgruppen zeigt, daß eine starke Überschneidung vorliegt. Die einzelnen Ertragskomponenten können sich bei der Ertragsbildung in gewissem Umfange ersetzen. F. Beleites. 772.

Tymčuk, M. Ja. (Tymtschuk, M. Ja.) Nekotorye sposoby povyšenija produktivnosti jarovoj pšenicy i jačmenja. **(Einige Verfahren zur Erhöhung der Leistungen von Sommerweizen und Sommergerste.)** Tr. Chaŕkovsk. s.-ch. in-ta **29(66)** (1960) S. 87–98. – Aus: Referativnyj žurnal. Biologija, Moskva **1961** Nr. 24. G 435. S. 50.
Im Charkower Landwirtsch. Inst. wurde 1954–56 der Einfluß der Korngröße des Saatgutes (von Elite) auf Ertrag und Eiweißgehalt des Korns der folgenden Reproduktionen untersucht. Die Versuche wurden mit den So-Weizensorten 'Artjomowka' und 'Narodnaja' und den So-Gerstensorten 'Jubilejny' und 'Loosdorfer Hanna-Gerste' durchgeführt. Großkörniges Saatgut besaß hohe Saatgutqualität und die Leistungen der folgenden Gersten- und Weizenreproduktionen waren höher. Bei Verwendung großkörnigen Saatgutes stieg der Eiweißgehalt des Weizenkorns, und Kleber- und Backqualität waren höher. Bei der So-Gerstensorte 'Jubilejny' trat nach Aussaat großkörnigen Saatguts eine Verringerung des Eiweißgehalts um 0,75% ein, während der Stärkegehalt gestiegen war. übersetzt v. W. Peitz. 772.

Popov, P., Kolev, D., Bojadžieva, D. und Gocova, V. (Popow, P., Kolew, D., Bojadshiewa, D. und Gozowa, W.) Rezultati ot desetgodišno izpitvane na novite rajonirani sortove zimna pšenica na Sadovskata opitna stancija. **(Ergebnisse aus einer zehnjährigen Prüfung der neuen rayonierten Winterweizensorten der Versuchsstation Sadowo.)** Izvestija na Centralnija naučnoizsledovatelski institut po rastenievŭdstvo, Sofija **13** (1962) S. 93–112. – 2 Abb., 13 Tab., 9 Lit. Zus. in Russ., Dtsch.
In den ersten 3 Jahren wurden 'Jubilejna II', 'Jubilejna III', 'Åkerman 17' und 'Åkerman' (Standard), in den folgenden 7 Jahren auch die Sorten 'Nr. 301' und 'Nr. 14' und in den letzten 3 noch zusätzlich 11 ital. Weizensorten geprüft. 'Jubilejna II' und 'Jubilejna III' stellten sich ertragsmäßig (entspr. 4670 und 4650 kg/ha) mit 'Åkerman' (4618 kg/ha) gleich, während 'Åkerman 17' die Kontrolle um 4,9% übertraf. Die 3jährige Vergleichsprüfung der Sadowoer Sorten erbrachte, daß 'Jubilejna II', 'Jubilejna III' und 'Åkerman 17' zur Klasse der hochproduktiven ital. Weizensorte 'San Pastore' gehören. Gegenüber dem Standard 'Åkerman 17' brachten 'San Pastore' 109,1%, 'Jubilejna II' 107,3% und 'Jubilejna III' 99%, die Sorte 'Nr. 301' nur 80,9%. In bezug auf Winterfestigkeit waren die neuen Sadowoer Weizensorten der Sorte 'Åkerman' wesentlich überlegen. Bezüglich der Backfähigkeit übertraf 'Jubilejna II' die Kontrolle 'Åkerman' bedeutend. K. Tschanew. 773.

Anonym. Forsøg med hvedesorter 1958–1961. **(Versuch mit Weizensorten 1958–61.)** Tidsskr. Planteavl **66** (1962) Nr. 4. S. 713–716. – 2 Tab. 773.

Schäfer, B.; München, TH, Inst. für Acker- und Pflanzenbau. **Über den Sorten- und Umwelteinfluß auf Qualitätsfaktoren bei Weizen und deren gegenseitige Beziehungen.** Z. Acker- u. Pflanzenbau **116** (1962) Nr. 1. S. 14–38. – 4 Abb., 16 Tab., 19 Lit. Zus. in Engl.
Die langjährigen Untersuchungsreihen (1930–59) über die Backfähigkeit (BF) und die Qualitätsfaktoren wie Rohproteingehalt (RPG), Feuchtklebergehalt (FKG), Quellzahl (QZ), Testzahl (TZ), Brotvolumen und Backzahl (BZ) ergaben die Möglichkeit, Beziehungen zwischen den einzelnen Komponenten auch unter dem Einfluß der jährlichen Änderungen aufzudecken. Die zahlreichen aufgestellten Korrelationen zwischen allen Faktoren lassen gut bis sehr gut oder auch nur in der Tendenz eine Abhängigkeit von Sorte, Umwelt

oder Untersuchungsmethode erkennen. Bei Wi- und So-Weizen erwiesen sich BF (BZ) und Klebergüte (QZ, TZ und Gütezahl – GZ –) als sortengebunden, während FKG und RPG vor allem durch Umweltbedingungen beeinflußt werden. Die jeweiligen Beziehungen von QZ, TZ und GZ zur BZ stimmen bei So- und Wi-Weizen so gut überein, daß sie sich als Gütefaktoren in der Backfähigkeitsaussage vertreten können. Für den Eiweißgehalt und den FKG ergibt sich auch eine gleichsinnige Übereinstimmung. Die Einteilung nach BZ-Gruppen bei Wi-Weizen ergab, daß bei niedriger und mittlerer Klebergüte und niedriger und mittlerer BZ eine gute Korrelation vorhanden ist, die bei höheren Werten nicht mehr so eng ist. Der FKG hat keinen wesentlichen Einfluß auf QZ/BZ. Bei So-Weizen waren diese Beziehungen nicht gesichert, und somit erweist sich hier die Klebergüte für das Backergebnis weniger aussagekräftig als bei Wi-Weizen. Die Feuchtklebermenge (FKM) zeigt keine Beziehungen zur BF, aber mit steigender Menge wird schlecht backfähiger Wi-Weizen in der Backqualität negativ beeinflußt, während gut backfähige Wi-Weizen mit Qualitätssteigerung antworten. Beim So-Weizen konnten keine entspr. Korrelationen festgestellt werden. Die negativen Beziehungen zwischen FKM und QZ sind hauptsächlich durch die Auswaschmethode bedingt. Weitere Ergebnisse zeigen, daß die FKM durch den Rohproteingehalt vertreten werden kann. Die zahlreichen aufgefundenen Korrelationen lassen Wege für eine weitere Qualitätsverbesserung beim Wi-Weizen durch Züchtung erkennen. F. Beleites. 773.

Popov, A. und Dimova, R. (Popow, A. und Dimowa, R.) Vŭzmožnosti za otgleždane na tvŭrdata pšenica v Jugozapadna i Severozapadna Bulgarija. **(Prüfung der Anbaumöglichkeiten für Hartweizen in Südwest- und Nordwestbulgarien.)** Izvestija na Centralnija naučnoizsledovatelski institut po rastenievŭdstvo, Sofija **13** (1962) S. 73–92. – 2 Abb., 11 Tab., 9 Lit. Zus. in Russ., Dtsch.

Vff. untersuchten 11 Hartweizensorten auf die Anbaueignung für die Gebiete Südwest- und Nordwestbulgariens. Als Kontrollen dienten die Weichweizensorten 'Nr. 301' und 'Nr. 11' für Südwestbulgarien und die Sorten 'Nr. 301' und ,Nr. 158' für Nordwestbulgarien. Die Überwinterung der untersuchten Sorten verlief wie unter den Klimaverhältnissen Südbulgariens. Die Bestockung unterscheidet sich von der des Weichweizens 'Nr. 301' fast nicht. Der Anbau des Hartweizens kann für Südwest- und NW-Bulgarien empfohlen werden. Als die anbauwürdigsten Sorten erwiesen sich 'Nr. 233' und 'Nr. 1522'. Sorte 'Nr. 233' ist standfest und wird zur Prüfung unter Bewässerungsverhältnissen empfohlen. Die Sorte 'Nr. 1522' überwintert gut und hat eine hohe Kornglasigkeit. K. Tschanew. 773.

Račinski, T. und Gavrilova, N. (Ratschinski, T. und Gawrilowa, N.) Proučvane vŭzmožnostite za otgleždane na tvŭrdata pšenica v rajona na SNII-Kneža. **(Untersuchungen der Anbaumöglichkeiten für Hartweizen im Gebiet des Landwirtschaftlichen Forschungsinstituts zu Knesha.)** Izvestija na Selskostopanskija naučnoizsledovatelski institut – Kneža, Sofija **4** (1962) S. 61–77. – 4 Abb., 10 Tab., 11 Lit. Zus. in Russ., Engl.

In den Jahren 1957–61 wurden zur Klärung der Eigenschaften einiger bulg. Hartweizensorten und einiger Anbaumethoden unter den Standortbedingungen NW-Bulgariens Versuche mit einigen Sorten angestellt. Der Hartweizen brachte dabei allg. niedrigere Erträge als der Weichweizen 'Nr. 301' (im Mittel um 15,48–33,35%). Den höchsten Durchschnittsertrag (2209 kg/ha Korn) brachte die Hartweizensorte 'Nr. 13'. Die untersuchten Hartweizensorten wiesen gute, bis –20 bis –22 °C reichende Winterfestigkeit auf. Die Sorten 'Nr. 13', '788', '132', '838', '861' und '1522' sind langhalmig und wenig standfest. Sie bringen mengenmäßig und qualitativ geringe, doch in Trockenjahren hohe Kornerträge. Den höchsten Kornertrag lieferte der Hartweizen bei Aussaat in der 3. Oktoberdekade. Mit verspäteter Aussaat nimmt die Kornglasigkeit zu. Höchster Proteingehalt wurde bei der Aussaat vom 20. 10. festgestellt. K. Tschanew. 773.

Šamsutdinova, K. G. (Schamsutdinowa, K. G.) Uslovija rosta i razvitija jarovoj pšenicy pri rannem (aprel'skom) poseve i ich vlijanie na urožajnost' i produktivnye kačestva semjan. **(Wachstums- und Entwicklungsbedingungen von Sommer-Weizen bei früher [April-]Aussaat und ihr Einfluß auf Leistung und produktive Qualität des Saatgutes.)** Tr. Kazansk, s.-ch. in-ta **41** (1960) Nr. 1. S. 31–43. – 25 Lit. Aus: Referativnyj žurnal. Biologija, Moskva **1961** Nr. 24. G 440. S. 50.
In Versuchen des Kasaner Landwirtsch. Inst. (1957–58) waren So-Weizenpflanzen der Sorte 'Lutescens 62' bei früher Aussaat (20.–25. Apr.) in den frühen Wachstumsphasen besser mit Wasser, Nitraten und beweglicher Phosphorsäure versorgt und zeichneten sich durch ein mächtiges Wurzelsystem, bessere Nährstoffaufnahme, größere Bestockung, durch vermehrtes Wachstumstempo der org. Masse und durch geringere Anfälligkeit gegen Krankheiten und Schädlinge aus als Pflanzen, die zwischen 30. Apr. und 3. Mai ausgesät worden waren. Beim 1. Aussaattermin betrug der Mehrertrag 4–6 dt/ha; gleichzeitig erhöhten sich die Saatguteigenschaften.
übersetzt v. W. Peitz. 773.

Prugar, Jaroslav; Praha-Ruzyně, Výzkumný Ústav Rostlinné Výroby. Řešení problému kvality pšeničného zrna u nás i ve světě. **(Problem der Weizenkornqualität in der ČSSR und in der Welt.)** Studijní Inform., rostlinná Výroba **1962** Nr. 4. S. 1–60. – 1 Abb., 7 Tab., 212 Lit.
Vf. berichtet über in vielen Ländern (UdSSR, DDR, Westdeutschland, Österreich, USA, Kanada) zur Verbesserung der Kornqualität und für den Anbau von Qualitätsweizensorten durchgeführte Maßnahmen, wie Züchtung, Sortenbereinigung, Sortenprüfung, Methoden der Kornbewertung und Verbesserung der Aufkaufbedingungen. V. Skládal. 773.

Schulze, R. und Zabel, S. **Der Einfluß der Saatzeit auf Kornertrag und Qualität bei Weizen.** Dtsch. Landwirtsch. **13** (1962) Nr. 10. S. 493–497. – 2 Abb., 2 Tab.
5 Wi-Weizensorten brachten bei der Aussaat im Okt. die höchsten, im Nov. die geringsten und im Dez. wieder ansteigende Erträge. Mit einem noch stärkeren Ertragsrückgang von 5–15% reagierten sie bei der Aussaat im Jan. 4 So-Weizensorten erreichten bei der Aussaat im Dez. die gleichen Erträge wie die Wi-Weizen, während sie sich bei der Jan.-Aussaat den Wi-Weizen als überlegen erwiesen. Aussaaten im 1. Drittel des Apr. ergaben noch befriedigende, im 2. Drittel geringere Erträge, während die Aussaat Anfang Mai nur noch Ergebnisse von 61% der Durchschnittsernten ergab. Die höchsten TKM zeigten die Wi-Weizen bei der Okt.-, die So-Weizen bei der Dez.-Aussaat. Dagegen konnte zwischen Klebermenge bzw. -güte und Saatzeit kein eindeutiger Zusammenhang festgestellt werden. H. Rieger. 773.

Filipev, I. D. und Bienko, A. I. (Filipjew, I. D. und Bijenko, A. I.); Mirnopolje, Gebiet Odessa, Ismailer Versuchsstat. des Unions-Inst. für Maisforsch. O podkormke ozimoj pšenicy v osennij period. **(Die Herbstkopfdüngung bei Wi-Weizen.)** Zemledelie, Moskva **24** (1962) Nr. 10. S. 49–51. – 3 Tab.
In 5jähr. Versuchen auf Schwarzerde steigerte eine N-Gabe von 45 kg/ha, zu Wi-Weizen im 3–4-Blatt-Stadium gegeben, den Ertrag um durchschnittlich 2,3–3,6 dt/ha. Der Eiweiß-Gehalt des Kornes stieg um 0,97% gegenüber ungedüngt. Gaben über 45 kg/ha steigerten den Ertrag nicht weiter.
R. Schlenker. 773.

Anonym. Forsøg med rugsorter 1958–61. **(Versuch mit Roggensorten 1958 bis 1961.)** Tidsskr. Planteavl **66** (1962) Nr. 4. S. 717–720. – 1 Tab. 775.

Papp, Zs. und Sváb, J. Rozsfajtáink fejlödéselemzése. **(Entwicklungsanalyse ungarischer Roggensorten.)** Növénytermeles [Pflanzenbau] **11** (1962) Nr. 2. S. 155–164. – Aus: Ung. Agrar-Rdsch. **1963** Nr. 1.
Auf Grund der Ertragsanalysen der Roggen-Hauptsortenversuche von 6 Jahren wurden die Ursachen der jährlichen Ertragsschwankungen des Roggens sowie die Unterschiede in der Ertragsfähigkeit der Sorten 'Lovászpatonei', 'Fleischmann', 'Kisvárdai', 'Óvári' und 'Kicskeméti' untersucht und die jährlichen Ertragsschwankungen von Roggen und Weizen durch Gegenüberstellung des Entwicklungsganges der beiden Kulturen verglichen. Die Ursache für die jährlichen Ertragsschwankungen beim Roggen ist hauptsächlich in der Phase des Blühens und der Befruchtung zu suchen. Unter den Entwicklungstypen der 5 Roggen-Prüfsorten besteht kein wesentlicher Unterschied. Eine Roggensorte von höherer Ertragsfähigkeit kann nur unter Anwendung eines neuen Ausgangsmaterials erzeugt werden, das den Entwicklungsgang wesentlich verändern müßte. Die größte Aussicht hierzu bietet die Modifizierung der Phasen Blühen und Befruchtung. Dies wird auch durch die Darstellung eines österreichischen Sortenversuches bestätigt. 775.

Cechanovskaja, N. A. (Zechanowskaja, N. A.) Itogi raboty s kollekciej jačmenja. **(Arbeitserfolge mit der Gerstenkollektion.)** Naučn. tr. Kubansk. opytn. st. Vses. in-ta rastenievodstva **1961** Nr. 1. S. 61–81. – Aus: Referativnyj žurnal. Biologija, Moskva **1962** Nr. 3. G 220. S. 28.
Auf der Kubanischen Versuchsstat. des Unions-Forsch.-Inst. für Pflanzenbau befindet sich eine Kollektion von So- und Wi-Gerste (4000 Muster). 1936–41 wurde die Widerstandsfähigkeit agroökol. Gruppen gegen Staubbrand und die Eigenart der Vererbung wichtiger wirtsch. wertvoller Eigenschaften genetisch untersucht sowie eine neue Methode der Massenbewertung der Winterfestigkeit entwickelt. In den letzten Jahren wurden die Sorten Nordkaukasiens, Kleinasiens und der Balkanländer untersucht. Die Sorten Kleinasiens zeichnen sich durch starke Dürreresistenz aus, während die Sorten Kaukasiens, der Balkanländer und bes. Kleinasiens leicht lagern. Die aussichtsreichsten Sorten wurden für die Zucht ausgewählt – 2zeilige Gersten aus den Varietäten *medicum* und *nutans*. Auf der Station wurden die rayonierten Sorten 'Nudum', 'Armawirski 593', 'Kubanez', 'Spartan II' und 'Narodny 9' gezüchtet. Die drei letztgenannten Sorten wurden 1961 rayoniert.
übersetzt v. G. Boetticher. 777.

Knoch, G. **Saatzeiten- und Sortenfragen der Wintergerste in Vorgebirgslagen.** Albrecht-Thaer-Arch. **6** (1962) Nr. 10. S. 751–763. – nach Zus.
In den Jahren 1956–61 wurden in 3 Orten des Thüringer Schiefergebirges (Vorgebirgslage) die Wi-Gerstensorten 'Mahndorfer', 'Dominator', 'Ora' und 'Jutta' in Saatzeitenversuchen auf ihre Winterfestigkeit und Ertragsleistung geprüft. Die Ertragssicherheit kann durch frühe Saat wesentlich verbessert werden. Durch die Saat um den 10. Sept. erreichte die Gerste vor dem Eintritt des Winters fast immer eine ausreichende Bestockung. Dieser Saattermin zeichnete sich durch größere Bestandesdichte sowie hohe Korn- und Strohleistungen aus. Die Sorten 'Dominator' und 'Mahndorfer' waren ertragreicher, weniger flugbrandanfällig und reiften etwas früher als 'Jutta' und 'Ora'.
777.

Navrátil, J.; Brno, Katedra Speciální Výroby Rostlinné VŠZ. Vliv základního zpracováni půdy na sladovnický ječmen. **(Einfluß der Bodenbearbeitung auf den Ertrag an Braugerste.)** Sborník Vysoké Školy zemědělské Brně, Řada A **1961** Nr. 3/4. S. 453–465. – 10 Tab., 26 Lit. Zus. in Russ., Dtsch.
Auf Schwarzerden des Brünner Bezirks wurde durch Versuche (1957–59) der Einfluß der 18–20, 23–25 und 28–30 cm tiefen Herbstfurche auf Wachstum, Ertrag und Qualität der Braugerste untersucht. Bodenfeuchtigkeit und die wichtigsten physikal. Werte wurden ermittelt; das Wurzelsystem wurde an

Hand zweier Proben je Kleinparzelle untersucht; die Proben wurden nach dem Abblühen der Gerste bis aus 40 cm Tiefe entnommen. So-Gerste brachte nach mitteltiefer Bodenbearbeitung den höchsten Massenertrag, Kornertrag und die beste Kornqualität; sie bildete die größte Zahl produktiver Halme je m², ihre Ähren besaßen mehr Körner. Nach der flachen Bodenbearbeitung waren die Erträge und die übrigen Werte am niedrigsten. Klimatische Bedingungen beeinflußten die Erträge stärker als die Tiefe der Bodenbearbeitung V. Skládal. 777.

Santos, I. S. und Cagampang, I. C. The performance of a cross-section sample of standard U. S. double crosses during one dry season in Laguna, Philippines. **(Die Leistungen einer Kollektion von Standard US Doppelkreuzungen während einer Periode in Laguna, Philippinen.)** Philippine Agriculturist **44** (1961) Nr. 10. S. 502–513. – 3 Tab.
Vff. verglichen 24 US-Doppelkreuzungshybriden mit einheimischen Sorten. Die Versuche wurden in Laguna (14° N) durchgeführt. Die US-Hybriden stammten aus nördlicheren Breiten (31–43° N). Trotzdem brachte z. B. 'Tenessee 0131' Kornerträge von 51 dt/ha. Die beste Lokalsorte dagegen nur 36 dt/ha. Die Ergebnisse lassen sich jedoch nicht verallgemeinern, denn 1953/54 traten rel. wenig Schädlinge und Krankheiten auf. Gegenüber diesen aber sind die US-Hybriden erfahrungsgemäß anfällig. W. Schmidt. 782.

Sokolov, B. P. und Domašnev, P. P. (Sokolow, B. P. und Domaschnew, P. P.); Dnepropetrowsk, Unions-Inst. für Maisforsch. K voprosu o klassifikacii kukuruzy po dline vegetacionnogo perioda. **(Zur Frage der Klassifizierung des Maises nach der Länge der Vegetationsperiode.)** Kukuruza, Moskva 7 (1962) Nr. 11. S. 42–43. – 2 Tab.
Die Dauer der Vegetationsperiode bei Mais hat große praktische Bedeutung, bes. für neue, nördliche Anbaugebiete. Mehr als 30jähr. Untersuchungen der Mais-Weltkollektion haben gezeigt, daß die Charakterisierung der Sorten nach der Anzahl der Tage von der Aussaat bis zur Reife ungenau ist und, ebenso wie die Periode von der Aussaat bis zur Blüte, in den einzelnen Jahren stark schwankt (Abweichungen von 6–26 Tagen). Die Kennzeichnung der Früh- bzw. Spätreife durch die Summe der bis zur Vollreife nötigen aktiven Temperaturen ist ebenfalls ungenau (für 'W-42' war sie im Gebiet Dnepropetrowsk: 1955 = 2791, 1957 = 2441, 1958 = 2270 °C). Die Ungenauigkeit wird noch stärker bei Anbau in nördlichen Gebieten, in denen der lange Tag, die größere Feuchtigkeit, die niedrigeren Temperaturen und ihre Schwankungen in den einzelnen Jahren die Länge der Vegetationsperiode der Sorten stark beeinflussen. Am genauesten und zuverlässigsten ist es, die Sorten nach der Anzahl der Blätter am Hauptstengel zu klassifizieren. Die Anzahl der Blätter verändert sich praktisch nicht unter dem Einfluß der äußeren Bedingungen. Es ist wünschenswert, daß die Charakteristik der Sorten und Hybriden nach diesem Merkmal unifiziert wird. L. Rang. 782.

Förgeteg, S. und Nagy, M. Tenyészterület-kísérletek Mv-1 és szegedi sárga lófogu kukoricákkal, 1959–1960. **(Standraumversuche mit der Hybride 'Mv-1' und dem Zahnmais 'Szegedi sárga' [gelbe].)** Kukoricatermesztési Kísérletek [Maisanbau-Versuche] **1958/60** (hrsg. 1962) S. 153–157. – Aus: Ung. Agrar-Rdsch. **1962** Nr. 4.
Im Versuchsinst. in Szeged wurden 1959/60 Standraumversuche mit der Hybride 'Mv-1' und dem Zahnmais 'Szegedi sárga' auf mittlerem Steppenlehm mit 40–50 cm mächtiger Humusschicht (stellenweise Salzanreicherungen) durchgeführt. Die Prüfung des günstigsten Standraumes erfolgte in 12 bzw. 8 Prüfgliedern mit 4 Wiederholungen im lateinischen Quadrat. Die Erhöhung der Pflanzenzahl je Flächeneinheit wirkte in Jahren mit günstiger Witterung ertragsfördernd. 1959 lieferte die Hybride 'Mv-1' auf dem Standraum von 0,35 m² mit 16442 Pflanzen je Kat.-Joch (= kj = 0,575 ha) den besten

Ertrag, während im Dürrejahr 1960 der Ertrag bei einem Standraum von 0,49 m^2 zurückging. Eine Ausnahme bildete das Prüfglied (0,35 m^2). Der Zahnmais 'Szegedi sárg' lieferte 1960 auf größeren Standräumen befriedigende Erträge (0,50 m^2, 11 510 Pflanzen je kj). Die Hybride 'Mv-1' erwies sich 1960 um etwa 20 bis 25% ertragreicher als der Zahnmais 'Szegedi sárga'. 782.

Karpilov, Ju. (Karpilow, Ju.) Vlijanie mechaničeskogo povreždenija list'ev na nekotorye pokazateli obmena veščestv i urožaj kukuruzy pri različnych uslovijach mineral'nogo pitanija. **(Einfluß mechanischer Beschädigungen der Blätter auf einige Merkmale des Stoffwechsels und den Maisertrag bei verschiedenen Formen mineralischer Düngung.)** Tr. Kazansk. s.-ch. in-ta **1** (1960) Nr. 40. S. 81–92. – Aus: Referativnyj žurnal. Biologija, Moskva **1961** Nr. 15. G 483. S. 53.
Die Pflanzen wurden in Wagner-Gefäßen herangezogen. Die Defoliation erfolgte beim Erscheinen des 5. Blattes. An den beschädigten Pflanzen beobachtete man einen höheren Gehalt an N-Verbindungen und eine Verminderung des Gehalts löslicher Kohlenhydrate; bei diesen Pflanzen erhöhte sich die Einlagerung von ^{14}C in Amino-Verbindungen und verlangsamte sich dessen Einlagerung in die Zucker. N-Düngung beschleunigte den Prozeß der Amid-Bildung. NH_4CO_3 sicherte eine bessere Entwicklung gesunder und beschädigter Pflanzen als $Ca(NO_3)_2$; bei Ammoniak-N-Gaben beobachtete man auch ein rel. geringeres Absterben beschädigter Pflanzen als bei Nitrat-N-Gaben. Am günstigsten erwies sich die P-Ausbringung bei der Aussaat und die N-Gabe als Kopfdünger bei der Bildung des 6. Blattes. Wurde N zur Aussaat verabreicht, brachten beschädigte Pflanzen einen geringeren Ertrag als unbeschädigte, was man bei nicht mit N gedüngten nicht beobachtete.
übersetzt v. E. Fröhmcke. 782.

Davide, Jorge G. The effects of fertilizer and population density on the growth and yield of corn in the Philippines. **(Der Einfluß der Düngung und der Bestandesdichte auf Wachstum und Ertrag des Maises auf den Philippinen.)** Philippine Agriculturist **44** (1962) Nr. 10. S. 573–586. – 1 Abb., 9 Tab., 8 Lit.
Neben dem Reis ist der Mais auf den Philippinen die wichtigste Kultur. Der vulkanische Boden ist reich an K. Trotzdem werden ohne Düngung nur Erträge von 8,1 dt/ha erzielt. Sehr günstig wirkt die N-Düngung. Vf. verabreichte in Feldversuchen an 3 verschiedenen Orten Gaben von 45–135 kg N je ha. Der Pflanzenbestand war unterschiedlich. Folgende Mehrerträge wurden erzielt:

Mehrerträge erzielt durch Zugabe der	Mehrerträge in kg je kg N 1959 (trocken)			1960 (naß)		
	Bestand je ha in Tausend					
	20	40	60	20	40	60
ersten 45 kg	11,0	10,0	7,2	8,5	14,0	17,0
zweiten 45 kg	–0,2	4,2	5,9	4,0	8,7	4,2
dritten 45 kg	4,5	5,4	12,6	–1,6	1,8	2,9

Die Kornerträge stiegen durch die N-Gaben und die Erhöhung der Bestandesdichte. Auch die Höhe der Maispflanzen stieg. Dagegen wurde der Kolbenanteil geringer. W. Schmidt. 782.

Walger, J. und Sváb, J. A kukoricafajták gyakorlati érésfokozatának összefüggése a szemek szárazanyag – és keményitőtartalmával. **(Der Zusammenhang zwischen dem praktischen Reifegrad von Maissorten und dem Trockensubstanz- und Stärkegehalt der Körner.)** Agrokémia és Talajtan [Agrochem. u. Bodenkunde] **10** (1961) Nr. 3. S. 377–388. – Aus: Ung. Agrar-Rdsch. **1962** Nr. 2.

Vff. untersuchten 8 Zahn- und Hybridmaissorten auf Beziehungen zwischen Stärke- und Tr.-Subst.-Gehalt, zwischen Nagelprobe und Tr.-Subst.-Gehalt sowie zwischen Stärkegehalt und Nagelprobe. Die Beziehung Stärke-/Tr.-Subst.-Gehalt war sehr eng. Unterschiede zwischen den Sorten sind sehr geringfügig. Zwischen Nagelprobe und Tr.-Subst.-Gehalt besteht für alle Sorten eine enge lineare Beziehung. Die Korrelationskoeff. und Regressionsgleichungen sowie die Formeln zur Errechnung des Stärkegehaltes aus Zusammenhang zwischen Nagelprobe und Tr.-Subst.-Gehalt sind angeführt. Zwischen Tr.-Subst.- und Stärkegehalt wurde ein enger Zusammenhang ermittelt. Je nach Standort, Jahr und meteorol. Bedingungen werden die Zahlenwerte variieren, der Zusammenhang wird aber nicht wesentlich beeinträchtigt.
782.

Popov, K. und Maždrakov, P. (Popow, K. und Mashdrakow, P.) Vŭrchu produktivnostta na fotosintezata pri carevični posevi s različna gŭstota. **(Über die Leistung der Photosynthese in Maisbeständen unterschiedlicher Aussaatstärke.)** Izvestija na Instituta po biologija „Metodij Popov". Bŭlgarska akademija na naukite, Sofija **12** (1962) S. 47–72. – 6 Abb., 11 Tab., 20 Lit. Zus. in Russ., Engl.
Untersucht wurden Wachstum und Entwicklung der Maispflanzen und des Blattwerkes, die Dynamik der Trockensubstanzeinlagerung, die reine Tagesleistung der Photosynthese sowie einige Veränderungen in der chem. Zusammensetzung der Maispflanze. Die Versuche wurden mit der Sorte ‚Kazitschenska' bei folgenden Bestandesdichten ausgeführt: 111110 Pflanzen/ha (mit Standweiten 30 × 30 cm), 40000 Pflanzen/ha (50 × 50 cm), 20400 Pflanzen/ha (70 × 70 cm) und 12350 Pflanzen/ha (90 × 90 cm). Das höchste Frischgewicht je ha lieferte die Variante mit Standweiten 50 × 50 cm. Die größte Blattfläche je Pflanze erzielte man bei den lockeren Beständen, während die Blattfläche/ha beim dichtesten Bestand am größten war. Bei den Blättern der Variante 90 × 90 cm war die Photosynthese 2mal intensiver als bei 30 × 30 cm. Am höchsten war die Bildung von Tr.-Subst. bei 50 × 50 cm. Die mittlere Nettoleistung der Photosynthese während der einzelnen Zeiträume der Versuche schwankte von 3–12 g/m^2 je Tag und war beim lockersten Bestand immer am höchsten. Den höchsten biol. und wirtsch. Ertrag brachte die Variante 50 × 50 cm. Der Kornertrag war bei 30 × 30 cm mit 7300 kg/ha sehr niedrig, wobei der Koeff. der Verwertbarkeit des biol. Ertrages nur 0,09 betrug. M. Stoilow. 782.

Zavališin, V. A. und Orlov, V. M. (Sawalischin, W. A. und Orlow, W. M.) Ob opredelenii agrometeorologičeskich pokazatelej skorosti razvitija i optimal'nych srokov seva grečichi. **(Über die Feststellung agrometeorologischer Kennzahlen für die Wachstumsdauer und für optimale Aussaattermine des Buchweizens.)** Sb. rabot Mosk. gidrometeorol. observ. **1960** Nr. 1. S. 39–43. – Aus: Referativnyj žurnal. Biologija, Moskva **1961** Nr. 15. G 503. S. 55.
Die Versuche wurden unter den Bedingungen des Gebietes Tula 1953–55 durchgeführt. Buchweizensamen wurde in Intervallen von 10 und 5 Tagen vom 15. Mai bis zum 2. Juni ausgesät. Die besten agrometeorologischen Bedingungen für die Aussaat zeigten sich in der Periode vom 5. bis 15. Juni, wenn die Summe der Tagestemperaturen 300–450 °C erreicht. Die Erwärmung der Ackerkrume auf 10–12 oder auf 14–15 °C kann nicht als Kennziffer für den optimalen Aussaattermin dienen. Als Kennwert für die Aussaat kann der Zeitpunkt nach Erreichen der Tagestemperatursumme von 360 °C mit einer Abweichung von ± 2–3 Tagen herangezogen werden.
übersetzt v. E. Fröhmcke. 789.

Ehrenpfordt, V. **Felderbse und Lupine — Beitrag zur Beurteilung der Leistung der Felderbse auf leichtem Boden.** Albrecht-Thaer-Arch. **6** (1962) Nr. 10. S. 764–774. – nach Zus.

Der Lupinen- und Felderbsenanbau zur Körnernutzung bringt auf leichtem Boden wichtige Vorteile bei der Fruchtfolgegestaltung. An Hand 9jähr. Anbauversuche werden die Leistungen der beiden Leguminosen verglichen und einige spezielle Ansprüche der Felderbse untersucht. Die Erbse zeigte sich durch gleiche bis bessere Körnerleistungen bei kürzerer Vegetationszeit (Nachfruchtmöglichkeiten!) auch auf leichtem Boden (AZ 21–25) der Lupine überlegen. Allerdings verbessern sich ihre Erträge bei steigender Bodenqualität (AZ 21–29) und zunehmendem pH-Wert (5,3–6,0) erheblich. Es wird daher empfohlen, den Anbau nur auf Böden mit Ackerzahlen über 25 durchzuführen. Eine sehr enge Korrelation zwischen Ertrag und Niederschlagssumme der Periode 15 Tage vor bis 15 Tage nach der Blüte erklärt die bekannte geringe Sicherheit dieser Leguminosen und läßt eine eventuelle künstliche Beregnung zu dieser Zeit vorteilhaft erscheinen. 790.

Vrebalov, Tihomir; Novi Sad, Ist. di Ric. Agrar. Prove di varietà di soia nella Serbia Centrale. **(Versuche mit Sojabohnen in Zentralserbien.)** Sementi Elette [Milano] 8 (1962) Nr. 4. S. 40–47. – 4 Abb., 3 Tab. Zus. in Engl., Dtsch.

In Novi Sad (Jugoslawien) wurden 29 Sojabohnensorten im 5jährigen Anbau auf Ertragshöhe und -sicherheit geprüft. Die Erträge schwankten in den einzelnen Jahren erheblich (13,09–27,93 dt/ha). Die Vegetationszeit der frühreifen Sorten betrug 110–124 Tage, die der spätreifen 140–152 Tage. Von den Sorteneigenschaften interessierte bes. stark die Dürreresistenz. Bei den Sorten 'Manchu Hudsson', 'Szürkebarat', 'Mandarin' und 'Corona' konnte eine hohe, bei den Sorten 'Dieckmanns Grüngelbe', 'Faur', 'Capital', 'Universal' und ‚Mauthner' eine mittlere und bei ‚Castelvetri' und ‚Dobrudsha' eine geringe Dürreresistenz festgestellt werden. Die Erträge waren 1955, 1957 und 1959 bes. hoch. Im 5jährigen Durchschnitt erbrachten 'Faur', 'Manchu Wisconsin', 'Walfstaler', 'Mauthner' und 'Manchu Hudson' zwischen 22,5 und 23,3 dt/ha. Der Durchschnitt aller 29 Sorten betrug 20,82 dt/ha. – Außer den Erträgen wurden bei allen Sorten die Vegetationsdauer, TKM, Höhe der Pflanzen (cm), Hülsenansatz je Pflanze sowie Gehalt und Ertrag an Öl und Protein ermittelt. G. Müller/Leipzig. 805.

Totev, T. (Totew, T.) Proučvane dobiva na sojata sled različni ednogodišni i mnogogodišni predšestvenici pri uslovijata na Sofijskoto pole. **(Untersuchung der Sojabohnenerträge nach verschiedenen ein- und mehrjährigen Vorfrüchten unter den Standortbedingungen um Sofia.)** Selskostopanska nauka, Sofija **1(7)** (1962) Nr. 4/5. S. 505–512. – 5 Tab., 7 Lit. Zus. in Russ., Engl.

In 3 Feldversuchen auf Tschernosem-Smolnitzaboden ohne Düngung und Bewässerung lieferte die Sorte 'Staroukrainska' bei Anbau nach sich selbst 2610 kg/ha, nach Gurkenkürbis ('Jantra') 2450 kg/ha, nach Zuckermohrenhirse 2430 kg/ha, nach Futterkürbis ('Muskat') 2400 kg/ha, nach Zuckermais + Sojabohnen 2330 kg/ha; in einem weiteren Versuch nach Luzerne (nach dem 4. Nutzungsjahr) 1185 kg/ha, nach Rotklee 1684 kg/ha, nach Luzerne + Rotklee 1513 kg/ha; im dritten Versuch nach Luzerne (nach dem 5. Nutzungsjahr) 1702 kg/ha, nach verschiedenen Kleegrasgemischen 1795 bis 1838 kg/ha. N. Platikanow. 805.

Anonym; Wageningen, Inst. voor Rassenonderzoek van Landbouwgewassen. Blauwmaanzaad, 1963. **(Mohn 1963.)** Landbouwvoorlichting **20** (1963) Nr. 1. Ber. Rassenkeuze Nr. 334. S. 1. 817.

Gundaev, A. I. (Gundajew, A. I.) Morfobiologičeskie gruppy v sortovych populjacijach podsolnečnika. **(Morphobiologische Gruppen in Sorten-Populationen der Sonnenblume.)** Sb. naučno-issled. rabot po masličn. i ėfiromasličn.

kul'turam, Moskva **1960** S. 175–191. – Aus: Referativnyj žurnal. Biologija, Moskva **1961** Nr. 15. G 569. S. 62.

Ausgewählte morphobiol. Gruppen wurden entsprechend ihrer Vegetationsperiode, Stengelhöhe, Blattzahl, Dmr. der Blütenkörbe und Samengröße klassifiziert. Ein Versuch bei 10-Std.-Tag zeigte, daß in der Sorte 'WNIIMK 8883' Kurztag- und Langtag-Individuen vertreten sind, wobei die Langtag-Individuen überwiegen. Die Sorte 'Saratowski ranni' reagiert kaum auf eine Veränderung der Photoperiode. Künstlicher Kurz- oder Wechsel-Tag erleichtert die Selektion früher Biotypen aus der Sorte 'WNIIMK 8883', wie auch beschleunigte Entwicklung von Kurztagpflanzen bei der Hybridisation spätreifender Sorten. übersetzt v. E. Fröhmcke. 820.

Palamarčuk, A. S. (Palamartschuk, A. S.) Formirovanie korneploda svekly i redisa pri vyraščivanii na mineral'noj počve i torfjanikach v zavisimosti ot mestopoloženija semjan na semennikach. **(Die Bildung der Rübenkörper bei Beta-Rübe und Radieschen bei Anzucht auf Mineral- und Torfböden in Abhängigkeit von der Lage der Samen an den Samenträgern.)** Naučn. dokl. vysš. školy. Biol. n. **1960** Nr. 3. S. 191–194. – Aus: Referativnyj žurnal. Biologija, Moskva **1961** Nr. 15. G 523. S. 57.

Rübensamen der Sorte 'Jegipetskaja' und Hybridsamen von Radieschen der Sorten 'Rosovy' × 'Ledjanaja sosulka' wurden von verschiedenen Teilen des Samenträgers, von Zweigen verschiedener Ordnung ausgesät. Samen vom unteren Teil des Samenträgers, von Trieben 1. Ordnung, erbrachten die ertragreichsten Rüben (867 g von Torfböden und 365 von Mineralböden gegenüber 668 und 86 g bei der Kontrollgruppe. Das höchste Wachstumstempo hatten Pflanzen von Samen der oberen Teile des Samenträgers der Haupttriebe. Die Heterosis der Hybridsamen tritt nur unter günstigen Bedingungen in Erscheinung. Als am ertragreichsten bei den Hybridradieschen erwiesen sich Samen der oberen Teile des Samenträgers der Triebe 2. Ordnung. Das Gewicht der aus diesen Samen bei Anbau auf Moorboden hervorgegangenen Rübenkörper betrug 80 g, das Kontrollgewicht 12 g. Das geringste Wachstumstempo auf Torfböden hatten Pflanzen aus Samen unterer Teile des Samenträgers der Triebe 3. Ordnung. Bei Rückkreuzungen von Radieschen waren die aus den Samen unterer Teile des Samenträgers der Triebe 2. Ordnung am ertragreichsten, das höchste Wachstumstempo wiesen Pflanzen auf, die aus Samen unterer Teile des Samenträgers der Triebe 1. Ordnung erhalten wurden. übersetzt v. E. Fröhmcke. 830.

Brouwer, W. und Martin, K.-H.; Hohenheim, Landwirtsch. Hochschule, Inst. für Pflanzenbau und Pflanzenzücht. **Der Einfluß von Beregnung und Zusatzdüngung auf die ertragsbestimmenden Faktoren der wichtigsten Feldfrüchte auf anlehmigem Sandboden. III. Hackfrüchte.** Z. Acker- u. Pflanzenbau **115** (1962) Nr. 4. S. 319–340. – 2 Abb., 6 Tab., 32 Lit. Zus. in Engl. 2. Mitt. vgl. LZ. Abt. II **7** (1962) Nr. 9. S. 2422.

Der Erfolg der Beregnung (B) von Hackfrüchten im praktischen Anbau führt auch zu einem Anbau von Zuckerrüben auf leichten Böden und wirkt damit wiederum günstig auf die Fruchtfolgegestaltung. Die Beregnungsversuche von 1954–61 zeigen deutlich, daß nicht in jedem Jahr und nicht in allen Phasen des Wachstums mit Erfolg beregnet werden kann. Dabei war die Wirkung auf den Rüben- bzw. Blattertrag unterschiedlich. Neben ausreichenden Niederschlägen und deren zeitlicher Verteilung ist auch die Temperatur und Temperaturverteilung für die Ertragsbildung von Bedeutung. Zur Erzielung von Höchsterträgen sind bei den Rüben andere Voraussetzungen der Temperatur- und Niederschlagsverteilung notwendig als für die Blattmasse. Der Zuckergehalt wird vor allem durch die Sept.-Witterung beeinflußt und durch B gesenkt. Die Regengaben und ebenso die Zusatzdüngergaben (ZD) bis Ende Juli hatten keinen oder nur geringen Erfolg. Erst im Aug. kam es z. T. zu beachtlichen Ertragssteigerungen, die durch den hohen Wasserbedarf der Rübenpflanzen in dieser Zeit erklärt werden können. Die höchsten Mehrerträge durch B wurden im niederschlagsarmen Monat Sept. erzielt. Alleinige ZD führte nur bei entsprechender Niederschlagsverteilung zum Erfolg, brachte aber immer höhere Erträge als alleinige B. Im Aug. war bes. die Kombination von B und ZD erfolgreich. Diese Wirkung wird auf die Erhaltung der Blattmasse zurückgeführt. Der Gehalt an schädlichem N verhält sich völlig anders als der Zuckergehalt. Eine günstige Tendenz der B im Sept. war in der Verminderung des schädlichen N angedeutet. Ein Ansteigen war bei sog. Notreife infolge Trockenheit Ende Sept. durch Wachstumsdepressionen bedingt, wobei aber keine Ertragseinbußen zu erkennen waren. — Bei Kartoffeln führte die B zu Beginn der Blüte in jedem Jahr zum Erfolg, vorher ist der Wasserbedarf der Kartoffel nur gering. ZD hatte nur in Verbindung mit B Erfolg. Die B wirkte vor allem auf die Sortierung des Erntegutes (höherer Anteil von Knollen über 4 cm Dmr.). Der Stärkegehalt wurde durch B nur wenig verändert. F. Beleites. 830.

Lorch, A. Ocenka sortov kartofelja po ėkologičeskoj plastičnosti. **(Die Einschätzung der Kartoffelsorten nach ihrer ökologischen Plastizität.)** Kartofel' i ovošči, Moskva 7 (1962) Nr. 11. S. 14–15.
Da die Witterungsverhältnisse sehr veränderlich sind, ist bei Beurteilung einer Sorte, die im Laufe von 2–3 Jahren auf den gleichen Feldern angebaut wurde, keine Garantie für deren ökologische Plastizität gegeben. Deshalb muß jeder neue Sämling oder jede Sorte gleichzeitig in vielen Gebieten und Regionen geprüft werden. Diejenigen Sorten, die an vielen Stellen gute Wüchsigkeit, wenn auch nicht die höchsten Erträge gezeigt haben, werden den Sorten mit hohen Erträgen einer Sonderprüfstelle überlegen sein. Die Beurteilung der Kartoffelsorten nicht nur nach dem abs. Ertrag, sondern auch nach der Ausbeute an Stärke (Tr.-Subst.) ist von großer Bedeutung, da solche Sorten bei Eintreten ungünstiger Witterungsverhältnisse nicht so schnell dem Abbau verfallen. E. Kahn. 832.

Foti, Salvatore; Catania, Ist. di Agronomia Generale e Coltivazoni Erbacee. Ricerche sulla adattabilità di alcune varietà di patata di provenienza francese alla colture precoce siciliana. **(Untersuchungen über die Verwendbarkeit französischer Kartoffelsorten für den sizilianischen Frühanbau.)** Sementi Elette [Milano] 8 (1962) Nr. 3. S. 30–40. — 5 Abb., 4 Tab., 3 Lit. Zus. in Engl., Dtsch.
Vf. prüfte im Gebiet von Comune di Giarre (Catania) 8 franz. Kartoffelsorten auf ihre Eignung für den sizilianischen Frühanbau. Die Ermittlung der Leistungsfähigkeit der Kartoffelsorten begann nach 65täg. Wachstum und erfolgte alle 15 Tage. Beurteilt wurden Knollenfarbe, Knollengewicht, Anzahl, Länge und Gewicht der Stengel, Anzahl der Knollen je Staude und Knollengesamtgewicht. Die Stengelanzahl betrug bei 'BT' 15, 'Mireille' und 'Stella' 7, 'Farfadette' und franz. 'Sieglinde' 6, 'Caludia', 'Ker Pondy' und 'Urgenta' 5 und bei der als Kontrollsorte angebauten deutschen 'Sieglinde' nur 3 je Staude. Die franz. Sorten lagen sowohl im Knollengew. je Staude als auch im Knolleneinzelgewicht an der Spitze. Bes. 'Caludia' und 'Farfadette' mit durchschnittlich 58–61 g Knollengewicht und 889 g Knollengewicht je Staude sind hervorzuheben. 'Sieglinde' deutscher Herkunft lag mit weniger als 615 g weit am Ende. G. Müller/Leipzig. 832.

Massantini, Franco; Pisa, Ist. Regionale di Cerealicolt. Una nuova cultivar di patata in prova. **(Eine neue Kartoffelsorte in Prüfung.)** Sementi Elette [Milano] 8 (1962) Nr. 6. S. 52–55. — 2 Abb. 832.

Sawyer, R. L. und Cetas, R. C.; Riverhead, Long Island Vegetable Res. Farm. Yield variability among Katahdin seed sources. **(Ertragsunterschiede**

bei 'Katahdin'-Pflanzgut.) Amer. Potato J. **39** (1962) Nr. 3. S. 116–121. – 5 Tab., 11 Lit.
Nachdem die bisher höhere Ertragsfähigkeit von Zweitfrucht-Kartoffeln in Long Island gegenüber dem Ertrag in anderen Staaten nachließ, ging man den Gründen dafür nach. In den Jahren 1954–57 und 1959–60 wurden anerkannte 'Katahdin'-Herkünfte aus Long Island (Zweitfrucht), Up-State New York und Maine gemeinsam angebaut und ihr Ertrag bzw. der Befall von X- und Blattroll-Virus untersucht. Die Unterschiede in der Ertragsfähigkeit schwankten stark von Jahr zu Jahr; sie sind wahrscheinlich auf die klimatischen Bedingungen des Aufwuchs- und Nachbaujahres, den Befall mit X-Virus, die Pflegemaßnahmen und die Lagerungsbedingungen zurückzuführen. Pflege und Lagerung sollten in den pflanzguterzeugenden Gegenden verbessert werden. R. Kämmerer. 832.

Geyer, H. und Geidel, H.; Oberarnbach; Braunschweig. **Zwischenbericht zur Pflanzguterzeugung 1962.** Kartoffelbau **13** (1962) Nr. 12. S. 259–261. – 5 Tab. 832.

Blake, G. R., French, G. W. und Nylund, R. E. Seedbed preparation and cultivation studies on potatoes. **(Saatbettvorbereitung und Pflegearbeiten bei Kartoffeln.)** Amer. Potato J. **39** (1962) Nr. 6. S. 227–234. – 1 Abb., 4 Tab., 10 Lit.
Die in den Jahren 1958–60 mit 'Red Pontiac' durchgeführten Versuche wurden vornehmlich unternommen, um die verschiedenen Bearbeitungsmethoden vor dem Pflanzen sowie die Wirkung der Bearbeitung auf die Bodenstruktur auf einem schlammigen Ton-Lehm in Nord-Dakota zu untersuchen. Im Vergleich zur fehlenden Saatbettvorbereitung wurden Scheibenegge, Kultivator und ein in 25 cm Tiefe unter den Pflanzreihen lockerndes Gerät, außerdem 1–3 Bearbeitungsgänge ohne und mit Herbiciden geprüft (alle Varianten hatten Herbstfurche). Auf diesem Boden wirkte die Bearbeitung vor dem Pflanzen bzw. die Anwendung der Herbicide auf den Ertrag nicht oder nachteilig; zur Unkrautbekämpfung war hier nicht mehr als ein Bearbeitungsgang nötig. – Das Auftreten von Erdklumpen bei der Ernte scheint weniger eine Funktion der Bearbeitung vor dem Pflanzen als von anderen Faktoren zu sein (z. B. Bodenwassergehalt zur Erntezeit, Schlepperdruck usw.). In einigen Fällen verbesserte sich die Rodearbeit (Tiefgang) durch die Bearbeitung; die Schalenfarbe wurde nicht gesichert beeinflußt, das spez. Gewicht war in 1 Fall gesichert niedriger. R. Kämmerer. 832.

Lörincz, J. und Raátz, E. A mütrágyázás hatása a burgonya termésére és beltartalmára. **(Der Einfluß von Handelsdüngern auf Ertrag und Qualität der Kartoffel.)** Magyar Mezögazdaság [Ung. Landwirtsch.] **17** (1962) Nr. 13. S. 9–10. – Aus: Ung. Agrar-Rdsch. **1962** Nr. 4.
Kartoffelbestände (Sorte 'Kisvárdai Aranyalma') wurden gedüngt in den Varianten O, N, PK, NPK, NPK + Kopfdüngung. Dabei wurden verschiedene N-Dünger verwendet, teils auch in gelöster Form. PK-Düngung allein wirkte ungünstig auf die Erträge. Bei allen anderen gedüngten Parzellen ergaben sich 50–70% Mehrertrag gegenüber der Kontrolle. Es ergaben sich ferner Einflüsse auf die Färbung des Laubes und auf das Blühdatum. Flüssige N-Düngung (Lösungen von $Ca[NO_3]_2$, NH_4NO_3 oder NH_3) wirkte stets sehr vorteilhaft. Jede Art von Düngung ließ den Gehalt an Tr.-Subst. absinken. Der Stärkegehalt in der Tr.-Subst. stieg etwas an. NPK- + Kopfdüngung führte zum höchsten Eiweißgehalt. Beachtlich war die Steigerung des Gehaltes an Vitamin C auf 45,98 mg/100 g bei NPK- + Kopfdüngung (Kontrolle 8,21). 832.

Prince, A. B. und Blood, P. T.; Durham, New Hampshire Agric. Exp. Stat. Some effects of irrigation and fertilization on the yield and quality of kennebec potatoes. **(Einige Auswirkungen der Bewässerung und Düngung auf den Ertrag und die Qualität von 'Kennebec'-Kartoffeln.)** Amer. Potato J. **39** (1962) Nr. 8. S. 313–319. – 1 Abb., 7 Tab., 9 Lit.

Die Kartoffelsorte 'Kennebec' wurde auf sandigem Lehmboden angebaut. Verabfolgt wurde 1 t/acre eines chlorarmen 5-10-10-Spezialdüngers mit Mg in 4 Stufen (0, 1, 2 und 4 Anteile). Als 5. Variante wurde chlorhaltiges Kali verwendet. Bis auf eine 6. Volldüngungsparzelle wurden alle Varianten zusätzlich bewässert. Der Mineraldünger wurde in einem Band 3 in. neben der Pflanzknolle und 3 in. tiefer als die Planzknolle ausgebracht. Die Beregnung führte zu einer Erhöhung des Gesamtknollenertrages, zu einer Senkung des spez. Gew. der Knollen, aber nicht immer zu einer proportionalen Erhöhung des Ertrages an Marktware (U. S. No. 1). Auch Cl-haltige Mineraldünger verminderten das spez. Gew. der Knollen. Der Mg- und Cl-Gehalt des Mineraldüngers hatte keinen Einfluß auf den Knollenertrag. Eine wesentliche Wanderung von K, Ca und Mg vom Düngerband während der Vegetationszeit wurde nicht beobachtet. Ch. Pfeffer. 832.

Bonne, K. **Die letzten 10 Jahre Zuckerrübenanbau in Schleswig-Holstein.** Zucker **16** (1963) Nr. 1. S. 13–16. – 7 Tab., 2 Lit.

Bei der Analyse der Entwicklung des Zuckerrübenanbaues in Schleswig-Holstein fällt auf, daß die Anbaufläche nach 1945 zugenommen hat; gleichzeitig ist eine Verlagerung des Anbaues von den schweren zu den leichten Böden erfolgt. Der Anteil von technisch aufbereitetem Saatgut (mit geringen Aussaatmengen) breitete sich trotz anfänglicher Skepsis aus, wozu vor allem die verbesserte Saatbettherrichtung beitrug. Die deutliche Ertragssteigerung im Laufe der Jahre wird auf Verbesserung der Anbautechnik und Einführung polyploider Sorten zurückgeführt. Sortenwahl und Verlagerung des Anbaues auf leichte Böden scheinen sich auch günstig auf den Zuckergehalt ausgewirkt zu haben. L. Bachmann. 834.

Lüdecke, H.; Göttingen. **Sortenprüfung von Zuckerrüben.** Mitt. dtsch. Landwirtsch.-Ges. **77** (1962) Nr. 47. S. 1538–1540. 834.

Roussel, N.; Tirlemont, Inst. Betterave. Les résultats des essais comparatifs de variétés de betterave sucrière en Belgique de 1957 à 1961. **(Ergebnisse von Zuckerrüben-Sortenversuchen in Belgien aus den Jahren 1957—61.)** Publ. techn. Inst. belge Améliorat. Betterave **29** (1961) Nr. 4. S. 163–189. – 16 Tab.

Es wird über Organisation, Durchführung und Auswertung der im Jahre 1961 nach der Blockmethode angelegten Sortenversuche mit 39 Zuckerrübensorten berichtet. Zum Vergleich werden die Ergebnisse der Prüfungen 1957–60 mit angeführt. Neben diploiden E- und N-Typen enthält das Sortiment 17 polyploide, aber keine monokarpen bzw. monogermen Sorten. Im Mittel von 3 Versuchssorten wies 1961 die Sorte 'Zwaan Poly' die signifikant höchsten Zuckererträge auf. Ihr folgen weitere polyploide Sorten, deren Reihe lediglich durch die an 6. Stelle stehende diploide 'Zwaanesse III-E' unterbrochen wird. Erst im 2. Drittel der Rangordnung folgen weitere diploide Sorten. Von wenigen Ausnahmen abgesehen erwiesen sich die diploiden N-Sorten als die leistungsschwächsten. Zwischen der besten und der schlechtesten Sorte besteht eine Leistungsdifferenz von 35,4%, entspr. 31,9 dt/ha Zucker. Mit Ausnahme des Jahres 1957, in dem die massenwüchsigen diploiden Sorten der Zuchtrichtung E die Spitze behaupteten, entspricht die Rangfolge der Sortengruppen in den übrigen Prüfungsjahren im ganzen der des Jahres 1961. W. Fürste. 834.

Röstel, H.-J.; Kleinwanzleben, Inst. für Pflanzenzücht. **Ergebnisse der Züchtung und des Anbaues monokarper Zuckerrüben.** Dtsch. Landwirtsch. **13** (1962) Nr. 12. S. 590–593. – 2 Abb., 6 Tab., 6 Lit.

Voraussetzung für die Steigerung der Arbeitsproduktivität bei den Rübenpflegearbeiten ist das Vorhandensein von monokarpem Saatgut in genügender Menge und Qualität. In Kleinwanzleben wurde 1955 mit der Züchtung monokarper Zuckerrüben begonnen. Der Monokarpiegrad der Rübenfamilien konnte in jeder Auslesegeneration erhöht und gefestigt werden und betrug 1961 im Mittel 97%. Das monokarpe Saatgut unterscheidet sich in den wichtigsten Eigenschaften nicht wesentlich vom polykarpen; Triebkraft, Keimschnelligkeit und Tiefkeimung sind besser. Als wichtigste Zuchtziele gelten Züchtung auf Saatgutertrag, Rundfrüchtigkeit und Deckelfestigkeit. Im Rübenertrag war der monokarpe Stamm der polykarpen Sorte 'Media' überlegen, der Zuckergehalt lag niedriger. Im Zuckerertrag war der monokarpe Stamm der Sorte 'Media' teilweise überlegen oder gleichwertig. Dieser Stamm zeigte gegenüber der sowjetischen monokarpen Sorte in allen Eigenschaften Überlegenheit. Das Kleinwanzlebener monokarpe Zuckerrübensaatgut wurde im Vergleich mit segmentiertem und bigermem Saatgut in Großversuchen bezüglich Feldaufgang, Pflanzenverteilung und Bestandesdichte geprüft. Die Aussaat erfolgte mit dem Einzelkornsägerät A 765 und der Drillmaschine, wobei die Einzelkornsaat der Drillsaat und monokarpes Saatgut den technisch aufbereiteten Saatgutformen überlegen waren. H.-J. Röstel. 834.

Krupp, G. **Die Standraumzumessung bei Zuckerrüben.** Dtsch. Landwirtsch. **13** (1962) Nr. 12. S. 595–598. – 4 Abb., 3 Tab., 13 Lit.

Vf. vergleicht Versuchsergebnisse über Standraumzumessung bei Zuckerrüben aus verschiedenen Ländern und findet eine Abhängigkeit von Ertrag und Bestandesdichte nach Riedel bestätigt. Daraus leitet er ab, daß nur solche Aussaatverfahren zur Anwendung empfohlen werden dürfen, die einen ausreichenden Pflanzenendbestand (80000 Pflanzen/ha) gewährleisten. Letzterer kann durch die zur Aussaat verwendete Saatgutmenge beeinflußt werden. Die Verringerung des Handarbeitsaufwandes zur Rübenpflege sollte durch Einzelkornsaat mit nachfolgendem Ausdünnen angestrebt werden. Die Verfahren der Verbandsaat gestatten nicht die max. Einsparung von Handarbeit und bieten keine Gewähr für Höchsterträge. L. Bachmann. 834.

Stricker, H.; Braunschweig-Völkenrode, Inst. für Pflanzenbau und Saatguterzeug. **Zur mineralischen Düngung im Zuckerrübenbau bei Verwendung von Monogermsaatgut.** Kali-Briefe, Fachgeb. 8 **6** (1962) Nr. 4. S. 1–5. – 9 Lit.

Im Hinblick auf die Monogerm-Einzelkornsaat von Zuckerrüben wird der Zeitpunkt der mineral. Düngung in ihrem Einfluß auf den Feldaufgang behandelt. Bei Frühjahrsverabfolgung von N, K und P können hohe Salzkonz. bes. in trockenen Frühjahren den Feldaufgang herabsetzen. NH_3-haltige Düngemittel wirken bes. ungünstig. Es wird daher die Teilung der N-Gabe sowie die Herbstdüngung oder sehr zeitige Frühjahrsgabe von P und K empfohlen, um den Feldaufgang durch strukturschonende Bodenvorbereitung und Vermeidung hoher Salzkonz. zu sichern. G. Gerdes. 834.

Nowicki, A.; Zakład Buraka i Innych Roślin Korzeniowych IHAR. Badania nad wpływem niektórych mikroelementów na plon, zdrowotność i technologiczne cechy buraka cukrowego w warunkach polowych. **(Untersuchungen über den Einfluß einiger Mikroelemente auf Ertrag, Gesundheit und technologische Merkmale der Zuckerrübe unter Feldverhältnissen.)** Roczniki Nauk rolniczych, Ser. A **86** (1962) Nr. 4. S. 664–683. – 11 Tab., 31 Lit. Zus. in Russ., Engl.

Vf. untersuchte den Einfluß von Spurenelementen (B, Mn, Cu) einzeln und in Kombinationen auf Rüben- und Blatterträge der Zuckerrüben. Vorfrucht, Düngung, Anbauverfahren und Pflege blieben in den Jahren und Orten gleich. Bei leicht alkalischer Bodenreaktion und geringen jährlichen Niederschlägen wurde durch Düngung mit B, Mn und Cu eine wesentliche Steigerung der Rübenerträge erzielt, bei leicht saurer oder neutraler Reaktion und größeren Niederschlägen reicht die Nachlieferung der gen. Elemente völlig zur Deckung des Bedarfes aus. Eine Düngung zeigt keine wesentliche Wirkung. Das trifft auch für den Einfluß von B und Mn auf den Blattertrag zu. Die Kombinationen: B + Cu, B + Mn, Cu + Mn sowie B + Mn + Cu haben keine wesentliche Steigerung der Rübenerträge gebracht. Die Untersuchungen zeigten kein deutliches Auftreten von Herz- und Trockenfäule der Rüben.

W. Święcicki. 834.

Harvey, P. N.; Gleadthorpe, Nottinghams., Min. Exp. Husbandry Farm. Sugar beet irrigation. **(Bewässerung von Zuckerrüben.)** Agriculture [London] **69** (1962) Nr. 9. S. 412–415. — 1 Abb. 834.

Sizov, I. A. (Sisow, I. A.); Leningrad, Unions-Forsch.-Inst. Pflanzenbau. Izmenčivost' i urožajnost' sortov l'na. **(Variabilität und Leistung von Leinsorten.)** Agrobiologija, Moskva **1962** Nr. 3. S. 350–354. — 4 Tab.
Von wesentlichem Einfluß auf Variabilität und Leistung der Leinsorten sind die Temperaturbedingungen während des Lichtstadiums und der Knospenbildung. In Abhängigkeit von der Temperatur wird das Lichtstadium bei minimal 16 Std. Tageslänge bei den Sorten 'Swetotsch', '806_3', '1288_{12}' und 'I-7' in 16–28 Tagen durchlaufen. Als günstigste Temperatur für Faserertrag und -ausbeute erwies sich 8–12 °C. Höhere Temperaturen beschleunigen das Durchlaufen des Lichtstadiums und setzen die Anzahl der Internodien als potentielle Voraussetzung für das Längenwachstum während der Phase der Knospenbildung herab. Bei 12–15 °C ist die Dauer des Knospenstadiums am günstigsten für die max. Streckung der Internodien. Höhere Temperaturen beschleunigen den Eintritt der Blüte und setzen die Pflanzenlänge und damit den Faserertrag herab. In den südlichen Rayons des Faserleinanbaues (Nordwesten der Ukraine) wirken die Umweltfaktoren bedeutend stärker ein als in den nördlichen Gebieten des Leinanbaues. Für die Sorte 'Swetotsch' wurde bei mehrjährigem Anbau unter den Bedingungen der Ukraine mit zunehmender Generationsfolge eine Abnahme des Faserertrages und der -ausbeute ermittelt. Die 7. Generation brachte im Vergleich zur Kontrolle nur noch einen Faserertrag von 66,6 und eine Ausbeute von 80,4%. In den nördlichen Gebieten des Leinanbaues wurde diese Ertragsminderung nicht festgestellt. Diesen Leistungsabbau betrachtet Vf. als Beispiel für die Vererbung erworbener Eigenschaften. Für die südlichen Rayons wird ein häufigerer Saatgutwechsel als der allg. vorgesehene alle 7 Jahre gefordert. Die Erzeugung der Supereliten sollte nur noch in den nördlichen Gebieten durchgeführt werden.

L. Rösler. 846.

Spennemann, Fr. **Der Anteil der Tabaksorten an der Tabakanbaufläche in der Bundesrepublik in den Jahren 1954–1960.** Tabak-Ztg. **72** (1962) Nr. 22. S. 4.
Im Jahre 1960 entfielen in der Bundesrepublik fast 80% der Tabakanbaufläche auf die Anbaugebiete Nordbaden, Südbaden und die Pfalz, 18% lagen in Franken, Nordwestdeutschland und Schleswig-Holstein und nur 2,5% in den übrigen 6 Anbaugebieten. Auf 54% der Anbaufläche wurde Zigarrengut gebaut, 28% nahmen die Sorte 'Badischer Burley E' und 18% die Virginsorten in Anspruch. In der Sortenschutzrolle des Bundessortenamtes sind insgesamt 11 Sorten (6 Zigarrensorten, 1 Burley-Sorte, 4 Virginsorten) eingetragen, von denen jedoch 1960 nur 4 Sorten ('Badischer Geudertheimer', 'Forchheimer Havanna II', 'Badischer Burley E' und 'Virgin SCR') rund 96% der gesamten Tabakanbaufläche einnahmen. Der Anteil der einzelnen Sorten in % der Gesamtfläche in den Jahren 1954/60 wird angegeben.

A. Egerer. 855.

Anonym. **Schlechte Erfahrungen mit Hicks-Tabak.** Tabak-Ztg. **72** (1962) Nr. 46. S. 1.

Die Pflanzungen der resistenten 'Hicks'-Sorte haben 1962 in Frankreich schwer enttäuscht. In der Haute-Garonne wurden nur 60% einer Normalernte geschätzt. In der Vendés waren die Ausfälle noch größer. Ertragsausfälle, auch bei anderen Sorten, sind in verschiedenen Gebieten durch Nicht-Ausreifen oder Verfaulen der Setzlinge, anhaltende Trockenheit und Frühfrost ebenfalls aufgetreten. Eine Ausnahme machte das elsässische Anbaugebiet, wo der 'Paraguay' und die Hybridsorte 'F-1' nahezu normale Ernten brachten. Langhoff. 855.

Merker, Josef und Endemann, Wilhelm. **Prüfungsergebnisse der Zigarrengut-Neuzüchtung 'Topas'.** Ber. Inst. Tabakforsch. Dresden **9** (1962) Nr. 2. S. 193–229. – 1 Abb., 26 Tab., 9 Lit. nach Zus.

Es wird über die Herkunft der Neuzüchtung 'Topas' und über die Ergebnisse der Sortenwertprüfungen mit Tabak für die Jahre 1958–61 unter bes. Berücksichtigung der Neuzüchtung berichtet. Neben den im Auftrage des Min. f. Landwirtsch., Erfassung und Forstwirtsch. durchgeführten Hauptprüfungen werden die eigenen Vorprüfungen und die Gefäßversuche 1959 ausgewertet. Dabei sind die markantesten Merkmale der Neuzüchtung im Vergleich zur Sorte 'Geudertheimer' 1. längere Vegetationsdauer von 12–15 Tagen (Auspflanzen bis Beginn der Blüte), 2. gesicherter Mehrertrag von 16–20%, 3. hohes Blattgewicht wie 'Geudertheimer', 4. verträgt etwas höhere Stalldung- bzw. N-Gaben, 5. geringere Anfälligkeit gegenüber Blauschimmel bei Frühinfektion, 6. bessere Hygroskopizität und Glimmfähigkeit, 7. höherer Rippenanteil (3 bis 3,5%), 8. geringerer Gehalt an N-Subst. und Neigung zu höherer Gesamtreduktion, 9. Konversionstyp wie 'Geudertheimer', jedoch alkaloidärmer, 10. keine gesicherten Unterschiede in der Rauchexpertise. 855.

Anonym. Tobacco fleck tied to ozone in polluted air. **(„Tabak-Fleck" steht in Beziehung zum Ozon in verunreinigter Luft.)** Tobacco [New York] **155** (1962) Nr. 12. S. 15.

Die „Wetterflecken" stehen in Beziehung zur O_3-Konz. in wenig bewegter, verunreinigter Luft. Die größten wirtsch. Schäden treten bei Zigarrendeckblattabak auf. Bei Versuchen in kontrollierter Umgebung genügt 4std. Einwirkung einer O_3-Konz. von 100 ppb, um Tabakschäden hervorzurufen. Die Entwicklung eines neuen Tabakstammes Bel W-3 wurde angekündigt, der gegenüber O_3 große Empfindlichkeit hat. Obgleich nicht für die kommerzielle Erzeugung geeignet, ist dieser Stamm ein wertvolles Forschungsobjekt und vielleicht als Indikator für Luftverunreinigungen geeignet. Langhoff. 855.

Menser, H. A. und Street, O. E. Effects of air pollution, nitrogen levels, supplemental irrigation, and plant spacing on weather fleck and leaf losses of Maryland tobacco. **(Die Wirkungen von Luftverseuchung, Stickstoffgaben, zusätzlicher Bewässerung und Pflanzendichte auf Wetterflecke und Blattverluste bei Maryland-Tabak.)** Tobacco [New York] **155** (1962) Nr. 17. S. 191–196. – 7 Abb., 12 Lit.

Vff. nahmen an, daß O_3 die Ursache für das Auftreten der Wetterflecken in den Tabakpflanzungen der Universitäts-Versuchsfarm für Maryland-Tabak war. In einem Versuch mit Bewässerung, variierter Pflanzendichte und N-Gabe wurden Auftreten und Intensität der Fleckenkrankheit untersucht. Fleckenkrankheit und Blattverluste traten bei N-Gaben von 60 lb. sowie bei Pflanzendichte von 7260 oder 9680 Pflanzen/acre und Bewässerung am intensivsten auf. 855.

Hautke, Přemysl; Žatec, Výzkumný Ústav Chmelařský. Studium základních fyziologických procesů u chmelné rostliny se zaměřením ke strojovému česání. **(Studium der wichtigsten physiologischen Prozesse bei der Hopfenpflanze vom Gesichtspunkt des Maschinenpflückens.)** Rostlinná Výroba **8(35)** (1962) Nr. 8. S. 997–1014. – 8 Abb., 11 Lit. Zus. in Russ., Dtsch.

Es werden die Grundprinzipien der sog. Remigration der Nährstoffe bei der Hopfenpflanze nach der Ernte beschrieben. Gegenstand der Beobachtungen bildeten 1- und 2jährige Pflanzen. Die Ergebnisse wurden z. T. an mehrjähr. Pflanzen überprüft. Bis zur Blütezeit wird die Tr.-Subst. der oberirdischen Teile intensiv gebildet, während die Tr.-Subst. des Wurzelsystems erst nach der Blütezeit anwächst und nach der Zapfenernte intensiv fortschreitet. Zu dieser Zeit werden auch Organe gebildet, in denen Stärke gespeichert wird. Durch Verfolgung des Mineralhaushaltes der Hopfenpflanzen wurde festgestellt, daß die prozentuelle NPK-Senkung sich bereits z. Z. der ersten Pflücke (Höhe der Triebe 70 cm) einstellt und bis zum physiol. Absterben der oberirdischen Teile fortschreitet. Durch Abschneiden der oberirdischen Teile zur Erntezeit kann das Anwachsen der Wurzelmasse und die Akkumulation der Polysaccharide verhindert werden. Bei mehrjährigen Pflanzen ging der Ertrag im folgenden Jahre um 38% zurück, wenn das Abschneiden vor der Ernte erfolgt war. M. Pštross. 855.

Rybáček, Václav; Praha, Vysoká Škola Zemědělská, Agronom. Fak. Vliv doby odřezávání (dekapitace) chmelných rév na sklizeň chmele. **(Einfluß des Dekapitationszeitpunktes der Hopfenrebe auf die Hopfenernte.)** Rostlinná Výroba **8(35)** (1962) Nr. 8. S. 1035–1042. – 4 Tab., 22 Lit. Zus. in Russ., Dtsch.

Bei mehrjährigen Versuchen wurde festgestellt, daß erwachsene Pflanzen des Saazer Hopfens 2–4 Wochen für die Nährstoffmigration nach der Ernte brauchten. Schwächere Pflanzen haben eine längere Zeit nötig. Die bei der Maschinenernte angewandte Dekapitation hatte in den folgenden Jahren eine Senkung des Ertrages um 13,56–32,09% gegenüber dem auf Parzellen mit späterer Dekapitation erzielten Höchstertrag zur Folge. Nach der Ende Okt. durchgeführten Dekapitation stellte man bei erwachsenen Pflanzen des Saazer Bezirkshopfens eine Ertragssenkung um 1,28–12,08% fest. Die Ursachen für diesen Ernteausfall sind noch durch weitere Versuche zu klären. Man kann nur annehmen, daß diese Erscheinung bei gesunden Pflanzen durch Stimulation verursacht wird, die durch den mittleren Zeitpunkt der Dekapitation hervorgerufen wurde. M. Pštross. 855.

Majsurjan, N. A. (Maissurjan, N. A.) Problema proizvodstva rastitel'nogo belka. **(Das Problem der Produktion pflanzlichen Eiweißes.)** Izvestija Timirjazevskoj sel'skochozjajstvennoj akademii, Moskva **1962** Nr. 2. S. 7–18. – 14 Tab. Zus. in Engl.

In der jährlichen pflanzlichen Eiweißproduktion besteht bei einer Erzeugung von 20,5 Mill. t ein Defizit von 6,5 Mill. t. In der Sowjetunion sind Voraussetzungen gegeben, stark eiweißhaltige Kulturen, wie Felderbsen, Bohnen, Soja, Lupinen u. a. in verstärktem Maße anzubauen. Bei der Erzeugung des Eiweißes kommt der Selektion große Bedeutung zu, und es sollen nur die besten Sorten zum Anbau kommen. Durch Mischanbau von z. B. Mais und Leguminosen wird der Proteingehalt der Silomasse und des Grünfutters erhöht. Der Erntezeitpunkt bei der Heugewinnung spielt eine große Rolle. Die geringsten Eiweißverluste treten bei der chem. Konservierung, die größten bei der Heugewinnung auf. Es werden Angaben über den Eiweißgehalt und die Aminosäurezusammensetzung einiger Leguminosen und anderer Kulturen gemacht. H. Beyer. 860.

Cowling, D. W.; Hurley, Berks., Grassland Res. Inst. The effect of white clover and nitrogenous fertilizer on the production of a sward. II. Seasonal production. **(Die Wirkung von Weißklee und Stickstoffdüngemitteln auf den**

Ertrag eines Kleegrasbestandes. 2. Mitt. Jahreszeitliche Produktion.) J. Brit. Grassland Soc. **17** (1962) Nr. 4. S. 282–286. – 1 Abb., 2 Tab., 12 Lit. 1. Mitt. vgl. LZ. Abt. II **7** (1962) Nr. 11. S. 2998.

Reinbestände von *Dactylis glomerata* wurden unterschiedlicher N-Düngung unterworfen (0, 35, 135 bzw. 210 lb.N/acre/Jahr) und mit Weißkleegras ohne N verglichen (3 Jahre). Jährlich wurden 4 Schnitte genommen. Weißklee war in der ersten Vegetationshälfte weit stärker am Ertrag beteiligt als im Sommer und Herbst. Durch N-Düngung konnte bei Knaulgras gute Ausgeglichenheit im Futteranfall über die gesamte Vegetationszeit erzielt werden. Auch im Trockenjahr 1959 war die N-Verwertung gut. – Für Kleegrasbestände wird eine späte mineral. N-Düngung (Juli) gefordert, um das Wachstum des Klees zu Vegetationsbeginn nicht einzuschränken.

H. Pätzold. 860.

Stepanov, V. N. und Letunovskij, V. I. (Stepanow, W. N. und Letunowski, W. I.) O sovmestnych posevach kukuruzy s bobovymi kul'turami. **(Über den Mischanbau von Mais mit Leguminosen.)** Izvestija Timirjazevskoj sel'skochozjajstvennoj akademii, Moskva **1962** Nr. 2. S. 19–30. – 10 Tab., 19 Lit. Zus. in Engl. 860.

Veselý, Vladimír; Brno, Vysoká Škola Zemědělská, Ústav Včelařství a Hedvábnictví. Využití některých medonosných pícnin v krátkodobých luskovinoobilných směskách. IV. část. Oblast bramborářská, půdy lehčí.V. část. Oblast horská. **(Beigabe bestimmter honigtragender Futterpflanzen zu den Leguminosen-Getreide-Gemischen. 4. Mitt. Kartoffelanbaugebiet, leichtere Böden. 5. Mitt. Gebirgszone.)** Rostlinná Výroba 8(**35**) (1962) Nr. 5. S. 651 bis 672. – 12 Abb., 7 Tab., 12 Lit. Zus. in Russ., Dtsch.

In Versuchen mit verschiedenen Gemischen, die teils vom Standpunkt der Fütterung, teils von dem des Bienenzüchters zusammengestellt waren, wurden folgende Gemische erprobt (kg/ha): Sommergemisch (Büschelschön 5, Senf 3, Wicke 20, Peluschke 60, Mais 70, Buchweizen 15), Stoppelsaatgemisch (Büschelschön 12, Senf 10), Gemisch für Kartoffelanbaugebiete und Frühjahrsgemisch (Büschelschön 7, Wicke 30, Peluschke 60, Hafer 55), Stoppelsaatgemisch für Gebirgszonen (Büschelschön 12, Senf 10). Vom bienenzüchterischen Standpunkt wird Büschelschön als die beste Komponente anerkannt, die weder den Futterwert noch den Geschmack der Gemische beeinträchtigt und dabei Nektar in großer Menge liefert. Als Futterpflanze ist sie innerhalb der ersten 3 Wochen der Blüte verwendbar. Senfpflanzen geben außer Nektar auch Pollen. Der Senfnektar wird von den Bienen gemieden, wenn gleichzeitig Büschelschön blüht. Von den Buchweizenblüten sammeln die Bienen eher Pollen als Nektar. Die Sonnenblume bot im Spätsommer vor allem Pollen. V. Skládal. 860.

Alexander, C. W. und McCloud, D. E.; Beltsville, Crops Res. Div. Influence of time and rate of nitrogen application on production and botanical composition of forage. **(Der Einfluß von Zeitpunkt und Höhe der Stickstoffgabe auf Ertrag und botanische Zusammensetzung von Feldfutter.)** Agronomy J. **54** (1962) Nr. 6. S. 521–522. – 3 Abb., 2 Lit.

In 4jähr. Versuchen wurden zu Feldgrasbeständen (*Festuca arundinacea* bzw. *Dactylis glomerata*) N-Gaben bis zu 360 lb./acre/Jahr, zu Weißkleegras und zu Luzernegras bis zu 160 lb./acre bei ausreichender PK-Düngung verabfolgt. Ohne N brachten die Gräser (im 4jähr. Mittel) etwa 1 t., Weißkleegras 1,5 und Luzernegras 2,5 t./acre Tr.-Subst. Reinbestände von *F. arundinacea* verwerteten Gaben bis 360 lb./acre N positiv (2,9 t./acre Tr.-Subst.), *Dactylis* erreichte schon bei 240 lb. N seinen Höchstertrag (2,8 t./acre). Weißkleegras verwertete den mineral. N bis zur Höchstgabe linear positiv, dabei ging der Kleeanteil im 4. Nutzungsjahr auf 4% zurück. Die Höchsterträge dieser fast reinen Grasbestände lagen bei 2,25 t./acre. Die schlechteste N-Verwertung zeigte Luzernegras, das bei 160 lb./acre N nur 2,8 t./acre erreichte (ohne N 2,5 t.). Der Luzerneanteil blieb trotz N-Zufuhr bei 35%. H. Pätzold. 860.

Bellmann, K.; Groß-Lüsewitz, Inst. für Pflanzenzücht. der Dtsch. Akad. der Landwirtsch.-Wiss. zu Berlin. **Untersuchungen über Ertragsbildung und Wasserverbrauch bei diploidem und tetraploidem Rotklee.** Z. Acker- u. Pflanzenbau **115** (1962) Nr. 4. S. 341–356. – 7 Abb., 9 Tab., 35 Lit. Zus. in Engl.

2 tetraploide Rotkleestämme und 'Lembkes Rotklee' wurden in 3jährigen Gefäßversuchen auf Grün- und Tr.-Masseertrag sowie Wasserverbrauch bei 3 unterschiedlichen WK-Stufen (85, 55–85 und 55% der WK) untersucht. Jährlich wurden 3 Schnitte (Blühbeginn) gewonnen. Ferner wurden Feldversuche an 4 Standorten zur selben Fragestellung durchgeführt. – Im Vergleich zu 'Lembkes Rotklee' brachten die Stämme um 11–24% mehr Grünmasse, infolge eines geringeren Tr.-Subst.-Gehaltes jedoch 5% weniger bzw. 11% mehr an Trockenmasse. Dabei verbrauchten die Polyploiden zur Erzeugung von 1 g Grünmasse um 10–15% weniger Wasser, da die Wasserabgabe pro Blattflächeneinheit hier geringer war (bei Transpirationsversuchen sogar um 30%). Die zur Erzeugung von 1 g Tr.-Masse nötige Wassermenge war bei den 3 Prüfgliedern fast gleich (365–369 g). – Bei Feuchtkultur entwickelten die Polyploiden eine größere Blattfläche als 'Lembkes Rotklee', bei Trockenkultur war die Blattfläche dagegen meistens geringer. Daher sind polyploide Rotkleestämme nicht für Trockenlagen geeignet, bevorzugen zwar eine geringe rel. Luftfeuchte, jedoch bei starker Wasserzufuhr (künstliche Bewässerung). H. Pätzold. 863.

D'jakova, E. V. (Djakowa, Je. W.) Povyšenie ustojčivosti krasnogo klevera i aktivnosti ego klubeńkovych bakterij na dernovo-podzolistych počvach. **(Erhöhung der Standfestigkeit des Rotklees und der Aktivität seiner Knöllchenbakterien auf Rasen-Podsol-Böden.)** V sb.: Zimostojkost' s.-ch. kul'tur, Moskva **1960** S. 194–198. – Aus: Referativnyj žurnal. Biologija, Moskva **1961** Nr. 15. G 541. S. 59.

In 4jähr. Feldversuchen wurde der Einfluß der Aktivität der Knöllchenbakterien auf Entwicklung und Ertragsfähigkeit der Kleesorte 'Moskowski 1' studiert. Die größte Aktivität besaßen Bakterien auf der Parzelle, die mit PK + Kalk (2,5 t/ha) versorgt ist. Die Impfung der Samen mit diesen Bakterien brachte eine Erhöhung der Kleetrockenmasse um das 1½fache, der oberirdischen Masse um das 15fache. Die Aktivität der Knöllchenbakterien bestimmte in Vegetationsversuchen die Intensität der Entwicklung der Kleepflanzen und die Speicherung von N. Der Klee war auf weniger sauren und mit Kalk oder Superphosphat gedüngten Böden bes. frühjahrsfest. Die Ausbringung von Superphosphat in die Reihen war um das Doppelte wirksamer als eine breitwürfige Ausbringung. übersetzt v. E. Fröhmcke. 863.

Stählin, A. und Skirde, W.; Gießen, Justus-Liebig-Univ., Inst. für Grünlandwirtsch. u. Futterbau. **Chemische Zusammensetzung und physiologische Leistungen von Rotklee im Samenbau bei Kalidüngung.** Z. Acker- u. Pflanzenbau **116** (1962) Nr. 1. S. 39–74. – 9 Abb., 10 Tab., 64 Lit. Zus. in Engl.

In der Literatur finden sich widersprechende Angaben über den Einfluß der K-Düngung auf die Nektarsekretion. Deshalb wurde in Feld- (**I**) und Gefäßversuchen (**II**) 1959–61 mit variierter K- und P-Düngung die Wirkung von K auf die Erzeugung von Kohlenhydraten, welche die Nektarsekretion beeinflußt, an Rotklee untersucht. In **I** war die Nährstoffversorgung 1959 auf einer Versuchsfläche mit sandigem Lehm gut, 1960/61 auf einer anderen mit lehmigem Sand ausreichend, nur der K-Vorrat genügte nicht. Zusätzliche Beregnung war bei der verhältnismäßig feuchten Witterung ohne Bedeutung. In **II** zeigten sich stärkere Reaktionen auf die Düngergaben, in **I** war ein

Einfluß der Düngung nur im Vergleich zu ungedüngt festzustellen. Im Freiland erhöhte K-Düngung die Kohlenhydratproduktion und Nektarsekretion nicht. Für die physiol. Vorgänge im Rotklee und den endgültigen Ertrag sind das Nährstoffgleichgewicht und die Witterung, vor allem bei Reife und Ernte des Samenklees, entscheidend. Th. Hoffmann. 863.

Luppi, Gaetano; Torino, Sez. Agronomica del C.N.M.A. Risultati di prove di irrigazione turnata e aturnata su trifoglio ladino (Tr. repens., L.). **(Ergebnisse von Versuchen mit oder ohne turnusmäßige Bewässerung von Weißklee [T. repens L.].)** Irrigazione [Bologna] **9** (1962) Nr. 1/3. S. 141–151. – 4 Abb., 3 Tab. 863.

Gyárfás, Judit. Lucerna [Medicago sativa L.,Medicago varia Martyn (M. media Pers.)]. **(Luzerne [Medicago sativa L., Medicago varia Martyn (M. media Pers.)].)** Nemesített Növényfajtákkal végzett Országos Fajtakísérletek Eredményei [Ergebn. Zücht. Pflanzensorten d. Staatl. Sortenprüfanst.] **1960** (hrsg. 1962) S. 273–291. – 4 Abb., 10 Tab. Zus. in Russ., Engl. Dtsch. Aus: Ung. Agrar-Rdsch. **1963** Nr. 1.

1956–60 wurden mit 9 ung., 3 franz. und 3 amer. Luzernesorten Prüfungen durchgeführt. Untersucht wurden Grünmasseertrag, Heuertrag, Verhältnis Blatt:Halm und das Nachwuchsvermögen. Die Unterschiede in den Gesamtgrünmasseerträgen waren äußerst gering. In beiden Versuchsserien wiesen die ung. Landsorten 'Bánkuti' und 'Nagyszénási' die höchste Ertragsfähigkeit auf. In der ersten Versuchsserie war nur bei den Sorten 'Óvári' und 'Szarvasi' der Ertrag signifikant niedriger, während in der zweiten Serie nur die franz. Sorte 'Flamand Socheville' und die amer. Sorten 'Ranger' und 'Buffalo' statistisch gesicherte Mindererträge gegenüber den besten ung. Sorten aufwiesen. Unter den besten ung. Sorten und Neuzüchtungen konnte keine signifikante Differenz nachgewiesen werden. Die Sorten der 1958 angelegten Versuche unterschieden sich im Entwicklungsrhythmus. Die ung. Luzernen erwiesen sich als mittelfrühe Sorten von langsamer Entwicklung und langer Lebensdauer. Die franz. Sorten sind von früher Entwicklung und kurzer Lebensdauer, während die amer. Sorten späte Reife, langsame Entwicklung und mittellange Lebensdauer zeigten. Nach den Ergebnissen der Gehaltsprüfung waren die Sortenunterschiede geringfügig und überschritten die Grenze der signifikanten Differenz nur in wenigen Fällen. Unter ung. Verhältnissen sind die Landsorten 'Bánkuti' und Nagyszénási' und die Sorten 'Martonvásári SM', 'Martonvásári Szintetikus (Synthetische) A' sowie die Neuzüchtung 'Kisvárdai' am wertvollsten. 863.

Matches, Arthur G., Mott, G. O. und Bula, R. J.; Lafayette, Ind., Purdue Univ. Vegetative development of alfalfa seedlings under varying levels of shading and potassium fertilization. **(Vegetative Entwicklung von Luzernesämlingen bei unterschiedlicher Beschattung und Kalidüngung.)** Agronomy J. **54** (1962) Nr. 6. S. 541–543. – 3 Abb., 2 Tab., 7 Lit.

In Gewächshausversuchen wurden die Luzernesorten 'Du Puits', 'Vernal' und eine afrikanische Herkunft, 'African' (bei guter P-Versorgung) unterschiedlicher K-Zufuhr (0, 125, 250 lb./acre K_2O) und Lichtzufuhr (volles Tageslicht, Reduktion um 46 oder 69% des Tageslichtes) unterworfen und nacheinander in 14täg. Abständen geschnitten. – Die K-Zufuhr führte zu keiner nennenswerten Beeinflussung des Wachstums, desgl. die Lichtreduktion um 46%, jedoch wurde das Sproßwachstum bei der stärkeren Lichtreduktion negativ beeinträchtigt, am stärksten bei 'African'. Diese Herkunft zeigte auch das geringste Wurzelwachstum. Lichtreduktion führte zu einer Minderung, K-Zufuhr zu einer Förderung der Wurzelmassenentwicklung. Das Sproß-Wurzelverhältnis wurde durch Änderung des Lichteinfalles (im Gegensatz zu bisherigen Erfahrungen) nicht beeinflußt. H. Pätzold. 863.

Stanhill, G.; Rehovot, Israel, Inst. of Soils and Water. The effect of environmental factors on the growth of alfalfa in the field. **(Die Wirkung der Umweltfaktoren auf das Wachstum der Luzerne auf dem Feld.)** Netherl. J. agric. Sci. **10** (1962) Nr. 4. S. 247–253. – 4 Abb., 1 Tab., 8 Lit.

Luzernebestände mit eingeschalteten Lysimeteranlagen wurden bei guter Nährstoff- und täglicherWasserzufuhr bei 50–65 cm Wuchshöhe in 1 ½ Jahren 16mal geschnitten (Stoppelhöhe 15 cm) und der erhaltene Ertrag mit dem kalkulierten Ertrag (Methode de Wit der Messung der potentiellen Photosynthese) verglichen. Der Ertragsverlauf entsprach der Berechnung (r = 0,86), nachdem Abzüge für Respirationsverluste, Wurzelwachstum und mangelnde Lichtstärke unter hohem Bestand vorgenommen wurden. Tatsächlich betrug der erreichte Ertrag nur $^1/_5$ des errechneten. Eine Möglichkeit der Verbesserung dieser Diskrepanz wird in einer höheren Stoppellänge bei häufigerem Schnitt gesehen, wodurch die Assimilationsfläche stets rel. groß bleibt.
H. Pätzold. 863.

Palmer-Jones, T., Forster, I. W. und Jeffery, G. L.; Wallaceville, Dep. of Agric., Animal Res. Stat.; Oamaru, Dep. of Agric., Horticult Div. Observations on the role of the honey bee and bumble bee as pollinators of white clover (Trifolium repens Linn.) in the Timaru district and Mackenzie Country. **(Beobachtungen über die Rolle der Honigbiene und der Hummel als Bestäuber von Weißklee [Trifolium repens L.] im Distrikt Timaru und im Mackenzie-Gebiet.)** New Zealand J. agri. Res. **5** (1962) Nr. 3/4. S. 318–325. 863.

Peusens, J. B.; Roermond, Zuid-Limburg, Rijkslandbouwconsulentschap. Ervaringen met Alexandrijnse klaver. **(Erfahrungen mit Alexandrinerklee.)** Landbouwvoorlichting **19** (1962) Nr. 12. S. 672–675. 863.

Fedorov, A. K. (Fjodorow, A. K.) O razvitii mnogoletnich trav. **(Über die Entwicklung mehrjähriger Gräser.)** Tr. In-ta genet. AN SSSR **1960** Nr. 27. S. 88–94. – 12 Lit. Aus: Referativnyj žurnal. Biologija, Moskva **1961** Nr. 15. G 533. S. 58.

Winterfeste mehrjährige Gräser (Wehrlose Trespe, Wiesenfuchsschwanz u. a.) schoben Ähren im 2. Lebensjahr nur dann, wenn die Aussaat im Frühjahr und im Juni-Juli erfolgte. Pflanzen mit späterem Aussaattermin blieben in der Bestockungs-Phase stehen. Vf. verbindet das mit der Tatsache, daß nur verhältnismäßig starke Triebe das Jarowisationsstadium durchlaufen können. Bei ununterbrochener intensiver Beleuchtung und rel. hohen Temperaturen erfolgte bei winterfesten mehrjährigen Gräsern die Ährenbildung bereits im Ansaatjahr. Das Ährenschieben von Wechselweizen unter Kurztagverhältnissen und bei schwacher Beleuchtung erfolgte nur nach Lagerung bei niedrigen Temperaturen. Jedoch fördert eine gute Beleuchtung ihre Ährenbildung auch ohne Einwirken niedriger Temperaturen. Bei der Mahd der Wehrlosen Trespe am 9. Sept. erhöhte sich die Zahl generativer Triebe im folgenden Jahr, bei Mahd am 10. Okt. verringerte sie sich. Es werden Beispiele für den Einfluß der Mähtermine auf die Entwicklung von 1- und 2jähr. Gräsern (Lieschgras, Regneria u. a.) angeführt. übersetzt v. E. Fröhmcke. 864.

Dekaprelevič, L. L. und Dgebuadze, O. N. (Dekaprelewitsch, L. L. und Dgebuadse, O. N.); Tbilissi, Grusin. Landwirtsch. Inst. Mežsortovye gibridy kukuruzy na silos dlja gornych rajonov Gruzii. **(Silomais-Sortenhybriden für das Bergland in Grusien.)** Agrobiologija, Moskva **1962** Nr. 4. S. 505–509. – 2 Tab. 864.

Berg, F.; Paulinenaue, Inst. für Grünland- und Moorforsch. der Dtsch. Akad. der Landwirtsch.-Wiss. zu Berlin. **Welche Bedeutung hat der Anbau von Sommerroggen als Zwischenfrucht?** Dtsch. Landwirtsch. **14** (1963) Nr. 2. S. 79–81. – 1 Tab., nach Zus.

Der Anbau von So-Roggen als Stoppel- und Winterzwischenfrucht wird beschrieben. Nach den bisherigen Versuchsergebnissen ist der Anbau von So-Roggen als Stoppelfrucht auf allen genügend entwässerten anmoorigen Böden zu empfehlen. Die Versuche auf einem frischen Mineralboden brachten nicht den gewünschten Erfolg. Der Anbauerfolg auf den Anmoorböden ist weitgehend abhängig von der Sorgfalt der Saatbettvorbereitung, der Höhe der Aussaatmenge und der Zufuhr von mineral. N. Die günstigste Aussaatzeit liegt in den ersten Augusttagen. Früher ausgesäte Bestände bestocken sich wenig und werden leicht von Rost befallen; später ausgesäte entwickeln sich zu schwach. Der Anfang Aug. ausgesäte So-Roggen ist schon Ende Sept. schnittreif. Zur Herstellung von Mischsilage (Roggen-Mais oder Roggen — zweiter Wiesenschnitt) eignet sich So-Roggen gut. Als Winterzwischenfrucht liefert er fast gleich hohe Grünmasseerträge wie Wi-Roggen, wenn er rechtzeitig ausgesät (etwa 200 kg/ha) wird. Bei kombiniertem Anbau von Wi- und So-Futterroggen können die Bestellungs- und Erntearbeiten besser verteilt werden. Betriebe, die auf Grund der starken Arbeitsspitze im Herbst 1962 zu wenig Flächen mit Winterzwischenfrucht bestellt haben, können mit dem Anbau von So-Futterroggen noch zusätzliche Futtermengen schaffen. Die Grünfutterernte ist jedoch erst Ende Mai, und deshalb ist die Nachfruchtfrage nicht ganz einfach zu lösen. Die Aussaatmengen je ha liegen bei beiden Anbauformen rel. hoch. 866

Ašimkanov, Katkeldi. **Vlijanie mineral'nych udobrenij na dinamiku rosta i urožajnost' lekarstvennogo maka.** (Der Einfluß mineralischer Düngemittel auf die Wachstumsdynamik und die Erträge des Heilpflanzenmohnes.) Hrsg.: Akad. nauk Kirgizskoj SSR, Otdel počvovenedija. Frunze: Izd. Akad. nauk Kirgizskoj SSR. 1962. (55 S.) 8°. (1962 A 1343)

Becker, W. R. **De maisteelt in Nederland. 1. Veredeling en rassenonderzoek.** Wageningen: Proefstation voor de Akker- en Weidebouw. 1962. (56 S.) 8°. (SR 2667, 19)

Borewicz, W. und *Dluski, S.* **Mechanizacja uprawy kukurydzy.** (Mechanisierung des Maisanbaues.) Warszawa: Panstw. wyd. roln. i leśne. 1962. (87 S.) 8°. (1962 A 1227)

Böckenförde, Gerd. **Untersuchungen über die Wurzelmasse und die Bodenstrukturverhältnisse unter Winterweizen in Abhängigkeit von einer Differenzdüngung auf dem Dauerdüngungsversuch Dikopshof.** Diss. Univ. Bonn, Landwirtsch. Fak. 1961. (82 S. m. 10 Taf.)

Brandenburger, Valentin. **Der Einfluß verschiedener Düngungskombinationen auf Ertrag und Qualität der Braugerste unter besonderer Berücksichtigung von Klima und Jahreswitterung, Boden und Vorfrucht.** Diss. Univ. Bonn, Landwirtsch. Fak. 1961. (69 S. m. 17 Taf.)

Červený, A. **Ekonomická effektívnosť pestovania kukurice.** (Ökonomische Auswirkungen des Maisanbaues.) Bratislava: Slov. vyd. pôdohospod. lit. 1962. (219 S.) 8° = Edícia pol'nohospodárska ekonomika. Zv. 77. (SR 2760, 77)

Coiciu, Evdochia und *Rácz, Gabriel.* **Plante modicinale si aromatice.** (Heil- und aromatische Pflanzen.) București: Ed. Acad. Rep. Pop. Romîne. 1962. (682 S.) 8°. (1962 A 1540)

Englicht, Wl. **Szczegółowa uprawa roślin.** (Spezieller Pflanzenbau. Bd. 1.) 2. Aufl. Warszawa: Panstw. wyd. roln. i lesne. 1962. (357 S.) 8°. (1962 A 1234, 1-)

Guščin, Ivan Vasil'evič. **Sil'nye i tverdye pšenicy.** (Kleber- und Hartweizen.) Moskva: Izd. Minist. sel'skogo choz. RSFSR. 1961. (41 S.) 8°. (1962 A 688)

Hindi, Letfi Hindi Ali. **The effect of skips on the grain yield of the adjacent hills in trials with maize hybrids under different conditions.** Diss. Landw. Fak. Wageningen. 1962. (33 S.) 8°. (Diss. 8461)

Hruška, Ladislav. **Abeceda pestovani brambor.** (ABC des Kartoffelbaus). Praha: Státní zeměd. naklad. 1962. (210 S.) 8°. (1962 A 1513)

Jachtenfel'd, Pavel Aleksandrovič. **Kul'tura jarovoj pšenicy v Sibiri.** (Der Anbau des Sommerweizens in Sibirien.) Moskva: Sel'chozizdat. 1961. (359 S.) 8°. (1962 A 775)

Karwowski, Tadeusz. **Mechanizacja uprawy ziemniaków buraków.** (Die Mechanisierung des Kartoffel- und Rübenanbaues.) Warszawa: Panstwowe wyd. rolnicze i leśne. 1962. (95 S.) 8°. (DA 1440)

Kazakov, Ivan Gurjanovič. **Proizvodstvo sacharnoj svekly v kolchozach Čujskoj doliny.** (Zukkerrübenproduktion in den Kolchosen des Tschu-Tales.) Hrsg.: Akad. nauk Kirgizskoj SSR; Inst. ėkonomiki. Frunze: Izd. Akad. nauk Kirgizskoj SSR. 1961. (71 S.) 8°. (1962 A 1346)

Kuchár, Ján. **Komplexná mechanizácia a chemizácia pestovania kukurice.** (Komplexmechanisierung und Chemisierung des Maisanbaus.) Bratislava: Slov. vyd. pôdohosp. lit. 1962. (103 S.) 8° = Pol'nohospodárske učebnice. Zv. 515. (SR 2720, 515)

I. Pflanzen der Subtropen und Tropen

Sinha, T. D. und Verma, U. K.; Sabour, Bihar Agric. Coll. Pulses: Their importance in Indian agriculture. **(Hülsenfrüchte: ihre Bedeutung in der indischen Landwirtschaft.)** Allahabad Farmer **35** (1961) Nr. 3. S. 110–115. — 3 Tab., 15 Lit. 871

Mukherjee, D.; Calcutta, Crop Res. Stat., Agric. Res. Inst. Studies on spacing of Cajanus cajan (L) Millsp. **(Untersuchungen über Standweiten bei Cajanus cajan [L.] Millsp.)** Indian J. agric. Sci. **30** (1960) Nr. 3. S. 177–184. – 1 Abb., 5 Tab., 9 Lit.

In den Jahren von 1952/53 und 1956/57 wurde in Westbengalen in zahlreichen Versuchen die optimale Reihenentfernung für *Cajanus cajan* ermittelt. Als günstiger Abstand ergab sich 2 × 2 ft. Die Wechselwirkung zwischen Jahreszeit und Reihenabstand war signifikant, so daß die günstigste Standweite von der Jahreszeit abhängt. Gegenüber der Breitsaat wurden durch die Standweite von 2 × 2 ft. Mehrerträge von 29,5% sowie Einsparungen an Saatgutkosten und Anbaukosten erzielt. K. Schulz. 871.

Ghosh, B. N.; Chinsurah, West Bengal, Rice Res. Stat. Preliminary studies on the effect of cultural factors and nitrogen fertilizers on growth and yield of spring (boro) paddy. **(Vorläufige Untersuchungen über die Wirkungen von Kulturmaßnahmen und Stickstoffdüngern auf das Wachstum und den Ertrag von Sommer-[boro]-Reis.)** Indian J. agric. Sci. **30** (1960) Nr. 3. S. 165–169. – 4 Tab., 8 Lit.

Als günstigste Pflanzzeit für den Kornertrag von Sumpfreis wurde die Zeit von Ende Dez. bis Mitte Jan. ermittelt. Späteres Pflanzen führte zu Mindererträgen. Reihenabstände von 4 × 4 in. bewirkten höhere Erträge als größere Standweiten. In bezug auf Strohertrag ergaben sich Pflanzung erst ab Mitte Jan. und Reihenabstände von 4 × 4 in. als günstigste Kombination. Im Durchschnitt von 3 Jahren erwiesen sich org. Düngemittel in Form von Senfkuchen mit 80 lb./acre N als beste Düngungsform. Von den anorg. Düngemitteln hatte Ammoniumsulfat die beste Wirkung auf den Kornertrag. K. Schulz. 872.

Milev, V. (Milew, W.) Proučvane vŭrchu sroka na pribiraneto na oriza i vlijanieto mu vŭrchu njakoi kačestva na zŭrnoto. **(Studien über die Erntezeit des Reises und ihr Einfluß auf einige Korneigenschaften.)** Selskostopanska nauka, Sofija **1(7)** (1962) Nr. 6. S. 615–622. – 1 Abb., 6 Tab., 10 Lit. Zus. in Russ., Engl.

In Versuchen 1957–61 lieferte die Frühsorte 'Bellardone' bei einer Vegetationslänge von 116–120 Tagen mit einer Gesamttemperatursumme von 2522 °C und die Spätsorte 'Pierro' mit entspr. 133–135 Tagen und 2853 °C die höchsten Erträge bei bester Kornqualität. Bei Verlängerung der Vegetationsdauer auf 146 bzw. 155 Tage mit Temperatursummen von 2912 bzw. 3016 °C gingen die Erträge zurück, und die Kornqualität wurde verschlechtert. Es wird empfohlen, den Reis für die industrielle Verwertung bei 60–75% reifer Körner in der Rispe und den für Saatgut bei 85–90% reifer Körner zu ernten. Die für die Saatgutgewinnung bestimmten Reisbestände sollen in ganz kurzer Zeit (10 Tagen) geerntet, eingefahren und gedroschen werden. K. Tschanew. 872.

Singh, S. S. und Colville, W. L.; Univ. of Nebraska. Effect of clipping on yield and certain agronomic characters of irrigated grain sorghum. **(Die Wirkung des Schnittes auf Ertrag und bestimmte landwirtschaftliche Merkmale von bewässerter Körnerhirse.)** Agronomy J. **54** (1962) Nr. 6. S. 484–486. – 1 Tab., 9 Lit.

In zwei Jahren wurde die Hybride 'RS 610', ausgesät Ende Mai und Anfang Juni auf 40 in. Reihenentfernung, zu verschiedenen Vegetationszeitpunkten geschnitten und bei Zufuhr von 40 lb./acre N die Wirkung des Schnittes auf Korn- und Grünmasseertrag verfolgt. – Früher Schnitt reduzierte den Grünmasseertrag um 33, späterer Schnitt z. Z. des Schossens um 14–19%. Der Kornertrag sank durch Futterzwischennutzung um 4–39% und korrelierte negativ mit der Anzahl der unteren Seitentriebe. Die Zahl der Seitentriebe stieg beträchtlich bei Entfernung der Schosstriebe und führte zu höherer Futterausbeute. H. Pätzold. 873.

Laws, V. und Jarman, C. G. Doum palm leaflet fibre. **(Fasern aus Blättern der Doum-Palme.)** Trop. Sci. 4 (1962) Nr. 3. S. 123–126. – 6 Abb., 1 Tab., 9 Lit.
Der Name „Doum-Palme" wird für alle Arten (28) der Gattung *Hyphaene* verwendet, in der Arbeit jedoch nur für *H. thebaica* [L.] Mart. Die Palmen werden als Gemüse genutzt, enthalten in den Blättern aber auch eine nutzbare Faser, die nach der Aufarbeitung grün-rot-braun gefärbt und zur Herstellung von Säcken verwendbar ist. Im Vergleich zur Jutefaser ist sie unterlegen, da sie gröber und weniger reißfest ist. Zur Fasergewinnung werden die Blätter von mindestens 5jährigen, buschigen Pflanzen (alte Exemplare mit Stammbildung sind nicht geeignet) geerntet, neuerdings auch maschinell, 24 Std. gewässert und dann entfasert. Trotz des hohen Fasergehaltes der Blätter (20% des Frischgew.) ist die Ausbeute rel. gering (12–13%). Vorläufig lohnt die Produktion nur bei Vorhandensein billiger Arbeitskraft, wenigstens solange das Problem der maschinellen Faseraufbereitung noch nicht gelöst ist. Für den Jutehandel besteht Interesse an der Faser nur bei bes. Bedingungen. Bei örtlichem Bedarf und genügend dichten Palmenbeständen ist die Erzeugung eher lohnend. W. Stenz. 877.

Stoimenov, S. (Stoimenow, S.) Opit s broj i dŭlbočina na okopavaneto na pamuka. **(Ein Versuch mit Zahl und Tiefe des Hackeneinsatzes bei Baumwolle.)** Izvestija na Selskostopanskija naučnoizsledovatelski institut – Kneža, Sofija 4 (1962) S. 139–149. – 9 Tab., 9 Lit. Zus. in Russ., Engl.
In Versuchen 1954–59 in Nordwestbulgarien auf Tschernosemboden wirkten rechtzeitiges Hacken und zeitige Unkrautvernichtung bei der Baumwolle stark ertragssteigernd. Der höchste Baumwollertrag wurde erzielt, wenn die erste Hacke im 1–2-Blattstadium 5–6 cm tief ausgeführt wurde, wobei die einjährigen Unkräuter vernichtet wurden. Die 2. Hacke wurde bei der Bildung von 4–6 Laubblättern, die 3. bei der Knospenbildung und die 4., die Guthacke, bei der Blüte ausgeführt. Ferner wurde festgestellt, daß bei guter Grundbodenbearbeitung vor der Aussaat auf Tschernosem, der eine gute Struktur aufweist und sich nur wenig verdichtet, die Baumwolle auch ohne Bodenlockerung während der Vegetation angebaut werden kann, sofern die Unkräuter mit anderen Mitteln und Verfahren bekämpft werden. K. Tschanew. 878.

Stoimenov, S. (Stoimenow, S.) Proučvanija vŭrchu toreneto na pamuka s oborski tor. **(Studien über die Düngung der Baumwolle mit Stalldung.)** Izvestija na Selskostopanskija naučnoizsledovatelski institut – Kneža, Sofija 3 (1962) S. 101–114. – 12 Tab., 16 Lit. Zus. in Russ., Engl.
Außer einer ungedüngten Kontrolle wurden verabreicht: a) 20, b) 30 t/ha Stallmist, c) 20 t/ha Stallmist + 300 kg/ha Superphosphat + 200 kg/ha Kaliumsulfat mit der Herbstfurche eingebracht, d) 20 t/ha Stallmist + 300 kg Superphosphat + 200 kg Kaliumsulfat, wobei 50% der Mineraldünger mit dem letzten Grubbern verabreicht wurden und e) org.-mineral. Düngung mit dem letzten Grubbereinsatz (2 t/ha gut verrotteter Stalldung, 300 kg Superphosphat + 200 kg Kaliumsulfat). Im Vergleich zur Kontrolle lagen die Erträge an Rohbaumwolle bei a und b um 14,9 und 23,8% höher. Kombinierte Stallmist-, Superphosphat- + Kaliumsulfatdüngung wirkten noch besser. Variante e war von guter Wirkung nur bei feuchter Witterung. Bei b war der ökonom. Nutzeffekt am höchsten. K. Tschanew. 878.

Zakirov, T. S. (Sakirow, T. S.) Rezul'taty polevych ispytanij različnych defoliantov chlopčatnika. **(Resultate aus Feldversuchen mit verschiedenen**

Defolianten für Baumwollpflanzen.) S. ch. Tadžikistana **1960** Nr. 7. S. 16–19. — Aus: Referativnyj žurnal. Biologija, Moskva **1961** Nr. 15. G. 561. S. 61.
Bei der Erprobung von Präparaten zur Defoliation der Baumwollpflanzen erwies sich Ca-Chloratchlorid als sehr wirksam. Eine Lösung von freiem N könnte als wirksamer Defoliant breite Anwendung finden, wenn seine Herstellungskosten geringer wären. Es wird empfohlen, die Erprobung von Endothal fortzusetzen. übersetzt v. E. Fröhmcke. 878.

Tašlanov, A. N. (Taschlanow, A. N.) Trebovanija k sortam chlopčatnika pri mašinnom sbore urožaja. **(Anforderungen an Baumwollsorten bei maschineller Ernte.)** V sb.: Vopr. genetiki, selekcii i semenovodstva chlopčatnika, Taškent **1960** S. 409–426. — Aus: Referativnyj žurnal. Biologija, Moskva **1961** Nr. 15. G 557. S. 60.
Auf der Grundlage von Untersuchungen über den Bau des Strauches, über das Ausmaß und den Öffnungstyp der Baumwollknospen, über das Verfilzen der Samenkronen und den Eiweißgehalt der Knospenschalen, über die Höhe der Ansatzpunkte der niedrigen Knospen, über die Behaarung der Pflanze sowie über die Randform der Nebenblätter werden Anforderungen an solche Baumwollsorten formuliert, die ein ordnungsgemäßes Arbeiten der Baumwoll-Erntemaschinen ermöglichen. übersetzt v. E. Fröhmcke. 878.

Morettini, Alessandro; Firenze, C.N.R., Centro Miglioramento Piante da Frutto e da Orto. Principali aspetti della olivicoltura moderna. **(Prinzipielle Aspekte der modernen Olivenkultur.)** Frutticoltura **24** (1962) Nr. 8/9. S. 553 bis 563. — 10 Abb., 8 Lit. 880.

McColl, J. C.; Numurkah, Dep. of Agric. Sod seeding trial on irrigated subterranean clover. **(Oberflächen-Einsaatversuch auf beregnete Bestände von Bodenfrüchtigem Klee.)** J. Agric. [Melbourne] **60** (1962) Nr. 11. S. 501 bis 503. — 4 Abb., 3 Tab.
Zur Vergrößerung des Futteranfalles auf 6 Jahre alten Beständen von *Trifolium subterraneum* wurden im Frühherbst Einsaaten (mit Ritzer) von So-Getreidearten bzw. bestimmten Gräsern vorgenommen, zusätzlich mit P gedüngt und 3 verschieden hohe N-Gaben verabfolgt. — Bei zusätzlicher Beregnung und warmer Witterung wurde 7–8 Wochen später gemäht. Auf der Kontrollparzelle wurden 1092, auf den Parzellen mit Graseinsaaten 1144 bis 1274 und auf den Sommergetreideflächen bis zu 1851 lb./acre Tr.-Subst. geerntet. Zusätzliche N-Gaben rentierten sich überraschenderweise nicht. Der Getreideanteil (ohne N) schwankte zwischen 33 und 64%, der Kleeanteil entspr. zwischen 17 und 51% (Rest Gräser und Unkräuter). Die eingesäten Kulturgräser erreichten einen Anteil von nur 18–31%; hier blieb der Klee stets dominierend. H. Pätzold. 885.

Wilson, G. P. und Murtagh, G. J. Lablab, new forage crop for the North coast. **(Lablabbohne, eine Futterpflanze für die Nordküste.)** Agric. Gaz. New South Wales **73** (1962) Nr. 9. S. 460–462. — 3 Abb.
Von *Dolichos lablab* wurde neuerdings eine aussichtsreiche Sorte, 'Rongai', entwickelt. Sie stammt aus Kenya. Die Lablabbohne wurde in den Tropenzonen der Alten Welt bisher vorwiegend zu Speisezwecken, weniger als Futterpflanze angebaut. In dem warmen, humiden Klima von New South Wales gedeiht Lablab ausgezeichnet auf den verschiedensten Böden, sofern sie durchlässig sind. Stauende Nässe verträgt sie nicht. Im Vergleich mit *Vigna sinensis* und *Stizolobium deeringianum* (Velvetbohne) behält sie ihre Blattmasse länger und reicht mit dem Grünmasseangebot weit in den Winter hinein. Die Knöllchenbakterien sind die gleichen wie bei den anderen beiden Arten, aber an mehreren Versuchsorten ergab sich eine positive Reaktion auf die Impfung. Die Aussaat sollte so früh wie möglich erfolgen (10–15 lb./acre bei Drillsaat, 25–30 lb. bei Breitsaat). Das Wachstum ist ab Okt. möglich.

Die Beweidung kann 8 Wochen nach der Aussaat beginnen. Die Regeneration ist besser als bei *V. sinensis* und *S. deeringianum*. Bei früher Sommersaat sind zwischen Jan. und Juni 3 Beweidungen möglich. An Schädlingen treten die Bohnenfliege (*Agromyza phaseoli*) und *Sclerotinia sclerotiorum* auf. Bisher wurden aber noch keine großen Schäden beobachtet. W. Stenz. 885.

Chaudhri, Ikram Ilahi. The medicinal plants of arid regions of West Pakistan. **(Die Arzneipflanzen der ariden Zone von West-Pakistan.)** Agric. Pakistan **12** (1961) Nr. 4. S. 734–744. – 8 Lit.
Die ariden Gebiete von West-Pakistan bestehen aus Ebenen und Hügellandschaften. In den Ebenen besitzen von den Wildpflanzen *Plantago ovata, Peganum harmala* und *Cassia angustifolia* die größte Bedeutung. Kultiviert werden dort u. a. *Capsicum annuum, Carum carvi, Foeniculum vulgare, Mentha piperita, Rosa damascena, Papaver somniferum* und *Ricinus communis*. In der-Hügellandschaft kommen wild hauptsächlich *Acacia senegal, Artemi sia mari tima, Ephedra gerardiana, Juniperus macropoda, Carum bulbocastanum, Ferula asafoetida, Thymus serphyllum* und *Rheum emodi* vor. Am häufigsten werden in dieser Region *Papaver somniferum* L., *Cannabis sativa* und *Olea europea* kultiviert. H. Schröder. 887.

Singh-Dhaliwal, Tara und Torres-Sepúlveda, Aníbal; Rio Piedras, Univ. of Puerto Rico, Agric. Exp. Stat. Performance of acerola, Malpighia punicifolia L., in the coffee region of Puerto Rico. **(Die Kultur der Acerola, Malpighia punicifolia L., im Kaffeegebiet von Puerto Rico.)** J. Agric. Univ. Puerto Rico **46** (1962) Nr. 3. S. 195–204. — 1 Abb., 4 Tab., 5 Lit.
Vff. teilen die Ergebnisse aus einem 7jähr. Versuch mit Acerola (*Malpighia punicifolia* L.) im Zentrum des Kaffeeanbaugebietes mit. Die Pflanzen wurden aus Samen eines Klones gezogen und auf Lehmboden (pH 5,0) ausgepflanzt. Die Bäume zeigten große Variabilität im Habitus. Sie trugen im Alter von 3 Jahren. Die Ernte erfolgte von April bis Nov. mit einem Max. im August. Der Fruchtertrag variierte sehr stark, und zwar von 205 bis 481 oz. Auch die Variabilität in bezug auf Fruchtgröße und Vitamin-C-Gehalt der Früchte war groß. Vollreife Früchte haben geringeren Vitamin-C-Gehalt als teilreife. Die Früchte werden zur Saft- und Geleebereitung benutzt. Krankheiten und Schädlinge traten nur in geringem Maße auf.
W. Hiller. 893.

Bunina, N. N. Obrezka limona v period formirovanija krony i v vozraste plodonošenija. **(Schnitt des Zitronenbaumes während der Kronenbildung und des Fruchtens.)** Subtropičeskie kul'tury. Bjulleteń Vsesojuznogo naučno-issledovatel'skogo instituta čaja i subtropičeskich kul'tur (VNIIČiSK) – Anaseuli, Machradze **1961** Nr. 4. S. 49–64. — 1 Abb., 6 Tab., 31 Lit. Zus. in Engl.
Im Gegensatz zu anderen Ländern besteht in den subtropischen Gebieten der UdSSR kein Zweifel über die Notwendigkeit des Schnittes von Zitronenbäumen. Unklarheit herrscht nur über die Art des Schnittes, deshalb wurden die biol. Besonderheiten des Wachstums und Fruchttragens untersucht, z. B. Beginn des Ertragsstadiums unter verschiedenen Bedingungen, Länge der Gerüstzweige und Triebe. Früchte werden vor allem am letzten Drittel der 1- und 2jähr. Zweige gebildet. Frühjahrstriebe sind i. allg. fruchtbarer als Herbsttriebe. Die Trieblänge im Ertragsstadium beträgt 6–20 cm. Zweige dieser Länge tragen bevorzugt Früchte, so daß im Ertragsstadium das Schneiden dieser Triebe zu Mindererträgen führt. R. Schuricht. 894.

Crane, Julian C. und Grossi, Noelia; Davis, Univ. of California. Fruit and vegetative responses of the Mission fig to gibberellin. **Reproduktive und vegetative Reaktionen der 'Mission'-Feige auf Gibberellin.)** Proc. Amer. Soc. horticult. Sci. **76** (1960) S. 139–145. – 3 Abb., 2 Tab., 11 Lit.

Bei 10jährigen Feigenbäumen führte die Besprühung fruchttragender Triebe mit dem Ca-Salz der Gibberellinsäure (GA) in Konz. von 20, 40 und 80 ppm gegenüber der Kontrolle zu einer verstärkten Fruchtwachstumsrate in der Wachstumsperiode im Juni, aber zu einer verminderten Wachstumsrate in der zweiten Wachstumsperiode. Außerdem setzte die 2. Periode früher ein, so daß auch die Fruchtreife beschleunigt wurde. Bei allen behandelten Früchten waren Fruchtgewicht, Fruchtfärbung und Zuckergehalt geringer. Wenige Tage nach der GA-Behandlung begann die terminale vegetative Knospe der Triebe auszutreiben. Zahl und Länge der Internodien sowie das Trockengewicht von Blättern und Trieben nahmen progressiv mit der Erhöhung der Konz. zu. U. Neumann. 898.

VIII. GRÜNLAND

A. Allgemeine Literatur, Berichte, Statistiken u. a.

Roth, D.; Jena, Friedrich-Schiller-Univ., Inst. für Meliorationswes. und Grünland. **Grünlandnutzung und -bewirtschaftung in den höheren Lagen des Thüringer Waldes und des westlichen Schiefergebirges.** Dtsch. Landwirtsch. **14** (1963) Nr. 1. S. 44–48. — 2 Abb., 12 Lit. nach Zus.

Die sozialistische Umgestaltung der Landwirtschaft ermöglicht die standortgerechte Verteilung von Grünland und Ackerland. Typische Grünlandstandorte im Gebirge sind die schmalen, nassen Talgründe und Mulden, steile Hanglagen sowie die Hochebenen der Kammlagen. — Bei der Nutzung und Bewirtschaftung des Dauergrünlandes im Gebirge treten je nach dem Überwiegen steiler Hänge oder ebener Hochflächen in der Ortsflur unterschiedliche Probleme auf. Das Hauptproblem in Gebieten mit überwiegendem Hanganteil besteht in der Diskrepanz zwischen überschüssigem abs. Weideland und Mangel an mechanisierbaren Flächen für die Winterfuttergewinnung. Zur Überwindung dieser Gegensätze werden Vorschläge gemacht. — In den Kammlagen mit ungünstigen klimatischen Bedingungen besteht die Hauptaufgabe darin, Grünlandwirtschaft und Feldfutterbau als von Natur aus begünstigte Zweige zu intensivieren. Zur Verbesserung der Futterwirtschaft in diesem Gebiet werden einige Hinweise gegeben. — Für eine intensive Weidewirtschaft sind die Überwindung der Flurzersplitterung, Meliorationen, ausreichende Düngung und die Schaffung zusammenhängender Weidekomplexe notwendig. Bei richtiger Weideführung lassen sich auch auf stärker geneigten Hangweiden Trittschäden vermeiden. 901.

B. Wiesen

Klapp, E.; Bonn, Univ., Inst. für Acker- und Pflanzenbau. **Über das Verhalten der Wiesenpflanzen bei verschiedener Düngung unter besonderer Berücksichtigung der Stickstoffwirkungen von Düngung und Standort.** Bayer. landwirtsch. Jb. **39** (1962) Nr. 5. S. 515–527. — 3 Tab., 25 Lit.

Verglichen wurden die O-, PK- und NPK-Varianten von 182 auswertbaren Wiesendüngungsversuchen in Mitteleuropa in ihrer Auswirkung auf die Artenverschiebung (Ertragsanteil in %). Dabei wurde noch zwischen Kulturwiesen und Ödlandrasen unterschieden. Betrachtet wurden alle Arten, die in mindestens 9 Versuchen vorkamen (insges. 90 Arten). — Auf Ödlandrasen wurden in der Mehrzahl alle auftretenden Arten durch NPK-Düngung gefördert (z. B. *Avena pubescens*, *Festuca rubra*, *Agrostis tenuis* u. a.), Arten also, die auf Kulturwiesen bei NPK-Zufuhr gewöhnlich zurückgingen (auf Ödland fehlt die anspruchsvolle Konkurrenz). *Trifolium pratense* und *T. repens* wurden durch NPK auf Ödland gefördert, in Kulturwiesen zurückgedrängt (bei PK begünstigt). Die meisten Kräuter wurden durch steigende Nährstoffzufuhr vermindert. — Auf die Verschiedenheit der Artenreaktion in Reinsaat und im Gemisch mit vielen Arten wird verwiesen (physiol. gegenüber ökol. Verhalten), wodurch allgemein gültige Aussagen erschwert werden.

H. Pätzold. 940.

Tomka, Ondrej; Poprad, Výskumný Ústav Lúk a Pasienkov. Možnosti zvyšovania úrod trávnych porastov v horských oblastiach. **(Möglichkeiten der Ertragserhöhung von Grasbeständen in Gebirgsgebieten.)** Pol'nohospodarstvo **9** (1962) Nr. 5/6. S. 369–376. – 2 Tab., 7 Lit. Zus. in Russ., Engl.
Selbst nach 10–11 Jahren wiesen künstliche Grasbestände keine Degradierung auf. Ihr Ertrag erreichte annähernd die gleiche Höhe wie bei den natürlichen Beständen. Im Vergleich mit den natürlichen Grasbeständen gibt es bei den künstlichen Beständen, die leistungsfähige Gras- und Kleearten enthalten, Voraussetzungen für eine Steigerung der Produktion durch höhere Düngergaben. Bei Gaben von 150–300 kg N verschwanden die Kleepflanzen aus dem Bestande; dagegen verbreiteten sich solche Pflanzen, die die Qualität des Bestandes herabsetzen. Je kürzer die Vegetationsperiode ist, um so kleinere Düngergaben soll man anwenden. Umgepflügte Wiesen- und Weideflächen müssen in die Futterpflanzensaatfolge eingereiht werden. Allzuhohe Nährstoffgaben verschlechtern die Qualität des Bestandes. K. Beran. 940.

C. Weiden

Howard, D. A., Burdin, M. L. und Lampkin, G. H.; Kabete, Kenya, Dep. of Veterin. Serv.; Mugusa, East African Veterin. Res. Organization. Variation in the mineral and crude-protein content of pastures at Muguga in the Kenya Highlands. **(Schwankungen im Gehalt von Mineralstoffen und Rohprotein der Weiden von Muguga im Hochland von Kenya.)** J. agric. Sci. **59** (1962) Nr. 2. S. 251–256. – 2 Abb., 2 Tab., 23 Lit.
Von den Weiden wurden in regelmäßigen Zeitabständen Proben gezogen und auf Rohprotein, P, Ca, Na, K, Mg, Cu untersucht. Die vorherrschenden Pflanzen waren *Cynodon dactylon* und *Chloris gayana*. Der Na-Gehalt war zu allen Zeiten ungenügend und in Trockenperioden auch der Gehalt an P und Rohprotein. Mit Ausnahme von Na und Ca wird der Gehalt an den untersuchten Stoffen von der Niederschlagsmenge beeinflußt, die in der Vegetationsperiode fällt. G. Leisner. 950.

Bisset, W. J. The black spear grass (Heteropogon contortus) problem of the sheep country in Central-Western Queensland. **(Das Problem der schwarzen Quecke [Heteropogon contortus] auf den Schafweideflächen im zentralen Westen von Queensland.)** Queensland J. agric. Sci. **19** (1962) Nr. 2. S. 189 bis 207. – 6 Abb., 2 Tab., 16 Lit.
Heteropogon contortus kommt hauptsächlich in Gesellschaft mit dem vorherrschenden Klimax-Gras *Themeda australis* in den aufgelockerten Eukalyptuswäldern vor. Die Besatzdichte schwankt zwischen „stark" bei überdurchschnittlich hohen Niederschlägen und „schwach" bei annähernder Trockenheit. Die seit 1949 beobachtete stärkere Verbreitung wird z. T. auch auf günstige Witterungsbedingungen zurückgeführt, z. T. aber auch auf den geringeren Weideauftrieb. Da Rinder dieser unerwünschten Pflanze stärker zu Leibe rücken als die bisher aufgetriebenen Schafe, werden sie jetzt bevorzugt geweidet. Ein Abbrennen der Narbe hat sich nicht bewährt. Für die dortigen Klimaverhältnisse geeignete, eingeführte exotische Gräser vermochten nur in begrenzten Gebieten *H. contortus* zu verdrängen.

W. Fleischmann. 955.

Jones, Lewis; Hurley, Berks., Grassland Res. Inst. Herbicides to aid pasture renovation. **(Herbicide als Hilfsmittel bei der Weide-Erneuerung.)** J. Brit. Grassland Soc. **17** (1962) Nr. 1. S. 85–86. – 1 Tab., 1 Lit.
Chem. Herbicide werden angewandt zur Zerstörung der Narbe von Grünland bei notwendig werdender Neuansaat. Bisher war eine Kombination von Dala-

pon mit 2.4-D oder Aminotriazol am günstigsten. Dalapon (7–10 lb./acre) kann 4–6 Wochen im Boden toxisch auf die Neuansaaten wirken, während resistentere Arten teilweise verbleiben und sich wieder erholen können. In den Versuchen wurde Paraquat (1:1'-Dimethyl-4.4'-bipyridilium-di[methylsulfat]), ein im Boden sich schnell zersetzendes Mittel, das wirksam gegen Gräser ist, mit Dalapon verglichen. Teils wurde außerdem mit dem Kultivator bearbeitet, teils nicht neu angesät, teils mit Weidelgras + Weißklee neu bestellt. Durch Dalapon wurden alle Gräser des Grünlandes in Mitleidenschaft gezogen (gemessen am Ertrag nach Behandlung ohne Neuansaat). Nach Behandlung mit Paraquat entwickelten sich *L. perenne* und bes. *D. glomerata* stark; *Agrostis stolonifera* und *Poa trivialis* waren stark vermindert. Neuansaat ließ nach Behandlung die Erträge stark steigen, und zwar bei Paraquat stärker als bei Dalapon. Wenn nach der Behandlung noch kultiviert worden war, hatte Dalapon die bessere Wirkung, und die Erträge an Weidelgras + Weißklee waren am höchsten von allen Varianten. Fremdgräser waren nach Dalaponbehandlung + Kultivierung nicht mehr vorhanden, wohl aber Dikotyledonen. Nach Paraquatbehandlung blieben neben wenigen Gräsern anderer Arten noch erhebliche Bestände an Knaulgras zurück neben Weißklee u. a. Dikotyledonen. W. Stenz. 960.

Weideneuansaaten im Harz. Forsch.- u. Entwickl.-Stelle Halle/Saale, Institut für Grünland und Meliorationswesen der Martin-Luther-Universität Halle-Wittenberg 36 S. Abschlußber. 8/2. 1962. Plan-Nr.: 2155 23/1–07/8.
Auf verschiedenen Grünlandstandorten im Harz wurden jeweils 2 Neuansaatmischungen unter Berücksichtigung trockener und feuchter Verhältnisse zur Aussaat gebracht. Die 5- bis 7jährige Prüfung des pflanzlichen Aufwuchses nach Quantität und Qualität, bes. die Ergebnisse der Einzelartenentwicklung im Pflanzenbestand ermöglichen die Aufstellung standortgerechter Saatmischungen zur Erhöhung der Ertragssicherheit von Grünlandneuansaaten. 962.

Greasley, A. S. Effect of time of sowing on irrigated pastures in South-Eastern Queensland. **(Wirkung der Ansaatzeit auf bewässerte Weiden in Südostqueensland.)** Queensland J. agric. Sci. **19** (1962) Nr. 2. S. 177–188. — 7 Abb., 4 Tab.
Bewässerungsweiden werden in Südostqueensland (Australien) am besten im Apr. und Juni angelegt, denn in diesen beiden Mon. war das Aufwuchsvermögen der angesäten Species mit 30 bzw. 40 Pflanzen/sq.ft. bes. günstig. Bei Febr.-Ansaat lagen die Werte kaum bei 23 und bei Sept.-Ansaat sogar nur bei 12, da in diesen Mon. die Unkrautkonkurrenz bes. stark war. Bei Vorherrschen von *Lolium* in den Ansaatmischungen wurde eine recht wirksame Unterdrückung der Unkräuter beobachtet. Deutliche Unterschiede zwischen den einzelnen Ansaatmon. waren auch bez. der bot. Zusammensetzung der Weidenarbe festzustellen, desgl. auch im Grünmasseertrag. So lag der Ertrag bei Febr.-Ansaat bes. hoch. In den bes. günstigen Mon. Apr. und Juni war *Lolium* Hauptbestandsbildner, im Febr. und Sept. Weißklee und *Paspalum*. W. Fleischmann. 962.

McLachlan, K. D. und Norman, B. W.; Canberra, C.S.I.R.O., Div. of Plant Ind. Effects of previous superphosphate applications on the pasture environment and the response by pasture to a current dressing. **(Wirkungen vorausgegangener Superphosphatgaben auf die Beschaffenheit von Weiden und die Reaktion der Weiden auf eine laufende Düngung.)** Austral. J. agric. Res. **13** (1962) Nr. 5. S. 836–852. — 3 Abb., 5 Tab., 16 Lit. Zus. in Engl.
Vorliegende Versuche sollten die Wirkung von vorausgegangenen Superphosphatgaben auf die Reaktion von Weiden bei Ca-, P- und S-Zufuhr prüfen. Bei der Versuchsanlage wurden auf dem südlichen Tafellande von New South

Wales an 18 Stellen, wo vorher geringe, mittlere und hohe Superphosphatdüngung verabreicht worden war, Weiden angesät. Leguminosenkomponente war in allen Fällen *Trifolium subterraneum* L. Die Böden an den Versuchsorten waren basaltischen, granitischen und sedimentischen Ursprungs. Es wurde bewiesen, daß die Anlage von Grünland durch den P-Mangel der Böden und nicht durch S-Mangel begrenzt ist. Bei Veränderung des S- und P-Gehaltes des Superphosphates können wirksamere Dünger für spezielle Stufen in der Grünlandentwicklung und für spezielle Böden hergestellt werden. Verabreichung von Ca-Düngern beeinflußte auf den vorliegenden Versuchsböden die Erträge nicht; Kalk stellt jedoch einen geeigneten P- und S-Träger dar. Das Verhältnis Leguminosen : Nichtleguminosen hing von der vorausgegangenen Superphosphatdüngung ab. Je höher der Superphosphatbetrag war, um so mehr Gras war in der Weide. Zwischen dem Boden-N und dem genannten Verhältnis bestand keine signifikante Beziehung.

G. Loßner. 968.

Vos, W. H. de; Dundee. Pasture utilisation in Northern Natal. **(Weidenutzung in Nordnatal.)** Farming South Africa **38** (1962) Nr. 8. S. 49. 51. 53. 970.

Chippindale, H. G. und Davies, T. H. The use of the forage harvester in the improvement of rough grazing. **(Die Anwendung des Futterernters bei der Verbesserung der Intensivbeweidung.)** J. Brit. Grassland Soc. **17** (1962) Nr. 4. S. 315–321. — 6 Abb., 6 Lit. 970.

Kiffmann, Rudolf. **Echte Gräser (Gramineae).** Teil A. 3. Aufl. Illustriertes Bestimmungsbuch für Wiesen- und Weidepflanzen des mitteleuropäischen Flachlandes. Graz/Stmk., Österreich: Rudolf Kiffmann. 1962. (49 S. m. 109 Abb.) 19 × 13 cm. DM 3,75. Das Bestimmungsbüchlein für die echten Gräser (*Gramineae*) im nichtblühenden, blühenden und fruchtenden Zustand liegt nunmehr in der dritten Aufl. vor. Der verständliche Text und die zahlreichen Abb., die alle Unterscheidungsmerkmale veranschaulichen, sind übersichtlich angeordnet, ein sinnvoll angebrachtes Randregister ermöglicht ein rasches Zurechtfinden. Das einzeln erhältliche Bändchen erscheint im Rahmen eines größeren Bestimmungswerkes für die Wiesen- und Weidepflanzen.

Calef, Wesley. **Private grazing and public lands.** Chicago: The Univ. of Chicago Prg. 1960. (XV II, 292 S.) 8°. (1962 A 1304)

Davies, William. **The grass crop, its development, use and maintenance.** 2nd, rev. edit. London: Spon. 1960. (XV, 363 S.) 8°. (1962 A 1214)

Takats, Lajos. **Öntözéses legelőgazdálkodás.** (Berieselungsgrünlandwirtschaft.) Budapest. 1962. (VI, 158 S.) 8°. (1962 A 1125)

Włodarczyk, Stanisław. **Botanika łąkarska.** (Botanik der Wiesen.) Warszawa: Panst. wyd. rolnicze i leśne. 1962. (250 S.) 8°. (1962 A 744)

Literatur über Dauergrünland und Dauerweiden. Hrsg. Instn.: Deutsche Bücherei, Leipzig. (Titelanzahl: 19. Ber.-Zeit: 1945–1961.)

IX. GARTENBAU

A. Allgemeine Literatur, Berichte, Statistiken u. a.

Anonym. **Hessische Lehr- und Forschungsanstalt für Wein-, Obst- und Gartenbau Geisenheim (Rheingau). Bericht für das Rechnungsjahr 1961.** Hess. Lehr- u. Forsch.-Anst. Wein-, Obst- u. Gartenbau Geisenheim (Rheingau), Ber. **1961** (hrsg. 1962) S. 1–147.

Die in der Lehr- und Forschungsanstalt vereinigten Institute: Botanik, Gärungsphysiologie und Hefereinzucht, Biochemie und Weinchemie, Pflanzenernährung, Obst- und Gemüseverwertung, Rebenzüchtung und Rebenveredlung, Technik, Weinbau und Kellerwirtschaft, Obstbau, gärtnerischer Pflanzenbau, Gemüsebau, Gartenarchitektur und Landschaftspflege, Betriebs- und Wirtschaftslehre sowie experimentelle Soziologie der Kulturpflanzen geben Auskunft über die Forschungsarbeit, spez. Lehrtätigkeit und Publikationstitel. Forschungs-Institut für Obstbau: Falterflugkontrolle, Schnittversuche, Walnußanbautechnik, Harnstoffspritzungen, Wachstumsrhythmus der

Früchte, Unterlagenversuche mit Äpfeln (EM XI, A 2, Bittenfelder Sämling), Sortenprüfung Schwarze Johannisbeeren. A 2 brachte den höchsten Ertrag bei gleichzeitig starker Wuchsintensität. Bei den Schwarzen Johannisbeeren ragen die Sorten 'Wellington XXX', 'Roodknop', 'Daniels September' und 'Mendip Cross' ertraglich bes. heraus. Forschungs-Institut für Gemüsebau: Aussaatversuche mit pilliertem und kalibriertem Saatgut, Vergleichsversuche von gewässertem und ungewässertem Spargel, Standweitenversuche zu Gurken, Düngungsversuche mit Sägemehl, chem. Unkrautbekämpfung. Im Berichtsjahr erfolgte die Umstellung der Gartenbautechnikerausbildung auf die 6semestrige Gartenbauingenieurausbildung. W. Blasse. 1001.

Trudy Instituta sadovodstva imeni I. V. Mičurina. (Arbeiten des Mitschurin-Instituts für Gartenbau der Akademie der Wissenschaften der Tadshikischen SSR. Bd. 2. [1960]; Bd. 3. [1961].) Hrsg.: Akad. nauk Tadžikskoj SSR. Stalinabad: Izdat. Akad. nauk Tadžik. SSR. 1960/1961. 4°. Rbl. 1,77; 1,76. (ZB 2834)

Trudy Vachškoj zonal'noj opytnoj stancii Instituta sadovodstva im. I. M. Mičurina. (Arbeiten der zonalen Versuchsstation des Mitschurin-Instituts für Gartenbau im Wachsch-Tal.) Hrsg.: Akad. nauk Tadžikskoj SSR. Stalinabad: Izdat. Akad. nauk Tadžik.SSR. 1961. 4°. Rbl. 1,04. (ZB 2830)

B. Allgemeiner Gartenbau

Smith jun., Wilson L.; Beltsville, Md., U.S. Dep. of Agric., Agric. Marketing Serv. Chemical treatments to reduce postharvest spoilage of fruits and vegetables. **(Chemische Behandlung zur Verminderung des Frucht- und Gemüseverderbs nach der Ernte.)** Bot. Rev. 28 (1962) Nr. 3. S. 411–445. – 175 Lit.

Zur Verminderung des Frucht- und Gemüseverderbs nach der Ernte gelangen seit einigen Jahren versch. Verfahren und Chemikalien zur Anwendung. Vf. gibt eine umfassende Lit.-Zusammenstellung über Anwendung und Wirkung dieser Substanzen sowie die zulässigen Toleranzen. Beschrieben werden: 1.Besprühen, Tauchen oder Waschen mit Na-tetraborat, Na-o-phenylphenolat (**I**), Na-chlor-2-phenylphenolat, Chlorin, Na-Salz der Dehydroessigsäure (**II**), 2.4-Dichlor- und 2.4.5-Trichlorphen-oxyessigsäure, Thioharnstoff, Thioacetamid, 8-Chinolinosulfat, 2-Aminopyridin, I-hexamin, Äthylthiocarbamat, Derivate der Carbamilsäure, 2-Dodecylisochinolinbromid, Captan (**III**) [N-(trichlormethylthio)-4-cyclohexen-1.2-dicarboximid], Phaltan [n-Trichlormethylthiophthalimid], 2.6-Dichlor-4-nitroanilin, Benzoesäure, Peressigsäure, Ca- und Na-Propionat (**IV**), Sorbinsäure, Streptomycin (**V**), Chlortetracyclin, Oxytetracyclin, Enomycin, Polymyxin, Candicidin, Mycostatin, Cycloheximid, Oligomycin, Rimocidin, Griseofulvin, Thiolutin, Anisomycin, Pfizer P-189, Myprocin, Asconin, Garlinextrakt, Diphenylamin (**VI**), Äthoxychin [6-Äthoxy-1.2-dihydro-2.4-trimethyl-chinolin]; 2. Begasung mit Schwefeldioxyd, N-trichlorid, Ammoniak und Ammoniumverbindungen, flüchtige Kohlenwasserstoffe, CO_2; 3. Behandlung der Verpackungsmaterialien mit Biphenyl, o-Phenylphenol, Jod, Kupfersulfat (**VII**), Mineralöl und **VI**. Zum Schluß geht Vf. noch auf die Besprühung bzw. Bestäubung vor der Ernte mit **III**, Ferbam [Ferridimethyldithiocarbamat], Thiram [Bis(dimethylthiocarbamoyldisulfid)], **II**, N,N-dimethylthioformamid, **VII**, Tetrachlornitrobenzol, Salicylanilid, Zineb [Zn-Äthylen-bis-(dithiocarbamat)] **V**, **IV**, Crag 5400, 2.4-Dichlor-6-(o-chloranilin)-syn-triazin, Cu-Derivate des 8-Chinolinol und **VI** ein. H. Ackermann. 1011.

Davitaja, F. F. (Dawitaja, F. F.); Akad. der Wiss. der Grusin. SSR. Ispol'zovat' prirodnye uslovija dlja nepreryvnogo proizvodstva ovoščej i plodov. **(Die Ausnutzung der natürlichen Bedingungen zur kontinuierlichen Erzeugung von Gemüse und Obst.)** Zemledelie, Moskva 24 (1962) Nr. 11. S. 16–18. – 1 Tab. 1011.

Fruhstorfer, A. **Flüssigdüngung und gärtnerische Erde.** Gartenbaunachrichten [Wien] **1962** Nr. 23. S. 3.
Über eine neue Einheitserde aus Ton und Torf „ED 63“ wird berichtet, die beim Anbau von Topfpflanzen auch über lange Zeiträume keine Nachdüngung erfordert. Die N-Versorgung erfolgte mit einer langsamwirkenden org. N-Verbindung auf Harnstoffbasis, dem „CD-Harnstoff“. Einzelheiten werden nicht angegeben. Die Entwicklung einer Einheitserde mit Zusatz von Kunstschaumstoffen zur Strukturverbesserung wird angekündigt.
F. Göhler. 1030.

Moškov, B. S. (Moschkow, B. S.); Leningrad, Agrophysikal. Forsch.-Inst. Polučenie maksimal'noj produktivnosti i skorospelosti rastenij v iskusstvennych uslovijach. **(Erreichung einer maximalen Produktivität und Frühreife der Pflanzen unter künstlichen Verhältnissen.)** Agrobiologija, Moskva **1962** Nr. 5. S. 742–755. – 4 Abb., 7 Tab.
Die kontinuierliche Einwirkung von Farblicht (blau-violett, gelb-grün, rot-orange) setzte gleich beim Keimen der Pflanzen ein und dauerte 15–30 Tage. Die meiste Tr.-Subst. wurde von den Pflanzen bei gelbgrüner Bestrahlung gebildet, wodurch die Meinung widerlegt werden konnte, daß sich dieses Farblicht nicht für den Prozeß der Photosynthese eigne. Bei diesem Farblicht wurde die größte Blattoberfläche von allen geprüften Pflanzen gebildet. Bei *Bryophyllum* betrug diese Fläche z. B. das 2,5fache der bei blau-violettem gebildeten und das 6fache bei rot-orangem Farblicht. Das Farblicht übt somit einen unterschiedlichen formbildenden Effekt aus, während sein Einfluß auf die synthetische Arbeit je Einheit Blattfläche gering ist. Ferner lassen die Ergebnisse die Annahme zu, daß die Pflanzen im Vergleich zu den beiden anderen Farben vom blau-violetten Licht am meisten gereizt werden.
E. Kahn. 1070.

Buys, M. E. L. und Wand, W. F. Successful frost combating by sprinkle irrigation. **(Erfolgreiche Frostbekämpfung durch Beregnung.)** Deciduous Fruit Grower **12** (1962) Nr. 9. S. 244–245. – 2 Abb., 1 Tab.
Unter Ausnutzung von eur. Erfahrungen wurde im südafrikanischen Kapgebiet erstmalig die Frostschutzberegnung mit gutem Erfolg bei Temperaturen bis – 5 °C in einer Apfelanlage angewendet. Die Langsamregner waren im Abstand von 24 × 24 m auf 3 m hohen Standrohren montiert, die Regendichte betrug im Mittel 4,6 mm/h und an den Stellen des geringsten Niederschlages noch 3,2 mm/h. R. Schuricht. 1080.

Kumstýř, Květoslav. **Základy zahradnictví. Učební text po střední zeměd. techn. školy oboru pěstitelskochovatelského.** (Grundlagen des Gartenbaus. Lehrbuch für mittlere landtechnische Schule, Fachgebiet: Anbau und Züchtung.) Praha: Státní zeměd. naklad. 1962. (112 S.) 8°. (1962 A 1514)

Kertészeti üzemtan. (Gärtnerische Betriebslehre.) 2. Aufl. Budapest: Mezögazdásagi kiadó. 1962. (221 S.) 8°. (1962 A 1112)

Standardization of packaging for fresh fruits and vegetables. Wageningen: Inst. for research on storage and prozessing of horticultural produce. 1961. (224 S. m. Abb.) 8°. (1962 A 1316)

Higazy, M. K. M. T. **Shortening the juvenile phase for flowering.** Wageningen: Veenman & Zonen. 1962. (53 S.) 8° = Laboratorium voor Tuinbouwplantenteelt Landbouwhogeschool. Publikatie. 227. (SR 1336, 227)

C. Gemüsebau

Barbieri, Raffaele; Sassari, Univ. Agronomia Gen. e Coltivazioni Erbacee. Le possibilità del mezzogiorno nella produzione di sementi elette ortofloricole. **(Die Erzeugung hochwertigen Gemüse- und Blumensamens in Süditalien.)** Sementi Elette [Milano] **7** (1961) Nr. 5. S. 19–32. – 4 Abb., 1 Tab., Zus. in Engl., Dtsch.
Vf. berichtet über die günstigen Erzeugungsbedingungen von Saatgut für eine größere Anzahl von Gemüsen und Blumen. Hierbei wird bes. auf die

Gebiete von Campania, Puglien, Calabrien, Sizilien und Sardinien hingewiesen. Die günstigen Witterungsbedingungen gewährleisten eine gute Reife und Ernte. Von dem gesamten italienischen Saatgut werden hier erzeugt: Zwiebel – 42%, Tomate – 65%, Blumenkohl – 47%, Pflückerbse – 55%, Salat – 48%, Wassermelone – 43%, Gurke – 64%, Gemüsefenchel – 56%, Sellerie – 25%, Paprika – 70% und Aubergine – 80%. Die Blumenkulturen werden auf 7500 ha vermehrt. Dabei stehen Astern, Zinnien, Petunien, *Calendula*, Kornblumen, Reseda, Eisenkraut, Godetien und Stiefmütterchen im Vordergrund. G. Müller/Leipzig. 1113.

Hogg, W. H. und Carter, A. R. Shelter screens at Luddington, 1957–59. **(Windschutzeinrichtungen in Luddington.)** Exp. Horticult. **1962** Nr. 7. S. 47 bis 51. – 4 Tab., 1 Lit.
Folgende Windschutzeinrichtungen wurden bei den Gemüsearten Salat, Gemüsebohne und Blumenkohl in ihrer Wirkung auf Frühzeitigkeit und Ertrag untersucht: 1. Strohballen (undurchlässig), 2. Holzlattengerüst (50% durchlässig) und 3. Doppeltes Drahtgeflecht (75% durchlässig). Die Versuchsergebnisse lassen erkennen, daß von allen Windschutzmethoden das Holzlattengerüst bei Salat und Gemüsebohne die besten Ergebnisse aufweist. Bei der Blumenkohlkultur wurde durch keine der Windschutzvorrichtungen in den Versuchen eine Wirkung erzielt. Das Holzlattengerüst kann aber aus wirtschaftlichen Gründen nur bei wertvolleren Gemüsearten eingesetzt werden. K. Krüger. 1130.

Weichold, R.; Großbeeren, Inst. für Gemüsebau der Humboldt-Univ. zu Berlin. **Anzuchttöpfe aus PVC-Folie.** Dtsch. Gärtnerpost **14** (1962) Nr. 46. S. 5. – 3 Abb.
Anzuchttöpfe aus PVC-Abfallfolie wurden geprüft. Die 4 Muster entsprechen etwa den 6 und 7 cm-Tontöpfen. Günstig wurde das geringe Gew. der PVC-Töpfe beurteilt. Sie zeigten Pflanzenverträglichkeit. Die Seitenwände dieser Töpfe sind nicht glatt ausgebildet, die Abmessungen uneinheitlich. Beim Austopfen erwies sich der Tontopf dem PVC-Topf geringfügig überlegen. Infolge unterschiedlicher Ballengröße besteht die Gefahr uneinheitlicher Pflanzenbestände. Die Stabilität der PVC-Töpfe konnte nicht endgültig beurteilt werden. Nach Meinung des Vf. entsprachen die Töpfe den gestellten gemüsebaulichen Anforderungen. Zur Desinfektion der PVC-Töpfe wurden Naßbeizen oder Formalin empfohlen. H. Erfurth. 1130.

Mounsey-Wood, Barbara; Kirton, Exp. Husbandry Farm. Sowing early summer cauliflowers in spring or autumn. **(Die Aussaat von Frühblumenkohl im Frühling oder Herbst.)** Exp. Horticult. **1962** Nr. 7. S. 16–21. – 4 Tab., 3 Lit.
In 3jährigen Feldversuchen sollte die Frage nach der optimalen Aussaatzeit für Frühblumenkohl geklärt werden. In den Versuchen wurden die 3 Sorten 'All the Year Round', 'Cambridge No. 5' und 'Remme' mit den Aussaatdaten 22. Sept., 15. Okt. und 8. Febr. verwendet. Auf Grund der Ergebnisse wird vom Vf. die Frühjahrsaussaat empfohlen, da so das Risiko der Frostschäden fortfällt. K. Krüger. 1132.

Carter, A. R.; Luddington, Exp. Horticult. Stat. The stopping of Brussels sprout plants. **(Das Entspitzen von Rosenkohlpflanzen.)** Exp. Horticult. **1962** Nr. 7. S. 7–15. – 9 Tab., 5 Lit.
Zur Klärung der Wirkung des Entspitzens von Rosenkohlpflanzen wurden Feldversuche mit den 3 Rosenkohlsorten 'Irish Elegance', 'Ashwell's' und einer namenlosen Lokalsorte durchgeführt. Das Entspitzen wurde bei den einzelnen Versuchsfragen Mitte Aug., Mitte Sept. und Mitte Okt. vorgenommen. Die Versuchsergebnisse zeigten, daß das Entspitzen im Aug. im Vergleich zu den nicht Entspitzten bei allen 3 Sorten den Gesamtertrag reduziert,

während die Größe der Rosen zunimmt und der Erntebeginn vorverlegt wird. Das Entspitzen im Sept. bewirkte bei allen 3 Sorten eine Steigerung des Gesamtertrages und eine geringe Vorverlegung des Erntetermines. Während das Entspitzen Mitte Okt. bei den Sorten 'Irish Elegance' und 'Ashwell's' eine Ertragssteigerung hervorrief, konnte bei der namenlosen Lokalsorte keine Wirkung des Entspitzens festgestellt werden. K. Krüger. 1144.

Glaschke, B. **Das Radiessortiment.** Saatgut-Wirtsch. **14** (1962) Nr. 11. Samenfachmann Nr. 41. S. 325–327. 1152.

Glaschke, B. **Das Rettichsortiment.** Saatgut-Wirtsch. **14** (1962) Nr. 11. Samenfachmann Nr. 41. S. 321–325. 1154.

Chavan, V. M., Bhore, D. P. und Bhapkar, D. G. Extraction of seed from brinjal fruit. **(Gewinnung von Samen aus der Eierfrucht.)** Poona agric. Coll. Mag. **53** (1962) Nr. 1/2. S. 28 30. – 3 Tab.
Die als Gemüse sehr beliebten Eierfrüchte (*Solanum melongena*) sind in Indien das ganze Jahr über gefragt, sie werden aber gewöhnlich nur in der warmen Jahreszeit angebaut. Die Samengewinnung am Ende der Anbauperiode ist eine wichtige Frage. Nach 14–16 Pflücken werden große und gut entwickelte Früchte zur Samengewinnung belassen. Die gegen Ende der Vegetationszeit gewonnenen, ausgereiften Früchte sind größer als die zu Speisezwecken gepflückten (im Versuch mit der Sorte 'manjri-gota' 187,6 gegenüber 85,9 g im Mittel), enthalten mehr Samen (12,9 gegenüber 1,7 g), wobei die Keimfähigkeit wesentlich höher ist (70 gegen 2%). Einen Monat nach der Blüte sind die Früchte marktreif, einen weiteren Monat danach samenreif. Zur Samengewinnung werden die Früchte in Indien zwischen flachen Steinen geklopft, um Schale und Samen zu lösen. Anschließend wird jede Frucht in Stücke geschnitten, und nach Entfernung der Schale werden durch Reiben der Pulpe in Wasser auf einem Sieb die Samen abgetrennt, danach gewaschen und getrocknet. W. Stenz. 1160.

Anonym. **Die Winterkultur der Hausgurken.** Rhein. Mschr. Gemüse-, Obst- u. Gartenbau **50** (1962) Nr. 11. S. 321–322.
Vf. berichtet über Ausführungen von F. G. van Dijk, Naaldwijk, zur Winterkultur der Hausgurke. In bes. Abschnitten geht er ein auf den Einfluß des Haustyps und des Bodens, auf Bodenheizung und Mistpackung, auf Pflanztermin, Heizen und Wässern, auf Schnitt und Arbeitsverteilung. Mit einer kurzen Rentabilitätsbetrachtung schließt der Beitrag. A. Mügge. 1162.

Fröhlich, H.; Großbeeren, Inst. für Gemüsebau. **Pflanzgurken erhöhen die Ertragssicherheit.** Dtsch. Gärtnerpost **14** (1962) Nr. 49. S. 5. – 2 Abb., 3 Lit.
Durch eine Gegenüberstellung der durchschnittl. Freilandgurkenerträge der DDR der letzten 15 Jahre werden die großen Ertragsschwankungen dieser Kultur nachgewiesen. Ein Vergleich der Ertragsschwankungen der Gurkenerträge der DDR mit gepflanzten Gurken im Inst. für Gemüsebau Großbeeren zeigt deutlich, daß bei Pflanzgurken die Schwankungen geringer sind. Spez. Versuche mit gepflanzten und gedrillten Gurken (1957 und 1958) ergaben höhere und frühzeitigere Erträge sowie entspr. höhere Erlöse bei den Pflanzgurken. 6 Gesichtspunkte werden aufgezeigt, die bei der Übernahme der Pflanzmethode von der Praxis berücksichtigt werden sollten. Hierbei wird bes. eingegangen auf Fragen der Jungpflanzenanzucht und des Arbeitsaufwandes sowie auf den Anbau windschützender Zwischenfrüchte. Abschließend werden die Aufgaben für den Gurkenanbau 1963 kurz umrissen.
A. Mügge. 1162.

Somos, A. A paprika fejlődési idejének változása a fény hatására. **(Die Veränderung der Entwicklungszeitdauer beim Paprika unter dem Einfluß des**

Lichtes.) Magyar tudományos Akad.,Agrártudományok Osztályának Közleményei [Ung. Akad. Wiss., Ber. Abt. landwirtsch. Wiss.] **20** (1962) Nr. 1/2. S. 125–135. – Aus: Ung. Agrar-Rdsch. **1962** Nr. 4.
Ab 1953 wurde die Entwicklungszeit des Paprikas bei zyklischer Aussaat unter versch. Licht- und Temperaturverhältnissen untersucht. Benutzt wurden die Sorten 'Cecei édes', 'Tétényi', 'Magyar hegyes' und 'Ceglédi'. Die Maiaussaaten entwickelten sich am schnellsten, Aussaaten im Sept./Okt. am langsamsten. Erfolgt die Saat im Winterhalbjahr, so war die Differenz in der Entwicklungsdauer der früh- und spätreifenden Sorten bes. stark. Wenn im Spätfrühling gesät wurde, gab es kaum Differenzen. Die Unterschiede in der Entwicklungszeit versch. Sorten zu einem Saattermin waren viel geringer als die Unterschiede einer Sorte bei Herbst- oder Frühjahrsaussaat. Um den Erntebeginn vorzuverlegen, wird in Ungarn früher gesät; dadurch verlängert sich die Entwicklungszeit. Durch bessere Belichtung kann die Vegetationsperiode verkürzt werden. Die Pflanzen entwickelten sich am schnellsten, wenn sie nach dem ersten Laubblatt 4 Wochen lang tägl. 12–16 Std. bei einer Lichtstärke von 5000 lx belichtet wurden. Nach den Meßergebnissen scheinen zur ungestörten Entwicklung des Paprikas während der Vegetationsperiode 3 Mill. lx erforderlich zu sein. 1168.

Roux, A. **Beschreibung neu eingetragener Buschbohnensorten.** Rhein. Mschr. Gemüse-, Obst- u. Gartenbau **50** (1962) Nr. 12. S. 345. – 4 Abb. 1170.

Dikij, S. P. (Diki, S. P.); Assinskoje, Tschetschenaisch-Inguschet.ASSR, Versuchs- und Züchtungsstat. „Majak". Vnekornevaja podkormka tomatov mikroélementami. **(Die Kopfdüngung der Tomaten mit Spurenelementen.)** Konservn. i ovoščesuš. prom-st' **1961** Nr. 10. S. 34–36. – Aus: Referativnyj žurnal. Biologija, Moskva **1962** Nr. 3. G 279. S. 35.
Von 1956–60 wurden Tomatenpflanzen mit einer Lösung von Borax, $ZnSO_4$, $CuSO_4$, $(NH_4)_2MoO_4$ und anderen Verbindungen gespritzt. Beim Spritzen mit Spurenelementen wurde in allen Versuchsjahren eine bedeutende Vermehrung der Zahl der Tomatenfrüchte, eine Erhöhung des Tr.-Subst.-Gehaltes um 0,1–0,6% und eine Ertragssteigerung von 11–54 dt/ha festgestellt.
übersetzt v. G. Boetticher. 1176.

Honma, Shigemi, Wittwer, S. H., Strong, M. C., Heeckt, Otto und Robb, W. R.; Michigan State Univ., Dep. of Horticult, and Bot.; Dep. of Plant Pathol. A new greenhouse tomato Spartan pink 10. **(Eine neue Gewächshaustomate 'Spartan Pink 10'.)** Michigan State Univ., agric. Exp. Stat., quart. Bull. **44** (1962) Nr. 4. S. 684–687.
Diese Sorte setzt auch bei hohen Temperaturen Früchte an; die Früchte reifen früh und gleichmäßig. Die Sorte ist eine Schwesterlinie von 'Spartan Red 8'. Für den Frühjahrs- und Herbstanbau bildet die Sorte 2 oder mehr Fruchtstände bis zur Höhe, in der sie gestutzt werden. Die neue Sorte ist resistent gegen *Fusarium*, aber nicht resistent gegen Tabakmosaikvirus, *Cladosporium* oder *Verticillium*. 'Spartan Pink 10' ist die früheste Sorte in den USA. Weitere Eigenschaften sind: mittlere Fruchtgröße, einheitliche Fruchtfarbe, stärkere Schale. Die Erträge bei Frühjahrs- und Herbstkultur lagen zwischen 7,0 und 12,8 lb. je Pflanze. W. Hiller. 1176.

Anonym. **Helle und grüne Tomatensorten.** Rhein. Mschr. Gemüse-, Obst- u. Gartenbau **50** (1962) Nr. 12. S. 346. 1176.

Špaldon, Emil und Krausko, Andrej; Nitra, Vysoká Škola Pol'nohospodárska, Agronom. Fak., Katedra Rastlinnej Výroby. Príspevok k štúdiu doby sejby čakanky na výšku jej úrod a kvalitu. **(Beitrag zum Studium des Saattermins und seines Einflusses auf Ernteertrag und Qualität des Chicorée.)** Rostlinná Výroba **8(35)** (1962) Nr. 6. S. 839–854. – 3 Abb., 16 Tab., 10 Lit. Zus. in Russ., Dtsch.

1958–60 wurden zur Ermittlung des günstigsten Aussaattermins Versuche mit der Chicoréesorte 'Slezská krátká' durchgeführt. In 7täg. Abstand wurde zu 5 versch. Terminen gesät. Es zeigte sich, daß eine Maiaussaat die Erträge verringert. Bei der ersten Folgesaat fiel der Wurzelertrag um 4,08% gegenüber der zeitigsten Variante (I) ab. Ausaaten mit 14 Tagen Abstand gegenüber I wiesen einen 10,79% niedrigeren Wurzelertrag auf. Der vorletzte Saattermin hatte eine Verringerung des Wurzelertrages um 30,62% und der letzte um 28,32% gegenüber I zur Folge. Der Blattertrag sank insgesamt um 25,71% und der Tr.-Subst.-Gehalt der Wurzeln um 27,87%. Die Versuche bewiesen, daß im slowakischen Anbaugebiet mit der Aussaat von Chicorée erst begonnen werden kann, wenn die Bodentemp. 10 °C in 2 cm Tiefe erreicht hat. Dies ist zwischen dem 10. und 15. Apr. der Fall und auch vom Gesichtspunkt der Arbeitsorganisation günstig, weil bis dahin die Saat der Sommerfrüchte und der Zuckerrübe normalerweise beendet ist. V. Skládal. 1178.

Heath, J. E.; Ellbridge, Exp. Horticult. Stat. Propagation methods for early outdoor lettuce. **(Anzuchtmethoden für frühen Freiland-Salat.)** Exp. Horticult. **1962** Nr. 7. S. 87–89. — 2 Tab., 2 Lit.

Zur Ermittlung der günstigsten Anzuchtmethode für den Anbau des frühen Freilandsalates wurden 3jährige Vegetationsversuche mit der Sorte 'Trocadaro Improved' durchgeführt. Dabei wurden folgende Anzuchtmethoden überprüft: 1. Aussaat im Frühbeet, Anfang Jan., 2. Aussaat Ende Jan. und Pikieren in Pikierkisten, 3. Aussaat Ende Jan. und Pikieren in Torftöpfe, 4. Aussaat Ende Jan. und Pikieren in Erdtöpfe. Eine Auswertung der Ergebnisse zeigt, daß von allen im Vergleich stehenden Anzuchtarten die Erdtöpfe die frühesten und die Torftöpfe die spätesten Ernten bringen. Auch das Kopfgew. lag bei den Erdtöpfen am höchsten und bei Torftöpfen am niedrigsten, während die Pflanzen aus dem Frühbeetsaatbeet und die pikierten befriedigende Ergebnisse brachten. K. Krüger. 1182.

Mücke. **Neueste Versuchsergebnisse über die CO_2-Düngung bei der Salattreiberei.** Gemüsebau [Zürich] **25** (1962) Nr. 20. S. 207–209.

Vf. berichtet über niederländische Versuchsergebnisse mit CO_2-Begasung bei Salat mittels kaminloser Petroleumöfen. Als Vorzüge der CO_2-Düngung werden der Ausgleich von Lichtmangel und als Folge verstärkter Assimilation die Entwicklung größerer Köpfe (Hundertkopfgew. bis 24,6 kg gegenüber 12,5 kg bei nicht mit Petroleumöfen geheizt) angeführt. CO_2-Begasung ermöglicht infolge Kulturzeitverkürzung bis zu 3 Salatkulturen in einer Wintersaison. Temperatur-, Boden- und Luftfeuchtigkeitsverhältnisse sowie die Sortenfrage werden ausführlich diskutiert. Durch einen Kostenvergleich zwischen Begasung mittels Petroleumverbrennung, Propangas und CO_2-Flaschen wird zahlenmäßig bewiesen, daß die Petroleumverbrennung die billigste CO_2-Begasungsmethode ist. A. Mügge. 1182.

Gillot, J. und Philouze, Jacqueline; Versailles, Centre Nat. de Rech. Agronomiques, Stat. Centre de Génétique et d'Amélioration des Plantes. Action de l'acide gibberellique sur la production des graines chez la variété de laitue „Merveille des Quatres Saisons". **(Wirkung von Gibberellinsäure auf die Samenbildung der Salatsorte 'Merveille des Quatres Saisons'.)** Ann. Amélioration Plantes **12** (1962) Nr. 3. S. 215-217. — 2 Abb., 3 Lit.

Die Versuche wurden unternommen, um von versch. Salat-Mutanten, die bei starker Kopfbildung infolge der ungünstigen klimatischen Lage des Versuchsortes schlecht schoßten, einen höheren Samenertrag zu erhalten. Wenn etwa 10 Blätter ausgebildet waren, wurde gelöste Gibberellinsäure auf den Vegetationskegel der Rosette der Pflanzen aufgetropft (200 mg Gibberellinsäure für 1000 Pflanzen). Nach etwa 10 Tagen machte sich eine Verlängerung der Hauptachse und der Stiele der neugebildeten Blätter deutlich bemerkbar, die bis zu einem Mon. nach der Behandlung anhielt. Die behandelten Pflanzen waren kräftiger, bildeten einen höheren Blütenstand aus und brachten (ohne Erhöhung der Tausendkornmasse und bei gleicher Keimfähigkeit) einen mehr als doppelt so hohen Samenertrag wie die Kontrollen.

W. Junges. 1182.

Troníčková, Efa; Ruzyně, Výzkumný Ústav Rostlinné Výroby ČSAZV, Odd. Genetiky a Šlechtění. Zhodnocení odrůd světového sortimentu špenátu se zvláštním zřetelem na jejich vybíhavost. **(Bewertung des Spinatweltsortiments in bezug auf das Schossen.)** Sborník českoslov. Akad. zemědělských Věd, rostlinná Výroba **8(35)** (1962) Nr. 2. S. 295–306. — 6 Abb., 2 Tab., 12 Lit. Zus. in Russ., Dtsch.

1957–1960 wurden in Prag-Ruzyňe bei Herbst- und Frühjahrsaussaat 44 Spinatsorten mit 6 ausländischen Herkünften und 7 tschechoslowakischen Sorten verglichen. Es wurden bewertet: Ertrag, Frostresistenz, Geschlechtsverhältnisse, Wachstumseigenschaften, Länge des Blattstiels, Form, Oberfläche und Farbe der Blätter und der Anteil der konsumfähigen Masse an der Gesamternte. Die größte Aufmerksamkeit widmete man dem Schossen, das bei den in der Tschechoslowakei anerkannten Sorten das wichtigste Problem darstellt. Durch Dauerbelichtung der Pflanzen stellte man den entscheidenden Einfluß des Lichtes auf das Schossen fest. Temperatur und Luftfeuchtigkeit spielten eine untergeordnete Rolle. Durch die ununterbrochene Belichtung konnten die sortenbedingten Unterschiede hinsichtlich des Schossens sehr gut bestimmt werden. Die dunkelblättrigen Sorten schossen spät, die hellblättrigen schnell. Es wird empfohlen, das tschechoslowakische Sortiment um eine sehr spät schossende, für die Frühjahrsaussaat geeignete Sorte (z. B. 'Beste von Allen' oder 'König von Dänemark') zu erweitern.

P. Bartoš. 1192.

Massoud, Y. A. A magvetés időpontjának, a palánták nagyságának, a palántametszésnek és a maleinsavhidrazidos kezelésnek hatása v vöröshagyma termésére. **(Der Einfluß des Saattermins, der Größe des Schnittes und der Maleinsäurehydrazidbehandlung auf den Ertrag an Steckzwiebeln.)** Diss. Budapest **1962** 154 S. — Aus: Ung. Agrar-Rdsch. **1962** Nr. 4.

An der Hochschule für Garten- und Weinbau wurden Versuche mit den Zwiebelsorten 'Makói' und 'Zittauer Gelbe' durchgeführt. Günstigster Aussaattermin war Anfang März im Warmbeet. Gesamtertrag, Anteil marktfähiger Zwiebeln erster Qualität waren dabei am höchsten. Von Zwiebeln mit über 10 mm Dmr. wurden beste Gesamterträge erreicht. Gegenüber mittelgroßen und kleinen Steckzwiebeln war aber der Anteil marktfähiger Ware gering; viele Zwiebeln waren geteilt, geplatzt oder zeigten Samenschäfte. Beste Ergebnisse wurden mit Mittelgrößen (7–10 mm) erzielt. Ungeschnittene Zwiebeln zeigten höchsten Gesamt- und Marktertrag. Wäßrige Lösungen von Maleinhydrazid mit Triäthanolamid verminderten in 2jährigen Versuchen die Zahl der Schosser. Vollständig unterdrückt wurde die Schoßneigung auch bei hoher Spritzkonz. nicht. Eine 3täg. Behandlung mit Maleinhydrazid (500–1000 ppm) vor dem Stecken verhinderte das Schossen vollkommen.

1197.

Wheeler, G. F. C. und Finch, C. G.; Efford, Exp. Horticult. Stat.; Nat. Inst. of Agric. Bot. Variety trials with maincrop onions 1956–58. **(Sortenversuche mit Dauerzwiebeln 1956–58.)** Exp. Horticult. **1962** Nr. 7. S. 33–43. — 1 Abb., 4 Tab., 1 Lit.

In 3jährigen Sortenversuchen wurden folgende Zwiebelsorten hinsichtlich Sortierung, Reife, Schosserbildung, Gesamtertrag und Lagerfähigkeit überprüft: 'Cambridge No. 10', 'Giant Zittau', 'Bedfordshire Champion', 'Up-to-Date', 'Maincrope', 'James Keeping', 'Danver's Yellow Globe', 'Cranstons 's Excelsior' und 'Cluseed'. Auf Grund der Versuchsergebnisse wird eine genaue

Charakteristik aller überprüften Zwiebelsorten gegeben. Es wurde u.a. festgestellt, daß die Sorten 'James' Keeping', 'Maincrop', 'Cambridge No. 10', 'Bedfordshire Champion', 'Up-to-Date' und 'Giant Zittau' hinsichtlich des Ertrages allen anderen überlegen waren. Bei der Überprüfung der Lagerfähigkeit wiesen im Jan. die Sorten 'James' Keeping', 'Up-to-Date' und 'Maincrop' die geringsten Lagerverluste auf, während im März die Sorten 'Giant Zittau' und 'Maincrop' der Sorte 'Up-to-Date' überlegen waren.
K. Krüger. 1197

Woddward, E. A. The freeze drying of mushrooms. **(Die Frosttrocknung von Champignons.)** MGA [Mushroom Growers' Assoc.] Bull. **1962** Nr. 154. S. 427–437.
Das Verfahren der Frosttrocknung wurde auch zur längeren Lagerung von Champignons angewendet, da bei diesem Verfahren die Inhaltsstoffe, das Aussehen und der Geschmack nach der Wasserzuführung noch voll erhalten bleiben. Es werden genaue Hinweise für die Auswahl und Vorbereitung der Champignons zur Frosttrocknung gegeben. Danach wird die Methodik der Frosttrocknung in allen Einzelheiten beschrieben und die Kosten werden aufgezeigt. Abschließend werden Hinweise über die Verpackung und den Transport vermittelt. K. Krüger. 1198.

Anonym. **Hat abgetragenes Champignonsubstrat noch Düngewert?** Dtsch. Gartenbauwirtsch. **10** (1962) Nr. 12. S. 247. 1198.

Geiss, Erich. **Die Champignonkultur.** 5. Aufl. Stuttgart: Verlag Eugen Ulmer. 1961. (79 S. m. 30 Abb.) 8°. DM 3,80 = Grundlagen und Fortschritte im Garten- und Weinbau. Nr. 30. Nach einem einleitenden Kapitel über die Bedeutung und Biologie des Kulturchampignons wird eine ausführliche Kulturanleitung für den Champignonanbau gegeben. So werden die Probleme der Zusammensetzung und Herstellung des Substrates behandelt. Ferner werden Hinweise für die Auswahl und Einrichtung von Kulturräumen vermittelt. Weiterhin erfolgt eine Beschreibung der versch. Kulturverfahren, ausführlich wird die Beetkultur erläutert. Es werden Hinweise über Ernte, Absatz und Verwertung, einschließlich zahlreicher Kochrezepte, gegeben. In 2 Abschnitten werden die direkten und vorbeugenden Pflanzenschutzmaßnahmen aufgezeigt. Ferner erfolgt eine kurze Beschreibung des „Kistenverfahrens" und der „Schweizer Elektrokulturen". Abschließend wird eine Zusammenstellung der wichtigsten Kennzahlen für die Champignonkultur gegeben. K. Krüger.

Tomatoes. 6th. ed. London: H. M. S. O. 1962. (V, 93 S.) 8° = Ministry of agriculture, fisheries and food. Bulletin. No. 77. (SR 51, 77)

Vasilenko, Nikolaj Grigor'evič. **Malorasprostranennye ovošči i prjanye rastenija.** (Wenig verbreitete Gemüse- und Gewürzpflanzen.) Moskva: Izd. sel'skochoz. lit., žurnalov i plakatov. 1962. (251 S.) 8°. (1962 A 916)

D. Obstbau

Kramer, S.; Jena, Univ., Inst. für Acker- und Pflanzenbau, Abt. Obst- und Gemüsebau. **Neue Anbausysteme im Straßenobstbau der Deutschen Demokratischen Republik.** Intensivobstbau **2** (1962) Nr. 12. S. 180–182. — 3 Abb.
Nach einem kurzen Überblick über die Entwicklung des Straßenobstbaues in Deutschland weist Vf. auf die Notwendigkeit der Erweiterung des Straßenobstbaues unter den gegenwärtigen Bedingungen hin. Durch neue Anbausysteme wird eine Möglichkeit gesehen, dieser Forderung gerecht zu werden, wobei unter Anbausystem die sinnvolle Kombination von Anbauform, Pflanzsystem, Baumform und Kronengestaltung verstanden wird. Die neuen Anbausysteme müssen eine hohe Steigerung der Arbeitsproduktivität zulassen, gleichmäßige Erträge ermöglichen und den straßen- und verkehrstechn. Belangen entsprechen. Fünf Grundsätze für die Aufstellung eines Standards „Anbausysteme — Straßenobstpflanzung" werden angeführt und zur Diskussion gestellt. A. Mügge. 1201.

Forte, Vincenzo; Napoli, Ispettorato Prov. dell'Agric. Frutticoltura napoletana. **(Der neapolitanische Obstbau.)** Frutticoltura **23** (1961) Nr. 5. S. 515 bis 524. — 12 Abb. Zus. in Franz.

Einleitend wird die geschichtliche Entwicklung des Obstbaues in der Provinz 'Neapel, von den ersten Anfängen bis zu den modernen Intensivanlagen mit Palmetten-Erziehung, behandelt. In diesem Gebiet werden Aprikosen ('D'Agostino', 'Camaldoli'), Pfirsiche ('Mayflower', 'Amsden' 'Dixired', 'Morettini 1' und 5/14 u. a.), Pflaumen ('Shiro', 'Florentia', 'D'Agen' u.a.), Äpfel ('Morgenduft', 'Golden Delicious', 'Starking' u.a.), Birnen ('Coscia', 'Coscia precoce', 'S. Maria Morettini' u.a.), Wal- und Haselnüsse, Japanische Mispel sowie Apfelsinen, Mandarinen und Zitronen angebaut. Rund 50% der Produktion gehen aus der Provinz im Frischzustand heraus und werden teilweise ins Ausland exportiert. Rund 8–10% gehen in die Verwertungsindustrie, während der Rest auf den heimischen Märkten abgesetzt wird. Die Rationalisierung und Kooperation schreitet immer stärker voran. Den Anbauern wird zur Selbstdisziplin bez. des Anbaus von Frühsorten geraten.
S. Kramer. 1213.

Gehre, M. **Zur Produktionstechnik im Straßenobstbau.** Intensivobstbau 2 (1962) Nr. 12. S. 179–180. 3. Umschlag-S.
Verschiedene Pflanzsysteme der Straßengehölze und ihre Vor- bzw. Nachteile werden diskutiert. Für Straßen mit starkem Verkehr wird die Freistreifenpflanzung der Obstgehölze gefordert. Auf Landstraßen 2. Ordnung und bei kommunalen Straßen und Wegen ist je nach Verkehrsdichte die Bankettpflanzung möglich. Über nötige Maßnahmen bei der Planung und Anlegung von Neupflanzungen wird berichtet und bes. auf Pflanzabstände, Sortenbeschränkung und Bewirtschaftungsform eingegangen. Auf den unerläßlichen Einsatz der Technik bei Pflanzung, Pflege, Schädlingsbekämpfung und Düngung wird hingewiesen und Beispiele der Mechanisierung werden angeführt. A. Mügge. 1215.

Winter, Fr.; Bavendorf bei Ravensburg, Forschungsstelle für Obstbauplan. in Baden-Württemberg. **Methoden und Resultate ökologischer Forschungsarbeiten in Baden-Württemberg.** Inst. Veredeling Tuinbouwgewassen Wageningen, Meded. **1962** Nr. 182. S. 16–24. — 1 Tab. Zus. in Engl.
Für die Erarbeitung der Grundlagen zur naturgemäßen Obstbauplanung und Beratung der Praxis wurde ein Bewertungsschema aufgestellt. Die Bewertung des Wärmefaktors (mittlere Jahrestemperatur), der Feuchtigkeit und der natürlichen Nährkraft des Bodens erfolgt in 10 Stufen, der Spätfrostgefahr in 5, der Windlage und Hangneigung in 4 Stufen. Ferner wird das ökol. Verhalten der Obstgewächse unter Berücksichtigung physiol. ökol. Leistungsvergleiche und von Wärmeklima-Qualitätstesten nach deduktiven Methoden geprüft. H. Ackermann. 1215.

Herrmann, Chr.; Weihenstephan-Freising, Inst. für Wirtschaftslehre des Gartenbaues. **Methoden und Resultate ökologischer Forschungsarbeiten in Bayern.** Inst. Veredeling Tuinbouwgewassen Wageningen, Meded. **1962** Nr. 182. S. 25–35. — 3 Abb. Zus. in Engl.
Zur Klärung der Frage, in welchen Gebieten Bayerns Marktobst rationell erzeugt werden kann, wurden in Zusammenarbeit zwischen Obstbauern, Geologen und Meteorologen folgende Erhebungen angestellt: bisherige Obstbaumdichte, Temperatur-Niederschlagsfaktor (unter Berücksichtigung der mittleren Lufttemperatur der Vegetationsperiode, Niederschläge im Jahresmittel, Lufttemperatur im Jan.) und Bodenzustand. Außerdem wurden für die Untersuchungen ökon. Faktoren (Absatz, Arbeitskräfte usw.) berücksichtigt.
H. Ackermann. 1215.

Woudenberg, J. P. M.; De Bilt, Netherlands, Koninklijk Nederlands Meteorol. Inst. Methods and results of investigations made in the Netherlands. **(Methoden und Resultate von Untersuchungen in den Niederlanden.)** Inst.

Veredeling Tuinbouwgewassen Wageningen, Meded. **1962** Nr. 182. S. 36–47. — 21 Abb., 3 Tab.

Für den Obstbau in den Niederlanden sind vorwiegend 2 Faktoren [Boden (I) und Klima (II)] maßgebend. Vf. gibt eine Übersicht über die I-Verteilung. Ferner sind Klimakarten mit folgenden mittleren Werten angeführt: Anzahl der Tage mit max. Temperaturen < 0 °C, Winter- und Sommertemperatur, Tagestemperatur im März, Apr. und Mai, für den gleichen Zeitraum die min. und max. Tagestemperaturen, Anzahl der Sonnenschein-Std. in % der möglichen Std. für Frühjahr und Sommer, Windgeschwindigkeit sowie Niederschlagsmenge getrennt nach Frühjahr, Sommer, Herbst und Winter. Alle Werte stellen langjährige Mittel dar. H. Ackermann. 1215.

Malík, Teodor; Pišťany, Výskumný Ústav Rastlinnej Výroby, Pobočka Českoslov. Akad. Pôdohospodárskych Vied. Zásady ovocinárenia v vyšších polohách. **(Grundsätze für den Obstbau in höheren Lagen.)** Pol'nohospodárstvo **9** (1962) Nr. 3. S. 173–179. — 1 Abb., 1 Tab., 7 Lit. Zus. in Russ., Engl.

In der Slowakei wurde die Eignung höherer Lagen für den Obstbau erforscht, und zwar auch in bezug auf die am besten geeigneten Obstarten und-sorten. Vor allem in der Mittel- und Ostslowakei, am Fuße von Slovenské Rudohoří und Ondávska pahorkatina, fand man zahlreiche nicht genützte, bis zu 600 bis 700 m Meereshöhe reichende und gegen Norden geschützte Hänge. Die Bedingungen in der Nordslowakei, im Poprad- und Dunajec-Einzugsgebiet sowie in der Mulde von Spiš sind am wenigsten geeignet. Auch die Tallagen der kälteren Zonen sind wegen Frostgefahr nicht günstig. Zum Obstbau in der Slowakei werden bes. die Sommer- und Herbstapfelsorten, ferner Beerenobst, namentlich Schwarze und Rote Johannisbeeren empfohlen. Bei mehr als 10° Neigung müssen die Obstanlagen terrassenartig angeordnet werden. Als Unterwuchs wird Rasen, als Stammform der Viertelstamm empfohlen. Im Vergleich zu tieferen Lagen muß der Abstand zwischen den Bäumen um 10% größer sein. P. Bartoš. 1215.

Souty, J.; Pont-de-la-Maye, Gironde, Centre de Rech. Agronomiques du Sud-Ouest, Stat. de Rech. d'Arboricult. Fruitière. Le catalogue des espèces fruitières après la parution du décret du 22 Janvier 1960. **(Die Obstsortenliste nach Veröffentlichung der Verordnung vom 22. Jan. 1960.)** Ann. Amélioration Plantes **12** (1962) Nr. 3. S. 245–263.

Auf Grund einer Verordnung des Ministeriums für Landwirtsch. in Paris vom 22. Jan. 1960 wird die Eintragung in die Sortenliste bei Aprikosen, Kirschen, Pfirsichen, Pflaumen, Birnen und Äpfeln neu geregelt. Die Eintragungen erfolgen auf Vorschlag des Inst. National de la Rech. agronomiques nach entspr. mehrjähriger Prüfung in verschiedenen Teilen des Landes. Die Eintragung gilt 10 Jahre und kann auf Antrag um weitere 5 Jahre verlängert werden. Die Eintragungen sind bei den einzelnen Obstarten wie folgt gegliedert: Klasse 1: Sorten von allg. Bedeutung; Klasse 2: Sorten mehr lokaler Bedeutung und spez. Eigenschaften; Sonderrubrik. In der letzten Spalte sind noch in Prüfung befindliche Neuzüchtungen und ausländische Sorten eingetragen, deren Eignung noch nicht ermittelt ist. Der Eintragung geht die Bewertung von 7 Eigenschaften voraus. Jede Eigenschaft kann mit höchstens 9 Punkten bewertet werden. Für die Eintragung in Klasse 1 sind 43, in Klasse 2 32 Punkte von 63 erforderlich. K. Schulz. 1218.

Koch, H.-J. **Heckenobstbau oder heckenförmige Kronengestaltung?** Intensivobstbau **2** (1962) Nr. 5. S. 68–70. — 5 Abb.

Zur eindeutigen Klärung der Begriffe wird vorgeschlagen, den Begriff „Heckenobstbau" durch „heckenförmige Kronengestaltung" zu ersetzen. Vf. beschreibt den Unterschied zwischen Hecke und heckenförmiger Kronengestaltung und weist nach, daß letzterer Begriff zutreffender ist und auf alle

bisher als „Hecke“ bezeichneten Baumformen angewendet werden kann. Darüberhinaus werden die ökon. Vorteile der heckenartigen Kronengestaltung für die Entwicklung von großräumigen Obstpflanzungen geschildert.
W. Groh. 1222.

Meer, Q. P. van der; Wageningen, Inst. voor Bewaring en Verwerking van Tuinbouwproducten. Invloed van het pluktijdstip bij verschillende bewaarmethoden van Conference. **(Der Einfluß des Pflücktermins von 'Konferenz' auf das Verhalten bei unterschiedlicher Lagerung.)** Meded. Directeur Tuinbouw ['s-Gravenhage] **25** (1962) Nr. 9. S. 494–506. – 1 Abb., 17 Tab., 10 Lit.

Birnen der Sorte 'Konferenz' auf Quitte A wurden in 3 Jahren (1959: 4., 11., 18. Sept.; 1960: 14., 22., 30. Sept.; 1961: 14., 22., 29. Sept.) geerntet und differenziert in 15 kg Kisten gelagert. Es erfolgte Gaslagerung, Polyäthylenbeutellagerung (unperforiert 0,03 mm stark) und gewöhnliche Kühllagerung. Die Lagerungstemperatur betrug bei allen Lagerungssystemen 0–1 °C, die Auslagerung erfolgte 1959 im Febr., 1960 und 1961 im März. Durch einen späten Pflücktermin wird ein nachweislicher Gewichts- und Größenzuwachs der Früchte erzielt. Diese Vorteile übertreffen den durch den späteren Pflücktermin bedingten Nachteil einer etwas geringeren Haltbarkeit. Am Pflücktag oder am darauffolgenden Tag soll die Einlagerung in das Lager erfolgen. Dem Gaslagerungssystem gehört vor allen anderen Lagerungsverfahren der Vorzug. Im Gaslager soll die CO_2-Konz. 3,5–4% nicht überschreiten. Die Vorteile der Aufbewahrung in Plastikbeuteln sind stark abhängig vom Ausgangsmaterial der Früchte, der Folie und den Bedingungen im Kühllager. Die Nachreifeperiode bei 15 °C und einer rel. Luftfeuchtigkeit von 85% dauerte 6–10 Tage. Einzelergebnisse über die Messung der Fruchtfestigkeit, der Farbausbildung, des Lagerungsschwundes und sonstiger Lagerungsschäden werden mitgeteilt. Geschmaksqualität und Aromaausbildung wiesen einen Anstieg bei späterem Pflücktermin auf. W. Blasse. 1223.

Gröschner, P.; Magdeburg, Forschungsinst. für die Kühl- und Gefrierwirtsch. **Das Verhalten von Kernobstsorten während der Kühllagerung.** Intensivobstbau **2** (1962) Nr. 12. S. 188–189. – 4 Abb., 1 Tab., 5 Lit.

Vf. gibt eine kurze Übersicht über die Ergebnisse umfangreicher Kühllagerungsversuche mit Apfel- und Birnensorten. Die Apfelsorten werden dabei in 3 verschiedene Lagergruppen eingeordnet: Gruppe I = Temperaturbereich 0,5 °C, Gruppe II = 2–3 °C, Gruppe III = Normallager, nicht unter 4 °C. Die Kühllagereignung wird für insgesamt 25 Apfel- und 18 Birnensorten angegeben. Es wird darauf hingewiesen, daß in Zukunft bei Neuanpflanzungen der Auswahl gut kühllagerfähiger Sorten größere Bedeutung beigemessen werden sollte. A. Mügge. 1223.

Stevenson, C. D.; Queensland Dep. of Agric. and Stock. Factors influencing the incidence and control of superficial scald on coolstored granny smith apples. **(Faktoren, die das Auftreten und die Bekämpfung von Lagerschorf bei kühlgelagerten 'Granny-Smith-Äpfeln' beeinflussen.)** Queensland J. agric. Sci. **19** (1962) Nr. 2. S. 241–248. – 4 Tab., 13 Lit.

Die Wirkung folgender Faktoren auf die uneingewickelt in Stiegen gelagerten Früchte wurde untersucht: Reifezustand z.Z. der Ernte, Lagertemperatur und chem. Bekämpfungsmittel (kurzes Eintauchen in 1000 ppm Diphenylamin bzw. Ethoxyquin in alkoholischer Lösung oder Ascorbin-, Gallus- bzw. Tanninsäure in wässriger Lösung). Durch Eintauchen der Früchte in Diphenylamin bzw. Ethoxyquin (= 6-ethoxy-1.2-dihydro-2.2.4 trimethylquinolin) konnte der Schaden nahezu vollständig vermieden werden, die übrigen Mittel blieben wirkungslos. Beim Spritzen mit Ethoxyquin vor der Ernte traten Schäden an den Früchten auf. Bei gleichbleibender Lagertem-

peratur zwischen 30 und 36 °F ohne chem. Behandlung trat stets an mindestens 80% der Früchte Lagerschorf auf; am rel. geringsten war der Befall bei einem mittleren Reifezustand. Es erwies sich als günstig, die Früchte zunächst mehrere Wochen bei 40°F und dann erst bei 30°F zu lagern. Die Schäden waren aber auch dann noch so beträchtlich, daß in der Praxis auf die Anwendung chem. Mittel nicht verzichtet werden kann.
W. Junges. 1223.

Stevenson, C. D.; Queensland Dep. of Agric. and Stock. Effect of storage atmosphere and temperature on Granny Smith apples. **(Wirkung von Lagerluft und -temperatur auf 'Granny-Smith'-Äpfel.)** Queensland J. agric. Sci. **19** (1962) Nr. 2. S. 295–298. – 1 Tab., 5 Lit.
Die zur Vermeidung von Lagerschorf kurz in alkoholische Lösung von Ethoxyquin (= 6-ethoxy-1.2-dihydro-2.2.4-trimethylquinolin) eingetauchten Früchte wurden in Stiegen bei 32, 34 bzw. 36 °F in gasdichten Räumen mit folgender, tägl. überprüfter Zusammensetzung der Luft gelagert: (I) 16% O_2 + 5% CO_2 (II) 11% O_2 + 10% CO_2, (III) 5% O_2 + 5% CO_2, (IV) Kontrolle bei normaler Luft. Trotz Behandlung mit Ethoxyquin lag der Schorfbefall bei **I–II** beträchtlich höher als bei **IV**; für einen wirksamen Schutz dürften höhere Konz. als 1000 ppm Ethoxyquin nötig sein. Die Temperatur zeigte keine durchgehend signifikante Wirkung: es bestanden Wechselwirkungen der Faktoren hinsichtlich des Schorfes (und weiterer im einzelnen angeführter Schädigungen) und der Festigkeit der Früchte. W. Junges. 1223.

Wussow, H.-J. **Schwedische Lagerungsversuche mit Äpfeln.** Rhein. Mschr. Gemüse-, Obst- u. Gartenbau **50** (1962) Nr. 12. S. 349–350. 1223.

Žukov, O. S. (Shukow, O. S.) Vlijanie gibberellina na rost i razvitie pobegov i pyl'cy plodovych rastenij. **(Einfluß des Gibberellins auf Wachstum und Entwicklung der Triebe und auf Pollen von Obstgehölzen.)** Bjulleteń Central'noj genetičeskoj laboratorii imeni I. V. Mičurina, Mičurinsk **1961** Nr. 11/12. S. 88 bis 86. – 4 Abb., 4 Tab., 7 Lit.
Bei *Cerasus fruticosa* und *C. besseyi* rief die Behandlung der Vegetationskegel mit einer Gibberellinlösung [250 mg/l] eine bedeutende Stimulation des Triebwachstums hervor. Eine Verstärkung des Triebwachstums bei Sämlingen von Pflaume, Aprikose und *Padus virginiana* konnte mit einer Gibberellinlösung (Konz. 1000 mg/l) erreicht werden. *C. besseyi* zeigte bei dieser Konz. Wuchsdepressionen. Bei Sämlingen von *C. vulgaris* zeigten sich schon bei der Konz. 250 mg/l Depressionen. Gibberellinlösungen [250 und 1000 mg/l) ergaben stimulierende Wirkung auf das Austreiben und die Pollenschlauchlänge bzw. das Pollenschlauchwachstum bei Apfel, Birne, Pflaume und Strauchkirsche. Die günstigste Wirkung zeigte sich in den meisten Fällen bei 250 mg/l. Bei 1000 mg/l traten häufig schon Depressionen auf. H. Jank. 1230.

Hugard, J.; Pont-de-la-Maye, Gironde, Centre de Rech. Agronomiques du Sud-Ouest, Stat. de Rech. d'Arboricult. Fruitière. Essais d'éclaircissage chimique des fleurs ou de jeunes fruits sur le pêcher et le pommier. **(Versuche zum chemischen Ausdünnen der Blüten oder der jungen Früchte bei Pfirsich und Apfel.)** Ann. Amélioration Plantes **12** (1962) Nr. 3. S. 197–214. – 1 Abb., 6 Tab., 47 Lit. Zus. in Dtsch.
Seit 1957 wurden 7 Substanzen mit Wuchsstoffcharakter und 6 Nitrofarbstoffe in versch. Konz. an jeweils 2 Bäumen (und 4 Kontrollen) geprüft. Die Substanzen wurden mit einem oberflächenaktiven Zusatz z.Z. der Vollblüte, in einigen Fällen auch z.Z. des Fallens der Kronblätter (bei Apfel), bzw. 2 Wochen nach dem Fallen der Kronblätter (bei Pfirisch), gespritzt. Die Spritzungen fanden stets bei 17–20 °C und schönem Wetter statt. Die Wirkung wurde gemessen am Prozentsatz entwickelter Früchte 6 Wochen nach

nach dem Fallen der Kronblätter und am mittleren Fruchtgewicht z.Z. der Ernte. Gute Ergebnisse wurden i.allg. mit 700 ppm Ammonium-2.4-Dinitrokresyl erzielt, bei Pfirsich auch noch 2 Wochen nach dem Fallen der Kronblätter, zu welchem Zeitpunkt hier auch Trichlor-Phenoxypropionsäure (160 mg/l) befriedigend wirkte. Bei Apfel war beim Fallen der Kronblätter α-Naphthyl-Essigsäure vorteilhaft; die günstigste Konz. betrug bei 'Golden Delicious' 40, bei 'Staymared' 20 und bei 'Richared' 15 ppm. Handelsprodukte der Substanzen können anders wirken als die Reinsubstanz. Die Auswirkung der z.Z. der Vollblüte durchgeführten Spritzungen läßt sich bestenfalls bei extrem reichtragenden Sorten (wie 'Golden Delicious', 'Staymared', 'Jonathan') und in Gebieten verantworten, in denen dannn keine Spätfröste mehr zu befürchten sind, die das natürliche Abfallen junger Früchte sehr verstärken können. W. Junges. 1230.

Fiedler, W.; Dresden-Pillnitz, Inst. für Obst- und Zierpflanzenbau der Dtsch. Akad. der Landwirtsch.-Wiss. zu Berlin. **Zur mineralischen Düngung der Obstgehölze.** Dtsch. Gärtnerpost **14** (1962) Nr. 48. S. 179–180. — 1 Abb., 2 Tab.

In 3jährigen Untersuchungen an 36 Standorten der DDR wurde der Nährstoffgehalt von Untergrund und Krume obstbaulich genutzter Böden bestimmt. Es zeigte sich, daß die Nährstoffversorgung völlig unzureichend ist, wobei bes. im Untergrund P und K fehlen. Vf. forderte, den Nährstoffspiegel der Böden zu heben. Als Ausgangspunkt für die Praxis wurde die regelmäßige P- und K-Bestimmung nach Egnér-Richm empfohlen. Mit Hilfe angeführter Richtwerte verschiedener Versorgungsklassen können die erhaltenen Nährstoffwerte (P, K, Mg) für die obstbaulichen Belange beurteilt werden. Zur Berechnung der notwendigen Düngermengen wurden Faustregeln gegeben. Die Aufbesserung soll im Verhältnis zur gesteigerten N-Düngung im Verlauf mehrerer Jahre erfolgen. Höhe und Zeitpunkt der N-Gaben sollen zukünftig besser der Entwicklung und Leistung der Obstgehölze angepaßt werden. Für Intensivpflanzungen mit mittlerer Ertragserwartung werden 100–150 kg Rein-N gefordert. Abschließend wurde ein Beispiel eines Düngeplanes im Obstbau gegeben. H. Erfurth. 1230.

Hilkenbäumer, F. und Reinken, G. **Die Wirkung von Müll-Klärschlamm-Kompost und anderen Humusdüngern auf Obstgehölze.** Erwerbsobstbau **4** (1962) Nr. 11. S. 201–203. — 4 Tab., 3 Lit.

In mehrjährigen Feld- und Gefäßversuchen wurde auf mehreren Bodenarten der Einfluß von verschiedenen org. Düngemitteln (Müll-Klärschlamm-Kompost, Düngetorf, Stallmist, Stroh) auf Ertrag und Triebwachstum von Äpfeln, Schattenmorellen, Pfirsichen und Roten Johannisbeeren überprüft. Die Düngung von 100 t/ha Müll-Klärschlamm-Kompost hatte bei Äpfeln (es wurden mehrere Sorten geprüft) Ertragssteigerungen von 13–76 kg im Vergleich zur rein mineral. Düngung zur Folge. Auch bei Schattenmorellen hat die Verabreichung von Kompost und vor allem von Düngetorf Mehrerträge bewirkt. Neben den Ertragssteigerungen trat durch diese org. Düngemittel meist eine Verbesserung des Triebzuwachses ein. Da bei sehr hohen Müll-Klärschlamm-Kompostgaben Ertragsdepressionen vorhanden waren, sollten Mengen über 100 t/ha bes. auf Böden mit pH-Werten über 7,0, nicht verabreicht werden. H. Ansorge. 1230.

Gerritsen, J. D. Fruitteelt op komgrond. **(Obstbau auf Schlickboden.)** Fruitteelt **52** (1962) Nr. 11. S. 359. — 2 Tab.

1953 wurden Obstanlagen auf schwerem Tonboden mit über 78% abschlämmbaren Teilen, einem pH-Wert von 5,2–5,3 und einem Humusgehalt von10,2% in der Krume bzw. 6,7% im Untergrund errichtet. Zur Anpflanzung kamen verschiedene Äpfel auf *Malus*-Unterlagen (I, II, IV, VII, IX, XI, XVI) und

Birnen auf Quitte. Die höchsten Erträge wurden mit 'Cox', 'Jonathan' und 'Goldparmäne' auf EM IV erzielt. Die bisher geringste Leistung lag in Verbindung mit den starkwachsenden Unterlagen EM XI und XVI vor. Bei den Birnen brachten 'Legipont' und 'Konferenzbirne' auf Quitte beste Erträge. Die Empfehlungen gehen dahin, Obstanlagen auf derartig schweren Böden nur dann vorzunehmen, wenn sie günstige strukturelle Eigenschaften aufweisen; sind diese nicht gegeben, wird von einer Bepflanzung abgeraten. Als Unterlagen werden EM IV und XI für die schweren Böden, EM II für leichtere, anmoorige Böden und EM IX nur für beste Böden empfohlen.
W. Blasse. 1230.

Ermakov, E. I., Kotovič, I. N. und Gorjačkina, N. A. (Jermakow, Je. I., Kotowitsch, I. N. und Gorjatschkina, N. A.); Leningrad, Agrophysikal. Forsch.-Inst. Keramzit dlja ukorenenija rastenij. **(Keramsit zur Bewurzelung von Stecklingen.)** Sadovodstvo, Moskva **100** (1962) Nr. 10. S. 29–30. – 1 Abb.
Bei der Verwendung von Keramsit (Kies) 0,5--4,0 mm wurden bei Wein, Schwarzen Johannisbeeren u.a. bessere Bewurzelungsergebnisse als in Sand erzielt. Bei Weinstecklingen begann die Wurzelbildung nach 8-9 Tagen im Vergleich zu Sand nach 14–20 Tagen. Vor der Wurzelbildung wurde nur mit Wasser, nachher mit Knoop'scher Nährlösung gegossen. Das Anwachsergebnis betrug bei Kies 100%, bei Sand 60%. I. Lekve. 1230.

Rudenko, S. T., Mamadaliev, T. und Afanaśev, O. K. (Rudenko, S. T., Mamadalijew, T. und Afanasjew, O. K.) Vyraščivanie sažencev kvadratnognezdovym sposobom. **(Die Anzucht von Baumschulmaterial im Quadratnestverfahren.)** Sadovodstvo, Moskva **100** (1962) Nr. 12. S. 8–10. – 2 Abb., 3 Tab.
Unter den Klimabedingungen Usbekistans ist die Anzucht von Pflanzmaterial innerhalb eines Jahres möglich. Die Anzucht in Reihen erfordert einen verhältnismäßig hohen Arbeitsaufwand, da in den Reihen mit der Hand gehackt werden muß. Es wird zur Anzucht im Quadrat-Nestverfahren übergegangen, das eine allseitige maschinelle Bearbeitung ermöglicht. Es werden die Ergebnisse der Anzucht versch. Apfelsämlinge (60×60 cm) angegeben, die sehr gute Qualitäten brachten bei verringertem Arbeitsaufwand und geringeren Selbstkosten als bei der Reihenzucht. I. Lekve. 1230.

Raspopova, G. I. (Raspopowa, G. I.); Leningrad, Landwirtsch. Inst., Lehrwirtsch. O srokach vysadki podvoev. **(Über den Zeitpunkt des Aufschulens von Unterlagen.)** Sadovodstvo, Moskva **100** (1962) Nr. 12. S. 15–17. – 2 Abb., 1 Tab.
Im Leningrader Gebiet hat das Aufschulen im Herbst einen günstigeren Einfluß auf die Stammentwicklung als die Pflanzung im Frühjahr. Von versch. Apfelsämlingen werden die Stammstärken angegeben. Versch. Pflanztermine im Herbst und Frühjahr werden in ihrer Auswirkung auf Stamm- und Wurzelwachstum behandelt (Sämlingspopulationen von 3 Sorten). I. Lekve. 1230.

Miki, Suetake. An efficient method of budding and its application in fruit trees of Rosaceae. **(Eine neue Pfropfmethode und ihre Anwendung bei den den Rosaceae angehörenden Obstgehölzen.)** Bull. Fac. Agric. Tamagawa Univ. **1961** Nr. 2. S. 47–62. – 6 Abb., 4 Tab. Orig.: jap., Ausz.: engl.
Die neue Methode des Okulierens wurde vom Vf. 1950 an wilder Birne erprobt und erwies sich als 100%ig erfolgreich bei allen den Rosaceae angehörenden Fruchtgehölzen, ohne daß das bisher übliche Verbinden oder Wachsbestreichen der Pfropfstelle dabei erforderlich ist. Mit dem Daumennagel wird die Rinde zu beiden Seiten des Auges abgehoben, so daß das Auge unbeschädigt bleibt. Dann wird mit einem Spatel das Rindenstück mit dem Auge vorsichtig vom Holz gelöst. Die Rinde des zu pfropfenden Reises wird ebenfalls

mit dem Nagel geritzt und angehoben und das sehr dünne Rindenstück mit dem Auge mittels Spatels eingeschoben. Es entsteht so nur eine ganz geringfügige Verletzung des okulierten Reises. Die Methode eignet sich für Pfirsich, Birne, Apfel, Pflaume, Aprikose, Kirsche usw., aber nicht für Kastanie und 'Kaki fruit'. Nur für Gehölze, deren Rinde sich leicht löst, ist diese Methode brauchbar. R. Peschel. 1230.

Kottenhoff, R. **Zur Praxis der Obstverpackung.** Dtsch. Gartenbauwirtsch. **10** (1962) Nr. 10. S. 215–218. – 4 Abb.
Im schleswig-holsteinschen Obstanbaugebiet haben sich in den letzten Jahren die Absatzbedingungen wesentlich dadurch geändert, daß ca. 40% der Äpfel in fernab liegende Gebiete wie Ruhrgebiet, Berlin und Südwestdeutschland zum Versand gebracht werden. Unter Berücksichtigung der Selbstbedienungsläden wurde dazu übergegangen, die Äpfel in Kleinstgebinde verkaufsfähig abzupacken. Hierbei ergeben sich selbst bei genauer Größensortierung immer noch gewisse Gewichtsschwankungen, die einen Verkauf lediglich nach der Stückzahl vom Standpunkt des Lieferers und Käufers ausschließen. Es sind 2 Vermarktungsbetriebe geschaffen worden, die in dem einen Falle die vorher sortierten Früchte in perforierte Polyäthylenbeutel verpacken, automatisch wiegen und über eine angeschlossene Registrierkasse berechnen. Durch eine angebrachte Klebemarke werden dem Käufer Sorte, Größe, Handelsklasse, Grundpreis sowie Firmenangabe bekanntgemacht. Im anderen Falle wurden die Äpfel automatisch gezählt und in Baumwollnetze gefüllt, die beiderseits verschlossen werden. Die Leistungen dieser Verpackungsarten betragen beim Polybeutel 75 kg/AKh und beim Netz 125 kg/AKh bei jeweils 4 Personen zur Bedienung. Preisvergleiche zwischen loser und verpackter Ware ergaben für die letztere Mehrerlöse bis etwa 35%. K. Peter. 1230.

Göhlich, Horst; Göttingen, Univ., Inst. für Landmaschinenkunde. **Der gegenwärtige Stand der Erntemechanisierung von Obst und Wein in den Vereinigten Staaten von Amerika.** Gartenbauwissenschaft **27(9)** (1962) Nr. 3. S. 359–380. – 25 Abb., 21 Lit.
Der Mangel an geeigneten Arbeitskräften zwingt zunehmend zu einer Mechanisierung der Erntearbeiten. Erntemaschinen werden bisher hauptsächlich dort eingesetzt, wo die Ernteprodukte für die Konservenindustrie angebaut werden. Für die Blaubeerernte wurde ein elektrisch betriebener Vibrator konstruiert, der die Zweige in Schwingungen versetzt (800 l/min), ein Trichter nimmt die abfallenden Früchte auf. Für Kern- und Steinobst werden Baumschüttler verschiedener Systeme erprobt. Bei einer älteren Konstruktion wird ein Kabel am Ast befestigt und durch einen Exzenter angezogen und freigegeben. Bei Kurbelstangen- und Massenkraftschüttlern werden Kurbel und Exzenter von einem Ölmotor, der von der Ölpumpe des Schleppers gespeist wird, angetrieben. Für die selektive Ernte reifer Früchte verwendet man Schlagschüttler mit regelbarer Schlagfolge. Durch Stammschüttler wird der Schüttelvorgang weiter vereinfacht, sie führen aber leicht zu Rindenschäden. Bei Pflaumen hat sich das Abblasen mit gerichtetem Luftstrahl nicht durchgesetzt; besser funktioniert das Abstreifspindelsystem bei Citrusfrüchten. Die Früchte werden von bespannten, ausfahrbaren, schwenkbaren oder geteilten Auffangflächen aufgenommen. Empfindliche Früchte werden durch Verzögerungsbänder im Fall gebremst. Vielfach sind Windsichtungs- oder Sortiereinrichtungen direkt gekoppelt. Bei der Pfirsich-, Sauerkirsch- und Pflaumenernte wurden 65–75% der Akh eingespart. Bei Pfirsichen wurden mit 3 AK und Maschine 30–40 Bäume/h, bei Konservenpflaumen 40–60 Bäume/h abgeerntet. Für die Ernte von Weintrauben zur Verarbeitung zu Rosinen bzw. Säften und Marmelade gibt es 2 Systeme. Die Reben werden an einem galgenartigen Gerüst gezogen und die frei herabhängenden Trauben abgeschnitten oder geschüttelt. M. Reichel. 1230.

Kemmer, E. **Stadienversuche bei Kernobstsämlingen.** Erwerbsobstbau 4 (1962) Nr. 9. S. 171–174. – 5 Abb.
Vf. beweist anhand von langjährigen Versuchsergebnissen seine Behauptung, daß das Jugendstadium bei Obstgehölzen zeitlich und räumlich beeinflußbar ist. Er widerlegt damit eine gegenteilige Behauptung von Kobel. Vf. beschreibt die Voraussetzungen für kritikfeste Stadienversuche. Zur Herstellung der Nachzucht von Sämlingen im ersten Lebensjahr, das die Jugendform am eindeutigsten aufweisen müßte, wird die Zwillingsbildung durch künstliche Samenteilung und die Grüntrieb-Veredlung als Ablaktion und Kopulation beschrieben. Mit Hilfe dieser Operationen war es möglich, einen unbehandelten Partner mit einem behandelten zu vergleichen. Für die Sämlingsbasis, die nach den üblichen Anschauungen als weitgehend steril zu betrachten ist, legte Kemmer eine Länge von 50 cm fest. Die Versuche dienten der Feststellung, ob ein Sämling durch entspr. Maßnahmen früher als ein unbehandelter Sämling zur Blüte zu bringen sei und ob die Bildung von Blüten in der 50 cm langen Stammzone bewirkt werden kann. Es wurde festgestellt, daß von 40 Sämlingen 37 Nachzuchten mindestens ein Jahr früher blühten als ihre unbehandelten Partner. 14 von diesen Sämlingen blühten 3–4 Jahre früher. Nur in einem Falle blühten Nachzucht und Originalsämling gleichzeitig. 2 Paare blühten bei Abbruch des Versuches im 9. Standjahr noch nicht. Daraus ergibt sich, daß das Primärstadium doch beeinflußbar ist. Zur räumlichen Einengung der Sterilität wurden die betreffenden Sämlinge nach Eintritt in das fertile Stadium mindestens einmal gestümmelt und wiederholt geschockt. Von 32 Birnensämlingen brachten 4 Sämlinge im untersten Bereich der Sämlingsbasis Blüten. 22 weitere Sämlinge setzten an den Außenstellen der verbliebenen Äste des gestümmelten Baumes Blüten an. Von 25 Apfelsämlingen, die gestümmelt wurden, nachdem sie hauptsächlich im 7. und 8. Standjahr erstmals geblüht hatten, blühten nach 5 Jahren 19 im Basisbereich, davon 5 innerhalb der erwähnten engen Abgrenzung. Abschließend wird zusammengefaßt, daß Kernobstsämlinge kein fixierbares Primärstadium und deshalb keine echte Jugendform besitzen. W. Groh. 1231.

Sahulka, Josef; Praha, Biol. Ústav ČSAV, Odd. Fyziol. a Fyziol. Genetiky Rostlin. Vliv amoniakálního a nitrátového dusíku na růst semenáčů jabloní a hrušní. **(Einfluß des Ammoniak- und Nitratstickstoffs auf das Wachstum der Apfel- und Birnensämlinge.)** Rostlinná Výroba **8(35)** (1962) Nr. 5. S. 617–634. – 15 Tab., 36 Lit. Zus. in Russ., Dtsch.
Bei Apfelsämlingen wurde der Einfluß der Bodenreaktion auf die Aufnahme von Nitrat- und Ammonium-Ionen untersucht. Ferner verfolgte man in langjährigen Versuchen den Einfluß der Reaktion auf das Wachstum von Apfel- und Birnensämlingen bei Ammoniak- oder Nitratdüngergaben. Die Aufnahme der Ammonium-Ionen ist bei saurer Reaktion (pH 3,9–5,0) niedriger als bei neutraler, die Aufnahme der Nitrat-Ionen ist im sauren Bereich nicht nachweisbar niedriger als im neutralen. Ein Vergleich der Ergebnisse läßt die Annahme zu, daß sich der Einfluß des pH-Wertes auf das Wachstum der Apfelsämlinge in hohem Grade in einer reaktionsbedingten Aufnahme von Ammonium- und Nitrat-Ionen äußert. M. Pštross. 1231.

Okanenko, A. S., Počinok, Ch., Verbovyj, K. A. und Solov̂eva, M. A. (Okanenko, A. S., Potschinok, Ch. N., Werbowy, K. A. und Solowjowa, M. A.) Vlijanie omolaživajuščej obrezki. **(Der Einfluß des Verjüngungsschnittes.)** Sadovodstvo, Moskva **100** (1962) Nr. 11. S. 42–45. – 2 Abb., 4 Lit.
Für Bäume mit schwachem Triebwachstum ist der Verjüngungsschnitt eine Maßnahme zur Erhöhung des Ertrages. Es wird ausführlich über die Durchführung des Verjüngungsschnittes bei Apfel und Birne (versch. Sorten) und seine Auswirkungen berichtet. Die Frostresistenz wird durch das nach dem Schnitt stärker einsetzende Wachstum nicht beeinträchtigt. I. Lekve. 1231.

Vondráček, Jiří; Holovousy, Výzkumný Ústav Ovocnářský. Počet vajíček v květech jabloní a hrušní. **(Die Zahl der Samenanlagen in den Apfel- und Birnenblüten.)** Rostlinná Výroba **8(35)** (1962) Nr. 5. S. 687–700. – 5 Tab., 10 Lit. Zus. in Russ., Dtsch.

In 3jährigen Versuchen verfolgte man die Gesamtzahl der Samenanlagen und der Fruchtblätter in den Blüten von 35 Apfel- und 18 Birnensorten auf versch. Unterlagen (Wildlinge, versch. EM-Typen, Quitte oder auch wurzelecht). Die Zahl der Samenanlagen und Fruchtblätter war beim Apfel in den Mittelblüten des Blütenstandes durchweg höher als in den Randblüten. Da es sich um ein genotypisch bedingtes Merkmal handelt, konnten die Apfelsorten in 3 Gruppen eingeteilt werden (nach der Zahl der Samenanlagen in der Blüte): I. Gruppe ca. 10, III. Gruppe 18–20 in den Mittelblüten. Triploide Sorten wiesen nicht mehr Samenanlagen als diploide auf. Die klimatischen Bedingungen beeinflußten jedoch die Zahl der Samenanlagen stark (Schwankungen in einzelnen Jahren), ähnlich wie die Art der Unterlage (mehr Samenanlagen auf üppig wachsender Unterlage). Auch bei den Birnen gibt es meistens etwa 10 Samenanlagen pro Blüte, doch gibt es auch Sorten mit weniger Samenanlagen (die geringsten wies die Sorte 'Pastornice' auf: 7,33 ± 3.0,32) oder überhaupt ohne Samenanlagen (Sorte 'Říhova': 0,07 ± 3.0,04). Sowohl die ersten, als auch die späteren Birnenblüten enthielten die gleiche Samenanlagenzahl. Seitenblüten bestimmter Sorten enthielten meistens weniger Samenanlagen und Fruchtblätter. Die Beweiskraft des Unterschiedes zwischen der tatsächlichen und der theoretischen Samenanlagenzahl (10) sowie Unterschiede zwischen den einzelnen Jahren wurden statistisch überprüft. Z. Šesták. 1231.

Florov, B. P. (Florow, B. P.) Razmnoženie jabloni kornevymi čerenkami. **(Die Vermehrung von Äpfeln durch Wurzelstecklinge.)** Sadovodstvo, Moskva **100** (1962) Nr. 12. S. 11–13. – 2 Tab.

Die Vermehrung durch Wurzelstecklinge bringt im Vergleich zu anderen Unterlagenvermehrungsmethoden ein ausgeglicheneres Material. Die besten Bewurzelungsergebnisse brachten Wurzelstärken von 5–8 mm, wobei die Wurzeln von jungen Bäumen bessere Bewurzelungsprozente aufwiesen als die von alten Bäumen. Tabellenangaben über Wurzelstärke, Sorten und Bewurzelungsprozente werden angegeben. I. Lekve. 1232.

Stankevič, K. V. (Stankewitsch, K. W.) Rol' mentora v izmenenii kačestva plodov. **(Die Bedeutung des Mentors für die Veränderung der Qualität der Früchte.)** Bjulleteń Central'noj genetičeskoj laboratorii imeni I. V. Mičurina, Mičurinsk **1961** Nr. 11/12. S. 63–66. – 1 Abb., 3 Tab.

Die Untersuchungen betreffen die chem. Zusammensetzung der Früchte neuer Apfelsorten, die von wurzelechten und auf Mentoren gepfropften Pflanzen abstammen. Die umweltbedingte Veränderlichkeit der chem. Zusammensetzung der Äpfel ein und derselben Sorte oder bei ein und demselben Sämling ist in Abhängigkeit vom Mentor sehr unterschiedlich. Die erzielten Ergebnisse können bei der richtigen Auswahl des Mentors und der Beurteilung seines Einflusses auf die Sämlinge in einer bestimmten Periode ihrer Entwicklung dienen. Darin wird eine weitere Möglichkeit zur Verbesserung der Qualität der Früchte und anderer Eigenschaften der gepfropften Pflanze gesehen. H. Jank. 1232.

Nybom, Nils, Bergendal, P. O., Oldén, E. L. und Tamas, Pal; Fjälkestad, Sweden, Balsgard Fruit Breeding Inst. On the cold resistance of apples. **(Über die Kälteresistenz von Äpfeln.)** Inst. Veredeling Tuinbouwgewassen Wageningen, Meded. **1962** Nr. 182. S. 66–73. – 1 Abb., 3 Tab., 32 Lit.

Nach einem allg. Überblick über Winterhärte und Theorien der Frostresistenz (I) berichten Vff. über die Anwendungsmöglichkeit der Leitfähigkeitsmessung nach der Exosmose von Elektrolyten aus gefrorenen und nicht gefrorenen Geweben zur Ermittlung der **I.** Bestimmt wurde die rel. Leitfähigkeit (**II**) $C_r = 100 \frac{C_f}{C_c}$ (C_f = Leitfähigkeit der gefrorenen und C_c der nicht gefrorenen Probe). Die Versuchsmethodik wird eingehend beschrieben. Je niedriger die rel. **II** ist, desto größer ist die **I.** Die rel. **II**-Werte sind für versch. Sorten und Sämlingspopulationen angeführt. H. Ackermann. 1232.

Suzdal'ceva, V. A. (Susdalzewa, W. A.) Nekotorye fiziologičeskie osobennosti raznych po zimostojkosti sortov jabloni. **(Einige physiologische Besonderheiten unterschiedlich winterfester Apfelsorten.)** Bjulleteń Central'noj genetičeskoj laboratorii imeni I. V. Mičurina, Mičurinsk **1961** Nr. 11/12. S. 67 bis 72. – 3 Tab.

Im Gegensatz zu nicht winterharten Sorten besitzen winterharte Apfelsorten einen hohen Gehalt gebundenen Wassers und eine große wasserbindende Kraft während der Herbst–Winter-Periode. Bei nicht winterharten Sorten ist der Gehalt an freiem Wasser und der Gesamtwassergehalt größer. Das Verhältnis von gebundenem zu freiem Wasser kann für die Bestimmung der Winterhärte benutzt werden. Winterharte Apfelsorten besitzen mehr hydrophile Plasmakolloide, der Gehalt an Gesamtzucker wie auch an Saccharose und bes. an reduzierenden Zuckern in den Trieben während der Herbst–Winter-Periode ist gesetzmäßig höher, die Chlorophyllmenge in den Trieben ist größer und der Gehalt an org. Kohlenstoff in den Blättern ist ebenfalls größer als bei nicht winterharten Sorten. Letzteres zeugt von einer intensiveren Photosynthese. Mikroskopische Untersuchungen bei frostgeschädigten Trieben im Dez. bis Mai ergaben, daß die winterharten Sorten ein größeres Regenerationsvermögen der Gewebe besitzen. H. Jank. 1232.

Kemmer, E.; Berlin-Dahlem, T. H., Inst. für Obstbau. **Das Formenspiel der Einzelwurzeln bei Apfelgehölzen.** Erwerbsobstbau 4 (1962) Nr. 11. S. 208 bis 212.; Nr. 12. S. 224–228. – 15 Abb.

Langjährige Untersuchungen an der Wurzelkrone des Apfels haben ergeben, daß auch dem Wurzelsystem ein erblich bedingter Wuchscharakter zugrunde liegt, der unabhängig von den vorliegenden Bodenverhältnissen in Erscheinung tritt. Die systematische Erfassung des Wurzelkörpers ist notwendig, um später eine Gruppierung der Wurzeln nach physiol. Leistung vornehmen zu können. Die Untersuchungen machten die Neuformulierung von 20 Begriffen notwendig. Den bisherigen Beobachtungen zufolge tritt, am Wurzelstrunk beginnend, mit zunehmendem Alter ein Verkahlen ein, wie es bei der Astkrone vom Stamm her der Fall ist. Von Apfelwurzeln werden Bodenschichten durchzogen, die sehr fest und dicht gelagert sein können, unabhängig davon, ob sich lockere Bodenschichten in der Umgebung befinden. Wurmkanäle werden für die Tiefenentwicklung des Wurzelsystems genutzt, doch reicht diese Feststellung nicht aus, um das häufig zu beobachtende Tiefenwachstum vollständig zu klären. Man kann zwischen normalen und abnormalen Wurzelbildungen unterscheiden; bei abnormalen Wurzeln liegen Störungen im Geotropismus vor, in deren Folge es zu ungewöhnlichen Wachstumsrichtungen kommt. Wurzelverkrümmungen konnten bereits bei Wurzeln von wenigen Millimetern Länge beobachtet werden, sie sind der Anlaß zur Bildung von Irrläufern, Rückläufern, Schlingen, Verflechtungen u.a. Normale Wurzeln streben stets ohne große Umwege weg und suchen neue Bodenräume an der Peripherie des Wurzelkörpers. W. Blasse. 1232.

Haas, P.-G. de.; Hannover, TH, Inst. für Obstbau und Baumschule. **Malus baccata/prunifolia-Klone im Vergleich zu M XI zur Zeit des Ertragsanstieges in Sarstedt und in Klein-Altendorf.** Erwerbsobstbau 4 (1962) Nr. 11. S. 203 bis 208. – 9 Abb., 6 Tab., 5 Lit.

Bei den in Prüfung befindlichen Unterlagen handelt es sich um Selektionen aus dem Formenkreis von *Malus baccata* var. *sibirica* wie Dab 97, Dab 100, Dab 192, Dab 325, die in Sarstedt und Klein-Altendorf auf ihre obstbauliche Leistung im Vergleich zu M XI getestet werden. Wuchsleistung: In Sarstedt hatten die Bäume nach dem 6. Standjahr in Verbindung mit 'Cox Orange', 'Goldparmäne', 'Berlepsch', 'Ontario' und 'Boscoop' auf Dab 97 den größten Stammdurchmesser, es folgen dann Dab 100, Dab 192, M XI und Dab 325. In Klein-Altendorf liegen Dab 97 und 100 mit dem stärksten Zuwachs an erster Stelle, dann folgen Dab 192, Dab 325 und M XI. Den größten Kronengrundriß erzielte in Sarstedt Dab 192, dann folgen Dab 97, Dab 100 und wesentlich schwächer Dab 325. In Klein-Altendorf ist die Kronenausdehnung zwischen Dab 97, 100 und 192 ausgeglichen, aber deutlich größer als mit M XI. In den Relativerträgen ergibt sich in Sarstedt mit 'Cox Orange', 'Goldparmäne' und 'Ontario' folgende abnehmende Reihenfolge: Dab 97 = 131%, Dab 100 = 113%, Dab 192 = 98%, Dab 325 = 69% und M XI = 100%. In Klein-Altendorf liegt eine ähnliche Relation vor. Die Unterschiede sind im Ertrag in Klein-Altendorf zwischen Dab 192 und 100 sehr gering, auch in Sarstedt war die statistische Sicherung der Ertragsdifferenzen bei diesen Klonen nicht möglich. Über die Ausfärbung der Früchte auf diesen Unterlagen läßt sich bisher noch kein gesichertes Urteil fällen. Die Unterlagen sind auf Grund ihrer Starkwüchsigkeit nur für weiträumige Pflanzungen angebracht. Ihr Vorteil besteht in der weitgehenden Frostresistenz.

W. Blasse. 1232.

Nyujtó, F. und Csökönyei, I. Vizsgálatok különböző alanyon álló almafajtákkal a termőrefordulás időszakáig. **(Untersuchungen an Apfelsorten auf verschiedenen Unterlagen bis zum Beginn des Tragens.)** Duna-Tisza Közi mezőgazdasági Kisérleti Intézet Évkönyve [Jb. landwirtsch. Forsch.-Inst. Donau-Theiss] **1960** (hrsg. 1962) S. 139–155. – Aus: Ung. Agrar-Rdsch. **1963** Nr. 1.

In Ungarn wurden 10jährige Apfelunterlagenversuche auf Schwarzerdeböden durchgeführt. Einbezogen waren die Unterlagen 'Ungarischer Wildapfel', 'Italienischer Wildapfel', 'Orboi-Apfel', 'Falkenapfel', 'Transsylvanischer Süßapfel', sowie EM I, II, III, IV, V, VII, IX, X, XI, XIII und XVI und die Edelsorten 'Jonathan', 'Entz Rosmarin', 'Parker Peppin', 'Ananas Renette', 'Gelber Bellefleur', 'Klarapfel', 'Danziger Rippenapfel', 'Charlamowsky',, 'Kecskeméter Butterapfel' und 'Goldparmäne'. Biometrische Messungen, Prüfungen der vegetativen und generativen Leistung, der Fruchtqualität, Dürrefestigkeit und Frosthärte der Fruchtknospen sowie phänologische und pflanzensanitäre Beobachtungen (Mehltaubefall) wurden durchgeführt. Stärkstes Wachstum zeigten die Bäume auf EM IV und XVI, 'Falkenapfel' und 'Orboi-Apfel', geringstes Wachstum auf EM IX, VII und 'Transsylvanischer Süßapfel'. Hohe Erträge wurden auf EM IV, IX und 'Falkenapfel', sehr geringe Erträge auf EM XIII, III und 'Transsylvanischer Süßapfel' erreicht. Für die Anbaugebiete des Donau-Theiss-Zwischenstromlandes und des Nyirség ist EM IV bestens geeignet. Bei bes. günstigen Standortverhältnissen bewährte sich für Spindeln EM IX. Gut beurteilt wurden ferner 'Orboi-Apfel', 'Falkenapfel', EM I, II und XI. 1232.

Todorov, V. (Todorow, W.) Srokove za torene s azot v plododavašti jabŭlkovi nasaždenija. **(Stickstoffdüngerzeitversuch in Apfelanlagen in Vollertrag.)** Izvestija na Naučnoizsledovatelskija nstitut po ovoštarstvo – gara Kostinbrod, Sofija **2** (1962) S. 77–84. – 3 Tab., 13 Lit. Zus. in Russ., Dtsch.

Mit der Apfelsorte 'Ajvanija' wurden auf tiefgründigen, sandigen Wiesenböden Düngungsversuche durchgeführt. Die besten Fruchterträge wurden beim Einbringen des N in 4 Teilgaben erzielt, und zwar zu folgenden Terminen: je $^1/_4$ der Gesamtdüngergabe vor der Blüte, nach dem Junifruchtfall, Mitte Juli und nach der Ernte. In Jahren mit Mindererträgen wird empfohlen, die N-Gabe vom Juli im Herbst zu geben, d. h. z. Z. der Herbstfurche und Grunddüngung mit P, K und Stalldung. Z. Zankow. 1232.

Uriu, K. und Lilleland, O.; Davis, Univ. of California. Limb circumference measurements as an aid in the better evaluation of apple fruit thinning data. **(Astumfangsmessungen als bessere Bezugsgröße für die Stärke der Fruchtausdünnung beim Apfel.)** Proc. Amer. Soc. horticult. Sci. **74** (1959) S. 67–71. — 2 Tab.

Bei Fruchtausdünnungsversuchen wurde die Zahl der Früchte sowohl auf den Basisumfang des Stichprobenastes als auch auf die Anzahl der Inflorescenzen bezogen. Bei gleichmäßigem Inflorescenzenbesatz der Bäume geben beide Methoden eine gleich gute Bestimmung der Ergebnisse. Haben die Bäume jedoch infolge der verschiedenen Behandlung unterschiedlichen Blütenansatz, so ergeben die auf die Anzahl der Inflorescenzen bezogenen Ergebnisse eine falsche Vorstellung von Fruchtansatz und Ertrag. Der Bezug auf den Basisumfang des Stichprobenastes ermöglicht dagegen eine signifikante Einschätzung des Fruchtansatzes und Ertrages sowie der Dichte des Inflorescenzenbesatzes. U. Neumann. 1232.

Stevenson, C. D. und Dodd, B. C.; Queensland, Dep. of Agric. and Stock. Effect of „stop-drop" sprays on the cool-storage behaviour of Queensland grown delicious apples. **(Wirkung von „Stop-drop"-Spritzungen auf das Verhalten von 'Delicious'-Äpfeln in Queensland bei Kühllagerung.)** Queensland J. agric. Sci. **19** (1962) Nr. 2. S. 299–303. — 1 Tab., 13 Lit.

Die in der Praxis zur Verhinderung des Vorernte-Fruchtfalles gebräuchlichen Mittel 2.4.5-Trichlorphenoxypropionsäure (TP 20 ppm) und α-Naphthylessigsäure (NAA 10 ppm) wurden verwendet. Die Ernte fand 1 bzw. 7 Tage nach dem Spritzen der Bäume statt. Nach 5, 6 bzw. 7monatiger Lagerung (in Stiegen bei 34 °F) wurden probeweise Früchte entnommen und eine Woche später auf Lagerschäden untersucht. Die Häufigkeit von Lagerschorf, wie auch der Gesamtschaden waren bei der frühesten Ernte am geringsten, nahmen mit der Lagerungsdauer zu und waren bei den Kontrollen und nach Behandlung mit TP geringer als nach Behandlung mit NAA. Andere Schäden spielten eine untergeordnete Rolle. Die Fruchtfestigkeit wurde durch die Behandlungen nicht beeinflußt. W. Junges. 1232.

Montgomery, H. B. S., Wilkinson, B. G. und Edney, K. L.; Kent, East Malling Res. Stat. Storage experiments with Cox's Orange Pippin apples from a manurial trial. **(Lagerungsversuche mit 'Cox Orange'-Äpfeln von einem Düngungsversuch.)** J. horticult. Sci. **37** (1962) Nr. 2. S. 150–158. — 4 Tab., 17 Lit.

Früchte von 'Cox' auf EM XII im Hauptertragsstadium von 8 Düngungsvarianten (NPK, NP, NK, PK, N, P, K und ungedüngt), jeweils aus Parzellen mit offen gehaltenem Boden bzw. mit Grasnarbe, wurden in 6 Jahren auf ihr Lagerungsverhalten bei 37°F (3°C) und 32°F (0°C) untersucht. Übereinstimmend zeigte sich, daß durch N — bes. bei gleichzeitiger P-Gabe — die Verluste durch *Gloeosporium*-Fäule stiegen und durch K und Rasen — bes. bei Fehlen von N — die Kältefleischbräune abnahm. Die unterschiedlichen Fäulnisverluste resultierten nicht aus den Reifedifferenzen der einzelnen Behandlungen zur Erntezeit. W. Schuricht. 1232.

Perechodkin, L. P.; Moskau, Univ., Biol.-Bodenkundl. Fak., Lehrstuhl für Genetik und Zücht. Nekotorye voprosy podvojnogo semenovodstva jabloni. **(Einige Fragen zur Saatgutgewinnung bei Äpfeln für die Sämlingsvermehrung.)** Sadovodstvo, Moskva **100** (1962) Nr. 12. S. 13–14. — 1 Tab.

Versuche, die der Gewinnung von Hybridsaatgut versch. Apfelsorten dienten, werden beschrieben. Der Hybridsamen weist eine größere Keimfähigkeit und bessere Sämlingsentwicklung auf. Als günstige Elternsorten werden 'Antonowka obyknowennaja', 'Anis polossaty', 'Gruschowka moskowskaja' und 'Anis aly' in versch. Kombinationen genannt. Tabellenangaben über Keimung und Wachstum werden gemacht. I. Lekve. 1232.

Apojan, L. A. Ivolistnaja gruša – perspektivyj podvoj. **(Die weidenblättrige Birne — eine aussichtsreiche Unterlage.)** Sadovodstvo, Moskva **100** (1962) Nr. 12. S. 18.
Die weidenblättrige Birne aus Armenien ist sehr frostresistent und kommt bis zu einer Höhe von 2200 m vor. Sie kann als Unterlage bedeutend werden, zumal die Anwachsergebnisse bei 80–100% liegen. I. Lekve. 1235.

Bain, Joan M.; Ryde, New South Wales, C. S. I. R. O., Div. of Food Preservation. Some morphological, anatomical and physiological changes in the pear fruit (Pyrus communis var. Williams bon chrétien) during development and following harvest. **(Einige morphologische, anatomische und physiologische Veränderungen der Birnenfrucht [Pyrus communis Sorte 'Williams Christ'] während der Entwicklung und Reife.)** Austral. J. Bot. **9** (1961) Nr. 2. S. 99–123. – 24 Abb., 4 Tab., 27 Lit.
Die Untersuchungen erstreckten sich über 3 aufeinanderfolgende Jahre und verfolgten die Entwicklung der Früchte von der Blüte bis zur Handelsreife. Bestimmt wurden 1. morphol. Veränderungen: Länge der Achse von der Stengelbasis bis zum Kelch, Durchmesser der Frucht an der breitesten Stelle, Stärke der Schale und Radius des Fruchtfleisches einschl. Kerngehäuse an der gleichen Stelle, Fruchtvolumen durch Wasserverdrängung; 2. anatomische Veränderungen: Ort und Dauer der Zellteilung und Verfolgung der Differenzierung der Gewebe, Volumen und Abgrenzung der Oberfläche der Parenchymzellen in der Schalenmitte und Anzahl der Zellen durch Berechnung aus Zell- und Gewebevolumen; 3. physiol. Veränderungen: Frischgew., Wasser-, Gesamtsalz-, Kohlenhydrat-, Gesamt- und Protein-N-Gehalt, titrierbare Säure, Respirationsrate und Reife. Die genannten Veränderungen in den 3 Jahren weisen die gleiche Tendenz auf, jedoch unterliegen Maß und Umfang der Veränderungen der Gesamterntemenge und den klimatischen Bedingungen. H. Ackermann. 1235.

Ščukina, V. F. (Stschukina, W. F.) Černoplodnaja rjabina – cennaja proizvodstvennaja kul'tura. **(Die schwarzfrüchtige Eberesche — eine wertvolle Kultur.)** Sadovodstvo, Moskva **100** (1962) Nr. 10. S. 20–22. – 1 Abb.
Im Leningrader Gebiet wird die schwarzfrüchtige Eberesche auf größeren Flächen (5–10 ha) angebaut. Diese Kultur bringt höhere Einnahmen als jede andere Obstkultur. Die Beeren werden zu verschiedenen Produkten verarbeitet (Saft, Marmelade, Wein, medizinische Präparate). Hinweise für die Kultur werden gegeben. I. Lekve. 1238.

Stefanov, N. (Stefanow, N.) Prinos kŭm ustanovjavane na agrotechnikata pri kajsijata. **(Beitrag zur Festlegung der Agrotechnik bei der Aprikose.)** Izvestija na Naučnoizsledovatelskija institut po ovoštarstvo – gara Kostinbrod, Sofija **2** (1962) S. 107–113. – 3 Tab., 21 Lit. Zus. in Russ., Dtsch.
1958–61 wurden in der Versuchsstation für Obstbau in Silistra Versuche mit Aprikosen durchgeführt. Höchsten Zuwachs und besten Fruchtertrag je Baum (im Mittel 23,3 kg) erreichte man mit einer Herbstfurche von 15 cm Tiefe und jährlichen Düngergaben von 20 t Stalldung, 80 kg N, 90 kg P und 80 kg K/ha. Z. Zankow. 1242.

Molnár, L. Magyar kajszi termőrügyeinek kialakulása és téli növekedése. **(Bildung und Winterwachstum der Fruchtknospen der ungarischen Aprikose.)** Duna-Tisza Közi mezőgazdasági Kisérleti Intézet Évkönyve [Jb. landwirtsch.

Forsch.-Inst. Donau-Theiss] **1960** (hrsg. 1962) S. 113–119. – Aus: Ung. Agrar-Rdsch. **1963** Nr. 1.

1958–61 wurden im Donau-Theiss-Gebiet auf Lehmboden Entstehung und Wachstum von Aprikosenfruchtknospen untersucht, um evtl. Winterwachstum nachzuweisen. Benutzt wurde die 'Ungarische Aprikose' auf *Prunus myrobalana*. Die Knospen entnahm man aus versch. Teilen eines 1951 gepflanzten Baumes. Zur Messung der Stempellänge diente ein Okularmikrometer. Die Auswertung erfolgte nach bes. Verfahren. Die Ergebnisse der Jahre zeigten, daß die Bildung der Fruchtknospen im Juli begann. Bis Ende Okt. waren alle Organe der Knospe ausgebildet. Während des Ruhezustandes sank das Wachstum von tägl. 5–10% bis unter 1%, ging aber offensichtlich weiter. 1242.

Bojkov, D. und Christova, J. (Bojkow, D. und Christowa, J.) Formirane na plodnite pŭpki na višnevi i čereševi sortove. **(Fruchtknospenbildung bei Sauer- und Süßkirschsorten.)** Izvestija na Naučnoizsledovatelskija institut po ovoštarstvo — gara Kostinbrod, Sofija **2** (1962) S. 5–16. – 10 Abb., 4 Tab., 18 Lit. Zus. in Russ., Dtsch.

1958–61 wurde bei 3 Sauer- und 3 Süßkirschsorten festgestellt, daß die Differenzierung der Blütenknospen während der generativen Periode 8 Stadien durchläuft. Eine gerade Abhängigkeit zwischen Blühbeginn und Beginn der Knospendifferenzierung war mit Ausnahme der Sorte 'Sofiska wischnja' nicht feststellbar. Die Knospenbildungsphase setzt erst nach Reduzierung der parallelen Zellschichten im Bildungsgewebe des Vegetationskegels von 5 auf 1–2 ein. Im Knospendifferenzierungsprozeß war ein Rhythmus bemerkbar. Wachstum und Entwicklung der generativen Organe werden auch in der Winterperiode fortgesetzt. Z. Zankow. 1245.

Brauns, Mechthild; Jena, Univ., Inst. für Acker- und Pflanzenbau, Abt. Obst- und Gemüsebau. **Möglichkeiten zur Erziehung kleinkroniger Formen bei der Süßkirsche.** Intensivobstbau **2** (1962) Nr. 12. S. 186–187. – 4 Abb., 2 Lit.

Die Forderung nach kleinkronigen Formen bei der Süßkirsche wird begründet und Möglichkeiten aufgezeigt, dieses Ziel zu erreichen. Die Verwendung schwachwachsender Unterlagen sowie die Zwischenveredlung von Sauerkirschsorten könnten eine Änderung des Wuchscharakters der Süßkirsche bedingen. Der Anbau auf extremen Standorten führt zu nur kleiner Kronenbildung, ausreichende Erträge müßten hier durch kräftige Düngung und Bodenpflege erreicht werden. Die Verwendung von Niederstämmen bietet insofern einen Vorteil, als man beim Verjüngen bis in die unteren Teile des Astgerüstes gehen kann, wodurch die niedere Kronenform erhalten bleibt. Veredlung auf den Wurzelhals und Anzucht wie Sauerkirschenbüsche wären eine weitere Möglichkeit. Auf die Bedeutung geeigneter Schnittmaßnahmen, bes. in Hinblick auf die Ertragsfähigkeit kleinkroniger Bäume, wird hingewiesen.
A. Mügge. 1245.

Kramer, S. **Die obstbauliche Beurteilung einiger Sauerkirschen.** Intensivobstbau **2** (1962) Nr. 5. S. 66–67. – 3 Abb., 1 Tab.

Über das Ergebnis eines Feldversuches mit Sauerkirschen (Versuchsort Leipzig) wurde berichtet. Von 15 im Frühjahr 1954 angepflanzten Sauerkirschsorten (9 Bäume im Fisher-Block, Pflanzabstand 5 × 5 m) hat sich ein von Heimann (Blankenburg) entdeckter Findling, 'Heimanns Konservenweichsel', bes. gut bewährt und die Schattenmorelle im Ertrag je Kronenvolumen und Fruchtgröße übertroffen. Der Stein ist bei der Schattenmorelle im Vergleich zur Fruchtgröße kleiner und die Saftabgabe höher als bei 'Heimanns Konservenweichsel'. Auch 'Heimanns Rubinweichsel' ist günstig zu beurteilen. Da sie aber zu 'Heimanns Konservenweichsel' in der Reifezeit und in anderen Eigenschaften keine wesentlichen Unterschiede aufweist, tritt sie in ihrer Bedeutung zurück. Es wird empfohlen, der 'Heimanns Konservenweichsel' größere Beachtung zu schenken. W. Groh. 1245.

Curkan, I. P. (Zurkan, I. P.) Opyliteli dlja višni. **(Bestäuber für Kirschen.)** Sadovodstvo, vinogradarstvo i vinodelie Moldavii **1961** Nr. 9. S. 20–23. – Orig.: moldau., Ausz.: russ. Aus: Referativnyj žurnal. Biologija, Moskva **1962** Nr. 3. G 409. S. 49.

Im Ergebnis 2jähriger Untersuchungen wurden die Standardsorten der Sauerkirsche nach dem Grad der Selbstfertilität in 3 Gruppen eingeteilt: 1. Die selbstfertilen Sorten 'Worobjowka' (**I**), 'Angliskaja rannjaja' (**II**), 'Ljubskaja' (**III**) setzen bei Selbstbestäubung 26,9–36,5% Früchte an; 2. die teilweise selbstfertilen Sorten 'Jewgenija' (**IV**), 'Gortensija' (**V**), 'Lotowaja (**VI**), 'Anadolskaja' (**VII**) setzen bei Selbstbestäubung 4,3–17,2% Früchte an; 3. selbststerile Sorten sind 'Schpanka rannjaja' (**VIII**), 'Podbelskaja' (**IX**), 'Samsonowka' (**X**), 'Krassa Sewera' (**XI**) und 'Institutskaja' (**XII**). Die besten Bestäuber sind unter den in der Moldau herrschenden Bedingungen für die Sorten 'Podbelskaja' und 'Samsonowka': **II, IV, VIII**; für die Sorten 'Gortensija' und 'Jewgenija': **X, II, VIII**; für die Sorten 'Anadolskaja' und 'Lotowaja': **I, III**; für die Sorten 'Ljubskaja' und 'Krassa Sewera': **I, VI**; für die Sorte 'Worobjowka': **III**; für die Sorte 'Angliskaja rannjaja': **X, VIII, II**; für die Sorte 'Schpanka rannjaja': **X, II, V**. übersetzt v. G. Boetticher. 1245.

Kostova, R. (Kostowa, R.) Chimičeskijat sŭstav na višnevi plodove v zavisimost ot sorta, valežite i temperaturata. **(Die chemische Zusammensetzung von Sauerkirsche in Abhängigkeit von Sorte, Niederschlag und Temperatur.)** Izvestija na Naučnoizsledovatelskija institut po ovoštarstvo – gara Kostinbrod, Sofija **2** (1962) S. 47–62. – 3 Tab., 12 Lit. Zus. in Russ., Dtsch.

1956–59 wurden im Gebiet von Sofia Versuche mit 9 einheimischen und 3 ausländischen Sauerkirschsorten durchgeführt. Dabei wurde festgestellt, daß die einheimischen Sorten einen höheren Gehalt an Tr.-Subst. (15,85–19,31%) und freien Säuren (1,68–2,34%) aufwiesen als die ausländischen Sorten 'Ungarische', 'Koch's Sauerkirsche' und 'Frühmorelle'. Im Zuckergehalt übertreffen die einheimischen Sorten die 'Ungarische Sauerkirsche', sind jedoch der 'Frühmorelle' und 'Koch's Sauerkirsche' unterlegen. Der Ascorbinsäuregehalt schwankt bei inländischen Sorten zwischen 20,91 und 29,09 mg%, bei ausländischen zwischen 8,98 und 26,41 mg%. Es wurde festgestellt, daß Niederschläge und Temperaturen die chem. Zusammensetzung der Sauerkirschen beeinflussen. Den stärksten Einfluß auf den Zuckergehalt üben Niederschläge aus. Z. Zankow. 1245.

Bargioni, Giorgio; Verona, Ist. Sperimentale di Frutticolt. Ulteriori indagini sul sistema radicale del pesco nei terreni veronise di origine fluvioglaciale. **(Weitere Untersuchungen über das Wurzelsystem des Pfirsichs auf alluvialem Boden im Gebiet von Verona.)** Frutticoltura **23** (1961) Nr. 5. S. 563–571. – 7 Abb., 2 Tab., 9 Lit. Zus. in Franz.

Bei drei 12jährigen Bäumen der Pfirsichsorte 'Amsden' wurde das gesamte Wurzelsystem freigelegt. Es zeigte sich, daß 99% der Wurzelmasse in einer Tiefe bis zu 40–45 cm vorhanden war. Der Abstand der Bäume betrug 3,5 m, dadurch wurde die Wurzelentwicklung innerhalb der Reihe gehemmt. Die Tiefe der Wurzelbildung fand durch groben Sand und Kies eine Begrenzung. 4 gleichstarke Pfirsichbäume der Sorte 'Fertilia Morettini', die 50 cm im Quadrat gepflanzt waren, zeigten bereits nach einem Jahr den für alte Bäume typischen Wurzelverlauf. Während das Wurzelsystem von Äpfeln auf EM IX ineinanderwächst, ist dies bei den untersuchten Pfirsichbäumen nicht der Fall. Ähnliche Beobachtungen liegen bei Kakibäumen vor, deren Wurzeln aber Kirsch- und Rebenwurzeln nicht meiden. Die möglichen Ursachen werden diskutiert, wobei Pilzen, Bakterien und toxischen Substanzen Einflüsse zugeschrieben werden. S. Kramer. 1248.

Čajlachjan, M. Ch. und Nekrasova, T. V. (Tschailachjan, M. Ch. und Nekrassowa, T. W.); Moskau, Pflanzenphysiol. Timirjasew-Inst. der Akad. der Wiss. der UdSSR. Period pokoja rastenij persika i sposobnost' ich čerenkov k obrazovaniju pobegov i kornej. **(Ruheperiode beim Pfirsich und die Fähigkeit seiner Ableger zur Trieb- und Wurzelbildung.)** Doklady Akademii nauk SSSR, Moskva **142(30)** (1962) Nr. 1. S. 226–229. – 3 Abb., 2 Tab., 17 Lit.

In vergleichenden Untersuchungen wurde an Pfirsichreisern mit unterschiedlichem Entwicklungszustand die Bewurzelungsfähigkeit geprüft. Für den Reiserschnitt wurden 2jährige Sämlinge verwendet, die entweder im Freien oder in einem beheizten Gewächshaus überwintert wurden. Ein Teil des Schnittholzes erhielt vor dem Einschlag eine Vorbehandlung mit einer 0,02%igen Heteroauxinlösung bzw. einer 0,02%igen Ascorbinsäurelösung. Die Reiser der im Freien überwinterten Pflanzen trieben zwar aus, bildeten jedoch keine Wurzeln. Umgekehrt verhielten sich die Schnittlinge von den im Gewächshaus gehaltenen Pflanzen. Es wird daher vermutet, daß die Fähigkeit zur Trieb- und Wurzelbildung im Frühjahr stark von den Bedingungen der Winterruhe des Mutterbaumes abhängt. L. Meyer. 1248.

Morettini, Alessandro. Buone prospettive per il prugno e per il susino **(Gute Perspektiven für Zwetschen und für Pflaumen.)** Italia agric. **98** (1961) Nr. 5. S. 419–431. – 13 Abb., 2 Tab.

Der Pflaumenexport Italiens ist von 148000 dt im Mittel der Jahre 1936–38 auf 87000 dt im Mittel der Jahre 1957–59 zurückgegangen. In letzter Zeit ist aber der Pflaumenimport Westdeutschlands gestiegen, wobei die Nicht-EWG-Länder den höchsten Anteil hatten. Im Rahmen der EWG wird deshalb der Anbau von sehr frühen Pflaumen für vorteilhaft gehalten. Die Sorten werden in 3 Gruppen eingeteilt: 1. asiatisch-eur., 2. japanisch-chinesische, 3. amer. Für die erste Gruppe werden u.a. die Sorten 'Ruth Gerstetter', 'Lützelsachser', 'Ersinger' und 'Bühler' genannt. Für Trocknung und spez. Zwecke kommen auch späte Zwetschen und Mirabellen in Frage.
S. Kramer. 1250.

Turner, J. N.; Fernhurst, Haslemere, Surrey, Plant Protection, Ltd. Application of gibberellic acid to strawberry plants at different stages of development. **(Anwendung von Gibberellinsäure bei Erdbeerpflanzen in verschiedenen Entwicklungsstadien.)** Nature [London] **197** (1963) Nr. 4862. S. 95–96. – – 1 Tab., 4 Lit.

Gibberelline spielen im Stoffwechsel bei Erdbeerpflanzen, in denen sie chromatographisch nachgewiesen wurden, eine Rolle. Durch G-Anwendung wurden bei Erdbeeren schon Reifebeschleunigung und höhere Erträge erzielt. In den Versuchen wurden G-Lösungen von 12,5, 25, 50 und 75 ppm unter Beifügung eines Netzmittels angewendet, und zwar 7–20 ml/Pflanze am 6. März, 13. Apr. oder 30. Mai sowie zu je 2 oder zu allen 3 Terminen. Bei Bonitierung am 18. Mai wurde Förderung des Blühens parallel zur G-Konz. festgestellt. Bei höherer Konz. oder mehrmaliger Anwendung gab es morphol. Veränderungen, nämlich zahlreichere Blütentrauben auf längeren Stielen. Die Früchte reiften früher und waren zahlreicher, bei den hohen G-Konz. aber kleiner, so daß sich keine signifikanten Ertragssteigerungen ergaben. Hohe G-Konz. bewirkten kleine, länglich-gestreckte Früchte. Schwache G-Konz. beeinflußten die Größe nicht. Durch die frühere Ernte nach Spritzung mit 25 oder 50 ppm starken Lösungen im Apr. oder Apr./Mai ergab sich ein finanzieller Mehrerlös von 25%, der die Kosten der Behandlung weit überstieg.
W. Stenz. 1260.

Skalská, Eva; Ruzyně, Výzkumný Ústav Rostlinné Výroby, Odd. Agrochem. a Výživy Rostlin. Studium roční spotřeby dusíku, fosforu, draslíku a vápníku v nadzemní části červeného rybízu odrůdy Holandský červený jako podklad pro stanovení dávek hnojiv. **(Studium über den Jahresverbrauch an Stickstoff, Phosphor, Kalium und Calzium im oberirdischen Teil des Roten Johannisbeerenstrauches der Sorte 'Holländische Rote' als Grundlage für die Berechnung der Düngergaben.)** Rostlinná Výroba **8(35)** (1962) Nr. 5. S. 635–650. — 7 Tab., 15 Lit. Zus. in Russ., Dtsch.
Auf Grund von chem. Analysen und Gewichtsfeststellungen ermittelte man den abs. Nährstoffgehalt sowohl einzelner Organe (Zweige, Zuwachs, Blätter und Früchte) als auch des ganzen oberirdischen Teiles des Roten Johannisbeerstrauches. Die gewonnenen Daten bildeten die Unterlage zur Berechnung des jährlichen Nährstoffverbrauchs. So betrug der Gesamtverbrauch 1956 bei einem Ertrag von 227 dt/ha 120 kg N, 56 kg P und 103 kg K. Der jährliche Nährstoffverbrauch ist bei mehrjährigen Obstpflanzen keine konstante und genau feststellbare Größe, gibt jedoch ein Bild über die Düngung. Es werden Richtlinien angeführt, wie man in der Praxis auf Grund des jährlichen Nährstoffverbrauchs die Gaben für Stalldung und Mineraldünger festsetzen kann. M. Pštross. 1265.

Schuppe, E. **Ergebnisse von Sortenprüfungen bei Johannisbeeren.** Erwerbsobstbau **4** (1962) Nr. 9. S. 166–169. — 6 Abb., 2 Tab.
Bei Schwarzen Johannisbeeren standen nur 3 noch interessierende Sorten in der Wertprüfung, die verhältnismäßig geringe Erträge gebracht haben. In einer Sortimentspflanzung wurden dagegen 123, meistens aus dem Ausland stammende Sorten geprüft. Dabei stellte sich heraus, daß die Ertragsleistung wenig unterschiedlich ist. Dagegen bestehen beachtliche Unterschiede in der Pflückbarkeit, im Vitamin-C-Gehalt, im Säuregehalt, in der Saftfarbe der Früchte und der Ertragssicherheit. Letztere wird vor allem durch das Rieseln beeinflußt. Dieses wird auf Frost, nasses und kaltes Wetter während der Blütezeit und z.T. auf Milben- und Virusbefall zurückgeführt. Im einzelnen werden die Sorten 'Daniels September', 'Roodknop', 'Westwick Choise', 'Wellington XXX', 'Baldwin', 'Goliath', 'Silvergieters Schwarze', 'Black Naples', 'Rosenthals langtraubige Schwarze' und 'Brödtorp' besprochen. Von rotfrüchtigen Johannisbeersorten sind 8 in Wertprüfungen und 106 Sorten in Sortimentspflanzungen geprüft worden. Ertragsfähigkeit und Wuchsstärke sind bei den geprüften Sorten recht unterschiedlich, die Ertragssicherheit ist jedoch günstiger. Einige neue Sorten übertreffen manche der bisher sehr stark angebauten Sorten. Als anbauwürdig werden herausgestellt: 'Heinemanns Rote Spätlese', 'Rondom', 'Jonkheer van Tets', 'Palandts Sämling', 'Rote Holländische', 'Rote Vierländer', 'Heros', 'Red Lake', 'Maarses Prominent'. Der Anbaubereich der letzteren scheint noch fraglich. Von weißen und hellfrüchtigen Sorten wurden 22 geprüft. Da diese Sorten nur Liebhaberwert haben, wurden nur 2 Sorten herausgestellt: 'Weiße Versailler', die der schwachwüchsigen und krankheitsanfälligen 'Weiße aus Jüterbog' überlegen ist und 'Rosa Sport', eine Mutation aus 'Heros', die sich von dieser nur durch die rosa Färbung der Früchte unterscheidet. W. Groh. 1265.

Smirnov, A. G. (Smirnow, A. G.) Ksenijnost' u kryžovnika. **(Xenien bei Stachelbeeren.)** Bjulleteń Central'noj genetičeskoj laboratorii imeni I. V. Mičurina, Mičurinsk **1961** Nr. 11/12. S. 54–57. — 2 Tab.
Bei einem Stachelbeersämling, der mit Pollen der Sorte 'Russki' bestäubt worden war, wurde im Vergleich zur freien Bestäubung eine Zunahme des Beerengew. auf 272% beobachtet. Zur Überprüfung und Klärung der Ursachen dieser Erscheinung wurden im folgenden Jahr spez. Versuche durchgeführt, die noch nicht abgeschlossen sind. Die beobachtete Erscheinung wiederholte sich. Die höchste Gewichtszunahme wurde bei Kastration der

Blüten erreicht. Die Gewichtszunahme tritt in den versch. Jahren unterschiedlich auf. Nach Bestäubung mit Pollen der Elternsorten des Sämlings wurde die Xenienbildung nicht beobachtet. Die Beimengung fremder Pollenarten zu einem Stachelbeerpollengemisch senkte das Durchschnittsgewicht der erzielten Früchte im Vergleich zu Früchten nach Bestäubung mit reinem Stachelbeerpollengemisch. H. Jank. 1268.

Leyvraz, H. und Simon, J.-L.; Lausanne, Stat. Fédérales d'Essais Agric. Le réchauffement du sol d'une pépinière viticole. **(Die Erwärmung des Bodens in einer Rebschule.)** Agric. romande **17** (1961) Nr. 3. S. 27–28. – 2 Tab., 2 Lit.
Die Bedeutung der Bodentemperatur für die Entwicklung der Pfropfreben wird nachgewiesen. Bes. die Förderung an sich schwacher Pfropfreiser wird erkennbar. Durch Bodenbedeckung wird versucht, die Temperaturwirkung zu begünstigen. Die Ergebnisse der Untersuchungen sind noch wechselhaft und bedürfen weiterer Klärung. Jedenfalls darf die Bodenpflege dabei nicht vernachlässigt werden. Beim Aufschulen der Pfropf- und Setzreben sind Bodentemperaturen von 25 °C in 20 cm Bodentiefe wünschenswert. Die Pflanztiefe der Reben in Abhängigkeit von der Wasserdurchlässigkeit des Bodens ist zu beachten. Kalte Regenfälle haben auf die Temperaturabfälle im Frühjahr keinen Einfluß. Allg. wird in der Rebschule die Entwicklung der Reben bei nicht zu tiefer Pflanzung besser sein. Durch schachbrettartige Anlagen wurden die unterschiedlichen Einflüsse sichtbar gemacht.
K. Peter. 1270.

Rybakov, A. A. und Martynenko, A. G. (Rybakow, A. A. und Martynenko, A. G.) Uskorennyj sposov polučenija vinogradnych sažencev. **(Beschleunigtes Verfahren zur Anzucht von Weinjungpflanzen.)** Sadovodstvo, Moskva **100** (1962) Nr. 12. S. 25–26. – 2 Tab.
In Usbekistan werden normalerweise die Steckhölzer im Herbst geschnitten, kühl gelagert und im Frühjahr gesteckt. Um schneller Pflanzmaterial zu erhalten, werden die Steckhölzer höheren Temperaturen ausgesetzt (Gewächshaus) und so eine Bewurzelung während des Winters erreicht. Diese Methode wird für andere südliche Gebiete empfohlen. I. Lekve. 1270.

Tizio, R., Trippi, V. S., Trione, S. O. und Almela Pons, G. Estudios sobre enraizamiento en vid. I. Aspectos fisiológicos y bioquímicos. **(Untersuchungen über die Bewurzelung von Rebstecklingen. 1. Mitt. Einige physiologische und biochemische Zusammenhänge.)** Phyton [Vicente López, Argentina] **16** (1961) Nr. 2. S. 153–169.
Es sollte festgestellt werden, ob zwischen dem Bewurzelungsvermögen einiger Rebsorten und deren physiol. und biochem. Eigenschaften Korrelationen bestehen. Verglichen wurden die Sorten 'Malbeck' und 'Rupestris du Lot' als rel. leicht wurzelbildend und die Unterlagensorte 'Kober 5 BB', die sich verhältnismäßig schwer bewurzelt. Vor und nach der Vortreibzeit wurden folgende Eigenschaften festgestellt: Wuchsstoffgehalt, Katalaseaktivität, Gehalt an löslichen Kohlenhydraten, osmotischer Druck, N-Gehalt (löslich und gesamt). In bezug auf die geprüften Stoffgruppen konnten bei den einzelnen Sorten Unterschiede festgestellt werden, es ergaben sich aber keine klaren Beziehungen zu dem Bewurzelungsvermögen. F. Gollmick. 1270.

Tizio, R., Trippi, V. S., Trione, S. O. und Almela Pons, G. Estudios sobre enraizamiento en vid. II. Acción del lavado sobre la capacidad de enraizamiento. **(Untersuchungen über die Bewurzelung von Rebstecklingen. 2. Mitt. Einfluß der Wässerung auf die Wurzelbildung.)** Phyton [Vicente López, Argentina] **16** (1961) Nr. 2. S. 171–176. – 1 Mitt. vgl. vorst. Ref.
Um zu prüfen, ob das unterschiedliche Bewurzelungsvermögen versch. Rebsorten ('Malbeck', 'Rupestris du Lot', 'Kober 5 BB') auf Hemmstoffen beruht,

wurden Stecklinge mit dem unteren Ende für 24, 48 oder 110 Std. gewässert. Die 48std. Behandlung wirkte sich bei 'Malbeck' und 'Rupestris' günstig aus; während nach 110std. Behandlung die Bewurzelungsintensität nachließ. Die Unterlagensorte 'Kober 5 BB' reagierte auf das Wässern nicht. Die Bedeutung dieser Beobachtung für die Weinbaupraxis wird besprochen.
F. Gollmick. 1270.

Tizio, R., Trippi, V. S., Trione, S. O. und Almela Pons, G. Estudios sobre enraizamiento en vid. III. Efecto del ácido indol-3-acético y la vitamina C, y del ácido naftalenacético sobre la capacidad de enraizamiento. **(Untersuchungen über die Bewurzelung von Rebenstecklingen. 3. Mitt. Einfluß von Indolessigsäure, Vitamin C und Naphthylessigsäure auf die Wurzelbildung.)** Phyton [Vicente López, Argentina] **16** (1961) Nr. 2. S. 177–181. — 2. Mitt. vgl. vorst. Ref.

In den vorliegenden Versuchen sollte geprüft werden, ob die die Wurzelbildung hemmenden Stoffe in Rebholzstecklingen durch oxydierende Substanzen wie CrO_3 (20 ppm) oder $KMnO_4$ (50 ppm) zerstört werden können. Eine Wirkung war nicht festzustellen. Eine zusätzliche Behandlung mit Indolessigsäure wirkte negativ auf die Wurzelbildung, während Naphthylessigsäure keine Wirkung zeigte. Auch die Kombination von Indolessigsäure mit Ascorbinsäure (5 ppm) erbrachte bei der Behandlung keine positive Reaktion; einzig das 48std. Wässern (s. 2. Mitt.) führte wieder zu einer Verbesserung der Bewurzelung. F. Gollmick. 1270.

Tizio, R., Trippi, V. S., Trione, S. O. und Almela Pons, G. Estudios sobre enraizamiento en vid. IV. Efecto de los ácidos 2,4-diclorofenoxiacético, 2,4,5-triclorofenoxiacético, naftalen-acético e indol-3-acético y combinaciones de los mismos y con sacarosa, sobre la capacidad de enraizamiento. **(Untersuchungen über die Bewurzelung von Rebenstecklingen. 4. Mitt. Wirkung von 2,4-Dichlor-phenoxyessigsäure, 2,4,5-Trichlor-phenoxyessigsäure, Indolessigsäure allein oder in Kombination und mit und ohne Zucker auf die Wurzelbildung.)** Phyton [Vicente López, Argentina] **17** (1961) Nr. 1. S. 15–19. — 3 Mitt. vgl. vorst. Ref.

Zur Prüfung des Wurzelbildungsvermögens wurden die Rebsorten 'Malbeck', 'Rupestris du Lot' und 'Kober 5 BB' herangezogen. Dichlor-phenoxyessigsäure (2.4-D) und Trichlor-phenoxyessigsäure (2.4.5-T) wurden in der Konz. von 2,5 ppm angewendet und zeigten auf die Wurzelbildung und den Austrieb von 'Malbeck' und 'Kober 5 BB' positiven Einfluß. Höhere Konz. (5 und 10 ppm) hemmten vor allem den Austrieb. Durch Zuckerzusatz zu der Behandlungslösung wird offenbar das Eindringen der Wuchsstoffe gefördert. Die versch. Kombinationen der geprüften Stoffe hatten sehr unterschiedliche Wirkungen, deren Ursachen besprochen werden. Neben einer evtl. bestehenden Wechselwirkung zwischen den ursprünglich vorhandenen Hemmstoffen und den zugeführten Wuchsstoffen besteht auch die Möglichkeit, daß der zu beobachtende fördernde Einfluß auf die Wurzelbildung nur darin besteht, daß die Hemmstoffe bei der Behandlung ausgewaschen werden.
F. Gollmick. 1270.

Tizio, R., Trippi, V. S., Trione, S. O. und Almela Pons, G. Estudios sobre enraizamiento en vid. V. Efecto de la hidrazida maleica y delácido 2,3,5-triiodobenzoico sobre la capacidad de enraizamiento. **(Untersuchungen über die Bewurzelung von Rebenstecklingen. 5. Mitt. Wirkung von Maleinsäurehydrazid und 2,3,5-Trijodbenzoesäure auf die Wurzelbildung.)** Phyton [Vicente López, Argentina] **17** (1961) Nr. 1. S. 21–24. — 4. Mitt. vgl. vorst. Ref.

Aus der Tatsache, daß bei der Behandlung von versch. Klonen der Unterlagensorte 'Kober 5 BB' mit dem Wuchsstoffantagonisten Maleinsäurehydrazid (200–500 ppm) eine vollständige Hemmung der Wurzelbildung eintritt, wird geschlossen, daß das unterschiedliche Bewurzelungsvermögen der einzelnen Klone nicht auf unterschiedlichem Wuchsstoffgehalt beruht. Trijodbenzoesäure (1 und 3 ppm) bewirkt eine Verbesserung der Bewurzelung bei 'Malbeck' und 'Kober 5 BB'. Diese Verbindung wirkt also gleichsinnig wie die wurzelbildenden Faktoren in den Stecklingen. F. Gollmick. 1270.

Tizio, R., Trippi, V. S., Trione, S. O. und Almela Pons, G. Estudios sobre enraizamiento en vid. VI. Interacción de sustancias de crecimiento y ciertos cofactores sobre el proceso de morfogénesis radical. **(Untersuchungen über die Bewurzelung von Rebenstecklingen. 6. Mitt. Wechselwirkung von Wachstumsfaktoren und Co-faktoren auf die Wurzelentstehung.)** Phyton [Vicente López, Argentina] **17** (1961) Nr. 1. S. 25–38. – 5. Mitt. vgl. vorst. Ref.
Grundgedanke der Untersuchungen war zu prüfen, ob zwischen den Wuchsstoffen (Naphthylessigsäure, Indolbuttersäure), einigen N-haltigen org. Verbindungen (Vitamin-B-Komplex, Adenin, Pantothensäure, Nicotinsäure) und Hefeextrakt eine Wechselwirkung in bezug auf die Wurzelbildung besteht. Während die Wuchsstoffbehandlung in Verbindung mit den geprüften org. Verbindungen keine bessere Wirkung zeigte als die Wuchsstoffe allein, zeigte Indolbuttersäure (50 ppm) zusammen mit Hefeextrakt (0,1, 1 u. 10%) eine sehr gute Wirkung auf die Wurzelbildung. Der Wirkungsmechanismus dieser Kombination Wuchsstoff + Hefeextrakt, der auch für die Praxis zu empfehlen ist, wird besprochen. F. Gollmick. 1270.

Karasek, I. O. (Karassek, I. O.) Udobrenie i fotosintez podvoja vinograda. **(Düngung und Photosynthese der Unterlage der Weinrebe.)** Sadovodstvo, vinogradarstvo i vinodelie Moldavii **1961** Nr. 9. S. 39–43. – Orig.: moldau., Ausz.: russ. Aus: Referativnyj žurnal. Biologija, Moskva **1962** Nr. **3**. G **431**. S. 52.
In Versuchen, die im Landwirtsch. Institut Kischinjow 1959–60 durchgeführt wurden, steigerten NPK + Humus (30 t/ha) die Intensität der CO_2-Assimilation durch die Blätter der Unterlage stark. Bei Düngung mit $N_{60}P_{60}$ + Humus vergrößerte sich die Intensität der CO_2-Assimilation um 19–24%. In den Mutterquartieren der Unterlagsreben düngt man mit 30 t/ha Humus, 10 t/ha Humus + $N_{60}P_{60}$ oder $N_{60}P_{60}K_{60}$.
übersetzt v. G. Boetticher. 1270.

Zinenberg, M. S. und Befani, L. I. (Sinenberg, M. S. und Befani, L. I.); Odessa, Landwirtsch. Inst. Vlagozarjadkovyj poliv. **(Bewässerung bis zur Sättigung.)** Sadovodstvo, Moskva **100** (1962) Nr. 10. S. 34–35. – 1 Tab.
Über Bewässerungsversuche bei Wein von der Krim wird berichtet. Eine 2-Furchenbewässerung mit 100%iger Wassersättigung des Bodens zu Beginn der Vegetationsperiode brachte eine Ertragssteigerung bis 29%. Bes. günstig ist diese Bewässerungsart bei Fehlen von natürlichen Niederschlägen im Frühjahr. I. Lekve. 1270.

Kondarev, Minčo. (Kondarew, Mintscho.); Plowdiw, Bulgarien, Höheres Landwirtsch. Inst. Široka melniška loza s drebni zŭrna. **(Eine kleinbeerige Rebsorte 'Schiroka melnischka losa'.)** Lozarstvo i vinarstvo, Sofija **11** (1962) S. 25–26. – 1 Abb.
Vf. fand einen neuen vegetativ vermehrten Nachkommen der alten bulgarischen Rebsorte 'Schiroka melnischka losa'. Dieser Klon ist durch Knospenmutation entstanden. Die Trauben dieses Klons sind kleinbeerig, enthalten mehr Zucker, neigen jedoch zum Verrieseln, demzufolge auch der Ertrag niedriger ist. Die weitere Vermehrung dieses Klons wird nicht empfohlen.
Z. Zankow. 1270.

Hellei, A. und *Peregi, S.* **Az alma válogatása és osztályozása.** (Auslese und Sortierung von Äpfeln.) Budapest: Mezögazdasági Kiadó. 1961. (107 S.) – Aus: Ung. Agrar.-Rdsch. 1962 Nr. 3.

Zur Aufbereitung des ungarischen Obstes sind, abgesehen von ausschl. Handarbeit, je nach Umfang der Packhäuser 2 versch. Technologien notwendig: das halbmech. System mit einer Kapazität von 4–600 dt Obst je Saison und die nahezu vollständig automatisierte Aufbereitung von 3–4000 dt je Saison. Arbeitsstudien, Technologie und Arbeitsorganisation für die kleinere Aufbereitungseinheit werden erörtert. Dabei wird die Güteeinteilung am Ausleseband von Hand vorgenommen; anschließend wird maschinell sortiert. Die zeitlich und i.allg. auch räumlich davon vorgenommene Verpackung erhöht zwar den Arbeitsaufwand, erleichtert aber die Arbeitsorganisation. Auf Grund umfangreicher arbeitswiss. Beobachtungen werden Hinweise für Transportarbeiten, Auslese und Sortierung gegeben. Faktoren, die die Produktivität und Arbeitsqualität beeinflussen, werden erörtert. Vorschläge zur Rationalisierung der Obstaufbereitung werden gegeben.

Nesterov, Jakov Stepanovič. **Period pokoja plodovych kul'tur.** (Die Ruheperiode der Obstkulturen.) Moskva: Izd. sel'skochoz. lit., žurnalov i plakatov. 1962. (150 S.) 8°. (1962 A 913)
Kolesnikov, N. A. **Kornevaja sistema plodovych i jagodnych rastenij i metody ee izučenija.** (Das Wurzelsystem von Obstbäumen und Beerensträuchern und Methoden zu seiner Untersuchung.) Moskva: Sel'chozgiz. 1962. (190 S.) 8°. (1962 A 1200)
Panov, V., Ivanov, Vl. und *Angelov, A.* **Izpolzuvane na mežduredijata v ovoštnite gradini.** (Die Ausnutzung der Streifen zwischen den Reihen in Obstplantagen.) Hrsg.: Minist. na zemedelieto i gorite. Otdel selskostopanska propaganda. Sofija: Zemizdat. 1957. (35 S.) 8°. (DA 1388)
Spivakovskij, Naum Davidovič. **Udobrenie plodovych i jagodnych kul'tur.** (Düngung von Obst- und Beerenobstkulturen.) 2. verb. u. erg. Aufl. Moskva: Izd. sel'skochoz. lit., žurnalov i plakatov. 1962. (359 S.) 8°. (1962 A 741)
Utmutató a gyümölesfák permetezésére üzemi gyümölcsösökben. (Ratgeber zur Spritzung von Obstbäumen in Betriebs-Obstgärten.) Budapest: Föld. miniszt. növenyv. szolgálata. 1962. (23 S.) 8°. (Da 1415)
Unter d. Red. v. *Venjaminov, A. N.* **Novye sorta plodovych kul'tur srednej plosy evropejskoj časti SSSR i Ukrainy.** (Neue Obstsorten in der mittleren Zone des europäischen Teiles der UdSSR und der Ukraine.) Moskva: Izd. Moskovskogo univ. 1961. (462 S.) 8°. Rbl. 1,05 = Trudy Moskovskogo obščestva ispytatelej prirody. Otdel biologičeskij Bd. 4. (SR 2894,4)
Voprosy vinogradarstva i vinodelija. Sbornik referatov naučnych rabot za 1959—1960 gody. (Probleme des Weinbaues und der Weinbereitung.) Moskva: Izd. sel'skochoz. lit., žurnalov i plakatov. 1962. (363 S.) 8°. (1962 A 812)
Dohnal, Tomáš und *Kraus, Vilém.* **Rok na vinici.** (Das Jahr im Weinberg.) Praha: Státní zeměd. naklad. 1962. (200 S.) 8°. (1962 A 1509)
Blagonravov, Petr Porfirevič. **Formirovanie i obrezka vinogradnoj lozy.** (Erziehung und Schnitt der Weinrebe.) 2. verb. u. erg. Aufl. Moskva: Sel'chozgiz. 1961. (278 S.) 8°. (1962 A 774)
Kiskin, Petr Christoforovič. **Ključ dlja opredelenija podvoev vinograda.** (Ein Schlüssel zur Bestimmung von Weinunterlagen.) Hrsg.: Akad. nauk Moldavskoj SSR; Inst. zoologii. Kišinev. 1961. (91 S.) 8°. (1962 A 1235, m. Anh.)
Kišon, Anton und *Hanák, Roland.* **Rajonizácia viniča v ČSSR.** (Verteilung der Rebsorten der ČSSR.) Bratislava: Slov. akad. vied. 1962. (331 S.) 8°. (1962 A 1529)
Kiskin, Petr Christoforovič. **Ključ dlja opredelenija osnovnych sortov vinograda SSSR.** (Schlüssel für die Bestimmung der wichtigsten Rebsorten der UdSSR.) Hrsg.: Moldavskij filial Akad. nauk SSSR; Inst. biol. Kišinev. 1961. (236 S.) 8°. (1962 A 1238)
Kiskin, Petr Christoforovič. **Ključ dlja opredelenija sortov vinograda v pitomnike.** (Schlüssel für die Bestimmung von Sorten in der Rebschule.) Hrsg.: Akad. nauk Moldavskoj SSR; Inst. zoologii. Kišinev: Izd. „Štiinca" Akad. nauk Moldavskoj SSR. 1962. (109 S.) 8°. (1962 A 1236)
Penkov, Marin Dobrev. **Vinograd bolgar.** (Die Rebsorte 'Bolgar'.) Moskva: Izd. sel'skochoz. lit., žurnalov i plakatov. 1962. (26 S.) 8°. (1962 A 918)

E. Zierpflanzenbau

Smith, Derek R. und Langhans, R. W. Some practical applications of flashing light. **(Einige praktische Anwendungen von Lichtblitzen.)** New York State Flower Growers, Bull. **1962** Nr. 204. S. 1–7.
Intermittierendes Licht, das 3,3% der Zeit zwischen 22°° und 2°° beträgt und im ganzen 8 Min. ausmacht, ist in der Lage, Langtageffekte bei Lang- und Kurztagpflanzen hervorzurufen, bei einer Intensität von 10–20 foot candles. Spez. mit 16 Chrysanthemensorten durchgeführte Versuche zeigen folgende Ergebnisse: Intermittierendes Licht von 10–20 foot candles, angewandt für 2 Sec. in jeder Min. während einer Periode von 12 oder 4 Std. in der Mitte der Nacht, reicht aus, 12 von 16 Sorten vegetativ zu halten. Obwohl die versch. Sorten unter diesen Bedingungen einheitlich reagieren, zeigen sich bei einer Intensität von 3–7 foot candles größere Unterschiede. Vff. empfehlen für die praktische Anwendung Intensitäten über 20 foot candles und eine Belichtung von 5% der Zeit, in welcher Zusatzlicht gegeben wird. Das Licht kann in Intervallen von 1–30 Min. angewandt werden, nicht jedoch in Intervallen

von einer Std. Die beiden Sorten 'White Pink Chief' und 'Mermaid' erfordern 20 bzw. 40% der Periode an Licht. Bei den Versuchen mit Begonien werden folgende Ergebnisse erhalten: Es genügen 8 Min. intermittierendes Licht, um die Nachtperiode unwirksam zu machen, es werden 4 Std. kontinuierliches Licht dadurch ersetzt. Bei *Begonia socotrana* genügen 10–20 foot candles. *Begonia rex* hat die gleichen Ansprüche. W. Hiller. 1330.

Rünger, W.; Hannover, TH, Inst. für Zierpflanzenbau. **Über den Einfluß der Tageslänge auf Wachstum, Blütenbildung und -entwicklung von Echeveria harmsii.** Gartenbauwissenschaft **27(9)** (1962) Nr. 3. S. 279–294.

Echeveria harmsii ist eine Kurz-Langtagpflanze. Bei einer Photoperiode von 12 Std. findet eine Überschneidung der Lang-Kurztagreaktionen statt. Beide Reaktionen sind bei dieser Tageslänge jedoch nur schwach ausgeprägt. Werden unter Gewächshausbedingungen 20 Kurztage gegeben, so kommt die Pflanze unter den nachfolgenden Langtagbedingungen zur Blüte. Wird die vorausgehende Kurztagperiode auf 40 Tage ausgedehnt, so nimmt die Zahl der Blüten- und Seitentriebe zu. Die neugebildeten Seitentriebe sind in der Lage, Blüten zu bilden. Bei der Langtagperiode wird mit einer Dauer von 15 Tagen max. Wirkung erzielt. Eine Entwicklungsbeschleunigung erfolgt mit steigenden Temperaturen bis 25 °C. Im Kurz- und Langtag allein kommen die Pflanzen nicht zur Blüte. Sie erzeugen bei beiden Tageslängen versch. Wuchstypen. Der Wuchstyp des Langtages ist durch folgende Eigenschaften ausgezeichnet: Gleiches Wachstum der Mittel- und Seitentriebe, lange Internodien, große und löffelförmige Blätter. Der Wuchstyp des Kurztages zeichnete sich durch folgende Eigenschaften aus: im Wachstum gehemmter Mitteltrieb, kurze Internodien, kleine Blätter. W. Hiller. 1332.

Hoffmann, Werner; Heidelberg, Univ., Bot. Garten. **Kakteen im Gewächshausklima.** Gartenwelt **62** (1962) Nr. 22. S. 448–449. – 2 Tab. 1332.

Hahn. **Nerinen – Schnittblumen für den Herbst.** Gartenwelt **62** (1962) Nr. 19. S. 391–392.

Die Nerinen (Amaryllidaceae) sind wertvolle Schnittblumen der Herbstzeit. Die Kultur ähnelt der der Freesie. Engl., vorwiegend aber holländische Kreuzungen aus *N. bowdenii*, *N. flexuosa*, *N. humilis*, *N. sarniensis* führten zu etwa 100 Namensorten. Vf. vermittelt wertvolle Züchtungsergebnisse und Kulturhinweise. Wegen der langen Anzuchtzeit (4 Jahre bis zur Blüte) ist zur Schnittblumenproduktion der Kauf von Blühzwiebeln zu empfehlen. W. Dänhardt. 1340.

Mlčoch, Bedřich; Olomouc. Lepší využívání zasklené plochy při pěstování ušlechtilých karafiátů. **(Bessere Ausnutzung der Glasfläche beim Anbau von Edelnelken.)** Ovocnářství a Zelinářství **10** (1962) Nr. 7. S. 202. – 2 Abb.

Die Arbeit befaßt sich mit dem neuen Pflanzverband 15×15 cm, der eine Verdoppelung der Pflanzenzahl je m² voraussetzt. Das Pflanzmaterial muß einer frühen Vermehrung entstammen, d. h. von Apr. bis Juni. Bei 2jähriger Anbauart erzielte man durchschnittl. 12 Blüten je Pflanze jährlich, während nach der neuen 1½jährigen Methode bei der dichten Pflanzweise 8–10 Blüten auf eine Pflanze entfallen. Ein weiterer Vorteil dieser Methode besteht darin, daß die Kulturen gewechselt werden können, wobei die Erdbewegung teilweise entfällt, so daß Glasfläche gespart wird. Außerdem kann man die Blütezeit durch Zuschneiden der Pflanzen in einem gewissen Grade regulieren und die alte Kultur liquidieren, während auf einem anderen Ort bereits eine neue schnittfähige Kultur bereitsteht. Die herkömmliche Methode war arbeitsintensiver und erzielte keine so hohe Blütenzahl. M. Pštross. 1340.

Harris, G. P. und Harris, Juliet E.; Reading, Univ., Lab. of Horticult. Res. Effects of environment on flower initiation in carnation. **(Der Einfluß**

der Umwelt auf die Blütenbildung bei Nelken.) J. horticult. Sci. **37** (1962) Nr. 3. S. 219–234. — 4 Abb., 7 Tab.
Bei der Nelkensorte 'White Sim' wurde der Einfluß photoperiodischer Behandlung und der Lichtintensität auf den Blütenansatz in 4 Variationen untersucht. Die Versuchsanordnung und Durchführung ist angegeben. Vff. stellten fest, daß unter Kurztagbedingungen im Winter bei geringen Lichtintensitäten die Blattanlage weiter erfolgt und die Blütenanlage gehemmt wird. Bei geringen Lichtintensitäten wird eine größere Anzahl Blätter vor der Blüte gebildet. Kurztagbehandlung unterdrückt die Blüte und vergrößert die Anzahl Blätter. Entscheidend für die Blütenbildung ist die Tageslänge und nicht die Lichtintensität. Die Blütenanlagen werden bei niedrigen Nachttemperaturen gefördert. Tageslänge und Temperatur haben keinen Einfluß auf die Anzahl der Blattanlagen. J.-G. Gründler. 1340.

Sekiya, H. Rosetting of suckers grown under long day and high temperature conditions, and breaking the rosetting in the autumn-chrysanthemum. **(Rosettenbildung bei Wurzelsprossen unter Langtagbedingungen und hohen Temperaturen und Verhinderung der Rosettenbildung bei Herbstchrysanthemen.)** J. Jap. Soc. horticult. Sci. **30** (1961) Nr. 3. S. 263–269. — 5 Abb., 9 Tab. Orig.: jap., Ausz.: engl.
Unterschiedliches Verhalten von Chrysanthemenwurzelsprossen führte zu Versuchen über die Ursache der Rosettenbildung und deren Verhinderung. Das Verhalten der Pflanzen bei Kurz- und Langtagbedingungen und der Einfluß von Gibberellinsäure (50 und 100 ppm) auf die Verhinderung und Rückbildung der Rosette wurden untersucht. Die meisten Wurzelsprosse von Pflanzen, die bei hohen Temperaturen blühten, bekamen ebenfalls Blüten. Die Wurzelsprosse von diesen Pflanzen wiederum bildeten jedoch nach dem Stielwachstum Rosetten. Die Wurzelsprosse von Pflanzen, die unter Kurz- oder Langtagbedingungen gestutzt waren, blühten und bildeten keine Rosetten. Die Wurzelsprosse dieser Pflanzen jedoch bildeten Rosetten, wenn sie nach dem Stielwachstum Kurztag erhielten. Das Stielwachstum der Wurzelsprosse von unter Kurztagbedingungen gestutzten Pflanzen war geringer als das von unter Langtagbedingungen gestutzten Pflanzen. Besprühen der Pflanzen mit Gibberellinsäure oder Langtagbehandlung hebt die Rosettenbildung auf. Die Häufigkeit des Besprühens der Pflanzen beeinflußt die Wirkung.
J.-G. Gründler. 1340.

Maatsch, R. und Herklotz, A. **Ein Beitrag zur Lagerung von Maiglöckchen.** Gartenwelt **62** (1962) Nr. 19. S. 389–390.
Während 2er Winter wurde der Einfluß der Lagertemperaturen (+2°, −2°, −4°, −6°, −10 °C) bei unterschiedlicher Lagerdauer (4–12 Wochen) auf die Treibergebnisse von *Convallaria*-Blühkeimen untersucht. Teils wurden die Keime sofort, teils stufenweise bei diesen Temperaturen gelagert. Ausgewertet wurde nach 4 Qualitätsgruppen (Normalentwicklung bis Verfaulen der Keime). Die Lagertemperaturen — unabhängig von der Lagerdauer — sollten keinesfalls unter −4 °C sinken. Vorteile dieser Temperatur gegenüber Lagerung bei −2 °C sind nicht gegeben. W. Dänhardt. 1340.

Hentig, W.-U. v. und Pawlowski, H.-E. **Zur Torfeinfütterung von Cyclamen. Bericht über zweijährige Düngungsversuche.** Gartenwelt **62** (1962) Nr. 20. S. 405–407.
1960 durchgeführte Substratversuche zu *Cyclamen persicum* 'Leuchtfeuer' wurden 1961 erweitert fortgesetzt. Die in Einheitserde bzw. in grobem, westdeutschem Ballentorf stehenden Topf-Cyclamen wurden eingefüttert. Als Einfütterungsmaterial diente ebensolcher Ballentorf. Topf-Substrate wie Einfütterungstorf wurden mit 0, 3 oder 6 kg/m³ Complesal abgedüngt. Gute Cyclamenqualitäten brachten die Varianten mit 3 kg Complesal im Topf- und im Einfütterungssubstrat. Eine Steigerung bis 6 kg/m³ Complesal im Topf-

Substrat, aber auch eine ausschl. Nährstoffversorgung durch das Einfütterungssubstrat brachten weder bessere Erfolge noch Schädigungen. War die Grunddüngung ausschl. dem Topf-Substrat beigegeben, so waren die Ergebnisse unbefriedigend. W. Dänhardt. 1355.

Fritzsche, G.; Weihenstephan, Staatl. Lehr- und Forsch.-Anst. für Gartenbau. **Neuzeitliche Kulturmethoden bei Cyclamen.** Dtsch. Gartenbauwirtsch. **10** (1962) Nr. 10. S. 229–231.
Zur Verkürzung der Kulturzeit bei Cyclamen ist folgendes wichtig: Keimung und Kultur der Jungpflanzen bei 20 °C, frühzeitiges Pikieren (ca. 2 Monate nach der Aussaat) und Verwendung frühblühender Sorten und Herkünfte. Cyclamen sollten zunächst in 5 cm, später in 10 cm Abstand pikiert werden und dann gleich in den Endtopf kommen. Es ist auch möglich, nur einmal im Abstand von 7 cm zu pikieren und dann in den Endtopf zu pflanzen. Ein lockeres, torfreiches Substrat, evtl. reiner Torf, ist Voraussetzung für schnelle Durchwurzelung. In hellen, genügend beheizten Gewächshäusern ist es vorteilhaft, auf Grundbeete zu pikieren, da dort die Temperaturschwankungen geringer sind. Beim Eintopfen in den Endtopf soll die Knolle dicht unter der Erdoberfläche sein, da sie durch das Schlauchgießen von selbst freigespült wird. Es wird empfohlen, mittlere Größen im 11 cm Topf, Kleinpflanzen im 10 und 9 cm Topf zu kultivieren. Die Kulturzeit konnte in der Regel auf 8–9 Monate herabgesetzt werden. U. Walter. 1355.

Nikolova, N. (Nikolowa, N.) Izsledvane vŭrchu vegetativnata razmnožitelna sposobnost na gladiolusovi sortove. **(Untersuchung über die vegetative Vermehrungsfähigkeit von Gladiolen-Sorten.)** Izvestija na Naučnoizsledovatelskija institut po ovoštarstvo – gara Kostinbrod, Sofija **2** (1962) S. 231–242. – 2 Abb., 4 Tab., 12 Lit. Zus. in Russ., Dtsch.
Bei der vegetativen Vermehrung von 67 Gladiolensorten wurde festgestellt, daß sich die einzelnen Sorten in ihrer Vermehrungsquote wesentlich unterschieden, wobei diese zwischen 1:10–230 und 2,4:114 schwankte. Die Vermehrungsquote hängt von den ökologischen Verhältnissen ab. Die Sorten wurden nach ihrer Vermehrungsquote in 5 Gruppen eingeteilt. Die Sorte 'Alchimist' lieferte den höchsten Prozentsatz ausgeglichenen Pflanzgutes. Z. Zankow. 1360.

Anonym. **Düngetorf bzw. Torfkultursubstrat als Pflanzsubstrat und Abdekkungsmaterial in der Blumenzwiebeltreiberei.** Gartenbauwirtschaft [Wien] **1962** Nr. 11. S. 263.
Bei einem Versuch an Mendeltulpen hat sich die Verwendung von Torf-Kultursubstrat zur Abdeckung der Zwiebeln im Einschlag, aber auch als Substrat für Treibereizwecke wegen guter Entwicklung und Standfestigkeit der Pflanzen sowie erheblicher Arbeitserleichterung gut bewährt. Das Treibergebnis war bei Erd- und Topfkultur gleichwertig. Auffallend war eine ausgezeichnete Wurzelentwicklung im Torfkultursubstrat. Zur Vermeidung von Ausfällen und zur Erzielung von optimalen Blütenstiellängen ist eine bes. gute Wasserführung (bei Torf über 90% Wassergeh.) und eine Zugabe von 3 kg/m^3 kohlensaurer Kalk notwendig. L. Tunger. 1360.

Henrard, G.; Gembloux, Centre de Floricult. Bouturage sous nébulisation. Comparaison de deux températures du substrat. **(Sprühvermehrung von Stecklingen. Ein Vergleich von Temperatur und Substrat.)** Bull. horticole [N.S.] **17(80)** (1962) Nr. 11. S. 314–316. – 1 Tab., 9 Lit.
Stecklinge von 15 versch. Zierpflanzen wurden im Gewächshaus in versch. Substraten zur Bewurzelung gebracht. Die Wasserzufuhr erfolgte durch Sprühen. Die Ergebnisse bei 25 °C wurden mit denen bei 30 °C verglichen. Mit Ausnahme von *Chamaecyparis lawsoniana*, deren Bewurzelung bei 30 °C

am stärksten war, zeigten alle Pflanzen bei 25 °C die reichste Wurzelbildung; auch die durchschnittl. Länge und das durchschnittl. Gew. waren bei 25 °C größer als bei 30 °C. E. M. Ardelt. 1380.

Sytsema, W. Voorlopige resultaten van CO_2-bemesting bij de roos „Parel van Aalsmeer". **(Vorläufiges Ergebnis einer CO_2-Begasung bei der Rose 'Perle von Aalsmeer'.)** Vakbl. Bloemisterij **17** (1962) Nr. 45. S. 843. – 1 Abb., 3 Tab.
In einem Haus wurden durch eine Plastikwand 2 Abteilungen mit je 3 Beeten zu 52 Pflanzen geschaffen, von denen eine mit CO_2 begast wurde. Um möglichst klare Ergebnisse zu erzielen, fanden die Randbeete keine Bewertung. Die nur tagsüber ausgeführte Begasung betrug 0,08–0,14%. Die Stiellänge war nach dem 2. Schnitt besser als nach dem ersten. Der 1. Schnitt brachte infolge der CO_2-Begasung 42,5, der zweite 28,7 Blüten mehr als die unbehandelten. Pro Pflanze beträgt der Mehrertrag 1,36 Blumen. Jede durch CO_2-Begasung mehr erzielte Rose kostet 11,2 Cent mehr. Vf. betont, daß es sich hier nur um vorläufige Ergebnisse handelt. H. Günther. 1380.

Rupprecht, H.; Berlin-Köpenick, Humboldt-Univ., Inst. für Zierpflanzenbau. **Weitere Ergebnisse in der Treiberei von Zweigen unserer Blütengehölze.** Dtsch. Gartenbau **9** (1962) Nr. 12. S. 330–332. – 4 Abb., 2 Lit.
Völlig ausreichende Qualitäten von Blütengehölzen können erzielt werden, wenn Zweige von Sträuchern geschnitten werden, die eine auf die Treiberei ausgerichtete Kultur durchlaufen haben. Für die frühe Treiberei kommen nur qualitativ beste Zweige in Frage, die bei −2° bis −5 °C und 90–95% Luftfeuchte 4, besser 5 Wochen gekühlt wurden. Vor Beginn der Treiberei ist ein Warmwasserbad empfehlenswert, sonst müssen die Zweige 12–24 Std. in Wasser gelegt werden. Beim Treiben wurde dem Wasser außer den bekannten Chemikalien noch Zucker in verschiedenen Konz. zugesetzt. Forsythien mit 5% Zucker blühten zuerst, hatten die größten Blüten, verblühten aber sehr schnell. 3% Zucker erwies sich als am vorteilhaftesten. Diese Zweige blühten zwar 1–2 Tage später und hatten etwas kleinere Blüten, waren aber von ausgezeichneter Haltbarkeit. Die O-Variante blühte sehr unwillig und ungleichmäßig. Diese Erscheinungen waren bei Flieder noch stärker ausgeprägt. Ferner brachten *Prunus triloba multiplex*, *Prunus glandulosa*, *Malus scheideckeri* und *Ribes sanguineum* gute bis sehr gute Ergebnisse.
U. Walter. 1380.

Carpenter, Edwin D. und Watson, Donald P. Response of ornamental plants to packaging. **(Das Verhalten von Zierpflanzen bei Verpackung.)** Michigan State Univ., agric. Exp. Stat., quart. Bull. **44** (1962) Nr. 4. S. 790–793. – 2 Tab., 4 Lit.
Dianthus caryophyllus, *Thuja occidentalis globosa*, *Taxus media* und *Juniperus chinensis pfitzeriana* wurden in luftdichten Polyäthylenschläuchen gehalten. Nach 10 Std. Dunkelheit erfolgte eine 14std. Beleuchtung mit 75 foot candle, die Temperatur blieb konst. bei 70 °F. Diese Behandlung verlängerte die Lebenszeit bei *Dianthus* von 7 auf 14 Tage, bei *Thuja* von 23 auf 39, bei *Juniperus* von 7 auf 23 Tage. Unverpackte *Taxus* blieben 30 Tage verkaufsfähig, verpackte nur 16. 3 Monate nach dem Auspflanzen war die Anzahl der noch lebenden Pflanzen von verpackten *Thuja* und *Taxus* höher als die der unverpackten, bei *Juniperus* war die Anzahl die gleiche. Alle unverpackten Pflanzen verloren während der Lagerperiode mehr an Gew. als die verpackten. Das Laubwerk verpackter Pflanzen war heller und leuchtender grün, jedoch war der Chlorophyllgehalt kaum höher als bei Freilandpflanzen.
H. Günther. 1390.

Wellensiek, S. J., Doorenbos, J., Bragt, J. van and *Legro, R. A.* **Cyclamen. A descriptive list of cultivars.** (Cyclamen. Eine Sortenbeschreibung.) Wageningen: H. Veenman & Zonen N. V.

1961. (54 S. m. Abb.) 8°. hfl. 28,50. Zu Beginn wird die Genetik der Cyclamen (genetische Faktoren, Chromosomenzahlen, Genetik und Züchtungsmöglichkeiten) behandelt. Formeln des Genotyps für versch. Blütenfarben werden gegeben. Anschließend wird die Züchtungsgeschichte beschrieben. Diesem Beitrag folgt ein Kapitel über Methoden der Beschreibung von Blütenfarbe, Blütenpigmenten, Größe und Form der Blüte, Blattzeichnung. Die heute kultivierten Sorten werden erwähnt. Den Hauptteil des Buches bildet eine nach Farben angeordnete Liste der Sorten, in der folgendes angegeben ist: Sortenname und Züchter, Petalenform (Länge, Längen-Breitenindex), Petalenfarbe (Zentrum, Rand, Basis, angegeben nach HCC), Blütenpigmente und Blattzeichnung. 28 Sorten als Reproduktionen von Aquarellen beschließen das Buch. W. Hiller.

Rupprecht, Helmut. **Treiben und Verfrühen von Blütengehölzen.** Radebeul: Neumann-Verlag. 1961. (192 S. m. Abb.) 17 × 24 cm. DM 14,—. Das Buch stellt sich die Aufgabe, durch Vermittlung des gegenwärtigen Wissens über die Gehölztreiberei die Lücke in der Schnittblumenversorgung in den Wintermonaten zu schließen. Zunächst wird ein allg. geschichtlicher Überblick über die Entwicklung der Treibverfahren von den Anfängen bis zur Gegenwart gegeben. Eingehend werden die Begriffe „Treiberei", „Verfrühen" und „Kultur" geklärt und abgegrenzt. Im theoretischen Teil des Buches wird das Problem der Ruheperiode i.allg. behandelt und auf die versch. Theorien eingegangen. Anschließend werden theoretische Grundlagen einer Beendigung der Ruheperiode und das Problem der freiwilligen und unfreiwilligen Ruhe erörtert, um danach die praktisch und wiss. bedeutsamen Treibverfahren zu schildern. Von praktischer Bedeutung sind Warmwasser- und Dampfbad, Ätherverfahren, Blausäurebegasung, Verletzen, Kälteeinwirkung und Licht. — Im spez. Teil des Buches werden Vermehrung und Anzucht, Kultur und Treiberei von 28 Gehölzgattungen beschrieben. Es wird kurz auf Krankheiten und Schädlinge eingegangen. Als wirtschaftlich bedeutsamste Kultur wird der Flieder sehr ausführlich behandelt. Entspr. ihrer Bedeutung werden auch Forsythien und versch. *Prunus*-Arten ausführlicher behandelt. Die Methode der Zweigtreiberei wird bei Forsythien und Flieder erwähnt. Zahlreiche, z.T. farbige Abb., ergänzen den Text. Ein Literaturverzeichnis enthält 172 Angaben. U. Walter.

Leach, David G. **Rhododendrons of the world and how to grow them.** (Die Rhododendren der Welt und ihre Kultur.) London: George Allen and Unwin Ltd. 1962. (544 S. m. Abb.) 22 × 28 cm. Ł 5/5 s. Zu Beginn werden die Rhododendren in der freien Natur kurz besprochen. Es folgen nachstehende Kapitel: *Rhododendron* in den Gärten (Farbwirkungen, Wachstumscharakter, Einzel- und Gruppenpflanzung, alpine Gärten, Hecken, Stadtgärten und Parks); Pflanze und Standort; Pflanzen und Pflege der *Rh.*; *Rh.*-Arten; *Rh.*-Hybriden; Härte und Widerstandsfähigkeit; Schwierigkeiten bei der Kultur und ihre Bekämpfung (Krankheiten, Schädlinge, Kulturfehler); Vermehrung; *Rh.* für weniger günstige Klimate; *Rh.* für Kalthäuser; *Rh.*-Treiberei; *Rh.*-Züchtung. In einem Anhang wird eine vollständige Liste aller Hybriden gegeben. In der Liste sind angeführt: Gruppenname, Frosthärte (7 Kategorien), Kreuzungseltern, Züchter, Entstehungsjahr, kurze Beschreibung, Auszeichnungen der Sorte, Farbton der Blüte nach HCC. Anschließend wird ein Verzeichnis der *Rh.*-Züchter in USA, Canada, England, Holland und Deutschland gegeben, in dem die Zahl der angebotenen Sorten angegeben wird. Weiterhin wird eine Liste aller Spezies gegeben, in der Serie, Subserie, amer. und engl. Frosthärteklassifikation, Blütezeit, Blütenfarbe und Höhe verzeichnet sind. Eine systematische Aufführung der Spezies und eine Liste der Synonyma beschließt den Anhang. Bibliogr. und ein Register folgen am Schluß. Durch den Anhang wird das Buch zu einem wertvollen, für den Fachmann unentbehrlichen Nachschlagewerk. W. Hiller.

Woessner, Dietrich. **Buch der Rosen.** Ein Buch über die Anzucht, Verwendung und Pflege der Rosen. 3., neu bearb. u. erw. Aufl. Frauenfeld: Verlag Huber & Co. 1962. (280 S. m. 137 Abb. u. 33 Farbbildern.) 8°. DM 23,80. Dieses Buch wendet sich an Fachleute und Liebhaber. Der erste Teil befaßt sich mit der Geschichte der Rosen und der Entwicklung der einzelnen Rosenarten und untersucht ihren Beitrag an der Entwicklung der heutigen Edelrosen (durch ein Schema graphisch dargestellt). Es wird auf die praktische Züchtung eingegangen und die versch. Rosenformen werden charakterisiert. Im 2. Teil werden die versch. Vermehrungsarten z.T. sehr ausführlich behandelt und durch Abb. ergänzt. Einen breiten Raum nimmt die Beschreibung der Rosenarten und Sorten ein. Insgesamt 48 Rosenarten bzw. -rassen werden behandelt. Weiterhin wird die Verwendung der Rosen im Garten betrachtet und durch einige Skizzen veranschaulicht. Pflanzung und Pflege der Rosen werden erläutert. Kurz wird die Rosenkultur unter Glas geschildert. Ein spez. Kapitel beschäftigt sich mit den Schweizer Verhältnissen. Abschließend wird über alte, bekannte Sorten und allg. Wissenswertes über Rosen berichtet. U. Walter.

Palocsay, Rudolf. **Experientele mele in ameliorarea florilor.** (Meine Untersuchungen in der Blumenzucht.) Bucuresti: Minist. agricult. ed. agro-silvica. 1960. (263 S.) 8°. (1962 A 1541)
Bowers, Franck Taylor and *Bowers, Clement Gray.* **Rhododendrons and azaleas:** 2nd edit. New York: Macmillan comp. 1960. (XVII, 525 S.) 4°. (1962 B 246)

Maljutin, Nikolaj Ivanovič. **Mnogoletnie del'finiumy.** (Mehrjährige Delphinium.) 2. Aufl. Moskva: Izd. Minist. kommunal'nogo chozjajstva RSFSR. 1961. (67 S.) 8°. (1962 A 645)
Apte, S. S. **Dormancy and sprouting in gladiolus:** Wageningen: Veenman & Zonen. 1962. (47 S.) 8° = Laboratorium voor Tuinbouwplantenteelt. Landbouwhogeschool. Publikatie. No. 225. (SR 1336, 225)

X. PFLANZENZÜCHTUNG

A. Allgemeine Literatur, Berichte, Statistiken u. a.

Schick, R.; Groß-Lüsewitz, Inst. für Pflanzenzucht der Dtsch. Akad. der Landwirtsch.-Wiss. zu Berlin. **Pflanzenzüchtung und Pflanzenphysiologie.** Dtsch. Akad. Landwirtsch.-Wiss. Berlin, Tagungsber. **1962** Nr. 48. S. 5–9. Die auf genetischer Grundlage arbeitenden Inst. haben weniger Sorten hervorgebracht als erfahrene Praktiker. Es ist schade, daß die erfolgreichen praktischen Züchter nur wenig oder gar nichts über ihre Arbeit publiziert haben. Die Genetik allein genügt heute nicht mehr als Grundlage für eine erfolgreiche Pflanzenzücht. Nur das Zusammenwirken von Ackerbau und Pflanzenzücht. kann zur Steigerung der Erträge führen. Dabei gilt es, die den Ertrag begrenzenden Faktoren unserer Kulturpflanzen zu ermitteln; diese begrenzenden Faktoren sind exogener und endogener Natur. Die Erforsch. der den Ertrag begrenzenden exogenen Faktoren obliegt dem Ackerbauer, während sich der Pflanzenzüchter mit der Veränderung der endogenen Faktoren zu beschäftigen hat. Die Bedeutung von Untersuchungen über vergleichende Morphol., Anatomie und Physiol. werden am Beispiel der Früh- und Spätkartoffel demonstriert, wobei im bes. auf die Assimilation in Abhängigkeit von der Größe der Spaltöffnungen verwiesen wird. Als sicher kann gelten, daß die Kenntnisse einzelner Gene sowie bestimmte Reaktionen von Zelle und Zellkern dem Pflanzenzüchter nicht weiterhelfen, am wichtigsten ist die Kenntnis über die Zusammenhänge zwischen bestimmten Merkmalen und der von ihnen abhängigen Leistung. J. Schieblich. 1501.

B. Allgemeine Pflanzenzüchtung

Bálint, A. A megváltozások adekvátságának kérdése a genetikában. **(Die Frage der adäquaten Veränderungen in der Genetik.)** Agrártudományi. Egyetem Mezögazdaságtudományi Karának Közleményei, Gödöllö [Ber. landwirtsch.-wiss. Fak. Univ. Agrarwiss., Gödöllö] **1961** S. 245–251. — Aus: Ung. Agrar-Rdsch. **1962** Nr. 4.
Jede auf Grund von Umwelteinflüssen eintretende Erbänderung ist adäquat, d. h. den Wirkungen der Umweltfaktoren entsprechend. Dies bedeutet aber keineswegs in allen Fällen, bes. bei der Anwendung von Mutagenen — wie von Lyssenko festgestellt wurde —, zugleich eine adaptive Veränderung. Das komplizierte Bild, welches u. a. durch den auf die verschiedenen Organismen einwirkenden identischen Faktor entsteht, wird dadurch bedingt, daß die Wirkung der Umweltbedingungen durch das System der korrelativ verknüpften inneren Gegensätze der Organismen zur Geltung gelangt. Der Morganismus faßt die Beziehung zwischen den Umweltbedingungen und den Veränderungen der Organismen — trotz gegenteiliger Angaben einiger morganistischer Autoren — metaphysisch auf, was auf einigen Gebieten, z. B. der Mutationsforschung und Untersuchungen über die Vererbung erworbener Eigenschaften, die Aufklärung der zur Entstehung von Erbänderungen beitragenden Stoffwechselprozesse behindert hat und noch immer behindert. Die Mitschurinisten haben zwar die Fragen von Anfang an richtig gestellt, jedoch zur Klärung der inneren Prozesse und der durch Einwirkung von Umweltfaktoren entstehenden Veränderungen verhältnismäßig wenig komplexe Untersuchungen durchgeführt. Die in Ungarn in mitschurinistischer Richtung geführten Forschungen werden diesen Anforderungen sowohl vom theoretischen wie auch vom methodischen Standpunkt aus gerecht.
1515.

Bálint, A. A heterosis elméleti kérdései. **(Die theoretischen Fragen der Heterosis.)** Magyar tudományos Akad., biol. Csoportjának, Közleményei [Ung. Akad. Wiss., Ber. biol. Abt.] **5** (1962) Nr. 1/2. S. 45–62. — Aus: Ung. Agrar-Rdsch. **1962** Nr. 4.

Die theoretische Untersuchung der Heterosis muß 3 Stufen berücksichtigen. — Es sind die Abweichungen zu analysieren, welche die Überlegenheit der Hybriden gegenüber den Ausgangsformen bedingen. Dies betrifft die Ertragsfähigkeit, die Frühreife u. a. Eigenschaften. Die Zellen der Hybriden sind i. allg. zahlenmäßig, nicht volumenmäßig vergrößert. Die Entstehung der Hybridwüchsigkeit wird von mehreren Seiten untersucht und auf den Zusammenhang zwischen anfänglicher Entwicklung und Ertragsfähigkeit verwiesen. Die Ursache dafür ist u. a. in der größeren Menge und im günstigeren gegenseitigen Verhältnis der biol. aktiven P-Verbindungen, des Auxingehaltes und der höheren biol. Aktivität zu suchen. — Die Grundlage für die größere Anhäufung dieser Stoffe ist die erhöhte Intensität der Stoffwechselvorgänge. Biochem. Untersuchungen zeigten sowohl in der Frucht als auch in den Blättern die günstige Wirkung der Kreuzung und andererseits den die Intensität der Stoffwechselvorgänge vermindernden Effekt der Inzucht. — Die stoffwechselbiol. Grundlagen der Kombinationseignung müssen erforscht werden. Die sich auf die Vitamine beziehenden Angaben in der Lit. sowie Auxingehaltuntersuchungen lassen solche Unterschiede vermuten. Es erscheint möglich, die biol. Grundlagen der planmäßigen Auswahl der Kreuzungspartner auf diesem Wege zu erarbeiten. Im Sinne der Mitschurinschen Genetik können die theoretischen Probleme der Heterosis dann als gelöst betrachtet werden, wenn nicht nur die Vorgänge bei der Entstehung der Erscheinung erschlossen, sondern auch die praktischen Methoden ihrer Erhöhung ausgearbeitet sind. 1515.

Schwemmle, J.; Erlangen, Univ., Bot. Inst. **Keimversuche auf genetischer Grundlage. 7. Mitt. Weitere Versuche mit Samen von Homozygoten.** Züchter **31** (1961) Nr. 4. S. 146–155. — 20 Abb., 1 Lit.

Im Jahre 1957 wurden Keimversuche mit verschiedenen Homozygoten von *Oenothera* (I, eine mit den Plastiden von *Oe. Berteriana* lebensfähige Homozygote mit dem I-Komplex von *Oe. odorata*, *Oe. longiflora*, *Oe. scabra* und *Oe. argentinea*) durchgeführt (10 Std.- und Dauerlichtversuche). Die Samen waren bei Versuchsbeginn gleich alt. Der Nachreifeverlauf, die Lichtbedürftigkeit der Samen bei der Keimung und der Keimverlauf erwiesen sich als vorwiegend durch die genetische Konstitution der Embryonen in den Samen bedingt. Die Ergebnisse von Versuchen aus dem Jahr 1956 konnten weitgehend bestätigt werden. Für das Vorhandensein einer endogenen Rhythmik konnten keine sicheren Hinweise erhalten werden. H. Schmalz. 1515.

Libby, W. J.; Berkeley, Calif., Dep. of Genetics. Estimation of variance components of internode length in a cloned population of Mimulus guttatus **(Berechnung von Varianzkomponenten der Internodienlänge bei einer geklonten Population von Mimulus guttatus.)** Genetics **47** (1962) Nr. 6. S. 769–777. — 1 Abb., 3 Tab., 12 Lit.

Es sind die Umwelt, die allgemeinen, additiven und nichtadditiven genetischen Komponenten der Varianz sowie diejenigen im weiteren und engeren Sinne für die Internodienlänge von *Mimulus guttatus* berechnet worden. Dafür wurde eine geklonte Population und eine Nachkommenschaft von Kreuzungen in dieser Population analysiert. Unabhängige Berechnungen einiger dieser Parameter, die i. allg. mit den Klon-Berechnungen übereinstimmten, wurden von einer ungeklonten Eltern-Nachkommen-Regression und einer ungeklonten Sippenanalyse erhalten. Das Verhältnis der Reaktion auf die Selektionsdifferentiale von einem Selektionsversuch stimmt besser mit der Klonberechnung der Erblichkeit als mit Berechnungen konventioneller Methoden überein. G. Bandlow. 1515.

Rédei, György P.; Columbia, Univ. of Mississippi, Dep. of Field Crops. Supervital mutants of Arabidopsis. **(Mutanten gesteigerter Vitalität bei Arabidopsis.)** Genetics **47** (1962) Nr. 4. S. 443–460. — 7 Abb., 6 Tab., 27 Lit.

Samen von *Arabidopsis thaliana* (Ökotyp Landsberg = wild, im Langtag (LT) mit sehr kurzer Vorblüteperiode, 13,2 Tage) wurden mit 8000–12000 r X-bestrahlt. In der F_2 traten neben subvitalen und letalen auch 4 Mutanten auf, deren Vorblüteperiode im LT verlängert ist: *luminidependens* (*ld*) = 17,5, *constans* (*co*) = 17,1, *gigantea* (gi^1) = 19,9 und *gigantea* (gi^2) = 38,9 Tage. Im Kurztag mit 9 Std. ist die Phase von *co* (40 Tage) gegenüber wild (49,3 Tage) verkürzt, die der anderen Mutanten verlängert. Die vegetative Entwicklung, Größe und Zahl der Rosettenblätter, Blüten- und Samenzahl sind gesteigert. Genetische und cytologische Untersuchungen zeigten keine Veränderungen. Bei Populationsversuchen im Gewächshaus verdrängten Pflanzen, im LT sich selbst überlassen, allmählich die Wildform. Die Verschiebung des 1:1 Ausgangsverhältnisses ist nicht zufällig. Im LT verhalten sich die strahleninduzierten Mutanten gegenüber Landsberg rezessiv. Aber andere wild vorherrschende Ökotypen langer Vorblüteperiode scheinen, eingekreuzt, gegenüber Landsberg semidominant, gegen gi^2 fast völlig dominant, doch besteht keine Allelie. B. Reck. 1515.

Pandey, Kamla Kant; Lincoln, New Zealand, Dep. of Sci. and Ind. Res. Interactions of S alleles in diploid pollen. **(Wechselwirkungen zwischen S-Allelen in diploiden Pollen.)** Nature [London] **195** (1962) Nr. 4837. S. 205–206. – 10 Lit.
Untersuchungen an 2x-Pollen von *Oenothera organensis* und *Trifolium pratense* zeigten, daß dasselbe Allelenpaar Dominanz- und Konkurrenz-Wirkungen aufweisen kann. Sie betreffen daher 2 verschiedene Arten der Unverträglichkeitsreaktion. Konkurrenzwirkungen treten nur auf, wenn Pollenkörner auf Narben mit den gleichen Allelen keimen. Dominanzwirkung dagegen ist im Pollen verankert und von der Konstitution des Griffels unabhängig. Bei *O. organensis* wirken sich 2 Systeme aus: eines, das das Pollenwachstum kontrolliert, und ein anderes, das die Vorstufe der spez. Pollenunverträglichkeit steuert. Letzteres scheint dem ersten übergeordnet zu sein. Die Umwandlung der Vorstufe in die Substanz selbst erfolgt anscheinend während des Wachstums des Pollenschlauches im Griffel.
G. Bandlow. 1520.

Edwards, W. G. H.; Malta, Roy. Univ., Dep. of Chem. Action of some acenaphthene derivatives on mitosis in Pisum roots. **(Wirkung einiger Acenaphthylderivate auf die Mitose von Erbsenwurzeln.)** Nature [London] **196** (1962) Nr. 4855. S. 688–689. – 2 Abb., 1 Tab., 8 Lit.
In einer früheren Arbeit (vgl. Nature **193** [1962] S. 1072) wurde bereits über den C-mitotischen Effekt von 3-(5'-Acenaphthyl)-propanol und 4-(5'-Acenaphthyl)-butanol berichtet. An Erbsensämlingen gleichmäßiger Beschaffenheit wurden Acenaphthol und 7 seiner Derivate geprüft. Alle Subst. außer 3-Acenaphthylcarbinol wirkten hemmend auf das Wurzelwachstum. Mitotische Abnormitäten kamen bei Acenaphthol sowie 3-(3'- und 3-(5'-Acenaphthyl)-propanol in halbgesättigter Lösung nach 3–6 Tagen zum Vorschein. Bei den gesättigten Lösungen kamen die Zellteilungen zum Stillstand (außer bei 3-Acenaphthylcarbinol und dem zum Vergleich herangezogenen Colchicin). Die Wirksamkeit einer Subst. hängt mit ihrem chem. Aufbau zusammen. *Allium*-Wurzeln sind zum Test offenbar besser geeignet als *Pisum*-Wurzeln. Die ersteren reagieren auf Acenaphthol schneller und stärker. Ursache dafür ist, daß die Erbsenwurzeln nur schwer für Acenaphthol durchlässig sind.
W. Stenz. 1530.

Zen, Sadami; Fukuoka, Kyushu Univ., Fac. of Sci., Dep. of Biol. Chiasma studies in structural hybrids. VI. Heteromorphic bivalent and reciprocal translocation in Allium fistulosum. **(Chiasma-Untersuchungen an Strukturhybriden. 6. Mitt. Heteromorphes Bivalent und reziproke Translokationen bei Allium fistulosum.)** Cytologia [Tokyo] **26** (1961) Nr. 1. S. 67–73. –

16 Abb., 3 Tab., 6 Lit. Orig.: engl. 5. Mitt. vgl. LZ. Abt. II 7 (1962) Nr. 7. S. 1955.

Vf. fand bei *Allium fistulosum* L. eine Defizienz- sowie eine Translokationsheterozygote. 80,4% der PMZ der Defizienzheterozygote wiesen in der M I im kurzen Arm des heteromorphen Bivalents ein einzelnes Chiasma auf. Äquationsteilungen dieses Bivalents in der A I traten mit einer Häufigkeit von 79,5% ein. Bei der Translokationsheterozygoten waren 2 Chromosomenpaare unterscheidbar, die jeweils für die Länge des langen Armes heteromorph waren. Für die langen Arme beider Chromosomenpaare wurde eine Chiasmatahäufigkeit von 77,9 und 48,3% ermittelt. Die Häufigkeit der Äquationsteilungen in der A I betrug 74,6 bzw. 46,3%. Diese Ergebnisse stimmen mit der Chiasmatypie-Hypothese gut überein. L. Rösler. 1530.

Noda, Shozo; Fukuoka, Kyushu Univ., Fac. of Sci., Dep. of Biol. Chiasma studies in structural hybrids. VII. Reciprocal translocation in Scilla scilloides. **(Chiasma-Untersuchungen an Strukturhybriden. 7. Mitt. Reziproke Translokationen bei Scilla scilloides.)** Cytologia [Tokyo] **26** (1961) Nr. 1. S. 74–77. – 11 Abb., 1 Tab., 5 Lit. Orig.: engl. 6. Mitt. vgl. vorst. Ref.

Bei *Scilla scilloides* wurde eine Translokationsheterozygote gefunden, die in der Metaphase durch ein Ringquadrivalent und 15 Bivalente gekennzeichnet ist. Im Interstitialsegment wurde zwischen Centromer und Austauschpunkt ein einfaches Chiasma mit einer mittleren Häufigkeit von 71,4% ermittelt. Gleichzeitig betrug die mittlere Häufigkeit einer Äquationsteilung der Chromosomenpaare mit Interstitialsegment 70,9%. Die beiden ermittelten Werte stimmen gut überein, so daß die Ergebnisse eine weitere Unterstützung der Chiasmatypie-Hypothese darstellen. L. Rösler. 1530.

Sanders, Mary E. und Franzke, Clifford J.; Brookings, South Dakota State Coll., Agronomy Dep. Somatic reduction of tetraploid sorghum to diploid mutants following colchicine treatment. **(Somatische Reduktion von tetraploidem Sorghum zu diploiden Mutanten nach Colchicinbehandlung.)** Nature [London] **196** (1962) Nr. 4855. S. 696–698. – 2 Abb., 15 Lit.

Colchicinbehandlung von Pflanzen mehrerer *Sorghum*-Linien führte nicht nur zu den erwarteten polyploiden, sondern auch zu diploiden Formen mit mehreren mutierten Eigenschaften, z. T. mit, z. T. ohne Aufspaltung in den Folgegenerationen. Dafür sind mehrere Erklärungen möglich. Nach den cytologischen Untersuchungen waren in der PMZ der Mutanten 17,5 (Form mit nur einem mutierten Gen, Pflanzenhöhe) oder 30,4% (Form mit mehreren Mutationen) Univalente zur Diakinese und Metaphase I. Bei der letzteren Mutante gab es außerdem Aberrationen in Form zurückbleibender Chromosomen. Zur Ermittlung, ob somatische Reduktion nach Verdoppelung des Chromosomensatzes durch Colchicineinwirkung auftreten kann, wurden 4 n-*Sorghum*-Sämlinge an der Koleoptile mit Colchicin behandelt (Lanolinpaste). Später erfolgte die Untersuchung der PMZ und Wurzelspitzen. Es ergaben sich wiederum diploide, neue Mutanten. Die näheren Untersuchungen und die Schlußfolgerungen ergaben, daß somatische Reduktion tetraploider Individuen vorkommt, die Anlaß ist zur Entstehung reinvererbender diploider Mutanten. W. Stenz. 1530.

Junges, W. **Klima und Photoperiodismus in den Mannigfaltigkeits- und Entstehungszentren der Kulturpflanzen.** Dtsch. Akad. Landwirtsch.-Wiss. Berlin, Tagungsber. **1962** Nr. 48. S. 21–29. – nach Zus.

Langtagspflanzen stammen in weit überwiegendem Maße aus Zentren mit sommertrockenem Klima, Kurztagspflanzen dagegen aus Zentren mit wintertrockenem Klima. Ausnahmen von diesem „klimatisch-photoperiodischem Normalzusammenhang" erklären sich daraus, daß entweder klimatisch heterogene Gebiete zu einem Zentrum zusammengefaßt worden sind („Zentrum" Südamerika) oder daß die einem Zentrum zugeordneten Pflanzen dort nicht sämtlich autochthon sind (Getreide und Leguminosen in Abessinien). Damit trägt der photoperiodische Charakter zur Unterscheidung von (primären) Entstehungszentren und (sekundären) Mannigfaltigkeitszentren der Kulturpflanzen bei (Vavilov, Schiemann). Der Photoperiodismus ist eine zukunftsbezogene Reaktionsweise der Pflanzen. Die phylogenetische Entstehung des Photoperiodismus ist nur in Zusammenhang mit bevorstehenden trockenen (bzw. kalten) Jahreszeiten verständlich und ermöglicht es der Pflanze, in einer Zeit, in der noch ausreichende Feuchtigkeit und hohe Temperaturen vorhanden sind, so rechtzeitig zur Fortpflanzung zu schreiten, daß die Samen noch vor der Zeit extremer Dürre (bzw. vor der Winterkälte) reifen. Da die züchterischen Möglichkeiten zur Erhöhung und qualitativen Verbesserung der Erträge wesentlich größer sind als die Möglichkeiten der klimatischen Anpassung einer Pflanze, ist es notwendig, bei der Züchtung die Heimat der Pflanzen strenger als bisher zu berücksichtigen und Material für die Züchtung neuer Kulturpflanzen aus Gebieten zu entnehmen, deren Klima mit dem Anbauklima identisch oder mit ihm in bestimmter Weise verwandt ist. Aus einer kartographischen Darstellung sind diejenigen Gebiete der Erde zu entnehmen, deren (annuelle) Pflanzen voraussichtlich ihre volle Entwicklung bis zur Frucht und Samenreife in Mitteleuropa im Freien vollziehen könnten. Zum Teil sind diese Gebiete noch nicht oder nur in geringerem Maße für die Gewinnung von Kulturpflanzen herangezogen worden. 1540.

Sinha, S. K.; Kanpur, D. A. V. Coll., Dep. of Bot. A simple method of calculating the crossing over percentage from the F_2 data. **(Eine einfache Methode zur Berechnung des „crossing over"-Anteils von F_2-Ergebnissen.)** Current Sci. [Bangalore] **31** (1962) Nr. 7. S. 280–281. – 2 Lit.

Vf. entwickelt 2 Formeln, mit denen unter Berücksichtigung der doppeltrezessiven zur Gesamtzahl der Individuen der F_2 die Austauschfrequenz berechnet wird. An Hand einer Erbsenkreuzung von Bateson und Punnett wird der „crossing over"-Anteil berechnet und die praktische Anwendung demonstriert. Die Ergebnisse stimmten mit den nach Immer erzielten Frequenzen überein. K. Schulz. 1550.

Reyntens, H. und Loose, R. de; Lemberge, État pour l'Amélioration des Plantes de Grand Cult., Stat. de Tech. Radiations ionisantes et mutations au service de l'amélioration des plantes. **(Ionisierende Strahlen und Mutationen im Dienste der Pflanzenzüchtung.)** Rev. Agric. [Bruxelles] **13** (1960) Nr. 2. S. 183–189. 1555.

C. Spezielle Pflanzenzüchtung

Getreidezüchtung. Forsch.- u. Entwickl.-Stelle Bernburg, Institut für Pflanzenzüchtung der Deutschen Akademie der Landwirtschaftswissenschaften zu Berlin Plan-Nr.: 17 01 03 h–2–08/6.

Bei dem Thema „Getreidezüchtung" wird auf die Schaffung von Ausgangsmaterial für die Zuchtstat. in der DDR bes. Wert gelegt. Es sollen dabei Sorten mit höherer quantitativer und qualitativer Leistung bei bes. Eignung für den Mähdrusch geschaffen werden. Das schließt Prüfungen mit verschieden hohen Düngergaben zur Ermittlung der Leistungsgrenze ein. Mit dem Ziel gesteigerter Winterfestigkeit, Dürreresistenz und Auswuchsfestigkeit, spez. bei Wi-Weizen und Wi-Gerste, wird in Bernburg Ausgangsmaterial erzeugt. 1954 erfolgte die Zulassung von 'Bernburger Futterroggen'. Außerdem befinden sich Stämme in den offiziellen Prüfungen der Zentralstelle für Sortenwesen. 1710.

Lupton, F. G. H. Studies in the breeding of self-pollinating cereals. 3. Further studies in cross prediction. **(Untersuchungen bei der Züchtung selbstbestäubender Getreidearten. 3. Mitt. Weitere Untersuchungen über die**

Vorhersage der Kreuzungen.) Euphytica [Wageningen] **10** (1961) Nr. 2. S. 209–224. — 9 Abb., 7 Lit.
6 Wi-Weizensorten wurden diallel gekreuzt. Die Ertragsleistungen (Korngew., Ährengew. und -zahl) wurden in F_1 und F_2 untersucht. In den Elterngenerationen wurden exakte Ertragsprüfungen an selektierten und nicht selektierten Populationen vorgenommen. Es ergaben sich zahlreiche Schwierigkeiten bei der Untersuchung der F_1 und F_2. Es mangelte an einem exakten Prüfverfahren bei geringen Saatgutmengen. Allg. Beurteilungen führten zu beachtlichen Erfolgen, so daß auf diesem Wege die Zahl der erforderlichen Kreuzungen wesentlich vermindert werden kann.
H. Müller/Bernburg. 1710.

Boháč, Jozef und Miklová, I.; Nitra, Vysoká Škola Pol'nohospodárska. Príspevok k štúdiu kvitnutia pšenice. **(Beitrag zur Untersuchung der Weizenblüte.)** Pol'nohospodárstvo **9** (1962) Nr. 5/6. S. 383–388. — 1 Abb., 3 Tab., 7 Lit. Zus. in Russ., Engl.
Um feststellen zu können, ob eine bestimmte Weizensorte für Sorten-, Innersorten- oder andere Kreuzung geeignet ist, sind Kenntnisse der Blüte, u. a. über Chasmogamie oder Kleistogamie erforderlich. In Versuchen mit 9 Weizensorten (6 aus- und 3 inländischen) wurden das Blühen und die Entwicklung der Pflanzen (Zeitpunkt der Bestockung, des Schossens und des Blühbeginns) verfolgt. Die meisten Sorten blühten chasmogam (71–82% der Blütchen), nur 2 slowakische Sorten (*Triticum durum* '55-552' und 'Slovenská B-35') blühten zu 50% chasmogam und kleistogam ab. Chasmogamie ist für den oberen, Kleistogamie für den unteren Teil der Ähre charakteristisch. Zur Fremdbestäubung eignen sich chasmogame Blüten, also der Oberteil der Ähre, in deren Blüten nach dem Abblühen 0–2 Staubbeutel übrigbleiben. Dieser Forderung entspr. am meisten italienische Sorten und die slowakische Sorte *T. durum* '56-1726', die beide pollenreich sind. Z. Žesták. 1712.

Ecochard, R. und Huet, J.; Versailles, Centre Nat. de Rech. Agronomiques, Stat. Centr. de Génétique et d'Amélioration des Plantes. Contribution à l'étude de la génétique quantitative chez une plante autogame: le blé. I. **(Beitrag zur Untersuchung der quantitativen Vererbung bei einer autogamen Pflanze: dem Weizen. 1. Mitt.)** Ann. Amélioration Plantes **11** (1961) Nr. 1. S. 25–59. — 5 Abb., 6 Tab., 33 Lit.
Diese biometrische Untersuchung setzt voraus, daß die betrachteten Merkmale durch unabhängig vererbte multiple Faktoren (Polygene) mit additiver Wirkung bedingt sind. Die mathematischen Formeln wurden z. T. von Vff. entwickelt. Ziel ist, die Wahl der Kreuzungen rationell zu gestalten und einen ungefähren Ausblick auf die Veränderung eines quantitativen Merkmals in den Folgegenerationen zu erhalten. Die Wichtigkeit der Wahl eines geeigneten Maßstabes und seiner Prüfung wird betont. Begriffe der phänotypischen Dominanz und Superdominanz sowie der Potenz werden erläutert und Formeln für ihre Wertung abgeleitet. Die sichersten Aussagen über genetische Modelle lassen sich machen, wenn jeder Elter einer Reihe mit jedem anderen paarweise gekreuzt wird, jedoch werden dann die Berechnungen so umfangreich, daß diese nur noch von Rechenmaschinen zu bewältigen sind. Formeln und Hinweise für die Berechnung der einzelnen Merkmale und Problemstellungen werden gegeben. B. Reck. 1712.

Huet, J. und Ecochard, R.; Versailles, Centre Nat. de Rech. Agronomiques, Stat. Centr. de Génétique et d'Amélioration des Plantes. Contribution à l'étude de la génétique quantitative chez une plante autogame: le blé. II. **Beitrag zur Untersuchung der quantitativen Vererbung bei einer autogamen Pflanze: dem Weizen. 2. Mitt.)** Ann. Amélioration Plantes **11** (1961) Nr. 1. S. 61–98. — 6 Abb., 15 Tab., 33 Lit. Zus. in Russ., Engl., Dtsch. 1. Mitt. vgl. vorst. Ref.

Im Simultanversuch werden verglichen: Ein allen F_1 gemeinsamer Elter p mit 6 anderen und 2 Rückkreuzungen. Verglichen werden Länge und 2-Ährengewicht. Zunächst wird gezeigt, daß zwischen den Mittelwerten und den Varianzen von P und F_1 keine Korrelation besteht und daß die Wirkung der Gene additiv und unabhängig ist sowie Homogenität der Milieuwirkung vorliegt. Sodann werden die F_1 und F_2 mit verschiedenen Methoden berechnet. Die Ergebnisse der Berechnungen der einzelnen Merkmale werden erörtert und soweit wie möglich theoretisch begründet. B. Reck. 1712.

Kováčik, A. und Holienka, J.; Ruzyně, ÚVÚRV. Jak dosáhnout dobrého oplodnění u pšenice. **(Wie kann gute Befruchtung des Weizens erreicht werden?)** Za vysokou Úrodu **10** (1962) Nr. 18. S. 533–534. — 3 Tab.
Es wurde festgestellt, daß die Lebensfähigkeit des Weizenpollens von mehreren Faktoren abhängig ist. Pollen, der auf Agarnährboden geringe Keimfähigkeit (bis zu 10%) aufweist, stirbt unter natürlichen Bedingungen und bes. bei hohen Temperaturen rasch ab. Der höchste Anteil befruchteter Blütchen nach vorheriger Kastrierung wurde erzielt, wenn die Staubbeutel den Ähren direkt entnommen wurden. Noch 20 Min. nach der Entnahme war die Befruchtung gut (24–32%), dann ging sie jedoch schnell zurück. Die beste Tageszeit für die Pollenentnahme liegt zwischen 8–10, für die Bestäubung zwischen 8–10 und 17–20 Uhr. Dann herrschen gewöhnlich auch die für die Bestäubung optimale Temperatur von 20–25 °C und eine rel. Luftfeuchtigkeit von 60–70%. Der Erfolg hängt auch von der Lebensfähigkeit der Narbe ab, die durch eine Luftfeuchtigkeit von weniger als 50% ungünstig beeinflußt wird. Das Gew. der Körner nimmt mit dem Alter der Narben ab. Für Züchtungszwecke eignen sich Narben von Blütchen am besten, die 2–4 Tage vorher kastriert wurden. Noch 12 Tage nach der Blütchenkastration sind die Narben befruchtungsfähig. Kreuzungsversuche ergaben, daß unter günstigen Bedingungen das Ergebnis nicht unter 80% sinkt und bei einzelnen Ähren 100% erreichen kann. V. Skládal. 1712.

Rajki, E. A bibére jutó pollen mennyiségének hatása a megtermékenyülésre. **(Die Wirkung der Menge des auf die Narbe gelangenden Pollens bei der Befruchtung.)** Növénytermelés [Pflanzenbau] **11** (1962) Nr. 1. S. 35–44. — Aus: Ung. Agrar-Rdsch. **1962** Nr. 4.
Mutterpflanze war die ungarische Weizensorte 'B 1201' und Pollenspender verschiedene ausländische Weizensorten. Es wurde festgestellt, daß Samenansatz sowie Durchschnittsgew. der Samenkörner stets höher sind, wenn die Bestäubung mit dem Pollen aus 3 Staubbeuteln erfolgt. Nach der Lage der Ährchen kann zwar kein eindeutiger Zusammenhang in dem Sinne nachgewiesen werden, daß der Samenansatz sich je nach der Anordnung der Ährchen verändern würde, immerhin lassen die Angaben darauf schließen, daß bei den in der Mitte der Ähre liegenden Ährchen der Samenansatz und das Durchschnittsgew. der Weizenkörner i. allg. höher sind als in den unteren und oberen Ährchen. Die größte Anzahl von Weizenkörnern wird dann erhalten, wenn die Zahl der Blüten am höchsten ist. Bei der Bestäubung der Blüten der Weizenpflanze ließ sich ein Unterschied im Samenansatz sowie im Durchschnittsgew. der Samenkörner nachweisen, je nachdem, ob die Bestäubung mit dem Pollen aus 1 oder 3 Staubbeuteln erfolgte, sowie in Abhängigkeit von der Entwicklungsstufe der Narbe. 1712.

Szalay, D. und Pál, Gy. A kalász tulajdonságainak alakulása buza-tarackbuza hibridek F_1 nemzedékében. **(Die Eigenschaften der Ähre in der F_1-Generation von Triticum-Agropyron-Hybriden.)** Magyar tudományos Akad., Agrártudományok Osztályának Közleményei [Ung. Akad. Wiss., Ber. Abt. landwirtsch. Wiss.] **20** (1962) Nr. 1/2. S. 39–53. — Aus: Ung. Agrar-Rdsch. **1962** Nr. 4.

Gegenstand der Untersuchung war, wie sich je nach Herkünften und Kreuzungskombinationen einzelne qualitative und quantitative Eigenschaften, namentlich der Ähren, verändern. Vff. gelang es festzustellen, daß es bei *Agropyron elongatum* und *A. intermedium* Eigenschaften gibt, die beide Arten gemeinsam besitzen (Lage und Form der Ähre, Oberfläche und Spitze der Hüllspelze), und solche, die einzelne Herkünfte besitzen oder einzelne Ähren. Bei den *Triticum*- und *Agropyron*-Herkünften gibt es Unterschiede in qualitativen Eigenschaften, z. B. Ährenform, Hüllspelzenspitze, Hüllspelzenschulter und Begranntheit der Deckspelze. Bei den *A. elongatum*-Herkünften verändert sich die Ährenlänge in weiteren Grenzen als bei *A. intermedium.* Die Zahl der Ährchen schwankt bei den beiden Arten annähernd gleich, während die Zahl der Blüten bei *A. elongatum* in engen, bei *A. intermedium* in weiten Bereichen variiert. Der Samenansatz und das TKM verändern sich ähnlich wie die Ährenlänge. Die qualitativen Eigenschaften der *Agropyron*-Arten sind dominant. Die Vererbung des TKM wurde nicht untersucht. 1712.

Ecochard, R.; Versailles, Stat. Centr. Amélioration des Plantes. The cytogenetic bases of introgression in wheat. **(Die cytogenetischen Grundlagen der Introgression bei Weizen.)** Euphytica [Wageningen] **10** (1961) Nr. 3. S. 363–367. – 16 Lit.

Das Problem der Introgression wird nach 2 Aspekten diskutiert, die ineinandergreifen und daher oft schwer voneinander abzugrenzen sind. I. Die Einführung von neuen Allelen in bereits vorhandene Loci und II. die Einführung neuer Loci in ein Genom. Zu I. Eine einfache Rückkreuzung wird nicht als eine Introgression angesehen, sondern nur die Einführung von Allelen aus anderen Spezies bzw. Subspezies (z. B. *Triticum macha* × *T. aestivum*) oder Spezies anderer Ploidiestufen (z. B. *T. durum* × *T. aestivum*). Unter II wird die Anlagerung ganzer Genome, einzelner Chromosomen oder Chromosomenfragmente besprochen sowie Probleme der damit im Zusammenhang stehenden Frage der Allosyndese. F. Müller. 1712.

Cauderon, Yvonne und Saigne, Bernadette; Clermont-Ferrand, Stat. d'Amélioration des Plantes. Obtention d'amphidiploides à partir de F_1 (Triticum aestivum × Secale cereale). **(Die Erzielung von Amphidiploiden aus der F_1 [Triticum aedstivum × Secale sereale].)** Ann. Amélioration Plantes **11** (1961) Nr. 3. S. 369–373. – 2 Abb., 2 Tab., 4 Lit. Zus. in Engl., Dtsch.

Es wird eine Methode der Colchicinierung für Material, das nur in geringem Umfang vorhanden ist (z. B. F_1-Weizen-Roggen-Zygoten) und deshalb mit Erfolg einer Samenbehandlung nicht unterzogen werden kann, beschrieben. Die Zygoten wurden im Okt. in Töpfe (Frühbeetkästen) ausgesät und Anfang März mit einer Einzelpflanzenstandweite von 30 × 30 cm ins Freiland verpflanzt. Diese Standweite ließ starke Bestockung erwarten. Etwa einen Monat nach dem Auspflanzen befanden sich die Pflanzen kurz vor dem Schossen. Zu diesem Zeitpunkt wurde folgende Behandlung durchgeführt: 2–3 der bestentwickelten Bestockungstriebe wurden um 5 cm gekürzt, mit einem Wattebausch und Polyäthylen umhüllt und am Grunde des Triebes mit Gummi abgedichtet. Der Wattebausch war mit einer 0,4%igen wäßrigen Colchicinlösung getränkt. 48 Std. später wurde die Umhüllung nebst Wattebausch abgenommen. Die behandelten Triebe starben i. allg. ab. Die Colchicinwirkung war oft schon nach 24 Std. durch das Erscheinen bräunlicher Streifen auf den Blatträndern der nicht behandelten Triebe erkennbar. Oft vertrockneten diese Blätter. Einige der nicht behandelten Triebe hatten Ähren oder Ährensektoren mit platzenden Antheren. Das vegetative Stadium wurde kontinuierlich erhalten und sterile Ähren ca. 3 Wochen nach der Blüte abgeschnitten. Die 2. Behandlung folgte etwa 1 Monat später; sie kann theoretisch so oft wiederholt werden wie die Pflanze neue Triebe bildet. Die Effektivität war mit 31 amphidiploiden Individuen von 53 behandelten ohne jegliche Letalität sehr groß. 1712.

Okamoto, M. und Sears, E. R. Chromosomes involved in translocations obtained from haploids of common wheat. **(Chromosomen mit Translokationen bei haploiden Weizen.)** Canad. J. Genetics Cytol. **4** (1962) Nr. 1. S. 24–30. — 6 Abb., 2 Tab., 33 Lit.

Von 13 Translokationen, die bei haploiden Formen bei Weizen gefunden wurden, betrafen 9 homologe und nur 4 nichthomologe Chromosomen. Dies zeigt, daß Translokationen nicht zufällig vorkommen, sondern als Ergebnis der Paarung und des crossing over bei Haploiden anzusehen sind. Von den 9 Translokationen der homologen Chromosomen betreffen 4 die Chromosomen VI und XIX, 2 II und XX, 2 XI und XXI und 1 XII und XVI. Da die Chromosomen VI und XIX zu den kleinsten des Weizens gehören, ist es klar, daß die Häufigkeit der Translokationen nicht direkt von der Größe der Chromosomen abhängt. Die 4 Translokationen auf nichthomologen Chromosomen sind: IV–XII, IX–XI, II–VIII und VI–XVIII. Außer dem letzten gehören alle zum gleichen Genom. E. Koch. 1712.

Nishiyama, Ichizo und Ichikawa, Sadao; Kyoto Univ., Lab. of Genetics. Radiobiological studies on plants. IV. Gamma-ray induced chlorophyll mutations and mutation frequencies in wheat and oats. **(Strahlenbiologische Untersuchungen an Pflanzen. 4. Mitt. γ-strahleninduzierte Chlorophyllmutationen und Mutationshäufigkeiten bei Weizen und Hafer.)** Jap. J. Genetics **36** (1961) Nr. 5/6. S. 175–183. — 3 Tab., 27 Lit. Orig.: engl.

Triticum vulgare, Avena sativa und *A. strigosa* wurden γ-Strahlen von 10–49 kr ausgesetzt. An Chlorophyllmutationen wurden bei *A. sativa* 4 verschiedene Typen gefunden, bei *A. strigosa* 9 Typen. Bei *T. vulgare* wurden keinerlei Chlorophyllmutationen entdeckt. Die Gesamtchlorophyllmutationsraten sind bei *A. sativa* (2n = 42) $3{,}9 \times 10^{-6}$, bei *A. strigosa* (2n = 14) $7{,}0 \times 10^{-6}$ und bei *T. vulgare* (2n = 42) $0{,}0 \times 10^{-6}$, was den Polyploidiestufen entspricht. In Übereinstimmung mit der entspr. Lit. schließen Vff., daß einfach rezessive Mutationen als „Punktmutationen" bezeichnet werden können, während Mutationen, die signifikante Minusabweichungen vom monohybriden Schema zeigen, mit geringfügigen Chromosomenaberrationen oder Letalfaktoren verbunden sind. Die Übereinstimmungen lassen ferner den Schluß zu, daß fast identische genetische Systeme die Chlorophyllbildung bei Weizen, Gerste und Hafer kontrollieren 1712.

Abramova, Z. V. (Abramowa, S. W.); Puschkin, Gebiet Leningrad, Landwirtsch. Inst. Izmenčivost' pšenicy pod vlijaniem čužerodnogo dopolnitel'nogo opylenija. **(Variabilität von Weizen unter dem Einfluß einer zusätzlichen Fremdbestäubung.)** Agrobiologija, Moskva **1962** Nr. 2. S. 198–204. — 2 Abb., 7 Tab.

Bei Weizenkreuzungen wurde zusätzlich Pollen von Roggen, Knaulgras, Quecke und Lieschgras benutzt. Neben der meist verwendeten Weizensorte 'Borowitschka' wurden 4 andere bekannte Wi-Weizen herangezogen. Zunächst war festzustellen, daß sich durch Zuführung von Roggenpollen die Winterhärte der Hybriden verbessert hatte. Die zusätzliche Fremdbestäubung soll sich auch bei den späteren Generationen noch ausgewirkt haben. Weiter wurde festgestellt, daß die Nachkommen nach zusätzlicher Fremdbefruchtung sich auch morphol. unterschieden, insbes. in der Kornfärbung. Durch Verwendung von radioaktivem Pollen wies Vf. nach, daß durch zusätzlich verwendeten Pollen fremder Arten radioaktiver P in die befruchteten Körner gelangt war. H. Müller/Bernburg. 1712.

Chinoy, J. J.; Ahmedabad, India, Gujarat Univ. Physiology of drought resistance in wheat. I. Effect of wilting at different stages of growth on survival values of eight varieties of wheat belonging to seven species. **(Physiologie der Dürreresistenz bei Weizen. 1. Mitt. Der Einfluß der Welke auf die Rate der Überlebenden in verschiedenen Wachstumsstadien bei 8 Weizensorten 7 verschiedener Arten.)** Phyton [Vicente López, Argentina] **14** (1960) Nr. 2. S. 147–157. — 4 Abb., 1 Tab., 79 Lit.

2 Varietäten von *Triticum vulgare* und je 1 Varietät der *Triticum*-Arten *dicoccum*, *durum*, *persicum*, *polonicum*, *monococcum* und *vavilovianum*, die in Kästen gleiche Versuchsbedingungen hatten, wurden in verschiedenen Stadien der Entwicklung (Bestockung, Schossen, Blüte) einer Welkeperiode von 7 Tagen ausgesetzt. Während Wassermangel (Bodenfeuchte $< 3\%$) im Bestockungsstadium (bei allen Varietäten annähernd gleicher Zeitraum) von allen Varietäten und Arten gut überstanden (100% Überlebende) wird, ja sogar die Kontrolle (gleichmäßig bei 15% Bodenfeuchte) in Wachstum, Wuchshöhe, Bestockung und Gesamttr.-Gew. übertrifft, werden insbes. später blühende Arten (*T. polonicum*, *T. monococcum* und *T. vavilovianum*) in späteren Entwicklungsstadien von der Welke stark betroffen. Es handelt sich dabei weniger um genetische Unterschiede als um veränderte Umweltbedingungen. Höhere Temperatur und stärkere Austrocknung des Bodens in späterer Jahreszeit verstärken die Dürrewirkung bei den späteren Varietäten. Die Regressionen von Bodenfeuchte zur Mitteltemperatur sowie von Überlebendenrate zur Dürreintensität sind linear und hochsignifikant. 1712.

Sergeev, V. Z. (Sergejew, W. S.); Rostow/Don, Univ. Charakteristika tverdoj ozimoj pšenicy, polučennoj iz jarovoj putem vospitanija. **(Charakteristik von Wi-Hartweizen der aus So-Weizen durch Erziehung gewonnen wurde.)** Agrobiologija, Moskva **1962** Nr. 2. S. 177–183. — 2 Abb., 6 Tab.

Es wurden Versuche unternommen, So-Hartweizen in Wi-Formen umzuwandeln. Benutzt wurden die Sorten 'Melanopus 69', 'Narodnaja', 'Tschaltirka', 'Ulutschschonnaja' und 'Samarka 182'. Die Versuche wurden i.J. 1957 begonnen und ergaben nur geringe Überwinterungsprozente. Die überlebenden Pflanzen wurden geerntet und nachgebaut. Nach mehrjähriger Herbstaussaat wurden Wi-Formen gewonnen. Nähere Angaben über die Form der Versuchsdurchführung fehlen. Bei den Nachkommen wurden morphol. Abweichungen festgestellt. Bes. auffallend sind lockerährige Formen. Die Auslesen sollen sich 1961 physiol. nicht mehr von echten Wi-Formen unterschieden haben.

H. Müller/Bernburg. 1712.

Pisarev, V. E. (Pissarew, W. Je.) Selekcija vysokobelkovych i sil'nych pšenic. **(Die Selektion eiweiß- und kleberreicher Weizen.)** Trudy soveščanija po otdalennoj gibridizacii rastenij i životnych. Sbornik dokladov. Otdalennaja gibridizacija rastenij, Moskva **1960** S. 105–115. — 1 Abb., 4 Tab.

Es wurde So-Weizen × So-Roggen gekreuzt und die Qualitätsverbesserung allgemein behandelt. Der Roggen hat zwar nur geringen Eiweißgehalt, vererbt dafür aber einige pflanzenbaulich wertvolle Eigenschaften. Die Weizen-Roggenkreuzungen wurden polyploidisiert und amphydiploide 56-chromosomige Pflanzen bearbeitet. 3 Stämme, Nr. 20, 41 und 61, werden beschrieben. Eine weitere Verbesserung war durch Rückkreuzung möglich. Die technologische Analyse der Hybride 34 H 21 ergab, daß die Mehlausbeute um fast 10% gegenüber der Qualitätssorte 'Moskowskaja' verbessert werden konnte. Die Arbeiten versprechen große praktische Erfolge. Neue Populationen werden in verschiedenen Gebieten der UdSSR angebaut und selektiert.

H. Müller/Bernburg. 1712.

Roman, T. und Muszyńska, K.; Warszawa, Zakład Roślin Zbożowych I. H. A. R. Kraków. Dalsze badania nad wyleganiem zbóż. **(Weitere Untersuchungen über das Lagern des Getreides.)** Hodowla Roślin Aklimatyzacja

Nasiennictwo **6** (1962) Nr. 2. S. 141–156. – 7 Tab., 8 Lit. Zus. in Russ., Engl.
In den Jahren 1957–60 wurden 10 Wi-Weizensorten, die F_1 und F_2 von 4 Wi-Weizenkreuzungen und einiger Wi-Roggensorten auf Lagerneigung geprüft. Die Beurteilung erfolgte a) mechanisch nach Grafius und b) morphol. nach Ruebenbauer. Die berechneten Koeffizienten, nach Methode a) „c.L.r." und nach Methode b) die Strohsteifheit S und S^1, wurden mit dem mittleren Lagerungsgrad der Feldbeobachtungen aus den Jahren 1953–58 verglichen. Der Korrelationskoeffizient zwischen dem mittleren Lagerungsgrad und dem Koeffizienten „c.L.r." betrug $r = -0{,}93 \pm 0{,}043$ und zwischen dem mittleren Lagerungsgrad und den Koeffizienten S und S^1 $r = -0{,}81 \pm 0{,}108$. Der Korrelationskoeffizient zwischen den Ergebnissen der beiden Methoden beträgt $r = +0{,}79 \pm 0{,}119$. Diese Angaben zeigen, daß beide Methoden für die Untersuchung des Lagerns anwendbar sind. Mit Hilfe der berechneten Vererbungsindizes α und β für die Koeffizienten „c.L.r." und S^1 der F_1 und F_2 der Wi-Weizenkreuzungen wurde festgestellt, daß die F_1-Bastarde in der Lagerwiderstandsfähigkeit sehr dem Elter (♀) mit steifem Stroh ähnelten, aber die F_2 stark dem Elter mit weniger steifem Stroh (♂). Diese Ergebnisse zeigen den großen Einfluß der Heterosis in der F_1. Bei Roggen zeigte die größte Widerstandsfähigkeit gegen Lagern (hoher durchschnittl. „c.L.r."-Koeffizient im 3jähr. Mittel) 'Chrobre N'. J. Gastoł. 1712.

Nakajima, Goichi; Kiryu, Japan, Gumma Univ., Fac. of Technol., Biol. Lab. Cytogenetical studies on intergeneric hybrids between Haynaldia and Secale. V. External characteristics and meiosis in PMC's of SfHv Sa F_1 plant. **(Cytogenetische Untersuchungen an Gattungshybriden zwischen Haynaldia und Secale. 5. Mitt. Äußere Merkmale und Meiosis in PMZ einer SfHvSa F_1-Pflanze.)** Jap. J. Genetics **36** (1961) Nr. 7/8. S. 285–288. – 9 Abb., 2 Tab., 3 Lit. Orig. jap., Ausz.: engl. 4. Mitt. vgl. LZ. Abt. II 7 (1962) Nr. 9. S. 2495.
Aus natürlicher Kreuzung zwischen einer SfHv-F_1-Pflanze (F_1 $2n = 14$ aus *Secale fragile* × *Haynaldia villosa*) mit *S. africanum* ging eine SfHvSa-F_1-Pflanze hervor, deren Morphol. und meiotisches Verhalten untersucht wurde. Die somatische Chromosomenzahl betrug $2n = 21$; es traten 0–7 Bivalente (normalerweise 5 II, durchschnittl. 3,85 II) auf, die auf Syndese zwischen den Chromosomen von *S. africanum* (R^a) und *S. fragile* (R^f) zurückzuführen sind. 7 Chromosomen stammen demnach von *S. africanum*, 14 von einer unreduzierten ♀ Gamete von SfHv-F_1. Die Genomkonstitution von SfHvSa-F_1 lautet demnach R^fR^aHv. Die Merkmalsausprägung des Bastards ist überwiegend intermediär (Pflanzenhöhe, Grannenlänge etc.), doch den F_2-Pflanzen von SfHv meist unterlegen. Die Anzahl der Ährchen und die Ährendichte gleicht mehr der Mutter (SfHv-F_1), die Blütenzahl/Ährchen ist geringer als bei der Mutter, ähnelt aber der des Pollenelters. Die Bestockung ist besser als bei den SfHv-F_2-Pflanzen aber beträchtlich geringer als bei beiden Eltern. 1714.

Kotvics, G. A Secale cereale L. × Secale montanum Guss. hibridek fertilitási viszonyainak vizsgálata. **(Untersuchung der Fertilitätsverhältnisse bei Hybriden von Secale cereale L. × Secale montanum Guss.)** Magyar tudományos Akad., Agrártudományok Osztályának Közleményei [Ung. Akad. Wiss., Ber. Abt. landwirtsch. Wiss.] **20** (1962) Nr. 1/2. S. 55–70. – Aus: Ung. Agrar-Rdsch. **1962** Nr. 4.
Um einen perennierenden Futterrogen sowie eine Roggensorte von hohem Eiweißgehalt zu erzeugen, wurden verschiedene Sorten von *Secale cereale* L. und *S. montanum* Guss. gekreuzt. Samenansatz wurde jedoch nur in den Kombinationen erzielt, in denen *S. cereale* ♀ war. Die Sterilität der Hybriden machte Schwierigkeiten. Die Untersuchung der Fertilitätsverhältnisse der Hybriden ergab, daß die Sterilität in den niederen Hybridgenerationen höher war als bei den älteren Generationen. Mit der Erhöhung des Lebensalters der

Hybriden nahm die Sterilität ab. In der Zunahme der Fertilität war eine bestimmte Tendenz festzustellen. Bei der Prüfung der Pollenfertilität der Hybriden wurden in den jüngeren Hybridgenerationen Pflanzen mit geschlossenen Staubbeuteln in größerer Zahl vorgefunden. In den aufspringenden Staubbeuteln war der Anteil lebensfähiger Pollenkörner unterschiedlich. Bei der Prüfung der Beziehung von Pollenfertilität zu Samenansatz war die Pollenfertilität in % in jedem Fall höher als der Samenansatz. Zur Überwindung der Sterilität der *S. cereale* × *S. montanum*-Hybriden hat sich die Kreuzung der entspr. Hybriden und die nachfolgende Selektion als das erfolgreichste Verfahren erwiesen. 1714.

Pohjanheimo, O. **Strohlänge und Überwinterung von Roggenstämmen in den Anbauverhältnissen Finnlands.** Dtsch. Akad. Landwirtsch.-Wiss. Berlin, Tagungsber. **1962** Nr. 48. S. 45–46. – nach Zus.

Die bisher vorhandenen kurzstrohigen Roggenzüchtungen zeichnen sich durch eine mangelhafte Überwinterung aus. Ihre mangelnde Winterfestigkeit beruht auf ihrer Anfälligkeit gegenüber einer Anzahl von Winterparasiten. Wuchsstoffkonz. von etwa 210^{-6}g/cm^3 verhindern bereits das Wachstum dieser Winterparasiten. Es wird angenommen, daß die langstrohigen resistenten Roggenstämme über derartige Wuchsstoffkonz. verfügen, so daß sie gegen den Befall resistent sind. Die kurzstohigen Formen scheinen nur geringere Wuchsstoffkonz. zu enthalten und sind damit für den Parasiten anfällig. 1714.

Jain, K. B. L.; New Delhi, Indian Agric. Res. Inst., Div. of Bot. Genetics studies in barley. III. Linkage relations of some plant characters. **(Genetische Untersuchungen bei Gerste. 3. Mitt. Kopplungsverhältnisse bei einigen Pflanzeneigenschaften.)** Indian J. Genetics Plant Breeding **21** (1961) Nr. 1. S. 23–33. – 8 Tab., 25 Lit. 2. Mitt. vgl. LZ. Abt. II **6** (1961) Nr. 7. S. 1721.

In der vorliegenden Arbeit wurden die Koppelungsverhältnisse bei einer Reihe von Eigenschaften, deren Vererbungsweise bereits in 2 früheren Arbeiten behandelt worden war, in F_2-, F_3- und R_1-Generationen 5 verschiedener Kreuzungen untersucht. Insgesamt wurden 22 Eigenschaftskombinationen untersucht. Die Faktoren für Keimpflanzenfärbung (*Yc yc*), Kapuzen- oder Grannenbildung (*K k*), schwarze oder weiße Spelzen und Fruchtschale (*B b*), breite oder schmale Blätter (*Brl brl*) und Ährenschieben (Ea_3 ea_3) wurden unabhängig von den Faktoren für Zeiligkeit (*V v*) der Kopplungsgruppe I und lange oder kurze Grannen (*E e*) vererbt. Die Faktoren für kriechenden und aufrechten Wuchstyp (*Eh eh*), *Brl brl*, Ea_3 ea_3 und *Yc yc* vererbten sich unabhängig von dem Faktor für rote oder weiße Blattscheide (*Pr pr*). *K k* erwies sich als nicht gekoppelt mit *B b*. Zur Koppelungsgruppe I gehören außer *V v* noch *E e* und *Pr pr*. Der Austauschwert für *v-pr* betrug 11,74 ± 0,87% und für *e-pr* 38,88 ± 2,69%. Für die Gene *eh-brl* und *eh-ea* waren die entspr. Werte 35,12 ± 4,32% und 38,0 ± 12,53%. Da ea_3 und *brl* sich unabhängig von einander vererbten, wird folgende Reihenfolge der Gene innerhalb der Kupplungsgruppe angenommen ea_3 *eh-brl*. D. Lau. 1716.

Scholz, Friedrich und Lehmann, Christian O.; Gatersleben, Inst. für Kulturpflanzenforsch. der Dtsch. Akad. der Wiss. zu Berlin. **Die Gaterslebener Mutanten der Saatgerste in Beziehung zur Formenmannigfaltigkeit der Art Hordeum vulgare L.s.l. III.** Kulturpflanze **9** (1961) S. 230–272. – 1. und 2. Mitt. vgl. LZ. Abt. II **5** (1960) Nr. 8. S. 1945.

Zu den bisher beschriebenen und morphol. klassifizierten 124 röntgeninduzierten Mutanten mehrerer Winter- und Sommergerstensorten werden weitere 47 hinzugefügt. Dazu wurden solche Formen ausgewählt, die die Übersicht über die Formenvielfalt des Mutantensortiments vervollständigen. Chlorophyllmutanten blieben wiederum unberücksichtigt. Eine stark bestockte Pflanze ohne Ähren konnte leicht eingeordnet werden („Ähre fehlend“, „Halm vielknotig“). Sie wird als Heterozygote erhalten. In der Regel wird das Hauptmerkmal der Mutanten monogen rezessiv vererbt. Eine Klassifizierung weiterer Mutanten ist nicht vorgesehen. K. Bellmann. 1716.

Lundqvist, U. und Wettstein, D. von; Lund; Stockholm, Sweden. Induction of eceriferum mutants in barley by ionizing radiations and chemical mutagens. **(Die Induktion von eceriferum-Mutanten bei Gerste durch ionisierende Strahlen und chemische Mutagene.)** Hereditas [Lund] 48 (1962) Nr. 1/2. S. 342–362. – 3 Abb., 5 Tab., 43 Lit.

Von 200 *eceriferum*-Mutanten von So-Gerste, bei denen die Wachsschicht auf der Epidermis der Blätter bzw. anderen Organen teilweise reduziert ist oder fehlt, wurden 69 genetisch und phänotypisch analysiert. Als Mutagene gelangten Röntgen- und γ-Strahlen, Protonen, Neutronen, α-Strahlen sowie Äthylenimin, Äthylenoxyd und Jodin zur Anwendung. Die Mutationsraten der einzelnen Mutagene waren verschieden. Die genetische Analyse der Mutanten ermöglichte nach dialleler Kreuzung eine Lokalisation 23 verschiedener Loci. Die Mutabilität der einzelnen Loci war verschieden. Mutationen im Locus cer – i wurden bevorzugt durch dichtionisierende Strahlen erhalten. Einige *eceriferum*-Mutanten zeigten folgende Merkmale gekoppelt: Frühzeitigkeit, partielle Sterilität, gestreifte Blätter, kurzer Halm u.a.m. I. allg. war die Flugbrandresistenz erhöht. 2 der 23 Loci bewirkten eine rauhe Wachsschicht der Blätter, während die restlichen den Nadeltyp der Wachsschicht auf Ähren und Stengel betrafen. Die Gesamtzahl der *eceriferum*-Loci wurde bei Gerste auf etwa 77 geschätzt. G. Krauße. 1716.

Metcalfe, D. R. und Helgason, S. B.; Brandon, Manitoba, Canada Dep. of Agric.; Univ., Div. of Plant Sci. Inheritance of loose smut resistance. I. Inheritance of resistance to a Trebiattacking culture of Ustilago nuda (Jens.) Rostr. in five barley varieties of Abyssinian origin. **(Vererbung der Flugbrandresistenz. 1. Mitt. Die Vererbung der Resistenz gegen eine 'Trebi' befallende Rasse von Ustilago nuda [Jens.] Rostr. bei fünf Gerstenvarietäten abessinischer Herkunft.)** Canad. J. Plant Sci. 42 (1962) Nr. 3. S. 472–480. – 6 Tab., 14 Lit.

F_2- und F_3-Generationen aus Kreuzungen der flugbrandresistenten Gerstenvarietäten 'Bifarb', 'Kitchin', 'Nigrinudum', 'Jet' und 'C. J. 5798' mit der anfälligen Varietät 'Newal' wurden mit der 'Trebi' befallenden Flugbrandrasse Und 49-68 infiziert. Die Genetik der Resistenz wurde untersucht. Die Resistenz gegen Und 49–68 war durch einzelne dominante Gene bedingt, wobei sich gute Übereinstimmung mit einem 3:1-Spaltungsverhältnis ergab. Die Immunitätsgene schienen, wie Kreuzungsexperimente zwischen den gegen Und 49–68 immunen Varietäten zeigten, alle dem gleichen Locus anzugehören. Die Abstammung von einem gemeinsamen abessinischen Vorfahren wurde diskutiert. G. Krauße. 1716.

Focke, R. und Franzke, W.; Bernburg, Inst. für Pflanzenzücht. der Dtsch. Akad. der Landwirtsch.-Wiss. zu Berlin. **Einige durch die Allele su und Su verursachte Unterschiede bei Zea mays L.** Z. Pflanzenzücht. 47 (1962) Nr. 2. S. 107–113. – 5 Tab., 6 Lit.

Vff. kreuzten einen kleinkörnigen und 2 normalkönrige Zuckermaise mit Hart- und Zahnmaisen. Von den Kolben der geselbsteten F_1-Pflanzen wurden die *su/su* und *Su/*-Körner getrennt geerntet, der Keim- und Endospermanteil ermittelt und der Fett- sowie Gesamtcarotinoidgehalt bestimmt. Unter natürlichen Freilandbedingungen wurde die Triebkraft des Saatgutes durch Ermittlung der Bestandesdichten geprüft. – Der Embryoanteil am Zuckermaiskorn war um 3,69% höher als am vergleichbaren Hartmaiskorn. Der Fettgehalt lag im Keim und Endosperm der *su/su*-Körner über dem der *Su/*-Körner. Diese enthielten 74% weniger Gesamtcarotinoide als jene. Während des Reifeprozesses konnte Max. im Carotingehalt des Kornes nachgewiesen werden, das sich vor der vollen Ausreife zeigte. Im Aufgang waren die *Su*-Körner (89,68%) den *su/su*-Körnern (45,24%) deutlich überlegen. Eine Erklärungsmöglichkeit wird in dem um 25% leichteren Zuckermaisendosperm gesehen. Aufgrund der Spaltungsverhältnisse von geselbsteten*Su/su*-Pflanzen (3,1 : 1) wird eine geringere Vitalität der *su*-Gameten vermutet. Vff. halten es für möglich, daß die *su*-Gameten Bedingungen ausgesetzt sind, die ihnen weniger zusagen. A. Winkel. 1720.

Šuman, Ju. M. (Schuman, Ju. M.) Gibridizacija kukuruzy (Zea mays) s teosinte (Euchlaena) s cel'ju polučenija materiala dlja samoopylenija. **(Hybridisierung von Mais [Zea mays] mit Teosinte [Euchlaena] zur Gewinnung von Selbstbestäubungsmaterial.)** Tr. Jublilejn. Darvinovsk. konferencii, Kišinev **1960** S. 261–264. – Aus: Referativnyj žurnal. Biologija, Moskva **1961** Nr. 19. G 284. S. 32.
In Versuchen des Inst. für Biol. wurde in der Moldau. SSR festgestellt, daß bei der Kreuzung einiger Sorten von Mais mit Teosinte alle F_1-Hybriden höheren und kräftigeren Wuchs zeigten und mehr Samen lieferten (Typ Teosinte mit geringerem abs. Gew.). Bes. zeichnete sich aus: 'Mesechedeschskaja gelber Zahnmais' × Teosinte (frostresistent und frühreif) und 'Moldowanka orangefarbener 21' × Teosinte. Beide Hybriden sind blattreich, hochproduktiv und trockenresistent. Bei allen Hybriden fand Selbstbestäubung statt. Zur Schwächung dominierender Merkmale von Teosinte bei den Hybriden wurden Rückkreuzungen mit einer Reihe von I-Linien von Mais durchgeführt. übersetzt v. W. Peitz. 1720.

Shaver, Donald L.; Upton, N.Y., Brookhaven Nat. Lab., Dep. of Biol. Cytogenetic studies of allotetraploid hybrids of maize and perennial teosinte. **(Zytogenetische Untersuchungen bei allotetraploiden Hybriden von Mais und perennierender Teosinte.)** Amer. J. Bot. **49** (1962) Nr. 4. S. 348–354. – 9 Tab., 29 Lit.
Vf. kreuzte tetraploide Maisstämme bekannter genetischer Zusammensetzung mit mehrjähriger Teosinte. Bei der Analyse zeigte es sich, daß bei diesen Hybriden die Chromosomenzahl zwischen 29–44 schwanken kann, wenn auch das Max. bei 40 Chromosomen liegt. Triploide Hybriden waren gewöhnlich mehrjährig. Da gleichzeitig 12 Markierungsgene beim Mais untersucht werden konnten, stützen diese Ergebnisse die von Mangelsdorf vertretene Ansicht, daß Mais und Teosinte gleiche Abstammung haben. H. Müller/Bernburg. 1720.

Schwartz, Drew; Oak Ridge, Tenn., Nat. Lab., Biol. Div. Genetic studies on mutant enzymes in maize. II. On the mode of synthesis of the hybrid enzymes. **(Genetische Untersuchungen mutierter Maisenzyme. 2. Mitt. Über die Art der Synthese von Hybridenzymen.)** Proc. nat. Acad. Sci. USA 48 (1962) Nr. 5. S. 750–756. – 2 Abb., 10 Lit. 1. Mitt. vgl. LZ. Abt. II **6** (1961) Nr. 12. S. 2997.
Mit Hilfe elektrophoretischer Untersuchungsmethoden wurde die Esterase im unreifen Korn und in der jungen Pflanze untersucht. Aus Kreuzungsexperimenten und deren Nachkommenschaftsprüfungen wird geschlossen, daß 2 Allele für die Synthese verantwortlich sind. Zur Erklärung des Verhaltens dieses Enzyms benutzte Vf. eine Reihe von Hypothesen. Es ist anzunehmen, daß eine Interaktion zwischen Nukleinsäuremolekülen und dem Enzym stattfindet. Eine summarische Paarung wird als unwahrscheinlich abgelehnt. H. Müller/Bernburg. 1720.

Nelson, Oliver E.; Lafayette, Ind., Purdue Univ., Dep. of Bot. and Plant Pathol. The waxy locus in maize. I. Intralocus recombination frequency estimates by pollen and by conventional analyses. **(Der Wachs-Locus bei Mais. 1. Mitt. Intra-Locus-Rekombinationshäufigkeitsermittlungen durch Pollen-**

und konventionelle Untersuchungen.) Genetics 47 (1962) Nr. 6. S. 737–742. — 1 Tab., 3 Lit.

Der Locus *Wx* bedingt bei Mais die Stärkeart, die im triploiden Endosperm und haploiden Pollenkorn aufgebaut wird. Da das Pollenkorn von dem eigenen Genotyp, nicht dem der Pflanze bestimmt wird, ist es möglich, den Genotyp des Pollenkorns durch chem. Untersuchungen zu bestimmen. Über der Erwartung liegende *Wx*-Häufigkeiten müßten demnach ein Hinweis auf genetische Rekombination sein. In 7 von 10 früheren Kreuzungskombinationen mit 5 *Wx*-Mutanten wurde über der Erwartung liegende *Wx*- Häufigkeit festgestellt. Diese, durch Pollenanalyse ermittelte Häufigkeit konnte auch durch herkömmliche Verfahren (Spaltungsanalyse durch Markergene der *Wx*-Rekombinationstypen) bestätigt werden. Gekreuzt wurden $Bzwx^{90}V_1 \times bzwx^{coe}$ v_1. *Bz* = bronzene Färbung der Samenschale, wx^{90} = Wachstumsmutante, wx^{coe} = Herkunft *Coe* der *Wx*-Mutante und *V* = normal grün, *v*/*v* anfänglich gelbgefärbte Keimlinge). Die Positionen von *Bz* und *V* im Chromosom waren bekannt. Bei 85% der Gameten war *Bz* distal und *V* proximal im Chromosom gelagert und die beiden fraglichen Eigenschaften haben folgende Positionen: (*Bz*) wx^{coe} wx^{90} (*V*). K. Schulz. 1720.

Greenblatt, Irwin M. und Brink, R. Alexander ; Madison, Univ. of Wisconsin, Dep. of Genetics. Twin mutations in medium variegated pericarp maize. **(Zwillingsmutationen bei intermediär gefleckem Maisperikarp.)** Genetics **47** (1962) Nr. 4. S. 489–501. — 3 Abb., 3 Tab., 12 Lit.

Das Allel für Mosaikfleckung (P^{vv}) bedingt irreguläre Rotstreifigkeit des Perikarps und des Kolbens bei Mais und mutiert in somatischen Zellen zu P^{rr} (stabilen Rot- und instabilen Weißflecken). Das leichte Mutieren soll dabei durch *Mp* (Modulatorgen) beeinflußt werden, das die Ausprägung der Pigmentierung hemmt, wenn *Mp* in die Nähe von *P* gelangt. Fehlte *Mp* bei *P*, so war *Mp* meist verlagert (*tr* — *Mp*) und führte zur Aufhellung des Perikparps. Beide Eigenschaften sowie intermediäre Fleckung können an einem Kolben auftreten. Je nach der Position von *Mp* wurden 2 Klassen von Zwillingsflecken ermittelt. 65% enthielten *Mp* während der Rest der roten Sektoren *tr–Mp* enthielt. Die Perikarpphänotypen sind kaum klassifizierbar. Die verschiedenen Geno -und Koppelungstypen werden interpretiert und eine Hypothese über die Funktion von *Mp* aufgestellt. K. Schulz. 1720.

Coe, jun., E. H.; Univ. of Missouri, U. S. Dep. of Agric.: Dep. of Field Crops. Spontaneous mutation of the aleurone color inhibitor in maize. **(Spontane Mutation des die Aleuronfarbe hemmenden Faktors beim Mais.)** Genetics **47** (1962) Nr. 6. S. 779–783. — 3 Tab., 8 Lit.

Spontane Mutationen der farbhemmenden Allele C^I zu C (gefärbtes Aleuron) und zu c (rezessive Farblosigkeit) konnten in den untersuchten weiblichen Gameten nicht festgestellt werden. Insgesamt wurden 2810000 Gameten ohne Erfolg analysiert, in denen eine Mutation zu C hätte erwartet werden können. Von den 2390000 Gameten, die eine Mutation zu c hätten erwarten lassen, konnte lediglich ein einziger c-Fall nachgewiesen werden, das entspr. einer Mutationsrate von 0,4/Mill. A. Winkel. 1720.

Mackov, F. F. und Manzjuk, S. G. **Die Rolle von Phytohormon- und Vitaminsubstanzen bei den Heterosiserscheinungen in der Maispflanze. Anläßlich der gemeinsamen Konferenz der Biologischen Gruppe der Ungarischen Akademie der Wissenschaften und der Klasse für Agrarwissenschaften 5. bis 7. September 1960 gehaltener Vortrag.** Magyar tudományos Akad., biol. Csoportjának, Közleményei [Ung. Akad. Wiss., Ber. biol. Abt.] **5** (1962) Nr. 1/2. S. 63–75. — Aus: Ung. Agrar-Rdsch. **1962** Nr. 4.

Es wurde mehrfach, u.a. auch von Vff., festgestellt, daß Hybridpflanzen, bei denen Heterosis auftritt, in der Regel durch erhöhte Aktivität der Bildungsgewebe gekennzeichnet sind. Bes. äußert sich diese Aktivität in der größeren Häufigkeit der Mitose und der Fähigkeit embryonaler Zellen, sich längere Zeit hindurch zu teilen. Infolgedessen entwickelt sich in dem Heterosis aufweisenden Organismus eine größere Anzahl von Zellen als bei den selbstbefruchteten elterlichen Formen. Die Annahme, daß die Heterosis-Hybriden durch höhere Meristemaktivität charakterisiert werden, läßt darauf schließen, daß in den Geweben der Hybriden auch die Menge der physiol. aktiven Subst. an Phytohormonen und Vitaminen größer ist. Vff. schlagen Methode vor, mit der das Vorhandensein oder Fehlen physiol. Verschiedenheiten getestet werden kann, wobei die Nährlösung mit Extrakten aus den Geweben der selbstbestäubten Linien separat oder mit deren Gemisch ergänzt wird. Es wurde festgestellt, daß zwischen der Biotest-Reaktion und der Heterosis bei den Hybriden eine positive Korrelation besteht. 1720.

Sinkovics, M. Hibridkukoricák szervképzödésének vizsgálata. **(Untersuchung der Organbildung bei Maishybriden.)** Növénytermelés [Pflanzenbau] **11** (1962) Nr. 1. S. 57–68. – Aus: Ung. Agrar-Rdsch. **1962** Nr. 4.

Ziel des Versuches war, unter lokalen klimatischen und ökologischen Bedingungen bei ungarischen Inzuchthybriden verschiedener Vegetationsdauer den Entwicklungsgang der Fahne und des Kolbens zu untersuchen, um den Zusammenhang zwischen Wachstum und Entwicklung bei den vegetativen und generativen Organen festzustellen. Untersuchungsobjekt waren die frühen, mittelfrühen und mittelspäten Hybriden 'Mv 42', 'Mv 5' und 'Mv 1'. Hierbei wurden die Etappen der Organbildung nach Kuperman berücksichtigt. Es wurde festgestellt, daß das Wachstum der generativen Organe in der 1. Hälfte der Vegetationszeit bei 'Mv 42', in der 2. Hälfte dagegen bei 'Mv 5' und 'Mv 1' am raschesten vor sich geht. Die Dauer der einzelnen Etappen bei der Fahnen- und Kolbenentwicklung wird in Abhängigkeit von der Organentwicklung beschrieben. 1720.

Dániel, L. Összefüggések keresése az általános és speciális kombinálódóképesség között csemegekukoricánál. **(Die Untersuchung von Korrelationen zwischen allgemeiner und spezieller Kombinationseignung bei Zuckermais.)** Magyar tudományos Akad., biol. Csoportjának, Közleméyei [Ung. Akad. Wiss., Ber. biol. Abt.] **5** (1962) Nr. 1/2. S. 83–91. – Aus: Ung. Agrar-Rdsch. **1962** Nr. 4.

Der Zusammenhang zwischen den Abweichungen der allg. und der spez. Kombinationseignung wurde an mehreren Eigenschaften bei Zuckermais untersucht. Die Korrelationskoeffizienten zeigen i.allg. sehr niedrige Werte und sind nur in wenigen Fällen verläßlich. Dies wird hauptsächlich durch die geringe Variabilität des Versuchsmaterials bedingt. Nach den Korrelationen der Frühreife zu urteilen, können von ähnlichen Versuchen mit heterogenerem Material Erfolge erwartet werden. Bei folgenden Eigenschaften gelang es nicht, Korrelationen nachzuweisen: Erscheinen der Narben, Entwicklung von Seitentrieben, Pflanzenhöhe, Blattspreitenlänge, Blattbreite/Blattlänge, Lieschblattspreitenlänge, Lieschblattspreitenbreite/-länge, Gesamtlänge des ersten Kolbens, Kolbenlänge, Kornreihenzahl und Kolbenzahl. Es ist anzunehmen, daß innerhalb des die einzelnen Eigenschaften ausbildenden Systems additive Wirkungen eine wesentliche Rolle spielen. 1720.

Chotyleva, L. V. (Chotylewa, L. W.) Vzaimosvjaź meždu proischoždeniem samoopylennych linij kukuruzy i ich kombinacionnoj sposobnost'ju. **(Wechselbeziehungen zwischen der Herkunft von Maisinzuchtlinien und ihrer Kombinationsfähigkeit.)** Bjulleteń Instituta biologii. Akademija nauk Belorusskoj SSR, Minsk **1960** (hrsg. 1961) Nr. 6. S. 211–217. – 4 Tab., 10 Lit.

Vf. untersuchte verschiedenes Ausgangsmaterial von Mais auf seine Brauchbarkeit für die Entwicklung frühreifer Inzuchtlinien mit hoher Kombinationseignung. Als Ausgangsmaterial dienten u.a.: Sorten, Sortenhybriden, Sortenlinienhybriden sowie Einfach-Linien- und Doppel-Linienhybriden. Die Ausgeglichenheit der erhaltenen Inzuchtlinien hinsichtlich der Merkmale Pflanzen- und Kolbenansatzhöhe sowie Kolbenlänge erwies sich stark abhängig von der Ausgeglichenheit dieser Merkmale beim Ausgangsmaterial. Die größte Ausgeglichenheit war bei denjenigen Inzuchtlinien zu verzeichnen, die auf Einfach- oder Doppel-Linienhybriden zurückgingen. Diese Linien wiesen jedoch eine längere Vegetationsperiode auf als ihre Elternformen. Auf Sorten und Sortenhybriden basierende Linien waren zwar frühreifer, aber bedeutend unausgeglichener. Zur Testung der erhaltenen Linien auf allg. Kombinationseignung wurde die Sorte 'Woroneshskaja 80' verwendet. Die beste Kombinationseignung (insgesamt) wiesen auf Linien- und Sortenlinienhybriden zurückgehende Linien auf, während aus Sorten und Sortenhybriden Linien hervorgingen, deren Kombinationseignung schlechter war. Darüber hinaus zeigten die Erträge größere Schwankungen. Die besten Linien des gesamten Ausgangsmaterials wiesen zwar ein gleich hohes Ertragsniveau auf, jedoch ist die Wahrscheinlichkeit, Linien mit hoher Kombinationseignung zu erhalten, bei Sorten und Sortenlinienhybriden wesentlich geringer als bei Linienhybriden. Die Schaffung von Inzuchtlinien aus Linienhybriden hat für die Bedingungen der Belorussischen SSR nur auf der Basis lokaler frühreifer Linienhybriden Sinn. Inzuchtlinien aus Sorten und Sortenlinienhybriden haben trotz einiger Mängel für extreme Anbaugebiete Bedeutung. L. Rösler. 1720.

Leng, E. R.; Urbana, Ill., Illinois Agric. Exp. Stat., Dep. of Agric. Results of long-term selection for chemical composition in maize and their significance in evaluating breeding systems. **(Ergebnisse langjähriger Selektion auf chemische Zusammensetzung des Maises und ihre Bedeutung bei der Bewertung von Zuchtmethoden.)** Z. Pflanzenzücht. **47** (1962) Nr. 1. S. 67–91. — 4 Abb., 7 Tab., 22 Lit.

Im J. 1896 begannen die Versuche von Smith und wurden mit gewissen Modifikationen ständig fortgesetzt. Die Auslesen erfolgten nach wirtsch. Gesichtspunkten, wobei der Öl- und Proteingehalt als Teilfaktoren bes. Berücksichtigung fanden. 4 Richtungen ergaben sich aus dieser Selektionsform, nämlich hoher und niedriger Proteingehalt sowie hoher und niedriger Ölgehalt. Es wurden 6 Zuchtmethoden verglichen. 3 Zuchtverfahren werden erst seit etwa 20 Jahren angewendet. Bei der normalen Auslese wird der Ölgehalt von 5 auf fast 15% gesteigert. Der Zuchtfortschritt wird allerdings von der 40. Generation an außerordentlich gering. Nach Anwendung neuer Verfahren kann der Ölgehalt schnell auf etwa 10% erniedrigt werden. Das Min. der Auslese liegt bei etwa 1% Ölgehalt. Beim Proteingehalt sind die Jahresschwankungen bes. hoch. Von anfänglich 11% kann der Durchschnittsgehalt auf über 20% gesteigert werden. Das Min. liegt bei 5% Protein. Der Erfolg der Vorauslese schwankt von Generation zu Generation. Durch die lange Auslese wird die Variabilität nicht eingeschränkt. Vf. nimmt an, daß durch fortgesetzte Rekombination und Mutation die Heterozygotie aufrecht erhalten bleibt. H. Müller/Bernburg. 1720.

Rajki, S. Vegetacionnyj period sortov obyčnoj pšenicy i nekotorye sposoby ego izmenenija. **(Die Vegetationszeit der Saatweizensorten und einige Methoden ihrer Abänderung.)** Acta agronom. Acad. Sci. hung. **11** (1961) Nr. 1/2. S. 1–22. — Aus: Ung. Agrar-Rdsch. **1962** Nr. 4.

Im Rahmen der Umwandlung von So- in Wi-Weizen wurde die Länge der Jarowisationsphase von etwa 100 gewöhnlichen Weizensorten bestimmt. Die Dauer der Jarowisation betrug 10, 50, 60 Tage. Die Aussaat des Saatgutes von verschiedener Jarowisationsdauer erfolgte gleichzeitig (Dolguschinsche Methode). Durch gleichzeitige Aussaat aller Varianten gelang es, den geringsten Jarowisationsanspruch der einzelnen Sorte festzustellen. In Zusammenhang damit wurde ermittelt, daß Überjarowisation das Ausmaß und die Intensität des Schossens und des Ährenschiebens verringert. In den Versuchen erwiesen sich einzelne italienische Sorten als sehr wertvolles Ausgangsmaterial für die Züchtung. Unter ungarischen Bedingungen besteht zwischen dem Ertrag und der Vegetationsdauer einer Weizensorte eine viel kompliziertere Korrelation als z.B. in Westeuropa, wo der Sommer wesentlich kühler, die Rostgefahr geringer und die Reife langsamer und gleichmäßiger sind. Nach Vf. kann eine befriedigende intensive Weizensorte mit 2 Methoden erzeugt werden: 1. Durch die Kreuzung entspr. Sorten mittels Analyse der Stadienentwicklung der Kreuzungspartner. 2. Durch die Umwandlung von Sorten, die über eine Erbanlage vom So-Weizentyp verfügen, in Wi-Weizen. Durch Anwendung der von Vf. beschriebenen Methode gelang es in mehrjährigen Versuchen in Ungarn, zum ersten Male mit Sicherheit aus Sommerformen Winterformen zu erzeugen und damit ein Verfahren auszuarbeiten, das zur Beeinflussung der Vegetationsdauer der Sorten in der erwünschten Richtung geeignet ist. 1720.

Sarpe, N. **Über die Beziehung von Bestandesdichte, Wachstum, Entwicklung und Ertrag bei Mais-Doppelhybriden.** Dtsch. Akad. Landwirtsch.-Wiss. Berlin, Tagungsber. **1962** Nr. 48. S. 167–174. – nach Zus.

Anbauversuche mit Mais-Doppelhybriden mit progressiv gesteigerten Pflanzenzahlen von 10000 bis 5120000 Pflanzen je Hektar hatten ergeben, daß die Pflanzenzahl je Flächeneinheit keinen signifikanten Einfluß auf die Blattzahl ausübt. Deutlicher war der Einfluß der Bestandesdichte auf das Längenwachstum der Pflanzen. Die Längenunterschiede der extremen Varianten betrugen 1959 etwa 130, 1960 etwa 70 cm. In gleicher Weise wirkte sich die Bestandesdichte auf die Pflanzenmasse aus. Nur in vereinzelten Fällen und in bestimmten Zeitabschnitten konnte jedoch eine Verdoppelung des Gew.-Zuwachses als Folge des verdoppelten Ernährungsraumes gefunden werden. Deutlich sichtbar war der Einfluß der Bestandesdichte auf die Ausbildung der einzelnen Entwicklungsphasen, wie Kolbenbildung, Griffelbildung, Befruchtung. Eine enge Korrelation ließ sich zwischen Pflanzendichte und Sterilität ermitteln: bes. gut war die Korrelation von Standraum und Kornertrag der Einzelpflanze. Die Verhältnisse lagen anders, wenn die Produktivität im Hinblick auf den Gesamtertrag der Flächeneinheit betrachtet wurde. Die Variante der optimalen Dichte für den Gesamtertrag stimmte niemals mit derjenigen der max. biol. Produktivität der Einzelpflanze überein. Jede Erhöhung oder Verminderung der Pflanzenzahl je Hektar gegenüber der optimalen Dichte führte zu einer Verminderung des Körnerertrages je Hektar. 1720.

Bálint, A., Kovács, A. und Böszörményi, M. A fehérjenövelés fontossága és lehetöségei a kukoricatermesztésben. **(Bedeutung und Möglichkeiten der Erhöhung des Eiweißgehaltes in der Maiszüchtung.)** Magyar tudományos Akad., Agrártudományok Osztályának Közleményei [Ung. Akad. Wiss., Ber. Abt. landwirtsch. Wiss.] **20** (1962) Nr. 1/2. S. 29–38. – Aus: Ung. Agrar-Rdsch. **1962** Nr. 4.

Die F_1 von *Zea mays* × *Euchlaena* besaß hervorragenden Eiweißgehalt; was den Habitus und andere Eigenschaften anbetraf, mußte jedoch 2mal mit einer Maissorte rückgekreuzt werden. Die aus diesen Kreuzungen erhaltene Linie 7/1 war Kulturmais ähnlich und enthielt 14,1% Eiweiß. Ertragsprüfungen von Sortenhybridenpopulationen, die 12,6 bis 14,7% Eiweiß enthalten, erreichten oder übertrafen im Durchschnittsertrag die ungarische Standard-Maishybride 'Mv 5'. Zur Erzeugung von entspr. Hybriden wurde mit der Erhöhung des Eiweißertrages gleichzeitig aus den verschiedenen ungarischen Sorten und Landsorten mittels individueller Auslese begonnen. Im J. 1958 wurden verschiedene Sorten bestrahlt und aus der X_1-Generation X_2- und X_3-

Generationen gezogen. Es zeigte sich, daß auch die Mutationsmethoden erfolgreich zur Verbreiterung der Basis zur Erzeugung von Ausgangsmaterial verwendet werden können, wodurch sich eine weitere Möglichkeit zur Erhöhung der Zahl der zur Herstellung von guten Hybridkombinationen verwendbaren Linien bietet. 1720.

Kovács, A. Kutatások a kukorica fehérjetartalmának növelésére. **(Forschungen zur Erhöhung des Eiweißgehaltes der Maispflanze.)** Agrártudományi Egyetem Mezögazdaságtudományi Karánkak Közleményei, Gödöllö [Ber. landwirtsch.-wiss. Fak. Univ. Agrarwiss., Gödöllö] **1961** S. 253–271. – Aus: Ung. Agrar-Rdsch. **1962** Nr. 4.

Die Variation qualitativer, chem. Komponenten innerhalb der Maissorten wird als eine bei der Auswahl des Ausgangsmaterials wichtige Tatsache für die Selektion angesehen. Durch Röntgenbestrahlung kann die Variabilität erweitert werden. Vf. hat zu diesem Zweck Gattungskreuzungen untersucht und ausgewertet. Die Kombinationseignung einiger Linien wurde geprüft und auf Grund der Erträge die je Flächeneinheit zu erwartende Eiweißmenge berechnet sowie die Möglichkeit zur Verbesserung der Eiweißqualität geprüft. In diesem Zusammenhang wurden auch Untersuchungen von Keimlingen vorgenommen. Obwohl die Erforschung dieser Frage schwierig ist (starke Spaltung der Gattungsbastarde, auf niedrigeren Eiweißgehalt gerichtete natürliche Selektion, Abnahme des Eiweißgehaltes während der Selektion auf Ertragsfähigkeit), wurden doch einige vielversprechende Resultate erzielt. I. allg. scheint eine teils künstliche, teils natürliche Variabilität hinsichtlich der chem. Zusammensetzung zu bestehen, die als Grundlage zur Erhöhung und Verbesserung des Eiweißgehaltes bei Mais dienen kann. 1720.

Javier, Pablo C. und Malabuyoc, Jose A. Performance of synthetic popcorn varieties developed from standard U. S. inbred lines. **(Die Leistung synthetischer Puffmaissorten, die aus U.S.-Standard-Inzuchtlinien entwickelt wurden.)** Philippine Agriculturist **45** (1961) Nr. 3. S. 103–118. – 6 Tab., 9 Lit.

Die Puffmaisqualität wird nach standardisierten Methoden an der Ausdehnung des platzenden Korns gemessen. 2 offen abblühende Sorten wurden mit Populationen verglichen, die aus 6–9 I-Linien bestanden. Sämtliche Hybriden waren gelbkörnig. Die Bonituren wurden nach den üblichen Voraussetzungen vorgenommen. Für die Qualitätsbestimmung verwendete man ein standardisiertes Gerät (Volumenprüfer). Der Ertrag der synthetischen Populationen schwankte sehr stark. Qualitätsmäßig waren fast alle Populationen den Standardsorten, sowohl bei trockenen als auch bei feuchten Anbaubedingungen, überlegen. Bzgl. der technologischen Eigenschaften ergaben sich keine wesentlichen Differenzen. Bemerkenswert ist, daß die synthetischen Sorten i. allg. frühreifer als die Standardsorten waren.

H. Müller/Bernburg. 1720.

Mercado jun., A. C. und Lantican, R. M. The susceptibility of cytoplasmic male sterile lines of corn to Helminthosporium maydis Nish & Miy. **(Die Anfälligkeit cytoplasmatisch-steriler Linien gegenüber Helminthosporium maydis Nish und Miy.)** Philippine Agriculturist **45** (1961) Nr. 5. S. 235–243. – 3 Abb., 3 Tab.

12 Standardlinien, die auf den Philippinen angebaut werden, wurden durch Rückkreuzung cytoplasmatisch steril gemacht. In dem feuchten Jahr 1961 wurden diese Linien durch *Helminthosporium maydis* stark geschädigt. Dies war auf die Verwendung der Ausgangslinie F 44 zurückzuführen. Vf. verglich Hybriden dieser anfälligen Linien. Die Anfälligkeit war praktisch gleich groß. Auffallend war, daß einmalige Rückkreuzungen nicht so anfällig waren

wie ältere Linien. Es ist anzunehmen, daß genetische Einflüsse die Ausprägung der Resistenz verändern. Durch konsequente Auslese in allen Generationen sind wahrscheinlich neue pollensterile Linien mit hoher Resistenz zu erhalten. Da nur allg. Boniturdaten angegeben sind, kann auch die Streubreite der Einzelpflanzen nicht beurteilt werden.

H. Müller/Bernburg. 1720.

Focke, Ingeborg; Bernburg, Inst. für Pflanzenzücht. der Dtsch. Akad. der Landwirtsch.-Wiss. zu Berlin. **Resistenzverhalten einiger Maissorten und -hybriden auf künstlich erzeugte Kolbenmykosen unter Berücksichtigung der im Bernburger Raum häufig an Maiskolben auftretenden Pilzflora.** Züchter **32** (1962) Nr. 4. S. 200–210. — 10 Tab., 74 Lit.

Die aus der Lit. bekannten Kolben- und Körnerfäulnis erregenden Pilze werden aufgezählt. Aus ‚Siloma'- und 'Schindelmeiser'-Vermehrungen wurden 1960 und 1961 vor der Trocknung Kolbenproben von 22 Vermehrungsbeständen gezogen und auf natürlichen Pilzbesatz untersucht. Dabei konnten 15 verschiedene Pilzgattungen ermittelt werden, von denen *Cladosporium* spp., *Fusarium poae*, *Nigrospora oryzae*, *Acremoniella atra* und *A. verrucosa* erstmalig beschrieben wurden. Am häufigsten zeigten sich *Cladosporium*, *Fusarium*, *Cephalosporium*, *Botrytis* und *Alternaria*. Die Zusammensetzung des Gesamtpilzspektrums erwies sich abhängig vom Witterungsverlauf in den Monaten Aug. bis Okt. Mit späterem Erntetermin nahm der Pilzbesatz insbes. an der Kolbenbasis zu. Entspr. dem Anteil aufgeplatzter Körner war er 1960 stärker als 1961. Keimprüfungen ließen bes. starke Beeinträchtigung der Keimung durch *Fusarium*-Arten erkennen. Mit Hilfe künstlicher Infektionen konnten an einigen ausländischen Sorten und am Bernburger Zuchtmaterial Resistenzunterschiede nachgewiesen werden. Gegen *Fusarium*-Arten waren ein kleinkörniger chinesischer Hartmais schwach- und ein Zuckermaisstamm hochanfällig. Die Sortenhybriden 'Siloma' und 'Bbg S704' zeigten nach künstlicher Kolbeninfektion mit *Fusarium* spec. deutlich geringeren Befall als ihre Eltern. Gegenüber *F. culmorum* verhielten sich jedoch beide intermediär.

A. Winkel. 1720.

Sanders, Mary E. und Franzke, Clifford J.; Brookings, S. Dak., South Dakota State Coll., Agronomy Dep. Cytological studies of nontrue-breeding mutants in sorghum obtained after colchicine treatment. **(Cytologische Untersuchungen nichtreinzüchtender Mutanten bei Sorghum, die nach Colchicinbehandlung erhalten wurden.)** Amer. J. Bot. **49** (1962) Nr. 9. S. 990–996.

1722.

Blixt, Stig. Studies in induced mutations in peas. VI. Mutations in seed-colour, flower-colour, maculum-colour, pod-colour and grey spotting of leaves. **(Untersuchungen über induzierte Mutationen bei Erbsen. 6. Mitt. Mutationen der Samenfarbe, Blütenfarbe, Maculumfarbe, Hülsenfarbe und Graufleckung der Blätter.)** Agri Hortique Genetica [Landskrona] **20** (1962) Nr. 1/2. S. 95 bis 110. — 5. Mitt. vgl. LZ. Abt. II 8 (1963) Nr. 4. S. 1073.

Vf. beschreibt 11 Mutationen der Testafarbe. Die bisher bekannten Farbgene und die durch ihre Kombination möglichen Phänotypen werden erwähnt. In bezug auf Farbe der Kotyledonen ist eine Mutation mit grünen Kotyledonen bekannt. Die für die Farbausprägung verantwortlichen Gene werden erwähnt. Für die Blütenfarbe werden 13 von Lamprecht beschriebene Typen mit genauer Farbbeschreibung und Genformel angegeben. Auch die Phänotypen und die dazugehörigen Genformeln für Hülsenfarbe, Maculumfarbe und Graufleckung der Blätter werden beschrieben. Anschließend werden die bisher bekannten Mutationen (Ursprung der Mutation, Vf., auslösendes Agens, die Genetik und Bezeichnung des Gens sowie die Spaltung in X_2 und X_3) angegeben.

W. Hiller. 1732.

Lamprecht, Herbert; Landskrona, Schweden. **Über Gene für Farbenverteilung auf den Blumenblättern von Pisum.** Agri Hortique Genetica [Landskrona] **20** (1962) Nr. 1/2. S. 11–16. – 2 Abb., 1 Tab., 9 Lit.

Bei *Pisum sativum* wird die Färbung der Blüten durch die Grundgene *A*, *Am* und *Paf*, die Farbgene *Ar*, *B*, *Ce* und *Cit*, *Cm*, *Cr* bedingt. Außerdem wirken mit das Verstärkungsgen *Cv*, sowie das Gen für Schiffchenfärbung *Kp*. Die Scheckung der Blüte wird durch das Gen *A* mit den Allelen *A*, A_1 A_2, *a* verursacht. Nachkommen, die in der Blütenfleckung konstant blieben, wurden bei gescheckten Individuen bisher nicht gefunden, sie waren i.a. wieder einfarbig *purpureus*. 1961 sind auffallend viele gescheckte Individuen im Kreuzungsmaterial des Vf. aufgetreten. Es handelt sich hierbei mit Sicherheit um eine Spaltung im Gen *A* mit einem neuen Allel A^{ma}. – Spontan traten in Kreuzung 1331 die Mutanten *serenum* und *centrobscurum* auf. Bei *serenum* handelt es sich offenbar um Mutation zu einem rezessiven Gen, das mit *Sre* bezeichnet werden soll. *Centrobscurum* (*Ceo*) ist zu *ser* rezessiv. – Kreuzungsergebnisse zeigen, daß normal *purpureus*-gefärbte Individuen im Gen *Sre* dominant sein müssen. Es wäre denkbar, daß sich Rezessivität in *Ceo* nur zusammen mit *sre* manifestiert. *Purpureus*-Pflanzen könnten demnach keine *centrobscurum*-Nachkommen abspalten. R. Peschel. 1732.

Lamprecht, Herbert; Landskrona, Schweden. **Zur Vererbung der Panaschierung von Stipeln und Blättchen von Pisum.** Agri Hortique Genetica [Landskrona] **20** (1962) Nr. 1/2. S. 1–10. – 2 Tab., 6 Lit.

Die Stipeln und Blättchen können panaschiert oder frei von Fleckung sein, welche durch eine dünne luftführende Schicht zwischen Epidermis und Pallisadenschicht hervorgerufen wird. Panaschierung wird durch das Gen *Fl* bedingt und ist dominant. Die Stärke der Panaschierung variiert, Stipeln sind stets stärker gefleckt als die Blättchen. *Fl* ist mit *Pl* gekoppelt. *Fl* hat die Allele Fl^w, Fl^v, *Fl* und *fl*. Die Panaschierung soll nach Fedotow einen genisch bedingten Schutz vor Austrocknung bei starker Insolation sein. – Vf. weist darauf hin, daß *i-obo* auf *fl*-Individuen Panaschierung erzeugt, die ähnlich stark wie bei Fl^w-Pflanzen ausgebildet ist. Eine Erklärung dieser Erscheinung ist noch nicht möglich. – Bei der Beurteilung der Spaltungsverhältnisse stark panaschierter Linien ist zu berücksichtigen, daß die Umweltverhältnisse die Stärke der Fleckung beeinflussen können. *Fl* und Fl^w sind gegen *fl* immer dominant, hingegen kann nicht eindeutig eine Dominanz von Fl^w gegenüber *Fl* behauptet werden. – In Kreuzungsversuchen zeigte das in Chromosom VI liegende *Fl* keine Koppelung mit den Genen *Bt* (VII), *I*(I), *Le*(IV), *S*(II), *Tl*(VII) und *Wb*(II). R. Peschel. 1732.

Lamprecht, Herbert; Landskrona, Schweden. **Studien zur Koppelung des Gens Kp von Pisum.** Agri Hortique Genetica [Landskrona] **20** (1962) Nr. 1/2. S. 17–22. – 8 Lit.

Kp bedingt die Färbung des Schiffchens und die Verstärkung der Blütenfarbe. Es manifestiert sich nach Fedotow nur bei Dominanz in *A*, *B*, B_1 *Paf* und *Cv*. Die Nachkommen der Kreuzung 1333 (L.1238 mit cremefarbigem Schiffchen × L. 1255 mit anthocyanfarbigem Schiffchen) zeigten die erwarteten dominanten Merkmale nud das das *Nap* in keinem Zusammenhang mit *Kp* steht. Auf *bb*-Pflanzen trat durch *Kp* eine nicht erwartete Färbung des Schiffchens auf, die vermuten läßt, daß es sich beim Gen des Vf. um ein anderes, evtl. zu *Kp* polymeres Gen handelt. *B*(Chromosom III) zeigt sichere Koppelung mit *Kp*. Es ist anzunehmen, daß *Kp* unweit von *St* liegt. R. Peschel. 1732.

Lamprecht, Herbert; Landskrona, Schweden. **Zur Vererbung der Blättchenzähnung bei Pisum.** Agri Hortique Genetica [Landskrona] **20** (1962) Nr. 1/2. S. 63–74. – 4 Abb., 3 Tab., 14 Lit.

Kreuzungen zwischen gezähnten und ganzrandigen Erbsen ergab ganzrandige F_1 und spaltende F_2. Die Zähnung wird durch *Td* bedingt. *td* ergibt ganzrandige bis schwach gezähnte Blätter, bei *Td*-Pflanzen variiert die Zähnung beträchtlich. Schwachwüchsigkeit scheint für Zähnung zu disponieren. Die Zähnung der Linien kann von Jahr zu Jahr variieren. (Zusammenhang mit dem Wasserhaushalt ?). 1948 konnte Vf. für *Td* die Koppelungsgruppe *N-Z-Fa-Td-V-Le* (Chromosom IV) nachweisen. – Bei der Zähnung treten die 3 Typen *scalaris forma*, *serratus* und *incisus* auf. Die Kulturverietäten von Mittel- und Nordeuropa und Nordamerika gehören dem *scalaris forma*-Typ an, die anderen Typen sind bei Wildformen anzutreffen. In Kreuzungen trat ein Gen *Int* auf, welches selbständig den Zähnungsgrad 5 bewirkt, sowie ein Gen *Ser*, das für die Ausbildung der *serratus*-Zähnung verantwortlich ist. *Ser* kommt nur bei Anwesenheit von *Td* bzw. von *Int* zur Wirkung. Auch für die Ausbildung des *incisus*-Types muß ein bes. Gen wirksam sein, welches entweder ein Allel zu *Ser* oder auch selbständig (*Inci*) sein könnte.

R. Peschel. 1732.

Marx, G. A. und Hagedorn, D. J.; Geneva, N. Y., New York State Agric. Res. Stat.; Wisconsin Agric. Exp. Stat. Fasciation in pisum. **(Die Fasciation bei Erbsen.)** J. Heredity **53** (1962) Nr. 1. S. 31–43. – 18 Abb., 5 Tab., 31 Lit.

Die Fasciation ermöglicht es, daß mehrere Blüten in einer Ebene liegen und daher die Schoten praktisch gleichen Reifegrad besitzen. Struktur und Entwicklung der Blüte werden dabei nicht verändert. Die Fasciation wird durch ein rezessives Gen *fa* hervorgerufen. Diese Pflanzen haben eine kürzere Blüh- und Fruchtperiode als normale und erleiden dadurch auch weniger Schaden durch den Erbsenwickler. – Vf. gibt Übersicht über Kreuzungsmaterial sowie die Versuchs- und Auswertungsmethoden. Normale *FaFa*-Pflanzen ergaben, gekreuzt mit *fafa*-Pflanzen, in der F_1 ausnahmslos normale Nachkommen. F_2 spaltete i. allg. 3:1. Diese Nachkommen zeigten alle möglichen Grade der Fasciation. Wenn die Typen aber in ihrer genischen Konstitution fixiert waren, schienen sie auch bei unterschiedlichen Kulturbedingungen stabil zu sein. Die Fasciation kann, auch bei *fafa*-Pflanzen, unterschiedlich stark zum Ausdruck kommen und schlägt zuweilen nur unvollkommen durch. Bei wiederholter Selektion können aber uniforme, „completely penetrant lines" erzielt werden. Dazu ist 4–5maliges Inzüchten unerläßlich. – Die Kreuzungsergebnisse ließen darauf schließen, daß, entgegen Lamprecht, nur 1 Gen für die Erscheinung der Fasciation verantwortlich ist.

R. Peschel. 1732.

Lamprecht, Herbert; Landskrona, Schweden. **Studien zur Vererbung des Höhenwachstums bei Pisum.** Agri Hortique Genetica [Landskrona] **20** (1962) Nr. 1/2. S. 23–62. – 9 Tab., 26 Lit.

Vf. gibt einen Überblick über die bisherigen Kenntnisse der genetischen Grundlagen des Höhenwachstums bei *Pisum sativum*. – Die Pflanzenhöhe ist sehr variabel und wird durch Umweltfaktoren und die unterschiedliche Reaktion der einzelnen Genotypen bei gleichem Milieu beeinflußt. Wachstumshemmend wirken die Gene *La* und *Cry* sowie die Polymeren *Lc* und *Ld*. „Mikrowuchs" verursacht das rezessive Gen *lm* (Chromosom VI). Das Höhenwachstum wird von 8 bisher bekannten Genen (es gibt zweifellos noch mehr) direkt bewirkt und indirekt durch ca. 10 bekannte Gene modifiziert, welche Bau und Morphol. der Pflanzen abändern. Die Höhe der Pflanzen wird durch Anzahl und Länge der Internodien bestimmt. Die Gene für Internodienzahl sind nicht mit denen für ihre Länge korreliert. Für die Internodienzahl sind die Gene *Mie* (I), *Min* (VII) und *Miu* (V) verantwortlich, für die Internodienlänge die Gene *Coe* (III), *Coh* (V), *Cot* (I) und *Cona* (VI). Bei *Coh* handelt es sich möglicherweise um 2 Gene. Bei dem 8., in Chromosom II gelegenen

Gen ist noch nicht geklärt, welches der Merkmale es beeinflußt. – An Hand zahlreicher Kreuzungen werden die Koppelungsverhältnisse dieser Gene mit 22 anderen bekannter Lage aufgezeigt. R. Peschel. 1732.

Lorz, A. P.; Gainesville, Florida Agric. Exp. Stat. Breeding southern peas for processing. **(Die Züchtung der „southern peas" für Konservierungszwecke.)** Proc. Florida State horticult. Soc. **74** (1961, hrsg. 1962) S. 282–284. – 3 Abb., 3 Lit.

Vf. schlägt vor, die Bezeichnung „cowpeas" (Kundebohnen) in „southern peas" abzuändern, da diese Erbsen durchaus nicht nur für Futterzwecke geeignet sind, wie der Name andeutet. Außerdem verhindert er die Einführung dieses Gemüses in Länder, wo es so gut wie unbekannt ist. Durch züchterische Bearbeitung der angenehm schmeckenden, gut aussehenden, aber in den Erträgen noch nicht befriedigenden gelbsamigen Typen hofft Vf., zu Sorten zu kommen, die bei guter Ertragsfähigkeit aufrecht wachsen, die Schoten über dem Laub tragen, einheitlich reifen und sich gut auspalen lassen. Diese Zuchtziele würden auch mechanisches Ernten ermöglichen. Ein derartiger Typ wäre dann als Frisch- und Feinfrostgemüse den „english peas" und Limabohnen vergleichbar und ebenso schmackhaft. Bisher sind die Sorten 'Climax' (gelbsamig, ertragreich, von guter Qualität, für Frischverbrauch gedacht, für mechanische Beerntung noch nicht geeignet) und 'Topset' (etwas niedriger im Ertrag als 'Climax' aber mechanisch erntbar) herausgegeben. – Im Zuchtmaterial befinden sich Typen mit langen Schoten, die für die Verwendung in der Konservenindustrie („Brechbohnen") geeignet erscheinen.
R. Peschel. 1732.

Rowlands, D. G.; Aberystwyth, Welsh Plant Breeding Stat. Fertility studies in the field bean (Vicia faba L.). II. Inbreeding. **(Fertilitätsuntersuchungen bei der Ackerbohne [Vicia faba L.]. 2. Mitt. Inzüchtung.)** Heredity **16** (1961) Nr. 4. S. 497–508. – 1 Abb., 8 Tab., 10 Lit. 1. Mitt. vgl. LZ. Abt. II **7** (1962) Nr. 4. S. 1114.

Die Entwicklung selbstfertiler Ackerbohnen mit ausreichender Vitalität wäre vorteilhaft, um von der Befruchtung durch Insekten unabhängig zu sein. Als Material dienten Nachkommen von weißblühenden (rezessiv) und farbigblühenden Stämmen, die reihenweise nebeneinander angebaut worden waren. Die aus Selbstungen entstandenen weißblühenden Nachkommen wurden in den folgenden Jahren geselbstet, die anderen konnten frei abblühen. Die Gewächshausversuche ergaben, daß 3jährige Selektion der I-Linien auf gesteigerten Samenansatz ohne Erfolg war. Es wird angenommen, daß dieses Ergebnis auf das Wirksamwerden schädlicher, rezessiver Gene, die homozygot geworden waren, zurückzuführen ist. Diese Gene sollen mit anderen in einem balancierten System gekoppelt sein, so daß durch reine Auslesezüchtung keine selbstfertilen, wüchsigen Ackerbohnen erhalten werden können. K. Schulz. 1734.

Lehmann, Chr. O.; Gatersleben, Inst. für Kulturpflanzenforsch. der Dtsch. Akad. der Wiss. zu Berlin. **Ein Beitrag zur Systematik der Sojabohnen (Glycine max [L.] Merr.).** Züchter **32** (1962) Nr. 5. S. 229–249. – 64 Lit.

Die Wildform der Soja und die Kulturform können entweder als eine Art, *Glycine soja* (L.) Sieb. et Zucc. emend. Benth., oder als 2 Arten, *Glycine soja* Sieb. et Zucc. *sensu stricto* bzw. *Glycine max* (L.) Merr., betrachtet werden. Einleitend wird die Lit. über Abstammung der Kultursoja und die Entstehung der Sojabohnenkultur in Ostasien erörtert. Die große Formenfülle der Arten ist nur an Hand eines ordnenden Systems zu überblicken. Es kann nach Samenmerkmalen (Forderungen des Marktes), Wuchsform, Reifezeit (Landwirtsch.) oder dergl. gruppiert werden. Die Kulturpflanzensystematik erfaßt dagegen die gesamte bekannte Mannigfaltigkeit. Dies soll mit Hilfe möglichst eindeutiger äußerer qualitativer Merkmale erfolgen (genutzte Pflanzenteile müssen dabei im Vordergrund stehen). In Anlehnung an Arbeiten von Skvortzov und Tupikova, unter Berücksichtigung von 40 bekannten Systemen zur Klassifizierung der Soja und evtl. notwendiger weiterer Aufteilung in einzelne Varietäten, schlägt Vf. eine verbesserte Gliederung der Art *Glycine max.* vor. Dabei wurden alle Gruppen als gleichberechtigte Varietäten betrachtet und Gruppen von Varietäten mit gleichen Eigenschaften zu Convarietäten zusammengefaßt. Es ergaben sich 6 Convarietäten mit zusammen 97 Varietäten, für deren Unterscheidung Bestimmungsschlüssel angegeben werden.

V. Ehrenpfordt. 1742.

Hanson, W. D. und Weber, C. R.; Ames, Iowa State Univ.; Beltsville, Md., Crop Res. Div. Resolution of genetic variability in self-pollinated species with an application to the soybean. **(Aufspaltung der genetischen Variabilität von Selbstbestäubern unter spezieller Anwendung bei Sojabohnen.)** Genetics **46** (1961) Nr. 11. S. 1425–1434.

Im allg. ist die Züchtung bei Selbstbestäubern auf die Auslese bestimmter Eigenschaften abgestellt, die z. B. den Ertrag betreffen und durch die Wirkungsweise homozygoter Genotypen bedingt werden. Die Homozygotie ist dabei der natürliche Zustand von Selbstbestäubern. Die Ausnutzung der genetischen Variabilität wurde bei beliebigen homozygoten Linien, welche eine Population bilden, untersucht. Der Rückgang der Genhäufigkeit und die genetische Erwartung von Kovarianzen zwischen einem beliebigen Paar homozygoter Linien einer beliebigen Pflanze wurde in der n-Selbstungsgeneration ermittelt. Die Ermittlungen werden für die Beschreibung und Erörterung experimenteller Vorhaben zur Messung der epistatischen Variabilität bei Selbstbestäubern benutzt. Die genetische Variabilität homozygoter Linien der F_2 von Sojabohnen wurde aufgetrennt. Beweise für eine epistatische Komponente des Ölgehaltes wurden erbracht. Die epistatische Komponente könnte ein bedeutender Faktor der genetischen Variabilität des Samenertrages sein, doch reicht das Material für derartige Aussagen, wie Vf. betont, nicht aus. G. Barich. 1742.

Johnson, Herbert W. und Bernard, Richard L.; Beltsville, Md., U.S. Dep. of Agric.; Urbana, Ill., U.S. Regional Soybean Lab. Soybean genetics and breeding. **(Genetik und Züchtung der Sojabohne.)** Advances Agronomy **14** (1962) S. 149–221. – 8 Tab., 164 Lit.

Es wurde versucht, die Lit. über die Genetik und Züchtung von Sojabohnen, insbes. die, welche sich mit der Verbesserung der Züchtungsverfahren befaßt, zusammenzustellen. Vereinzelt wurden auch unveröffentlichte Arbeiten besprochen. Gegliedert ist die Arbeit in 5 Hauptkapitel und mehrere Unterkapitel: I. Einleitung (A. Taxonomie, B. Herkunft und Verbreitung); II. Fortpflanzung (A. Die Blüte, B. Blüte und Samenbildung, C. Befruchtung); III. Genetik qualitativer Eigenschaften (A. Pigmente, B. Pflanzeneigenschaften, C. Krankheitsresistenz, D. Physiol. Eigenschaften, E. Defekte, F. Koppelungen); IV. Genetik quantitativer Eigenschaften (A. Koppelung von Genen, die quantitative Eigenschaften bedingen, B. Art der genetischen Variabilität, C. Heritabilität von Eigenschaften, D. Korrelationen von Eigenschaften, E. Selektionsindices, F. Sonstige Eigenschaften); V. Züchtung (A. Allg. Zuchtziele, B. Betrachtungen über Genotypfeststellungen, C. Züchtungsmethoden, D. Artbastarde, E. Mutationsauslösungen, F. Allg. Betrachtungen über die Züchtung von Sojabohnen). K. Schulz. 1742.

Milthorpe, F. L. The relative importance of the different physiological processes in the determination of yield. **(Die relative Bedeutung der verschiedenen unterschiedlichen physiologischen Vorgänge der Ertragsbestimmung.)** Dtsch. Akad. Landwirtsch.-Wiss. Berlin, Tagungsber. **1962** Nr. 48. S. 11–19. – nach Zus.

Die Wachstumskurve der Kartoffelpflanze kann in 3 Abschnitte gegliedert werden: 1. die Bildung der Blattfläche als Funktion des erreichten Entwicklungsgrades, 2. die Knollenanlage, welche durch eine hohe Konz. von Kohlenhydraten in der Stolonenspitze hervorgerufen und durch hohe Strahlung sowie niedere Temperatur gefördert wird. 3. das Knollenwachstum, das von der Erhaltung der Blattfläche abhängt. Zu frühes Knollenwachstum verhindert eine Blattflächenvergrößerung und verursacht damit Ertragsdepressionen. Durch Besprühen mit Harnstoff nach der Knollenanlage kann die Funktionstätigkeit des Blattapparates verlängert werden. 1772.

Maierhofer, E. **Beurteilung der Ertragsbildung der Kartoffel unter besonderer Berücksichtigung des Standraumes.** Dtsch. Akad. Landwirtsch.-Wiss. Berlin, Tagungsber. **1962** Nr. 48. S. 61–78. — nach Zus.

Es wurde versucht, die einzelnen ertragsbildenden Faktoren der Kartoffel und deren gegenseitige Abhängigkeitsverhältnisse zu beschreiben. Der Faktor Knollenzahl je Einzelpflanze nimmt hierbei eine gewisse Schlüsselstellung ein, da er auf einige andere ertragsbildende Faktoren großen Einfluß ausübt. Er ist hauptverantwortlich für den Ertragsaufbau der einzelnen Sorten, der sich entweder auf den Einzelpflanzenertrag oder auf die Pflanzenzahl je Flächeneinheit stützt. Die Knollenzahl je Pflanze wird jedoch auch durch die Pflanzenzahl je Flächeneinheit–Standraum beeinflußt, und zwar je nach dem Ertragsaufbau der Einzelpflanze in verschiedenem Maße. Diesbezgl. Untersuchungen der Bundesanst. für Pflanzenbau und Samenprüfung Wien bestätigen, daß Sorten, deren Flächenertrag hauptsächlich auf der Pflanzenzahl je Flächeneinheit beruht, solchen gegenübergestellt werden können, die ihre Flächenertragsleistung mehr auf dem Einzelpflanzenertrag aufbauen. Erstere sind die wenigknolligen Sorten, die bes. für Trockengebiete geeignet erscheinen, letztere jene mit hohem Knollenansatz, die eine max. Flächenleistung nur in feuchten Lagen und bei weiterem Standraum erbringen. Um in der Züchtung bereits im 2. Sämlingsjahr eine möglichst fehlerfreie Beurteilung des Ertragsaufbaues der einzelnen Sämlinge zu ermöglichen, wird die Auspflanzung der Sämlinge im Quadratverband 60 × 60 cm empfohlen. Dadurch treten die Unterschiede im Ertragsaufbau wesentlich deutlicher in Erscheinung und Fehlerquellen werden durch die sonst so häufig auftretende Randpflanzenwirkung weitestgehend ausgeschaltet. 1772.

Steineck, O. **Die Kartoffel im photoperiodischen Betrachtungssystem.** Dtsch. Akad. Landwirtsch.-Wiss. Berlin, Tagungsber. **1962** Nr. 48. S. 47–60. — nach Zus.

Nach einer allg. Darstellung des photoperiodischen Betrachtungssystems nach der Hypothese von Kopetz wird der Einfluß der Tageslänge auf die Ertragsbildung der Kartoffel besprochen. Entspr. ihrem Verhalten gegenüber dem Lichtklima ist sie, beurteilt nach der Knollenbildung, als Kurztagspflanze und bezgl. der Blütenbildung als Langtagspflanze anzusprechen. Die Zuchtzielerstellung in photoperiodischer Hinsicht wird für die einzelnen Reifegruppen präzisiert und außerdem werden die Möglichkeiten der Selektion nach der photoperiodischen Reduktionsauslese aufgezeigt. Die Frage der Schosserbildung im Zusammenhang mit der Saatkartoffelproduktion und die Beeinflussung des *Phytophthora*-Befalles durch die Tageslänge werden besprochen. Die Hypothese von Kopetz erweist sich bei der Kartoffel zur Deutung photoperiodischer Erscheinungen unter den Normen der Natur als bestens geeignet. Sie bietet auf Grund ihrer eindeutigen Begriffsbestimmung die Möglichkeit, praktische Maßnahmen aus dem Verhalten der Kartoffel gegenüber der Tageslänge für die Züchtungsarbeit zu ziehen und weist auf die Notwendigkeit der Berücksichtigung photoperiodischer Anforderungen im Zuchtziel hin. 1772.

Waltscheff, P. **Korrelative Zusammenhänge zwischen einigen morphologischen Merkmalen der Blätter und der Frühreife bei Kartoffeln.** Dtsch. Akad. Landwirtsch.-Wiss. Berlin, Tagungsber. **1962** Nr. 48. S. 105–112. – nach Zus.

Früh- und Spätkartoffeln unterscheiden sich durch unterschiedliche Blattrippung. Sie ist bei früheren immer schwächer ausgebildet als bei späten. Zwischen der Länge der Mikronervatur einer Einheit Blattfläche und der Reifegruppe besteht ein enger Zusammenhang. Die stärker gerippten Spätsorten verfügen auch über eine längere Mikronervatur als die Frühsorten. Der Quotient aus den Längen des 1. zum 2. Fiederblattpaar ist bei Frühsorten immer größer als 1, bei Spätsorten immer kleiner. 1772.

Howard, H. W.; Cambridge, Plant Breeding Inst. Mericlinal chimeras in the potato variety Gladstone. **(Meriklinalchimären bei der Kartoffelsorte 'Gladstone'.)** New Phytologist **60** (1961) Nr. 3. S. 388–392. – 8 Abb., 3 Tab., 9 Lit.

Die Schale von Knollen der Sorte 'Gladstone' ist in der Regel weiß mit rosa Flecken, die an den Augen gehäuft auftreten. Das Anthocyan ist im Periderm lokalisiert. In ganz seltenen Fällen (1 : 18000) tritt der Fall ein, daß eine Knolle fast ganz rot ist. Diese Knollen sind Periklinalchimären, wobei nur die erste Zellage des Vegetationskegels eine Veränderung erfuhr. Die Zellage II entspricht dem normalen 'Gladstone'-Typ. Werden die ursprünglichen Triebspitzen der Augen roter Knollen entfernt, so bilden die von einem hypodermalen Kambium angelegten Seitenknospen normal gefärbte, die nicht entfernten Augen rotschalige Knollen. Die 3 vom Vf. als Meriklinalchimären bestimmten Knollen zeigten eine deutliche Grenze zwischen den beiden Bereichen. Für das Zustandekommen dieser meriklinalen Knollen wird das Vorhandensein von mindestens 6 Initialen für die Zellage I im Vegetationskegel der Achselknospen gefordert. G. Meinl. 1772.

Pochitonowa, Zofia; Stare Oleśno, Stacja Hodowlano-Badawcza IHAR. Komunikat o wynikach badań dzikich i półuprawnych gatunków ziemniaków na odporność na wirus Y i liściozwoju. **(Mitteilungen von Forschungsergebnissen über Wild- und Kulturkartoffeln hinsichtlich ihrer Widerstandsfähigkeit gegen das Y-Virus und das Blattrollen.)** Biul. Inst. Hodowli Aklimatyzacji Roślin, Prace Zakładu Ziemniaka **1960** Nr. 5/6. S. 29–33. – 3 Tab., 4 Lit.

Zur Auslese gegen Y-Virus und die Blattrollkrankheit resistenter Kartoffeln wurden Auslesen aus Knollen 3mal, aus Sämlingen 2mal selektiert. Es wurde festgestellt, daß für die Züchtungen auf Widerstandsfähigkeit gegen das Y-Virus, gewisse Formen von *Solanum chacoense*, *S. commersonii*, *S. acaule* und besonders *S. stoloniferum* nützlich sind. Dagegen erscheint die Resistenzzüchtung gegen die Blattrollkrankheit mit *S. andigenum* und *S. vernei* aussichtsreich. W. Sliwiński. 1772.

Czerwoniec, Z.; Warszawa, Badawcza Stacja Ziemniaczane w Żelaznej. Rozmnażanie ziemniaków przy użyciu do sadzenia małych bulwek podkiełkowanych. **(Die Vermehrung der Kartoffeln durch Verwendung kleiner vorgekeimter Knöllchen beim Pflanzen.)** Roczniki Nauk rolniczych, Ser. A **86** (1962) Nr. 4. S. 699–700. – 1 Tab.

Zur Prüfung der Verwendbarkeit als Pflanzgut wurden kleine Knollen (5–10 g) flach in den Boden ausgelegt. Die Pflegearbeiten wurden auf normale Weise durchgeführt. Die Knöllchen eignen sich für die Vermehrung des Zuchtmaterials (Klone). Die Ernte muß aber früher durchgeführt werden, um die Bildung sehr großer Knollen und Virusinfektionen zu vermeiden.
Z. Zimniak. 1772.

Novák, František; Havlíčkův Brod, Výzkumný Ústav Bramborářský ČSAZV. Vzdornost divokých druhů bramborů proti rakovině (Synchytrium endobioticum [Schildb.] Perc.). **(Krebsresistenz von Wildkartoffelarten [Synchytrium endobiotikum (Schilb.) Perc.].)** Sborník českoslov. Akad. zemědělských Věd, rostlinná Výroba **8(35)** (1962) Nr. 1. S. 123–130. – 3 Tab., 7 Lit. Zus. in Russ., Dtsch.

In den Jahren 1957–1959 wurde die Krebsresistenz von 21 Arten und 103 Formen feldmäßig und im Treibhaus von 32 Formen von *Solanum demissum* überprüft. Sämtliche geprüften Formen der Arten *S. acaule*, *S. schreiteri*, *S. rybinii*, *S. simplicifolium*, *S. goniocalyx* und *S. depexum* erwiesen sich als resistent. Bei den Arten *Solanum punae*, *S. commerconii* und *S. horovitzii* gab es sowohl anfällige als auch resistente Formen. Alle geprüften Formen der Arten *S. andigenum*, *S. subandigenum*, *S. longipedicellatum*, *S. demissum*, *S. ajuscoense*, *S. antipoviczii*, *S. stenotomum*, *S. kesselbrenneri*, *S. schenckii*, *S. malichense*, *S. gibberulosum* erwiesen sich als anfällig. Bei *S. demissum*, einer wegen anderweitiger ökonomischer Eigenschaften für Kreuzungszwecke wichtigen Art, erwies sich die Form 7/11 als am wenigsten krebsanfällig.

P. Bartoš. 1772.

Jassem, M.; Nadgoplańska Hodowla Roślin. Biologia zapylania i zapładniania przy krzyżowaniu diploidalnych i tetraploidalnych buraków cukrowych. Część I. Doświadczenia nad kiełkowaniem pyłku diploidów i tetraploidów. **(Biologie der Bestäubung und Befruchtung bei der Kreuzung di- und tetraploider Zuckerrüben. 1. Mitt. Untersuchungen über die Keimung des Pollens von Di- und Tetraploiden.)** Genetica polon. 2 (1961) Nr. 2. S. 1–19. – 4 Abb., 14 Tab., 31 Lit. Orig.: engl., Ausz.: poln.

Die Ergebnisse der Untersuchungen über die Keimung des Pollens der Zuckerrüben, die in vivo auf den Narben der sterilen männlichen Pflanzen und in vitro auf Agarnährboden durchgeführt wurden, können in folgender Weise summiert werden: Der von den Generationen C_5–C_6 stammende diploide Pollen war nicht weniger lebensfähig als haploider Pollen. Die Keimschnelligkeit des Pollens auf den diploiden Narben war anfänglich unbedeutend höher, aber nach 60 Min. war dieser Unterschied verwischt. Der Anteil in % des auf Agar keimenden haploiden Pollens war unbedeutend höher als von diploidem. Die Pollenschläuche von diploidem entwickelten sich auf Agar schneller als die von haploidem Pollen. I. allg. wird festgestellt, daß hinsichtlich der Lebensfähigkeit beide gleich sind. Wenn in der Nachkommenschaft von Kreuzungen di- und tetraploider Zuckerrüben eine verhältnismäßig größere Zahl von Pflanzen aus Bestäubungen mit x- als 2x-Pollen stammt, sind die Ursachen hierfür endo- und exogener Natur. W. Święcicki. 1774.

Goździewicz, W.; Warszawa, Stacja Hodowli Roślin Z. H. R. i N. – Straszkówek. Wartość gospodarcza mieszańców z krzyżówek buraków cukrowych diploidalnych z tetraploidalnymi. **(Der wirtschaftliche Wert von Bastarden aus Kreuzungen di- und tetraploider Zuckerrüben.)** Biul. Inst. Hodowli Aklimatyzacji Roślin, Prace Zakładu Biol. Przechowalnictwa Nasion **1961** Nr. 3. S. 25–31. – 2 Abb., 7 Tab., 20 Lit.

Der Einfluß tetraploider Zuckerrüben (Stämme der Sorte 'A-J-Poli-2') bei der Kreuzung mit 2 diploiden Sorten (1 zuckerreiche und 1 Normalrübe) wurde untersucht. Die Zahl der Chromosomen und der Ertrag di-, tri- und tetraploider Nachkommen wurde ermittelt. Die triploiden Rüben ergaben um 23% höhere Erträge als das Ausgangsmaterial. Triploide Rüben, die aus Kreuzungen mit der zuckerreichen Sorte entstanden waren, hatten um 0,49% höheren Zuckergehalt als Rüben aus Kreuzungen mit Normalrüben.

Z. Zimniak. 1774.

Davydova, N. S., Litvak, B. E. und Nikolaeva, A. V. (Dawydowa, N. S., Litwak, B. Je. und Nikolajewa, A. W.) Opylenie vysadok svekly v

uslovijach Moldavii. **(Bestäubung der Samenträgerrüben in der Moldauischen SSR.)** V sb.: Opylenie s.-ch. rast. pčelami, M-vo s. ch. SSSR, Moskva **1960** Nr. 3. S. 419–425. – Aus: Referativnyj žurnal. Biologija, Moskva **1961** Nr. 18. G 590. S. 63.
Die Versuche wurden in 2 Sowchosen des Zuckertrusts im Rayon Belzk (1954 bis 1955) durchgeführt. Bei Rüben wurde sowohl Anemophyllie als auch Entomophyllie beobachtet. Die größte Nektarmenge wurde in den Blüten der Zuckerrüben zwischen 11 und 15^{00} festgestellt. In der Luft über den Samenträgerflächen und in deren Nähe sind fast immer, bes. aber in der 1. Tageshälfte, eine große Anzahl Pollenkörner; hohe Pflanzen behindern ihre Bewegung in keinem Fall. Bestäuber der Samenträger sind *Melipothes, Dagestan* und verschiedene Käfer. Zufällige Bestäuber sind: Getreidelaubkäfer, Schnellkäfer, *Trichodis apiarius* L. (Erdfloh), Rübenwanzen. Von Dipteren besuchen die Rübenblüten am meisten Blumenfliegen aus der Familie der *Syrphidae* und in geringem Maße Pseudofliegen und Vertreter der Familie der *Muscidae*. Unter den Insektenbestäubern herrschen Vertreter der primitiveren Gruppen vor. Es erhebt sich die Frage über die Veränderung der Insektenbestäuber zu Gunsten der fortschrittlicheren Bestäubung durch Honigbienen, für die man eine Sorte mit hohem Nektargehalt auswählen und wirksame Methoden für die Bienendressur finden muß. übersetzt v. W. Peitz. 1774.

Schlosser-Szigat, G.; Gülzow-Güstrow, Inst. für Pflanzenzücht. der Dtsch. Akad. der Landwirtsch.-Wiss. zu Berlin. **Artbastardierung mit Hilfe der Embryokultur bei Steinklee (Melilotus).** Naturwissenschaften **49** (1962) Nr. 19. S. 452–453. – 1 Tab., 7 Lit.
Die Arbeiten an cumarinarmem Zuchtmaterial von *Melilotus* sind darauf gerichtet, Resistenz gegen *Peronospora* zu erreichen. Zu diesem Zweck erschien u. a. die Kombination von *Melilotus albus* mit *M. officinalis* erstrebenswert. Auch die Bastardierung von *M. albus* und *M. dentatus* wurde versucht. Aus 1200 Kreuzungen zwischen *M. officinalis* × *M. albus* (cumarinarm) und 700 Kreuzungen zwischen *M. albus* × *M. dentatus* entwickelten 2–3% der Blüten Hülsen bis zu einem Stadium, in dem die Embryonen herauspräpariert und auf einem Nährmedium nach Randolph und Cox weitergezogen werden konnten. Auf diese Weise sind aus der Kombination *M. officinalis* × *M. albus* (cumarinarm) 11 Pflanzen aufgezogen worden. Auf den Bastardcharakter dieser Pflanzen wurde aus der Blattfarbe (helleres grün), der hellgelben Blütenfarbe sowie der Zahl der Samenanlagen geschlossen; *M. officinalis* wies 6,3–7,2, *M. albus* 3,5–4,2 und F_1 von *M. officinalis* × *M. albus* 3,8–5,9 Samenanlagen auf. J. Schieblich. 1780.

Roder, W. **Züchtungsversuche mit dem Kichern-Tragant, Astragalus cicer L.** Albrecht-Thaer-Arch. **6** (1962) Nr. 9. S. 666–678. – nach Zus.
1. Als Ergebnis von 4jährigen Züchtungsarbeiten an *Astragalus cicer* L. werden einleitend einige Hinweise zur Bot., Biol., Inhaltsstoffbildung und Nutzungsmöglichkeit dieser typischen Wildpflanze als Futterpflanze gegeben. 2. Als Ausgangsmaterial der Züchtungsversuche auf schnelle Jugendentwicklung, aufrechten Wuchs, ausreichende Grünmasseleistung und Weichschaligkeit dienten Samen von Pflanzen der Wildflora, die in verschiedenen Gebieten der DDR gesammelt wurden. 3. Bezüglich der Jugendentwicklung und des aufrechten Wuchses konnten im Verlaufe der 4 Jahre nur geringe Fortschritte erzielt werden, da es sich bei *A. cicer* um einen typischen Fremdbefruchter mit großer Heterozygotie handelte, wodurch immer wieder Aufspaltungen auftraten. 4. Mikroprüfungen zur Grünmasseleistung an 49 Stämmen ließen im Ansaatjahr (als Blanksaat) signifikante Unterschiede erkennen. 5. Die Zuführung von mineralischem N im Ansaatjahr zu dieser Kleeart bewirkte einen gewissen Mehrertrag, allerdings nur in verhältnismäßig geringem Maße. 6. Bes. positive Ergebnisse brachte die züchterische Bearbeitung auf Weich-

schaligkeit der Samen. So konnte aus dem Ursprungsmaterial, das eine Weichschaligkeit von nur 1 bis 2% hatte, eine größere Anzahl an Stämmen mit einer Keimfähigkeit von über 90% selektiert werden. 1780.

Züchtung von Futterpflanzen mit hoher Ertragsleistung, Ertragssicherheit und Qualität. Forsch.- u. Entwickl.-Stelle Bernburg, Institut für Pflanzenzüchtung der Deutschen Akademie der Landwirtschaftswissenschaften zu Berlin Plan-Nr.: 17 01 03 h–2–07/6.
Es wird über die bisherigen Erfahrungen mit den herausgebrachten Neuzüchtungen Inkarnatklee, Hornklee, Sumpfrispe, Kanariengras, Roggentrespe und *Phacelia* berichtet. Eine Neuzüchtung Goldhafer ist fertiggestellt und angemeldet. Zurückgezogen bzw. eingestellt wurden die Zuchtarbeiten bei Ölkürbis, *Beckmannia,* Wehrloser Trespe und Alexandrinerklee. Bei Luzerne ist ein umfangreiches Ausgangsmaterial für die Zuchtarbeit geschaffen worden, außerdem laufen Arbeiten über die ertragsbildenden Faktoren in der Beziehung Einzelpflanze als Zuchtobjekt und Drillbestand als Nutzungsform. Die Fortsetzung der aussichtsreichen Zuchtarbeiten an Esparsette als Ersatz für die durch Welkekrankheit stark gefährdete Luzerne wird empfohlen. Bei Rotklee konzentrieren sich die Arbeiten, vorerst noch auf der Basis Grundlagenforschung, auf Ausbildung von 2 Samen pro Hülse. Eine Wiesenrispenzucht (breites Blatt) ist fast fertiggestellt. Der feste Ährensitz bei Wiesenfuchsschwanz konnte erreicht werden. Die Arbeit für Niederungsmoorgebiete erstreckt sich auf futterbauliche Maßnahmen sowie die Züchtung von Weißem Straußgras, Lieschgras und Wiesenschwingel. Weißklee soll, wenn möglich, bearbeitet werden. 1780.

Poczobut, A.; Katedra Uprawy Łąk i Pastwisk. Badania nad ekotypami kostrzewy łąkowej (Festuca pratensis) województwa olsztyńskiego. **(Untersuchungen über Ökotypen des Wiesenschwingels [Festuca pratensis] in der Woiwodschaft Olsztyn.)** Zeszyty naukowe wyższej Szkoły rolniczej Olsztynie **12** (1962) Nr. 2. S. 181–184.
Es wurden Untersuchungen zur Erkennung einiger Eigenschaften des Wiesenschwingels und Auswahl der wertvollsten Ökotypen zur weiteren Züchtung durchgeführt. Die Untersuchungen zeigen, daß Ökotypen und Standardsorten die größten Tageszunahmen in der 1. Junihälfte, in der 2. Julihälfte und 1. Aug.-Tagen sowie auch Ende Aug. und in der 1. Sept.-Dekade hatten. Die max. Tageszunahmen erreichten 3,9 cm. Das größte Wachstum erreichten die generativen Triebe im 2. Jahre. Der Stamm 82 und die Sorte 'Puławska' erreichten 120 cm Höhe. Die Blätter von Vegetativ- und Stengeltrieben wiesen hinsichtlich der Länge und Breite große Variabilität auf. Es konnten Stämme ausgelesen werden, die längere und breitere Blätter als die Standardsorte besaßen. Hinsichtlich des Habitus des Wiesenschwingels sind in den Stämmen 3 Typen festgestellt worden. Die Ökotypen waren i. allg. blattreicher und hatten weniger Stengel als die Standardsorten. Die Samenerträge waren jedoch bei den Ökotypen etwas niedriger als bei den Standardsorten. Es wurden Stämme ausgelesen, die im Eiweißgehalt alle Standardsorten übertrafen. Der P-, K- und Aschegehalt sowie die Winterfestigkeit waren höher, der Rohfasergehalt dagegen niedriger bei den Ökotypen als bei den Standardsorten.
W. Święcicki. 1780.

Komorowski, R ; Katedra Uprawy Łąk i Pastwisk. Badania nad ekotypami wyczyńca łąkowego (Alopecurus pratensis L.) województwa olsztyńskiego. **(Untersuchungen über die Ökotypen von Wiesenfuchsschwanz [Alopecurus pratensis L.] in der Woiwodschaft Olsztyn.)** Zesztyty naukowe wyższej Szkoły rolniczej Olsztynie **12** (1962) Nr. 2. S. 178–180. — 5 Lit.
Die Untersuchungen betrafen die Rhythmik des Wachstums und der Entwicklung chem. Subst., Verholzungsgrad, Ernterest sowie folgende physiol. Eigenschaften: Widerstandsfähigkeit gegen Krankheiten und Schädlinge sowie

Winterfestigkeit. Es wurde festgestellt, daß sowohl Ökotypen wie auch Standardvarietäten die größten Tageszunahmen in der 3. Maidekade, den ersten Junitagen, der 1. Julidekade, Ende Juli sowie in der 2. Aug.-Hälfte aufwiesen. Die größten Tageszunahmen haben im Mai und Juni 3,7 cm nicht überschritten. Der Verlauf der Entwicklungsphasen war deutlich von den Witterungsverhältnissen abhängig. In den beiden Untersuchungsjahren wiesen 4 Stämme ein frühes Ährenschieben und frühe Blüten auf. Der Grünmasseertrag der 7 Stämme war größer als der der ertragreichsten Zuchtvarietät, aber der Samen ertrag der Ökotypen war in beiden Jahren niedriger als bei den Zuchtsorten. Der Eiweißgehalt der Zuchtvarietäten war größer als bei den Ökotypen. Größere Unterschiede hinsichtlich des P-K- und Rohfasergehaltes wurden nicht festgestellt und auch nicht hinsichtlich der Winterfestigkeit. Pilzkrankheiten und Schädlinge traten nur in geringem Maße auf.
W. Święcicki. 1780.

Lundqvist, Arne; Lund, Sweden, Inst. of Genetics. Self-incompatibility in diploid Hordeum bulbosum L. **(Selbstunverträglichkeit bei diploidem Hordeum bulbosum L.)** Hereditas [Lund] **48** (1962) Nr. 1/2. S. 138–152. — 9 Tab., 15 Lit.
Hordeum bulbosum ist ausdauernd, selbstunverträglich und kommt als Form mit 2 n = 14 und 2 n = 28 Chromosomen vor. Letztere Form wird als autotetraploider Abkömmling einer gemeinsamen Stammform betrachtet. Die Analyse der 2 n-Typen zeigte, daß die Unverträglichkeit durch 2 gametophytisch und komplementär wirkende Loci, entspr. den Beobachtungen bei Gräsern, bedingt wird. In 2 reziproken F_1-Familien sind 14 verträgliche Gruppen gefunden worden. Die genetische Steuerung der Selbst- und Kreuzungsunverträglichkeit ist dem bei 3 anderen untersuchten Arten der *Festucoideae* festgestellten System ähnlich. Die beiden Unverträglichkeitsloci S und Z sind voneinander funktionell abhängig; beide umfassen eine Serie von Allelen mit gametophytischer Wirkung und beide scheinen sich unabhängig zu vererben. G. Bandlow. 1780.

Reyntens, H. und Loose, R. de; Lemberge, Etat pour l'Amélioration des Plantes de Grande Cult., Comité pour l'Application des Méthodes Isotopiques, Stat. de Rech. L' action mutageinique du phosphore radio-actif (^{32}P) chez Dactylis glomerata — Lemba R.v.P. **(Die mutagene Wirkung von radioaktivem ^{32}P bei Dactylis glomerata — Lemba R.v.P.)** Rev. Agric. [Bruxelles] **13** (1960) Nr. 2. S. 190–206. 1780.

Murty, G. S., Sajnani, B. T. und Dhyani, K. C.; Rajahmundry, Centr. Tobacco Res. Inst. Improvement of hookah and chewing tobacco in North Bihar. **(Verbesserung von „Hookah“ und Kautabak in Nord-Bihar.)** Indian J. Genetics Plant Breeding **21** (1961) Nr. 3. S. 201–205. — 2 Abb., 2 Tab., 4 Lit.
Vff. befassen sich mit der Selektion von Tabaksorten zwecks Verbesserung der Erträge und Blattqualität. In mehrjährigen Versuchen wurden die Leistungen der Neuzüchtungen geprüft. Hiernach erwiesen sich die Auslesen 'Bori Malinagar Thahra' und 'Bori Bharao 10' im 4jährigen Durchschnitt als die besten, was sowohl den Gesamtertrag als auch den Anteil von Blättern 1. Qualität betrifft. 'Bori Bharao 10', welche die Sortenbezeichnung 'DP 401' erhielt, erwies sich auch unter verschiedenen Boden- und Anbaubedingungen als ertrags- und qualitätsbeständig. Dagegen sank die Leistung von 'Bori Malinagar Thahra' unter praktischen Bedingungen. G. Barich. 1800.

Kovalev, V. N. (Kowaljow, W. N.) Cennyj ischodnyj material dlja selekcii fasoli obyknovennoj (Phaseolus vulgaris [L.] Savi). **(Wertvolles Ausgangsmaterial für die Züchtung von Phaseolus vulgaris [L.] Savi.)** Trudy Belorusskoj sel'skochozjajstvennoj akademii, Gorki **34** (1961) S. 72–86. — 7 Tab., 18 Lit.

Zwecks Untersuchung morphol. und biol. Besonderheiten der Bohnen wurden diese entspr. ihrer agrotechnischen Eigenschaften, hinsichtlich Blattform, Farbe, Samengröße und Samenqualität analysiert und in 4 Gruppen eingeteilt: 1. *Phaseolus vulgaris* var. *grex definiti*, 2. var. *grex semierecti*, 3. var. *grex nutati* und 4. var. *grex volubilis*. Diese 4 Gruppen wurden in ihrer geographischen Verteilung untersucht. Bes. die Bohnen Kirgisiens zeichnen sich durch große Samen, starke Stengel und lange Vegetationsdauer, 70–130 Tage, sowie durch hohen Eiweißgehalt aus. Die Höhe des Eiweißgehaltes ist mit der bot. Form in Verbindung zu bringen. So zeigen var. *compressus*-Formen sehr hohen und var. *oblongus*-Formen sehr niedrigen Eiweißgehalt.

L. Tunger. 1810.

Kovalev, V. N. (Kowaljow, W. N.) Novye sorta fasoli i metody ich vyvedenija. **(Neue Bohnensorten und ihre Züchtung.)** Trudy Belorusskoj sel'skochozjajstvennoj akademii, Gorki **34** (1961) S. 34–71. — 13 Abb., 15 Tab.
Ausgangsmaterial neuer Kreuzungen waren 1560 Bohnenvarietäten, wovon 1544 Varietäten *Phaseolus vulgaris*, 8 *P. multiflorus*, 2 *P. lunatus*, 1 *P. acutilolius*, 5 *P. aureus* und 1 *P. angularis* angehörten. Zuchtziel waren hochertragreiche Sorten, die sich für mechanische Ernte eignen und widerstandsfähig gegen Krankheiten sein sollten. Beste Ergebnisse ergaben Kreuzungen von einzelnen Sorten. Dabei zeichneten sich frühreifende Sorten durch beschleunigtes Wachstum und Tr.-Subst.-Bildung gegenüber spätreifenden aus. Reifegrad und Tr.-Subst.-Bildung sind sichere Kennzeichen zur Differenzierung der Sorten in bezug auf Ertrag und agrotechnische Eignung. Wichtig ist außerdem die Reaktion der Bohne auf die Tageslänge. Diesbezüglich wurde eine Einteilung in 5 Gruppen vorgenommen: 1. Kurztagsreaktion — frühe Blüte bei 10 Std.-Tag, späte Blüte bei Langtag. 2. Kurztagsreaktion — frühe Blüte bei 10 Std.-Tag, keine Reaktion auf Ganztagsbelichtung. 3. Langtagsreaktion — frühe Blüte bei Langtag, späte Blüte bei 10 Std.-Tag. 4. Keine Reaktion auf Kurztag, späte Blüte bei Ganztag. 5. Keine Reaktion auf Kurztag, beschleunigte Blütenentwicklung bei 24std. Belichtung.

L. Tunger. 1810.

Whittington, W. J. Genetical aspects of leaf growth in the tomato. **(Genetische Betrachtungen des Blattwachstums der Tomate.)** Dtsch. Akad. Landwirtsch.-Wiss. Berlin, Tagungsber. **1962** Nr. 48. S. 35–43. — nach Zus.
Der genetische Einfluß auf die Blattentwicklung wurde an 5 Tomatensorten und deren aus diallelen Kreuzungen hervorgegangenen Hybriden geprüft. Beim mittleren Fruchtgewicht konnte weder Dominanz noch Epistasie festgestellt werden. Die Analyse des Blattwachstums ergab Überdominanz und Abhängigkeit von der Geschwindigkeit der Fruchtentwicklung. Es ist anzunehmen, daß das Blattwachstum auf genetischen, vom Stoffwechsel der Einzelzellen abhängigen Grundlagen beruht. 1810.

Hayase, Hiroshi. Cucurbita-crosses. XIV. Occurrence of maternal plants in species crosses of the genus Cucurbita. **(Cucurbita-Kreuzungen. 14. Mitt. Das Auftreten matrokliner Pflanzen in Artkreuzungen der Gattung Cucurbita.)** Res. Bull. Hokkaido nat. agric. Exp. Stat. **1962** Nr. 78. S. 32–39. — Orig.: jap., Ausz.: engl. 1810.

Knight, R. L., Briggs, J. B., Massee, A. M. und Tydeman, H. M.; Maidstone, Kent, East Malling Res. Stat. The inheritance of resistance to woolly aphid, Eriosoma lanigerum (Hsmnn.), in the apple. **(Die Vererbung der Resistenz gegen Blutläuse, Eriosoma lanigerum [Hsmnn.] beim Apfel.)** J. horticult. Sci. **37** (1962) Nr. 3. S. 207–218. — 6 Tab., 22 Lit.
Die bisher bekannten weitgehend gegen *Eriosoma lanigerum* resistenten 18 Apfelsorten werden angeführt und eine Übersicht über diejenigen Sorten gegeben, die sich als resistent bzw. an anderen Standorten als blutlausanfällig

erwiesen. Aus den Untersuchungen geht hervor, daß biol. Rassen auch bei Blutläusen vorkommen. Innerhalb der Sorten nimmt 'Northern Spy' eine Sonderstellung ein, da sie sich an allen Standorten und in allen Versuchen als resistent erwies. Selbstungsnachkommenschaften von 'Northern Spy' spalteten in der Blutlausresistenz 1:1 auf. Ausgewertet wurden auch neu gezüchtete MM-Unterlagen, bei denen 'Northern Spy' als Elter Verwendung fand. Es wurde ein Resistenzgen mit der Bezeichnung 'Er' ermittelt, das mit einem Unverträglichkeitsgen gekoppelt ist. Die Auswertung sämtlicher Versuche bestätigte, daß die Blutlausresistenz genetisch bedingt wird.

W. Blasse. 1820.

Murawski, H. und Endlich, J. **Beiträge zur Züchtungsforschung an Kirschen. II. Befruchtungsbiologische und embryologische Untersuchungen an der Sauerkirschensorte Köröser Weichsel.** Arch. Gartenbau **10** (1962) Nr. 8. S. 616–646. — Zus. in Russ., Engl. nach Zus.

1. An 21 Typen der Sauerkirschensorte Köröser Weichsel und einigen Vergleichssorten wurden befruchtungsbiol. Untersuchungen durchgeführt. Nach freier Bestäubung und reziproken Kreuzungen mit verschiedenen Sorten wurde der Fruchtansatz ermittelt. 2. Die Ansatzergebnisse nach freier und künstlicher Bestäubung sind von Typ zu Typ und auch von Jahr zu Jahr sehr unterschiedlich. Die Typen 2 und 7 brachten in beiden Untersuchungsjahren gute Ansatzergebnisse. 3. In zahlreichen Pollenmutterzellen ist der Ablauf der Mikrosporogenese gestört, so daß aneuploide Mikrosporen entstehen. Infolgedessen variiert die Pollengröße sehr stark, wobei sich die einzelnen Typen unterschiedlich verhalten. 4. Nach erfolgter Befruchtung bis zur Reife setzt ein kontinuierlicher Abfall der Früchte ein. In solchen Früchten ist die Ausbildung des Samens gestört. Es treten verschiedene Schrumpfungsgrade der Samen auf. 5. Der Samenschrumpfung geht eine Hemmung der Embryo- und Endospermentwicklung voraus. Diese Störung kann in allen Stadien der Embryogenese einsetzen. 6. Nach freier Abblüte hatten 88% von 143 annähernd normal entwickelten Embryonen 32 bzw. 24 Chromosomen; sie waren euploid. Die Embryonen sind zu 89% aus der Befruchtung durch Sauerkirschenpollen hervorgegangen. 7. Die Beziehungen zwischen gestörter Embryo- und Endospermentwicklung, der Samenschrumpfung und dem Abfall der Früchte werden diskutiert. 8. Die Verbesserung der Fertilität von 'Köröser Weichsel' ist nicht durch Auswahl geeigneter Bestäubersorten zu lösen, sondern durch Selektion und Züchtung geeigneter Typen. 1820.

Keep, Elizabeth; Maidstone, Kent, England, East Malling Res. Stat. Satellite and nucleolar number in hybrids between Ribes nigrum and R. grossularia and in their backcrosses. **(Zahl der Satelliten und Nucleoli bei Bastarden von Ribes nigrum und R. grossularia und deren Rückkreuzungen.)** Canad. J. Genetics Cytol. 4 (1962) Nr. 2. S. 206–218. — 23 Abb., 3 Tab., 19 Lit.

Durch Kreuzung von *Ribes nigrum* × *R. grossularia* und Colchizinierung der sterilen F_1-Bastarde wurden nach Rückkreuzung unterschiedlich genetischer Typen mit der Konstitution *R. nigrum* : *R. grossularia* 2:1, 3:1, 1:2 und 1:3 erhalten. Die Satellitenzahl in der Metaphase von Wurzelspitzen derartiger Bastarde ist konstant und entspricht der eines normalen *R. grossularia*-Genoms unabhängig davon, daß sowohl *R. grossularia* und *R. nigrum* je 2 Satelliten aufweisen. Vf. nimmt an, daß es die *R. nigrum*-Satelliten sind, die bei den Bastarden nicht mehr in Erscheinung treten. Zur späten Telophase bis zur frühen Zwischenphase entspr. die Nucleoli-Zahl in den Bastarden der Satellitenzahl in der Methaphase. Sowohl *R. nigrum* als auch *R. grossularia* weisen je 2 Nucleoli auf. Die großen Nucleoli werden dem Stachelbeergenomen zugeordnet, die kleinen, die bisweilen in Erscheinung treten, der Schwarzen Johannisbeere. Die Wüchsigkeit der Bastarde steht in keinem Zusammenhang zu der Funktion der Nucleoli-Chromosomen. W. Blasse. 1820.

Ponert, Jiří. **Bestimmung des Zeitpunktes der Meiosis in den Antheren der getriebenen Convallaria majalis Linné cv. Konvalinka z Jaroměře Černý nach quantitativ-morphologischen Merkmalen.** Arch. Gartenbau **10** (1962) Nr. 8. S. 609–615. — nach Zus.
Meiosis (I. Metaphase bis II. Anaphase) verläuft nur in den Antheren, deren Länge 1,1 mm bis 2,0 mm beträgt. 32% der Blütenknospen, deren Länge 2,1 mm bis 3,5 mm beträgt, enthalten Pollenmutterzellen (PMC) mit Meiosis. 31% der Blütenknospen, deren Breite 1,6 mm bis 3,0 mm beträgt, enthalten PMC mit Meiosis. In Blütenknospen, deren Volumen größer als 16 mm^3 ist, ist die Meiosis in den PMC schon beendet, ebenso in Blütenknospen, deren Stiellänge größer als 2 mm ist. Wenn wir Meiosis in den PMC in einer Blütenknospe entdecken, ist 52% ige Wahrscheinlichkeit für die Entdeckung der gleichen Phase auch in der nächstbenachbarten Blütenknospe vorhanden. Am häufigsten finden wir Meiosis in den Antheren, deren Blütenknospen auf Sprossen mit einer Luftsproßlänge von 4 cm bis 8 cm stehen. Je näher der Treibanfang dem Anfang der natürlichen Vegetationssaison liegt, in desto kürzeren Antheren und kleineren Blütenknospen verläuft die Meiosis. 1830.

Frankel, Rafael, Rehovot, Israel, Nat. and Univ. Inst. of Agric. Further evidence on graft induced transmission to progeny of cytoplasmic male sterility in Petunia. **(Weitere Beweise für pfropfinduzierte Übertragung auf Nachkommen cytoplasmatischer männlicher Sterilität bei Petunia.)** Genetics **47** (1962) Nr. 6. S. 641–646. — 2 Abb., 1 Tab., 8 Lit.
Als Pfropfunterlage diente ein Petunienstamm mit rein mütterlich vererbender Pollensterilität. Pollenspender war die ♂-fertile Sorte 'Rosy Morn'. Nur gelegentlich ließ sich genotypische Kontrolle auf die Pfropfinduktion der Pollensterilität in der Nachkommenschaft nachweisen. Die Umwelt beeinflußte den Sterilitätsgrad. Alle Genotypen ergaben gleiche Anteile ♂-steriler F_1-Nachkommen, gleichgültig ob Unterlage oder Reis steril waren. Winterernte erhöhte den Anteil ♂-steriler Pflanzen. Die Pfropfkomponenten verhielten sich autonom. G. Bandlow. 1830.

Barnes, Burton V., Bingham, R. T. und Squillace, A. E. Selective fertilization in Pinus monticola Dougl. II. Results of additional tests. **(Selektive Befruchtung bei Pinus monticola Dougl. 2. Mitt. Die Ergebnisse weiterer Versuche.)** Silvae genetica [Frankfurt a. Main] **11** (1962) Nr. 4. S. 103–111. — 1 Abb., 10 Tab. 1. Mitt. vgl. LZ. Abt. II **5** (1960) Nr. 3. S. 710.
In Weiterführung früherer Versuche (vgl. l. c.) wurde in 8 Bestäubungstests (je Test $A \times A$, $A \times B$, $A \times [A + B]$) das Ausmaß unterschiedlicher Befruchtungsfähigkeit zwischen Selbstungs- und Fremdpollen bei *P. monticola* geprüft. Epikotyllänge am Ende der ersten Vegetationsperiode und mittlere Keimdauer waren unabhängige Maßstäbe für den Grad der Selbst- bzw. Fremdbefruchtung. Da je nach dem Grade der Selbstfertilität des Mutterbaumes und dem Mischungsverhältnis von Selbstungs- und Fremdpollen Selbst- oder Fremdbestäubung wirkungsvoller sein kann, scheint es generell keine Fertilitätsunterschiede zu geben, die stets die Fremdbestäubung begünstigen. Zwischen der Wüchsigkeit des Elternbaumes und der Vitalität des Pollenschlauches konnte eine positive Korrelation nachgewiesen werden. Es werden Schlußfolgerungen für die Anlage von Samenplantagen gezogen (vollständige Ausschaltung selbstfertiler Klone zur Vermeidung von Inzucht). G. Stolle. 1850.

Simonguljan, N. G. K voprosu o metodach provedenija vnutrividovoj gibridizacii. **(Methoden der Hybridisation innerhalb der Art.)** Chlopkovodstvo, Moskva **11** (1961) Nr. 12. S. 44–47. — 2 Tab.
Es wurde versucht, durch Einkreuzung einer frühreifenden Form einen höheren Ertrag bei Baumwolle zu erzielen. Dies gilt insbes. für die Verbesserung des Fruchtgew. Die Aufspaltungen in der F_2 ergaben signifikante Differenzen

bei den verschiedenen Kombinationen. Damit wird bewiesen, daß durch Anwendung der Kombinationszüchtung bei Baumwolle große Erfolge zu erzielen sind. Die Vergleichsdaten lassen erkennen, daß die F_1 der F_2 im Durchschnitt um etwa 50% im Ertrag überlegen ist. H. Müller/Bernburg. 1880.

Schade, Hans und *Pfanner, Klaus.* **Das internationale Übereinkommen zum Schutz von Pflanzenzüchtungen.** Weinheim: Verlag Chemie GmbH. 1962. (101 S.) 14,5 × 10,5 cm = Sonderveröffentlichung aus Gewerblicher Rechtsschutz und Urheberrecht, Auslands- und Internationaler Teil 1962, Heft 7/8. DM 5,70. Im J. 1957 machte Frankreich den Vorschlag, ein internationales Übereinkommen zum Schutz von Pflanzenzüchtungen abzuschließen. Dieses Abkommen wurde am 2. Dez. 1961 von Westdeutschland, Belgien, Frankreich, Italien und den Niederlanden unterzeichnet. Vff. stellen die Vorgeschichte, Organisation und den Verlauf der Pariser Konferenz dar, erläutern die Grundgedanken des Übereinkommens und geben die einzelnen Bestimmungen – insgesamt 41 – des Übereinkommens sowie die Anlagen und den französischen Originaltext an. Zweck des Übereinkommens ist es, dem Züchter einer neuen Pflanzensorte ein Recht zu gewähren und zu sichern. Diese Grundkonzeption ist in Artikel 5 festgelegt. Um diesen Kern gruppieren sich Bestimmungen über den Anwendungsbereich, die sachlichen Voraussetzungen, den Personenkreis, die Dauer des Schutzes usw. Neu ist die Regelung des Schutzrechtes bei Zierpflanzen. Wenn Schnittblumen bestimmungswidrig zur Vermehrung verwendet werden, kann der Züchter eingreifen; nicht aber bei Kartoffeln, wenn diese ursprünglich für den Konsum bestimmt, später vermehrt werden. Geblieben ist die dem Patentrecht analoge Bestimmung, daß es nicht der Zustimmung des Züchters bedarf, wenn seine Sorten Ausgangsmaterial neuer Sorten werden. K. Schulz.

Stubbe, H. **Strahleninduzierte Mutagenese.** Erwin-Baur-Gedächtnisvorlesungen II. 1961. Veranstaltet vom Institut für Kulturpflanzenforschung Gatersleben der Deutschen Akademie der Wissenschaften zu Berlin. Berlin: Akademie-Verlag. 1962. (IV, 231 S. m. 91 Abb. u. 29 Tab.) 8° = Abhandlungen der Deutschen Akademie der Wissenschaften zu Berlin, Klasse für Medizin. Jahrgang 1962. Nr. 1. Vertreter aus 13 Nationen diskutierten in Gatersleben die Probleme der strahleninduzierten Mutagenese. Während die phys. Eigenschaften der auslösenden Agenzien ziemlich genau bekannt sind, ist wenig über die chem. Wirkungen bekannt, die zu einer dosisabhängigen Anzahl von mutierten Individuen führen. Die einleitenden Vorträge von L. H. Gray und M. Errera behandeln die biophys. und biochem. Seite der Strahlenmutagenese, während R. Rieger und H. Böhme Gesichtspunkte des Genetikers erörtern. In den weiteren Vorträgen werden hauptsächlich spez. Reaktionen der im biol. Material als Folge der Bestrahlung ablaufenden Prozesse behandelt. K. Schulz.

Kovács, S. und *Mándy, Gy.* **Angol perjék állományának elemzése, a rozsdafogékonysággal kapcsolatban.** (Analyse von Lolium perenne-Beständen hinsichtlich Rostresistenz.) Budapest: Felsöckt. Jegyzet ellátó Vallalat. 1961. (18 S.) – Aus: Ung. Agrar-Rdsch. **1962** Nr. 2. In Iregszemese wurden 1954/55 34 Sorten und Stämme von Welschem Weidelgras in ihrer Anfälligkeit gegen Rost (*Puccinia coronata* Corda) analysiert. Die Bonitierung der Sorten und Zuchtstämme erfolgte im Aug. 1954, dann im Herbst desselben Jahres und schließlich im Frühjahr 1955 vor der Blüte. Von jeder Sorte bzw. Zuchtstamm wurden mehrere hundert Pflanzen untersucht. Die Pflanzen wurden in Warmbeeten gezogen und im Apr. ins Freie verpflanzt. Beim Anwachsen waren Sortenunterschiede bemerkbar. Bei der 1. Bonitierung des Rostbefalles zeigten 'Dán No 2', 'Koppenhagener', 'Karcagi B55', 'G 25', 'Lapos tipusu' und 'No. 4' Rostresistenz von über 15%. Bei einigen Varianten ging dieser Wert bei der 2. und 3. Bonitierung verloren. Totalen Rostbefall wies die englische Sorte 'Kanadai' auf. Bei der Mehrzahl der Sorten war die Resistenz unbedeutend. In fast jeder Sorte bzw. jedem Zuchtstamm fanden sich Pflanzen, die resistent erschienen, was als erfolgversprechend gewertet werden kann. Die Analyse einiger morphol. und physiol. Eigenschaften der Pflanzen in Zusammenhang mit der Resistenz bzw. Anfälligkeit gegen Rost ließ darauf schließen, daß gewisse Merkmale mit der Rostanfälligkeit bzw. Resistenz korrelieren. Bei der Untersuchung der Länge, Breite und Farbe der Blattspreite, der Wuchsform der Pflanze, der Entwicklung des Bestandes und des Entwicklungsrhythmus zeigte sich, daß kurze schmale und dunkelgrüne Blattspreiten sowie niederliegende lockere Pflanzen von langsamer Entwicklung auf Resistenz deuten. Höchste Anfälligkeit zeigten die Pflanzen mit langer breiter und lichtgrüner Blattspreite sowie die mit niederliegender, kompakter Wuchsform von rascher Entwicklung.

XI. PHYTOPATHOLOGIE UND PFLANZENSCHUTZ

A. Allgemeine Literatur, Berichte, Statistiken u. a.

Anonym; Ottawa, Ontario, Ottawa Univ. Proceedings of the Canadian Phytopathological Society. Twenty-eight Session. **(Berichte der Canadian Phytopathological Society. 28. Sitzung.)** Proc. Canad. phytopathol. Soc. **28** (1962) Nr. 29. S. 1–36. 1901.

Anonym. Plantesygdomme i Danmark 1961. Årsoversigt samlet ved Statens plantepatologiske forsøg. **(Pflanzenkrankheiten in Dänemark im Jahre 1961. Jahresübersicht von der Staatlichen Pflanzenpathologischen Forschungsanstalt.** Tidsskr. Planteavl **66** (1962) Nr. 4. S. 545–608. – 2 Abb. 1901.

Ponchet, J. und Grignac, P. Le second colloque européen sur la rouille noire des céréales. **(Zweites Europäisches Kolloquium über den Schwarzrost der Getreidearten.)** Ann. Amélioration Plantes **12** (1962) Nr. 1. S. 79–84.
Das Kolloquium fand vom 10.–14. 4. 1961 in Madrid statt. Es nahmen über 40 Teilnehmer aus Europa, den USA, Marokko und Argentinien daran teil. Folgende Themen wurden behandelt: 1. Systematik von *Puccinia graminis* Pers.; 2. Bedeutung der Wirtspflanze *Berberis* sp.; 3. Epidemiologie des Schwarzrostes in Europa; 4. Übersicht über die physiol. Rassen des Schwarzrostes (im Weltmaßstab); 5. Gegen Schwarzrost resistente Getreidesorten und 6. Chem. Bekämpfung des Schwarzrostes. E. M. Ardelt. 1901.

Grainger, J. Potato diseases. **(Kartoffelkrankheiten.)** Nature [London] **194** (1962) Nr. 4832. S. 922–923.
Es wird über die von der pathol. Sektion der „European Association for Potato Research" veranstalteten Tagung vom 26.–29. 3. 1962 in Edinburgh berichtet. Die Erzeugung virusfreien Kartoffelpflanzgutes hat mehr als jede andere Maßnahme zur Stabilisierung der Erträge beigetragen. Von Newman wurde Menazon (systemisches Insekticid) zur Knollenbehandlung eingesetzt, um die jungen Triebe für ca. 8 Wochen blattlausfrei zu halten. Taylor berichtete über eine Korrelation zwischen der Stärke des Blattlausbefalls und dem physiol. Zustand der Wirtspflanze. Ein dringendes Problem bez. der Bakteriosen ist die Ausrottung von *Pseudomonas solanacearum* und *Corynebacterium sepedonicum* in Gebieten gemäßigten Klimas. Labryière berichtet über das Auftreten von Schorf (*Streptomyces scabies*) und der Wurzeltöterkrankheit (*Rhizoctonia solani*) auf jungfräulichen Poldern in Holland. Gegen *Rhizoctonia* bewährte sich Pflanzgutbehandlung mit org. Hg-Verbindungen. In Schweden zeitigte TMTD gute Erfolge. Gray erzielte durch Trichloräthylen eine verringerte Keimung der Sklerotien. Weniger toxisch als die Hg-Verbindungen sind org. Zn-Verbindungen, von denen eine gut wirkte, z. Z. aber noch unwirtschaftlich in der Anwendung ist (Graham). Bodenbehandlung mit PCNB wirkte gegen beide Krankheiten in Dänemark. Bez. *Phytophthora infestans* fand Weille, daß klarer Sonnenschein die Sporenkeimung vermindert, Storey, daß nur wenige Beaumont-Perioden das erste Auftreten vorhersagen. Melard teilt die Ergebnisse seiner Resistenzuntersuchungen mit. Noble berichtete über Rassen von *Synchytrium endobioticum*, die resistente Sorten zu befallen vermögen. Bei der Bekämpfung des Kartoffelnematoden (*Heterodera rostochiensis*) spielt der Anbau resistenter Sorten eine große Rolle. Im Hinblick auf die Biotypen wäre für England der Anbau mehrerer Sorten nützlich, deren Resistenz verschiedener Herkunft ist (*Solanum andigenum*, *S. vernei*, *S. multidissectum*). Howard arbeitet an der Züchtung gegen mehr als einen Biotyp resistenter Sorten (× *juzepczukii*). Ouden zeigte, daß Eier von unter 1 Jahr alten Zysten geringere Vermehrungsraten ergeben als reifere Zysten. Vorbehandlung bei 32 °C ergab einen höheren Larvenschlupf als bei niedrigeren Temperaturen. Von 12 Präparaten zur direkten Bekämpfung zeigte Na-methyldithiocarbamat die beste Wirkung (Peachey). Vf. baute sehr frühe Kartoffelsorten an, um der Zeit des starken Nematodenaktivität auszuweichen. Er demonstrierte einen neuen Maschinentyp zur Ausbringung nichtflüchtiger Nematicide. Ch. Janke. 1901.

Anonym. Abstracts of lectures, given at the VIth International Symposium of the Society of European nematologists in Ghent, 25–28 July, 1961. **(Zusammenfassungen der Vorträge, die auf dem VI. Internationalen Symposium der Gesellschaft Europäischer Nematologen vom 25.–28. Juli 1961 in Gent gehalten wurden.)** Nematologica [Leiden] 7 (1962) Nr. 1. S. 8–18.
Von 51 in Gent (Belgien) gehaltenen Vorträgen sind die Zus. von 32 Vorträgen wiedergegeben. Diese beinhalten Untersuchungsergebnisse zur allg. Biologie und Ökologie freilebender und pflanzenparasitärer Nematoden, zur Mor-

phologie und Systematik der Nematoden, ferner Probleme verschiedener Nematodengattungen und -gruppen. Der Gattung *Meloidogyne* waren 3, der Gattung *Heterodera* 7, der Gattung *Ditylenchus* 2 und den wandernden Wurzelnematoden 3 Vorträge gewidmet. Weitere Vorträge galten in Ägypten auftretenden pflanzenparasitären Nematoden, dem Einfluß der Nematicidbehandlung auf die Ernteerträge, ferner Problemen der Süßwasser- bzw. marinen Nematoden. H. Decker. 1901.

Borggardt, Aleksandr Ivanovič. **Izbrannye trudy po fitopatologii.** (Ausgewählte Werke über Phytopathologie.) Moskva: Sel'chozgiz. 1961. (214 S.) 4°. DM 3,75. (1962 B 56)

B. Krankheiten und ihre Ursachen

Nemlienko, F. E. und Kulik, T. A. (Nemlijenko, F. Je. und Kulik, T. A.); Dnepropetrowsk, Unions-Inst. für Maisforsch. Organotropnaja ustojčivost' kukuruzy k puzyrčatoj golovne. **(Organotrope Resistenz des Maises gegen Beulenbrand.)** Kukuruza, Moskva 7 (1962) Nr. 4. S. 57–59. — 1 Tab.

In den Jahren 1957–60 wurde im Unions-Inst. für Maisforsch. an vielen I-Linien und Hybriden untersucht, ob der Mais eine organotrope Resistenz gegen Beulenbrand besitzt. 4 Typen organotroper Resistenz gegen Beulenbrand ließen sich ermitteln: 1. Die Kolben und vegetativen Organe sind resistent; 2. Die Kolben sind resistent, die vegetativen Organe sind anfällig; 3. Die Kolben sind anfällig, die vegetativen Organe sind resistent, 4. Die Kolben und vegetativen Organe sind anfällig. Da Befall der Kolben die Körnererträge um mindestens 50%, Befall der vegetativen Organe ihn aber höchstens um 5% senkt, sind diejenigen I-Linien, die den 1. und 2. Typ organotroper Resistenz besitzen, für die Züchtung bes. aussichtsreich. L. Rang. 1911.

Knutson, Kenneth W. Studies on the nature of field resistance of the potato to late blight. **(Untersuchungen über die Natur der Feldresistenz der Kartoffel gegen Krautfäule.)** Amer. Potato J. **39** (1962) Nr. 4. S. 152–161. — 4 Abb., 5 Tab., 9 Lit.

Da für Nachkommenschaftsprüfung von Kartoffelhybriden auf Resistenz gegen *Phytophthora infestans* (Mont.) de Bary Gewächshausteste mittels künstlicher Beimpfung sichere und schnellere Ergebnisse versprechen, wurden mit den Sorten 'Pontiac', 'Sebago', 'Ostbote' und 'Cobbler' vergleichende Untersuchungen über die Anzahl der Infektionen, die Stärke der Läsionen und den Umfang der Sporenbildung durchgeführt. Die auf dem Feld anfälligste Sorte 'Cobbler' zeigte im Gewächshaus den höchsten Resistenzgrad. Auf dem Feld angezogene Pflanzen von 'Pontiac', 'Sebago' und 'Cobbler', die anschließend ins Gewächshaus gebracht wurden, erwiesen sich als anfälliger als diejenigen, die zur gleichen Zeit nur im Gewächshaus wuchsen. Die Sporenmenge stand nicht mit der Läsionengröße in Beziehung. Vf. kommt zu dem Schluß, daß die vor der Infektion herrschenden Umweltfaktoren auf die Resistenz gegen *P. infestans* einwirken. Bis zur Klärung dieser Fragen stellt die Feldprüfung weiterhin die geeignetste Prüfmethode dar.

W. Gottschling. 1911.

Pivovarova, N. S. (Piwowarowa, N. S.) Ustojčivost' sortov i mežsortovych gibridov turnepsa i repy k kile krestocvetnych. **(Resistenz der Sorten und Zwischensorten-Hybriden der Stoppelrübe und der Speiserübe gegen die Kohlhernie.)** Sbornik trudov aspirantov i molodych naučnych sotrudnikov. Vsesojuznyj institut rastenievodstva, Leningrad **1961** Nr. 2. S. 156–168. — 5 Tab., 13 Lit.

Die meisten der im Nordwesten der UdSSR angebauten einheimischen Stoppel- und Speiserübensorten mit guter Ertragsleistung sind gegen den Erreger der Kohlhernie (*Plasmodiophora brassicae* Wor.) anfällig. Ausländische resistente Sorten scheiden wegen schlechten Futter- und Samenertrages sowie mangelhafter Lagerfähigkeit für den Anbau in der UdSSR aus. F_1-Hybriden aus

Kreuzungen von resistenten ausländischen und einheimischen Sorten mit anfälligen einheimischen Sorten zeigten einen gesteigerten Resistenzgrad gegenüber den inländischen anfälligen Kreuzungseltern, bes. bei Verwendung der resistenten Sorten als Mutter. Ertrags- und Lagerfähigkeit der F_1-Hybriden lagen unter derjenigen der anfälligen einheimischen Sorten, übertrafen jedoch diejenige der ausländischen kohlhernieresistenten Sorten bedeutend. Bei Kreuzungen weißfleischiger Sorten mit gelbfleischigen erwies sich die Weißfleischigkeit als dominant. Die Rüben- und Blattform wurde meist intermediär vererbt. H. H. Schimanski. 1911.

Solignat, G.; Malemort-sur-Corrèze, Stat. d'Amélioration du Châtaignier et du Noyer. Observations sur la résistance des châtaigniers à l'Endothia parasitica. **(Beobachtungen über die Resistenz der Kastanien gegen Endothia parasitica.)** Ann. Amélioration Plantes **12** (1962) Nr. 1. S. 59–65. – 3 Tab., 7 Lit. Zus. in Engl., Dtsch.

Seit dem Jahre 1956 wird in Südfrankreich das Auftreten der durch *Endothia parasitica* Murr. et And. hervorgerufenen Krankheit (in Amerika „blight" genannt) der Kastanie bemerkt. Man vermutet Einschleppung aus Italien, Spanien oder der Schweiz. Es wurden *Castanea crenata* (Heimat: Japan), *C. mollissima* (Heimat: China) und *C. sativa* (Heimat: Südfrankreich) sowie die Hybriden der Kreuzung *C. crenata* × *C. sativa* untersucht. Die 4jährigen Pflanzen wurden künstlich mit dem Pilz *Endothia parasitica* infiziert. Die größte Anzahl widerstandsfähiger Pflanzen wies *Castanea mollissima* auf, es folgten: *C. crenata* und die Hybriden *C. crenata* × *C. sativa*, am geringsten war die Resistenz bei *C. sativa*. Man nimmt an, daß die Resistenz gegen *E. parasitica* von mehreren rezessiven Allelen abhängig ist.

E. M. Ardelt. 1911.

Holmes, N. D. und Peterson, L. K.; Lethbridge, Alberta, Canada Agric. Res. Stat. Resistance of spring wheats to the wheat stem sawfly, Cephus cinctus Nort. (Hymenoptera: Cephidae). II. Resistance to the larva. **(Resistenz von Sommerweizen gegen die Weizenhalmfliege, Cephus cinctus Nort. [Hymenoptera: Cephidae]. 2. Mitt. Resistenz gegen die Larven.)** Canad. Entomologist **94** (1962) Nr. 4. S. 348–365. – 2 Abb., 8 Tab., 19 Lit. 1. Mitt. vgl. LZ. Abt. II **7** (1962) Nr. 3. S. 835.

Die Weizensorten 'Red Bobs', 'Rescue', 'Stewart' und 'Golden Ball' wurden auf ihre Resistenz gegen die Weizenhalmfliege (*Cephus cinctus* Nort.), insbes. gegen die Larven untersucht. Bestimmende Faktoren hierfür sind die Festigkeit der Nodien und der Entwicklungszustand der Pflanze z.Z. der Eiablage. Auch das Mark der Internodien ist als Nahrungsquelle für die Larven unterschiedlich gut geeignet. Als resistent werden 'Rescue und 'Golden Ball' bezeichnet, allerdings ist der Befallsgrad in jedem Jahr unterschiedlich. Die Ursachen hierfür werden besprochen. Bei hoher Populationsdichte der Larven tritt bei allen Sorten Kannibalismus ein, wodurch eine erhebliche Individuenminderung möglich ist. R. Fritzsche. 1911.

Hsu, Sze-Jih und Robinson, A. G.; Winnipeg, Univ. of Manitoba, Dep. of Entomol. Resistance of barley varieties to the aphid Rhopalosiphum padi (L.). **(Resistenz von Gerstensorten gegen die Blattlaus Rhopalosiphum padi [L.].)** Canad. J. Plant Sci. **42** (1962) Nr. 2. S. 247–251. – 2 Tab., 9 Lit.

Rhopalosiphum padi (L.) verursacht an Gerste Saugschäden und ist außerdem ein wichtiger Vektor für einige Stämme des Gelbverzwergungsvirus der Gerste an Gerste, Weizen, Hafer und anderen Gramineen. 136 Zuchtsorten des kanadischen Gerstensortiments wurden in Gewächshaus- und Freilandversuchen geprüft. Dabei erfolgte der Besatz von jungen Gerstenpflanzen mit je einem 7–8 Tage alten ungeflügelten viviparen *R. padi*-Weibchen. Wenn nach 5 Tagen von einer Laus weniger als 15 Larven abgesetzt worden waren, wurde Antibiosis-Resistenz angenommen. Nach Entfernen der Aphiden wurde jede Pflanze mit 10 Larven des letzten Stadiums besetzt. Als tolerant wurden diejenigen Sorten eingestuft, bei denen nach 6 Wochen 50% oder mehr Pflanzen überlebten. Alle benutzten Läuse waren Nachkommen eines einzigen viviparen Weibchens. Es war kein Fall von vollständiger Immunität feststellbar. 14 Zuchtsorten zeigten sowohl in Gewächshaus- als auch in Freilandversuchen Antibiosis und Toleranz. Von diesen Sorten sind 2 als resistent, 5 weitere als etwas resistent gegen das o.g. Virus bekannt. Es könnte somit nach Ansicht der Vff. eine Korrelation zwischen Vektoren- und Virusresistenz bestehen. F. P. Müller. 1911.

George, J. A. und Tremaine, J. H.; Vineland Station, Ontario, Canada Dep. of Agric. Note on virus-like symptoms induced on young cucumber leaves by Prunus sap. **(Notiz über virusähnliche Symptome, die an jungen Gurkenblättern durch Prunus-Saft hervorgerufen werden.)** Canad. J. Plant Sci. **42** (1962) Nr. 3. S. 540. – 1 Abb., 4 Lit.
Vff. beobachteten das Auftreten virusähnlicher Symptome (Aufbuckelungen oder Deformationen, Vergilbungen längs der Adern und an der Blattspitze sowie Dunkelgrünfärbung der Interkostalfelder) an jungen Laubblättern der Gurke. Sie werden durch den Preßsaft junger Blätter von *Prunus mahaleb* und 'Montmorency'-Kirschen ausgelöst, wenn dieser während der mechanischen Beimpfung der Kotyledonen auf noch unentfaltete Blätter gelangt. Ähnliche Erscheinungen wurden auch an Kürbis und Wassermelone sichtbar. An Tabak, Petunie und *Vigna sinensis* traten dagegen nur Vergilbungen auf. Es wird angenommen, daß Toxine oder Wuchshormone im Preßsaft der *Prunus*-Arten die Symptome verursachen. Kochen des Preßsaftes, Abspülen wenige Min. nach dem Auftragen bzw. eine Verdünnung von 1:5 machten das toxische Prinzip nicht unwirksam. Bei einer Verdünnung von 1:100 traten dagegen keine Symptome mehr auf. K. Schmelzer. 1920.

Gram, Ernst. **Einige Atrophose-Erfahrungen in Dänemark.** Gesunde Pflanzen **14** (1962) Nr. 7. S. 121–125.
Vf. behandelt Mangelkrankheiten, die auf das Fehlen ausreichender Spuren von Cu, Mn, B, Mg, Fe, Zn, Na, Ca, S und Mo zurückzuführen sind. 1930.

Klauß, Dora; Saarbrücken, Pflanzenschutzamt. **Ein Fall von Leuchtgasschäden an Gewächshauspflanzen.** Nachrichtenbl. dtsch. Pflanzenschutzdienstes [Braunschweig] **14** (1962) Nr. 11. S. 162–164. 1930.

Czaja, A. Th. **Schadwirkung von Kalk- und Zementstaub auf Zierpflanzen.** Gartenwelt **62** (1962) Nr. 9. S. 181–182. – 6 Abb., 10 Lit.
Beim Absetzen der Staubpartikeln auf die Blätter bildet sich eine Zementschicht, die durch Feuchtigkeit auf den Pflanzenorganen abbindet und zu einer dicken Kruste erhärtet. Die bei diesem Vorgang sich bildende Kalkhydratlösung dringt in die Oberhautzellen (evtl. auch in das Gewebe) ein und wirkt dort stark ätzend (pH = 12) und zerstörend. – Die Zementschädigung äußert sich in Blattverfärbungen als Folge von Chlorophyllschäden (gelbliche, bzw. beim Hinzukommen von Anthocyanen oder Gerbsäure rötliche oder bräunliche Verfärbung), frühzeitigem Blattfall, nicht abwaschbaren, starken Verkrustungen der Blätter und Zweige, fehlendem Fruchtansatz, da Pollen auf zementstaubbelegten Narben nicht keimt. Koniferen sind bes. empfindlich gegen Zementstaub, weil sie nicht regelmäßig die Nadeln erneuern. – Kulturen unter Glas werden indirekt durch Lichtentzug geschädigt. Bei Verstaubung von 2,1 g/Tag und m^2 ergab sich völlige Unwirtschaftlichkeit der Kulturen. R. Peschel. 1930.

Firman, I. D.; Ruiru, Kenya, Coffee Res. Stat. The symptoms and incidence of stem pitting of coffee in Kenya. **(Symptome und Vorkommen der Stammrissigkeit am Kaffeebaum in Kenia.)** Trop. Agric. **39** (1962) Nr. 2. S. 95–102. – 9 Abb., 5 Lit.

Die in Kenia vorkommende Krankheit scheint die Folge anatomischer Störungen zu sein. Bes. augenfällig ist sie, wenn der untere Stammteil geschwollen ist. Mit dieser Schwellung geht meistens eine Rißbildung der Rinde einher, die sich als spiralförmiges Grübchen bis in den Zylinderteil des Holzes fortsetzt. Bei manchen Bäumen treten o.g. Symptome nur verdeckt auf und werden erst nach Entfernung der Rinde sichtbar. Die diagnostische Besonderheit dieser Rißbildung liegt in der fortgesetzten Erzeugung von „Inseln" abnormer Zellen in mehr als einem Sektor des Holzes. Die Krankheit scheint mit zunehmendem Alter der Bäume überwunden zu werden, da beschriebene Krankheitsbilder nur an bis zu 10 jähr. Bäumen beobachtet werden. Bekämpfungsmaßnahmen sind noch nicht erprobt, da die Krankheitsursache noch ungeklärt ist. W. Fleischmann. 1930.

Crüger, Gerd. **Orobanche minor Sutton an Knollensellerie (Apium graveolens L.).** Nachrichtenbl. dtsch. Pflanzenschutzdienstes [Braunschweig] **14** (1962) Nr. 4. S. 54. – 1 Abb.

Orobanche minor Sutton wurde im Bereich des Pflanzenschutzamtes Bad Godesberg an Möhren- und Knollenselleriewurzeln beobachtet. Wirtsch. Ausfälle oder Schädigungen traten nicht ein. An Knollenselleriewurzeln ist dies für Deutschland das erste beobachtete Auftreten. In der Schweiz wurde *O. minor* an Sellerie i. J. 1948 zum ersten Mal in der Lit. erwähnt.

H. Vogt. 1940.

Fothergill, P. G. und Hide, D.; Newcastle upon Tyne, King's Coll., Bot. Dep.; Dagenham, Essex, May and Baker Ltd., Bacteriol. Dep., Div. of Chemotherapy. Comparative nutritional studies of Pythium spp. **(Vergleichende Untersuchungen über Nährstoffanspruch von Pythium spp.)** J. gen. Microbiol. **29** (1962) Nr. 2. S. 325–334. – 1 Tab., 31 Lit. 1950.

Srivastava, B. I. Sahai und Shaw, Michael; Saskatoon, Saskatchewan, Univ., Biol. Dep. The biosynthesis of indoleacetic acid in Melampsora lini (Pers.) Lev. **(Die Biosynthese von Indolylessigsäure bei Melampsora lini [Pers.] Lev.)** Canad. J. Bot. **40** (1962) Nr. 2. S. 309–315. – 2 Abb., 3 Tab., 10 Lit.

Es wird nachgewiesen, daß Mycel und Uredosporen des Flachsrostes (*Melampsora lini*) in der Lage sind, aus Tryptophan Indolylessigsäure (**I**) zu synthetisieren. Dieser Wuchsstoff konnte durch Radioautographie (Anwendung von dl-Tryptophan-2-^{14}C), seine R_f-Werte in 2 verschiedenen Lösungsmittelsystemen, Farbreaktionen (Ehrlich- und Salkowski-Reagens) sowie den *Avena*-Koleoptilen-Test einwandfrei identifiziert werden. Einige andere radioaktive und Ehrlich-positive Verbindungen, die nicht näher bestimmt wurden, lassen vermuten, daß der Syntheseweg von **I** aus Tryptophan über Indolylbrenztraubensäure und Indolylacetaldehyd verläuft. Die Menge der gebildeten **I** ist auffallend gering. Renate Kießig. 1950.

Maloy, Otis C.; Lewiston, Ida., Potlatch Forests, Inc. Physiology of Fusarium solani f. phaseoli in relation to saprophytic survival in soil. **(Physiologie von Fusarium solani f. phaseoli in bezug auf das saprophytische Überleben im Boden.)** Phytopathology **50** (1960) Nr. 1. S. 56–61. 1950.

Georgopoulos, S. G.; Berkeley, Univ. of California, Dep. of Plant Pathol. Genetic nature of tolerance of Hypomyces solani f. cucurbitae to penta- and tetra-chloronitrobenzene. **(Die genetische Natur der Toleranz von Hypomyces solani f. cucurbitae gegen Penta- und Tetra-Chlornitrobenzol.)** Nature [London] **194** (1962) Nr. 4824. S. 148–149. – 1 Abb., 2 Tab., 9 Lit.

Vf. kreuzte tolerante und sensitive Stämme des Pilzes. Er konnte nachweisen, daß die Toleranz genetischer Natur ist und durch ein Gen kontrolliert wird. Tolerante Stämme enthalten in allen Kernen dieses Gen. Mutation zur Toleranz ist unabhängig vom Geschlecht. K. Wiesner. 1950.

Bassus, Wilfried. **Über die Vertikalverteilung und den Massenwechsel der Nematoden in Waldböden Mitteldeutschlands.** Nematologica [Leiden] 7 (1962) Nr. 4. S. 281–293. – 7 Lit.

Untersuchungsergebnisse von 8 Standorten verschiedenartiger Waldbestände werden mitgeteilt. Untersucht wurden die 5 Schichten des A-Horizontes. Im Vermoderungshorizont (II) befindet sich das Maximum der freilebenden Nematodenformen, vorwiegend Bakterienfresser. Nach oben und unten hin ergab sich wegen geringeren Zersetzungsgrades der Humusstoffe und klimatischer Einwirkungen in der oberen Schicht (I) eine Abnahme der Population. In den unteren Humusschichten (III und IV) mit teilweiser Durchwurzelung liegt ein zweites Entwicklungszentrum, das durch Anwesenheit verschiedener stacheltragender Arten, die an den Wurzeln saugen, gekennzeichnet ist. Räuberische Arten und Semiparasiten kommen in allen Schichten vor. Der reine Mineralboden (V) ist als Lebensraum für Nematoden bedeutungslos. Eine tab. Zusammenstellung gibt Aufschluß über in den einzelnen Standorten aufgefundene Nematodenarten. Graph. Darst. veranschaulichen Beziehungen zwischen Mikroklima und Populationsdichte sowie die Populationsdichte in Laub- und Nadelwäldern. F.-W. Paesler. 1960.

Sprau, F. und Süss, A. **Über die Möglichkeit eines Nachweises des parasitischen Charakters freilebender Nematoden für bestimmte Wirtspflanzenarten mit Hilfe von Radioisotopen.** Nematologica [Leiden] 7 (1962) Nr. 4. S. 301 bis 304. – 2 Tab., 6 Lit.

In den Versuchen wurden *Longidorus maximus* (Bütschli) und von diesem befallene Runkelrüben (*Beta vulgaris* L.) benutzt. Nach Abdeckung des Bodens wurde den Pflanzen über die Blätter radioaktive Na H_2 PO_4-Lösung (^{32}P) zugeführt. In einer Tab. wird gezeigt, daß die Wurzelnematoden von behandelten Pflanzen eine viel stärkere Strahlungsintensität aufweisen als diejenigen von unbehandelten. Da durch die Wurzeln nur eine sehr kleine Menge radioaktiven Phosphors an den Boden abgegeben wird, darf angenommen werden, daß die rel. hohe Aktivität der Wurzelnematoden eine Folge des Saugens an den Wurzeln selbst ist. Es muß noch geprüft werden, ob diese Methode allg. zum Nachweis des pflanzenparasitischen Charakters einer Nematodenart benutzt werden kann. F.-W. Paesler. 1960.

Goodey, J. B. Tylenchus (Cephalenchus) megacephalus n. sbg., n. sp. **(Tylenchus [Cephalenchus] megacephalus – n. sbg., n. sp.)** Nematologica [Leiden] 7 (1962) Nr. 4. S. 331–333. – 1 Lit.

Ein neuer *Tylenchus* wird beschrieben und abgebildet. *T. megacephalus* wurde in Wurzelnähe von *Musa sinensis* im Gebiet der Elfenbeinküste gefunden. Für die neue, durch Besonderheiten ausgestattete Art, wurde ein neues Subgenus *Cephalenchus* aufgestellt. *T. megacephalus* ist durch seinen abgesetzten, abgerundeten Kopf, durch breite Ringelung, 6 Seitenlinien und durch das Fehlen seitlicher Vulvaplatten charakterisiert. F.-W. Paesler. 1960.

Mountain, W. B. und Mckeen, C. D. Effect of Verticillium dahliae on the population of Pratylenchus penetrans. **(Wirkung von Verticillium dahliae auf die Population von Pratylenchus penetrans.)** Nematologica [Leiden] 7 (1962) Nr. 4. S. 261–266. – 9 Abb., 4 Tab., 8 Lit.

Es werden die Wirkung von *V. dahliae* auf die Nematodenpopulation und beider Einfluß auf Tomaten (*Lycopersicon esculentum* Mill.), Eierpflanzen (*Solanum melongena* L.) und Pfeffer (*Capsicum annuum* L.) aufgezeigt. In stark mit *P. penetrans* infiziertenBöden steigt bei *Verticillium*-Zugabe die Nematodenpopulation in den Wurzeln der Eierpflanzen und Tomaten beträchtlich an, aber nicht in denen des Pfeffers. Bei Eierpflanzen lag die Reproduktionsziffer wesentlich höher als bei Tomaten. Beziehungen zwischen Welkeerscheinungen und Wurzelpopulationen von *P. penetrans* werden abschließend besprochen. F.-W. Paesler. 1960.

Palo, A. V.; Ascott, England, Imperial Coll., Field Stat. Translocation and development of stem eelworm, Ditylenchus dipsaci (Kühn) in lucerne, Medicago sativa L. **(Übertragung und Entwicklung des Stengelälchens, Ditylenchus dipsaci [Kühn], in Luzerne, Medicago sativa L.)** Nematologica [Leiden] 7 (1962) Nr. 2. S. 122–132. – 5 Abb., 3 Tab., 16 Lit. Zus. in Dtsch.

In befallenen Luzernepflanzen sind die Stockälchen ungleichmäßig verteilt. Die meisten Tiere finden sich an den Triebspitzen oder an der Stengelbasis. Sie werden durch das Wachsen der Pflanze passiv nach oben befördert. In Samen kommen keine Älchen vor. Saatgut kann nur dann verseucht sein, wenn es außer den Samen noch Reste von befallenen Schoten, Blüten, Stengeln usw. enthält. Nach vergleichenden Untersuchungen an 3 verschiedenen Rassen des Stockälchens ist die Luzernerasse am empfindlichsten gegen hohe Feuchtigkeit. Eine einzelne Larve kann an einer Pflanze typische Symptome hervorrufen. Eine Vermehrung der Nematoden findet aber nur dann statt, wenn bei einer Infektion beide Geschlechter vertreten sind.

B. Weischer. 1960.

Gair, R., Price, T. J. A. und Fiddian, W. E. H.; Shardlow Hall, Derby, N. A. A. S.: Mansfield, Gleadhorpe Exp. Husbandry Farm; Cambridge, Nat. Inst. of Agric. Bot. Cereal root eelworm (Heterodera avenae Woll.) and spring barley varieties. **(Hafernematode [Heterodera avenae Woll.] und Sommergerstensorten.)** Nematologica [Leiden] 7 (1962) Nr. 4. S. 267–272. – 14 Lit. Zus. in Dtsch.

In den Jahren 1957–1960 wurden auf einem mit dem Hafernematoden verseuchten Feld Sommergerstensorten in 5- bis 6facher Wiederholung zur Feststellung der Befallshäufigkeit und der Ertragsverluste angebaut. Bodenproben wurden im Frühjahr und Herbst untersucht. Alle im Handel befindlichen Sorten werden befallen. Ertragsverluste unterschiedlichen Ausmaßes werden verursacht. Die dänische Sorte 'Kron' wird als teilweise resistent angesehen. Auf verseuchten Flächen waren die Erträge in der Regel höher, die Bodenverseuchung geringer als bei den anderen Sorten. – Die Sorten 'Proctor', 'Nr. 191' und 'Nr. 191 × Herta 5' wurden auf ihre Wirtseignung für 2 Populationen in Dränröhren überprüft. Nach Anbau von 'Proctor' erhöhte sich die Bodenverseuchung, nach 'Nr. 191' und der Kreuzung '191×Herta 5' trat eine Verminderung ein. Die letzten werden als brauchbare Kreuzungspartner angesehen.

H. Stelter. 1960.

Kort, J.; Wageningen, Plantenziektenkundige Dienst. Effect of population density on cyst production in Heterodera rostochiensis Woll. **(Einfluß der Populationsdichte auf die Neubildung von Zysten bei Heterodera rostochiensis Woll.)** Nematologica [Leiden] 7 (1962) Nr. 4. S. 305–308. – 2 Abb., 1 Tab., 11 Lit. Zus. in Dtsch.

In einem Topfversuch wurde die Vermehrung des Kartoffelnematoden in einer in geometrischer Reihe ansteigenden Verseuchungshöhe von 1–256 Zysten je Topf ermittelt. Der mittlere Zysteninhalt betrug 26 Larven. Bei geringer Verseuchung (1 oder 2 Zysten je Topf) war die Vermehrungsrate (5,25 und 6,87) gering, steigerte sich bei 4 Zysten je Topf zu einem Maximum (14,75) und verminderte sich bei höherem Verseuchungsgrad (8–256 Zysten) laufend. Es wird die Hypothese aufgestellt, daß bei geringerem Verseuchungsgrad die Begegnungschancen der Geschlechter sehr gering sind, eine Vermehrung also ausbleiben kann oder doch nur sehr gering ist. Bei geringer Verseuchung kann durch Verdopplung der Anfangspopulation die Vermehrung mehr als verdoppelt werden, weil die Möglichkeit, daß Weibchen begattet werden, im Verhältnis größer ist.

H. Stelter. 1960.

Roivainen, Osmo; Tikkurila, Dep. of Pest Investigation. Juurikasankeroinen sokerijuurikkaan viljelyn uhkana suomessa. **(Die mögliche Gefährdung**

des Rübenanbaues in Finnland durch den Rübennematoden.) Maatalous ja Koetoiminta [Agric. and Res.] **16** (1962) S. 165–168.

Der Rübennematode konnte auf 4 Flächen im Südwesten Finnlands nachgewiesen werden. Der Ursprung der Verseuchung ist unbekannt. Bei Zunahme der Verseuchung dürfen Rüben nur alle 3 oder 4 Jahre auf sich selbst folgen. Eine derartige Fruchtfolge ist jedoch in Finnland schwierig einzuhalten

K. Wiesner. 1960.

Sandstedt, Robert und Schuster, Max L.; Lincoln, Univ. of Nebraska, Dep. of Plant Pathol. Liquid trapping of Meloidogyne incognita incognita about roots in agar medium. **(Flüssigkeitsfalle für Meloidogyne incognita incognita um Wurzeln im Agar-Medium.)** Phytopathology **52** (1962) Nr. 2. S. 174–175. – 2 Abb., 6 Lit.

Abgeschnittene Wurzelspitzen von Tomaten und Tomatensämlinge wurden in 0,75%igem Nähragar kultiviert und nach 3–5 Tagen Eier von *M. incognita incognita* zugegeben. Nach einer Woche hatten sich sehr viel Larven in unmittelbarer Nähe der Wurzeln gesammelt, die an den Wänden oder auf dem Boden der Kulturgefäße entlangwuchsen. Diese Larvenansammlungen wurden niemals an den Wurzeln beobachtet, die allseitig von Agar umgeben waren. Befall und Gallenbildung waren jedoch bei allen Wurzeln gleich hoch. Die Wurzeln, die an den Wandungen der Gefäße wachsen, durchstoßen offenbar nicht den Agar, sondern schieben sich zwischen Agar und Wandung. Die so entstandenen Hohlräume füllen sich mit der im Medium befindlichen Flüssigkeit. In diesen Räumen sammeln sich die Larven, die sich infolge des großen Hohlraumvolumens nicht mehr gerichtet fortbewegen können Es wird angenommen, daß die Flüssigkeit als Larvenfalle wirkt. Es wird betont, daß das beobachtete gehäufte Auftreten von Larven in Wurzelnähe nicht eine Wirkung der Anlockung zu sein braucht. H. Stelter. 1960.

Dolliver, J. S., Hildebrandt, A. C. und Riker, A. J.; Ithaca, Cornell Univ., New York State Coll. of Agric.; Madison, Univ. of Wisconsin, Dep. of Plant Pathol. Studies of reproduction of Aphelenchoides ritzemabosi (Schwartz) on plant tissues in culture. **(Untersuchungen über die „Reproduktion" von Aphelenchoides ritzemabosi [Schwartz] in Pflanzengeweben verschiedener Kulturpflanzen.)** Nematologica [Leiden] **7** (1962) Nr. 4. S. 294–300. – 3 Tab., 21 Lit. Zus. in Franz.

Es konnte festgestellt werden, daß die „Reproduktion" von *A. ritzemabosi* außer an Tomate (*Lycopersicon esculentum* Mill.), Weinrebe (*Vitis vinifera* L.), Sonnenblume (*Helianthus annuus* L.), Gänseblume (*Chrysanthemum frutescens* L.) bes. aktiv an Tabak (*N. tabacum*), Karotte (*Daucus carota* L.) Studentenblume (*Tagetes erecta* L.) und Immergrün (*Vinca rosea* L.) erfolgt. So wurden u.a. an Tabak von einem Weibchen eine Nachkommenschaft von 3880 nach 29 Tagen bei einer Temperatur zwischen 24–26 °C beobachtet. Bei absinkender Temperatur ließ die „Reproduktion" von Nematodenälchen wesentlich nach, bei 8 °C hörte sie völlig auf. Durch Zugabe von Fe-Salz (12% Fe) und geringer Ca-Mengen zum Pflanzenwachstum wurde gleichfalls die „Reproduktion" der Nachkommenschaft stark gehemmt.

E. Zesewitz. 1960.

Coomans, A.; Gent, Belgium, Rijksuniversiteit, Inst. voor Dierkunde. Some species of Dorylaimoidea found in Belgium. I. Members of the Tylencholaiminae Filipjev, 1934. **(Einige Arten der Dorylaimoidea in Belgien. 1. Mitt. Angehörige der Tylencholaiminae Filipjev, 1934.)** Nematologica [Leiden] **7** (1962) Nr. 2. S. 146–154. – 4 Abb., 2 Tab., 14 Lit. Zus. in Franz.

Es wird eine ausführliche Beschreibung mit einigen neuen Angaben von 3 in Belgien in der Rhizosphäre von Gräsern gefundenen *Tylencholaimus*-Arten gegeben: *T. brevicaudatus*, *T. proximus* und *T. stecki*. Dabei wird bes. auf die an den Körperseiten befindlichen Poren hingewiesen. Ihre Anzahl und Anordnung können, in Zusammenhang mit der Struktur des Ösophagus, von großem diagnostischem Wert sein. B. Weischer. 1960.

Hooper, David. J. Three new species of Trichodorus (Nematoda: Dorylaimoidea) and observations on T. minor Colbran, 1956. **(Drei neue Trichodorus-Arten [Nematoda: Dorylaimoidea] und Bemerkungen zu T. minor Colbran, 1956.)** Nematologica [Leiden] 7 (1962) Nr. 4. S. 273–280. – 3 Abb., 3 Lit.
Trichodorus cylindricus n. sp. ♂ und ♀ und *T. teres* n.sp. ♀ wurden in leichten engl. Sandböden gefunden, *T. borneoensis* n.sp. ♂ und ♀ im Wurzelbereich von Manilahanf (*Musa textilis* Née) in Nordborneo. Vergleiche mit bekannten *Trichodorus*-Arten werden angestellt. Auf bestehende Unterschiede wird hingewiesen. Zu *T. minor* Colbran, 1956 werden ergänzende Beschreibungen gegeben. Die Ähnlichkeit zwischen *T. minor* und *T. christiei* wird besprochen. Die Männchen von *T. christiei* sind selten, diejenigen von *T. minor* unbekannt. F.-W. Paesler. 1960.

Clark, W. C.; Harpenden, England, Rothamsted Exp. Stat. The systematic position of the Alaimidae and the Diphtherophoroidea (Enoplida, Nematoda). **(Die systematische Stellung der Alaimidae und der Diphtherophoroidea [Enoplida, Nematoda].)** Nematologica [Leiden] 7 (1962) Nr. 2. S . 119–121. – 4 Lit. Zus. in Dtsch.
Im Jahre 1961 schlug Vf. eine neue Klassifizierung der Nematodenordnung der *Enoplida* vor und stellte für die *Alaimidae* die neue Unterordnung *Alaimina* auf. Weitere Untersuchungen haben inzwischen gezeigt, daß auch die *Diphtherophoridae*, die bisher noch zur Unterordnung *Dorylaimina* gehören, in die Unterordnung *Alaimina* überführt werden müssen. Die Hauptgründe sind 1. die gut entwickelten Exkretionsporen und 2. das monorchische Genitalsystem der Männchen ohne differenzierte muskulöse Vasa deferentia. Beide Kennzeichen finden sich bei den Alaimiden und den Diphtherophoroiden, fehlen aber bei den Dorylaiminen. B. Weischer. 1960.

Fritzsche, R. und Wolffgang, H.; Aschersleben, Inst. für Phytopathol. der Biol. Zentralanst. der Dtsch. Akad. der Landwirtsch.-Wiss. zu Berlin. **Wechselwirkung zwischen Nematoden und Milbenbefall und ihre physiologischen Ursachen.** Naturwissenschaften 49 (1962) Nr. 21. S. 475–476. – 1 Lit.
Vff. konnten feststellen, daß 4 Wochen nach künstlicher Infektion von Tomaten- und Selleriepflanzen mit Nematoden die Populationsdichte der auf diesen Pflanzen lebenden Spinnmilben (*Tetranychus cinnabarinus* Boisd.) um 129% höher war als auf unverseuchten Kontrollpflanzen. Später nahm auf den verseuchten Pflanzen die Vermehrungsgeschwindigkeit der Milben ab, während sie auf den Kontrollpflanzen weiter anstieg. Auffällig war in beiden Varianten eine dunklere Grünfärbung der Pflanzen mit der höchsten Milbenvermehrung. Biochem. Untersuchungen ergaben einen erhöhten Gehalt an unlöslichen N-Verbindungen und reduzierenden Zuckern im Stadium der höchsten Milbenvermehrung, zunächst bei den nematodenverseuchten Pflanzen, später, als die Milbenvermehrung auch auf den Kontrollpflanzen anstieg, auch bei diesen. Untersuchungen über den unterschiedlichen Chlorophyllgehalt der Blätter werden durchgeführt. K. Geißler. 1960.

Saba, F.; Bonn, Univ., Inst. für Pflanzenkrankh. **Kopulationsfrequenz, Giftempfindlichkeit und Heterogenität von Weibchen und Männchen bei Tetranychus urticae Koch.** Anz. Schädlingskunde verein. Schädlingsbekämpf. 35 (1962) Nr. 9. S. 141–142. – 1 Abb., 1 Tab., 4 Lit.
Bis zu einem Alter von 10 Tagen konnten jungfräuliche Weibchen von *Tetranychus urticae* Koch begattet und die Eier befruchtet werden, wie die entstehende gemischtgeschlechtliche Nachkommenschaft beweist. Mehrfache

Kopulation eines Weibchens wurde beobachtet. Ein Männchen konnte im Verlauf von 8 Tagen 7 Weibchen begatten. Die Weibchen waren 20mal widerstandsfähiger gegen Gift (TEPP) als die Männchen. Die Heterogenität beider Geschlechter in der Population war gleich. E. Königsmann. 1960.

Zattler, F. **Versuchs- und Forschungstätigkeit auf dem Hopfenversuchsgut Hüll und in den Hopfenanbaugebieten im Jahre 1961.** Hopfen-Rdsch. 13 (1962) Nr. 12. S. 173–176. – 2 Abb., 1 Tab.

Gegen resistente Stämme der Roten Spinnmilbe kamen 7 neue Präparate mit Kontaktwirkung zur Anwendung. Einige von ihnen zeigten eine gute Wirkung. Die Rotspitzigkeit der Dolden verursachende Hopfengallmücke, deren Hauptschlüpfzeit i. J. 1961 in die Woche vom 7.–13. 5. fiel, läßt hinsichtlich der Stärke ihres Auftretens Beziehungen zur Witterung, bes. im Mai und Aug., erkennen. Durch *Ditylenchus*-Arten geschädigte Pflanzen sind sofort zu roden, weil sonst eine Abwanderung der Larven aus den verrottenden Stöcken in den Boden und Befall nachgelegter Fechser erfolgen. Bodendesinfektionsversuche führten nur zu Teilerfolgen. Die gegen den Liebstöckelrüßler im Gießverfahren angewendeten Mittel Dipterex, Gusathion, Folidol-Ol, S 14/10 und Largan waren in keinem Fall restlos erfolgreich. F. John. 1960.

Bennett, H.; New Orleans, U.S. Dep. of Agric., Forest Serv., South Forest Exp. Stat. Common insect enemies of pines in the Southern United States. **(Schädliche Insekten an Kiefern im Süden der USA.)** J. South African Forestry Assoc. **1961** Nr. 39. S. 13–18. – 3 Abb.

Einige Kiefernarten aus dem Süden der USA sind erfolgreich in Südafrika eingebürgert worden. Da die Kiefern dort hauptsächlich in gleichaltrigen Reihenbeständen angebaut und extensiv bewirtschaftet werden, sind sie durch Schädlinge, die aus den USA eingeschleppt werden können, gefährdet. Vf. gibt deshalb eine Übersicht über die wichtigsten im Süden der USA an *Pinus taeda* L., *P. elliottii* Engelm., *P. echinata* Mill. und *P. palustris* Mill. vorkommenden schädlichen Insekten. Es werden behandelt: Borkenkäfer – *Dendroctonus frontalis* Zimm., *D. terebrans* Oliv. sowie 3 nicht näher definierte Ipiden; Nadelfresser – Blattwespen allg. (insbes. *Neodiprion lecontei* Fitch), *Tetralopha robustella* Zell.; Wickler, Rüsselkäfer und Engerlinge – *Rhyacionia* frustrana Comst., *Hylobius pales* Hbst., *Pachylobius picivorus* Germ., *Phyllophaga* spp.; saugende Insekten und Milben – Schildläuse (*Phenacaspis pinifoliae* Fitch, *Toumeyella pini* King), Aphiden und Spinnmilben. R. Angermann. 1960.

Pape, H.; Bielefeld. **Der Lilienblasenfuß.** Gartenwelt **62** (1962) Nr. 11. S. 228 bis 229. – 1 Abb., 9 Lit.

Der Lilienblasenfuß (*Liothrips vaneeckei* Priesner) ist im erwachsenen Zustand 2,4–2,9 mm lang und schwarz. Er hat 4 gefranste, zarte und anliegende Flügel. Die Larve ist ungeflügelt, an Kopf und Hinterende schwarz, an der Brust schwarz und weißlichgelb, sonst weißlichgelb bis lachsrosa gefärbt. Alle Stadien leben zwischen den Schuppen, die durch ihre Saugtätigkeit bräunen und eintrocknen. Es tritt leicht Sekundärbefall ein, der die Zwiebeln stark schädigen kann. Die Verbreitung wird durch zu warme Lagerung der Zwiebeln gefördert. Bekämpfung: Eintauchen in 0,125%ige Parathionbrühe (15 Min.), Heißwasserbehandlung (43–45 °C 1 Std.), Begasung mit Paradichlorbenzol, Blausäure, Methylbromid, Räuchern mit Naphthalin, Einstäuben mit DDT, Lindan, Parathion bzw. Einarbeiten von Aldrin in den Boden.
H. Ackermann. 1960.

Neilson, W. T. A.; Fredericton, Canada Dep. of Agric. Effects of temperature on development of overwintering pupae of the apple maggot, Rhagoletis pomonella (Walsh). **(Wirkungen von Temperatur auf die Entwicklung der über-**

winternden Puppen der Apfelfruchtfliege, Rhagoletis pomonella [Walsh].) Canad. Entomologist **94** (1962) Nr. 9. S. 924–928. – 2 Tab.
Rhagoletis pomonella überwintert als Puppe im Erdboden. Vf. gelang es, die Puppenruhe des Schädlings durch Anwendung höherer Temperatur zu brechen. Bei 70 °F erfolgte der Schlupf nach durchschnittl. 53 Tagen. Wenn jedoch die Puppen vor dem Aussetzen höherer Temperaturen einer Kältebehandlung unterzogen wurden, verringerte sich die Schlüpfzeit. Dabei blieb der Prozentsatz des Schlupfes unverändert. E. Zech. 1960.

Harcourt, D. G.; Ottawa, Ontario, Canada Dep. of Agric., Entomol. Res. Inst., Res. Branch. Design of a sampling plan for studies on the population dynamics of the imported cabbageworm, Pieris rapae (L.) (Lepidoptera: Pieridae). **(Entwurf eines Sammelplanes für Studien über die Populationsdynamik des eingeschleppten Kohlschädlings Pieris rapae [L.] [Lepidoptera: Pieridae].)** Canad. Entomologist **94** (1962) Nr. 8. S. 849–859. – 6 Tab., 13 Lit.
Vf. führte i. J. 1958 eingehende Studien über die Populationsdynamik von *P. rapae* an Kohl durch. Die Untersuchungen erstreckten sich auf die Ökologie der Art und auf die Entwicklung einer mathematischen Methode zur Beschreibung der Vermehrung von Freilandpopulationen. Die Arbeit gewinnt dadurch an Bedeutung, daß *P. rapae* von gefährlichsteKohlschädling in Nordamerika ist. Die Versuchsmethode ist ausführlich beschrieben, so daß auf die Originalarbeit verwiesen werden muß. Es ergab sich, daß der Anteil der einzelnen Stadien auf den Pflanzen deren Anteil innerhalb der gesamten Population widerspiegelte. K. Geißler. 1960.

Jacobson, L. A.; Lethbridge, Alberta, Canada Agric. Res. Stat. Relation of temperature for hatching to elimination of diapause in eggs of the pale Western cutworm, Agrotis orthogonia Morrison (Lepidoptera: Noctuidae). **(Die Beziehung der Bruttemperatur zur Auslösung der Eidiapause bei Agrotis orthogonia Morrison [Lepidoptera: Noctuidae].)** Canad. Entomologist **94** (1962) Nr. 8. S. 889–892. – 1 Abb., 5 Lit.
Um die Temperaturabhängigkeit der Eidiapause von *A. orthogonia* nachzuweisen, wurden aus Labor.-Zuchten stammende Eier 14 Tage bei 25 °C und anschließend verschieden lange bei 0 °C aufbewahrt. Nach dieser Kältebehandlung wurden sie bei 5°, 10°, 15° und 20 °C und regulierter Luftfeuchtigkeit zur Weiterentwicklung gebracht. Die Entwicklung war bei vollständiger Diapause von der Temperatur abhängig. Bei Temperaturen von 20 °C wurde die Diapause beendet, die Entwicklung begann. Diese Temperaturabhängigkeit ist insofern bedeutungsvoll, als die Eiablage im Herbst erfolgt und die Weiterentwicklung erst im Frühjahr möglich ist. K. Geißler. 1960.

Legner, E. Fred und Oatman, Earl R.; Riverside, Univ. of California, Dep. of Biol. Foliage-feeding Lepidoptera on young nonbearing apple trees in Wisconsin. **(Blattfressende Lepidoptera an jungen, nichttragenden Apfelbäumen in Wisconsin.)** J. econ. Entomol. **55** (1962) Nr. 4. S. 552–554. – 2 Abb., 1 Tab., 5 Lit.
In mehrjährigen Beobachtungen an den Sorten 'Red Delicious' und 'Cortland' wurden an jungen nichttragenden Apfelbäumen in Wisconsin die dort vorkommenden blattfressenden Lepidopteren ermittelt. Den zahlenmäßig höchsten Anteil stellten die Noctuiden mit 6 Arten. Insgesamt konnten Vertreter aus 19 Gattungen beobachtet werden. Von den 34 festgestellten Arten waren *Spilonota ocellana* Denis et Schiff., *Argyrotaenia velutinana* Walker und *Lithocolletis crataegella* Clemens am zahlreichsten vertreten. Das jahreszeitliche Auftreten ist in Tab. dargestellt. Die Populationsdichte der Arten ist von der Apfelsorte, dem Entwicklungszustand und der Jahreszeit abhängig. R. Fritzsche. 1960.

Nikolova, V. (Nikolowa, W.) Kŭm morfologijata na preimaginalnite stadii na česnovata mucha – Suillia (Helomyza) lurida Meig. **(Zur Morphologie der Präimaginalstadien von Suillia [Helomyza] lurida Meig.)** Izvestija na Centralnija naučnoizsledovatelski institut za zaštita na rastenijata, Sofija **2** (1962) S. 5–14. – 7 Abb., 4 Lit. Zus. in Russ., Engl. 1960.

Johnson, C. G. und Taylor, L. R.; Harpenden, Herts., Rothamsted Exp. Stat., Dep. of Entomol. High altitude migration of Oscinella frit L. (Diptera: Chloropidae). **(Große Höhenwanderung bei Oscinella frit L. [Diptera: Chloropidae].)** J. Animal Ecol. **31** (1962) Nr. 2. S. 373–383. – 2 Abb., 4 Tab., 17 Lit.

Vff. untersuchten die vertikale Verteilung von *O. frit* L. zwischen 2,7 und 305 m Höhe an 5 Tagen im Aug. 1955, wobei für den Fang an Ballons befestigte Fallen verwendet wurden. Der Flug erfolgte um 5.00 Uhr früh. Der Höhenflug begann plötzlich mit Einsetzen der vertikalen Luftbewegung. Zwischen 11.00 und 13.00 Uhr waren die meisten Tiere zwischen 20 und einigen Tausend ft. Höhe zu finden. Die Verfrachtung in tiefere Luftschichten begann gegen 16.00 Uhr und war gegen 19.00 Uhr beendet. Diese Vertikalwanderung ist tägl. zu beobachten. Es handelt sich nicht immer um die gleichen Tiere, da in den höheren Luftschichten eine Drift infolge der Strömung stattfindet. Diese Verfrachtung in höheren Luftschichten ist eine Anpassung, die sich bei *O. frit*, ähnlich wie bei Aphiden, herausgebildet hat. K. Geißler. 1960.

Žilkina, N. I. (Schilkina, N. I.); Gebiet Iwanow. Uščerb ot gessenskoj muchi. **(Verluste durch die Hessenfliege.)** Zaščita rastenij ot vreditelej i boleznej, Moskva **7** (1962) Nr. 8. S. 14.

In verschiedenen Gebieten der UdSSR (Kursk, Woronesh, Moskau, Jaroslaw und Iwanow) tritt die Hessenfliege schädigend auf. Im Herbst 1958 ausgesäter Winterweizen war stellenweise bis zu 63% befallen, i. J. 1959 sogar bis zu 80%. 1960 wurden keine merklichen Schäden festgestellt, während 1961 der Sommerweizen örtlich bis zu 60% Befall aufwies.

H. Decker. 1960.

Doane, J. F. und Chapmann, R. K.; Kenosha, Univ. of Wisconsin, Truck Crops Lab. Oviposition preference of the cabbage maggot, Hylemyia brassicae (Bouché). **(Bevorzugung bei der Eiablage durch die Kohlfliege, Hylemyia brassicae [Bouché].)** J. econ. Entomol. **55** (1962) Nr. 1. S. 137–138. – 1 Abb., 5 Lit.

Eine Bevorzugung bestimmter Wirtspflanzen durch die Kohlfliege läßt sich nicht auf Grund der Wurzelbeschädigung festlegen. Ein Vergleich der Eiablage an den verschiedenen Wirtspflanzen erlaubt Rückschlüsse. Die Versuchsanordnung und Arbeitsmethode werden geschildert. Die Eier von drei Fliegenarten wurden festgestellt: *H. brassicae* Bouché (bei weitem am zahlreichsten), *H. cilicrura* Rondani und *Muscina assimilis* Fallén. In den Untersuchungen zeigten Kohlrüben und Weiße Rüben höhere Eizahlen als Senf und Radies. Diese beiden Arten waren wiederum stärker belegt als Blumenkohl, der die geringsten Eizahlen aufzuweisen hatte. Die vorliegenden Feldbeobachtungen bestätigten z. T. die Ergebnisse. Gewöhnlich wird der stärkste Kohlfliegenbefall an Weißen Rüben und Kohlrüben festgestellt. Senf scheint eine bedeutsame Wirtspflanze für die Kohlfliege zu sein, zumal Senf als häufiges Unkraut in Getreidefeldern auftritt. Die Vernichtung des Senfs könnte also zugleich eine Minderung der Kohlfliege bedeuten. J. Noll. 1960.

Guljarenko, F. N. Izbiratel'naja sposobnost' provoločnikov. **(Das Wahlvermögen der Drahtwürmer.)** Zaščita rastenij ot vreditelej i boleznej, Moskva **7** (1962) Nr. 7. S. 58.

Bei Untersuchungen an auflaufenden Winterweizen- und Sommerweizen-, Sommergerste- und Haferbeständen konnten keine Sortenverschiedenheiten

bei Befall durch Drahtwürmer festgestellt werden. Dagegen zeigte der Mais große Unterschiede. Während der 'Kieselsteinartige' Mais stark geschädigt wird, zeigten die Sorten des Zahnmaises geringen Befall. In einem Versuch wurden jeweils Körner zweier Sorten beider Maisvarietäten gemeinsam ausgelegt. Von den auflaufenden Pflanzen der ersten Varietät waren 48% geschädigt und 18% vernichtet, von denen des Zahnmaises 18 und 4.
H. Decker. 1960.

Richter, G.; Berlin, Dtsch. Akad. der Landwirtsch.-Wiss., Biol. Zentralanst. **Schwärmflüge des Maikäfers.** Arch. Forstwes. **11** (1962) Nr. 4. S.345–368. – 12 Abb., 14 Tab., 12 Lit.
Nach Lit. und eigenen Beobachtungen werden für beide *Melolontha*-Arten auf dem Gebiet der DDR Schwärmgebiete ermittelt. Die Schwärmjahre liegen für einige Gebiete seit langem fest (periodenstabil), in anderen erfolgte in größeren Zeiträumen ein Wechsel (periodenlabil). In allen Schwärmgebieten ist die Stärke der Hauptflüge in den letzten Jahren abnehmend. Für den Beginn des Fluges und die Eireife müssen bestimmte Temperatursummen erreicht sein, auch phänologische Daten sind für die Bestimmung beider Fakten geeignet. Die Beobachtungs- und Untersuchungsmethoden sind angegeben.
R. Angermann. 1960.

Franssen, C. J. H. und Koert, J. L.; Wageningen, Inst. voor Plantenziektenkundig Onderzoek. Ceuthorrhynchus suturalis, een voor uien schadelijke snuitkever. **(Ceuthorrhynchus suturalis, ein für Zwiebeln schädlicher Rüsselkäfer.)** Tijdschr. Planteziekten **68** (1962) Nr. 4. S. 235–245. – 3 Abb., 3 Tab., 21 Lit.
Der Zwiebelrüßler, *Ceuthorrhynchus suturalis* F., wurde i. J. 1960 auf Zwiebelfeldern im Südwesten der Niederlande festgestellt. Durch die Fraßtätigkeit der Imagines an den Blättern treten erhebliche Schäden ein. Die Eiablage erfolgt in die Blätter, in deren Hohlraum die Larven frei leben. Das Fraßbild ist dem von *Acrolepia assectella* Zell. ähnlich. Die Verpuppung findet in der obersten Bodenschicht statt. Es überwintern die Imagines. Im Jahr tritt nur eine Generation auf. Zur Bekämpfung haben sich Gusathionpräparate (300 g Wirkstoff/ha) bewährt. Die Spritzung muß sofort nach Sichtbarwerden der ersten Käferschäden erfolgen. Dipterex versagte. Parathion und Dieldrin befriedigten nicht. Lebensweise und Schaden des Käfers werden beschrieben.
R. Fritzsche. 1960.

Klostermeyer, E. C.; Prosser, Washington State Univ. The relationship among pea aphids, Lygus bugs, and alfalfa seed yields. **(Das Verhältnis zwischen Erbsenblattläusen, Lygus-Wanzen und Luzernesamenerträgen.)** J. econ. Entomol. **55** (1962) Nr. 4. S. 462–465. – 2 Abb., 2 Tab., 2 Lit.
Es sollte der Einfluß von Erbsenblattläusen (*Macrosiphum pisi* Harris) und *Lygus*-Wanzen auf den Samenertrag bei Luzerne festgestellt werden. Hierzu wurden Bekämpfungsversuche mit DDT, Toxaphen, Endrin, Trithion, Demeton, Thiodan und Toxaphen-DDT durchgeführt. Toxaphen wirkte gegen *M. pisi* kaum oder nicht. Es ließ sich statistisch feststellen, daß hinsichtlich des Schädigungsgrades 1 Wanze etwa dem von 40 Läusen entsprach. Durch Blattlausauftreten wird die Blütezeit hinausgeschoben, so daß dann nicht mehr genügend Wildbienen (*Nomia melanderi* Cock) zur Befruchtung vorhanden sind. Die besten Bekämpfungsergebnisse ließen sich mit Endrin erzielen. Dies äußerte sich in einem wesentlich höheren Samenertrag als in den übrigen Varianten.
R. Fritzsche. 1960.

Načev, P. (Natschew, P.) Lozova filoksera – Phylloxera vitifolii Fitsch. – korenova forma. **(Phylloxera vitifolii Fitch. Reblaus an Wurzeln.)** Izvestija na Centralnija naučnoizsledovatelski institut po lozarstvo i vinarstvo – Pleven, Sofija **1** (1962) S. 139–160. – 3 Abb., 10 Tab., 34 Lit. Zus. in Russ., Franz.

Ermittlungen über Biologie und Ökologie ergaben, daß in Bulgarien nur L_1 in zwangsläufiger Diapause überwintert. Tschernosjem ist für ihre Entwicklung günstig. Der Anbau wurzelechter eur. Rebe auf den auf Lößgrundlage entwickelten Carbonatschwarzerden ist möglich. In diesem Bodentyp dringt die Reblaus nur bis 40 cm Tiefe vor, während die Rebwurzeln sich bis 4 m tief erstrecken. A. Balewski. 1960.

Heinze, Kurt; Berlin-Dahlem, Biol. Bundesanst. für Land- und Forstwirtsch. **Pflanzenschädliche Blattlausarten der Familien Lachnidae, Adelgidae und Phylloxeridae, eine systematisch-faunistische Studie.** Dtsch. entomol. Z. [N. F.] **9** (1962) Nr. 1/2. S. 143–227. — 41 Abb., 54 Lit.
Vf. hat sich der anerkennenswerten Aufgabe unterzogen, die 3 obengenannten Familien anhand der im Dtsch. Entomol. Inst. aufbewahrten Börner'schen Sammlung zu untersuchen und Bestimmungsschlüssel aufzustellen. Die Einteilung in Gattungen und Arten wurde im wesentlichen von Börner übernommen. Dabei erfolgte die Übernahme der Börner'schen Ansichten auch dann, wenn neuere Autoren zu anders orientierten Gattungs- und Arteneinteilungen gelangt waren. Das trifft u. a. zu für die Gattung *Trama* v. Heyd. F. P. Müller. 1960.

Müller, H. J.; Quedlinburg, Inst. für Pflanzenzücht. der Dtsch. Akad. der Landwirtsch.-Wiss. zu Berlin. **Moderne Vorstellungen über Biologie und Ökologie des Blattlausfluges und seine Bedeutung für die Virusausbreitung.** Z. Pflanzenkrankh. (Pflanzenpathol.) Pflanzenschutz **69** (1962) Nr. 7. S. 385–393. — 37 Lit.
Gestützt auf die Untersuchungen und Beobachtungen mehrerer Arbeitsgruppen an *Myzus persicae* (Sulz.), *Aphis fabae* Scop. und *Brevicoryne brassicae* (L.) werden die Verhältnisse des Distanz- und Befallsfluges dieser Aphidenarten erläutert. Es wird vermutet, daß polyphage Arten wegen gehäufter kurzfristiger Pflanzenbesuche und Probestiche zur Übertragung von nicht persistenten Viren optimal geeignet sind, während oligophage Arten bessere Vektoren für persistente Viren sein sollen. Der witterungsbedingten Agilität der geflügelten Blattläuse wird große Bedeutung bei der Virusverbreitung beigemessen. F. P. Müller. 1960.

Moericke, V.; Bonn, Univ., Inst. für Pflanzenkrankh. **Über die optische Orientierung von Blattläusen.** Z. angew. Entomol. **50** (1962) Nr. 1. S. 70–74. — 12 Lit.
Eine zunächst auftretende positive Reaktion gegenüber Weiß und UV-haltigem Licht führt geflügelte Blattläuse aus dem Pflanzenbestand hinaus zum Distanzflug. Die Umstimmung am Ende des Distanzfluges beruht auf einer neu auftretenden positiven Reaktion gegenüber dem langwelligen Teil des Spektrums und führt die Tiere zum Boden, wo sie durch Bevorzugung des Gelb-Grün-Bereiches zu jungen oder abreifenden Pflanzenblättern gelangen. Bei diesem Befallsflug werden weiße Flächen gemieden. *Hyalopterus pruni* (Geoffr.) wird von Gelb + UV angelockt. *Macrosiphum* (*Sitobion*) *avenae* (F.) wird auch bei starker Flugaktivität kaum von Gelbschalen gefangen. F. P. Müller. 1960.

Manglitz, G. R., Bergman, P. W., Howe, W. L. und Calkins, C. O.; Lincoln, Univ. of Nebraska, Dep. of Entomol. Overwintering in the egg stage by the spotted alfalfa aphid in Nebraska. **(Überwinterung der Gefleckten Luzernelaus im Eistadium in Nebraska.)** J. econ. Entomol. **55** (1962) Nr. 3. S. 292–294. — 1 Abb., 7 Lit.
Die nördliche Verbreitungsgrenze von *Therioaphis maculata* (Buckt.) in den USA verläuft durch die Mitte von Süddakota, das südliche Minnesota und das südliche Wisconsin. Die Fortpflanzung ist als permanent parthenogenetisch bekannt. Nur einmal, in Kalifornien, wurden ovipare Weibchen und

Eier, deren Schlüpfen allerdings nicht beobachtet wurde, festgestellt. Nach bisherigen Kenntnissen schien die Art nördlich von Kansas nicht zur Überwinterung befähigt zu sein. Vff. fanden in Nebraska im Herbst 1960 an Luzerne von *T. maculata* Sexuales und Eier, welche im Apr. 1961 schlüpften. Vff. glauben, daß die Fähigkeit zur Ausbildung von Sexuales im vorliegenden Falle in einer parthenogenetischen Population durch Mutation zurückerworben wurde. F. P. Müller. 1960.

Richards, W. R.; Ottawa, Ontario, Canada Dep. of Agric., Res. Branch, Entomol. Res. Inst. A new species of Rhopalosiphum Koch. **(Eine neue Art von Rhopalosiphum Koch.)** Canad. Entomologist **94** (1962) Nr. 9. S. 969–972. – 2 Abb., 1 Lit.
Die Beschreibung von *Rhopalosiphum padiformis* n. sp. basiert nur auf ungeflügelten Virgines, die in British Columbia an den Blütenständen von *Poa* sp. gesammelt wurden. Die beschriebene Form scheint *R. padi* (L.) ähnlich und von dieser hauptsächlich durch längere Haare unterschieden zu sein. In einem Bestimmungsschlüssel sind 13 *Rhopalosiphum*-Arten aufgenommen. Die in diesem benutzen Merkmale erlauben nicht immer eine alternativ sichere Artenerkennung. F. P. Müller. 1960.

Wensler, R. J. D.; Cambridge, Univ., Dep. of Zool. Mode of host selection by an aphid. **(Modus der Wirtswahl durch eine Blattlaus.)** Nature [London] **195** (1962) Nr. 4843. S. 830–831. – 1 Tab., 5 Lit.
Das Senföl-Glykosid Sinigrin spielt bei der Wirtspflanzenwahl von *Brevicoryne brassicae* (L.) eine entscheidende Rolle. Abgeschnittene junge *Vicia faba*-Blätter, die mit dem Stiel 2 Std. vor Versuchsbeginn in 2%ige wäßrige Sinigrin-Lösung gestellt wurden, hatten gegenüber *B. brassicae* die gleiche Besiedlungsfähigkeit wie *Brassica napus* L., eine der normalen Wirtspflanzen. Auf sinigrinhaltigen *Vicia faba*-Blättern konnten 4 aufeinanderfolgende gesunde Generationen von *B. brassicae* erhalten werden. Das Verhalten der Läuse sowie die Verwendung von Blättern, die mit einer dünnen Celloidin-Membran umhüllt waren, zeigten, daß die Reaktion zum Seßhaftwerden nach dem Probe-Saugstich ausgelöst wurde und weniger durch die Sinnesorgane an Fühlern, Rostrum und Tarsen bewirkt wird. F. P. Müller. 1960.

Mittler, T. E. und Dadd, R. H.; Berkeley, Univ. of California, Dep. of Entomol. and Parasitol. Artificial feeding and rearing of the aphid, Myzus persicae (Sulzer), on a completely defined synthetic diet. **(Künstliche Ernährung und Aufzucht der Blattlaus Myzus persicae [Sulzer] auf einem vollkommen gekennzeichneten synthetischen Nährsubstrat.)** Nature [London] **195** (1962) Nr. 4839. S. 404. – 1 Tab., 10 Lit.
Ungeflügelte adulte Virgines wurden auf die Unterseite von gespanntem „Parafilm" (Hersteller: Marathon, American Can Co., Menasha, Wis.) gesetzt, über dem sich Wasser (**I**), 18%ige Rohrzuckerlösung (**II**) oder 18%ige Rohrzuckerlösung mit 20 Aminoverbindungen, 10 Vitaminen, Cholesterol und Salzen zur Pufferung bei pH = 7 (**III**) befanden. 50% der Tiere lebten bei **I** 3,5, bei **II** 6,5 und bei **III** 13 Tage. Beträchtliche Mengen Honigtautropfen wurden von den mit **II** und **III** ernährten Läusen abgeschieden. Die durchschnittl. Zahl der von einer Laus abgesetzten Larven betrug 5, 9 und 19. 71 der bei **III** erhaltenen Junglarven wurden auf einer „Parafilm"-Membran unter dem Substrat **III** weiterbeobachtet. 40 davon lebten 16–17 Tage. Von diesen entwickelten sich 11 zu Larven des IV. Stadiums, 14 zu Nymphen und 7 zu erwachsenen Ungeflügelten, alles Zwergformen. F. P. Müller. 1960.

Bradley, R. H. E., Sylvester, E. S. und Wade, C. V.; Fredericton, New Brunswick, Canada Dep. of Agric., Res. Branch, Res. Stat., Entomol. and Plant Pathol. Sect. Note on the movements of the mandibular and maxillary stylets of the aphid, Myzus persicae (Sulzer). **(Bemerkung über die Be-**

wegungen der mandibularen und maxillaren Stechborsten bei der Blattlaus Myzus persicae [Sulzer].) Canad. Entomologist **94** (1962) Nr. 6. S. 653–654. – 3 Abb., 5 Lit.

Die Läuse wurden mit CO_2 betäubt und die Stechborsten durch Zurückschieben des Labiums freigelegt. Hierauf erfolgte die Loslösung der mandibularen Stechborsten von dem maxillaren Bündel mittels eines feinen Haares. In dieser Lage blieben die Stechborsten einige Zeit, nachdem die Blattläuse wieder zu sich gekommen waren und die Bewegungen der Stechborsten erneut einsetzten. Diese Bewegungen ergeben sich aus seitlichen Schwingungen der freien Spitzen des maxillaren Anteils und aus einem Vor- und Zurückziehen der Mandibeln. Zu diesem Ergebnis gelangten Vff., indem sie die Bewegung vereinigt gebliebener Bündel mit Bewegungsvorgängen verglichen, die bei denjenigen Fällen auftraten, wo die Stechborsten voneinander losgelöst waren, oder wo entweder der maxillare oder der mandibulare Anteil amputiert worden war. F. P. Müller. 1960.

Richards, W. R.; Ottawa, Ontario, Canada Dep. of Agric., Res. Branch, Entomol. Res. Inst. A new species of Nasonovia Mordwilko (Homoptera: Aphididae). **(Eine neue Art von Nasonovia Mordvilko [Homoptera: Aphididae].** Canad. Entomologist **94** (1962) Nr. 7. S. 780–783. – 2 Abb., 6 Lit.

Nasonovia (*Hyperomyzus*) *inflata* n.sp. ist nahe verwandt mit *Hyperomyzus lactucae* (L.) und *H. pallidus* H. R. L. Als Futterpflanze wird *Solidago* sp. genannt. Leider basiert die Beschreibung nur auf der Eidonomie von 2 ungeflügelten viviparen Weibchen. F. P. Müller. 1960.

Barlow, C. A.; Chatham, Ontario, Entomol. Lab. Development, survival, and fecundity of the potato aphid, Macrosiphum euphorbiae (Thomas), at constant temperatures. **(Entwicklung, Überleben und Fruchtbarkeit der Kartoffelblattlaus Macrosiphum euphorbiae [Thomas] bei konstanten Temperaturen.)** Canad. Entomologist **94** (1962) Nr. 6. S. 667–671. – 2 Abb., 1 Tab., 11 Lit.

Neugeborene Junglarven von *Macrosiphum euphorbiae* (Thomas) wurden auf abgeschnittenen Kartoffelblättern bei 5, 10, 15, 20, 25 und 30° gezüchtet. Die durchschnittliche Entwicklungsdauer bis zur Imago betrug 8,9 Tage bei 25° und 45,8 Tage bei 5°. Bei 30° erreichte keine Larve das Imaginalstadium. Die Thermalkonstante wurde mit 221.24 ermittelt. Die Zunahme der Entwicklungsgeschwindigkeit war zwischen 5 und 25° in bezug auf die Temperatur linear und betrug 0.45% bei Temperatur-Erhöhung um 1°. Die Zahl der abgesetzten Junglarven war bei 5, 10 und 20° etwa die gleiche, bei 25° jedoch signifikant niedriger. Es wurde eine Beziehung zwischen der Temperatur und der Zeit, die bis zum natürlichen Tod von 50% des Läuse verging, aufgestellt. F. P. Müller. 1960.

Kazda, Václav; Praha, Biol. Ústav ČSAV, Odd. Fytopatol. Účinek vodního extraktu ze mšic nodřiznuté stonky hostitelských rostlin. **(Wirkung der Wasserextrakte von Blattläusen auf abgeschnittene Wirtspflanzensprosse.)** Zool. Listy **11(25)** (1962) Nr. 2. S. 113–124. – 8 Abb., 5 Tab., 14 Lit. Zus. in Dtsch.

Abgeschnittene Wirtspflanzensprosse (*Populus pyramidalis*, *Brassica* sp., *Sinapis arvensis*, *Lathyrus silvestris*, *Pisum sativum*, *Vicia sativa*, *Malus silvestris*, *Aconitum napellus*, *Ulmus campestris* und *Lonicera* sp.) wurden in verschieden konzentrierte (1:25 bis 1:10000) Wasserextrakte von Blattlaushomogenaten (*Pemphigus spirothecae*, *Eriosoma lanigerum*, *Schizoneura ulmi*, *Aphis pomi*, *Sappaphis mali*, *Brevicoryne brassicae*, *Stagona xylostei*, *Brachycaudina napelli* und *Meogura viciae*) getaucht. Extrakte von Blattläusen jeder Art riefen ein verschieden starkes Welken des Pflanzenmaterials hervor. Die Wirkung nahm proportional der zunehmenden Verdünnung des Extraktes ab und wurde durch Filtrieren über einen Bakterienfilter mäßig gehemmt. Die Aktivität einiger Extrakte wurde durch Erwärmung auf 70 oder 125 °C nicht geschwächt. Zwischen Extrakten von gallenbildenden und nichtgallenbildenden Blattlausarten gab es keine Unterschiede. Extrakte von 5 Blattlausarten verursachten irreversibles, die übrigen reversibles Welken.

Z. Šesták. 1960.

Schmutterer, H.; Gießen, Justus-Liebig-Univ., Inst. für Phytopathol. **Zur Kenntnis der Beißinsekten als Überträger pflanzlicher Viren.** Z. angew. Entomol. **47** (1961) Nr. 3. S. 277–301.; Nr. 4. S. 416–439. — 9 Abb., 27 Tab., 33 Lit.

Die Grüne Laubheuschrecke, *Tettigonia viridissima* L., überträgt das Tabakmosaikvirus (TMV) mit den Mundwerkzeugen. Das Alter der an kranken und gesunden Tabakpflanzen befressenen Blätter ist für den Übertragungserfolg von Bedeutung. Eine zunehmende Fraßzeit an den kranken Pflanzen bewirkt einen Anstieg der Infektionsrate. 1 Std. nach dem Fraß an kranken Pflanzen ist kein aktives Virus mehr an den Mundwerkzeugen nachweisbar. Das Kartoffel-X-, das Kartoffel-Y-, das Bukett- und das Tabakmauchevirus werden von der Grünen Laubheuschrecke in geringerem Maße übertragen als das TMV. Die Raupen der Kohleule, *Barathra brassicae* L., übertragen auf Grund der geringeren Größe ihrer Mundwerkzeuge und ihrer Fraßgewohnheiten das TMV nur in Einzelfällen. Homogenate von Speicheldrüsen und das Blut der Grünen Laubheuschrecke inaktivieren das TMV sehr stark. Nach dem Erwärmen auf 65 °C ist nur eine geringe oder keine inaktivierende Wirkung mehr festzustellen. Im Bereich des Vorder- und Mitteldarms wird das TMV stark inaktiviert, im Enddarm jedoch reaktiviert. Im Kot waren meist weniger als 50% des mit der Nahrung aufgenommenen TMV nachweisbar. Grüne Laubheuschrecken, die einige Wochen virusinfiziertes Blattmaterial gefressen hatten, enthielten im Blut geringe Mengen infektiöses TMV.

Heinz Schmidt. 1970.

Pop, I.; Bukarest, Landwirtsch. Forsch.-Inst. **Die Strichelvirose des Weizens in der Rumänischen Volksrepublik.** Phytopathol. Z. **43** (1962) Nr. 4. S. 325–336. — 5 Abb., 2 Tab., 30 Lit.

Seit dem Jahre 1958 wird in Rumänien an Weizen eine Virose beobachtet, deren Primärsymptome parallel zu den Blattadern verlaufende hellgrün oder gelblich gefärbte Strichel sind. Im Freiland wurde die Virose noch an *Hordeum vulgare, Lolium italicum, Setaria viridis, S. glauca, Digitaria sanguinalis* und *Echinochloa crus galli* festgestellt. Weitere 16 namentlich aufgeführte Gramineen konnten leicht durch Saftinokulation infiziert werden. Folgende Viruseigenschaften wurden ermittelt: Lebensbeständigkeit in vitro bei Zimmertemp.: 24 Std.; Verdünnungsendpunkt: 10^{-3} bis 5×10^{-3}; thermale Inaktivierung: 52–54 °C; Viruspartikel: flexibles Stäbchen von etwa 700×16 mμ. Das Virus wird durch die Milbe *Aceria tulipae*, nicht jedoch durch Samen, Boden, Blattläuse oder andere Insekten übertragen. Die Übereinstimmung im Krankheitsbild und in den Viruseigenschaften deutet auf eine Verwandtschaft oder Identität mit dem Strichelmosaikvirus des Weizens in den USA hin. Als prophylaktische Maßnahme wird späte Aussaat des Weizens empfohlen.

K. Wiesner. 1970.

Harpaz, I. Calligypona marginata, the vector of maize rough dwarf virus. **(Calligypona marginata, der Überträger der virösen Zwergkrankheit des Maises.)** Plant Protect. Bull. **9** (1961) Nr. 8. S. 144–147. — 20 Lit.

Calligypona marginata (F.) [= *Delphacodes striatella* (Fallen)] ist Überträger der virösen Zwergkrankheit des Maises. 11 weiterhin geprüfte Insektenarten kommen als Vektoren nicht in Frage. *C. marginata* überträgt das Virus nicht direkt von Maispflanze zu Maispflanze, vielmehr werden zwischendurch Gräser aufgesucht, die für das Insekt wesentlich bessere Wirtspflanzen darstellen, wie z. B. *Cynodon dactylon*. In Übereinstimmung mit der Populationsdynamik von *C. marginata* erfolgt die natürliche Infektion der Maispflanze vorwiegend in einem sehr jungen Stadium, in Israel i. allg. Ende Apr. bis Anfang Mai. Durch Spätaussaat (Ende Mai) konnte daher die Viruskrankheit weitgehend unterdrückt werden. Samenübertragbarkeit des Virus wurde nicht festgestellt. G. Sembdner. 1970.

Brandenburg, E.; Gießen, Justus-Liebig-Univ., Inst. für Phytopathol. **Untersuchungen über das Blattrollvirus der Kartoffel. 1. Mitt. Mechanische Übertragung und chemischer Nachweis des Blattrollvirus mit Diphenylamin im Blattsaft.** Phytopathol. Z. **43** (1962) Nr. 4. S. 420–424. – 3 Abb., 2 Tab., 6 Lit.

Aus den Versuchen mit dem Mauche- oder Tabak-Rattle-Virus (**TRV**) – Nachweis der freien Ribonucleinsäure (**RNS**) durch Ultrazentrifugation – kann geschlossen werden, daß bei der Vermehrung des **TRV** laufend freie **RNS** anfällt, die nicht in der Lage ist, sich mit einer normalen Proteinhülle zu umgeben. – Infektionsversuche mit Phenolextrakten aus blattrollkranken Blättern, vorgenommen an Sämlingen von 'Capella' und Stecklingen von 'Erdgold', zeigten, daß das Blattrollvirus der Kartoffel vermutlich eine Desoxyribonucleinsäure (**DNS**) ist, die man mit dem Diphenylamin-Test nach Dische in kranken Kartoffelblättern nachweisen kann. Mit Hilfe der bei den meisten Sorten deutlichen Farbreaktion (gesund = hell, krank = dunkel) läßt sich die Bonitierung gut kontrollieren; die Färbung – bei den ältesten Blättern am intensivsten – nimmt zu den jüngsten hin ab. Der Nachweis kann in frischen oder trockenen Blättern vorgenommen werden, gelingt aber nicht bei an **TRV** erkranktem Tabak, weil in seinen Blättern nicht **DNS**, sondern **RNS** als infektiöses Agens vorhanden ist. – Über den Diphenylamin-Test an Knollen liegen bisher zu wenig Ergebnisse vor. Die Viruskonz. scheint für den Erfolg eine Rolle zu spielen. R. Kämmerer. 1970.

Bercks, R.; Braunschweig, Biol. Bundesanst. für Land- und Forstwirtsch., Inst. für Virusserol. **Das Verhalten von Kartoffelsorten gegenüber einer Infektion mit dem X-Virus aus der Sorte Erstling.** Europ. Potato J. **4** (1961) Nr. 4. S. 354–360. – 2 Tab., 9 Lit. Zus. in Engl., Franz.

Von 80 Kartoffelsorten der dtsch. Sortenliste wurden je 10 X-Virus-freie Pflanzen durch Einreiben mit Preßsaft der Sorte 'Erstling' infiziert. Der Infektionserfolg wurde 1. serologisch an den beimpften Blättern, den nichtbeimpften Blättern der infizierten Triebe und den Blättern der nichtbeimpften Triebe sowie 2. am Nachbau geprüft. Während bei 25 der 80 Sorten alle oder der überwiegende Teil der Tochterpflanzen erkrankten, war von 7 Sorten nur ein geringer Teil des Nachbaues krank; der Nachbau von 48 Sorten blieb jedoch gesund (höchstens 1 Tochterpflanze infiziert). Zwischen Laub- und Nachbauprüfungen bestand weitgehende Übereinstimmung; man kann also bei Resistenzprüfungen auf den Nachbau verzichten, wenn nach künstlicher Infektion im Laub eine starke Verseuchung oder aber kein Virus festgestellt wird. R. Kämmerer. 1970.

Keller, E. R. und Münster, J.; Zürich-Oerlikon, Eidg. Landwirtsch. Versuchsanst. **Betrachtungen über den Y-Virusbefall der nach der Schweiz gelieferten Saatkartoffeln aus euroäpischen Ländern und die ergriffenen Gegenmaßnahmen.** Europ. Potato J. 4 (1961) Nr. 4. S. 341–353. – 2 Tab., 1 Lit. Zus. in Engl., Franz.

In Herkunftsprüfungsfeldern wird die Qualität des Import- und Inlandpflanzgutes seit dem Jahre 1929 systematisch kontrolliert. Die Ergebnisse vermitteln einen Überblick über den Stand der Pflanzkartoffelerzeugung in den verschiedenen Ländern. 1959 erfolgte in fast allen Ländern eine starke Zunahme des Gesamtvirusbefalles, die vor allem auf die Ausbreitung des Tabakrippenbräunevirus (Yn) zurückzuführen ist. Der Anteil von Yn am Gesamt-Y-Befall betrug bei den Lieferungen aus Norddeutschland und Holland 60–100%, aus

Dänemark 40%, aus der Bretagne jedoch nur wenige Prozente. 'Lori' und 'Maritta' wiesen dank ihrer Resistenz nur wenig Y-Infektionen auf. – In der Schweiz wurden Yn-anfällige Sorten aus der Sortenliste gestrichen, Neuzüchtungen auf Y-Resistenz geprüft und Infektionsquellen nach Möglichkeit ausgeschaltet (strengste Pflanzgutprüfung und Schaffung von geschlossenen Anbaugebieten); die Vermehrungsbestände werden mit Hilfe des Igel-Lange- und *Solanum*-A 6-Testes sowie der Augenstecklingsprüfung geprüft; durch Verbesserung des Vorkeimens waren frühere Erntetermine möglich.
R. Kämmerer. 1970.

Jankowski, Franciszek und Florczak, Krystyna. Nekroza nerwów liści tytoniu wywołana przez nowe szczepy wirusa Y oraz badania nad wrażliwością różnych odmian tytoniu w warunkach polowych. **(Nekrose der Blattnerven des Tabaks, hervorgerufen durch neue Pfropfreiser des Virus Y, sowie Untersuchungen über die Empfindlichkeit verschiedener Tabaksorten unter Feldbedingungen.)** Rozcniki Nauk rolniczych, Ser. A **86** (1962) Nr. 2. S. 239–259. – 5 Abb., 4 Tab., 42 Lit. Zus. in Russ., Engl.
Im Jahre 1956 wurde bei 'Virginia' das Braunwerden der Blattnerven bemerkt. 1959 trat die Krankheit auch bei den Sorten 'Kentucky' und 'Pulawski Szerokolistny' auf. Andere Sorten waren schwächer infiziert. Das Y-Virus, welches durch Blattläuse übertragen wird, ruft bei Pfropfreisern Nekrosen hervor. Die Krankheitserscheinungen, die Ausbreitung und die Bekämpfungsmethoden werden besprochen. 1959–60 wurden Untersuchungen durchgeführt, bei denen die Feldresistenz in- und ausländischer Tabaksorten in Abbaulagen geprüft wurde. Als widerstandsfähig wurden solche Sorten anerkannt, welche keine Nekrosen der Blattnerven aufwiesen und keine Reaktion bei Anwendung von Y-Antigen zeigten. Am empfindlichsten waren die Sorten 'Kentucky' und die Mehrzahl der Kreuzungen mit 'Kentucky', 'Puławski Szerokolistny' und 'Virginia' (mit Ausnahme von 'Virginia Kazanow ski', 'Virginia 230', 'SCR 61' und 'SCR 63'). Eine Reihe von Sorten war resistent.
W. Śliwiński. 1970.

Kollmer, G.; München, TH, Inst. für Acker- und Pflanzenbau. **Wirtskreis und Eigenschaften einiger Herkünfte der Kartoffelvirusgruppe F unter Berücksichtigung des Verhaltens gegenüber amerikanischen Kartoffelsorten.** Z. Acker- u. Pflanzenbau **115** (1962) Nr. 1. S. 21–29. – 9 Lit.
7 angeblich mit F-, G- resp. Aucuba-Virus infizierte Herkünfte verschiedener Kartoffelsorten aus Holland, Irland, England und den USA wurden einigen Testen zur möglichen Identifizierung der Virus-Stämme unterworfen (Wirtskreis, Temperatur, Knollensymptome, Pfropfung und Prämunitätsversuche). Alle getesteten Viren zeigten sich ähnlich, so daß Vf. sie als Stämme des Virus F bezeichnet (der Ausdruck Aucuba-mosaic wird abgelehnt). Es ließen sich unter den Stämmen 2 Gruppen unterscheiden, die eine ist charakterisiert durch Spitzennekrosen, die andere durch Erzeugung milder, systemischer Krankheitserscheinungen.
H. Pätzold. 1970.

Guseva, K. A. (Gussewa, K. A.) Uvjadanie kartofelja i izučenie vlijanija različnogo kačestva rostkov na morfologičeskie i biologičeskie osobennosti rastenij. **(Die Welkekrankheit der Kartoffel und die Untersuchung des Einflusses der verschiedenen Eigenschaften der Keime auf morphologische und biologische Eigenarten der Pflanzen.)** Sbornik trudov aspirantov i molodych naučnych sotrudnikov. Vsesojuznyj institut rastenievodstva, Leningrad **1961** Nr. 2. S. 293–298. – 3 Tab., 4 Lit.
Die Welkekrankheit der Kartoffel, die bes. im Süden der UdSSR auftritt, konnte durch Aufpfropfen kranker Kartoffelreiser auf gesunde Kartoffel- und Tomatenunterlagen übertragen werden. Die dann von der Kartoffelunterlage gebildeten Knollen wiesen die für die Welkekrankheit typische Fadenkeimigkeit auf. Daraus wird unter Benutzung von Lit. geschlossen,

daß die Welkekrankheit der Kartoffel im Untersuchungsgebiet durch das Stolburvirus verursacht wird. Insektenfänge im Untersuchungsgebiet ergaben das Vorhandensein von 12 Zikadenarten, darunter *Hyalesthes obsoletus* Sign. und *Macrosteles laevis* Rib., 4 Blattlausarten, unter ihnen *Myzus persicae* Sulz. und *Macrosiphum solanifolii* Ashm., und 2 Wanzenarten. In einzelnen Fällen entstanden aus fadenkeimigen Knollen Pflanzen mit Symptomen der Hexenbesenkrankheit. Der Ertrag von Kartoffelpflanzen, die aus fadenkeimigen Knollen hervorgingen, ist niedriger als derjenige von Pflanzen aus normalkeimigen Knollen. Zwischen den verschiedenen Eigenschaften der Keime (normal, dünn, fadenförmig) und der Art der Abbauerscheinungen der aus ihnen hervorgegangenen Pflanzen konnte keine Korrelation festgestellt werden. H. H. Schimanski. 1970.

Wetter, C., Quantz, L. und Brandes, J.; Braunschweig, Biol. Bundesanst. für Land- und Forstwirtsch., Inst. für Virusserol.; Inst. für Landwirtsch. Virusforsch. **Vergleichende Untersuchungen über das Rotkleeadernmosaik-Virus und das Erbsenstrichel-Virus.** Phytopathol. Z. **44** (1962) Nr. 2. S. 151–169. — 7 Abb., 7 Tab., 27 Lit. Zus. in Engl.

Vom Rotkleeadernmosaik-(RCVMV) und Erbsenstrichelvirus (PSV) standen Isolate aus verschiedenen Ländern zur Verfügung, die auf *Vicia faba* und *Pisum sativum* kultiviert wurden. Es wurden Wirtskreisuntersuchungen, elektronenmikroskopische und serologische Untersuchungen durchgeführt. Im Wirtspflanzenkreis unterscheiden sich beide Viren nur gering. Symptomunterschiede bestehen nur bei bestimmten Wirtspflanzen. Ein Differentialwirt wurde nicht gefunden. Die Bestimmung der Normallänge ergab für RCVMV 654 mμ, für PSV 619 mμ. Durch die serologischen Untersuchungen konnte Verwandtschaft zwischen beiden Viren nachgewiesen werden. Die homologen Titer lagen i. allg. um 4 Verdünnungsstufen höher als die heterologen.
K. Schulz. 1970.

Kristensen, Rønde H. und Christensen, Mogens. Virussygdomme hos kålroer. **(Die Virosen der Kohlrübe.)** Tidsskr. Planteavl **66** (1962) Nr. 2. S. 185–255. — 12 Abb., 16 Tab., 54 Lit. Zus. in Engl.

Nach einer Übersicht über die an Kohlrübe vorkommenden Virosen berichten Vff. über ihre Untersuchungen an den beiden in Dänemark auftretenden Kohlrübenviren, Kohlringfleckenvirus (**I**) und Gelbmosaikvirus der Wasserrübe (**II**). Beide Viren sind durch Abreibung übertragbar. Im Freiland erfolgt die Übertragung von **I** durch Blattläuse, von **II** durch beißende Insekten. Beide Viren besitzen einen umfangreichen Wirtspflanzenkreis, der aufgeführt wird. Zum Nachweis von **I** eignet sich die Testpflanzenmethode (*Chenopodium amaranticolor* und *Nicotiana tabacum*), von **II** die serologische Methode. Hauptbefallsgebiete von **I** sind Fünen und Seeland, von **II** das Horsens-Gebiet und die Insel Alsen. Im Durchschnitt mehrerer Versuche betrug der Ertragsverlust (Tr.-Subst. der Wurzel) bei früher Infektion bei **I** 36–40, bei **II** 37–44, bei später Infektion bei **I** 14, bei **II** 20–24%. Gegenüber **I** ergaben sich große Anfälligkeitsunterschiede zwischen den Sorten. Einen hohen Resistenz- und Toleranzgrad weist 'Hoffmanns Weiße' auf. Gegenüber **II** waren konstante Anfälligkeitsunterschiede nicht nachweisbar. Zur Bekämpfung werden empfohlen: Ausschaltung der Infektionsquellen und Vektoren sowie die Resistenzzüchtung. K. Wiesner. 1970.

Hirth, Léon, Horn, Paul und Strazielle, Claude; Strasbourg, Centre de Rech. Nucléaires, Dep. des Applications Biol. Sur le comportement des suspensions de l'acide ribonucléique du virus de la mosaïque jaune du Navet. Étude de l'action du versène. **(Über das Verhalten der Ribonucleinsäuresuspensionen des Gelbmosaiks der Kohlrübe. Untersuchung der Wirkung von Versen.)** C. R. hebd. Séances Acad. Sci. **255** (1962) Nr. 1. S. 212–214. — 2 Lit.

Im Phosphatpuffer pH 7,0 weisen die Moleküle der Ribonucleinsäure (**RNA**) des Gelbmosaiks der Kohlrübe einen S_{20}-Wert von 21,5 auf. Wenn die **RNA** nach Ausfällung mit Alkohol in Versen suspendiert wird, zeigt der S_{20}-Wert einen Abfall. Dies ist ein sehr sicheres Kennzeichen einer Fragmentierung der Moleküle. Bei der **RNA** des Tabakmosaikvirus ist ein derartiges Phänomen bisher nicht beobachtet worden. K. Wiesner. 1970.

Cochran, G. W., Welkie, G. W., Chidester, J. L., Chandrasekhar, B. K. und Lee, M. H.; Logan, Utah State Univ., Dep. of Bot. and Plant Pathol. Role of virus protein in tobacco mosaic virus infection process. **(Die Bedeutung des Virusproteins beim Infektionsprozeß des Tabakmosaikvirus.)** Nature [London] **193** (1962) Nr. 4815. S. 544–548. – 5 Abb., 11 Lit.

In Versuchen zur Aufklärung des Mechanismus der TMV-Infektion wurde *Vigna sinensis* mit unterschiedlich präparierten Inokula des TMV-Leguminosenstammes abgerieben. Danach entstandene histochem. Veränderungen ließen sich mit Hilfe der Infrarot-Spektrophotometrie erfassen. Natives, intaktes sowie UV-inaktiviertes TMV hatten nach 40 Min. die ersten nachweisbaren Stoffwechselstörungen zur Folge. Demgegenüber lief im Zeitraum bis zu 29 Std. nach der Abreibung keine Reaktion ab, die eindeutig der Ribonucleinsäure (**RNA**) zuzuordnen wäre. Fernerhin erwies sich phenolextrahierte **RNA** nur zu 0,3% so infektiös wie gereinigte TMV-Präparate mit gleich großem **RNA**-Gehalt. Die Ergebnisse werden als Hinweise dafür gedeutet, daß allein das Virusprotein bald nach der Infektion den Stoffwechsel zu beeinflussen vermag. Geschwindigkeit und Häufigkeit dieser Reaktionen lassen vermuten, daß es direkt, wahrscheinlich als Enzym, auf das Cytoplasma einwirkt. Die Annahme, lediglich die infektiöse **RNA** sei für das Zustandekommen der TMV-Infektion verantwortlich zu machen, gilt als nicht genügend gesichert, weil dabei das Vorhandensein von Spuren reaktionsfähigen Virusproteins nicht ausgeschlossen werden kann. H. E. Schmidt. 1970.

Verma, G. S. und Varma, J. P.; Lucknow, India, Lucknow Univ., Dep. of Bot. Effect of potassium deficiency on tobacco mosaic virus multiplication in Turkish tobacco (Nicotiana tabacum). **(Einfluß von Kaliummangel auf die Vermehrung des Tabakmosaikvirus in Türkischem Tabak [Nicotiana tabacum].)** Acta virol. [Praha] **6** (1962) Nr. 2. S. 181–185. – 1 Abb., 1 Tab., 18 Lit. Zus. in Russ., Tschech.

Zur experimentellen Vermehrung des Tabakmosaikvirus dienten in Sandkultur angezogene Pflanzen von *Nicotiana tabacum*. Die Anzucht fand bei verschiedenen K_2O-Stufen (0,39, 225 und 390 ppm) im Nährmedium statt, ein Teil der Pflanzen wurde mit dem Virus inokuliert. Sowohl bei viruskranken als auch bei gesunden Pflanzen nahmen (allerdings in verschiedenem Ausmaß) mit dem K_2O-Gehalt Frischgewicht sowie N- und Eiweißkonz. im Zellsaft zu. Die Bildung von Virusprotein steht bei infizierten Pflanzen in engerer Korrelation zum Eiweißgehalt als zum N-Gehalt im Zellsaft. Bei Fehlen von K_2O in der Nährlösung kam es weder zur Bildung von Virusprotein noch von aktivem Virus. Bei K_2O-Gaben zwischen 39–390 ppm war kein Unterschied in der Lokalläsionenzahl zu beobachten. Z. Šesták. 1970.

Polák, Zdenko und Brčák, Jaroslav; Praha, Czechoslov. Akad. of Sci., Inst. of Exp. Bot., Dep. of Plant Pathol. On the specific difference in the local necrotic response to infection by tobacco mosaic and cabbage black ringspot viruses in tobaccos. **(Zum spezifischen Unterschied zwischen der nekrotischen Lokalreaktion von Nicotiana virus 1 und Brassica virus 1 auf Tabak.)** Biol. Plantarum [Praha] **4** (1962) Nr. 2. S. 110–111. – 1 Abb., 3 Lit. Zus. in Russ., Tschech.

Nicotiana tabacum L. reagiert auf das Tabakmosaikvirus systemisch und auf das Kohlringfleckenvirus (**CRSV**) durch nekrotische Läsionen; *N. glutinosa*

verhält sich umgekehrt. Vff. konnten beweisen, daß *N. tabacum* var. 'Xanthi' (ähnlich wie *N. tabacum* var. 'Samsun') auf das **CSRV** durch Bildung nekrotischer Lokalläsionen reagiert, die von den Läsionen durch das TMV durch Typ und Dimensionen abweichen. *N. tabacum* var. 'Xanthi-nc' erwarb den nekrotischen Faktor durch Übertragung von *N. glutinosa*.
Z. Šesták. 1970.

Schuch, Kurt; Heidelberg, Inst. für Obstkrankh. **Eine pfropfübertragbare Rostfleckung an den Blättern der Süßkirsche.** Nachrichtenbl. dtsch. Pflanzenschutzdienstes [Braunschweig] **14** (1962) Nr. 5. S. 74–75. – 2 Abb., 5 Lit.
Auf Blättern einzelner Süßkirschenbäume an der Bergstraße wurden rotbraune Flecke den Adern entlang und hellgrüne Scheckung der übrigen Bereiche der Blattspreite beobachtet. Nach experimenteller Übertragung von diesen Bäumen zeigten *Prunus avium*-F 12/1-Pflanzen im 1. Jahr fleckige Aufhellungen, Nekrosen und Ringflecke. Im 2. Jahr erschienen hellgrüne und braune Flecke den Adern entlang. Ob das als Viruskrankheit nachgewiesene Schadbild mit der in England vorkommenden „Europäischen Rostfleckigkeit" identisch ist, bleibt noch zu prüfen. H. Kegler. 1970.

Kirkpatrick, J. D., Parker, K. G. und Fisher, E. G.; Ithaca, Cornell Univ., Dep. of Pomol. and Plant Pathol. Effect of ringspot, yellows, and rootstock on the macronutrient element composition of leaves and on growth of sour cherry. **(Einfluß von Ringfleckenkrankheit, Vergilbung und Unterlage auf die Zusammensetzung der Makronährstoffe der Blätter und auf das Wachstum der Sauerkirsche.)** Phytopathology **52** (1962) Nr. 5. S. 419–423. – 4 Tab., 23 Lit.
Die nekrotische Ringfleckenkrankheit (NR) erhöht den Blatt-N-Gehalt im 1. Jahr der Infektion und den P-Gehalt im 3. Jahr. Der Ca-Gehalt wird durch NR bei fortschreitender Erkrankung erhöht, während er durch Mischinfektion von NR + V (V = Vergilbung) vermindert wird. Im 1. und 2. Jahr sind Trieblänge und Blattgröße durch NR reduziert (Schockphase), wobei die unterschiedliche Blattgröße auf *Mahaleb* deutlicher war als auf Vogelkirsche. V erhöhte den K- und verminderte den Ca-Gehalt, führte zur Vergrößerung der Blätter und blieb auf das Triebwachstum ohne Einfluß. Vogelkirschen-Unterlage erhöhte im Vergleich zu *Mahaleb* den K-Gehalt und verminderte den P- und Mg-Gehalt. Sie führte zu stärkerem Längen- und Dickenwachstum der Triebe. H. Kegler. 1970.

Helton, A. W.; Idaho, Univ., Agric. Exp. Stat. Incidence of ringspot and prune dwarf and the relationship of these conditions to prune decline in Idaho. **(Das Vorkommen der Ringfleckenkrankheit und der Triebstauchung und die Beziehung dieser Krankheiten zum Verfall der Pflaumen in Idaho.)** Phytopathology **52** (1962) Nr. 2. S. 159–162. – 3 Tab., 10 Lit.
Viele Pflaumenbäume in Idaho zeigen seit Jahren Verfallserscheinungen. Sie treten in mannigfaltigen Blatt- und Fruchtsymptomen hervor, die nicht immer experimentell übertragbar waren. Deshalb wurden zahlreiche Pflaumen- und Kirschbäume mit 'Shirofugen', einem empfindlichen Indikator für Ringfleckenviren, getestet. Hierdurch wurde nachgewiesen, daß Ringfleckenviren der Kirsche in Pflaumenbeständen weit verbreitet sind und daß bei allen Bäumen diese latente Infektion mit dem Auftreten unspez. Verfallserscheinungen verbunden ist. Es wird vermutet, daß die latente Virusinfektion hauptsächlich das Wurzelsystem beeinträchtigt, wodurch die im Kronenbereich auftretenden Schadbilder verursacht werden. H. Kegler. 1970.

Richter, J.; Aschersleben, Inst. für Phytopathol. **Das Himbeermosaik in Europa.** Arch. Gartenbau **10** (1962) Nr. 2. S. 79–87. – 3 Abb., 42 Lit.
Zu den am meisten verbreiteten Himbeervirosen zählt das Himbeermosaik, dessen wichtigste Formen Adernchlorose, Adernbänderung und Fleckenmosaik

sind. Bei der Adernchlorose sind die 2. und 3. Seitenadern chlorotisch. Gelegentlich treten Blattdeformationen und Wuchsdepressionen auf. Bei der Adernbänderung sind Haupt- und Seitenadern 1. Ord. chlorotisch, während beim Fleckenmosaik unregelmäßige scharfbegrenzte chlorotische Blattflecke erscheinen. Diese Virose ist bei vielen Sorten latent. Die starke Verbreitung der Mosaikkrankheiten ist auf ihre Übertragung durch Blattläuse (*Amphorophora rubi, Aphis idaei*) sowie die vegetative Vermehrung von Himbeerpflanzen zurückzuführen. Der weiteren Ausbreitung von Himbeervirosen wird durch Züchtung blattlausresistenter Sorten und Aufbau „virusfreier" Bestände begegnet. Ausgend von gesund erscheinenden Mutterpflanzen werden Testungen auf *Rubus Henryi* sowie gegebenenfalls wärmetherapeutische Behandlungen mit erneuter Testung vorgenommen. Gesunde Mutterpflanzen werden durch Wurzelstecklinge vermehrt. Abschließend werden Probleme der Differenzierung und mechanischen Übertragung von Himbeerviren besprochen.
H. Kegler. 1970.

Schöniger, G.; Würzburg, Univ., Inst. für Angew. Bot. **Die Symptommanifestierung ENV-infizierter Fragaria vesca L. in Abhängigkeit von der mineralischen Ernährung. 1. Mitt. Allgemeine Beobachtungen zur Bedeutung der Hauptnährstoffe.** Phytopathol. Z. **43** (1962) Nr. 4. S. 408–415. — 1 Tab., 4 Lit. Zus. in Engl.

Das Erdbeernekrosevirus (ENV) ruft bei *Fragaria vesca* Wuchshemmung, Absterben der Blätter sowie Adern- und Blattstielnekrosen hervor. Diese Symptome können in Abhängigkeit von klimatischen Faktoren und der Mineralstoffversorgung der Pflanzen beträchtlich variieren. Während fehlende Versorgung mit Ca und P bestimmte ENV-Symptome verstärkt, werden diese bei K-Mangel und fehlendem Na abgeschwächt. Mangel an N uns S beeinflußt die Symptome nur geringfügig, Mangel an Mg und K bleibt ohne Wirkung. Der Einfluß des Fe-Mangels war nicht eindeutig. H. Kegler. 1970.

Schade, Chr.; Halle/S., Martin-Luther-Univ., Inst. für Phytopathol. **Viruskrankheiten des Rhabarbers.** Arch. Gartenbau **10** (1962) Nr. 2. S. 113–118. — 1 Abb., 3 Tab., 15 Lit.

Aus Feldbeständen der Umgebung von Halle wurden von Rhabarber folgende Viren isoliert: *Arabis*-Mosaikvirus (AMV), Kohlrübenmosaikvirus (KMV), Gurkenmosaikvirus (GMV), Tabakmosaikvirus (TMV) und Tabaknekrosevirus (TNV). Die Viren wurden durch Testpflanzen, phys. und serol. Untersuchungen und Prämunitätsteste identifiziert. Beim AMV und KMV wurden im Vergleich zu einer engl. bzw. Stuttgarter Herkunft serologisch spez. antigene Gruppen nachgewiesen. Rhabarberbestände können Infektionsreservoir für aphiden- und nematodenübertragbare Viren sein. H. Kegler. 1970.

Brückbauer, H. und Rüdel, M.; Neustadt/Weinstr., Forsch.-Inst. für Reblausbekämpf. und Wiederaufbau. **Untersuchungen über die Viruskrankheiten der Rebe. V. Übertragungsversuche mit reisigkranken Amerikaner-Reben.** Wein-Wiss. **17** (1962) Nr. 9. S. 233–240. Beil. zu: Dtsch. Weinbau. — 6 Abb., 1 Tab., 4 Lit. 4. Mitt. vgl. LZ. Abt. II **7** (1962) Nr. 9. S. 2543.

Die Reisigkrankheit ist an Amerikaner-Reben oft nicht eindeutig zu erkennen. Ein Test durch mechanische Virusübertragung auf krautige Pflanzen würde die Diagnose im Rahmen der Bereinigung von Muttergärten erleichtern. Bei den Übertragungsversuchen wurden 2,5%ige Nicotinlösung als Zusatzmittel und *Chenopodium*-Arten als Testpflanzen verwendet. *C. quinoa* und *C. murale* zeigten die größte Anfälligkeit. Sie äußerte sich in Triebspitzennekrose und Lokalläsionen auf den inokulierten Blättern. Das Auftreten lokaler Symptome scheint von Umweltbedingungen abzuhängen. Die Symptome gleichen anfänglich den durch Virusisolierungen aus reisigkranken Silvaner-Reben verursachten. Später weichen sie voneinander ab. Übertragungen von symptomlosen Trieben kranker Stöcke gelangen schwieriger als von geschädigten. Als weitere Wirts- und Testpflanzen konnten *C. capitatum*, *C. ambrosioides* var. *anthelminticum*, *C. foetidum*, *C. foliosum* und *C. urbicum* ermittelt werden. H. Kegler. 1970.

Hollings, M.; Littlehampton, Sussex, Glasshouse Crops Res. Inst. Studies of Pelargonium leaf curl virus. I. Host range, transmission and properties in vitro. **(Untersuchungen über das Virus der Kräuselkrankheit der Pelargonie. 1. Mitt. Wirtspflanzenkreis, Übertragung und Eigenschaften in vitro.)** Ann. appl. Biol. **50** (1962) Nr. 2. S. 189–202. – 9 Abb., 2 Tab., 21 Lit.

Das Virus der Kräuselkrankheit der Pelargonie (PLCV) infizierte 54 von 99 mittels Saftinokulation geprüften Testpflanzenarten. Es läßt sich am besten in *Nicotiana clevelandii* Gray kultivieren, wo es eine hohe Konz. erreicht. Als Testpflanzen mit diagnostisch verwertbaren Symptomen eigneten sich *Chenopodium amaranticolor* Coste et Reyn., *Phaseolus vulgaris* L. und *Antirrhinum majus* L. Pelargonien ließen sich zwischen März und Sept. nicht mit dem PLCV infizieren und im Winter nur mit virushaltigem *N. clevelandii*-Saft, nicht dagegen mit Saft infizierter Pelargonien, deren Virustiter sehr niedrig ist. Virusübertragung durch Schnittmesser, Blatt- bzw. Wurzelkontakt oder gemeinsamen Anbau kranker und gesunder Pelargonien im Freiland konnte nicht beobachtet werden; Bodenübertragung, Übertragung durch Aphiden (*Myzus persicae* Sulz., *Macrosiphum euphorbiae* Thos., *Acyrthosiphon pisum* Harris, *Aulacorthum solani* Kltb.) oder *Trialeurodes vaporariorum* West. ebenfalls nicht. Thermale Inaktivierung des PLCV erfolgte bei 85–90 °C. Der Verdünnungsendpunkt lag zwischen 1:100 (Pelargonie) und 1:40000 (*N. clevelandii*). PLCV-haltiger *N. clevelandii*-Saft war bei 18 °C noch nach 21 Tagen und bei 0 °C noch nach 3 Jahren infektiös. Das PLCV ließ sich nach verschiedenen Methoden anreichern und reinigen. Auch Antiseren konnten hergestellt werden. Bekämpfung der Kräuselkrankheit der Pelargonie ist durch Auslese des Vermehrungsmaterials und Hitzetherapie möglich.
H. H. Schimanski. 1970.

Rajagopalan, K.; Madras, Univ., Bot. Lab. Cluster bean (Guar) – a new local lesion host for Dolichos enation mosaic virus. **(Guar — ein neuer Lokalläsionswirt für das Dolichos-Enationen-Mosaikvirus.)** Current Sci. [Bangalore] **31** (1962) Nr. 3. S. 120–121. – 1 Abb., 7 Lit.

Bereits 48 Std. nach dem Abreiben mit Preßsaft systemisch mit dem *Dolichos*-Enationen-Mosaikvirus (DEMV) infizierter *D. lablab*-Pflanzen erscheinen auf den Kotyledonen von *Cyamopsis tetragonoloba* kleine graue bis schwarze nekrotische Läsionen. Die gleiche Reaktion tritt auf den Folgeblättern auf, wenn sie abgerieben werden. Rückteste mit dem Preßsaft infizierter Blätter von *C. tetragonoloba* auf *D. lablab* ergaben die charakteristischen Krankheitssymptome einer DEMV-Infektion. Mit dem gleichen Preßsaft abgeriebene gesunde *C. tetragonoloba*-Blätter entwickelten keine Lokalläsionen. Diese interessante Beobachtung wird vom Vf. weiter untersucht. E. Proll. 1970.

Cichorius, Hans-Dieter. **Über das Auftreten freilebender Wurzelnematoden in rheinischen Böden unter besonderer Berücksichtigung der Standortverhältnisse.** Diss. Univ. Bonn, Landwirtsch. Fak. 1960. (53 S.) 4°.

Saba, Farid. **Über Entwicklung und Rückgang der Giftresistenz bei Tetranychus urticae Koch und deren Abhängigkeit von der Wirtspflanze:** Diss. Univ. Bonn, Landwirtsch. Fak. 1960. (42 S.) 4°.

Stollwerck, Walter. **Untersuchungen zur Frage der Anlage und Auswertung von Versuchen mit Metatetranychus ulmi Koch an Apfelbäumen.** Diss. Univ. Bonn, Landwirtsch. Fak. 1961. (87 S.) 4°.

Immunitet rastenij k boleznjam i vrediteljam: (Immunität der Pflanzen gegen Krankheiten und Schädlinge.) Hrsg.: Vsesojuznaja akad. sel'skochoz. nauk imeni V. I. Lenina. Moskva: Sel'chozgiz. 1961. (245 S.) 8°. (1962 A 276)

C. Krankheiten und Wirtspflanzen

Markov, M. (Markow, M.) Novi bolesti na kulturnite rastenija v Bŭlgarija. **(Neue Kulturpflanzenkrankheiten in Bulgarien.)** Rastitelna zaštita, Sofija **9** (1961) Nr. 6. S. 23–26.

Vf. beschreibt Krankheiten und ihre Erreger, die für Bulgarien erstmalig festgestellt wurden: *Cercospora cruciferae* Ell. et Ev. an *Raphanus sativus* L. var. *major*; *C. meliloti* Oud. an *Melilotus officinalis* L.; *C. onobrychidis* Bondarz. an *Onobrychis sativa* Lam.; *Dendrophoma convallariae* Cav. an *Convallaria majalis* L.; *Entyloma dahliae* Syd. an *Dahlia variabilis* Desf.; *Peronospora stigmatica* Raunk. an *Satureja hortensis* L.; ferner *Urophlyctis leproidae* Magnus an *Beta vulgaris* L. var. *altissima*. D. Dodow. 2000.

Frauenstein, Käte. **Untersuchungen über den Erreger einer Welkekrankheit (Fusarium sp.) am Dill (Anethum graveolens L.).** Pharmazie **17** (1962) Nr. 6. S. 367–371.

Die Dillwelke äußert sich als Umfallkrankheit an auflaufenden Pflanzen und als Absterbeerscheinung während und nach der Blüte. Alle geprüften Zuchtstämme von Dill waren anfällig. Unter künstlichen Bedingungen kann die Krankheit auch auf andere Umbelliferen (Engelwurz, Fenchel, Koriander, Kümmel, Liebstöckel, Petersilie u. a.) übertragen werden. Infektionserfolge gelingen aber auch bei Ampfer, Gewürzpaprika, Boretsch, Ringelblume, Alant, Stechapfel, Lavendel, schwarze Stockrose, Tollkirsche, Mohn u. a. Der Pilz, bei dem es sich um ein noch nicht genau bestimmtes *Fusarium* handelt, läßt sich am besten aus den unteren Stengelteilen erkrankter Pflanzen isolieren. Für die künstliche Kultur hat sich Biomalzagar gut bewährt. Die Bildung von Makrokonidien bzw. Chlamydosporen kann durch entspr. Nährbodenwahl gefördert werden. Die günstigsten Temperaturverhältnisse für das Mycelwachstum sowie für die Sporenkeimung liegen im Bereich von +22 bis +25 °C. Die Bekämpfung ist noch nicht zufriedenstellend gelöst. E. Mühle. 2000.

Ponchet, J. und Pionnat, J. C.; Versailles, Stat. Centr. Pathol. Végétale. Effects des moisissures sur la conservation des grains de blé et d'orge humides. **(Einflüsse von Schimmel auf die Lagerfähigkeit von feuchtem Weizen und feuchter Gerste.)** Ann. Épiphyties **13** (1962) Nr. 1. S. 47–57. — 2 Abb., 5 Tab., 12 Lit.

Die Saatgutqualität (bes. die Keimfähigkeit von Weizen und Gerste) wird weitgehend durch den Feuchtigkeitsgehalt des Erntegutes mitbestimmt. In der Spanne des Feuchtigkeitsgehaltes zwischen 12–23% tritt vielfach ein Keimfähigkeitsabfall bis zu 95% mit zunehmender Feuchtigkeit ein. Während bei 12%iger Feuchtigkeit nach 240täg. Lagerung unter konstanten Bedingungen *Penicillium* sp., *Alternaria* sp., *Cladosporium* sp., *Mucoraceae* div. und *Epicoccum* sp. je zu etwa 10–30% vorhanden waren, nahmen mit zunehmender Feuchtigkeit die Penicillien stark zu, bis sie bei Gerste bei 23%iger Feuchtigkeit zu 100% vorhanden waren. Das Absinken der Keimfähigkeit wird auf das Penicillienwachstum zurückgeführt. Vor allem durch Captanbehandlung wurde der *Penicillium*-Befall auf 0% herabgedrückt, die Keimfähigkeit auf 96- bzw. 76% gehalten. R. Fritzsche. 2020.

Hoyer, Hiltraud. **Ein Beitrag zur Kenntnis der Selbsthemmung der Uredosporenkeimung bei Puccinia triticina Erikss. und anderen Rostarten. 1. Mitt. Die Hemmstoffbildung.** Zbl. Bakteriol., Parasitenkunde, Infektionskrankh. Hyg., II. Abt. **115** (1962) Nr. 3. S. 266–296.

Eine Selbsthemmung der Uredosporenkeimung konnte für *Puccinia triticina*, *P. dispersa*, *P. sorghi*, *P. antirrhini* und *Uromyces fabae* nachgewiesen werden. Die Versuchsmethoden werden beschrieben. Der Hemmstoff (**HS**) wurde im Sporenwaschwasser nachgewiesen. Er ist bereits in der ruhenden reifen Spore vorgebildet und diffundiert während der Quellung in das Keimmedium, auch bei O_2-Abschluß und aus toten Sporen. Der **HS** ist nicht artspezifisch, die verschiedenen Arten hemmen sich gegenseitig. Der **HS**-Gehalt ist je nach Jahreszeit verschieden. Temperatur und Licht zeigen auf ihn keinen Einfluß. E.-M. Kleiner. 2020.

Daly, J. M. und Krupka, L. R.; Lincoln, Univ. of Nebraska. Effect of Puccinia graminis tritici on organic acid content of wheat leaves. **(Wirkung von Puccinia graminis tritici auf den Gehalt von Weizenblättern an organischer Säure.)** Plant Physiol. **37** (1962) Nr. 3. S. 277–282. — 4 Tab., 25 Lit.

Jeweils 200 gesunde oder mit *Puccinia graminis tritici*, Rasse 56, infizierte Primärblätter von Weizen ('Little Club') wurden im Flecken- (4.–5. Tag nach Infektion) oder Sporulationsstadium (4 Tage später) mit 80% Äthanol extrahiert, säulenchromatographiert und die org. Säuren eluiert. Durch die Infektion wird der Gesamtsäuregehalt wesentlich erhöht, während die Speicherung der einzelnen Säuren unterschiedlich, in jedem Falle aber von Äpfel- und Bernsteinsäure beträchtlich ist. Citronensäure wird hauptsächlich im Sporulationsstadium angereichert, während Aconitsäure abnimmt, wenn sie im normalem Gewebe reichlich vorhanden war. Der anfängliche Anstieg von Malat im Fleckenstadium, dem ein Anstieg von Citrat (und Glutamat) im Sporulationsstadium folgt, scheint für Infektionen mit Rostpilzen charakteristisch zu sein. Ob hierfür vom Krebs-Zyklus abweichende Stoffwechselwege verantwortlich sind, kann noch nicht entschieden werden. M. Schmiedeknecht. 2020.

Krüger, W.; Potchefstroom, Coll. of Agric.; Res. Inst. Sphacelotheca reiliana on maize. I. Infection and control studies. **(Sphacelotheca reiliana an Mais. 1. Mitt. Untersuchungen über Infektion und Bekämpfung.)** South African J. agric. Sci. **5** (1962) Nr. 1. S. 43–56. — 11 Tab., 10 Lit.

Zur Infektion wurden die Pflanzen in künstlich verseuchter Erde (0,1 g Sporen/dm^3) angezogen und im 3-Blatt-Stadium in unverseuchte Erde (Freiland oder Töpfe) umgepflanzt. Die Infektion kann sowohl über die Wurzel als auch über die Koleoptile erfolgen. Optimale Infektionsbedingungen sind eine Bodentemperatur von 25–30 °C, eine Bodenfeuchtigkeit von 30–50% der max. Wasserkapazität und ein pH-Wert unter 7. Unter optimalen Temperaturbedingungen kommt die Infektion in der 1. Woche nach der Aussaat zum Haften. Bei 15 °C wird die Infektion nur verzögert, bei 35 °C fast völlig unterbunden. 70–80% Bodenfeuchtigkeit bewirken ebenfalls starke Verminderung der Infektion. Im Verdauungskanal von Kühen und Schafen erfolgt keine Abtötung der Brandsporen. Saatgutbeizung mit verschiedenen Präparaten vermochte nur die vom Saatgut ausgehende Infektion zu unterdrücken. K. Wiesner. 2020.

Zacharova, T. I. (Sacharowa, T. I.) Karlikovaja golovnja ozimoj pšenicy. **(Zwergbrand bei Winterweizen.)** Sbornik trudov aspirantov i molodych naučnych sotrudnikov. Vsesojuznyj institut rastenievodstva, Leningrad **1961** Nr. 2. S. 298–300. — 7 Lit.

Der Zwergbrand, *Tilletia controversa* Kühn, verbreitet sich auch in der UdSSR in zunehmendem Maße. Er tritt vorzugsweise in Höhenlagen von 200–2000 m auf. Die von *T. controversa* verursachten Krankheitssymptome werden beschrieben. Für den Zwergbrand sind Form und Größe der Brandbutten charakteristisch. Unter den normalen, genetzten Chlamydosporen finden sich bis zu 8% hyaline Sporen mit glatter Wand, deren Anwesenheit als wichtiges diagnostisches Merkmal angesehen wird. Die Chlamydosporen keimen schon bei 4–6° im Verlaufe von 4–5 Wochen. Übertragung erfolgt hauptsächlich durch den Boden, wobei nicht die keimenden Samen, sondern die Keimlinge der Wirtspflanze an der Bodenoberfläche infiziert werden. Normale Beizung ist daher wirkungslos; die Bekämpfung muß durch Züchtung resistenter

Sorten erfolgen. Dabei ist zu berücksichtigen, daß auch Vertreter der Gattungen *Secale*, *Agropyrum* und *Aegilops* befallen werden.
H. H. Schimanski. 2020.

Čekalin, N. M. (Tschekalin, N. M.) Ocenka nekotorych metodov zaraženija kukuruzy puzyrčatoj golovnej. **(Beurteilung einiger Infektionsmethoden des Maises mit Beulenbrand.)** Sbornik trudov aspirantov i molodych naučnych sotrudnikov. Vsesojuznyj institut rastenievodstva, Leningrad **1961** Nr. 2. S. 112–117. — 3 Tab., 12 Lit.
3 Maislinien ('A 158', 'A 340' und '344'), eine Maishybride ('WIR 42') und eine Maissorte ('Sterling') wurden auf ihre Anfälligkeit bzw. Resistenz gegen den Maisbeulenbrand unter Verwendung von 4 Infektionsmethoden geprüft. Dabei wurden die Injektion durch eine Chlamydosporen-Suspension (**I**) in Maiskolben 10–12 Tage nach der Vollblüte der Narben, die Injektion von **I** in den Stengelgrund bzw. das Einträufeln der Suspension in den Blatttrichter von Mais im 6- bis 8-Blatt-Stadium und die Vakuuminfiltration von **I** in Maiskeimlinge angewendet. Bei der Befallsbonitur wurde nicht nur die Anzahl der befallenen Pflanzen je Versuchsvariante, sondern auch die Befallsstärke der Pflanzen anhand einer sechsstufigen Befallsskala berücksichtigt. Die Injektion in den Stengelgrund und die Vakuuminfiltration zeitigten bei allen 5 geprüften Linien, Hybriden bzw. Sorten die höchsten Infektionserfolge. Unter Berücksichtigung von Befallsstärke und -stufe waren 'A 158' und 'WIR 42' am resistentesten und 'A 340' sowie 'Sterling' am anfälligsten gegen die Beulenbrand-Infektion. 'A 344' erwies sich als mäßig anfällig.
H. H. Schimanski. 2020.

Grisenko, G. (Grissenko, G.); Dnepropetrowsk, Unions-Inst. für Maisforsch. Diplodioz vschodov kukuruzy. **(Diplodiose der Maiskeimlinge.)** Kukuruza, Moskva **7** (1962) Nr. 4. S. 55–56. — 2 Abb., 2 Tab.
In Gefäß- und Freilandversuchen führten niedrige Temperaturen während der Keimung und der Entwicklung der Keimlinge und hohe Bodenfeuchtigkeit zu verstärktem Befall der Keimlinge mit *Diplodia zeae* (Schw.) Lév. Alle Faktoren, die die Keimungsbedingungen verschlechtern und das Auflaufen der Saat verzögern, fördern den Befall. L. Rang. 2020.

Čumaevskaja, M. A. (Tschumajewskaja, M. A.); Moskau, Lomonossow-Univ., Lehrstuhl für Niedere Pflanzen. Ugol'naja gnil' sorgo i kukuruzy. **(Die Schwarzfäule des Sorghums und des Maises.)** Zaščita rastenij ot vreditelej i boleznej, Moskva **7** (1962) Nr. 5. S. 56. — 1 Abb.
Sclerotium bataticola Taub., der Erreger der Schwarzfäule, ist seit dem Jahre 1930 in der UdSSR bekannt. In den Jahren 1959 und 1960 wurde Befall an Luzerne, Klee und Esparsette, 1961 Massenauftreten an *Sorghum* und Mais festgestellt. Der untere Stengelteil wird weich und schwarz, das Mark wird zerstört und der Stengel bricht um. Das Pyknidienstadium des Pilzes ist *Macrophomina phaseoli* (Maubl.) Ashby. Befallen werden ferner Baumwolle, Erdnuß, Jute, Kundebohne, Pfeffer, Zuckerrübe, Bohne, Kartoffel, Tabak u. a. Kulturen. H. Decker. 2020.

Molot, P. M. und Simone, J.; Pont-de-la-Maye/Gironde, Centre de Rech. Agronomiques du Sud-Ouest, Stat. de Pathol. Végétale. Influence de divers facteurs sur la résistance du maïs aux parasites cryptogamiques. Première partie. **(Der Einfluß verschiedener Faktoren auf die Resistenz des Maises gegen pilzliche Parasiten. 1. Mitt.)** Ann. Épiphyties **13** (1962) Nr. 2. S. 77–93. — 2 Abb., 9 Tab., 16 Lit. Zus. in Engl.
Aus Maisblättern verschiedenen Alters wurden Äther- und Wasser-Extrakte hergestellt und die extrahierten Substanzen Nährmedien zugesetzt, auf denen *Helminthosporium turcicum* kultiviert wurde. Auf Grund des Mycelwachstums wurde ein bes. anfälliges Stadium zwischen dem 50. und 85. Tag der Pflanzen-

entwicklung festgestellt, während junge Sämlinge fast immun sind, da sie einen Hemmstoff (6-Methoxy-2-(3)-benzoxazolinon) bilden. Die Hemmstoffsynthese ist von der Belichtung abhängig. Die Anfälligkeit der Blätter älterer Pflanzen ist ebenfalls unterschiedlich. Am anfälligsten sind die Gipfelblätter und diejenigen, die sich direkt unter den Kolben befinden. Auch ist die Anfälligkeit bei großen Standweiten höher als in dichten Beständen.

M. Schmiedeknecht. 2020.

Takakuwa, Makoto. On the distribution of races of Phytophthora infestans in Hokkaido Island, Japan. **(Über die Rassenverteilung bei Phytophthora infestans auf der Insel Hokkaido [Japan].)** Res. Bull. Hokkaido nat. agric. Exp. Stat. **1962** Nr. 77. S. 92–93. — 4 Abb., 6 Tab., 18 Lit. Orig.: jap., Ausz.: engl.

Im Zeitraum von 1954–59 wurden folgende Rassen isoliert: 1, 2, 3, 4, 1.2, 1.4, 2.4, 3.4 und 1.2.4. Dabei herrschten entspr. ihrer Häufigkeitsverteilung die Rassen 1 und 4 vor. Die Tendenz des Vorkommens spezialisierter Rassen in den verschiedenen Bezirken der Insel entsprach derjenigen in Europa. Die Intensität des Auftretens der Rassen hing sehr von den klimatischen Bedingungen ab. W. Fleischmann. 2030.

Dorožkin, N. A. und Remneva, Z. I. (Doroshkin, N. A. und Remnewa, S. I.); Minsk, Beloruss. Forsch.-Inst. für Obst-, Gemüse- und Kartoffelbau. O metodike opredelenija ras vozbuditelja fitoftoroza kartofelja. **(Methode zur Rassenbestimmung des Kraut- und Knollenfäuleerregers der Kartoffel.)** Agrobiologija, Moskva **1962** Nr. 3. S. 407–411. — 2 Tab.

Solanum demissum und *S. stoloniferum*, die von Schick als Differenzierungspflanzen vorgeschlagen wurden, reagieren nicht auf viele Stämme von *Phytophthora infestans*, die in der BSSR ausgesondert wurden. Die Auswahl solcher Pflanzen kann somit nicht vom Standpunkt der Gentheorie vorgenommen werden. Die bisher übliche Methode vermittelt nur eine rel. Vorstellung von der Rasse, die sich mit der Vervollkommnung der angewendeten Untersuchungsmethoden verändern wird. Wirtsch. wertvolle Sorten und aussichtsreiche Kartoffelsämlinge müssen unmittelbar auf ihre Resistenz gegen die aggressivsten Stämme von *P. infestans* geprüft werden, die sich unter den örtlichen Gegebenheiten herausgebildet haben, ohne auf einen Satz von Differenzierungspflanzen zurückzugreifen. E. Kahn. 2030.

Ragimov, I. R. (Ragimow, I. R.); Aserbaidshan. Forsch. Inst. für Pflanzenschutz. Mučnistaja rosa kartofelja v Azerbajdžane. **(Echter Mehltau an Kartoffeln in Aserbaidshan.)** Zaščita rastenij ot vreditelej i boleznej, Moskva 7 (1962) Nr. 5. S. 56.

Im Jahre 1960 wurde in 3 Gebieten Aserbaidshans das Auftreten des Echten Mehltaues, *Erysiphe cichoracearum* DC. festgestellt. In einigen Betrieben waren 65–86% der Pflanzen befallen. Auf den Blättern konnten Perithecien festgestellt werden, von denen noch keine Beschreibung in der Lit. vorlag. Die braunen Perithecien sind 162,5–165 μ groß und enthalten zahlreiche ellipsoide Asci (66,0–79,2 $\mu \times$ 33,0–36,3), in denen sich 2 ellipsoide, manchmal eiförmige Ascosporen (28,5–31,35 $\mu \times$ 16,5–19,8 μ) befinden.

H. Decker. 2030.

Žukova, L. M. (Shukowa, L. M.); Ukrain. Forsch.-Inst. für Bewässerungsackerbau. Ustojčivost' sortov svekly k mučnistoj rose. **(Die Resistenz von Zuckerrübensorten gegen Mehltau.)** Sacharnaja svekla, Moskva **7** (1962) Nr. 6. S. 29–30. — 1 Tab.

Der Mehltau ist in der Südukraine stark verbreitet (Gebiet Cherson 1959: 32,1; 1960: 52,2; 1961: 73% Befall). Untersuchungen über die Befallsstärke von 12 inländischen und 6 ausländischen Sorten in den Jahren 1959 und 1960 ergaben sehr unterschiedliche Ergebnisse. Die höchste Resistenz haben 'Kirgiskaja 018' und 'Frunsenskaja 986' sowie 'Kirgiskaja 055' und 'Jaltuschkowskaja-Monocarpe'. G. Jury. 2030.

Pierson, Victor G. und Gaskill, John O. Artificial exposure of sugar beets to Rhizoctonia solani. **(Künstliche Infektion von Zuckerrüben mit Rhizoctonia solani.)** J. Amer. Soc. Sugar Beet Technologists **11** (1961) Nr. 7. S. 574–590.

Versuche zur Züchtung von Zuckerrübensorten, die resistent gegen *Rhizoctonia solani* sind, haben bisher keine befriedigenden Ergebnisse erbracht (mit Lit. belegt). Die Infektionsversuche wurden mit 5 amer. Sorten bzw. Stämmen und 'Kleinwanzlebener E' bei verschiedenen Inokulationsverfahren vorgenommen. Die amer. Züchtungen wiesen z. T. Resistenz gegen verschiedene andere Krankheitserreger auf. — Die ermittelten Unterschiede in der Resistenz sind wenig überzeugend. Wenngleich effektiv resistente Formen nicht erzielt wurden, sind doch gewisse Erkenntnisse in der Verfahrenstechnik gewonnen worden. O. Heinisch. 2030.

Stepanova, M. Ju. (Stepanowa, M. Ju.); Leningrad, Unions-Inst. für Pflanzenschutz der Lenin-Akad. der Landwirtsch.-Wiss. Fuzariozy odnoletnich bobovych kul'tur v Leningradskoj oblasti. **(Fusariose einjähriger Leguminosen im Leningrader Gebiet.)** Botaničeskij žurnal, Moskva-Leningrad **12** (1962) Nr. 7. S. 1010–1015. — 2 Abb., 3 Tab., 15 Lit.

Bei Felduntersuchungen an einjährigen Leguminosen (*Pisum*, *Cicer*, *Glycine*, *Phaseolus*, *Vicia*, *Lens* und *Melilotus*) wurden Welke- und Fußkrankheiten festgestellt. Die Zerstörung des Gefäßsystems durch *Fusarium oxysporum* f. *pisi* führte zu Welkeerscheinungen. *F. avenaceum* und *F. solani* riefen Auflaufschäden hervor. Aus krankem Pflanzenmaterial wurden 32 *Fusarium*-Stämme isoliert, die zu den Arten *F. avenaceum*, *F. solani*, *F. oxysporum* f. *pisi*, *F. culmorum*, *F. moniliforme*, *F. gibbosum* und *F. semitectum* gehören. Infektionsversuche ergaben für die 3 erstgenannten Arten die größte Pathogenität. Diese Erreger befallen in weit stärkerem Maße einjährige Leguminosen als in Infektionsversuchen geprüfte Arten anderer Familien (*Gramineae*, *Cucurbitaceae*, *Malvaceae*, *Solanaceae*, *Cruciferae* und *Compositae*). H. Lehmann. 2040.

Danko, Ján. Peronospóra sójová — Peronospora manshurica (Naumoff) Sydow — na Slovensku. **(Peronospora der Sojabohne, Peronospora manshurica [Naumoff] Sydow in der Slowakei.)** Česká Mykol. **16** (1962) Nr. 2. S. 119–122. — 2 Abb., 6 Lit. Zus. in Dtsch.

Im Jahre 1959 verzeichnete man in der Slowakei (Mikova Ves) erstmalig, dann erneut 1960 (Nitra, Hurbanovo, Südslowakei) das *Peronospora*-Auftreten an Sojabohne. Der Pilz bildet zuerst gelbgrüne Flecke (bes. auf der Blattoberseite), die von der Mitte an dunkel wurden. Die Blattunterseite ist mit grauen Konidiophoren belegt. Im Gewebe der abgestorbenen Blätter entstehen Oosporen, die im nächsten Jahr eine Quelle der Primärinfektion darstellen. Die Konidiophoren sind 200–600 μ lang ($\varnothing$ 335 μ]) und 4–11 μ ($\varnothing$ 7 μ) breit. Die Konidien sind oval, 19–28 μ lang und 14–26 μ breit. Die Oosporen sind kugelförmig, 25–40 μ im Dmr., besitzen ein gelbes oder lichtbraunes Exospor und körniges Protoplasma mit Öltröpfchen. Die Krankheit wird durch das Saatgut übertragen. Der Ertrag stark befallener Pflanzen ging um 8–12% zurück. Bekämpfung: Tiefpflügen, übermäßige N-Düngung vermeiden, Saatgutbeizung mit org. Hg-Verbindungen (300–400 g Agronal-H/100 kg Saatgut) oder Heryl 80 (400 g/100 kg Saatgut). Z. Šesták. 2045.

Micheeva, R. I. (Michejewa, R. I.); Balt. Stat. für Pflanzenschutz der Lett.SSR. Buraja pjatnistost' bobov. **(Die Braunfleckigkeit der Ackerbohne.)**

Zaščita rastenij ot vreditelej i boleznej, Moskva 7 (1962) Nr. 5. S. 27–28. – 3 Abb.
Im Jahre 1961 wurde in Lettland starker Befall der Ackerbohnen durch *Botrytis fabae* Sard., dem Erreger der Braunfleckigkeit oder Schokoladenfleckenkrankheit, festgestellt. Auf den Blättern zeigten sich runde, scharf abgesetzte, braune Flecke, die kleineren einfarbig braun, die größeren mit einem hellgrauen Zentrum. Bei starkem Befall sterben die Blätter ab. Nach künstlicher Infektion mit wäßrigen Sporensuspensionen erscheinen die ersten Symptome nach 24 Std. H. Decker. 2050.

Mead, H. W. Studies on Ascochyta imperfecta Peck. Factors affecting sporulation of Canadian isolates on natural and artificial media. **(Untersuchungen über Ascochyta imperfecta Peck. Faktoren, welche die Sporulation von kanadischen Isolierungen auf natürlichen und künstlichen Medien beeinflussen.)** Canad. J. Bot. **40** (1962) Nr. 2. S. 263–271.
Der Hauptfaktor für Entwicklung, Ausstoßung und Verbreitung der Pyknosporen von *Ascochyta imperfecta*, dem Erreger der Schwarzstengelkrankheit der Luzerne, ist die Feuchtigkeit. Die Lebensdauer der Sporen ist sehr groß. Aus trockenem Stengelmaterial keimten sie noch nach 50 Mon. aus. Während das Licht keinen Einfluß hat, lag die Optimaltemperatur bei 65–75 °F. *A. imperfecta* wies bez. der Nährstoffansprüche im Hinblick auf die Sporulation eine außerordentliche Anpassungsfähigkeit auf. Letztere ist für die Überlebensfähigkeit parasitischer Stämme von großer Bedeutung.
Renate Kießig. 2050.

Klinkowski, M.; Aschersleben, Inst. für Phytopathol. der Biol. Zentralanst. der Dtsch. Akad. der Landwirtsch.-Wiss. zu Berlin. **Die europäische Pandemie von Peronospora tabacina Adam, dem Erreger des Blauschimmels des Tabaks.** Biol. Zbl. **81** (1962) Nr. 1/2. S. 75–89. – 7 Abb., 16 Lit.
Es wird eine Übersicht über das Zustandekommen einer Epidemie i. allg. und das seuchenhafte Auftreten des Erregers des Tabakblauschimmels, *Peronospora tabacina* Adam., i. spez. gegeben. Dabei wird bes. auf seine Ausbreitung in Europa in den Jahren 1959 und 1960 sowie auf den Krankheitsverlauf 1961 eingegangen. Nach Darlegung der Voraussetzungen von Seiten des Wirts und des Parasiten für ein seuchenhaftes Auftreten werden die Möglichkeiten einer zukünftigen Epidemie dieses Pilzes erörtert. J. Merker. 2065.

Ciferri, R.; Pavia, Univ., Ist. Bot.; Lab. Crittogamico. Le incognite della „Muffa blu“ o „Peronospora“ del tabacco. **(Die Synonyme „Blauschimmel“ oder „Peronospora“ des Tabaks.)** Tabacco **65** (1961) Nr. 698. S. 20–26. – Zus. in Engl.
Die Einschleppung von *Peronospora tabacina* Adam in den eur. Kontinent sowie die Möglichkeiten zur Bekämpfung dieses Pilzes werden behandelt. Die für die Verbreitung des Pilzes in Italien sehr günstigen klimatischen Bedingungen betrachtet Vf. entgegen der Meinung anderer Autoren als vorübergehend. Es steht noch nicht fest, ob es sich um einen Stamm oder um mehrere biol. Stämme des Pilzes handelt. Die Züchtung resistenter Hybriden dürfte zu einer Lösung des Blauschimmelproblems in Europa führen.
J. Merker. 2065.

Critopoulos, P.; Thessaloniki, Univ., Plant Pathol. Blue mould of tobacco. **(Blauschimmel des Tabaks.)** Commonwealth phytopathol. News **8** (1962) Nr. 3. S. 33–34.
Nach allg. Ausführungen über die Einschleppung und Verbreitung des Pilzes *Peronospora tabacina* Adam in Europa und Nordafrika wird über sein Auftreten in Griechenland berichtet. Die Erstherde waren jeweils Anzuchtbeete. Von dort aus breitete sich der Pilz auf andere Anzuchtstätten und auf das Feld weiter aus. Es wird vermutet, daß der Pilz in verschiedenen physiol.

Rassen auftritt und eine oder mehrere bes. virulente Rassen nach Europa eingeschleppt wurden. Der Pilz kann in den USA durch Spritzen in den Saatbeeten bekämpft werden und richtet im Freiland fast keinen Schaden an, in Australien hilft dagegen das Spritzen in den Saatbeeten nicht viel; die Verluste auf den Feldern können sehr erheblich sein. In den USA infiziert der Erreger Tomatenpflanzen, in Australien dagegen nicht. Die Welttabakproduktion liegt i. J. 1961 um rund 100000 t niedriger als in den Vorjahren. Die stärksten Verluste wurden in Algerien (90%), Italien (60%), Polen und Jugoslawien (je 40%), geringere in Frankreich (15%) und Griechenland (9%) festgestellt. J. Merker. 2065.

Baets, A. de; Gent, Rijkslandbouwhogeschool. Optreden en bestrijding van Peronospora tabacina Adam in Belgie in 1959/1961. **(Auftreten und Bekämpfung von Peronospora tabacina Adam in Belgien in den Jahren 1959–1961.)** Parasitica [Gembloux] 18 (1962) Nr. 1. S. 8–24. – 5 Abb., 7 Tab., 13 Lit. Zus. in Franz.

Peronospora tabacina Adam trat in Belgien i. J. 1959 erstmalig auf und verursachte bereits 1960 in Westflandern und im Bereich von Flobecq erhebliche Schäden (Ertragsminderung ca. 50%). Dadurch verringerte sich in diesem Gebiet die Tabakanbaufläche 1961 um 30%. 1961 waren die Verluste infolge der Nachlässigkeit der Pflanzer im Gebiet von Appelterre und Semois wieder erheblich. In Westflandern waren jedoch die durch Anwendung von Zineb und Maneb erzielten Ergebnisse ermutigend. Tabakblauschimmel trat auf dem Felde bisher stets Anfang Juni auf und war auf eine Verschleppung aus dem Saatbeet zurückzuführen. Die in Belgien angebauten Sorten werden unterschiedlich stark befallen. Die Resistenz der Pflanzen nimmt mit dem Alter ab. Zineb und Maneb lieferten bei wöchentlicher vorbeugender Anwendung gute Ergebnisse; in Regenzeiten ist öfter zu spritzen. Bei der Ausbringung ist auf einen möglichst vollständigen Überzug der Pflanze mit dem entspr. Fungicid zu achten. J. Merker. 2065.

Populer, Ch.; Gembloux, Stat. de Phytopathol. de l'État. La dissémination du Peronospora du tabac Peronospora tabacina Adam. **(Die Verbreitung der Tabak-Peronospora, Peronospora tabacina Adam.)** Parasitica [Gembloux] 18 (1962) Nr. 1. S. 1–7. – 4 Abb., 1 Lit. Zus. in Engl.

In der Mitte einer Tabakparzelle von 20 yd. Dmr. wurde während eines Infektionsdruckes durch *Peronospora tabacina* Adam i. J. 1961 eine „Sporenfalle" nach Hirst in Betrieb gesetzt. Es konnte festgestellt werden, daß der Sporenflug tägl. und die Ausbrüche etwa wöchentlich erfolgten. Die Sporulation begann tägl., wenn die rel. Luftfeuchtigkeit $< 85\%$ fiel, kein Tau mehr auf den Blättern und Tageslicht zugegen waren. Gelegentliche Sporenschauer traten auch zu verschiedenenen Tages- und Nachtzeiten auf; diese standen in Verbindung mit Regenfällen. J. Merker. 2065.

Buhl, Claus und Stein, Ernst. **Auftreten einer bakteriellen Naßfäule an Kohlrüben im Jahre 1959 in Schleswig-Holstein.** Nachrichtenbl. dtsch. Pflanzenschutzdienstes [Braunschweig] 14 (1962) Nr. 5. S. 71–74. – 2 Abb., 7 Lit.

Die durch *Erwinia carotovora* (Jones) Holland hervorgerufene Naßfäule wurde in ihrem Auftreten durch den warmen, trockenen Spätsommer und Herbst, das starke Auftreten der Drehherzmücke sowie der Großen und der Kleinen Kohlfliege begünstigt. Bes. die oberirdischen Fraßgänge der Kohlfliegenlarven dienten als Infektionspforten. Die Bildung von Trockenrissen, Fraßwunden anderer Schädlinge, Sortenresistenz und Kaliversorgung des Bodens zeigten sich für die Befallsstärke von untergeordneter Bedeutung. Durch eine wirksame Kohlfliegenbekämpfung kann ein epidemisches Auftreten der Naßfäule verhindert werden. D. Weiß. 2070.

Deese, Dawson C. und Stahmann, Mark A.; Madison, Wis., Univ., Dep. of Biochem. Wilt resistance in tomatoes. Pectic enzyme formation by Fusarium oxysporum f. lycopersici on susceptible and resistant tomato stems. **(Welkeresistenz bei Tomaten. Bildung pektolytischer Enzyme durch Fusarium oxysporum f. lycopersici in anfälligen und resistenten Tomatenstengeln.)** J. agric. Food Chem. **10** (1962) Nr. 2. S. 145–150. — 4 Abb., 2 Tab., 34 Lit.

Bei in vitro-Versuchen auf Pektin-haltigen und -freien Czapek-Dox-Nährböden und auf Weizenkleie wurde festgestellt, daß *Fusarium oxysporum* f. *lycopersici*, R 5–6, eine adaptive Pektinsäure-Depolymerase (**DP**) und eine teils adaptive, teils konstitutive Pektin-Methylesterase (**PME**) bildet. Die Art des Substrates hat großen Einfluß auf die Pektinasenbildung. Wurde *F. oxysporum* auf gesunden, resistenten ('Jefferson') Tomatenstengelgeweben kultiviert, zeigte es nur etwa $^1/_3$–$^1/_4$ der **DP**-Aktivität im Vergleich zu der Kultur auf anfälligen ('Bonny Best') Geweben. Bei der **PME**-Aktivität waren die Unterschiede nicht so deutlich. Dieses Ergebnis wurde bei verschiedenen Versuchsanstellungen immer wieder erhalten. Durch die hohe **DP**-Aktivität in Geweben anfälliger Pflanzen wird das Pektin in den Gefäßwänden zu löslichen Pektaten abgebaut, die Gele bilden und die Gefäße verstopfen. Die **DP**-Hemmung in resistenten Pflanzen scheint mit der durch ein einziges Gen gesteuerten Resistenz für *Fusarium*-Welke verbunden zu sein.

M. Schmiedeknecht. 2070.

Paquin, Roger; La Pocatière, Québec, Canada, Min. de l'Agric. Effet de l'acide gibberellique sur la fletrissure fusarienne des tomates et la forme des fruits. **(Wirkung von Gibberellinsäure auf die Fusarium-Welkekrankheit der Tomaten und die Form der Früchte.)** Canad. J. Plant Sci. **42** (1962) Nr. 2. S. 259–261. — 6 Abb., 6 Lit. Zus. in Engl.

Tomatenpflänzchen (6–7 cm) der Sorten 'Bonny Best' (anfällig), 'Master Marglobe' (halb-resistent), 'Pan America' (resistent), 'Red Currant' (immun) wurden 2mal im Abstand von 3 Tagen mit Lösungen von 2,5, 5,0, 25 und 100 ppm Gibberellinsäure (**I**) besprüht. Die Infektion der Pflänzchen erfolgte (a) vor bzw. (b) nach der **I**-Behandlung durch Eintauchen ihrer Wurzeln in eine Mikrokonidiensuspension von *Fusarium lycopersicum* (Sacc.) Snyder et Hansen. — In Versuchsreihe b zeigten die Pflanzen nach wenigen Std. eine Schwächung von Stengel und Blättern durch Turgeszenzverlust (am stärksten bei 'Bonny Best' und 'Master Marglobe'); diese Symptome verschwanden nach 2–3 Tagen. In Reihe a ergaben sich keine physiol. Effekte. Die ersten Krankheitssymptome traten bei 'Bonny Best' nach normaler Inkubationszeit von 12–15 Tagen auf (bei 'Master Marglobe' einige Tage später) und waren am meisten ausgeprägt bei 25 und 100 ppm **I**. Die Behandlung führte zur Bildung kleinerer und mißgestalteter Früchte, die in Kühlräumen eine schlechte Lagerfähigkeit besaßen. Die resistenten Sorten wurden durch **I** nicht beeinflußt.

R. Ritter. 2070.

Maude, R. B.; Wellesbourne, Warwick, Nat. Vegetable Res. Stat. Seed transmission of Didymella stem-rot of tomatoes. **(Samenübertragung der Didymella-Stengelfäule der Tomaten.)** Ann. appl. Biol. **50** (1962) Nr. 1. S. 105–111. — 4 Abb., 2 Tab., 10 Lit.

Im Hinblick auf die in der Lit. teilweise einander widersprechenden Ergebnisse wurden erneut Untersuchungen über die Bedeutung der Saatgutübertragung bei der durch *Didymella lycopersici* (Kleb.) verursachten Stengelfäule an Tomaten aufgenommen. Stark verseuchter Samen gelangte zu verschiedenen Terminen (Jan., März bzw. Apr.) zur Aussaat. Die Sämlinge wurden später ins Freie gepflanzt. 24, 44 und 39% liefen auf. Davon erkrankten 50, 9 und 5%. Die Ursachen für die höhere Übertragungsrate im Jan. sind noch nicht bekannt. Vermutet wird eine Inaktivierung des Pilzes im Samen oder höhere Anfälligkeit der Pflanze unter den Bedingungen des Winters. Von 1721 aus gesundem Samen aufgezogenen Pflanzen erkrankte nur 1. Diese Pflanze wies aber nur Sekundärsymptome auf. Die primären Symptome erscheinen auf den Kotyledonen und dem Hypokotyl und lassen sich von den Sekundärsymptomen unterscheiden. Ungekeimter, verseuchter Samen im Boden führte an gesunden Pflanzen nicht zu Infektionen.

Ch. Janke. 2070.

Kehr, August E., O'Brien, Muriel J. und Davis, Elmo W. Pathogenicity of Fusarium oxysporum f. sp. cepae and its interaction with Pyrenochaeta terrestris on onion. **(Pathogenität von Fusarium f. sp. cepae und sein Verhalten zu Pyrenochaeta terrestris an Zwiebel.)** Euphytica [Wageningen] **11** (1962) Nr. 2. S. 197–208. — 8 Abb., 3 Tab., 22 Lit.

Aus gegen *Pyrenochaeta terrestris* resistenten Zuchtstämmen von Zwiebeln, die „pink-rot"-Symptome zeigten, wurde regelmäßig *Fusarium oxysporum* f. sp. *cepae* isoliert. Eine Lit.-Übersicht zeigt, daß der Pilz meist als Sekundärschädiger angesprochen wird, manchmal aber auch als echter Parasit. Durch Infektion von 15 Zwiebelstämmen mit 4 Isolaten von *F. oxysporum* f. sp. *cepae* wird die Pathogenität des Pilzes in dem weiten Temperaturbereich von 22–38 °C erwiesen. Die einzelnen Isolate sind unterschiedlich aggressiv. Unter den Zwiebeln wurden einige *Fusarium*-resistente Linien gefunden. Gleichzeitige Inokulation mit *P. terrestris* und *F. oxysporum* f. sp. *cepae* war bes. wirksam. Die Pilze scheinen aber keinen Einfluß aufeinander auszuüben. Zwiebeln, die gegen einen der Erreger resistent sind, werden auch bei Mischinfektionen nicht von ihm angegriffen. Hohe Temperaturen brechen die Resistenz gegen *P. terrestris*. Herta Schmidt. 2070.

Stapp, Carl; Braunschweig. **Die Einschleppungsgefahr einer für Deutschland neuen, aber gefürchteten bakteriellen Obstbaumkrankheit, des „Feuerbrandes".** Rhein. Mschr. Gemüse-, Obst- u. Gartenbau **50** (1962) Nr. 7. S. 197–198. — 4 Abb.

Mit dem Einschleppen des seit dem Jahre 1957 in England an Obstgehölzen und verschiedenen Ziergewächsen auftretenden bakteriellen Feuerbrandes (*Erwinia amylovora*) muß gerechnet werden. Eine Beschreibung des Symptombildes soll der Praxis ein rechtzeitiges Erkennen ermöglichen. Da chem. Bekämpfung bis jetzt noch nicht möglich ist (Kupferkalkbrühe und Antibiotica befriedigten nicht), ist die Entfernung befallener Bäume die einzige Gegenmaßnahme. F. Daebeler. 2080.

Michajlova, P. (Michajlowa, P.) Bakterialni petna i bakterialna sŭčmjanka po kostilkovite u nas. **(Durch Bakterien hervorgerufene Flecke und Schrotschußkrankheit an Steinobst in Bulgarien.)** Rastitelna zaštita, Sofija **10** (1962) Nr. 1. S. 33–36. — 4 Abb.

Beschrieben werden 2 Steinobstbakteriosen in Bulgarien, deren Auftreten seit dem Jahre 1957 zu verzeichnen ist. Durch Isolierungen, künstliche Infektionen und Rückisolierungen wurde die bakterielle Herkunft dieser Erkrankungen nachgewiesen, ohne daß der Erreger selbst bestimmt werden konnte. Von der bakteriellen Schrotschußkrankheit wird die 'Kjustendiler Blaue Pflaume' stark befallen. D. Dodow. 2080.

Saure, Max; Jork, Obstbauversuchsanst. **Untersuchungen über die Voraussetzungen für ein epidemisches Auftreten des Obstbaumkrebses (Nectria galligena Bres.).** Mitt. Obstbauversuchsringes Alten Landes **1962** Beih. Nr. 1. S. 1–74. — 19 Abb., 46 Tab., 101 Lit.

Hohe Niederschläge im Sommer und Herbst der Jahre 1957 und 1958 sowie das Vorhandensein anfälliger Wirtspflanzen begünstigten im niederelbischen Obstbaugebiet ein epidemisches Auftreten des durch *Nectria galligena* Bres. verursachten Obstbaumkrebses. Es ergab sich u. a., daß die Verbreitung der

Krankheit über größere Strecken nur durch Ascosporen erfolgt. Der Beginn des Ascosporenfluges ist entspr. den Niederschlagsverhältnissen im Sommer und Herbst von Jahr zu Jahr unterschiedlich. Auf abgeschnittenen, befallenen Zweigen wurde noch nach 2 Jahren Perithecienbildung festgestellt. Die weit verbreitete Sorte 'Cox Orangen Renette' gilt als bes. anfällig. Die Wundüberwallung stark und schwach anfälliger Sorten zeigte keine nennenswerten Unterschiede. Allg. wird die Anfälligkeit der Bäume durch Förderung des vegetativen Wachstums erhöht. Am Abwehrmechanismus des Wirtes sind sehr wahrscheinlich in den Blättern gebildete Stoffe beteiligt. P-, K- und Ca-Düngung schützten nicht vor Befall. Bei der chem. Bekämpfung muß die 1. Spritzung zu Beginn des Blattfalles (örtlich und sortenweise verschieden) erfolgen. F. Daebeler. 2080.

Hilkenbäumer, F.; Bonn, Univ., Inst. für Obstbau. **Cuticula-Beschaffenheit und Schalenbräune bei Ontarioäpfeln.** Advances horticult. Sci. **2** (1962) S. 253–259. — 1 Abb., 6 Lit. Zus. in Engl., Franz.
Die Schalenbräune bei lagernden Äpfeln hat ihre Ursache in einer Verhinderung des Gasaustausches. Die flüchtigen Aromastoffe treten unabhängig von der Art der Lagerung nur zu maximal 23% der Gesamtproduktionsrate durch die Lentizellen aus. Lagerten Ontarioäpfel längere Zeit unter Bedingungen, bei denen es zur Bildung flüchtiger Aromastoffe kam, so zogen sich die Plasmaflächen der Ectodesmen aus den Außenwänden der Epidermis zurück. Die Erscheinungen gingen der Schalenbräune unmittelbar voraus. Der Ölgehalt der Cuticula scheint ohne Bedeutung für die Entstehung der Schalenbräune zu sein. Die Lacunenbildung in der Cuticula ist dagegen eine wichtige Voraussetzung zur Entstehung der Schalenbräune. Durch sie werden die Oberfläche für flüchtige Aromastoffe vergrößert und die Diffusionsrate gesenkt. Die Folge ist eine Ansammlung der Stoffe in den Lacunen der Cuticula und in den Zellen der Epidermis und Hypodermis. Die Nekrose ist auf solche Zellen beschränkt, die Chloroplasten enthalten. Die Chloroplasten selbst werden bei der Nekrose jedoch nicht verändert. Der erste Schritt zur Schalenbräune wird durch eine Cytochromoxydase ausgelöst, diese entwickelt bes. hohe Aktivität bei hohem CO_2- und niedrigem O_2-Gehalt. Gleichzeitig wird Ascorbinsäure zu Dehydroascorbinsäure oxydiert. Die Pigmentbildung trat erst dann ein, wenn alle Ascorbinsäure oxydiert war. W. Hiller. 2080.

Benken, A. A. Vzaimootnošenija meždu parazitom i ego chozjainom na samych rannich ėtapach razvitija bolezni. **(Wechselbeziehungen zwischen Parasit und Wirt in den frühesten Entwicklungsphasen der Krankheit.)** Sbornik trudov aspirantov i molodych naučnych sotrudnikov. Vsesojuznyj institut rastenievodstva, Leningrad **1961** Nr. 2. S. 282–288. — 2 Tab., 11 Lit.
Die Konidien des Erregers der Anthraknose der Johannis- und Stachelbeere, *Pseudopeziza ribis* Kleb., keimten in Wasser nur schlecht und sehr langsam. Zusatz von Blattgewebe der Wirtspflanze zur Konidiensuspension förderte die Konidienkeimung merklich; die Keimfähigkeit nach 24 Std. stieg auf 34,4—73,3% im Vergleich zu 1,4—4,4% der Wasserkontrolle. Zwischen der Anfälligkeit einer Sorte unter natürlichen Bedingungen und der Fähigkeit ihres Blattgewebes zur Förderung der Konidienkeimung wurde eine positive Korrelation festgestellt; resistente Sorten förderten die Konidienkeimung fast gar nicht. Der Grad der Stimulierung der Konidienkeimung war außerdem vom Alter des zugesetzten Blattgewebes und der Versuchstemperatur abhängig. Als Ursache der Stimulierung der Konidienkeimung wird die Exosmose eines unbekannten Stoffes aus dem Blattgewebe in die Konidiensuspension angesehen. Die verschiedene Resistenz der einzelnen Johannisbeer- und Stachelbeersorten gegen die Anthraknose wird mit einer unterschiedlichen Exosmose-Intensität des Stimulierungsstoffes aus dem Blattgewebe bei den einzelnen Sorten erklärt. H. H. Schimanski. 2080.

Gehring, F.; Berlin-Dahlem, Biol. Bundesanst. für Land- und Forstwirtsch., Inst. für Bakteriol. **Untersuchungen über den Infektionsverlauf einer durch Pectobacterium parthenii (Starr) Hellmers var. dianthicola Hellmers verursachten Nelkenbakteriose sowie über enzymatische Eigenschaften dieses Bakteriums im Vergleich mit Pseudomonas caryophylli (Burkholder) Starr et Burkholder und einigen typischen Naßfäuleerregern.** Phytopathol. Z. **43** (1962) Nr. 4. S. 383–407. — 10 Abb., 4 Tab., 31 Lit.

Pectobacterium wird wegen des Vorhandenseins pektolytischer Enzyme von den Naßfäuleerregern der *Erwinia*-Gruppe abgetrennt. Die Mittellamellen der Zellwände unterliegen der Auflösung durch diese Bakterien. Es entsteht eine breiige Zellmasse, die Pflanze verliert ihre Turgeszenz und welkt. In vorl. Arbeit wurden außer Hellmers Originalstamm von *P. parthenii* var. *dianthicola* eigene Nelken-Isolate, 4 aus anderen Pflanzen isolierte Pectobakterien und 2 Stämme von *Pseudomonas caryophylli* untersucht. Die Kultur erfolgte auf einem selektiven Pektatgelnährboden. Die Nelken wurden durch Stich- oder Tauchimpfung infiziert, nach etwa 25 Tagen traten Welkesymptome auf. Um Verwechslungen mit anderen Fäulniserregern auszuschalten, wurden die reisolierten Bakterien mit Antiserum serologisch geprüft. Die Krankheitserreger wanderten apikal und basipetal im Xylem und Phloem und vermehrten sich in dem Nelkengewebe bis etwa zum 50. Tage nach der Infektion. Die anderen Isolate der Pectobakterien-Gruppe wurden zwar passiv im Organismus verschleppt, machten aber keine Vermehrungsphase durch und waren nichtpathogen. Die letztgenannten Pectobakterien wiesen eine stärkere pektolytische Aktivität auf als *P. parthenii.* Dieses verfügte aber außerdem noch über eine starke cellulolytische Aktivität. Der andere Welkeerreger, *Ps. caryophylli*, ist nur cellulolytisch wirksam. Für die Diagnose wird ein Carboxymethylcellulosenährboden benutzt, der selektiver ist als das von Hellmers benutzte Medium. Herta Schmidt. 2100.

Scholten, G.; Wageningen, Inst. for Phytopathol. Res. Root-rot diseases of Cyclamen. **(Wurzelkrankheiten der Cyclamen.)** Advances horticult. Sci. **2** (1962) S. 512–519. — 8 Abb., 5 Lit. Zus. in Franz., Dtsch.

Die häufigsten Wurzelfäulen werden in Holland durch *Thielaviopsis basicola* und *Cylindrocarpon radicicola* verursacht. Die Krankheitsbilder werden beschrieben. Die größeren Schäden entstehen durch *C. radicicola.* Die Bekämpfung (Gießen) erfolgt mit Lösungen von 0,5% Captan (Orthocid 50) oder 0,5—0,8% Thiram (TMTD 80). W. Hiller. 2100.

Sauthoff, W. **Die Ascochyta-Krankheit der Chrysanthemen. Eine für Deutschland neue Pilzkrankheit.** Gartenwelt **62** (1962) Nr. 4. S. 68–69. — 8 Abb.

Bisher sind in der BRD 4 Befallsherde bekannt. Eingeschleppt wurde die Krankheit im Herbst 1961 aus den USA, wo sie bereits seit Jahren verheerende Schäden verursacht. — Der Pilz befällt Blätter, Blüten, Stengel und Wurzeln der Pflanzen jeden Alters. Blattinfektion: graue, graubraune bis schwärzliche Flecke, die sich unter günstigen Bedingungen rasch vergrößern und die Blätter zerstören. Stengelinfektion: bräunlich oder schwärzlich verfärbte, mitunter schwer erkennbare Stellen. Stecklingsinfektion: Triebspitzen- und Basalfäule häufig, bes. bei Sprühnebel-Vermehrung. Wurzelinfektion: Zerfall der Wurzeln nach Braunfärbung. Blüteninfektion: bisher bei uns erst aus Infektionsversuchen bekannt; zunächst Strahlenblätter dunkel gefleckt, bald Auftreten hellbrauner Faulstellen. — Wunden begünstigen die Infektion, daher sind Mutterpflanzenbestände bes. gefährdet. Ob der Pilz von der Erde aus in die Pflanze eindringen kann, ist noch nicht geklärt. — Die Krankheit kann mit *Botrytis*, u. U. auch mit Älchenbefall verwechselt werden. Stecklingsbefall ähnelt der Infektion mit *Pythium* oder *Rhizoctonia.* Daher ist mikroskopische Bestimmung nötig. Sporen werden hauptsächlich mit dem Gießwasser verschleppt, u. U. auch durch Wind. – Bekämpfung: 1. Aus fremden Betrieben eingeführte Stecklinge auf Befall kontrollieren; 2. Alle kranken Pflanzen vernichten; 3. Erde im Gewächshaus dämpfen, im Freiland Chlorpikrin-Behandlung und 4. Prophylaxe 8- bis 14tägig; unbefallene Pflanzen mit Ferbam, blühende Pflanzen mit Zineb oder Captan spritzen. Renate Peschel. 2100.

Mulder, D. und Redlich, W. Overseas news: Ceylon. Red root disease in tea. **(Überseemitteilungen: Ceylon. Die rote Wurzelkrankheit an Tee.)** Commonwealth phytopathol. News **8** (1962) Nr. 3. S. 43–44. – 6 Lit.

Junge Teebüsche werden durch Wurzelinfektionen von *Poria hypolateritia* Berk. sehr schnell abgetötet. Bei älteren Büschen mit größeren Wurzelsystemen und größerer Kapazität der Wurzelerneuerung tritt das Absterben der Pflanze erst nach Jahren auf. Die Krankheit ist deshalb bes. für Neupflanzungen auf nichtjungfräulichen Böden ein Problem. Bisher wurde als Bekämpfungsmaßnahme das Ausgraben aller Wurzeln über Bleistiftstärke bis zu einer Tiefe von 3–4 ft. angewendet. Im Feldversuch wurde nun partielle Sterilisation des Bodens durch Begasung mit einer 50%igen Mischung von Dichlorpropan und Dichlorpropylen (DD) vorgenommen. Injektionstiefe und -menge wurden variiert. Zur Prüfung der Wirksamkeit wurden in den Parzellen infizierte Wurzeln eingegraben. Nach der Behandlung trat lediglich an den Wurzeln der Kontrollböden ein Wachstum von *P. hypolateritia* auf. *Thephrosia vogelii*, eine Indikatorpflanze, wies 6 Mon. nach der Aussaat ein entspr. Ergebnis auf. Die Behandlung reicht bis zu einer Tiefe von 2 ft., so daß junge Pflanzen zunächst nicht infiziert werden. Es wird angenommen, daß 2000 lb. DD/acre eine ausreichende Bekämpfungsmaßnahme gegen *P. hypolateritia* darstellen. Weitere Untersuchungen werden folgen. G. Otto. 2200.

Aziz, A. Ben, Chorin, Mathilde, Monselise, S. P. und Reichert, I. Inhibitors of Deuterophoma tracheiphila in Citrus varieties resistant to ‚mal secco'. **(Hemmfaktoren gegen Deuterophoma tracheiphila bei gegen ‚mal secco' resistenten Citrus-Sorten.)** Science [Washington] **135** (1962) Nr. 3508. S. 1066–1067. – 1 Tab., 4 Lit.

Durch Chromatogrammuntersuchungen von Rindenextrakten gegen *Deuterophoma tracheiphila* Petri anfälliger und resistenter *Citrus*-Arten und durch Rückgewinnung der im Chromatogramm getrennten Substanzen konnte nachgewiesen werden, daß für die Resistenz 2 Substanzen ($C_1^- + CS_2^-$) verantwortlich sind. Der Pilz wurde auf Karottenagarplatten, denen die isolierten Substanzen beigegeben waren, kultiviert. C_1 zeigte deutliche stärkere Hemmwirkung als CS_2. Letztere Substanz konnte durch Behandlungen mit verschiedenen Reagentien mit hoher Wahrscheinlichkeit als Naringenin ermittelt werden. Bei C_1 gelang noch keine Identifizierung. W. Gottschling. 2200.

Podhradszky, J. Rizsbugák „ablakosságának" mértéke és kóroktani analizise a magyarországi rizstelepeken 1959-ben. **(Über die Stärke und Ursachen der Schartigkeit in Reisrispen auf Grund von Analysen auf ungarischen Reisfeldern im Jahre 1959.)** Kísérletügyi Közlemények, Növénytermesztés [Mitt. landwirtsch. Versuchsstellen Ungarns, Pflanzenbau] **54/A** Nr. 1. S. 33–43. – Aus: Ung. Agrar-Rdsch. **1962** Nr. 3.

Vff. unterscheidet 3 Formen: 1. durch ungünstige Witterungsverhältnisse, Bodenbeschaffenheit und durch Nährstoffmangel bedingte physiol. Schartigkeit; 2. durch *Piricularia oryzae* Cav. und *Pseudomonas oryzicola* Klem. verursachte pathol. Schartigkeit und 3. auf mechan. Einwirkung zurückzuführende Schartigkeit oder ‚Weißbändrigkeit'. Im Jahre 1959 wurden an bestimmten Sorten 10,8% Schartigkeit beobachtet. Hervorzuheben ist der star4e *piricularia*-Befall an Rispen (50%), der in der Nähe von reisbräunekranken 'Dunghan Shali'-Beständen angebauten Sorten ,Precoce Allorio' und 'Dubovski-129'. An anfälligen Reissorten, z. B. 'Dunghan Shali' vermehrt sich *Piricularia* auf der riesigen Blattfläche. Die Blattresistenz der beiden genannten Sorten ist dagegen so stark, daß sich *Piricularia* an ihnen (falls Anbau in reinen Beständen) nicht bis zur Befallsschwelle vermehren kann. 2200.

Rao, Vasant Gurunath und Kelkar, P. V.; Poona, M.A.C.S. Lab. A new record of Helminthosporium blight of Euphorbia geniculata Orteg. from India. **(Eine neue Mitteilung einer Helminthosporiose auf Euphorbia geniculata Orteg. in Indien.)** Current Sci. [Bangalore] **31** (1962) Nr. 4. S. 165–166. – 1 Abb., 1 Tab.
Im Juli–August 1961 wurden in Poona, Indien, Pflanzen von *Euphorbia geniculata* Orteg. gefunden, die sehr starke Schäden durch eine Blattfleckenkrankheit aufwiesen. Die Blätter zeigten unregelmäßige rostbraune, nekrotische Bezirke, die Blattstiele und Stengel Schäden in spindelförmiger Gestalt. Die Krankheit wurde durch hohe Luftfeuchtigkeit und Sprühregen begünstigt. Aus den geschädigten Geweben wurde ein Pilz isoliert und als *Helminthosporium euphorbiae* Hans. identifiziert. Der Pilz ist für Indien ein Neufund, *E. geniculata* ein bisher unbekannter Wirt des Erregers.
H. Opel. 2300.

Naumova, Nadežda Aleksandrovna. **Fitoftora kartofelja.** (Phytophthora der Kartoffel.) Leningrad: Izd. sel'skochoz. lit., žurnalov i plakatov. 1961. (180 S.) 8°. (1962 A 271)
Untersuchungen über das Auftreten, die Ursachen und die Bekämpfung der Stippigkeit bei Äpfeln. Forsch.-Auftr. Ministerium für Ernähr., Landwirtsch. und Forsten des Landes Nordrhein-Westfalen; Bonn, Univ., Inst. für Obstbau. 1961.

D. MASSNAHMEN DES PFLANZENSCHUTZES

Cymbal, M. M. (Zymbal, M. M.); Dnepropetrowsk, Unions-Inst. für Maisforsch. Značenie agrotechniki v bor'be s tverdoj golovnej ozimoj pšenicy v stepi USSR. **(Die Bedeutung der Agrotechnik bei der Bekämpfung des Weizensteinbrandes in der ukrainischen Steppe.)** Zemledelie, Moskva **24** (1962) Nr. 8. S. 60–62. – 3 Tab.
Die Aussaat des Winterweizens bei Bodentemperaturen über 15° schützt weitgehend vor Steinbrandinfektion durch *Tilletia tritici* Wint. und *T. levis* Kühn. Spätaussaaten – Ende Nov. – zeigen selbst bei sorgfältiger Beizung Befall. Durch mehrmalige Aussaat zu optimalen Terminen erhöht sich die Resistenz des Saatgutes. Saatgut mit höherem Tausendkorngewicht ist weniger anfällig. R. Schlenker. 2400.

Stapel, Chr.; Lyngby, Danmark, Statens Plantepatol. Forsög. **Pflanzenschutz im Gemüsebau in Dänemark.** Dtsch. Akad. Landwirtsch.-Wiss. Berlin, Tagungsber. **1962** Nr. 51. S. 13–22. – 3 Abb., 1 Tab. Zus. in Russ., Engl. nach Zus.
In Dänemark ist eine Gesundheitskontrolle für Baumschulen vorgeschrieben, im Gemüsebau werden Gesundheitskontrollen auf freiwilliger Basis durchgeführt. Unter den Krankheiten des Gemüses haben das Salatmosaik, das Gurkenmosaik, das Grünscheckungsmosaik der Gurke sowie die Gurkenstengelfäule bes. Bedeutung. In den letzten Jahren wird verstärkt ein Befall der Gemüsepflanzen, insbes. der Zwiebeln, durch *Ditylenchus dipsaci* beobachtet. *Thrips angustici*, der früher nur als Cruciferen-Schädling eine Rolle spielte, wird jetzt auch an vielen anderen Gemüsearten schädlich. Im Erbsenanbau wird die Erbsenblattlaus oft recht gefährlich. Um Bienenschäden zu vermeiden, werden die Erbsen vor der Blütezeit vorbeugend mit systemischen Insekticiden behandelt. Zur Bekämpfung der Zwiebelfliege und der Möhrenfliege hat sich die Sameninkrustierung mit Aldrin-Präparaten bewährt. Bei der Möhrenfliege wirkt dieses Verfahren aber nur gegen die erste Generation

ausreichend. Besondere Aufmerksamkeit wird dem Rückstandsproblem gewidmet. Nach Inkrustierung mit Aldrin-Präparaten wurden Rückstände festgestellt, die unter den zulässigen Toleranzen liegen. 2400.

Szelényi, G.; Budapest, Novenyvedelmi Kutate Intezet. **Pflanzenschutzprobleme im ungarischen Gemüsebau.** Dtsch. Akad. Landwirtsch.-Wiss. Berlin, Tagungsber. **1962** Nr. 51. S. 9–11. – Zus. in Russ., Engl. nach Zus.
Es wird ein Überblick über die wichtigsten tierischen Schädlinge und Krankheitserreger im Gemüsebau und den Sonderkulturen in Ungarn gegeben. Das Schadausmaß wird in Prozenten angegeben. Pilzkrankheiten, Bakteriosen und Virosen nehmen im Gemüsebau einen wesentlich größeren Raum ein als die Insektenschäden. Letztere haben in der Regel nur lokale Bedeutung. 2400.

Heikinheimo, Osmo und Raatikainen, Mikko; Tikkurila, Finland, Agric. Res. Centre, Dep. of Pest Investigation. Comparison of suction and netting methods in population investigations concerning the fauna of grass leys and cereal fields, particularly in those concerning the leafhopper, Calligypona pellucida (F.). **(Ein Vergleich zwischen Saug- und Kescherverfahren bei Populationsuntersuchungen der Fauna von Grasländereien und Getreidefeldern, besonders im Hinblick auf das Vorkommen der Zikade Calligypona pellucida [F.].)** Valtion Maatalouskoetoiminnan, Julkaisuja [State agric. Res. Publ. Finland, Publ.] Nr. **191** (1962) S. 1–31. - 5 Abb., 5 Tab., 25 Lit. Zus. in Finn.
Untersuchungen über die Biologie und das Vorkommen von *Calligypona pellucida* (F.) haben gezeigt, daß das Vorkommen von Nymphen und Adulten zu unterschiedlichen Zeiten an verschiedenen Orten vom Menschen durch die Art und Weise des Sammelns beeinflußt wird. Vff. beschreiben eine mittels eines Ölmotors betriebene Sammeleinrichtung für das Abfangen von Insekten von einer bestimmten Fläche. Diese Fläche — 0,10 m² — wurde durch einen Metallzylinder, der auf das abzusammelnde Medium gestellt wird, abgegrenzt. Aus dem Inneren dieses Zylinders wurden mit der genannten Vorrichtung, an die ein Saugrohr angeschlossen war, sämtliche Insekten abgesaugt. Durch dies Verfahren läßt sich das wirkliche Verhältnis von Adulten und Nymphen bei *C. pellucida* ermitteln, was beim Keschern nicht möglich ist. In Abhängigkeit von der Anzahl der entnommenen Proben kann man auf die Menge der vorhandenen Nymphen, Adulten und parasitierten Adulten, die auf Grasländereien und Getreidefeldern vorkommen, schließen. K. Geißler. 2420.

Coon, B. F. und Rinick jun., H. B.; University Park, Pennsylvania State Univ., Agric. Exp. Stat. Cereal aphid capture in yellow baffle trays. **(Fang von Getreideblattläusen in gelben Folienfallen.)** J. econ. Entomol. **55** (1962) Nr. 3. S. 407–408. – 1 Abb., 2 Tab., 8 Lit.
In 4 mit Wasser versehene rechteckige Gelbschalen wurden 2 kreuzweise ineinandergeschobene 12 in. hohe gelbgestrichene Aluminiumbleche gestellt, durch welche die Wasseroberfläche in 4 gleichgroße Quadranten geteilt wurde. Die so hergerichteten Fallen erbeuteten 347 Getreide-Aphiden, während 4 gewöhnliche Gelbschalen nur 154 Stück einbrachten. Dieser Unterschied beruhte darauf, daß die mit den senkrechten Gelbfolien versehenen Fallen 10mal so viel *Rhopalosiphum maidis* erbeuteten als gewöhnliche Gelbschalen. *Schizaphis graminum* (Rondani) und *Macrosiphum* (*Sitobion*) *avenae* (F.) (*granarium* Kirby) wurden nur in wenigen Exemplaren erbeutet, wobei kein Unterschied zwischen den Fallentypen vorhanden war. *Sitobion avenae* war in der näheren Umgebung in Massen vorhanden und wird offenbar nicht von der gelben Farbe angezogen. *Rhopalosiphum fitchii* (Sanderson) wurde von beiden Fallentypen in der gleichen, größeren Anzahl gefangen. F. P. Müller. 2420.

McGinnis, A. J. und Kasting, R.; Lethbridge, Alberta, Canada Agric. Res. Stat. A method of rearing larvae of the wheat stem sawfly Cephus cinctus Nort. (Hymenoptera: Cephidae), under artificial conditions. **(Eine Methode zur Zucht der Larven der Weizenhalmwespe Cephus cinctus Nort. [Hymenoptera: Cephidae] unter künstlichen Bedingungen.)** Canad. Entomologist **94** (1962) Nr. 6. S. 573–574. – 1 Abb., 2 Lit.

Die bisherige Methode Halmwespenlarven in Trinkhalmen zu halten, ergab Schwierigkeiten und Verluste, bes. beim Umsetzen der Larven. Für die hier beschriebene Methode wurden Plastikplatten (Polymethylmethacrylat) in der Größe von 4 × 2.75 in. verwendet. In Längsrichtung der Platten befanden sich 5 Rinnen von 3/32 × 3/32 in. Tiefe und Breite. In diese Rinnen wurde mit einem Spatel der Nahrungsbrei eingestrichen. In der Mitte blieb ein kleiner Raum zum Einsetzen der Larven und an den Enden der Rinnen ein ebensolcher zum Verschließen derselben mit nicht absorbierender Baumwolle. Verschlossen wurde die mit den Rillen versehene Plastplatte durch einen wassergetränkten Holzdeckel in gleicher Größe, der mit einem Gummiband festgehalten wurde. Plastdeckel bewährten sich nicht. Das Futter enthielt Casein, Hefeextrakt, Cellulosepulver und andere Komponenten oder auch Auszüge aus Weizentrieben. Die Larven mußten alle 24 oder 48 Std. in neue vorbereitete Behälter umgesetzt werden. Bei jedem Umsetzen ergab sich die Möglichkeit die Larven zu wiegen.

H.-A. Kirchner. 2420.

Bajlova-Jankulova, M. (Bajlowa-Jankulowa, M.) Proučvanija vŭrchu priloženieto na rezorcinovija metod za opredeljane na bolnite ot listno zavivane klubeni pri njakoi ot razprostranenite u nas sortove kartofi. **(Untersuchungen über die Anwendbarkeit des Resorcintests zur Feststellung der von der Blattrollkrankheit befallenen Knollen bei einigen in Bulgarien verbreiteten Kartoffelsorten.)** Izvestija na Centralnija naučnoizsledovatelski institut po rastenievudstvo, Sofija **11** (1961) S. 207–223. – 5 Abb., 9 Tab., 41 Lit. Zus. in Russ., Dtsch.

Vf. prüfte an 7562 Knollenproben der Kartoffelsorten 'Rila', 'Early Rose', 'Bona', 'Samokowski', 'Rajka', 'Bintje', 'Katahdin' und 'Erstling' die Anwendbarkeit des Resorcintests zur Frühdiagnose der Blattrollkrankheit (*Solanum* virus 14). Die Kartoffeln wurden, je nach Boniturergebnis, in gesunde und kranke eingeteilt, ins Freiland gepflanzt und an ihnen durch Vergleich die Ergebnisse des angewendeten Resorzintests ausgewertet. Wie die in Tab. zusammengestellten Ergebnisse zeigen, ist die Sicherheit des Resorcintests bei den Sorten 'Rila', 'Early Rose', 'Bona', 'Samokowski', 'Rajka', 'Katahdin', 'Bintje' und 'Erstling' recht hoch (94,3–100%). Bei der Trennung der kranken Kartoffeln ist die Sicherheit des Testes für die Sorten ‚Katahdin', 'Bintje' und 'Erstling' sehr gering, für die übrigen untersuchten Sorten jedoch befriedigend (71,4–94,04%). Die nach dem Resorcintest als gesund getrennten Pflanzkartoffeln liefern um 25,40–95,00% höhere Erträge als die für krank befundenen. Auf Grund der erhaltenen Ergebnisse wird die Anwendung des Resorcintests bei den Sorten 'Rila', 'Early Rose', 'Bona', 'Samokowski' und 'Rajka' empfohlen. I. Kowatschewski. 2420.

Herstellung von Antiseren gegen Viren des Steinobstes. Forsch.- u. Entwickl.-Stelle Halle/Saale, Phytopathologisches Institut der Martin-Luther-Universität. 6 S. Abschlußber. Jan. 1962. Plan-Nr.: 2155 11/1 15.

Es wurde eine Methode zur Reinigung und Anreicherung des Stecklenberger Virus (**StV**) erarbeitet und ein Antiserum von guter Qualität hergestellt, das die Krankheitsdiagnose bei krautigen Pflanzen schnell und zuverlässig ermöglicht. Bei den holzigen Pflanzen *Prunus mahaleb* und *P. cerasus* wird der serologische Test durch Inhaltsstoffe der Blätter gestört. Durch Zusatz bestimmter Chemikalien wurde eine Verbesserung der Ergebnisse erzielt. Die

Versuche werden im Hinblick auf die Anwendung des Testes in der Praxis fortgesetzt. Nach serologischen Verwandtschaftsprüfungen mit dem **StV** und 4 weiteren Ringfleckviren des Steinobstes ist **StV** nahe verwandt mit dem nekrotischen Ringfleckenvirus, das in Amerika und England stark verbreitet ist. 2420.

Bochow, H. und Seidel, D. **Die Wirkung einer organischen Düngung auf den Befall durch Plasmodiophora brassicae Wor. und Pythium debaryanum Hesse.** Dtsch. Akad. Landwirtsch.-Wiss. Berlin, Tagungsber. **1961** Nr. 41. S. 69–82.

Es wurde mit der Methode des Wurzelhaarinfektionstestes von Samuel et Garrett (Ann. appl. Biol. **32** [1945] S. 96–101.) der Einfluß frischer Pferde-, Schweine- und Rindermistzugaben auf den Grad der Primärinfektion von *Plasmodiophora brassicae* an jungen *Sinapis alba*-Pflanzen untersucht. Die Ergebnisse zeigten, daß der Pilzbefall durch Mistzugaben bis zu etwa 1 Gew.-% gefördert und von 3 Gew.-% und mehr gehemmt wird. Vff. vermuten, daß im Stallmist ein thermostabiles, wasserlösliches Prinzip vorhanden ist, das in bestimmter Konz. eine Förderung auf den *Plasmodiophora*-Pilz ausübt. – In Versuchen mit *Pythium debaryanum* auf kompostgedüngtem Sandboden konnte festgestellt werden, daß die Infektion von *Brassica napus* stark von antagonistischen Bodenmikroben beeinflußt wird. Ein höherer Gehalt des Bodens an Bakterien und Pilzen hatte eine geringere Parasitie des *Pythium*-Pilzes zur Folge. Vff. sehen in ihren Versuchsergebnissen den Beweis, daß allein schon graduelle und auch kurzfristig quantitative Differenzierungen in der Mikroflora, wie sie durch eine org. Düngung ausgelöst werden, von entscheidender Bedeutung für das Verhalten eines pflanzenpathogenen Bodenpilzes sein können. G. Zahn. 2450.

Petrova, Z. I. (Petrowa, S. I.) Nekotorye sposoby bor'by s lukovoj nematodoj. **(Einige Maßnahmen zur Bekämpfung des Zwiebelnematoden.)** Zaščita rastenij ot vreditelej i boleznej, Moskva **7** (1962) Nr. 11. S. 39–40. – 2 Abb.

Das Zwiebelälchen *Ditylenchus allii* Beijerink 1883 (= Zwiebelrasse von *D. dipsaci*, Ref.) ist einer der gefährlichsten Zwiebelschädlinge. Bei fehlendem Fruchtwechsel kann völliger Ernteverlust eintreten. Zur Bekämpfung sind Fruchtfolgemaßnahmen – neben Zwiebelgewächsen werden noch Kürbis, Zuckerrüben, Rhabarber, Erbsen, Sommerwicken und Senf befallen – und Verwendung befallsfreier Saatzwiebeln die wichtigsten Maßnahmen. Die Entseuchung der Saatzwiebeln kann durch Eintauchen in Wasser erfolgen. Die Älchen verlassen innerhalb von 3 Tagen die Saatzwiebeln.

H. Decker. 2450.

Wlassow, J. I.; Leningrad, Allunioninst. für Pflanzenschutz. **Die Bekämpfung von Viruskrankheiten bei Gemüse und Kartoffeln.** Nachrichtenbl. dtsch. Pflanzenschutzdienst [Berlin] [N.F.] **16(42)** (1962) Nr. 2. S. 31–33. – 1 Tab., 9 Lit.

Bei der Bekämpfung des TMV in Tomatenbeständen kommt der Niederhaltung der Unkräuter innerhalb und in der Nachbarschaft gefährdeter Felder große Bedeutung zu. Die Beseitigung der Pflanzenreste im Herbst, gesundes Saatgut, Desinfektion beim Ausgeizen der Tomatentriebe, geregelte Fruchtfolge, Direktaussaat von Tomatensamen u. a. Maßnahmen haben sich bewährt. Zur Bekämpfung des Gurkenmosaikvirus werden für den Gurkenanbau ähnliche prophylaktische Maßnahmen empfohlen. Die Saatgutvermehrung hat grundsätzlich in Betrieben ohne oder mit nur geringem Virusbesatz zu erfolgen. Kopfkohl kann vor Virusinfektionen weitgehend durch tiefes Einpflügen der Ernterückstände, isolierte Lage der Samenträgerbestände, sachgerechte Läusebekämpfung u. a. geschützt werden. Zum Zwecke der Auslese kranker bzw. gesunder Stauden diagnostiziert man Kartoffelvirosen serologisch und mit Testpflanzen. Die Methode der Sommerpflanzung im Süden der SU gewährleistet bei der Stolburkrankheit der Kartoffel die Erzeugung gesunden Pflanzgutes, da zu dieser Zeit mit einem Massenauftreten von Zikaden nicht mehr zu rechnen ist. H. E. Schmidt. 2450.

Franz, Jost M.; Darmstadt. **Die heutige Situation der biologischen Bekämpfung in Europa.** Dtsch. Akad. Landwirtsch.-Wiss. Berlin, Tagungsber. **1961** (hrsg. 1962) Nr. 45. S. 159–178. – 57 Lit.

Vf. gibt eine Übersicht des gegenwärtigen Standes der biol. Bekämpfung in Europa. Anhand vieler Beispiele werden die neuesten Ergebnisse des Einsatzes von Mikroorganismen und Metazoen erörtert und die Organisationsformen der biol. Bekämpfung in Europa dargelegt. Außer einem Schema, das die Stellung der biol. Bekämpfung zu den natürlichen Begrenzungsfaktoren und den Bekämpfungsmaßnahmen erläutert, ist dieser Arbeit eine Zusammenstellung der wichtigsten Fachtermini in Engl., Franz., Ital., Span., Russ. und Dtsch. beigegeben. H. Thomas. 2470.

Laan, P. A. van der; Amsterdam, Univ., Lab. voor Toegepaste Entomol. **Bekämpfung von Schädlingen mit Bacillus thuringiensis.** Dtsch. Akad. Landwirtsch.-Wiss. Berlin, Tagungsber. **1962** Nr. 51. S. 77–79. – 10 Lit. Zus. in Russ., Engl. nach Zus.

Bacillus-thuringiensis-Präparate eignen sich zur Bekämpfung der Raupen von Pieriden, Lymantriden, Tortriciden und anderen Mikrolepidopteren. Die Wirkung geht von einem noch unbekannten chem. Stoff aus. Der Einsatz der Bakterienpräparate kann nicht als „Biologische Bekämpfung" im eigentlichen Sinne des Wortes bezeichnet werden. Für Warmblüter und Nutzinsekten sind diese Präparate unschädlich. 2470.

Shands, W. A., Hall, I. M. und Simpson, G. W.; Orono, Maine Agric. Exp. Stat., Dep. of Entomol. Entomophthoraceous fungi attacking the potato aphid in Northeastern Maine in 1960. **(Entomophthoraceen-Pilze, welche die Kartoffelblattlaus im nordöstlichen Maine im Jahre 1960 angriffen.)** J. econ. Entomol. **55** (1962) Nr. 2. S. 174–179. – 1 Abb., 4 Tab., 11 Lit.

Verpilzte *Macrosiphum euphorbiae* (Thomas), welche von Kartoffel gesammelt wurden, waren zu 89% von *Entomophthora ignobilis* Hall et Dunn, zu 8% von *E. planchoniana* Cornu sowie zu je 1% von *E. aphidis* (Hoff.) und *Entomophthora* sp. befallen. Von *E. ignobilis* wird die nomenklatorische und taxonomische Situation erläutert. Der größte Prozentsatz verpilzter *M. euphorbiae* war i. J. 1959 mit 12% Ende Aug. bis Anfang Sept., i. J. 1960 mit 2% Mitte Aug. Die ersten toten Aphiden wurden Anfang Juli festgestellt. Spritzungen mit Insekticiden und dem Fungicid Zineb, sowohl für sich wie kombiniert, hatten keinen Einfluß auf die pathogenen Pilze. *E. ignobilis* wurde auch in toten Läusen von *Myzus persicae* (Sulz.), *Macrosiphum* (*Sitobion*) *avenae* (F.) (*granarium* Kirby) und *Cryptomyzus galeopsidis* (Kalt.) festgestellt. F. P. Müller. 2470.

Bubnova, Z. G. (Bubnowa, S. G.); Kasan, Biol. Lab. Razmnoženie i primenenie trichogrammy. **(Die Vermehrung und Anwendung von Trichogramma.)** Zaščita rastenij ot vreditelej i boleznej, Moskva **7** (1962) Nr. 11. S. 42–44. – 5 Abb.

Die Zahl der Rayons in Tatarien, die *Trichogramma* zur biol. Bekämpfung von Feld- und Gartenschädlingen einsetzen, wächst ständig. Während diese Biomethode i. J. 1955 nur in 5 Rayons benutzt wurde, waren es i. J. 1961 14 und i. J. 1962 28 Rayons. Die Vermehrung von *Trichogramma* erfolgt im Labor. in Eiern der Kornmotte. Zur Schädlingsbekämpfung werden bei Feld- und Gemüsekulturen 20000 Exemplare/ha und in Obstgärten 40000 Exemplare/ha ausgesetzt. Bei der Kohleulenbekämpfung konnten

80–95% der Schädlinge vernichtet werden. Der Mehrertrag betrug 26 bis 37 dt/ha. Der Kostenaufwand beträgt 22–28 Kopeken/ha, d. h. nur den 13. Teil einer chem. Behandlung. H. Decker. 2470.

Wiegand, Hermann. **Die deutschen Arten der Gattung Yponomeuta LATR. Eine Kritik der larval- und genitalmorphologischen Arbeiten nach sonstigen morphologischen und bionomischen Merkmalen.** Dtsch. Akad. Landwirtsch.-Wiss. Berlin, Tagungsber. **1961** (hrsg. 1962) Nr. 45. S. 101-120. – 13 Abb., 12 Lit. Zus. in Russ., Engl.
Eine sichere Bestimmung der dtsch. *Yponomeuta*-Arten war nach den morphol. Merkmalen der Altraupen und Faltergenitalien bisher nicht möglich, die Existenz von 8 Arten wurde sogar teilweise angezweifelt. Dem Vf. ist es gelungen, unter Berücksichtigung morphol. Merkmale der Puppenstadien, eindeutige und artkonstante Unterschiede zu finden, die auch im statistischen Streuungsbereich nicht ineinander übergehen. Anhand der Färbung der Puppen, Ausbildung der letzten Segmente, Differenzierungen des Cremasters und des Haarkranzes sowie der Berücksichtigung der larvalen Wirtspflanzen ist es möglich, folgende Arten voneinander abzugrenzen: *Y. evonymellus* (L.), *Y. cognatellus* (Hübner), *Y. malinellus* (Zeller), *Y. padellus* (L.), *Y. rorellus* (Hübner), *Y. irrorellus* (Hübner), *Y. vigintipunctatus* (Retzius) und *Y. plumbellus* (Schiffermüller). Die Bestimmung der Altraupen ist ebenfalls nach morphol. Merkmalen unter Angabe der Wirtspflanze möglich.
H. Thomas. 2470.

Dikasova, E. T. (Dikassowa, Je. T.); Inst. für Bot. der Akad. der Wiss. der Usbek.SSR. Opyt ispol'zovanija granuleza. **(Ergebnisse der Anwendung der Granulose.)** Zaščita rastenij ot vreditelej i boleznej, Moskva **7** (1962) Nr. 10. S. 54-55.
In Usbekistan wurde Befall der Raupen der Wintersaateule durch eine Gelbsuchtvirose (= Granulose) beobachtet. Die Granulose kommt in der Natur herdweise vor und kann bei ansteigender Temperatur 70–80% der Raupen abtöten. Versuche zeigten, daß die Inkubationszeit und die letale Konz. der Virussuspension von der Temperatur abhängen, bei der sich die Larven entwickeln. Bei 16–19 °C begann das Absterben am 8.–9. Tag nach der Infektion, bei 17–22 °C am 5.–6. Tag, bei 22–28 °C am 3. Tag und bei 26–32 °C am 2. Tag. Die letale Konz. beträgt bei 18–22 °C 10^{-4}, bei 26–32 °C $3 \cdot 10^{-4}$.
H. Decker. 2470.

Hall, E. G., Scott, K. J. und Coote, G. G.; Homebusch, New South Wales Dep. of Agric., C.S.I.R.O. Control of superficial scald on Granny Smith apples with diphenylamine. **(Bekämpfung der Hautbräune bei Äpfeln der Sorte ‚Granny Smith' mit Diphenylamin.)** Austral. J. agric. Res. **12** (1961) Nr. 5. S. 834-853. – 5 Abb., 11 Tab., 20 Lit.
Durch Behandlung der Früchte mit entspr. eingestellten Lösungen von Diphenylamin (DPA) konnte die Entwicklung der Hautbräune bei Früchten im Kühllager, im Gaslager und in Folienbehältern vermindert werden. Die DPA-Anwendung erfolgte durch Tränken des Verpackungspapiers, durch Nacherntebehandlung – Tauchmethode der Früchte – und durch Vorerntespritzungen. Es zeigte sich, daß DPA nur eine begrenzte Wanderungsfähigkeit in der Frucht aufweist. Rückstände von DPA waren nachweisbar in Abhängigkeit der Anwendungskonz. und der Applikationsmethode. Sie traten am geringsten bei Kühllagerung in Erscheinung. Die Toxizität von DPA-Spritzungen ist beim Apfel in den vorliegenden Spritzungen gering gewesen, demzufolge wird die Vorerntespritzung empfohlen. Die Giftigkeit für den Menschen ist noch nicht nachgeprüft, so daß dem Verzehr der Früchte nur in gereinigtem Zustand zugestimmt wird. W. Blasse. 2500.

Hull, R.; Dunholme, Lincoln, Rothamsted Field Stat. The health of the sugar beet crop in Great Britain. **(Der Gesundheitszustand der Zuckerrüben**

in Großbritannien.) J. Roy. agric. Soc. England **122** (1961) S. 101–112. – 5 Tab., 21 Lit.
Vf. berichtet über die Fortschritte in der Bekämpfung von Krankheiten und Schädlingen bei Zuckerrüben im letzten Jahrzehnt in Großbritannien. Diese Arbeiten gehen mit allg. Leistungssteigerung im Rübenanbau einher. Es wird auf Bedeutung und Bekämpfungsmaßnahmen der Keimlings-, Virus-, Blatt- und Wurzelerkrankungen eingegangen, das Schädlings-Warnsystem beschrieben sowie der Einfluß der Saatgutvermehrungsmethoden und der Witterung auf den Gesundheitszustand der Rüben erwähnt.
L. Bachmann. 2500.

Rjabova, N. G. und Charitonova, Z. M. (Rjabowa, N. G. und Charitonowa, S. M.) Zaščita rannego kartofelja ot fitoftory. **(Bekämpfung der Phytophthora bei Frühkartoffeln.)** S. ch. Sev.-Zap. zony **1961** Nr. 7. S. 38–39. – Aus: Referativnyj žurnal. Biologija, Moskva **1962** Nr. 1. G 565. S. 62.
Bei in den Jahren 1959 und 1960 im Leningrader Gebiet durchgeführten Versuchen, trugen wiederholte Behandlungen der Pflanzkartoffeln ('Prijekulski ranni') mit einer 0,02%igen Kupfervitriollösung vor der Pflanzung und eine Spritzung des Krautes z. Z. der Blüte mit 1%iger Kupferkalkbrühe wesentlich zur Verhinderung des *Phytophthora*-Befalls bei. Bei der Ernte und nach 2 mon. Aufbewahrung waren die Kartoffelknollen befallsfrei.
übersetzt v. E. Fröhmcke. 2500.

Hitier, H., Michel, E., Mounat, A. und Bown, G. Essais de traitements fongicides contre le mildiou du tabac. **(Versuche über Behandlungen mit Fungiciden gegen den Blauschimmel des Tabaks.)** Ann. Inst. exp. Tabac Bergerac **3** (1961) Nr. 4. S. 757–788. – 1 Abb., 11 Tab. Zus. in Engl.
In Anzucht- und Feldversuchen mit der Tabaksorte 'Paraguay' wurden verschiedene Fungicide in unterschiedlichen Konz., verschiedenen Methoden der Anwendung und Unterschieden in der Häufigkeit der Behandlung mit dem Ziel durchgeführt, ihre Wirksamkeit gegen *Peronospora tabacina* Adam bzw. ihre Phytotoxizität zu prüfen. Vorversuche mit Tabaksetzlingen zeigten: Maneb ist nicht phytotoxisch und liefert gute Ergebnisse in der Blauschimmelbekämpfung sowohl beim Vernebeln (3 bzw. 8%) als auch beim Spritzen (0,1 und 0,2%). Zineb ist, trotz Anwendung stärkerer Konz., weniger wirksam. Durch Cu-Zusatz zu Zineb konnte die Wirksamkeit nicht verbessert werden. Einige Zineb-Präparate waren leicht phytotoxisch. Feldversuche in der Spätvegetationszeit ergaben, daß die Wirksamkeit von der Beschaffenheit des Fungicids und weniger von der Konz. bzw. der Häufigkeit der Anwendung abhängt. Trichlortrinitrobenzol bzw. Zineb + Sn-haltiges Triphenylacetat waren wenig wirksam. Carbamat- und Zineb-Präparate hatten eine gute fungicide Wirkung, waren aber z. T. leicht phytotoxisch. Maneb erwies sich als bes. wirksam und zuverlässig. J. Merker. 2500.

Ivančeva-Gabrovska, Todora und Lulov, Konstadin. (Iwantschewa-Gabrowska, Todora und Lulow, Konstadin.); Sofia, Zentr. Forsch.-Inst. für Pflanzenschutz. Njakoi rezultati ot opitite za chimičeska borba sreštu manata po tjutjuna. **(Einige Versuchsergebnisse aus der chemischen Bekämpfung des Blauschimmels im Tabak.)** Bŭlgarski tjutjun, Sofija **1962** Nr. 3. S. 44–51. – 6 Tab., 5 Lit.
Auf Grund der i. J. 1961 durchgeführten Labor.- und Freilandversuche werden folgende Empfehlungen für die Tabakanzucht gegeben: Zur Bekämpfung der Krankheit sind Zineb-Präparate 2mal wöchentlich anzuwenden (Spritzen oder Stäuben). Aspor (0,3 – 0,4%ig) ist ebenfalls geeignet. Die in Bulgarien aus Aspor und Thiacen mit neutralen Trägerstoffen (Lehm oder Talk) zum Stäuben hergestellten Gemische wirken bei Aufwandmengen von 50 kg/ha gleich günstig wie die aus dem Ausland eingeführten Stäubemittel gleichen Wirkstoffgehaltes. Beimischung von Kupferkalkbrühe oder Kupferoxy-

chlorid setzt die Wirksamkeit von Aspor stark herab. Von ähnlicher, doch etwas schwächerer Wirkung ist die Beimengung von Asche oder DDT-Stäubemitteln. In 0,2%iger Dosierung wirkt Mangankurit phytotoxisch. D. Dodow. 2500.

Kröber, H. und Maßfeller, D. **Untersuchungen über die Eignung von Maneb- und Zinebpräparaten zur Bekämpfung von Peronospora tabacina an Tabak.** Dtsch. Tabakbau 42 (1962) Nr. 17. S. 1.

Maneb erwies sich hinsichtlich seiner fungiciden Wirksamkeit, Wirkungsdauer und Regenbeständigkeit an Tabakpflanzen dem Zineb als beträchtlich überlegen. Keines der untersuchten Manebpräparate wirkte in den praktisch erforderlichen Konz. phytotoxisch auf die geprüften Tabaksorten. Die Bekämpfungsmaßnahmen müssen vorbeugend erfolgen, da Maneb keine curative Wirkung hat. 2500.

Nedelčev, N. und Nikov, Mitko M. (Nedeltschew, N. und Nikow, Mitko, M.) Izpolzuvane na bezmednija preparat „Aspor" sreštu manata. **(Anwendung des kupferfreien Präparates Aspor gegen die Blattfallkrankheit der Rebe.)** Lozarstvo i vinarstvo, Sofija **11** (1962) Nr. 3. S. 27–31. – 1 Abb., 1 Tab., 9 Lit.

Unter den für die Entwicklung des Falschen Mehltaues der Reben günstigen Witterungsbedingungen der Jahre 1960 und 1961 konnten junge Pfropfreben und Ertragsreben durch 8–9 termingerechte Spritzungen mit Aspor (0,3%ig) vollständig gesund erhalten werden. Für die beiden letzten Spritzungen wurde 1%ige Kupferkalkbrühe verwendet. Die mit Aspor gespritzten Pfropfreben wiesen im Vergleich zu den mit Kupferkalkbrühe gespritzten einen höheren Zuwachs auf. Es werden 29 kupferkalkempfindliche Rebsorten genannt. D. Dodow. 2500.

Tafradžijski, Ignat. (Tafradshijski, Ignat.); Plowdiw, Höheres Landwirtsch. Inst. „W. Kolarow", Lehrstuhl für Pflanzenschutz. Opiti za borba sreštu brašnestata mana po tikvenite (Sphaerotheca fuliginea Poll. i Erysiphe cichoracearum D.C.). **(Bekämpfungsversuche gegen den Mehltau an Cucurbitaceen [Sphaerotheca fuliginea Poll. und Erysiphe cichoracearum D.C.].)** Naučni trudove. Visš selskostopanski institut „Vasil Kolarov", Plovdiv **10** (1961) S. 239–255. – 6 Tab., 26 Lit. Zus. in Russ., Franz.

Bei Bekämpfungsversuchen gegen den Echten Mehltau an Cucurbitaceen *Sphaerotheca fuliginea* Poll. und *Erysiphe cichoracearum* in den Jahren 1956 bis 1960 zeigte Karathane (0,25%ige) bei starkem und (0,1%ig) bei schwachem Befall zu Beginn der Krankheitsentwicklung die beste Wirksamkeit. Stäubeschwefel, Bariumpolysulfid (1%ig) und Schwefelkalkbrühe 1:80 wirkten unbefriedigend. Die Wirkung von Schwefelkalkbrühe reicht nur bei schwachem Befall aus. Überdosierung von Stäubeschwefel, Schwefelkalkbrühe und Karathane führte zu Verbrennungen an jungen Blättern und Früchten. Noch schwächer wirkten Netzschwefel und selbstbereiteter Kolloidschwefel. Fuklasin und Orthocid wie auch Frischdungauszug blieben ohne Wirkung auf die Krankheit. Prophylaktische Spritzungen gegen den Gurkenmehltau unter Gewächshausbedingungen mit Karathane (0,1%ig) nach Bewurzelung der Pflanze oder mit Bariumpolysulfid (1%ig) eigneten sich zur Verhütung des Krankheitsbefalls. D. Dodow. 2500.

Grossmann, F. **Einfluß von Cyanamid bzw. Kalkstickstoff auf verschiedene Stadien von Sclerotinia trifoliorum.** Dtsch. Akad. Landwirtsch.-Wiss. Berlin, Tagungsber. **1961** Nr. 41. S. 83–89.

Ziel der Untersuchungen war, Ansatzpunkte für eine evtl. Bekämpfung des Kleekrebses (*Sclerotinia trifoliorum*) durch Kalkstickstoff zu finden. Es wurde zunächst die Empfindlichkeit des Pilzes gegen Cyanamid, das fungitoxisch wirksame Umsetzungsprodukt des Kalkstickstoffs, in vitro geprüft. Bei

12,5 ppm zeigte sich eine geringe Hemmung von *S. trifoliorum*, bei 400 ppm wurde das Wachstum vollständig unterdrückt. Im Bodenversuch (p-Test nach Domsch, vgl. LZ. Abt. II 4 (1959) Nr. 11. S. 2432.) waren wesentlich höhere Aufwandmengen zur Wachstumsunterdrückung notwendig (0,64% Cyanamid, bezogen auf das Bodenvolumen). Ruhende Sklerotien im Boden konnten nicht durch wirtsch. tragbare Kalkstickstoffmengen vernichtet werden. Lediglich die Apothecienbildung wurde durch Kalkstickstoff um viele Wochen verzögert. Nach Ansicht des Vf. ist letzteres möglicherweise für die praktische Kleekrebsbekämpfung von großer Bedeutung. G. Zahn. 2500.

Beccari, F. und Golato, C.; Firenze, Inst. Agric. per l'Oltremare. Ricerche e prove di lotta contro le crittogame nocive al banano. VI. Intorno agli effetti macro e microscopici della Nystatin, del TCNB e del PCNB in Latex sintetico su colture pure di Gloeosporium musarum Cooke et Massee. **(Untersuchungen zur Bekämpfung der an Bananen schädigenden Pilze. 6. Mitt. Über die makro- und mikroskopisch untersuchte Wirkung von Nystatin, TCNB und PCNB in Latex-Medien auf Reinkulturen von Gloeosporium musarum Cooke et Massee.)** Riv. Agric. subtrop. trop. **55** (1961) Nr. 4/6. S. 163 bis 182. – 26 Abb., 7 Tab., 7 Lit. 5. Mitt. vgl. LZ. Abt. II 7 (1962) Nr. 11. S. 3137.

Vff. prüften in vitro die fungistatische Wirkung und Wirkungsdauer des Antibioticums Nystatin bzw. von Nystatin + TCNB oder PCNB auf den Erreger einer Frucht- und Stammfäule an Bananen, *Gloeosporium musarum* Cooke et Massee. Die Konz. betrug bei Nystatin 37,2 unita standard/mg, bei TCNB und PCNB 0,32%. Bez. der fungistatischen Wirkung wies Nystatin + PCNB den besten Erfolg auf, während die Wirkungsdauer von Nystatin bzw. den Kombinationen mit TCNB oder PCNB als gleich zufriedenstellend beurteilt werden konnte. Am Mycel und den Sporen konnten tiefgreifende Veränderungen nach der Behandlung wahrgenommen werden. Von den Ergebnissen der daraufhin eingeleiteten neuen Versuchsserien wird nur mitgeteilt, daß diese Veränderungen anscheinend nicht vererbt werden. Weitere Ergebnisse werden demnächst veröffentlicht. Ch. Janke. 2500.

Vukovits, Georg. **Die Sprühfleckenkrankheit der Kirsche — leicht und sicher zu bekämpfen.** Pflanzenarzt [Wien] **15** (1962) Nr. 1. S. 3–4. – 3 Abb.

Die in den meisten niederösterreichischen und steirischen Baumschulen stark auftretende Sprühfleckenkrankheit der Kirsche wird durch den Pilz *Cylindrosporium padi* hervorgerufen. Befallen werden außer Kirsche und Weichsel auch Zwetsche und Marille. Baumschulen sind bes. anfällig. Die Symptome der leicht erkennbaren Krankheit werden beschrieben. Auf Grund der Biologie des Pilzes ist eine Durchseuchung der Bestände kaum vor Anfang Aug. zu erwarten. Starker Befall führt zum vorzeitigen Vergilben und Abfallen der Blätter. Die allg. nur in Baumschulen und da bes. bei Kirschen durchzuführende chem. Bekämpfung hat Ende Mai/Anfang Juni, der Zeit der ersten Primärinfektionen, einzusetzen. Im Jahre 1961 an Kirschen durchgeführte Versuche waren erfolgreich und ergaben eine leichte Überlegenheit von Cyprex über Orthocid 50 und dem amer. Antibioticum. F. John. 2500.

Duchanin, A. A. und Česalin, G. A. (Duchanin, A. A. und Tschessalin, G. A.) Ispol'zovanie dinitrosoedinenij v boŕbe s povilikoj na klevere. **(Verwendung von Dinitroverbindungen für die Kleeseidebekämpfung.)** Trudy Vsesojuznogo naučno-issledovatel'skogo instituta udobrenij i agropočvovedenija, Moskva **1962** Nr. 39. S. 171–178. – 8 Tab.

In Feldversuchen konnte die Kleeseide durch 15 – 20 kg/ha Dinitroorthokresol (Natriumsalz) oder 30 – 35 kg/ha Dinitrophenol (Ammoniumsalz) völlig vernichtet werden. Bei starkem Besatz wurden die angegebenen Herbicidmengen mit 1000 l/ha ausgebracht, bei mittlerem und schwachem mit 500 l/ha. Die

Anwendung erfolgte nach der Kleemahd. Gleichzeitig wurden zahlreiche dikotyle Unkräuter bekämpft, während der Kleeaufwuchs nicht nachteilig beeinflußt wurde. Die Aufwandmenge von Dinitrophenol kann vermindert werden, wenn man 1% Ammoniumsulfat, das die herbicide Wirkung erhöht, zusetzt. H. Lehmann. 2500.

Šapošnikova, I. V. (Schaposchnikowa, I. W.); Marfino, Stützpunkt des Unions-Forsch.-Inst. für Pflanzenschutz der Lenin-Akad. der Landwirtsch.-Wiss. Rastvory, uničtožajuščie gallovuju nematodu. **(Lösungen, die den Wurzelgallennematoden vernichten.)** Zaščita rastenij ot vreditelej i boleznej, Moskva **7** (1962) Nr. 8 S. 37. – 1 Tab.
Das Wurzelgallenälchen wird im Ei- und Larvenstadium leicht mit der am Schuhzeug haftenden Erde verschleppt. Als hochwirksame Lösungen für die Desinfektionskästen vor den Gewächshaustüren haben sich 25–30%ige Lösungen von Kochsalz, Waschsoda und Ammonsalpeter erwiesen. Hierdurch werden die Larven in 1–2 Min. abgetötet. Die Lösungen in den mit Sägespänen gefüllten Desinfektionskästen sind tägl. zu ergänzen. H. Decker. 2500.

Miller, P. M. und Edgington, L. V.; New Haven, Conn., Agric. Exp. Stat., Dep. of Plant Pathol. Controlling parasitic nematodes and soil-borne diseases of potatoes with soil fumigation. **(Bekämpfung parasitischer Nematoden und bodenbürtiger Krankheitserreger bei Kartoffeln durch Bodenbegasung.** Amer. Potato J. **39** (1962) Nr. 6. S. 235–240. – 1 Abb., 1 Tab., 12 Lit.
Bodenbehandlungen mit 20 gal./acre DD (1.3-Dichlorpropan und 1.2-Dichlorpropen), 5 und 10 gal./acre Vorlex (Methylisothiocyanat + 1.3-dichlorpropan) wurden am 12. 5. 1961 vor dem Anbau von Kartoffeln ('Katahdin') vorgenommen und deren Wirkung auf eine Bodenpopulation von *Pratylenchus penetrans* und den Befall der Pflanzen durch *Rhizoctonia solani* Kühn und *Verticillium albo-atrum* Reinke et Berth. ermittelt. Die Population von *P. penetrans* war auf den mit DD und Vorlex (10 gal./acre) behandelten Parzellen bis zum 98. Tag sehr stark vermindert. Bis zum 171. Tag hatte sich jedoch wieder eine hohe Population entwickelt, die sich von derjenigen der unbehandelten Parzelle nicht unterschied. Der Befall durch *R. solani* (Mycelwachstum und Pockenanzahl auf den Knollen) sowie durch *V. albo-atrum* war auf den behandelten Parzellen deutlich schwächer als auf den Kontrollparzellen. Die Wirkung einer niedrigen Dosis Vorlex war gegen *P. penetrans* nicht so überzeugend, gegen pilzliche Krankheitserreger war der Erfolg der höheren Dosierung und DD jedoch gleichzusetzen. Auf den behandelten Parzellen waren Ertragssteigerungen um etwa $^1/_3$ zu verzeichnen. Obgleich dieWirkung der Präparate komplexer Natur ist, werden die höheren Erträge hauptsächlich auf die Abtötung der Nematoden zurückgeführt. H. Stelter. 2500.

Overman, A. J.; Bradenton, Gulf Coast Exp. Stat. Pre-storage treatment of lily bulbs with nematicides. **(Nematicidbehandlung von Lilienzwiebeln vor der Lagerung.)** Proc. Florida State horticult. Soc. **74** (1961, hrsg. 1962) S. 386–388. – 1 Abb., 1 Tab., 7 Lit.
Pratylenchus penetrans (Cobb, 1917) Sher et Allen, 1956 kann in Lilienkulturen erhebliche Schädigungen verursachen. Der Befall der Pflanzen kann vom Boden wie auch von den Zwiebeln ausgehen. Die in den Zwiebeln befindlichen Nematoden werden durch Heißwasserbehandlung nur z. T. abgetötet, ebenso hatte das Kürzen der Wurzeln nur einen bedingten Erfolg. Vf. verglich die Wirkung mehrerer Präparate bei Anwendung vor der Winterlagerung mit einer Bodenbehandlung in die Pflanzreihen vor dem Pflanzen und einer Flächenbehandlung mit Mylone. Die beste Wirkung hatte die Tauchbehandlung in „Parathion"-Lösung. Die Pflanzen liefen 10 Tage früher auf, waren kräftiger und gleichmäßiger im Wuchs und brachten die

meisten Blüten. Zudem hatten die geernteten Zwiebeln ein höheres Gewicht. Der Aufwuchs der mit Captan-Staub, Fumagon und Systox behandelten Pflanzen unterschied sich nicht wesentlich von der Kontrolle. Das Ausbringen granulierter Nematicide in die Pflanzreihen hatte nicht den Erfolg wie die Parathion-Tauchbehandlung. Ebenso war die Flächenbehandlung mit Mylone nicht überzeugend (4,5% Blüten mehr als auf unbehandelter Fläche).

H. Stelter. 2500.

Wood, James; Boston, Lincs., Kirton Exp. Husbandry Farm. Hot water treatment of tulip bulbs. **(Heißwasserbehandlung von Tulpenzwiebeln.)** Daffodil Tulip Year Book **26** (1961, hrsg. 1960) S. 128–131. – 3 Abb., 4 Lit.

Nach dem Jahre 1945 verursachte eine Rasse des Stengelälchens in South Lincs. große Schäden an Tulpen. Die bei Narzissen bereits seit 50 Jahren eingeführte Warmwasserbeize konnte in der gleichen Form bei Tulpen nicht angewendet werden, wollte man nicht untragbare Pflanzenschäden in Kauf nehmen. Folgende Fragen waren zu klären: 1. Können durch eine Temperaturvorbehandlung der Zwiebeln die Beizschäden gemindert werden; 2. Wann ist der beste Zeitpunkt der Beizung; 3. Wie hoch muß die Temperatur sein und wie lange muß sie einwirken, um den Schädling abzutöten. Nach jahrelanger Arbeit können nunmehr folgende Behandlungshinweise gegeben werden: Ernte der Zwiebeln kurz vor Braunfärbung der äußeren Zwiebelschuppen, Lagerung der Zwiebeln bei 80 °F und guter Lüftung für 2 oder 3 Wochen, anschließend (wenn Zwiebeln trocken) Putzen und Warmwasserbehandlung bei 110 °F für 2½ Std. Bis zum Pflanzen soll die Lagertemperatur 63 °F betragen.

G. Peschel. 2500.

Mc Fadden jun., S. E. und Di Edwardo, A. A.; Gainesville, Florida Agric. Exp. Stat. Control of the root-lesion nematodes, Pratylenchus penetrans, on Rosa fortuneana stock. **(Bekämpfung des Wurzelnematoden Pratylenchus penetrans an Wurzelunterlagen von Rosa fortuneana.)** Proc. Florida State horticult. Soc. **74** (1961, hrsg. 1962) S. 388–392. – 7 Tab., 7 Lit.

Rosa fortuneana Lindley ist in Florida als Unterlage weit verbreitet. Die ausgezeichnete Entwicklung wird auf eine natürliche Resistenz gegen den Befall verschiedener Wurzelnematoden zurückgeführt. Untersuchungen zeigten jedoch, das *R. fortuneana* von *Pratylenchus penetrans* befallen wird. Vff. untersuchten ob Nematicidbehandlungen sich günstig auf Entwicklung und Wachstum von Pfropfreisern auswirken, die auf *R. fortuneana*-Unterlagen stehen. Der Befall der Wurzeln war nach einer Bodenbehandlung mit Nemagon (2,5 und 5 gal./acre) und Cynem (Zinophos) (0,8 gal./acre) signifikant niedriger als bei unbehandelten Pflanzen. Das Bedecken des Bodens mit Sägespänen nach der Behandlung hatte keinen deutlichen Einfluß auf den Wurzelbefall. Das Gewicht der Blüten von Pflanzen der behandelten Partien war höher als von unbehandelten. Cynem und Nemagon in der höheren Dosis wirkten deutlich besser als Nemagon in der niedrigen Dosis. Nach der Behandlung mit Sägespänen abgedeckte Parzellen brachten einen gesichert höheren Ertrag. Nemagon in den Aufwandmengen von 12,5 und 20 gal./acre führte zu deutlichen Entwicklungs- und Wachstumsschäden. Optimale Blütenleistungen werden nach Behandlung mit Nemagon 5 gal./acre und Cynem 0,8 gal./acre mit nachfolgender Bodenbedeckung erzielt.

H. Stelter. 2500.

Sanford, K. H. und Lord, F. T.; Kentville, Nova Scotia, Canada Dep. of Agric. The influence of spray programs on the fauna of apple orchards in Nova Scotia. XIII. Effects of perthane on predators. **(Der Einfluß von Spritzfolgen auf die Fauna von Apfelanlagen in Neuschottland. 13. Mitt. Wirkung von Perthane auf Prädatoren.)** Canad. Entomologist **94** (1962) Nr. 9. S. 928 bis 934. – 2 Abb., 1 Tab., 5 Lit. 12. Mitt. vgl. LZ. Abt. II **7** (1962) Nr. 9. S. 2569.

Der Einfluß von Fungicid- und Fungicid-Insekticidspritzungen in Apfelanlagen auf die Spinnmilben- (*Bryobia arborea* Morg. et Anderson, *Panonychus ulmi* Koch) und Prädatorenfauna wird untersucht. Captan, Glyodin, Ferbam, Dichlone und Schwefel beeinflußten die Prädatoren (bes. *Hyaliodes harti* Knight, *Deraeocoris fasciolus* Knight, *Anthocoris musculus* Say, *Campylomma verbasci* Meyer, *Phytocoris* spp., *Anystis agilis* Banks und *Atractotomus mali* Meyer) nicht. Dadurch kamen die Spinnmilben nicht zur Übervermehrung. Durch Zusatz von Perthane wurde die Mehrzahl von ihnen mit Ausnahme von *H. harti* stark dezimiert. Dadurch trat eine Übervermehrung der Spinnmilben bei gleichzeitiger Vermehrung von *H. harti* ein. Dieser Anstieg war für 3 Jahre nachweisbar, dann gingen beide Populationen auf eine geringe Dichte zurück, was mit der Wechselwirkung zwischen Milben und Prädator begründet wird. R. Fritzsche. 2500.

Trentini, Remo; Trento, Italy, Ispettorato Prov. Agric. Field trials with water emulsions of synergised pyrethrum against certain horticultural pests. **(Feldversuche mit Wasseremulsionen von synergisiertem Pyrethrum gegen Gartenbauschädlinge.)** Pyrethrum Post **6** (1962) Nr. 3. S. 13–19. – 6 Tab., 2 Lit.
In Feldversuchen konnten mit durch Zusatz von Piperonylbutoxyd synergisiertem Pyrethrum in Wasseremulsionen (Emulgator: Triton X 171) gute Erfolge gegen *Aphis pomi*, *A. rosae*, *Psylla pyricola*, *Leptinotarsa decemlineata*, *Clysia ambiguella*, *Polychrosis botrana*, *Paratetranychus pilosus*, *Eotetranychus carpini* und *Carpocapsa pomonella* erzielt werden. Die Emulsionen mit 50% Pyrethrum waren denen mit 40% überlegen. Die beste Konz. lag bei 0,0032 g Pyrethrum und 0,0128 g Piperonylbutoxyd pro l Wasser. Phytotoxizität konnte nicht beobachtet werden. Die Wirkung der Emulsionen ging bei Temperaturen über 28 °C zurück. R. Fritzsche. 2500.

Wilcox, J. und Howland, A. F.; Whittier, Calif., U.S. Dep. of Agric., A.R.S., Entomol. Res. Div. Control of the two-spotted spider mite on beans with systemic insecticides applied in the soil. **(Bekämpfung der Roten Spinne an Bohnen durch Einbringung von systemischen Insekticiden in den Boden.)** J. econ. Entomol. **53** (1960) Nr. 2. S. 224–227. E. Königsmann. 2500.

Markelova, E. M. und Motrošilov, F. M. (Markelowa, E. M. und Motroschilow, F. M.); Mitschurinsk, Mitschurin-Inst. für Obst und Gemüsebau. Bořba s jablonnoj medjanicej. **(Bekämpfung des Apfelblattsaugers.)** Zaščita rastenij ot vreditelej i boleznej, Moskva **7** (1962) Nr. 9. S. 53.
Der Apfelblattsauger (*Psylla mali*) ist im Gebiet von Mitschurinsk weit verbreitet. Die Sorten zeigen eine unterschiedliche Anfälligkeit, so fanden sich im Frühjahr 1960 auf 10 cm Fruchtholz der Sorte 'Antonowka' 38, bei der Sorte 'Papirowka' 14 Eier. Bei starkem Befall geht der Ertrag um mehr als die Hälfte zurück. Zur Bekämpfung hat sich das Aerosolverfahren mit 8%igen Lösungen des technischen DDT in Dieselöl + 4% Anabasinsulfat bewährt. H. Decker. 2500.

Pond, D. D.; Fredericton, New Brunswick, Canada Dep. of Agric., Res. Stat., Horticult. Crops Sect. Insecticidal field trials for the control of potato aphids in New Brunswick, 1948–60. **(Insekticid-Feldversuche zur Bekämpfung von Kartoffelblattläusen in Neu Braunschweig in den Jahren 1948–1960.)** J. econ. Entomol. **55** (1962) Nr. 3. S. 306–308. – 1 Tab., 5 Lit.
In Neu Braunschweig haben die Blattläuse an Kartoffel im Aug. die größte Populationsdichte. Dabei sind folgende Arten in der Reihenfolge ihres mengenmäßigen Anteils vorhanden: *Aphis nasturtii* Kalt., *Myzus persicae* (Sulz.), *Macrosiphum euphorbiae* (Thomas) und *Aulacorthum solani* (Kalt.). 19 Insekticide, von denen z. T. die chem. Bezeichnungen angegeben sind, wurden als Stäube- oder/und Spritzmittel geprüft. Malathion, Diazinon und Thiodan

werden zur Bekämpfung von Kartoffelblattläusen empfohlen. Malathion war bei Temperaturen über 70 °F hochwirksam, bei kaltem feuchten Wetter dagegen erfolglos. Die Wirkung von DDT wurde durch Hinzufügen von Pyrethrum oder Toxaphen erhöht. Toxaphen war das einzige geprüfte Insekticid, bei dem phytotoxische Eigenschaften festgestellt wurden. Sevin hatte keine erkennbare aphicide Wirkung. F. P. Müller. 2500.

Bovey, P. und Meier, W.; Zürich-Oerlikon, Eidg. TH, Entomol. Inst., Eidg. Landwirtsch. Versuchsanst. **Über den Einfluß chemischer Kartoffelkäferbekämpfung auf Blattlausfeinde und Blattlauspopulationen.** Schweiz. landwirtsch. Forsch. **1** (1962) Nr. 1. S. 5–22. Sep. – 8 Tab., 11 Lit. Zus. in Engl., Franz.

Untersucht wurde der Einfluß, den verschiedene Insekticide, wie sie zur Bekämpfung des Kartoffelkäfers verwendet werden, auf die Vitalität einiger wichtiger Blattlausfeinde (Käfer und Larven von Coccinelliden, Larven von Syrphiden und Chrysopiden) und damit indirekt auf die Entwicklung der Blattlauspopulationen von Kartoffelfeldern ausüben. Durch Freilandversuche ergänzte Labor.-Prüfungen zeigten, daß die Verwendung von Präparaten u. a. auf Kalkarsen-, Sevin-, DDT- und Dieldrin-Basis trotz ihrer mehr oder weniger ausgeprägten aphidiciden Wirkung wegen starker Minderung oder Ausmerzung der Blattlausfeinde die Entwicklung der durch späteren Zuflug neu gegründeten oder auch von etwaigen an den Blattunterseiten von der Begiftung nicht betroffenen Blattlauskolonien begünstigte. Ausbringung von Kalkarsenmitteln führte zu stärkeren Einbußen an Nutzinsekten als die Anwendung von DDT- oder Dieldrinpräparaten. Vff. empfehlen für die chem. Kartoffelkäferbekämpfung den Einsatz von Mitteln, die gegen Blattlausfeinde möglichst schonend wirken; auch sollte bei der Prüfung und Wertung von neuen Mitteln bereits auch ihre Wirkung auf die Blattlausfeinde mitberücksichtigt werden. H. Buhr. 2500.

Davies, T. Glyn; Bangor, Nat. Agric. Advisory Serv. Observations on the control of aphids on strawberries. **(Beobachtungen über die Bekämpfung von Blattläusen an Erdbeeren.)** Exp. Horticult. **1962** Nr. 6. S. 20–23. – 3 Tab., 8 Lit.

In Nordwales haben unter den Erdbeerblattläusen *Pentatrichopus fragaefolii* (Cock.) und *Myzus ascalonicus* Donc. die größte wirtsch. Bedeutung, die erstere als alleiniger Überträger des yellow-edge- und des crinkle Virus, die andere durch Saugschäden bes. nach milden Wintern. Vorblütespritzungen am 11. und 12. Mai mit Methyl-Demeton 0,0375%, Dimethoate 0,04% und Mevinphos (Phosdrin) 0,012% ergaben gute und nachhaltige Bekämpfung aller Arten von Erdbeerblattläusen. In vorläufigen Versuchen erwiesen sich Thiodan 0,018%, Phosphamidon 0,02% und Endothion 0,05% ebenfalls als sehr wirksam. F. P. Müller. 2500.

Maßnahmen gegen Blauen Kiefernprachtkäfer und andere tierische Schädlinge in erkrankten Kiefernbeständen. Forsch.- u. Entwickl.-Stelle Tharandt, Institut für Forstwissenschaften Tharandt, Abteilung Forstschutz gegen tierische Schädlinge Plan-Nr.: 170 122h – 62–37.

Seit mehreren Jahren wird in Sachsen, Sachsen-Anhalt und Thüringen ein vermehrtes Dürrwerden von Kiefern beobachtet, das man als „Kiefernsterben“ bezeichnen kann. Zugleich nehmen die Populationsdichten mehrerer rinden- und holzbrütender sowie trieb- und knospenminierender Insekten zu. Die epidemische Kiefernerkrankung wurde durch den seit mindestens 200 Jahren einmaligen Kälteeinbruch in der Zeit vom 26. bis 28. 1. 1956 ausgelöst. Der Einfluß des Standortes, der waldbaulichen Behandlung der Bestände und der Industrieemissionen wurde untersucht. Gegen die entstandenen

Gradationen von *Phaenops cyanea* F., *Myelophilus piniperda* L. und *Rhyacionia buoliana* Schiff. wurden nach ausgearbeiteten Richtlinien umfangreiche Bekämpfungsaktionen eingeleitet. 2500.

Reich, R.; Erfurt, Biol. Zentralanst., Pflanzenschutzamt. **Über die Möglichkeiten einer Bekämpfung der Rübsenblattwespe (Athalia rosae L.) vom Standpunkt der Wirtschaftlichkeit.** Nachrichtenbl. dtsch. Pflanzenschutzdienst [Berlin] [N.F.] **16(42)** (1962) Nr. 6. S. 101–111. – 6 Abb., 12 Tab., 41 Lit.

Nach einem geschichtlichen Überblick über verschiedene Methoden zur Bekämpfung der Rübsenblattwespe (*Athalia rosae* L.) berichtet Vf. über in den Jahren 1957/58 durchgeführte Versuche. Bereits bei einem Besatz von 2 Larven/Pflanze (= 250 Larven/m^2) tritt eine Ertragsminderung bis zu 60% ein; eine Bekämpfung sollte also bei diesem Larvenbesatz unbedingt durchgeführt werden. Von den geprüften Mitteln (DDT, Hexa, Phosphorsäureester, Toxaphen, systemische Insektizide) wirkten nur die Ester-Mittel befriedigend. Da die Larven i. allg. zur Blütezeit auftreten, sollte wegen der Bienengefährlichkeit dieser Mittel die Bekämpfung nur in den frühen Morgen- oder späten Abendstd. und möglichst mit Spritzmitteln, die schnell trocknen und dadurch die Bienen weniger gefährden, erfolgen. Die Imker sollten bei einer Bekämpfung verständigt werden. Ein rechtzeitiges Erkennen ist wichtig, da dann oft eine Herdbehandlung ausreicht. U. Scheiding. 2500.

Balevski, A., Kulunev, D. und Gospodinov, M. (Balewski, A., Kulunew, D. und Gospodinow, M.) Vŭzmožnosti za chimičeska'borba s cveklovija molec (Phthorimaea ocellatella Boyd.). **(Möglichkeiten der chemischen Bekämpfung der Rübenmotte [Phthorimaea ocellatella Boyd.].)** Izvestija na Centralnija naučnoizsledovatelski institut po zaštita na rastenijata, Sofija **1** (1961) S. 183–204. – 4 Abb., 13 Tab. Zus. in Russ., Dtsch.

Vff. berichten über Ergebnisse 5jähriger Versuche (1948–1952) zur Bekämpfung von *Phthorimaea ocellatella* Boyd. an ausgepflanzten ein- und zweijährigen Stecklingsrüben (Zuckerrüben), eingemieteten Stecklingsrüben sowie an Zucker- und Runkelrübensaaten. Von den zahlreichen geprüften Bekämpfungsmitteln haben sich DDT- und HCH-Stäubemittel am besten bewährt. Der Zuckergehalt des Rübensaftes der mit diesen Mitteln behandelten Rüben stieg um 0,70–1,55% gegenüber „unbehandelt". Bei hohem Befall (über 5–10 Larven je Pflanze) wird empfohlen, die Stecklingsrüben vor dem Einmieten auf 20 Min. in eine 0,04%ige Lösung von E 605-forte einzutauchen und dann etwas abtrocknen zu lassen. A. Balewski. 2500.

Hough, W. S.; Winchester, Virginia Agric. Exp. Stat. Toxicity of some insecticides to larvae of codling moth after they enter apples. **(Toxizität einiger Insekticide gegen in die Äpfel eingedrungene Apfelwicklerlarven.)** J. econ. Entomol. **55** (1962) Nr. 3. S. 378–381. – 1 Abb., 2 Tab., 5 Lit.

Larven des Apfelwicklers konnten mit Malathion, Parathion, Phosphamidon, Guthion, Sevin und Zectran bis zu 6 Tagen nach dem Eindringen in die Früchte abgetötet werden. Bei Malathion, Parathion und Phosphamidon war die Larvensterblichkeit in den ersten 3 Tagen nach dem Fruchtbefall am größten. Vf. teilt die *Carpocapsa*-Raupen nach der Schnelligkeit ihres Eindringens in die Früchte in 3 Gruppen ein, und zwar in langsame, mittlere und schnelle Larven-Typen. Entspr. dieses Aktivitätsmerkmales werden die Larven dahingehend unterschieden, welche Zeit sie unmittelbar unter der Apfelhaut verweilen, bevor sie zum Kerngehäuse vordringen. Auf Grund dieser Erkenntnis kommt Vf. zu der Schlußfolgerung, daß von der Tiefenwirkung eines Insekticides nur die langsamen und mittleren Larven-Typen erfaßt werden.
E. Zech. 2500.

Snapp, Oliver I. Peach tree borer experiments in peach orchards. **(Pfirsichtriebbohrer-Versuche in Pfirsichgärten.)** J. econ. Entomol. **55** (1962) Nr. 3. S. 418–419. – 1 Tab., 2 Lit.

Vf. testete verschiedene chem. Mittel zur Bekämpfung von *Sanninoidea exitiosa* Say. Die verwendeten Insekticide wurden listenmäßig erfaßt und die Ergebnisse in einer Tab. angegeben. Den besten Bekämpfungserfolg ergab Endrin, aber auch Thiodan und Dieldrin schnitten gut ab. Die biol. Bekämpfung des Schädlings wurde mit *Bacillus thuringiensis* durchgeführt. Bei 2maliger monatl. Behandlung der Versuchsbäume, trat kein Befall auf. Jedoch stieg der Befall je Baum bei nur monatl. einmaligem Sporeneinsatz auf 2 und bei nur einem Einsatz in der Vegetationsperiode auf 14,2 Pfirsichtriebbohrer gegenüber 19,3 der unbehandelten Kontrolle an. E. Zech. 2500.

Kanervo, Veikko und Tiittanen, Katri; Tikkurila, Tuhoeläintutkimuslaitos, Maatalouden Tutkimuskeskus. Tuloksia sipulikärpäsen (Hylemyia antiqua Meig.) ja kuutäpläkärpästen (Eumerus strigatus Fall. ja E. tuberculatus Rond.) torjuntakokeista. **(Die Bekämpfung der Larven der Zwiebelfliege [Hylemyia antiqua Meig.] und der Narzissenfliegen [Eumerus strigatus Fall. und E. tuberculatus Rond.].)** Valtion Maatalouskoetoiminnan, Julkaisuja [State agric. Res. Publ. Finland, Publ.] Nr. **196** (1962) S. 1–4. – 5 Abb., 8 Lit. Zus. in Engl.

Vom Jahre 1945 bis 61 liefen in Finnland Versuche, in denen Larven von *Hylemyia antiqua, Eumerus strigatus* und *E. tuberculatus* wirksam bekämpft werden sollten. I. J. 1945 wurden DDT-, 1946–49 Hexa- und 1950–57 Lindanmittel verwendet. Die insekticide Wirkung der Mittel nahm von Jahr zu Jahr ab und i. J. 1957 wurde keine Wirkung mehr festgestellt. Seit dem Jahre 1956 wurden Aldrin und Dieldrin benutzt, die sehr gute Wirkung zeigten. Am besten erwiesen sich das Eintauchen der Steckzwiebeln in Wirkstofflösungen oder die Saatgutbehandlung. Die Konz. der Lösungen betrug bei Aldrin 2–3%, bei Dieldrin 4%. Bei der Saatgutbehandlung waren 4 g Aldrin oder Dieldrin pro kg Saatgut ausreichend. K. Schulz. 2500.

Stewart, W. W.; Saskatoon, Saskatchewan, Dep. of Agric. Control of the turnip maggot, Hylemya floralis (Fall.) (Diptera: Anthomyiidae), in rutabagas. **(Bekämpfung der Großen Kohlfliege Hylemyia floralis [Fall.] [Diptera: Anthomyidae] an Kohlrüben.)** Canad. J. Plant Sci. **42** (1962) Nr. 3. S. 420 bis 429. – 5 Tab., 15 Lit.

Zur Bekämpfung der Großen Kohlfliege (*Hylemyia floralis* Fall.) an Kohlrübe wurden Heptachlor, Dieldrin und Endrin im Bandspritzverfahren angewendet. Die Spritzungen begannen 2–3 Tage nach Feststellung der ersten Eiablage und wurden in 10–11täg. Intervallen wiederholt. Die Rückstände im Erntegut lagen bei Dieldrin und Heptachlor (Epoxyd wurde nicht bestimmt) unter, bei Endrin über der in Kanada zulässigen Toleranzgrenze. Die Untersuchungsmethode wird beschrieben. Phytotoxizität der Präparate wurde nicht beobachtet. Die Maßnahmen wirken sich günstig auf die Erträge aus. R. Fritzsche. 2500.

Howitt, Angus J. und Cole, Stanley G.; Puyalup, Western Washington Exp. Stat. Chemical control of Hylemya brassicae in the Pacific Northwest. **(Chemische Bekämpfung von Hylemyia brassicae im pazifischen Nordwesten.)** J. econ. Entomol. **55** (1962) Nr. 1. S. 33–38. – 1 Abb., 7 Tab., 7 Lit.

Die Kohlfliege, *Hylemyia brassicae* Bouché, schädigt Weiß-, Blumen-, Spargelkohl, Radies, Rettich, Weiße Rüben und Kohlrüben. Die Bekämpfung wurde mit den chlorierten Kohlenwasserstoffen Aldrin, Heptachlor, Dieldrin und Lindan erfolgreich durchgeführt. Unbefriedigende Bekämpfungserfolge i. J. 1959 mit chlorierten Kohlenwasserstoffen im westlichen Washington, machten Untersuchungen über die Ursachen nötig. Dabei wurde festgestellt, daß es in diesem Gebiet resistente Stämme der Kohlfliege gibt. Insgesamt wurden 33 verschiedene Verbindungen als Streu- und Gießmittel geprüft. Die Ergebnisse sind in Tab. zusammengefaßt. Es zeigte sich, daß sowohl die chlorierten Kohlenwasserstoffe als auch die org. Phosphorverbindungen versagten. Nur Zinophos (0.0-Diäthyl 0-2-pyrazinylthiophosphorsäureester in schwacher und starker Konz. und Gusathion (0.0-Dimethyl S)-(4-oxo-1.2.3-benzotriazin-3-(4 H)-ylmethyldithiophosphorsäureester in starker Konz. ergaben bei Anwendung als Granulat und Gießmittel einen brauchbaren Bekämpfungserfolg. Tauchen der Pflanzen brachte bei keinem Mittel Erfolg. Es wird angenommen, daß infolge der ständigen Anwendung des chlorierten Kohlenwasserstoffes im Boden und der org. Phosphorverbindungen wie auch der chlorierten Kohlenwasserstoffe oberirdisch doppelt resistente Stämme der Kohlfliege entstanden sind. Bekämpfungsversuche mit Imagines zeigten, daß Aldrin und Heptachlor weniger wirksam sind als die Phosphorverbindungen. Labor.-Versuche mit Larven verliefen nicht einheitlich. J. Noll. 2500.

Begg, J. A.; Ontario, Canada, Entomol. Lab. Chemical control of cyclodiene-resistant root maggots, Hylemya spp. (Diptera: Anthomyiidae), attacking flue-cured tobacco in Ontario. **(Chemische Bekämpfung von Cyclodien-resistenten Wurzelmaden, Hylemyia spp. [Diptera: Anthomyiidae], die Heißlufttabak in Ontario befallen.)** Tobacco [New York] **154** (1962) Nr. 15. S. 33–37. – 6 Tab., 6 Lit.

In den Jahren 1958–1961 richteten die Cyclodien-resistenten Wurzelmaden *Hylemyia cilicrura* (Rond.) und *H. liturata* (Meig.) in zunehmendem Maße an Heißlufttabak in Ontario Schäden an. Diazinon-Pulver, dem Gießwasser zugesetzt (1,0 oz./45 gal.), bewirkte den besten Schutz. Niedrige Bodentemperaturen verminderten die Wirksamkeit der Gießwasserbehandlung. Diazinon wirkte auch als Bodenbehandlung gut, begünstigte jedoch die natürliche Auslese der Wurzelmaden hinsichtlich der Phosphatresistenz. Baytex (Bayer 29, 493), DDT, Antiresistent DDT, Dimethoate, Dylox, Ethion, Guthion, Ronnel, Trithion, V-C 13 und Zectran waren unwirksam, Aldrin wirkte sogar stimulierend. J. Merker. 2500.

Campbell, A. I.; Bristol, England, Univ., Res. Stat. Long Ashton. Apple virus inactivation by heat therapy and tip propagation. **(Apfelvirus-Inaktivierung durch Wärmetherapie und Fortpflanzung von Triebspitzen.)** Nature [London] **195** (1962) Nr. 4840. S. 520. – 1 Tab.

Nach Testung mit Indikatoren zum Nachweis latenter Apfelviren war es in England bei vielen Apfelsorten und -unterlagen nicht möglich, virusfreie Pflanzen zu finden. Viruskranke Jungbäume wurden deshalb 10–30 Tage bei 37 °C wärmebehandelt, um die Möglichkeit der Heilung zu prüfen. Die Behandlung verlief negativ, wenn von den behandelten Pflanzen Knospen gewonnen und in gesunde Sämlinge okuliert wurden. Deshalb wurden nur 1 cm lange Triebspitzen entnommen und auf gleichdicke Triebe junger Sämlinge gepfropft. Bei einem Verwachsungsergebnis von 90% erwiesen sich nach 20täg. Behandlung mehr als $^1/_3$ der aus diesen Pfropfungen hervorgehenden Pflanzen als gesund. Hierdurch ist der Aufbau gesunder Klone aus vollständig verseuchten Sorten möglich. H. Kegler. 2500.

Alexander, B. H., Beroza, Morton, Oda, T. A., Steiner, L. F., Miyashita, D. H. und Mitchell, W. C.; Beltsville, Md., U. S. Dep. of Agric., Entomol. Res. Div. The development of male melon fly attractants. **(Die Entwicklung von Lockstoffen für männliche Melonenfliegen.)** J. agric. Food Chem. **10** (1962) Nr. 4. S. 270–276. – 8 Tab., 35 Lit.

Es werden 119 verschiedene Verbindungen auf ihre Lockwirkung für männliche Melonenfliegen (*Dacus cucurbitae* Coq.) geprüft. Dabei zeigte es sich, daß 4-Aryl-2-butanon-Verbindungen besser wirkten als die Standardverbindung Anisylaceton (4-(p-Methoxyphenyl)-2-butanon). Die beste Lockwirkung zeigte 4-(p-Acetoxyphenyl)-2-butanon, wodurch 20mal mehr Fliegen angelockt wurden als mit der Standardverbindung. Die Versuchsmethode wird beschrieben. Die geprüften Verbindungen sind mit ihren chem. Daten in Listen zusammengestellt. R. Fritzsche. 2505.

Verona, O. und G. Treggi; Pisa, Univ., Ist. di Patol. Vegetale. Sul potere anticrittogamico della calciocianamide. Nota IV. Ulteriori ricerche su di alcuni funghi fitipatogeni. **(Die Kalkstickstoffanwendung zur Bekämpfung von Pilzkrankheiten. 4. Mitt. Weitere Untersuchungen über einige phytopathogene Pilze.)** Agric. ital. [N. S.] **16(61)** (1961) Nr. 2. S. 55–62. – 4 Abb., 1 Tab., 6 Lit.

Die vorliegenden Versuche galten in Fortsetzung früherer Arbeiten einer Gruppe von pilzlichen Krankheitserregern, die hauptsächlich die Fußkrankheiten bei Getreide verursachen. Die Untersuchungen wurden mit *Gloeosporium olivarum*, *Sphaeropsis dalmatica* und *Cladosporium variabile* durchgeführt. Es zeigte sich, daß die verschiedenen $CaCN_2$-Mengen (0,03%, 0,06%, 0,12% und 0,24%) das Entwicklungstempo der Pilzkolonien unterschiedlich hemmten. Die Auswertungen fanden tägl. statt und umfaßten den Zeitraum von 12 Tagen. Während 0,12% bei *S. dalmatica* jede Entwicklung unterband, konnte dieselbe Wirkung bei *Cladosporium variabile* bei 0,24% festgestellt werden. Auf *G. olivarum* wirkten erst 0,48% ca. 5% hemmend.
G. Müller/Leipzig. 2505.

Treggi, G. und Verona, O.; Pisa, Univ. Ist. di Patol. Vegetale e Microbiol. Agraria. Sull'azione anticrittogamica della calciocianamide. Nota V. Comportamento, di fronte alla calciocianamide, di alcune specie di Ustilago. **(Kalkstickstoffanwendung zur Bekämpfung von Pilzkrankheiten. 5. Mitt. Die Wirkung von Kalkstickstoff auf einige Ustilago-Arten.)** Agric. ilat. [N. S.] **17(72)** (1962) Nr. 2. S. 70–73. – 1 Abb., 1 Tab., 1 Lit. Zus. in Engl. 4. Mitt. vgl. vorst. Ref.

Vff. prüften die fungicide Wirkung von $CaCN_2$ auf Kulturen von *Ustilago tritici*, *U. maydis*, *U. hordei* und *U. avenae*. Es zeigte sich, daß die gewählten $CaCN_2$-Dosierungen von 0,015, 0,030, 0,060 und 0,120% das Wachstumstempo der Pilzkolonien unterschiedlich beeinträchtigen. Die tägl. Auswertungen dehnten sich auf einen Zeitraum von 11 Tagen aus. Dabei wurde während der Versuchszeit eine konstante Bruttemperatur von 26 °C eingehalten. Im Vergleich zur unbehandelten Kontrolle unterband bei *U. maydis* und *U. hordei* eine Konz. von 0,06% jegliche Entwicklung. Dieselbe Wirkung konnte bei *U. tritici* und *U. avenae* erst bei Dosierungen in Höhe von 0,120% erzielt werden.
G. Müller/Leipzig. 2505.

Calmejane, F. Nouvelles possibilités dans la desinfection des sols par le méthyl dithiocarbamate de sodium ou Vapam. **(Neue Möglichkeiten der Bodendesinfektion mit Natriummethyldithiocarbamat [Vapam].)** Advances horticult. Sci. **3** (1962) S. 206–210. – Zus. in Engl., Dtsch.

Durch Anwendung von Natriummethyldithiocarbamat (Vapam) wird die Bodenentseuchung vereinfacht. Es ist kein Injektionsgerät erforderlich, da das Mittel durch Gießen ausgebracht wird. Vapam wirkt gegen die parasitären Bodenpilze *Fusarium*, *Penicillium*, *Phoma*, *Pythium*, *Rhizoctonia*, *Verticillium*, *Armillaria*, außerdem gegen die Nematoden *Heterodera*, *Meloidogyne*, *Ditylenchus*, *Aphelenchus* spp. sowie gegen Unkrautsamen und verschiedene Insekten. W. Hiller. 2505.

Buškova, L. N. (Buschkowa, L. N.); Leningrad, Unions-Forsch.-Inst. für Pflanzenschutz der Lenin-Akad. für Landwirtsch.-Wiss. Antibiotiki i TMTD v bor̂be s bakteriozom ogurcov. **(Antibiotica und TMTD zur Bekämpfung der**

Gurkenbakteriose.) Zaščita rastenij ot vreditelej i boleznej, Moskva 7 (1962) Nr. 1. S. 38.

In der 1. Variante wurden die Gurkenpflanzen zuerst mit der Bakteriensuspension infiziert, bevor in verschiedenen Intervallen (sofort nach der Beimpfung, ½, 1, 2 und 5 Std. darauf) die Antibiotica (Streptomycin und Biomycin) und TMTD gespritzt wurden. In der 2. Variante erfolgte erst die Behandlung mit den Antibiotica bzw. mit TMTD, danach in den gleichen Abständen wie in der 1. Variante die Beimpfung mit der Bakteriensuspension. In der 1. Variante war der Befall hoch, entspr. den Abständen zwischen Beimpfung und Behandlung noch ansteigend, während der Befall bei der 2. Variante bedeutend geringer war und mit zunehmendem Abstand zwischen Behandlung und Infektion noch abnahm. H. Decker. 2505.

Steiner, H.; Stuttgart, Landesanst. für Pflanzenschutz. **Einflüsse von Insektiziden, Akariziden und Fungiziden auf die Biozönose der Obstanlagen.** Entomophaga [Paris] 7 (1962) Nr. 3. S. 237–242.

In mehrjährigen Versuchen wird die Wirkung der Insekticide: Nicotin, Metasystox, Diazinon, Malathion, Thiodan, Bleiarsenat, Lindan, Toxaphen, Parathion und DDT, der Akaricide: Chlorbenzilat, Chlorocid und Benzolsulfonat und der Fungicide: Schwefelkalkbrühe, Rhodandinitrobenzol, Kupferoxychlorid, Karathane, Ferbam, Zineb, TMTD, Captan und Netzschwefel auf ihre Wirkung gegen Schädlinge und Nützlinge in Obstanlagen geprüft. Ziel der Untersuchungen war, die Eignung der Wirkstoffe für einen Einsatz innerhalb der integrierten Schädlingsbekämpfung festzustellen. Die Bewertung der Wirkstoffe erfolgt mit Hilfe von Relativzahlen, die aus der Relation zwischen Biozönoseverschiebung bei Behandelt und Unbehandelt im Kontrollzeitraum („Nutzeffekt") und der Relation zwischen Nutzeffekt und „Eingriff" (Anzahl der Tiergruppen, in denen Verschiebungen eintreten) errechnet werden (Wertzahl). Die Wertzahl für Unbehandelt ist 1. Je größer die Wertzahl bei einem Präparatevergleich ist, umso besser ist das Präparat für die integrierte Schädlingsbekämpfung geeignet. Die Vor- und Nachteile dieser Bewertung sowie ihre Grenzen werden diskutiert.

R. Fritzsche 2505.

Leski, R.; Skierniewice, VR Polen, Inst. für Gartenbau. **Die Toxizität der Rückstände von Pflanzenschutzmitteln auf Früchten und Blättern.** Int. Z. Landwirtsch. **1962** Nr. 3. S. 63–65.

Vf. erläutert die wichtigsten Begriffe im Zusammenhang mit Rückständen von Pflanzenschutzmitteln (akute und kumulative Wirkung, Kumulationskoeffizient und LD_{50}). Die toxische Wirkung von DDT, Lindan und Methoxychlor steigert sich in dieser Reihenfolge. Eine deutliche Vergiftung durch Phosphorsäureester bei Warmblütern tritt bei einer 60%igen Hemmung der Cholinesterase auf. Die Dauer der Regeneration hängt von der Art des Wirkstoffes ab (bei häufiger Vergiftung mit Systox 2 Mon., bei DDVP einige Std.). Rückstände halten sich am längsten auf alten Blättern, verstaubten Pflanzen und wachsreichen Pflanzenoberflächen. In der VR Polen wird DDT-Rückständen auf Kirschen, Johannisbeeren und Pflaumen große Beachtung geschenkt. In der Milch sind DDT-Rückstände unzulässig.

P. Neubert. 2505.

Zubov, M. F. (Subow, M. F.); Moskau, Samoilow-Forsch.-Inst. für Düngemittel und Insektofungicide. Dinitrorodanbenzol s kolloidnoj seroj. **(Dinitrorhodanbenzol mit Kolloidschwefel.)** Zaščita rastenij ot vreditelej i boleznej, Moskva 7 (1962) Nr. 8. S. 34–35. – 1 Tab.

Vf. berichtet über die Herstellung eines Kombinationspräparates mit fungicider und akaricider Wirkung. Es enthält 20% Dinitrorhodanbenzol, 10% Sulfitlauge und 70% Kolloidschwefel. Es eignet sich in 0,5–1%iger Konz.

zur Bekämpfung von Apfelschorf, Falschem und Echtem Mehltau der Rebe, Apfelmehltau, *Phytophthora* der Kartoffeln sowie von Milben.

H. Decker. 2505.

Rodriguez, J. G., Chaplin, C. E. und Fahey, Jack E.; Lexington, Univ. of Kentucky; Vincennes, Ind., U. S. Dep. of Agric., Agric. Res. Serv., Entomol. Res. Div. Pesticide performance on strawberries. **(Leistung der Schädlingsbekämpfungsmittel bei Erdbeeren.)** J. econ. Entomol. **55** (1962) Nr. 2. S. 184–188. – 7 Tab., 2 Lit.

Es wurde der Einfluß verschiedener Bodeninsekticide (**I**) Aldrin, Dieldrin, Endrin, Heptachlor, (Chlordan) auf Rankenlänge (**II**) und -anzahl (**III**), sowie auf Anwuchs bei Neuanpflanzung untersucht. Geringe Mengen **I** fördern i. allg. **II** und **III**. Eine wirksame Bekämpfung der Spinnmilben war mit Demeton und Phorate zu erzielen; die der Schaumzikade (*Philaenus spumarius*, L.) nur mit Thiodan (**IV**) (6.7.8.9.10.10-Hexachlor-1.5.5a.6.9.9a-hexahydro-6.9-methan-2.3.4-benzodioxathiepin-3-oxyd). **IV** scheint jedoch auf die Ertragsleistung einzuwirken. Einen günstigen Einfluß auf die Fruchtfäule (*Botrytis* spp.) haben Dyrene (**V**) (2.4-Dichlor-6-0-chloranilin-s-triazin), Thiram und Captan; eine Ertragssteigerung gegenüber der unbehandelten Kontrolle wird jedoch durch **V** nicht erzielt. Ferner wurden in die Untersuchungen einbezogen: DDT, Methoxychlor, TDE, Perthane, Tedion, Parathion, Malathion, Diazinon, Guthion, Aramite, Ethion, Trithion, Kelthane, Delnav, Sevin, Dibrom, Chlorbenzid, Phosphamidon und Dodine.

Heinz Ackermann. 2505.

Dobrochleb, I. F. und Tymčenko, L. F. (Doprochleb, I. F. und Tymtschenko, L. F.) Vlijanie protravitelej na razvitiesklubeńkov i urozaj kormovogo ljupina. **(Der Einfluß der Beizmittel auf die Knöllchenentwicklung und die Erträge der Futterlupine.)** Zaščita rastenij ot vreditelej i boleznej, Moskva 7 (1962) Nr. 10. S. 28. – 2 Abb.

Die Beizung der Lupinensamen mit chem. Mitteln 1 Mon. und 5 Tage vor der Aussaat wirkte sich nicht negativ auf die Bakterienknöllchenentwicklung aus und beeinträchtigte in keiner Weise die Wirkung der am Tage der Aussaat vorgenommenen Behandlung mit dem Bakterienpräparat Nitragin. Der Samenertrag stieg bei der TMTD + Nitragin-Behandlung um 19,4%, bei Nitragin-Behandlung ohne TMTD um 13,7%. Die Saatgutbeizung mit Granosan, Merkuran und TMTD ohne Nitraginzusatz erhöhte den Ertrag um 12, 13 und 14%.

H. Decker. 2510.

Volger, C. **Versuche zur systemisch-fungiciden Wirkung der Präparate TMTM, TMTO, G_{33} und PTO im Samenbeizverfahren bei Pinus silvestris L.** Meded. Landbouwhogeschool Opzoekingstat. Staat Gent **25** (1960) Nr. 3/4. S. 1234–1245. – 10 Abb., 1 Tab., 8 Lit.

Nach Erörterung des Begriffs systemische Fungicide werden die chemotherapeutischen und sonstigen Eigenschaften der **4** für die Versuche verwendeten Präparate dargelegt. Es handelt sich um TMTM (Tetramethylthiurammonosulfid), TMTO (Tetramethylthiuramoxyd), G_{33} (S-Carboxymethyl-N.N-dimethyldithiocarbamat), und PTO (Pyridin-2-thiol-N-oxyd). Samen von *Pinus silvestris* L. wurden in wäßrigen Lösungen dieser Stoffe gebeizt und in Petrischalen ausgesät. Aus den 2–3 Wochen alten Keimlingen hergestellter Preßsaft wurde Pilzkulturen auf Malzextrakt-Agar zugesetzt. Als Testpilz diente i. allg. *Botrytis cinerea*, ferner *Cladosporium* sp. und ein Actinomycet. Die angewendeten Versuchsmethoden werden beschrieben. Diese Versuche brachten den Nachweis, daß die Beizung der Samen ein fungitoxisches Prinzip in den Keimlingen wirksam werden läßt. Dieses muß bei TMTO, G_{33} und PTO unterschiedlich beurteilt werden.

F. John. 2510.

Trifonov, D. (Trifonow, D.) Proučvane fitotoksičnoto dejstvie na mednite i drugi fungicidni sredstva po listata na sorta Kjustendilska sliva i efikasnostta im sreštu bolestta červeni listni petna — Polystigma rubrum (Persoon) de Candolle. **(Untersuchungen über die phytotoxische Wirkung der Kupfer- und anderer Fungicide auf die Blätter der Kjustendiler Blauen Pflaume und ihre Wirksamkeit gegen die Rotfleckenkrankheit — Polystigma rubrum [Persoon] de Candolle.)** Izvestija na Centralnija naučnoizsledovatelski institut po ovoštarstvo — gara Kostinbrod, Sofija **1** (1961) S. 219—238. — 3 Abb., 7 Tab. Zus. in Russ., Dtsch.

In den während der Jahre 1956—1959 in Kostinbrod durchgeführten Versuchen wurde die Wirkung folgender Fungicide auf die Kjustendiler Blaue Pflaume geprüft: Schwefelkalkbrühe (1:40), Baria 1%, Solbar 1%, Netzschwefel (Schering) 0,3%, Zineb 0,2%, Aspor 0,3%, Curit 0,25%, Fuklasin-Ultra 0,15%, Orthocid 50 0,25%, Nitrit konz. 0,15%, Pomarsol-forte 0,125%, Pomarsol Z-forte 0,125%, Poliram 0,1%, Aventa 0,1%, Cupravit OB-21 0,4%, Vitigran-Blau 0,2%, Kupferoxychlorid 1%, Kupferkalkbrühe 0,5%, 0,75%, 1%, Kupferkalkbrühe 1%, nach dem rumän. Verfahren bereitet sowie Kupferkalkbrühe 0,5% mit Zusatz von 0,4%, 0,8% und 1,6% gelöschtem Kalk und Kupferkalkbrühe 1% mit Zusatz von 0,8%, 1,6% und 3,2% gelöschtem Kalk. Alle Kupfermittel verursachten kleine, unregelmäßig runde Blattschäden, die bei ergiebigen Niederschlägen und an jungen Blättern stärker sind. Die ausgewachsenen Blätter werden durch die Kupfermittel nicht angegriffen. Eine Erhöhung der Alkalität der Kupferkalkbrühe mindert zwar bis zu einem gewissen Grade die Schädigungen, doch sind diese immer noch recht erheblich. Auch die Quecksilbermittel Aventa und Pomarsol Z-forte verursachen in feuchteren Perioden erhebliche Schäden. Gute Wirksamkeit gegen die Rotfleckenkrankheit (*Polystigma rubrum*) zeigten Zineb, Aspor, Fuklasin-Ultra, Orthocid 50, Schwefelkalkbrühe sowie die Kupfermittel, ausgenommen Kupferkalkbrühe 0,5%. Diese Präparate, mit Ausnahnahme der kupferhaltigen, werden zur Bekämpfung der Rotfleckenkrankheit empfohlen. Bes. gut hat sich Schwefelkalkbrühe bewährt. Ihre Anwendung hat sich auch am wirtsch. erwiesen. D. Dodow. 2510.

Trofimec, V. N. (Trofimez, W. N.); Bot. Garten der Akad. der Wiss. der Ukrain.SSR. Sernye preparaty protiv mučnistoj rosy. **(Schwefelpräparate gegen Mehltau.)** Sacharnaja svekla, Moskva **7** (1962) Nr. 10. S. 37—38. — 2 Tab.

1%ige Suspension von Kolloidschwefel verhinderte bei 2jähriger Prüfung (Juli, Aug., Sept.) das Auftreten des Echten Mehltaues im Rübenbestand völlig. Bei gespritzten Beständen betrug die Zuckerausbeute pro Rübe 59,9 g gegenüber 48,7 g (Kontrolle); die Assimilationsfläche betrug pro Pflanze 2458 cm^2 gegenüber 1510 cm^2 (Kontrolle). In Großversuchen wurde die Wirksamkeit von Stäubeschwefel (15 kg/ha), 1%iger Suspension von Kolloidschwefel (800 l/ha) und von Schwefelkalkbrühe nach Baume geprüft. Der Befall der Pflanzen betrug 5; 0 und 0% gegenüber der Kontrolle (unbehandelt) 22,0%. G. Jury. 2510.

Defosse, L.; Gembloux, Stat. de Phytopathol. Essais de lutte chimique contre le piétinverse avec le chlorure de méthoxyéthylmercure. **(Versuche zur chemischen Bekämpfung der Halmbruchkrankheit mit Methoxyäthylquecksilberchlorid.)** Parasitica [Gembloux] **17** (1961) Nr. 4. S. 176—192. — 1 Abb., 8 Tab., 7 Lit.

Bei Versuchen in Klimakammern wurden Weizenpflanzen (Sorte 'Hesbignon') bei 15 °C, 5700 lx Belichtung und 80—90% Luftfeuchtigkeit mit Konidiensuspensionen von *Cercosporella herpotrichoides* infiziert. Außerdem wurde Weizen im Gewächshaus in Gefäße ausgesät und die Pflänzchen ebenfalls auf die angegebene Weise infiziert. Zu verschiedenen Zeitpunkten (10, 20, 30, 50 Tage nach der Infektion) wurden die Pflanzen mit Methoxyäthylquecksilberchlorid (25% Hg) gestäubt. Die günstigsten Ergebnisse wurden aber dann erzielt, wenn das Mittel 10 Tage nach der Infektion in einer Menge von 50 cm^3/100 Pflanzen (0,3–0,5%ig) gespritzt wurde. Bei Feldversuchen wurden die Pflanzen am 24. 3. mit *C. herpotrichoides* infiziert. Die Sporenbildung dauerte vom 6. 4.–12. 5. Während der Sporenbildung bestand die optimale Anwendungsweise im Stäuben (150 cm^3/m^2, 0,4%ig). Gegenüber den nicht behandelten Pflanzen, die alle krank waren, zeigten nur 25% der mit Methoxyäthylquecksilberchlorid behandelten Pflanzen Krankheitssymptome. Ein Aussetzen der Bekämpfung vor dem Abschluß der Sporenbildung führte zu Krankheitsschäden an den Pflanzen. E. M. Ardelt. 2510.

Andel. O. M. van; Wageningen, Agric. Univ., Lab. of Phytopathol. Fluorophenylalanine as a systemic fungicide. **(Fluorphenylalanin als systemisches Fungicid.)** Nature [London] **194** (1962) Nr. 4830. S. 790. – 4 Lit.

DL-p- (**I**) wie auch DL-m-Fluorphenylalanin (**II**) verhindern in 0,005 und 0,0025 mol. Konz. einen Befall der Gurkenkeimlinge mit *Cladosporium cucumerinum* und mit *Colletotrichum lagenarium* bei Applikation der Mittel über die Wurzel. Die DL-o-Verbindung (**III**) war phytotoxischer als **I** und **II** und zeigte geringere Wirkung. Durch die Papierscheibenmethode wurden die Ergebnisse bestätigt. Zu ihrer Ausführung wurden Sporen von *C. cucumerinum*, *Glomerella cingulata* und *Aspergillus niger* verwendet. Mit der gleichen Methode konnte nachgewiesen werden, daß auch der Zellsaft aus Hypokotylen von Gurken, die über die Wurzel die Mittel **I**, **II** und **III** aufgenommen hatten, die Keimung der Sporen verhindert. Phenylalanin (**IV**) wirkt als Antimetabolit: Die Hemmung des Wachstums in vitro durch **I**, **II** und **III** wird durch Zufügen von **IV** aufgehoben, wenn letzteres in doppelter Konz. von **I**, **II** oder **III** angewendet wird. Gemische von Lösungen aus **I**, **II** und **III** mit **IV** verloren ihre toxische Wirkung jedoch nicht. Der Saft so behandelter Pflanzen erwies sich im Papiertest aber als nicht fungicid. Papierchromatographisch konnte aber **I**, **II** bzw. **III** nachgewiesen werden. Versuche mit *Phytophthora* lassen erkennen, daß die fungicide Wirkung der untersuchten Stoffe gegen Pilzbefall größer ist als ihre Schutzwirkung. **I** und **II** können also als systemisch wirkende Fungicide angesehen werden.
J. Hartisch. 2510.

Katalaev, A. A., Abdullaev, S. G. und Vinogradov, A. V. (Katalajew, A. A., Abdullajew, S. G. und Winogradow, A. W.); Kuba, Obstsowchos Nr. 12; Aserbaidshan. Stat. des Unions-Forsch.-Inst. für Pflanzenschutz. Ėffektivnost' preparatov sistemnogo dejstvija v sadach. **(Die Wirksamkeit der systemischen Präparate in den Gärten.)** Zaščita rastenij ot vreditelej i boleznej, Moskva 7 (1962) Nr. 10. S. 27–28.

In Aserbaidshan verursachten in den letzten Jahren die Milben *Bryobia redikorzevi* Reck. und *Tetranychus crataegi* Hirst. große Schäden in den Obstanlagen. Mit den systemischen Präparaten M-81 Merkaptophos und Methylmerkaptophos konnte eine völlige Vernichtung der Milben erreicht werden. Die behandelten Bäume blieben 45 Tage milbenfrei. H. Decker. 2512.

Clark, P. J.; Wellington, New Zealand, Dep. of Sci. and Ind. Res. The weathering of aramite residues on apples. **(Der Einfluß der Witterung auf Aramite-Rückstände auf Äpfeln.)** New Zealand J. Sci. **4** (1961) Nr. 4. S. 715 bis 719. – 5 Tab., 4 Lit.

Apfelbäume wurden 7–8 Wochen vor der Ernte mit dem Acaricid Aramite (2-p-tert.-butylphenoxy)-isopropyl 2'-chloräthylsulfit) gespritzt. Die Probenahme erfolgte zum Spritztermin und in 4täg. Abständen bis zur Ernte. Mit 100 ml Benzol wurden 6 Äpfel 10 Min. geschüttelt, der Extrakt eingeengt und Aramite nach Mills und Sheehan bestimmt. Die Rückstände werden durch 9 in. Regen merklich vermindert, jedoch nicht völlig, so daß die geforderte Null-Toleranz (Aramite ist karzinogen) zur Ernte nicht gegeben ist.
P. Neubert. 2512.

Meyerhoff, Grete; Hohenneuendorf, Abt. für Bienenkunde und Seidenbau des Inst. für Kleintierzucht der Humboldt-Univ., Berlin. **Die bienenschonende Wirkung des Nebelverfahrens im Pflanzenschutz.** Dtsch. Akad. Landwirtsch.-Wiss. Berlin, Tagungsber. **1961** (hrsg. 1962) Nr. 45. S. 305–309. – 2 Lit.
Vf. berichtet über die Möglichkeiten zur Verhinderung von Bienenschäden bei der Anwendung von Pflanzenschutzmitteln in blühenden Kulturen. Das vorübergehende Einsperren der Bienen ist bei warmer Witterung und der Massenblüte von Nektarpflanzen (z. B. Raps) meist nicht möglich. Präparate mit ausreichender Repellentwirkung sind nicht vorhanden. Toxaphenpräparate erwiesen sich als völlig ungefährlich für Bienen, selbst wenn der Toxaphen-Staub direkt in die Beuten zog. In zahlreichen Großversuchen wurde die Wirkung von DDT-HCH-Nebelmitteln bei Ausbringung außerhalb des Bienenfluges auf die Honigbienen geprüft. Sowohl im Flugzeugeinsatz als auch bei Vernebelung vom Boden aus traten an Bienen keine Schäden auf. Es wurde gegen Kirschfruchtfliege in Obstanlagen mit 390 Bienenvölkern, im blühenden Raps und Senf sowie in stark verunkrauteten Kartoffeln außerhalb des Bienenfluges genebelt. Schäden an den 2400 untersuchten Völkern konnten praktisch nicht festgestellt werden. Bei sehr starker Taubildung und durch verzögertes Antrocknen der Präparate können früh wasserholende Bienen getötet werden. „Hin und wieder einmal auftretende geringe Verluste an Flugbienen lassen sich schwer vermeiden. Sie sind jedoch für den Imker zumutbar und meist geringer als die durch ein plötzlich einsetzendes Unwetter hervorgerufene Vernichtung von Flugbienen". H. A. Kirchner. 2515.

Pielou, D. P., Williams, K. und Brinton, F. E.; Summerland, Canada Dep. of Agric., Entomol. Lab. Differences in the deposition and persistence of pesticides on the upper and lower surfaces of leaves. **(Differenzen in der Ablagerung und Beständigkeit von Schädlingsbekämpfungsmitteln auf der Blattober- und -unterseite.)** Nature [London] **195** (1962) Nr. 4838. S. 256–257. – 1 Abb., 4 Lit.
Es wurde eine Apparatur entwickelt, die es gestattet den Wirkstoffbelag der Ober- und Unterseite einzelner Blätter gleichzeitig, aber getrennt zu extrahieren. Die Apparatur wird beschrieben. Bei Untersuchungen, die an Kirsch- und Apfelblättern vorwiegend mit Sevin ausgeführt wurden, zeigte sich, daß Insekticide an der Unterseite besser als an der Oberseite haften und daß die Witterungseinflüsse diese Unterschiede in der Verteilung noch erhöhen. Diese unterschiedlichen Wirkstoffbeläge sind nicht auf die Art und Ausbringung, sondern anscheinend auf Strukturunterschiede der beiden Blattseiten zurückzuführen. Die rel. Verteilung zwischen den beiden Blattseiten war nicht signifikant verändert, wenn Plyac, eine filmbildende oberflächenaktive Substanz vom Typ der Polyäthylene, hinzugefügt wurde. Die Beständigkeit des Belages auf der Blattoberfläche nahm schneller ab als auf der Unterseite, auch wenn Niederschläge fehlten. Beregnung erhöhte die Differenz des Wirkstoffverlustes zwischen Ober- und Unterseite der Blätter. Es wird zum Ausdruck gebracht, daß es notwendig ist nach Adjuvantien zu suchen, die ungleiche Anfangsverteilung und schnellere Wirkstoffverluste auf der oberen Blattseite herabsetzen. K. Zschau. 2515.

Manson, G. F., Miles, J. R. W., McClanahan, R. J. und Sans, W. W.; Chatham, Ontario, Canada, Entomol. Lab. Insecticide deposits from dusts or sprays applied by aircraft to flue-cured tobacco. **(Insekticidablagerungen auf Heißlufttabak nach Flugzeugverstäubung bzw. -spritzung.)** J. econ. Entomol. **55** (1962) Nr. 2. S. 252–255. – 6 Abb., 9 Lit.
In Abhängigkeit von Flughöhe und Ausbringungsform (Stäuben bzw. Spritzen) wurde quer zur Flugrichtung die Ablagerung von DDT und TDE (unter Berücksichtigung der Windrichtung) auf Tabak (Spitzen- und Basis-, z. T. auch Mittelblätter, getrennt nach Blattober- und -unterseite) bestimmt. Um

bereits vorhandene Rückstände getrennt erfassen zu können, wurde von einer Reihe Blättern eine Hälfte vor der Behandlung mit Gummilatex bestrichen. Eine gleichmäßigere Insekticidverteilung wird durch Verstäuben erreicht; sie ist weiterhin günstiger bei einer Flughöhe von 6 bis 8 ft. gegenüber 2 bis 3 ft. über den Pflanzen. Eine merkliche Ablagerung auf den Blattunterseiten war nur bei übertrieben hoher Dosierung zu beobachten.

Heinz Ackermann. 2515.

Lichtenstein, E. P., Mueller, C. H., Myrdal, G. R. und Schulz, K. R.; Madison, Wis., Univ., Dep. of Entomol. Vertical distribution and persistence of insecticidal residues in soils as influenced by mode of application and a cover crop. **(Vertikale Verteilung und Persistenz von Insekticidrückständen in Böden in Abhängigkeit von der Verabreichungsart und einer Deckfrucht.)** J. econ. Entomol. **55** (1962) Nr. 2. S. 215–219. – 1 Abb., 4 Tab., 7 Lit.

Vff. verfolgten die Wirkungsdauer und Verteilung von Aldrin (**I**) und Heptachlor (**III**) in Abhängigkeit von der Verabreichung (Oberflächenbehandlung (**V**), Einarbeitung in eine Tiefe von ca. 5 in. (**VI**)) bei unterschiedlichen Anwendungsmengen mit und ohne Deckfrucht (Luzerne). Bestimmt wurden in den jeweils 1 in. starken Bodenschichten **I**, Dieldrin (**II**), **III** und Heptachlorepoxyd (**IV**). Nach 4 Mon. betrug die wiedergefundene Insekticidmenge bei **I** (als **I** + **II**) je nach Dosis bei **V** 2,7 bis 5,3% bei **VI** 26 bis 50%. Die Untersuchungen ergaben weiterhin, daß die Hauptmenge der wiedergefundenen Insekticide noch nach 1 Jahr in den obersten Bodenschichten zu finden sind (ca. 90%). Eine wesentliche Verseuchung der tieferen Bodenschichten und eine gleichmäßigere Verteilung wurde erst im 3. Jahr festgestellt. Bei einem bedeckten Boden sind die wiedergefundenen Absolutmengen höher, was offenbar auf eine Herabsetzung der Verflüchtigung zurückzuführen ist.

Heinz Ackermann. 2515.

Fahey, Jack E., Rodriguez, J. G., Rusk, H. W. und Chaplin, C. E.; Vincennes, Ind., U.S., Dep. of Agric., A. R. S., Entomol. Res. Div.; Lexington, Univ. of Kentucky. Chemical evaluation of pesticide residues on strawberries. **(Chemische Bestimmung von Pflanzenschutzmittelrückständen auf Erdbeeren.)** J. econ. Entomol. **55** (1962) Nr. 2. S. 179–184. – 6 Tab., 28 Lit.

Zur Feststellung der Verteilung von Pflanzenschutzmittelrückständen (**I**) in Erdbeeren (a. Beere mit Stiel und Kelch, b. nur die Beere) wurden 7 chlorierte Kohlenwasserstoffe (**II**), 9 org. Phosphorverbindungen (**III**), 1 Insekticid auf Carbamatbasis und 4 Fungicide untersucht. I. allg. konnte eine Überschreitung der Toleranzen bei Versprühen von **I** 24 Std. vor der Ernte nicht festgestellt werden (Ausnahmen: Thiodan sowie Demeton, wenn es innerhalb von 14 Tagen mehrmals zur Anwendung gelangt). Im Kelch beträgt der prozentuale Anteil an **II** 45 bis 70% vom Rückstand der Gesamtbeere, an **II** 22 bis 50%; letzterer ist abhängig vom Mittel und von der Zeit zwischen Applikation und Ernte. Es sind die Handelsbezeichnungen sowie die entspr. chem. Bezeichnungen der untersuchten Substanzen, ferner die Bestimmungsmethoden kurz und mit Lit.-Hinweis angegeben.

Heinz Ackermann. 2515.

Steiner, P.; Braunschweig, Biol. Bundesanst. für Land- und Forstwirtsch. **Die Bedeutung der Insektizidrückstände für den Gemüsebau.** Dtsch. Akad. Landwirtsch.-Wiss. Berlin, Tagungsber. **1962** Nr. 51. S. 81–88. – 4 Lit. Zus. in Russ., Engl. nach Zus.

Das Rückstandsproblem ist keineswegs neu und keine spez. Beigabe der synthetischen Insekticide, es bestand auch schon z. Z. der Anwendung arsenhaltiger Präparate. Bei Einhaltung der empfohlenen Wartezeiten (Karenz) bleiben die Insekticidrückstände auf Blattgemüse beträchtlich unter den zulässigen Höchstmengen (Toleranzen). Bei Wurzelgemüse ist die Höhe der Rückstände von Bodeninsekticiden abhängig von dem Anwendungsverfahren.

— Diese Feststellungen werden durch Ergebnisse von Rückstandsuntersuchungen an Kohl, Spinat, Gurken sowie Radieschen und Möhren belegt. 2515.

Baerecke, Maria-Luise; Köln-Vogelsang, Max Planck-Inst. für Züchtungsforsch., Erwin Baur-Inst. **Resistenz von Myzus persicae Sulz. gegen E 605 und Metasystox.** Z. Pflanzenkrankh. (Pflanzenpathol.) Pflanzenschutz **69** (1962) Nr. 8. S. 453–461. — 2 Tab., 16 Lit.
Eine *Myzus persicae* (Sulz.)-Population, die Ende Sept. an Kartoffelsämlingen im Gewächshaus auftrat, wurde durch eine Spritzung mit E 605f nicht vollständig abgetötet. Die 0.1%ige Lösung hinterließ 5%, die 0,02%ige 27% Überlebende. Vergleichbare Prozentsätze an Überlebenden wurden bei einer Normal-Population erst mit einer 0.01 bzw. 0.002%igen Spritzbrühe erhalten. Daraus wird geschlossen, daß die Resistenz gegen E 605 f im Vergleich zu der normalen Empfindlichkeit von *M. persicae* um das Zehnfache gestiegen war. Der widerstandsfähige Stamm hatte auch gegen Metasystox eine signifikant nachweisbare Resistenz. Die resistente Population vermehrte sich auf Raps und Kartoffeln etwa doppelt so stark wie die zum Vergleich herangezogene Normal-Population. F. P. Müller. 2515.

Steudel, W. und Thielemann, Rose; Elsdorf/Rhld., Biol. Bundesanst. für Land- und Forstwirtsch., Inst. für Hackfruchtkrankh. und Nematodenforsch. **Versuchsergebnisse der Jahre 1951—1960 zur Frage des Einsatzes systemischer Insektizide bei Zuckerrüben im Rheinland. 1. und 2. Teil.** Zucker **15** (1962) Nr. 16. S. 424–430.; Nr. 17. S. 438–443. — 4 Abb., 13 Tab., 21 Lit.
Die Ergebnisse einer 10jähr. Versuchstätigkeit an 23 Stellen des Hauptrübengebietes der Kölner Bucht werden summarisch dargestellt. Alle Versuche wurden unter den Bedingungen der Praxis durchgeführt. An chem. Mitteln wurden Systox, Metasystox, Metasystox (i), Saatgutpuder oder Disyston-Granulat eingesetzt. Durch die chem. Behandlungen konnte im Durchschnitt der Versuche der Rübenertrag um 24 dz/ha, der Zuckerertrag um 4,95 dz/ha und der Blattertrag um 14,8 dz/ha erhöht werden. Bes. deutliche Erfolge mit bis zu 100 dz/ha Mehrertrag wurden in den Jahren 1952, 1957 und 1959, in denen das Rübenvergilbungsvirus sehr stark auftrat, erreicht. Die chem. Maßnahmen richteten sich außer gegen das Vergilbungsvirus gegen Blattlaus-Saugschäden und gegen die Rübenfliege. In einer Tab. wird die Stärke des Auftretens der 3 Schadursachen während der 10 Beobachtungsjahre dargestellt. Als entscheidend für die Erfolge in der Praxis wird die Arbeit eines erfahrenen und gut eingespielten Warndienstes angesehen, der unter Berücksichtigung der verschiedenartigen Verhältnisse prüfen muß, ob und wo in jedem Jahr zur Behandlung der Felder zu raten ist. Unter den ackerbaulichen Maßnahmen wird die Überlegenheit der Frühsaat hervorgehoben. Die im März gedrillten Rüben brachten ca. 50 dz Rüben mehr als die in der 1. Apr.-Hälfte und ca. 80 dz mehr als die in der 2. Apr.-Hälfte gedrillten. F. P. Müller. 2515.

Fritzsche, R. und Wolffgang, H.; Aschersleben, Deutsche Akad. der Landwirtsch.-Wiss. zu Berlin. **Einwirkung der Gasphase von Lindan auf Keimpflanzen von Lein (Linum usitatissimum L.).** Albrecht-Thaer-Arch. **6** (1962) Nr. 8. S. 560–566. — 3 Abb., 2 Tab., 8 Lit. Zus. in Russ., Engl.
Die Untersuchung der bei derBekämpfung vonLeinerdflöhen mit Lindanpräparaten bes. bei Verkrustung der Bodenoberfläche auftretenden Schädigungen der Keimpflanzen ergab, daß bei direktem Kontakt des Wirkstoffs mit den Leinsamen mit steigender Konz. bes. das Längenwachstum des Keimlings und weniger die Keimfähigkeit der Samen beeinträchtigt wird. Aus der Gasphase wird der Wirkstoff sowohl durch die Keimblätter als auch durch die Keimwurzel aufgenommen und transportiert, wobei die Größe der Wirkstoffaufnahme vom Entwicklungsstadium der Pflanzen abhängt. Es wird

hier nur das Sproß- und Wurzelwachstum gehemmt, die Keimfähigkeit wird nicht beeinträchtigt. Die Ergebnisse weisen darauf hin, daß die häufig beobachteten ungünstigen Einflüsse von Oberflächenverkrustungen des Bodens in Verbindung mit hohen Lindan-Konz. wahrscheinlich auf erhöhte Wirkstoff-Konz. in der Gasphase des Bodens zurückgeführt werden können. P. Stoß. 2515.

Plužničenko, T. F. (Plushnitschenko, T. F.); Dubljany, Gebiet Lwow. Geksachloran v bořbe s l'njanymi bloškami. **(Hexachloran zur Bekämpfung des Leinerdflohes.)** Zaščita rastenij ot vreditelej i boleznej, Moskva **7** (1962) Nr. 11. S. 53.

In den westlichen Gebieten der Ukraine treten bes. der Blaue und der Schwarze Leinerdfloh (*Aphthona euphorbiae* Schrank. und *Longitarsus parvulus* Payk.) schädigend an Lein auf. In Versuchen wurde der Einfluß von HCH auf die Anzahl der Erdflohlarven untersucht. Während die unbehandelte Kontrolle 464 Larven/m² aufwies, ergaben sich bei der Saatgutbehandlung folgende Larvenzahlen: bei 0,5 kg HCH/ha — 425 Larven/m², bei 1 kg HCH/ha — 203 Larven, bei 1,5 kg HCH/ha — 36 Larven/m². Die Behandlung der auflaufenden Flächen mit 12 kg/ha, 15 kg/ha und 20 kg/ha verringerte die Larvenzahl auf 30, 16 und 10 Larven/m². Die Einbringung von 15 kg, 30 kg und 50 kg/ha in den Boden mittels Kultivator senkte die Larvenzahl auf 5, 2 und 0 Exemplare/m² herab. H. Decker. 2515.

Self, L. S. und Guthrie, F. E.; Raleigh, North Carolina State Coll. Tabacco malformations caused by insecticidal treatments used for budworm control. **(Tabakmißbildungen, die durch Insekticidbehandlungen zur Bekämpfung des Knospenwurmes hervorgerufen wurden.)** Tobacco [New York] **154** (1962) Nr. 18. S. 19–25. — 3 Abb., 6 Tab., 8 Lit.

Nach dem Besprühen der zur Bekämpfung des Knospenwurmes, *Heliothis virescens* (F.) verwendeten Emulsionen konnten bei Tabak teils Verbrennungsschäden auf den Blättern, teils Blatt- bzw. Knospendeformationen beobachtet werden. Die bes. bei schnellwachsenden Jungpflanzen auftretenden Schäden können in erster Linie auf die Verwendung von Geräten mit geringen Aufwandmengen und auf das Lösungsmittel zurückgeführt werden. In Gewächshaus- und Feldversuchen wurde nachgewiesen, daß Lösungsmittel vom Xylol-Typ (hauptsächlicher Wirkstoff Äthylbenzol) auf Tabaksetzlinge phytotoxisch wirkt. Schäden konnten auch auf nicht einwandfrei zusammengesetzte Mittel zurückgeführt werden bzw. auf mechanischem Wege beim Sprühvorgang entstanden sein. Cyclohexan enthaltende Mittel waren in allen Konz. nicht phytotoxisch. J. Merker. 2515.

Cicin, N. V., Čerkasskij, E. S., Buščik, T. N., Šmal'ko, V. F., Ljadova, G. L., Kilimnik, E. E. und Beljaeva, A. S. (Zizin, N. W., Tscherkasski, Je. S., Bustschik, T. N., Schmalko, W. F., Ljadowa, G. L., Kilimnik, Je. Je. und Beljajewa, A. S.); Moskau, Bot. Hauptgarten der Akad. der Wiss. der UdSSR; Mossowjet-Lehrsowchos; Gorki-Sowchos. Preparat dlja bořby s kapustnymi muchami. **(Präparat zur Bekämpfung von Kohlfliegen.)** Zaščita rastenij ot vreditelej i boleznej, Moskva **7** (1962) Nr. 7. S. 33–34. — 1 Tab.

Im Moskauer Gebiet wird der Kohlertrag durch die Kohlfliegen im Mittel um etwa 25—30%, in einzelnen Jahren bis 50% vermindert. Als wirksames Bekämpfungsmittel hat sich IFRD, das aktiviertes Kreolin enthielt, erwiesen. Das Präparat ist zu Beginn der Eiablage und während der Masseneiablage auszubringen. In einem Versuch verringerte sich der Befall der Blumenkohlpflanzen bei 2 g/Pflanze auf 15,3 % und bei 3 g/Pflanze auf 2,6% geschädigte Pflanzen, während in der Kontrolle 13,4% der Pflanzen abstarben und 71% geschädigt wurden. H. Decker. 2515.

Romanevič, B. V. (Romanewitsch, B. W.); Samarkand, Zweigstelle des Schreder-Inst. für Gartenbau, Weinbau und Weinbereit. Novye preparaty protiv jablonnoj plodožorki. **(Neue Präparate gegen den Apfelwickler.)** Zaščita rastenij ot vreditelej i boleznej, Moskva **7** (1962) Nr. 7. S. 34.
Im Jahre 1961 wurden DDD, Methoxychlor und Perthane (4.4-Diäthyldiphenyldichlormethylmethan) in ihrer Wirksamkeit zur Apfelwicklerbekämpfung mit dem DDT verglichen. Zur Durchführung gelangten 2 Spritzungen: die 1. am 12. 5. gegen die Raupen der 1. Generation und die 2. am 16. 6. gegen die Raupen der 2. Generation. Der Anteil der geschädigten Früchte betrug bei Anwendung von DDD 19,7%, Methoxychlor 15%, Perthane 6,4% und DDT 4,2%, während in der Kontrolle 48% befallene Früchte festgestellt wurden. H. Decker. 2515.

Gontarenko, M. A.; Moldau. Zweigstelle des Unions-Forsch.-Inst. für Pflanzenschutz der Lenin-Akad. der Landwirtsch.-Wiss. zu Leningrad. Sevin-ėffektivnyj zamenitel' DDT. **(Sevin — wirksamer Ersatz für DDT.)** Zaščita rastenij ot vreditelej i boleznej, Moskva **7** (1962) Nr. 7. S. 32.
Im Jahre 1961 wurde das neue Präparat Karpolin auf der Grundlage des Sevin (N-Methylnaphthylcarbamat) auf seine Wirksamkeit gegen den Apfelwickler geprüft. Sevin besitzt eine bedeutend geringere Toxizität gegen Warmblüter sowie eine längere Wirkungsdauer als das DDT. Der Ertrag in der Sevin-Variante betrug 211—229 dt/ha, bei DDT-Anwendung 188 dt/ha und bei der Kalkarsenat-Variante 101,2 dt/ha. H. Decker. 2515.

Becker, Günther; Berlin-Dahlem, Bundesanst. für Materialprüf. **Die Wirksamkeit von Isomeren des Hexachlorcyclohexans gegen holzzerstörende Käferlarven.** Anz. Schädlingskunde verein. Schädlingsbekämpf. **35** (1962) Nr. 7. S. 97–99. — 3 Tab., 13 Lit.
Wenn auch das γ-Isomer von Hexachlorcyclohexan als das wirksame Insekticid anzusehen ist (das α-Isomer folgt mit einem Abstand von ca. 100, die α-, β- und ε-Isomeren mit den Faktoren $10^4 - 10^5$), so scheinen Verunreinigungen im γ-Wirkstoff, insbesondere durch das α-Isomer, eine gewisse Wirksamkeitssteigerung auszulösen. — Untersucht wurden Larven des Hausbocks (*Hylotrupes bajulus* L.) und der Totenuhr (*Anobium punctatum* De Geer.) nach den Angaben von DIN 52165. Danach liegen die „Giftwerte" des γ-Hexachlorcylohexans bei 4wöchiger Versuchsdauer gegenüber *H. bajulus* bei 0,0004 bis 0,0006%iger Tränklösung (entspricht 0,002—0,004 kg/m^3 Holz), gegenüber *A. punctatum* bei 0,016—0,020% (0,10—0,14 kg/m^3), bei 12wöchiger Versuchsdauer 0,000003—0,000005% (0,00002—0,00004 kg/m^3) bzw. 0,010—0,016% (0,07—0,11 kg/m^3). Die Wirkstoffe waren in Chloroform gelöst, die Probeklötzchen wurden 1—3 Wochen im Klimaraum gelagert.
F. Lüpnitz. 2515.

Il'ičev, V. V. (Ilitschew, W. W.); Aserbaidshan. Stat. für Pflanzenschutz. Ispytanija fosfamida i chlorofosa protiv vinogradnogo mučnistogo červeca. **(Die Prüfung von Phosphamid und Chlorophos gegen die Citrus-Schmierlaus.)** Zaščita rastenij ot vreditelej i boleznej, Moskva **7** (1962) Nr. 7. S. 35. — 1 Tab.
Die *Citrus*-Schmierlaus (*Pseudococcus citri*) ist seit einigen Jahren in den Weinbergen Astrachans endemisch. Zur Bekämpfung wurden i. J. 1961 Phosphamid und Chlorophos eingesetzt. Chlorophos erwies sich am wirksamsten gegen Larven im 1. Stadium (90—94%ige Abtötung), weniger gegen Larven im 2. Stadium (10—20%ige Abtötung). Phosphamid ist wirksam gegen alle Stadien (99,7% Abtötung), mit Ausnahme der ausgewachsenen Weibchen. H. Decker. 2515.

Brown, Lamar, C., Cathey, George W. und Lincoln, Charles; Fayetteville, Ark., Univ. of Fayetteville, Exp. Stat. Growth and development of cotton as affected by toxaphene-DDT, methyl parathion, and calcium

arsenate.) **(Wachstum und Entwicklung von mit Toxaphen-DDT, Parathion-Methyl und Calciumarsenat behandelter Baumwolle.)** J. econ. Entomol. **55** (1962) Nr. 3. S. 298–301. – 9 Lit. 4 Tab.
In Feldversuchen wurden Untersuchungen über den Einfluß von Toxaphen-DDT (**I**), Parathion-Methyl (**II**) und Calciumarsenat (**III**) auf Wachstum (Wuchshöhe, Anzahl und Länge der Internodien), auf Entwicklung (Kapselansatz, Keimfähigkeit) und auf Ertrag an Fasern und Samen durchgeführt. Versuchsanlage und Ausbringung der Mittel werden beschrieben. Eine Erhöhung der Zahl der ausgebildeten Kapseln und der Erträge wurde erreicht, wenn **I** ab Auflauf für die Dauer von 12 Wochen oder ab Blühbeginn für die Dauer von 8 Wochen in Aufwandmengen von 2 lb.Toxaphen + 1 lb. DDT in 10 gal. Wasser/acre ausgebracht wurden. Auf 30 Tage alte Kapseln zeigte eine 5wöchige Behandlung keine Wirkung. Ebenfalls wirkungslos blieb eine Applikation von **II** (0,25 lb. in 10 gal. Wasser/acre). Eine Minderung des Ertrages war das Ergebnis einer 12wöchigen Behandlung mit **III** (10 lb. in 10 gal. Wasser/acre) ab Auflauf; bei kürzerer Behandlung wurden keine signifikanten Ertragsminderungen festgestellt. Hinsichtlich der Anzahl der Blätter und der Größe des Trockengewichtes wirkte **II** stimulierend, **III** deutlich hemmend, während **I** keinerlei Einfluß erkennen ließ.

J. Hartisch. 2515.

Chadwick, P. R.; Nakuru, Kenya, Pyrethrum Board, Res. Lab. Studies on the sub-lethal effects of pyrethrins on the grain weevil, Calandra oryzae L. **(Untersuchungen an subletalen Wirkungen von Pyrethrin auf den Reiskäfer, Calandra oryzae.)** Pyrethrum Post **6** (1962) Nr. 3. S. 20–26. – 5 Tab., 13 Lit.
Werden Reiskäfer (*Calandra oryzae* L.) mit subletalen Dosen Pyrethrin behandelt, dann produzieren sie nach dem Erwachen aus dem Knock-down-Stadium wesentlich weniger Eier als solche, die infolge noch geringerer Wirkstoffeinwirkung nicht bis zum Knock-down-Stadium gebracht wurden. Mit zunehmender Wirkstoffkonz. sinkt also bei subletalen Dosen die Eizahl. Wird Weizen mit niedrigen Dosen Pyrethrin (3 – 4 ppm) behandelt, dann kann eine gewisse Repellentwirkung festgestellt werden. Steht unbehandelter und mit 1,5 ppm behandelter Weizen zur Auswahl, dann wird letzterer weniger befallen. Der Synergist Piperonylbutoxyd allein schützt Weizen nicht vor Befall.

R. Fritzsche. 2515.

Miller, P. M. und Taylor, G. S.; New Haven, Connecticut Agric. Exp. Stat., Dep. of Plant Pathol., Windsor Lab. Some effects of transient vs. residual nematocides on nematode populations and the Connecticut tobacco crop. **(Einige Wirkungen von unbeständigen und beständigen Nematiciden auf die Nematodenpopulationen und die Tabakernte in Connecticut.)** Tobacco [New York] **154** (1962) Nr. 2. S. 19–22. – 2 Tab., 9 Lit.
Aus den vergleichenden Feldversuchen in den Jahren 1957 und 1958 geht hervor, daß 400 lb./acre des beständigen Nematicides PRD (3.4-Dichlortetrahydrothiophen-1.1-dioxyd) zwar langsam wirkte, aber noch 13 Mon. nach der Anwendung eine gute nematicide Wirkung besaß. 20 gal./acre des unbeständigen Nematicides DD (Mischung von 1.3-Dichlorpropen und 1.2-Dichlorpropan) zeigte dagegen bereits 2 Wochen nach der Anwendung eine ausgezeichnete Wirkung, hatte aber im folgenden Jahr keinerlei Nachwirkung. DD erhöhte den Blattertrag und war geeigneter bei der Bekämpfung der Wiesennematoden als EDB (1.2-Dibromäthan). Es wird die Anwendung von DD in Kombination mit einem guten beständigen Nematicid empfohlen.

J. Merker. 2520.

Overman, A. J.; Bradenton, Gulf Coast Exp. Stat. Effective use of soil nematicides for gladiolus. **(Wirksame Anwendung von Bodennematiciden zu Gladiolen.)** Proc. Florida State horticult. Soc. **74** (1961, hrsg. 1962) S. 382–385. – 3 Abb., 2 Tab., 4 Lit.

Die Wirkung von Bodenbehandlungen mit Nematiciden zu Gladiolen wurde bisher unterschiedlich beurteilt. Die Ursache ist in der Anbaumethode begründet. Das Aufwerfen tiefer Furchen für das Setzen der Brut hat in der Regel Vermischungen von behandelten und unbehandeltem Boden zur Folge. – Vf. untersuchte die Wirkung der Präparate Vapam, Mylone, EDB, Parathion, Vorlex, Allylalkohol (**AA**) und EP 169. bzw. Kombinationen dieser Präparate. Die Behandlung erfolgte 14 Tage vor dem Setzen. Bewertet wurden die Blütenzahl bzw. -qualität, das Gewicht der Sproßknollen und die Nematodenpopulation (nach Bodenproben, die 8 Tage vor der Ernte gezogen waren). Die Wirkung der einzelnen Präparate auf die einzelnen Nematodenarten war unterschiedlich. Den geringsten Nematodenbesatz wiesen die mit Vorlex, EDB + AA und Parathion + AA behandelten Parzellen auf. *Hemicycliophora* sp. und *Belonolaimus* sp. fehlten fast völlig und *Trichodorus christiei* war in etwa 10 Exemplaren in 150 ml Boden vorhanden (anfänglich 15–27). Die höchsten Blütenwerte wurden auf den mit EDB + AA, Vapam und Vorlex behandelten Parzellen, die beste Sproßknollenentwicklung auf den mit Vorlex und Vapam behandelten Parzellen erzielt. Die Reaktion der einzelnen Sorten auf die Behandlung war jedoch recht unterschiedlich. Die Sorte ‚Friendship', die sehr nematodenanfällig zu sein scheint, reagierte am günstigsten auf die Behandlung. H. Stelter. 2520.

Hermann, G. und Hombrecher, S. **Ratten- und Mäusebekämpfung mit RACUMIN(R) 57-Präparaten.** Pflanzenschutz-Nachr. „Bayer" **15** (1962) Nr. 2. S. 93–112.

Das Präparat enthält den Wirkstoff 3 (-Tetralyl)-4-hydroxy-cumarin und ist das jüngste Glied der Cumarin-Verbindungen. Haus-, Wander-, Freilandratten und Hausmäuse werden sicher abgetötet. Die subchronische Giftigkeit der Antikoagulantien ist höher als ihre akute. Dieser große Unterschied erlaubt eine für Mensch und Haustier rel. ungefährliche Anwendung. Sollte es durch grobfahrlässiges Verhalten zu Vergiftungen kommen, so bringen Vitamin-K_1-Injektionen schnelle Besserung. Kombinierte Anwendungen im Streu- und Köderverfahren haben sich bewährt. Die Ködermenge beträgt 250 g je Futterplatz. Toxizität, Wirkungsbreite und Anwendung werden eingehend beschrieben. M. Amme. 2530.

Mihail, Nicolae und Cacoveanu, Alexandru; Cluj, Univ., Zool. Inst. **Ein biologisches Bekämpfungsmittel der Nagetiere.** Naturwissenschaften **49** (1962) Nr. 7. S. 167. – 5 Lit.

Im Mittelalter wurde die Abneigung von Ratten und Mäusen gegen *Cynoglossum vulgare* zur Bekämpfung dieser Nager ausgenutzt. Vff. sperrten Mäuse, Feldmäuse und Ratten in ein Terrarium, welches 20–30 *C. vulgare*-Blätter enthielt, ein. Die Mäuse gingen nach 2–3 Tagen ein, Ratten nach 7 Tagen. Das Verhalten der Tiere und die Symptome des Verendens beim Einatmen des Geruchs von Hundszungenblättern, welche neben ätherischen Ölen auch Alkaloide wie Cynoglossin und Consolidin enthalten (beides Nervengifte), lassen auf einen „sham-rage"-ähnlichen Prozeß schließen. Diese Ergebnisse legen den Gedanken nahe, *Cynoglossum* auf Rainen, neben Mühlen, Speichern, Schlachthäusern und an Flußufern zu pflanzen, um diesen Schädlingen das Überleben und Vermehren zu erschweren. K. Schulz. 2530.

Říbal, Misloslav, Hanuš, Stanislav und Bernášek, Vladimír; Zbraslav-Strdnady, Výzkumný Ústav Lesního Hospodářství a Myslivosti; Neratovice, Spolana. O problematice chemické ochrany proti škodám působeným zvěří (Fytotoxické vlivy repelentů). **(Über die Problematik der Verhinderung von Wildschäden mit chem. Mitteln. Phytotoxische Einflüsse von Abwehrmitteln.)** Lesnictví **8(35)** (1962) Nr. 6. S. 481–492. – 7 Abb., 8 Lit. Zus. in Russ., Span., Dtsch.

Es wird die Frage erörtert, welche Applikationsform der Wildverbißschutzmittel die geeignetste sei und welche Eigenschaften ein, die Pflanze nicht schädigendes Mittel besitzen soll. Es wurde mit Wildverbißschutzmitteln gearbeitet, die entweder Teerstoffe, Pflanzen- und Tieröle oder -fette sowie Natur- und Kunstharze enthielten. Die Anwendung von Teer und Fetten in ursprünglicher Form verursachte phytotoxische Schäden, die man nur durch geeignete Art der Applikation mildern kann. Die auf Harzbasis hergestellten Mittel lassen sich nur außerhalb der Vegetationsperiode gefahrlos verwenden. Als Winterschutz haben sich Suspensionen und mit Wasser verdünnte Emulsionen am besten bewährt. Die meisten trocknen leicht und ihre Porosität ist ausreichend. Durch entspr. Modifizierung ihrer phys. Eigenschaften wird ihre Dauerhaftigkeit erhöht und sie können sowohl zum Spritzen als auch zum Anstreichen dienen. Stäubemittel sind wegen ihrer Abwaschbarkeit nicht geeignet. L. Kotounová. 2532.

Köhler, H. **Einfluß verschiedener Düngemittel auf die Antibiotikabildung im Boden.** Dtsch. Akad. Landwirtsch.-Wiss. Berlin, Tagungsber. **1961** Nr. 41. S. 101–108.
Es konnte nachgewiesen werden, daß Antibiotica direkt im Boden gebildet werden. Zu diesem Zweck wurden antibiotische Wirkstoffe (Polyene, Actinomycin) bildende Actinomyceten nach einer entspr. Vorkultur unter Gartenerde gemischt, die natürlich mit *Pythium debaryanum*, *Sclerotinia sclerotiorum*, *Rhizoctonia solani* und *Phoma betae* verseucht war. Die Wirkung der zugesetzten Actinomyceten zeigte sich in einer völligen Krankheitsunterdrückung (Testpflanzen: Kohl, Tomaten, Salat). Durch Zugabe verschiedener Düngemittel (schwefelsaures Ammoniak, Superphosphat, Kali, Branntkalk, Volldünger, Knopscher Nährlösung) wurde diese Wirkung der Actinomyceten nicht gesichert beeinflußt, jedoch zeigte sich ein Einfluß der Düngung auf die Krankheitserscheinungen. Bestimmungen der Mikrobenzahl (Actinomyceten, Bakterien, Pilze) in der verschieden gedüngten Erde brachten folgende Ergebnisse: Der Actinomycetengehalt wird, verglichen zur ungedüngten Kontrolle, am stärksten bei Volldüngung (auf 16%) und am geringsten bei schwefelsaurem Ammoniak (auf 86%) gesenkt. Der Gehalt an Bakterien und Pilzen wird bei Volldüngung gesteigert. Da bei der Superinfektion des Bodens durch die eingebrachte org. Subst. auch der Gehalt an Penicillien und *Trichoderma* steigt, wird vermutet, daß zusätzliche antibiotische Effekte durch diese Pilze auftreten können. G. Zahn. 2535.

Lowig, E.; Reutlingen. **Erkenntnisse und Probleme, Maßnahmen und Mittel zum Vorratsschutz für Saatgut. 5.** Saatgut-Wirtsch. **14** (1962) Nr. 8. S. 216–218. — 2 Abb., 3 Tab., 9 Lit. 3. und 4. Mitt. vgl. LZ. Abt. II 8 (1963) Nr. 3. S. 700.
Die Höhe der Temperatur hat einen nachweisbaren Einfluß auf die Erhaltung der Keimfähigkeit des lagernden Saatgutes. Hohe Temperaturen bewirken einen schnelleren Rückgang der Keimfähigkeit als solche zwischen 0 und +5 °C und darunter. Eine erfolgreiche Kühllagerung setzt voraus, daß das Saatgut sehr trocken gehalten wird. Vielfach scheiterte die Kühllagerung an der zu hohen Luftfeuchtigkeit der Kühlräume. Samen- und Luftfeuchtigkeit haben einen größeren Einfluß auf die Keimfähigkeit als die Temperatur. C. Tittel. 2540.

Sinha, R. N., Liscombe, E. A. R. und Wallace, H. A. H. Infestation of mites, insects and microorganisms in a large wheat bulk after prolonged storage. **(Über den Befall eines größeren Weizenpostens durch Milben, Insekten und Mikroorganismen nach längerer Lagerzeit.)** Canad. Entomologist **94** (1962) Nr. 5. S. 542–555.
Eine große Menge Weizen (337000 bu.), die in Yorkton (Saskatchewan, Kanada) in einer ehemaligen Flugzeughalle lagerte, untersuchten Vff. nach

einer Lagerdauer von 7 Jahren durch Proben von zahlreichen, gleichmäßig verteilten Stellen auf das Vorhandensein von Milben, Insekten und Mikroorganismen. Die Milben und Insekten wurden mit einer Lichtfalle aus den 150 g großen Weizenproben herausgelockt. Zur Ermittlung der Keimfähigkeit und zur Feststellung der Art und der Anzahl der Mikroorganismen wurden Körner aus diesen Proben 5—7 Tage auf mit aqua dest. angefeuchtetem Fließpapier gehalten. Es wurde außerdem der Feuchtigkeitsgehalt des Getreides ermittelt und die Temperatur an den Probeentnahmestellen gemessen. Auf Grund ihrer Ermittlungen unterteilten Vff. den Getreidestock in 3 Zonen des Verderbs, in denen die Keimfähigkeit 83, 33 und 5% und der Feuchtigkeitsgehalt 13,9, 14,4 und 15,3% betrug. 4 Insektenarten wurden festgestellt: *Lathridius minutus* L., *Pyralis farinalis* L., *Ahasverus advena* Waltl und *Liposcelis divinatorius* Mull. Erstere trat in den Zonen geringerer Keimfähigkeit in dichteren Kolonien auf. Das Auftreten von *P. farinalis* beschränkte sich auf Verklumpungen des Getreides, die durch Regenwasser unter undichten Stellen des Daches der Halle entstanden waren. Von den 10 gefundenen Milbenarten kamen folgende bes. häufig vor: *Glyciphagus destructor* Schr., *Tarsonemus* sp., *Tydeus interruptus* Sig. Thor., *Acarus siro* L. und *Cheyletus trouessarti* Oud. 3 davon (*Tarsonemus* sp., *T. interruptus* und *A. siro*) waren in den Zonen geringerer Keimfähigkeit zahlreicher vorhanden. Über 20 Pilzarten aus 17 Gattungen wurden ermittelt. Am häufigsten wurden *Penicillium* spp. (vor allem *P. chrysogenum* Thom.) sowie *Aspergillus versicolor* Tiraboschi, *A. candidus* Link, *Scopulariopsis brevicaulis* Sacc. und *Streptomyces* spp. festgestellt. Die Häufigkeit ihres Vorkommens und der Prozentsatz befallener Getreidekörner nahm in den Zonen größeren Verderbs zu. Das Auftreten von *Lathridius minutus*, *Ahasverus advena* und mehrerer Milbenarten wird durch das Vorhandensein der Pilze erklärt, die ihnen als Nahrung dienen. 4 Milbenarten, *Aeroglyphus robustus* Banks, *Tarsonemus* sp., *Melichares keegani* Fox und *Cheyletus trouessarti* Oud., wurden bisher in Kanada nicht festgestellt.

I. Bahr. 2540.

Ivanova, Z. V., Bliznjuk, N. K., Kolomiec, A. F. und Poljakova, R. V. (Iwanowa, S. W., Blisnjuk, N. K., Kolomijez, A. F. und Poljakowa, R. W.) Novoe sredstvo bořby s ambarnymi vrediteljami v nezagružennych skladach. **(Neues Mittel zur Bekämpfung der Vorratsschädlinge in nichtgefüllten Speichern.)** Zaščita rastenij ot vreditelej i boleznej, Moskva 7 (1962) Nr. 9. S. 39.

Zur Bekämpfung der Vorratsschädlinge wurde das Präparat DDWF (Dimethyl-2.2-dichlorphenylphosphat) geprüft. Bei der Spritzung mit 0,5% DDWF (200 cm^3/m^2) gingen Korn-, Reis-, Mehl- und Erbsenkäfer sowie Getreidemotte und Milben zu 100% ein. Auch als Fumigant (5 mg/m^3) konnte innerhalb von 48 Std. eine vollständige Vernichtung erreicht werden.

H. Decker. 2540.

Frauenstein, Käte. **Möglichkeiten der Prognose des Ascosporenfluges des an der Wehrlosen Trespe (Bromus inermis Leyss.) auftretenden Blattfleckenpilzes (Pleospora bromi Died.).** Nachrichtenbl. dtsch. Pflanzenschutzdienst [Berlin] [N. F.] **16(42)** (1962) Nr. 5. S. 90–94.

Bei dem an der Wehrlosen Trespe (*Bromus inermis*) auftretenden Blattfleckenpilz *Pleospora bromi* ist die Durchführung einer gezielten chem. Bekämpfung am günstigsten während der Periode des Ascosporenfluges. Es ist daher von großer Wichtigkeit, den Beginn des Sporenfluges rechtzeitig zu ermitteln. Vf. schlägt hierfür 2 Methoden vor. Eine davon beruht darauf, daß die innere Differenzierung der Pseudothecien temperaturabhängig ist und sich vorwiegend im Temperaturbereich von 0 bis 12 °C vollzieht. Es ergibt sich eine gewisse Gesetzmäßigkeit zwischen der Anzahl der für die Entwicklung günstigen Tage, gerechnet vom 1. 9. bis 15. 2., und dem Beginn des Einzel- und

Massensporenfluges. Man kann damit auf Grund der jeweiligen Temperaturverhältnisse ab Mitte Febr. Voraussagen über den Beginn des Sporenfluges treffen. Die andere Methode beruht darauf, daß ab Mitte Febr. durch eine exakte, mikroskopische Kontrolle der Reifegrad der Asci und Ascosporen festgestellt wird. Man kann mit dem Beginn des Einzelsporenfluges rechnen, wenn einzelne Fruchtkörper vollkommen ausgereift sind und die nächsten Niederschläge auftreten, oder wenn die Fruchtkörper fast ausgereift sind, die Lufttemperatur im Maximum wenigstens auf 10 °C ansteigt und im Tagesmittel zwischen 0 und 5 °C liegt. Für den Beginn des Massensporenfluges kommt auch dem Temperaturanstieg Bedeutung zu. Es kann beim Auftreten der nächsten Niederschläge mit einer verstärkten Sporenausschleuderung gerechnet werden, wenn in den meisten Fruchtkörpern die Ascosporen reif sind, die Lufttemperatur im Maximum 20 °C erreicht und im Tagesmittel über 10 °C liegt. G. Zahn. 2550.

Specifications for pesticides. Insecticides, rodenticides, molluscicides, herbicides, auxiliary chemicals, spraying dusting apparatus. 2nd. edit. Geneva: World health org. 1961. (523 S.) (1962 A 711)

Nagy, Bálint und *Bakos, Istvan.* **A mezögazdasagi nagyüzem korszerü növenyvedelmi gépesitése. Temadokumentacio.** (Die Mechanisierung des modernen Pflanzenschutzes in modernen Großbetrieben. Themoendokumentation.) Budapest. 1962. (65 S.) 8°. (1962 A 1122)

Rubeš, Ladislav und *Maleček, Jaroslav.* **Ochrana rostlin.** (Pflanzenschutz.) Praha: Státní zemed. naklad. 1962. (187 S.) 8°. (1962 A 1526)

Stapel, Chr. **Control of plant diseases and pests in Danish seed crops.** Aus: FAO training center on seed improvement, Denmark. 1961. (8 S.) 4°. (E B 1066)

XII. UNKRAUTBEKÄMPFUNG

B. Unkrautbekämpfungsmittel

Chrispeels, Maarten J. und Hanson, J. B.; Urbana, Ill., Univ., Dep. of Agronomy. The increase in ribonucleic acid content of cytoplasmic particulates of soybean hypocotyl induced by 2,4-dichlorophenoxyacetic acid. **(Die durch 2.4-Dichlorphenoxyessigsäure hervorgerufene Erhöhung des Ribonucleinsäuregehaltes von Zytoplasma von Sojabohnen-Hypocotylen.)** Weeds **10** (1962) Nr. 2. S. 123–125. — 2 Tab., 15 Lit.

Sojabohnen-Keimlinge wurden wie bei Key (vgl. Plant Physiol. **35** [1960] Nr. 2. S. 177.) beschrieben mit $5 \cdot 10^{-4}$ mol. 2.4-D-Lösung behandelt. Die Hypocotoyle wurden 24 und 38 Std. später entfernt, in 0,5 mol. Rohrzuckerlösung homogenisiert, von groben Bestandteilen befreit und in einer Ultrazentrifuge fraktioniert. Es wurden folgende Fraktionen erhalten: „schwere" Mitochondrien (**I**), 15 min bei 21000 g; „leichte" Mitochondrien (**II**), 30 min bei 40000 g; Mikrosomen (**III**), 60 min bei 105000 g und Lösliches (**IV**) als teilchenfreie überstehende Lösung von **III.** Aus den mit Säure gewaschenen und entfetteten Teilchen wurde RNS mit heißer Perchlorsäure extrahiert und durch UV-Absorption bestimmt. Der RNS-Gehalt der verbleibenden Lösung (lösliche Fraktion) wurde aus der Differenz zwischen Gesamt-RNS und der Summe des RNS-Gehaltes der einzelnen Fraktionen ermittelt. Es wurde gefunden, daß sich nach 48 Std. der RNS-Gehalt verdoppelt hatte, wobei die Hälfte der Zunahme auf Fraktion **III** und ein Viertel auf Fraktion **IV** entfiel. Es wird vermutet, daß die Herbicid-Einwirkung eine Erneuerung der Nuclear-Aktivität im Gewebe und damit Synthese von RNS und Protein sowie Gewebe-Proliferation bewirkt. P. Stoß. 2710.

Linscott, D. L. und McCarty, M. K. Absorption, translocation, and degradation of 2,4-D in ironweed (Vernonia baldwinii). **(Aufnahme, Transport und Abbau von 2.4-D in Vernonia baldwinii.)** Weeds **10** (1962) Nr. 1. S. 65–68. — 3 Abb., 4 Tab., 7 Lit.

Während der Hauptwachstumsperiode häuft sich 2.4-D bes. in neuen Blättern, Achselknospen, Stielen und Stengeln an. Geringere Konz. waren in Rhizomen und Wurzeln. Nach Abschluß des vegetativen Wachstums ergaben sich umgekehrte Verhältnisse. Nach Behandlung von Keimpflanzen wurde 2.4-D gleichzeitig in ober- und unterirdische Organe transportiert. Ein beträchtlicher Teil der von der Pflanze aufgenommenen 2.4-D wird schnell in nicht mit Alkohol extrahierbare Abbauprodukte umgewandelt; aber auch in den Fraktionen konnte nichtherbicide Aktivität nachgewiesen werden. Vff. arbeiteten mit 2.4-D-^{14}C und einer kombinierten autoradiographischen und radiochemischen Methode. H. Lehmann. 2710.

Ščeglov, Ju. V.) (Stscheglow, Ju. W.) O čuvstvitel'nosti sortov prosa k natrievoj soli 2,4-D. **(Empfindlichkeit der Hirsesorten gegen die Natriumsalze von 2,4-D.)** Trudy Vsesojuznogo naučno-issledovatel'skogo instituta udobrenij i agropočvovedenija, Moskva **1962** Nr. 39. S. 92–102. — 3 Abb., 7 Tab., 22 Lit.

2.4-Dichlorphenoxyessigsäure (2.4-D) eignet sich zur Unkrautbekämpfung bei Hirsekulturen. Da jedoch Hirse von allen Getreidearten die höchste Empfindlichkeit gegen 2.4-D aufweist, machen sich u. U. negative Einflüsse bemerkbar. Das führte in verschiedenen Fällen zu Ertragsminderungen um 20% und zur Ausbildung anomaler Wuchsformen einzelner Pflanzenteile. Vf. untersuchte 10 frühe, mittelfrühe und späte Hirsesorten auf ihre Verträglichkeit gegen 2.4-D sowie die günstigsten Bedingungen hinsichtlich der Anwendung des Herbicids. Von den geprüften Sorten waren 5 resistent, die übrigen mehr oder weniger empfindlich gegen 2.4-D. Die Schädigung trat stets in einem bestimmten morphol. Entwicklungsstadium auf. Am stärksten war die negative Beeinflussung, wenn die Behandlung z. Z. der Ausbildung der Rispen erfolgte. Einwirkung während der Ausbildung der Seitentriebe war dagegen nicht schädigend. Als optimale Dosis erwies sich 1 kg 2.4-D/ha. Weiterhin wurde der Eiweißstoffwechsel der mit 2.4-D behandelten Pflanzen untersucht. Der Eiweißgehalt der Körner und der Grünmasse wird durch 2.4-D offenbar nicht beeinflußt. H. D. Nürnberger. 2710.

Andersen, Robert N., Linck, Albert, J. und Behrens, Richard; St. Paul, Univ. of Minnesota, U. S. Dep. of Agric., A. R. S., Crops Res. Div.; Dep. of Plant Pathol. and Bot.; Dep. of Agronomy and Plant Genetic. Absorption, translocation, and fate of dalapon in sugar beets and yellow foxtail. **(Aufnahme, Transport und weiteres Verbleiben von Dalapon in Zuckerrüben und Borstenhirse.)** Weeds **10** (1962) Nr. 1. S. 1–3. — 1 Abb., 8 Lit.

Beta vulgaris als gegenüber Dalapon resistente und *Setaria glauca* als empfindliche Art wurden in mineral. Nährlösung herangezogen und 3 Wochen nach dem Keimen mit markiertem Dalapon behandelt (Blattapplikation oder Zusatz zur Nährlösung). Autoradiographisch konnte in beiden Arten gleichermaßen nachgewiesen werden, daß Dalapon sowohl durch die Blätter als auch durch die Wurzeln aufgenommen und innerhalb von 48 Std. in alle Pflanzenteile transportiert wird. Die stärkste Anhäufung erfolgte in jungen Geweben. Bei Verwendung von markiertem und nicht markiertem Dalapon in praxisüblicher Aufwandmenge (4 lb./acre) wurden in Pflanzenextrakten beider Arten papierchromatographisch keine Stoffwechselderivate des Dalapons gefunden. Damit können Vff. keine Erklärung der selektiven Wirkung von Dalapon geben. H. Lehmann. 2710.

Andersen, Robert N., Behrens, Richard und Linck, Albert J.; St. Paul, Univ. of Minnesota, U. S. Dep. of Agric., A. R. S., Crops Res. Div.; Dep. of Plant Pathol. and Bot.; Dep. of Agronomy and Plant Genetic. Effects of dalapon on some chemical constituents in sugar beets and yellow foxtail. **(Wirkungen von Dalapon auf einige chemische Bestandteile in Zuckerrüben und Borstenhirse.)** Weeds **10** (1962) Nr. 1. S. 4–9. — 5 Abb., 1 Tab., 14 Lit.

Beta vulgaris und *Setaria glauca*, die unter natürlichen Freilandbedingungen aufwuchsen, und mit Dalapon behandelt wurden, wurden im Verlauf von 3 Wochen nach dieser Behandlung im Vergleich zur ungespritzten Kontrolle untersucht. In den behandelten Trieben beider Arten erfolgte ein Proteinabbau zu Aminosäuren, wobei freie Aminosäuren unter Ammoniakfreisetzung weiter abgebaut wurden. Während der Eiweißabbau bei *Beta* am 6. Tag am stärksten war und anschließend der Gehalt an freien Aminosäuren und Amiden wieder ab- und der Eiweißgehalt wieder zunahm, setzte sich bei *Setaria* die Proteolyse weiter fort. *Beta* erholte sich von den Anfangsschäden durch Dalapon, da nach 3 Wochen der Gehalt der verschiedenen N-Verbindungen dem der unbehandelten Pflanzen entsprach. Deutliche Zunahmen von Amiden (bes. Glutamin in *Beta* und Asparagin in *Setaria*) scheinen auf eine Ammoniakfestlegung hinzuweisen. Die Konz. an freier Pantothensäure sank am 1. Tag nach der Dalapon-Anwendung bei *Beta* schwach ab und stieg nach 24 Std. bei beiden Arten sehr stark an. H. Lehmann. 2710.

C. Unkraut und Unkrautbekämpfung

Voevodin, A. V. (Wojewodin, A. W.) Vlijanie ėkologičeskich uslovij na morfologiju kornej i na ustojčivost' mnogoletnych rastenij k gerbicidam i agrotechničeskim meroprijatijam. **(Der Einfluß ökologischer Bedingungen auf die Morphologie der Wurzeln und die Resistenz perennierender Pflanzen gegen Herbicide und agrotechnische Maßnahmen.)** Bjulleteń Moskovskogo obščestva ispytatelej prirody [N.S.] **133** (1962) Otdel biologičeskij **67** Nr. **3.** S. 56–64. — 7 Tab., 16 Lit.

Vf. berichtet über Untersuchungen an *Cirsium*, *Convolvulus* und *Acroptilon*. Die Dauer des physiol. Zusammenhanges zwischen Mutter- und Adventivpflanzen wird mit bestimmten ökolog. Faktoren in Zusammenhang gebracht sowie mit Besonderheiten des Wurzelbaues. Versuchsprotokolle zeigen den Einfluß dieser biol. Gegebenheiten auf das Ansprechen gegenüber Unkrautbekämpfungsmitteln. H.-G. Petzold. 2720.

Badulin, A. V. (Badulin, A. W.); Gebiet Zelinograd, Sowchos „Bozaigirski". Mucha-pestrokrylka, uničtožajuščaja semena čertopolocha. **(Die Fliege Tephritis hendeliana Her. vernichtet die Distelsamen.)** Zaščita rastenij ot vreditelej i boleznej, Moskva **7** (1962) Nr. 7. S. 36. — 1 Abb.

In den Jahren 1960—1961 konnte im Gebiet Zelinograd ein Massenbefall der Blütenstände von *Carduus* durch die Larven von *Tephritis hendeliana* Her. beobachtet werden. Die Zahl der Larven in den Blütenständen variierte von 8—40. Die Verpuppung der 5 mm langen, schmutzigweißen Larven erfolgt innerhalb der Körbchen. Wenn die Fliegen schlüpfen (Ende Juli), trocknen die Körbchen aus, und die Samenbildung wird unterbunden. H. Decker. 2720.

Platzer, H.; Göttingen, Univ., Inst. für Pflanzenbau und Pflanzenzücht. **Untersuchungen über die phänotypische und karyotypische Variabilität der europäischen Unkrauthirsen aus den Gattungen Setaria, Digitaria und Echinochloa.** Z. Pflanzenzücht. **47** (1962) Nr. 4. S. 330–368. — 22 Abb., 7 Tab., 90 Lit. Zus. in Engl.

Von den europäischen Unkrauthirsen *Setaria viridis*, *S. ambigua*, *S. verticillata*, *S. glauca*, *S. geniculata*, *Digitaria ischaemum*, *D. sanguinalis* und *Echinochloa crus-galli* wurden 127 Samenproben von 70 verschiedenen Standorten aus Deutschland, Österreich, der Südschweiz und Oberitalien in Göttingen zur Feststellung der phänotypischen und karyotypischen Variabilität von 1958–60 angebaut. Der Vergleich der Phänotypen untereinander und mit den Wachstumsbedingungen der Fundorte ließ 29 Formen der Populationen als Ökotypen erkennen. Alle übrigen Unterschiede sind auf zufällige „geographische Differenzierung" zurückzuführen. Bei der Chromosomenauszählung wurde die

Grundzahl $x = 9$ bestätigt. Bei *Setaria ambigua* wurde die Chromosomenzahl mit $2n = 36$ erstmalig bestimmt. Die Strukturen der Pachytänchromosomen werden beschrieben. In verschiedenen Populationen wurden Chromosomenaberrationen beobachtet, die nach Vf. keine besondere Bedeutung für die Evolution der Karyotypen erlangen. Partnerwechsel und Sekundärpaarung wurden bei einigen Arten gefunden. Aus der Häufigkeit ihres Auftretens sowie der Zahl der beteiligten Chromosomen werden Schlüsse auf evolutionistische Vorgänge gezogen. M. Amme. 2730.

Davidovskij, G. M. (Dawidowskij, G. M.); Leninakan, Armen.SSR, Stat. für Pflanzenzücht. Meždvidovye vzaimootnošenija sornych i kul'turnych rastenij. **(Wechselbeziehungen zwischen Unkraut- und Kulturpflanzenarten.)** Izvestija Akademii nauk Armjanskoj SSR. Biologičeskie nauki, Erevan **15** (1962) Nr. 2. S. 49–59. – 1 Tab., 6 Lit. Orig.: russ., Ausz.: armen.

AmBeispiel der biol. Besonderheiten von Flughafer (Wi- und So-Formen), Distel, Hederich u. a. erörtert Vf. die komplizierten Beziehungen zwischen Kultur- und Unkrautpflanzen und die sich daraus ableitenden Maßnahmen der Unkrautbekämpfung. Versuche mit Sommerweizen ergaben, daß verringerte Standweite (500 Pfl./m² = **I**, 750 = **II**, 1000 = **III**) sowie verbesserte Düngung (ohne Düngung = a, je 60 kg N, P_2O_5, K_2O = b, je 150 kg N, P_2O_5, K_2O + 5 t Humus = **c**) die Anzahl der Unkräuter je Flächeneinheit vermindern. Das Gewicht der Trockenmasse einer Unkrautpflanze erhöhte sich dagegen bei **I** und **IIb** (145 bzw. 105 mg) im Vergleich zu **I** und **II a** (105 bzw. 95 mg), fiel aber bei **III b** und **III c** (90 bzw. 92 mg) im Vergleich zu **III a** (100mg). I. Schilowa. 2735.

Slavnić, Živko; Sarajevo, Yugoslavie, Fac. de Philosophie de Sarajevo. Sur la production de graines dans quelques associations de mauvaises herbes du Nord de la Yougoslavie. **(Über die Samenerzeugung von Unkräutern in verschiedenen Gesellschaften in Nordjugoslawien.)** Vegetatio [Den Haag] **11** (1962) Nr. 1/2. S. 39–45. – 1 Tab., 5 Lit. Zus. in Dtsch.

Von 6 Unkrautgesellschaften (*Anthemis-Consolida orientalis*-Gesellschaft in Wi-Weizen, *Veronica triphyllos-V. hederifolia*-Gesellschaft in So-Roggen, So-Gerste und gelegentlich auch in So-Weizen, *Stachys annua-Ajuga chamaeptis*-Gesellschaft auf Stoppeln, *Setaria-Heliotropium europaeum*-Gesellschaft auf Tschernosem, *Eragrostis major-E. minor*-Gesellschaft auf sandig-lehmigem Boden, *Panicum-Portulaca oleracea*-Gesellschaft auf Alluvial-Boden (die 3 letzten Gesellschaften sind Hackfruchtgesellschaften) der mittlere Index der Samenerzeugung der Assoziation und das generative Spektrum der Assoziationen ermittelt. Die Halmfruchtgesellschaften besitzen im Vergleich zu den Hackfruchtgesellschaften niedrigere numerische Werte des mittleren Index der Samenerzeugung, wobei Arten vorherrschend sind, die im Gegensatz zu den Hackfruchtassoziationen wenig und große Samen erzeugen. K. Schulz. 2735.

Banting, J. D.; Regina, Saskatchewan, Canada Dep. of Agric. The dormancy behavior of Avena fatua L. in cultivated soil. **(Das Keimruhe-Verhalten von Avena fatua L. im Ackerboden.)** Canad. J. Plant. Sci. **42** (1962) Nr. 1. S. 22–39. – 11 Abb., 21 Lit.

In Kanada sind 85% des Ackerbodens mit Wildhafer verseucht. Ein stark mit *Avena fatua* befallenes Ackerstück wurde 5 Jahre lang brach gelassen, im Sommer mit Kultivatoren auf 4–5 in. Tiefe bearbeitet und jährlich anhand von Bodenproben vom Frühjahr bis zum Herbst auf Wildhafersamen untersucht (Keimproben in Petrischalen). – Nach einjähriger Brache waren noch 33% aller Samen lebend, aber überwiegend in Keimruhe. Im Frühjahr des 2. Prüfjahres keimten zahlreiche Samen, hingegen wurden nach dem Juni des 3. Jahres keine lebenden Samen mehr ermittelt. Da diese Art der Boden-

bearbeitung für die Praxis jedoch nicht zutrifft, wird bei üblicher Bodenbebauung (ohne Hafer) eine Entseuchung erst nach 5 Jahren erwartet.
H. Pätzold. 2735.

Johnson, B. G. und Buchholtz, K. P.; Madison, Univ. of Wisconsin. The natural dormancy of vegetative buds on the rhizomes of quackgrass. **(Die natürliche Ruhe von vegetativen Knospen an Queckenrhizomen.)** Weeds **10** (1962) Nr. 1. S. 53–57. — 4 Abb., 2 Tab., 9 Lit.
Aus einem natürlichen Queckenbestand wurden ab Ende März bis Okt. in wöchentlichen Abständen ausgewachsene und ab Anfang Juli auch neugebildete Rhizome entnommen, in Stücke mit je einem Nodium geschnitten und im Labor. auf ihr Austreiben untersucht. Dabei sank die Knospenaktivität von fast 100% im März allmählich auf unter 5% zu Junibeginn. Erst Anfang Juli nahm die Aktivität wieder zu und erreichte im Aug. und Okt. Werte zwischen 75 und 95%. Die Werte der Trieb- und Wurzellängen, die 14 Tage nach dem jeweiligen Ansatz gemessen wurden, zeigen einen entspr. Verlauf. Die Gewichtsbestimmungen alter, neuer und toter Rhizome auf natürlichen Queckenflächen von Mai bis Aug. ergaben, daß das Gesamtgewicht der alten Rhizome mit fortschreitender Jahreszeit sinkt, während das der neuen steigt. Dies deutet auf kurze Lebensdauer der Rhizome im Boden hin. Meteorol. Werte zeigen, daß die Witterung z. Z. der Knospenruhe rel. kühl und feucht war.
H. Lehmann. 2735.

Vengris, Jonas; Amherst, Univ. of Massachusetts. The effect of rhizome length and depth of planting on the mechanical and chemical control of quackgrass. **(Die Wirkung von Rhizomlänge und Tiefenlage auf die mechanische und chemische Queckenbekämpfung.)** Weeds **10** (1962) Nr. 1. S. 71–74. — 1 Abb., 5 Tab., 5 Lit.
Der Prozentsatz austreibender Knospen liegt bei kurzen (1 in. Länge) Rhizomstücken höher als bei längeren (6 in.), da die apikale Dominanz verlorengeht. Die Triebe sind jedoch bei ersteren schwächer als bei letzteren. Je länger die Rhizomstückchen sind, desto kräftiger sind auch die Triebe und aus um so größerer Tiefe können sie emporwachsen. Der Aufwuchs aus 4 in. Bodentiefe ist jedoch schon sehr schwach. Deshalb kann gute Bekämpfung durch Bodenbedeckung (mindestens 4 in.) erfolgen. Vff. empfehlen, die Fläche zu kultivieren, die Quecken bis zu einer Höhe von 2–3 in. aufwachsen zu lassen und dann zu pflügen. Bei Erdoberflächenbehandlung mit Atrazin wird die Anzahl der von den Rhizomen gebildeten Triebe nicht reduziert. Eine erfolgreiche Bekämpfung setzt erst ein, wenn die gleiche Menge Atrazin (1,5 und 3 lb./acre) in den Boden eingearbeitet wird, damit sie in die Rhizomnähe kommt.
H. Lehmann. 2735.

Swan, Dean G. und Furtick, W. R.; Oregon State Univ., Dep. of Farm Crops. Competition of fiddleneck with wheat. **(Konkurrenz zwischen Amsinckia intermedia und Weizen.)** Weeds **10** (1962) Nr. 2. S. 121–123. — 1 Abb., 5 Tab., 8 Lit.
Amsinckia intermedia ist winterannuell und ein gefürchtetes Unkraut im Weizenbau. 4 Populationen davon wurden in 3jähr. Feldversuchen mit $^3/_4$ und $1^1/_2$ lb./acre (Säureäquivalent) des 2.4-D-Isopropylesters (bei 40 gal./acre Wasseraufwandmenge) im Weizen behandelt. Eine Unkrautpflanze pro sq. ft. drückt bereits den Weizenertrag. Die Konkurrenz von *Amsincka intermedia* gegenüber Weizen tritt schon zeitig ein, so daß auf frühzeitig verunkrauteter Fläche trotz 2.4-D-Anwendung der Weizenertrag geringer war. In den meisten Fällen bewirkte der 2.4-D-Ester eine Ertragserhöhung in Abhängigkeit von Größe und Zahl der Unkräuter. Auf den unkrautfreien Weizenfeldern bewirkte die 2.4-D-Spritzung keine Ertragsveränderung. Beide Aufwandmengen hatten die gleiche Wirkung auf den Weizenertrag.
H. Krüger. 2735.

Virág, A., Márton, G. und Varga, J.; Gödöllö, Landwirtsch. Univ.; Mosonmagyaróvár, Landwirtsch. Akad. **Zyklische Unkrautbekämpfung an Stelle einer Herbizidrotation.** Int. Z. Landwirtsch. **1962** Nr. 3. S. 61–62. – 2 Abb.

Infolge Anwendung selektiver Herbicide erfolgt eine Bestandsverschiebung von den zweikeimblättrigen zu den einkeimblättrigen Unkräutern. Weiterhin besteht die Gefahr, daß Unkrautbiotypen entstehen, die gegen einige Herbicide resistent werden. In Ungarn wird dieses Problem folgendermaßen gelöst: 1. Rationelle Kombination der agrotechn. und chem. Unkrautbekämpfung; 2. rotierende (wechselnde) Anwendung der Herbicide entspr. der Fruchtfolge; 3. gleichzeitig kombinierte Anwendung der Herbicide. Die zyklische Unkrautbekämpfung sei an einem Fruchtfolgebeispiel dargestellt: 3 Jahre Mais je Jahr 10 kg Simazin od. Gemisch aus Simazin + Atrazin; 2–3 Jahre Mais im Bedarfsfall hacken oder spritzen mit 2.4-D-Präparaten; 1 Jahr Getreide; mehrere Jahre Hülsenfrüchte oder andere Kulturen; anschließend Mais (Beginn eines neuen Zyklus). M. Amme. 2740.

Feldhaus, K.; Bernburg, Hochschule für Landwirtsch., Inst. für Acker- und Pflanzenbau. **Kalkstickstoff zur Unkrautbekämpfung.** Dtsch. Landwirtsch. **14** (1963) Nr. 2. S. 70–72. – 1 Abb., 1 Tab. nach Zus.

Dem Kalkstickstoff ist in den Düngerplänen unserer VEG und LPG eine bevorzugte Stellung einzuräumen. Bei seinem Einsatz müssen seine speziellen, bes. seine herbiciden Eigenschaften gebührend Berücksichtigung finden. – Im Vorsaatverfahren sind zunächst die Zuckerrübenflächen zu versorgen. Unter Beachtung ausreichender Vorsichtsmaßnahmen kann die herbicide Wirkung auf sorptionsstarken Böden durch zeitliche Annäherung der Streu- und Bestellungstermine entscheidend verbessert werden. Die Nutzung der unkrautvernichtenden neben der strukturverbessernden und düngenden Wirkung ist erforderlich, solange für den Rübenbau nicht ausreichend geeignete Herbicide zur Verfügung stehen. Die verstärkte Anwendung des Kalkstickstoffs im Vorauflaufverfahren ist durchaus berechtigt, doch ist der Erfolg sehr stark dem Einfluß der Boden- und Witterungsverhältnisse und den Keimbedingungen der Kulturpflanze unterworfen. Dagegen hat der Kalkstickstoff als Bekämpfungsmittel in der wachsenden Saat erheblich an Bedeutung verloren, weil für diesen Zweck reichlich andere Mittel zur Verfügung stehen. In einigen Fällen, bes. für die Vernichtung ganz bestimmter Unkrautarten, ist sein Einsatz während der Vegetation gerechtfertigt. Da auch heute noch Lieferbeschränkungen beim Kalkstickstoff bestehen, sind umsichtige Planung, Lenkung und Anwendung, die seinen speziellen Aufgaben gerecht wird, erforderlich. 2740.

Ladonin, V. F. und Česalin, G. A. (Ladonin, W. F. und Tschessalin, G.A.) Ėffektivnost' chimičeskich i agrotechničeskich sredstv bórby s mnogoletnimi korneotpryskovymi sornjakami. **(Wirksamkeit chemischer und agrotechnischer Bekämpfungsmaßnahmen gegen mehrjährige ausläufertreibende Unkräuter.)** Trudy Vsesojuznogo naučno-issledovatel'skogo instituta udobrenij i agropočvovedenija, Moskva **1962** Nr. 39. S. 145–156. – 3 Abb., 6 Tab., 14 Lit.

Zur Bekämpfung mehrjähriger ausläufertreibender Unkräuter wird die Anwendung von Herbiciden in Verbindung mit agrotechnischen Maßnahmen empfohlen. Disteln in Weizen konnten am besten durch Anwendung von 2.4-D oder MCPB und 8–10 cm tiefes Schälen nach der Ernte mit nach einem Monat folgender Herbstfurche vernichtet werden. Dabei wurden bei der Spritzung z.Z. des Rosettenstadiums der Distel weniger Disteln abgetötet als zu einem späteren Spritztermin. Bei der Bekämpfung von Winden war der Erfolg ungenügend, wenn 2.4-D z.Z. des Auflaufens der Winden gespritzt wurde; er war jedoch sehr gut, wenn der Spritztermin mit dem Blühbeginn zusammenfiel. In So-Weizen betragen die Aufwandmengen für 2.4-D und MCPB 2–3 kg/ha.

Bei sehr starker Verunkrautung ist es notwendig, vor das Weizenanbaujahr, in dem 3 kg/ha 2.4-D oder MCPB gespritzt werden, ein Brachejahr mit doppelter Herbicidmenge (6 kg/ha) zu schalten. Die Brache soll 40–50 cm, später 20 cm tief gepflügt und 1–2mal kultiviert werden. Als Fruchtfolge wird Weizen — Klee — Weizen vorgeschlagen. Im Laufe von 2–3 Jahren werden auf diese Weise die Felder unkrautfrei. H. Lehmann. 2740.

Efremova, T. V. (Jefremowa, T. W.); Torshok, Gebiet Kalinin, Unions-Forsch.-Inst. für Leinanbau. Chimičeskie mery bor̂by s grečiškoj v̂junkovoj. **(Chemische Bekämpfung des Windenknöterichs.)** Len i konoplja, Moskva **7(24)** (1962) Nr. 3. S. 24–25. – 2 Abb., 2 Tab.
Verunkrautung von Leinbeständen durch *Polygonum convolvulus* führt zu geringerer Faserausbeute, wobei bes. der Anteil der langen Faser reduziert wird. 2-Methyl-4-chlor-phenoxybuttersäure, sowie deren Na-Salz (UT 10) und K-Na-Salz (Dikotex) wirken nicht gegen Windenknöterich. Gute Wirkung haben dagegen 2–2,5 kg/ha Kresonit F (Na-Salz des DNOC), 1,5–2 kg/ha Kresonit F + 0,5–0,6 kg/ha UT 10 und 1–1,5 kg/ha Kresonit E (Ammoniumsalz des DNOC). Zum Anwendungszeitpunkt muß der Lein mindestens 6 cm hoch sein. Der Lein kann bis zu 15 cm Höhe gespritzt werden. Diese Kontaktherbicide müssen mit 600–800 l/ha Wasser ausgebracht werden.
H. Lehmann. 2740.

Abramov, N. G. und Koptelova, R. G. (Abramow, N. G. und Koptelowa, R. G.); Torshok, Gebiet Kalinin, Unions-Forsch.-Inst. für Leinanbau. Chimičeskij metod bor̂by s pyreem polzučim. **(Chemische Bekämpfung der Gemeinen Quecke.)** Len i konoplja, Moskva **7(24)** (1962) Nr. 9. S. 42–44. – 1 Abb., 2 Tab.
Zur Bekämpfung der weitverbreiteten Quecke gewinnt neben mechan. Maßnahmen der Einsatz von Herbiciden an Bedeutung. Die Wirkung von Na-Trichloracetat wurde in Leinkulturen geprüft. TCA schädigt die unterirdischen Sproßorgane der Quecke. Es erhöht außerdem die Länge der Leinpflanzen und deren Stengeldurchmesser. Während in der unbehandelten Kontrolle die Samenausbeute 6,25 dt und die Faserausbeute 3,95 dt im Mittel der Jahre 1960 und 1961 betrug, lagen die Erträge bei TCA-Anwendung (30 kg/800 l Wassser/ha) vor der Winterfurche bei 7,44 bzw. 4,59; nach der Winterfurche bei 7,56 bzw. 4,62 und vor der Bodenbearbeitung im Frühjahr (9 kg/ha) bei 7,22 bzw. 4,20 dt/ha. Die Qualität des Saatgutes wurde durch die TCA-Anwendung ebenfalls verbessert. Zugleich hatte TCA einen positiven Einfluß auf die Entwicklung der nitrifizierenden Bakterien im Boden.
H. Lehmann. 2740.

Finnerty, D. W. und Klingman, Dayton L.; Lincoln, Univ. of Nebraska; Beltsville, Dep. of Agric., A. R. S., Crops Res. Div. Life cycles and control studies of some weed bromegrasses. **(Entwicklungszyklen und Untersuchungen zur Bekämpfung einiger Trespen-Ungräser.)** Weeds **10** (1962) Nr. 1. S. 40–47. – 10 Abb., 6 Tab., 6 Lit.
Bromus tectorum und *B. commutatus* kommen im Gewächshaus zur Rispenentwicklung nur nach vorangegangener Vernalisation oder photoperiodischer Beeinflussung (1 Mon. Kurztag, anschließend Langtag). Folgt dem Kurztag kein Langtag, bleibt die Blütenentwicklung aus. *B. tectorum*, *B. comutatus*, *B. japonicus* und *B. secalinus* sind gewöhnlich winterannuell und reagieren frühjahrsannuell oder zweijährig, wenn sie Ende März/Anfang Apr. gesät werden. Wird vernalisiertes Saatgut zu diesem Termin gesät, erscheint die generative Phase noch im gleichen Jahr. Ist *B. inermis*-Saatgut mit *Bromus*-Ungräsern vermischt, wird Frühjahrssaat Anfang Apr. empfohlen. *B. tectcrum* und *B. commutatus* werden auf Wiesen am besten durch Mahd ca. 1 Woche nach Rispenschieben bekämpft. Die *Bromus*-Ungräser können auch bekämpft werden, indem ihre Samenproduktion für 2 Jahre verhindert wird

und in diesen beiden Jahren vom Apr. bis zum Rispenschieben Bodenbearbeitungsmaßnahmen durchgeführt und anschließend Sommergetreide (Mais, Hirse) gebaut werden; auch kann im 2. Jahr Wintergetreide nach Sommerbrache folgen. Gute Bekämpfungsergebnisse wurden auch mit IPC (15 lb./acre), CIPC (10–20) Monuron (4), TCA (15) Endothal + TCA (2 + 3) und DNAP + CIPC (3,75 + 4) erzielt. Herbstbehandlungen wirkten etwas günstiger als Frühjahrsbehandlungen. H. Lehmann. 2740.

Ladonin, V. F. (Ladonin, W. F.) Vlijanie proizvodnych 2,4-D na rost i razvitie jarovoj pšenicy. **(Einfluß der Derivate von 2.4-D auf Wachstum und Entwicklung von Sommerweizen.)** Trudy Vsesojuznogo naučno-issledovatel'skogo instituta udobrenij i agropočvovedenija, Moskva **1962** Nr. 39. S. 26–35. — 4 Tab., 19 Lit.

Vf. untersuchte die Einwirkung von 2.4-Dichlorphenoxyessigsaurem Natrium (2.4-D) und 2.4-Dichlorphenoxyessigsäurebutylester (**I**) auf das Wachstum und die Entwicklung von So-Weizen der Sorte 'Lutescens 758'. Die Versuche wurden so variiert, daß die Herbicide in verschiedenen Dosen (2.4-D zu 1, 3 und 6 kg/ha und **I** zu 1, 2 und 4 kg/ha) verabreicht und das Saatgut in unterschiedlich vorbereitete Böden (mit Scheibenpflug gepflügt, Herbstfurche, tiefe Brache, gewöhnliche Brache) gebracht wurde. Bei allen Bodenbearbeitungsmethoden zeigten beide Präparate außerordentlich stark hemmende Wirkung auf das Wachstum des Weizens. Dies kam vor allem in der Länge der Halme zum Ausdruck. Hierbei war **I** stärker wirksam als 2.4-D. Daneben wirkten **I**, auch hier in stärkerem Maße, und 2.4-D stimulierend auf die Ausbildung von Seitentrieben. Die Pflanzen waren jedoch bei unzureichender Versorgung mit Wasser und Nährstoffen nicht in der Lage, alle gebildeten Halme zur Reife zu bringen. Die Länge der Ähren wurde durch die Herbicidbehandlung nur unwesentlich verändert, bei einigen **I**-Varianten war ein Zuwachs um 4–14% zu verzeichnen. Dagegen wurden das abs. Gewicht der Körner sowie der Gesamtertrag unterschiedlich beeinflußt. 2.4-D- führte in der Mehrzahl der Fälle zu einer Ertragssteigerung, während die Behandlung mit **I** meist ein Absinken des Ertrages zur Folge hatte.
H. D. Nürnberger. 2740.

Kvasov, S. M. (Kwassow, S. M.) Odnovremennoe primenenie chimičeskogo i mechaničeskogo sposobov borby s sornjakami pri uchode za kukuruzoj. **(Gleichzeitige Anwendung von chemischen und mechanischen Verfahren zur Bekämpfung der Unkräuter bei der Maispflege.)** Kukuruza, Moskva **7** (1962) Nr. 8. S. 46–48. — 2 Abb., 3 Tab.

Im Jahre 1961 wurde die Anwendung eines neuen technol. Prozesses, der 4 technol. Operationen in einem Aggregat bei einem einzigen Arbeitsgang des Schleppers vereinigt (Lockern der Zwischenreihen, tiefes Abschneiden der Unkräuter mit Winkelmessern, Zufuhr von flüssigem Dünger [Ammoniakwasser] und Spritzen mit Herbiciden [70%iges Präparat von 2.4-DA, 0,8 kg in 400 l Wasser/ha]). Das senkte den Arbeitsaufwand um 46% und steigerte die Erträge um 18 dt/ha bei einem Gesamtertrag von 144 dt/ha Kolben. Bei Regen und bei hoher Luftfeuchtigkeit hatten jedoch geringe Herbicidgaben (0,7–0,85 kg/ha 2.4-DA) nur geringe Wirkung. L. Rang. 2740.

Aliev, A. M. (Alijew, A. M.) Dejstvie natrievoj soli 2,4-D na zasorennost' i urožaj kukuruzy. **(Wirkung der 2.4-D-Natriumsalze auf den Unkrautbesatz und den Ertrag von Mais.)** Trudy Vsesojuznogo naučno-issledovatel'skogo instituta udobrenij i agropočvovedenija, Moskva **1962** Nr. 39. S. 56–64. — 4 Tab., 8 Lit.

Der Mais wurde in gut vorbereiteten und mit je 1 dt/ha Kalk, Superphosphat und KCl gedüngten Boden gesät. Die Behandlung mit 2.4-D erfolgte entweder vor oder nach dem Keimen der Saat. 2.4-D wurde als Lösung (600 l/ha bzw. 1,5 kg/ha) in den Boden gebracht. Schon vor dem Aufgehen der Saat

war ein Rückgang des Unkrautbefalls um 74,9% zu verzeichnen. Im Vergleich zu Kontrollparzellen lag der Ertrag um das 2,4-fache höher. Außer 2.4-D wurden auch Dinitroorthokresol, Pentachlorphenol und Derivate des Triazins untersucht. Hier war ebenfalls eine Ertragssteigerung um das 2,5-fache zu beobachten, doch machten sich einige Nachteile, z.B. zu geringe toxische Wirkung gegen mehrjährige und späte Sommerunkräuter sowie eine vor allem bei Sandböden auftretende negative Beeinflussung der Kulturpflanzen, bemerkbar. In Versuchen, die toxische Wirkung von 2.4-D zu verstärken, konnte gezeigt werden, daß 2,4-D in Verbindung mit mineral. Düngemitteln, vor allem Superphosphat, Ammoniumsulfat und Ammoniumnitrat, eine gesteigerte Wirksamkeit besitzt. Nach Ansicht des Vf. erklärt sich die erhöhte Wirkung durch eine Zunahme freier Wasserstoffionen und freier 2.4-D. Da bei der Anwendung verhältnismäßig hoher Konz. des Herbicids im Gemisch mit mineral. Düngemitteln eine Herabsetzung der Oberflächenspannung erfolgt, ist ein rascheres Eindringen in das pflanzliche Gewebe gegeben. Daneben kann auch die veränderte Anionen- und Kationenzusammensetzung eine Rolle spielen.
H. D. Nürnberger. 2740.

Aliev, A. M. (Alijew, A. M.) Dejstvie simazina na zasorennost' i urožaj kukuruzy. **(Wirkung von Simazin auf den Unkrautbesatz und den Ertrag von Mais.)** Trudy Vsesojuznogo naučno-issledovatel'skogo instituta udobrenij i agropočvovedenija, Moskva **1962** Nr. 39. S. 64–73. — 7 Tab., 8 Lit.
In den letzten Jahren traten als Herbicide die Derivate des Triazins in den Vordergrund. 2-Chlor-4.6-bis-(äthylamino)-symm.-triazin (I) (Simazin) und 2-Chlor-4-äthylamino-6-isopropylamino-symm.-triazin (Atrazin) haben die gleiche toxische Wirkung auf Unkräuter. Sie sind für Mensch und Tier praktisch unschädlich. Vf. untersuchte die Einwirkung von **I** auf Maiskulturen. Mais enthält ein Fermentsystem, das **I** unter Freisetzung eines Cl-Atoms zerstört, so daß keine Schädigung auftritt. Es wurde im Quadratnestverfahren in gut vorbereiteten Boden gesät. Anschließend wurde mit Ammonsalpeter und Superphosphat gedüngt und der Boden geeggt. Während des Eggens wurde **I** im Sprüh- oder Bestäubungsverfahren in den Boden gebracht. Eine zweite Möglichkeit besteht darin, die vorgekeimten Kulturen zu bestäuben. 1,5 kg **I**/ha erwiesen sich als ausreichend zur Bekämpfung einjähriger Unkräuter, bei perennierenden Arten (z. B. Ackerwinde und Ackerdistel) ist die Erhöhung auf 5 kg/ha angebracht. Die Versuche zeigten weiterhin, daß die Mehrzahl der Kulturpflanzen (So-Weizen, Mohrrüben, Zwiebeln und Bohnen) gegen **I** anfällig ist, wobei die toxische Wirkung auch noch im 2. Jahr zu beobachten war. Mais war auch im darauffolgenden Jahr bei gesteigertem Ertrag unkrautfrei, während andere Kulturen einen z. T. verminderten Ertrag brachten. Vf. ist der Ansicht, daß die Wirkung von **I** auf einer Schädigung des Chlorophylls beruht, wodurch in den betroffenen Pflanzen die photosynthetischen Prozesse zum Erliegen kommen. Die Mikroorganismen des Bodens werden durch **I** nicht nachteilig beeinflußt, die Nitrifizierung geht normal vor sich.
H. D. Nürnberger. 2740.

Kutuzov, G. P. (Kutusow, G. P.) Primenenie gerbicidov v posevach gorocha. **(Verwendung der Herbicide in Erbsensaaten.)** Trudy Vsesojuznogo naučno-issledovatel'skogo instituta udobrenij i agropočvovenija, Moskva **1962** Nr. 39. S. 102–105. — 2 Tab.
Zur Bekämpfung des Unkrautbefalls in Erbsenbeständen der Sorte 'Moskowski' wurden 2.4-Dinitro-6-sek. butylphenol (**I**) (DNBF), Dinitroorthokresol (**II**) (DNOK), 2-Methyl-4-chlorphenoxybuttersäure (**III**) und Simazin (**IV**) getestet. Bes. Wert wurde auf die Vernichtung der einjährigen Unkräuter gelegt, da diese 90% des Befalls ausmachten. Die Behandlung erfolgte durch Besprühen mit wäßrigen Herbicidlösungen (500 l/ha) bei sonnigem und warmem Wetter (28–29 °C). Lediglich **IV** wurde sowohl in einem Gemisch

von Erde und Dung auf vorgekeimtes Saatgut gebracht, als auch zwei Tage nach der Aussaat direkt in den Boden gegeben. Bei der Behandlung mit **I** erwies sich eine Dosierung von 2,5 kg/ha als optimal. Sämtliche einjährigen Unkräuter und ein Teil der mehrjährigen wurden vernichtet. Dabei stieg der Ertrag um 2,4 dt/ha. Eine erhöhte Dosis von 5 kg/ha wirkte toxisch auch auf die Erbsenkulturen. Die Wirkung von **II** war für Erbsen und Unkräuter geringer als die von **I**. Obwohl in diesem Fall mehr Unkräuter unversehrt blieben, wurde gegenüber der Behandlung mit **I** eine weitere Steigerung des Ertrages um 1 dt/ha und gegenüber unbehandelten Kontrollen um 3.4–4,5 dt/ha erreicht. Die Einwirkung von **III** ging wesentlich langsamer vor sich. 30 Tage nach dem Besprühen waren 55,6% und zur Ernte 72,9% des Unkrautes vernichtet, wobei die mehrjährigen Pflanzen zu 94,7% betroffen waren. Der günstigste Spritztermin war erreicht, wenn die Pflanzen 4–5 cm groß sind. Spätere Behandlung führte zur Ertragsminderung, da die Empfindlichkeit der Erbsen gegen **III** mit zunehmender Wuchshöhe zunimmt. Durch **IV** wurden im wesentlichen nur einjährige Unkräuter geschädigt, die Anwendung höherer Dosen beeinträchtigte in starkem Maße den Ertrag. Als wirksamste Methode kann das Besprühen mit **I** (2,5 kg/ha) und **II** (2,5 kg/ha) empfohlen werden. Bei starkem Überhandnehmen mehrjähriger Unkräuter ist Behandlung mit **III** angezeigt. H. D. Nürnberger. 2740.

Hammarlund, Anne. Ukrudtsbekaempelse i aerter. **(Unkrautbekämpfung in Erbsen.)** Tidsskr. Planteavl **65** (1962) Nr. 4. S. 671–683. – 10 Tab. Zus. in Engl.

Die Versuche zur Unkrautbekämpfung in Erbsenkulturen mit Dinoseb (Dinitro-sek. butylphenol), M-Hormon (4-Chlor-2-methylphenoxy-acetat), M-Buttersäure (2-Chlor-2-methylphenoxy-butyrat und D-Buttersäure (2.4-Dichlorphenoxybutyrat) wurden mit dem Ziel durchgeführt, den günstigsten Zeitpunkt der Dinoseb- und M-Hormon-Behandlung zu ermitteln und die Wirksamkeit von M- und D-Buttersäure mit der von Dinoseb zu vergleichen. Vom Auflaufen bis zu 10–15 cm Pflanzenhöhe spielte der Zeitpunkt der Behandlung keine große Rolle. Die besten Ergebnisse wurden durch Behandlung von 5 cm hohen Erbsenpflanzen mit einer Mischung aus 3 T. 20%igem Dinoseb und 1 T. 25%igem M-Hormon erhalten. M- und D-Buttersäure können zur Unkrautbekämpfung in Erbsenkulturen nicht empfohlen werden, da die Erträge gegenüber Dinoseb-Behandlung und Nichtbehandlung zurückgehen und die Wirksamkeit gegenüber den in Frage kommenden Unkräutern unbefriedigend ist. P. Stoß. 2740.

Solověv, A. G. (Solowjow, A. G.) Dejstvie natrievoj soli dinotroortokrezola na urožaj i kačestvo l'na-dolgunca. **(Wirkung der Natriumsalze von Dinitroorthokresol auf den Ertrag und die Qualität des Faserleins.)** Trudy Vsesojuznogo naučno-issledovatels'kogo instituta udobrenij i agropočvovedenija, Moskva **1962** Nr. 39. S. 109–111. – 4 Tab.

In Feldversuchen (200 m^2-Parzellen in 4facher Wiederholung) wurden in 10–18 cm hohem Leinbestand 1,5–2 kg/800 l Wasser/ha DNOC ausgebracht. Der Spritzdruck betrug 2,5 at. Die Stroh- und Samenerträge wurden durch diese Behandlung gegenüber unbehandelt um ca. 25% erhöht. Der Anteil langer Fasern stieg durch Handjäten um 15,3, durch DNOC-Anwendung um 29,3%. Die Festigkeit der langen Faser erhöhte sich bei chem. Unkrautbekämpfung im Vergleich zur verunkrauteten Variante um 20%. Abschließend werden Kostenvergleiche angeführt. H. Lehmann. 2740.

Masuo, Yoichiro, Sato, Hiroyasu, Murakami, Jun-ichi und Watanabe, Yasushi. Weed control in fiber flax by herbicides. II. The effects of mixture of MCPA and DNOC. **(Unkrautbekämpfung in Faserlein mit Herbiciden. 2. Mitt. Die Wirkung eines Gemisches von MCPA und DNOC.)** Res. Bull.

Hokkaido nat. agric. Exp. Stat. **1962** Nr. 78. S. 16–25. – 12 Tab., 11 Lit. Orig.: jap., Ausz.: engl. 1. Mitt. vgl. LZ. Abt. II **6** (1961) Nr. 4. S. 1061.

In den Faserleinbeständen im Gebiet von Hokkaido treten hauptsächlich *Chenopodium album*, *Commelina communis* und die *Polygonum*-Species *blumei*, *nodosum*, *lapathifolium*, *nepalense* und *convolvulus* auf. Bei Bekämpfungsversuchen mit MCPA und DNOC in getrennter Anwendung ergab sich zwar eine gewisse selektive Wirkung gegen einzelne Unkräuter, doch war der Erfolg bei Anwendung beider Mittel im Gemisch viel besser. Gespritzt wurde zu 3 verschiedenen Terminen (Lein im Keimblattstadium; 5 cm hoch; 10 cm hoch), wobei die früheste Anwendung am radikalsten wirkte, allerdings erfaßte sie nicht die Spätkeimer und bewirkte wesentlich dünnere Leinbestände, deren Überlebensrate dann aber sehr gut war. Sehr ungünstig beeinflußt wurde in fast allen Versuchsvarianten die Rotkleeuntersaat. Die in den Versuchen höchstzulässige Dosierung der beiden Mischungspartner lag bei 2400 g/ha für DNOC und bei 400 g/ha für MCPA; die Flüssigkeitsmenge ist nicht angegeben. W. Fleischmann. 2740.

Monov, A. I. (Monow, A. I.) Vlijanie smesi gerbizidov na zasorennost' i urožaj l'na-dolgunza. **(Einfluß der Herbicidgemische auf den Unkrautbesatz und den Ertrag von Faserlein.)** Trudy Vsesojuznogo naučno-issledovatel'skogo instituta udobrenij i agropočvovedenija, Moskva **1962** Nr. 39. S. 111 bis 118. – 8 Tab.

In 2jähr. Feldversuchen (40 m^2-Parzellen in 4facher Wiederholung) wurden die Leinpflanzen bei 13–17 cm Höhe mit 600 l/ha Herbicidlösung gespritzt. Zusammensetzung der Unkrautflora, Bodenverhältnisse und meteorol. Angaben werden angeführt. Als Herbicide wurden MCPB (0,38, 0,5 und 0,75 kg/ha) und DNOK (2,0, 2,7 und 4 kg/ha) sowie Kombinationen beider Präparate geprüft. Bezüglich Unkrautbekämpfung, Erhöhung des Stroh- und Samenertrages, Erhöhung des Anteils langer Fasern sowie deren Festigkeit und Dehnung bewährte sich die Kombination von 0,25–0,33 kg/ha MCPB + 1,35 bis 1,80 kg/ha DNOK am besten. H. Lehmann. 2740.

Detroux, L. und Martens, M.; Gembloux, Stat. Phytopharmac.; Tirlemont, Inst. de la Betterave. Essais de desherbage localisé sur betteraves sucrières au moyen de produits de préémergence appliqués lors du semis. **(Unkrautbekämpfungsversuche in Zuckerrüben mit Vorauflaufmitteln, zum Zeitpunkt der Saat angewendet.)** Publ. techn. Inst. belge Améliorat. Betterave **30** (1962) Nr. 1. S. 3–24. – 4 Abb., 7 Tab., 6 Lit. Zus. in Engl., Niederl.

Bedingungen für den heutigen Zuckerrübenanbau sind 1. Monogermsaat, 2. geeignete Säaggregate und 3. Herbicide, welche die Rübenreihen vom Aufgang bis zum Ausdünnen und Vereinzeln vom Unkraut freihalten. Diesbezüglich wurden Versuche mit den Vorauflaufherbiciden „Murbetol“ (Endothal 15% + Propham 9%) und „Alipur“ (OMU 14,9% + BIPC 10,2%) auf verschiedenen Standorten im Bandspritzverfahren durchgeführt. Die Wirkung beider Präparate war gegen annuelle Unkräuter befriedigend. „Murbetol“ wirkt besser gegen Gräser, dagegen schlechter gegen *Stellaria media*, *Chenopodium album* und *Sinapis arvensis*. Beide Präparate verursachten teilweise eine geringe Entwicklungsverzögerung bei den Rüben, die zur Ernte nicht mehr vorhanden war. Im Durchschnitt der Versuche werden beide Herbicide als geeignet beurteilt. Dadurch ist auch das mechan. Ausdünnen der Zuckerrüben möglich. Das im Nachauflaufverfahren geprüfte „Amiben“ (3-Amino-2.5-dichlorbenzoesäure) befriedigte nicht und rief an den Rüben Blattdeformationen hervor. H. Krüger. 2740.

Frohner, Walter, Weinmeister, Bruno und Bronner, Hans; Linz, Österr. Stickstoffwerke, Biol. Forsch.-Abt.; Enns, Zuckerfabrik Firma K. Rosenbauer. **Österreichische Erfahrungen bei der Bandspritzung im Zucker-**

rübenbau. Pflanzenschutzberichte [Wien] 28 (1962) Nr. 7/9. S. 119–135. – 2 Abb., 2 Tab., 4 Lit. Zus. in Engl.

Innerhalb der Rübenreihen wurde durch Bandspritzen von 4 l/ha HS 55 neu befriedigende Wirkung erzielt. Überdosierungen, d. h. die doppelte Menge, sind zu vermeiden, um Schäden der Zuckerrüben auszuschließen. Das Mittel kann auch als Flächenspritzverfahren mit 300, 600 oder 1000 l/ha angewendet werden. Davon werden 600 l/ha als am günstigsten angesehen. Bei 14 cm Bandbreite werden zur Bandspritzung nur 200 l/ha benötigt. Auf schwerem Boden wurden *Amaranthus retroflexus, Chenopodium album, Veronica persica, Lamium amplexicaule, Polygonum aviculare, Capsella bursa pastoris, Polygonum persicaria, Rumex crispus* und *Anagallis arvensis* völlig, *Stellaria media* nur zu 80–95% vernichtet, wie Auszählungen vom 4. Mai, 8 Tage nach dem Spritzen und 4 Wochen nach der Aussaat ergaben. Auszählungen vom 19. Mai ließen bereits ein Abklingen der Herbicidwirkungen erkennen. 2740.

Reich, R. und Schulz, G.; Erfurt, Rat des Bezirkes, Pflanzenschutzamt. **Nur sachgemäße Anwendung von Herbiziden bringt Ertragssteigerung. Herbizid '3Ef' nicht bei Steinobst verwenden!** Intensivobstbau 2 (1962) Nr. 1. S. 9–10. — 3 Abb.

Vff. weisen daraufhin, daß das Herbicid '3 Ef', ein wirksames Mittel zur Bekämpfung ein- und mehrjähriger Grasarten einschl. Quecken, nur in ertragsfähigen Kernobstanlagen und auf keinen Fall bei Steinobst angewendet werden darf. Dem '3 Ef' liegt als Wirkstoff Natriumchloracetat zugrunde, das über die Wurzeln wirkt. Die Ausbringung erfolgt im Spritzverfahren, und zwar in einer Aufwandmenge von 30 kg/ha in 800 l Wasser im zeitigen Frühjahr vor dem Grünwerden der Quecken und vor Knospenaufbruch des Kernobstes. Die Anwendung dieses Mittels in einer Schattenmorellenanlage verursachte beträchtliche Schäden, die sich in Scheckigwerden und Kräuseln der Blätter, vorzeitigem starkem Laubfall, starkem Früchtefall und weiteren Fakten, die nicht nur auf das Behandlungsjahr beschränkt blieben, zeigten.
E. Wittenberg. 2760.

Fetvadžieva, Nadežda und Nikov, Mitko. (Fetwadshiewa, Nadeshda und Nikow, Mitko); Sofia, Höheres Landwirtsch. Inst „Georgi Dimitrow". Vužmožnosti da se izpolzuvat njakoi cherbicidi v lozjata. **(Einsatzmöglichkeiten einiger Herbicide im Weinbau.)** Selskostopanska nauka, Sofija 1(7) (1962) Nr. 3. S. 309–322. — 8 Abb., 3 Tab., 11 Lit. Zus. in Russ., Engl.

Nach den Ergebnissen 3jähr. Versuche wirkten die Herbicide Simazin, Atrazin und '1089', in Aufwandmengen von 20 kg/ha oberflächlich ausgestreut oder in den Boden eingebracht, nicht schädlich auf die Weinstöcke. Auch bei alle 2 Jahre wiederholten Spritzungen derselben Fläche wurde keine schädliche Wirkung beobachtet. Während Simazinlösung für die Blätter unschädlich ist, müssen Atrazin und '1089' so versprüht werden, daß die Blätter nicht benetzt werden. Gegen einjährige Unkräuter von sehr guter Wirkung waren Simazin 5 kg/ha, Atrazin 5 kg/ha und '1089' 10 kg/ha, alle oberflächlich gegeben. Quecke erwies sich gegen Aufwandmengen von über 10 kg/ha als sehr empfindlich, während die Ackerwinde am besten im Frühjahr nach Einebnen der Erddämme und Räumen der Stöcke durch Spritzungen mit 10 kg/ha Simazin oder nach dem Aufgang mit 7,5 kg/ha '1089' vernichtet wird. Bei 20 cm tiefem Einbringen von '1089' und Atrazin war die Wirkung gegen die Unkräuter schwächer. Starke Schädigungen an den Weinreben riefen die Herbicide 'Dalapon' und 'Nata' hervor. D. Dodow. 2760.

Peper, H.; Ahlem/Hann., Lehr- und Versuchsanst. für Gartenbau. **Unkrautbekämpfung in Staudenkulturen.** Gartenwelt 62 (1962) Nr. 7. S. 148–149. — Nr. 8. S. 172–173. — 3 Abb., 6 Tab.

Bei Versuchen zur chem. Unkrautbekämpfung in Stauden wurden seit dem Jahre 1960 eingesetzt: Simazin und Alipur, beide flüssig und als Granulat, Telvar, Shell AA und zum Vergleich Torf oder schwarze bzw. weiße Folie zur Abdeckung. Am besten bewährte sich Simazin, flüssig, 1,6 kg/ha, nach dem Pflanzen oder 45 kg/ha Simazin, Granulat. Im Okt. fällt etwas Hackarbeit an. Bei Alipur hält die Herbicidwirkung nur etwa 7 Wochen vor, so daß das Mittel nur bei rasch und gut schließenden Kulturen aussichtsreich ist. Die Empfindlichkeit der Stauden gegen die genannten Mittel ist unterschiedlich. Eine Zusammenstellung unempfindlicher und empfindlicher Pflanzen wird gegeben. Bei einer Kostenberechnung, die Materialkosten und Arbeitsaufwand berücksichtigt, schnitt Simazin flüssig, am besten ab. Bes. hoch sind die Gesamtkosten bei Torf- und Folienabdeckung. Herta Schmidt. 2760.

Lawrie, I. D. und Vlitos, A. J.; Carapichaima, Trinidad, Centr. Agric. Res. Stat. for Caroni Ltd. Ste. Madeleine Sugar Co. Ltd. Chemical weed control in Trinidad sugar-cane. **(Chemische Unkrautbekämpfung im Zuckerrohr Trinidads.)** Trop. Agric. **39** (1962) Nr. 1. S. 33–48. — 11 Tab., 5 Lit.
Vff. untersuchten die herbicide Wirkung im Vor- und Nachauflaufverfahren bei Zuckerrohr. Am wirkungsvollsten erwiesen sich das Harnstoffderivat Karmex (4 lb./acre) und Karmine (3 lb. Karmex + 1–1,5 pt. 2.4-D/acre). Simazin und Atrazin (5 lb./acre) hatten eine längere herbicide Wirkung als 2.4-D, aber eine kürzere als Karmex und Karmine. Der Vorteil der Triazine besteht in ihrer Selektivität und der guten Zuckerrohrverträglichkeit bei Anwendung bis zu 8 lb./acre. Karmex verursachte auf nährstoffarmen Böden (P_2O_5 ist der begrenzende Faktor) im Vorauflaufverfahren Schäden an Zuckerrohr, wobei Sortenunterschiede beobachtet wurden. Widerstandsfähig gegen Karmex und Karmine sind *Cyperus rotundus*, *Xanthosoma helleborifolium*, *Caladium bicolor* und *Phyllanthus niruri*. Den geringsten Erfolg hatten sowohl Ester als auch Amine von 2.4-D. Ungenügend wirkten Dalapon, Eptam und WL 3379 (Shell). H. Lehmann. 2770.

Ključnikov, L. Ju. (Kljutschnikow, L. Ju.) Itogi trechletnich issledovanij bofby s sornjakami v lesnych polosach chimičeskimi sredstvami. **(Dreijährige Untersuchungen zur chemischen Unkrautbekämpfung in Waldstreifen.)** Sbornik rabot. Vsesojuznyj naučno-issledovatel'skij institut agrolesomelioracii (VNIALMI), Moskva–Leningrad **32** (1961) S. 39–48. – 2 Abb., 6 Tab.
Als Herbicide wurden 2.4-D, MCPB (2 kg/ha), CIPC (4–16 kg/ha), TCA (36 kg/ha), MH-T (10–20 kg/ha) und Dieselöl (400 l/ha) geprüft. Für 15 verschiedene Unkrautarten werden die zweckmäßigsten Herbicide empfohlen. Die besten Ergebnisse wurden erzielt, wenn die Anwendung bei 30–40 cm Höhe der jungen Bäume und z. Z. des Auflaufens der Unkräuter, die höchstens 10 cm groß sein sollen, erfolgt. Bei Pappeln konnte das Längenwachstum durch MH-T um 37 und durch 2.4-D um 31% erhöht werden. Bei Birken- und Eichenstreifen wurde der Einfluß der chem. Unkrautbekämpfung mit dem des Handjätens verglichen. Dabei zeigte das Längenwachstum zwischen beiden Verfahren keinen deutlichen Unterschied. Bei Anwendung von Dieselöl blieb das Wachstum der Eichen hinter der Kontrolle zurück. Bes. empfohlen werden 8 kg/ha MH-T und zu einem späteren Zeitpunkt noch 2 kg/ha 2.4-D. Vf. beschreibt ein Traktoranbaugerät, mit dem die Baumreihen gespritzt und die dazwischen liegenden Flächen gleichzeitig mechan. bearbeitet werden können. Auf letzteren ist evtl. Mitte Juli Einsatz von 2.4-D (2 kg/ha) von Vorteil. Ergänzend werden Kostenvergleiche angeführt.
H. Lehmann. 2780.

Szatala, Ö. **Vegyszeres gyomirtás rostlenvetésekben.** (Chemische Unkrautbekämpfung in Faserleinbeständen.) Budapest: Fövárosi Nyomda V. 1961. (36 S.) – Aus: Ung. Agrar-Rdsch. **1962** Nr. 1. Die chem. Unkrautbekämpfung ist bei Lein nur im Anfangsstadium, d.h. in der

Zeitspanne zwischen dem Erscheinen der Blätteer und der Ausbildung der Knospen durchzuführen. Das empfindlichste Entwicklungsstadium der Unkräuter fällt dagegen mit dem Keimstadium bzw. mit dem 2- bis 4-Blattstadium zusammen. Bei früherem Spritzen sind die Keimblätter des Leins bes. empfindlich. Ein weiterer Nachteil des zu dieser Zeit durchgeführten Spritzens ergibt sich daraus, daß gewisse Unkrautarten z.T. infolge ihrer spez. Eigenschaften oder aus Witterungsgründen in mehreren Stufen keimen. Dementsprechend kann infolge der unterschiedlichen Witterungsverhältnisse der verschiedenen Jahre oft die unerwünschte Sitution entstehen, daß die Unkräuter erst nach dem Spritzen auflaufen, so daß sie mit DNOC, DNBP und MCPA nicht bekämpft werden können. Späteres Spritzen ist einerseits wegen der vorgeschrittenen Entwicklung und erhöhten Herbicidresistenz der Unkräuter, andererseits wegen der zu dieser Zeit stärkeren Herbicidempfindlichkeit des Leins ebenfalls ungünstig. Versuche und praktische Erfahrungen bewiesen, daß Kontakt- und Wuchsstoffherbicide gleich gut geeignet sind. Je Katastraljoch sind von den DNOC-Mitteln 900–1000 g, von den MCPA-Na-Mitteln 500–600 g (reiner Wirkstoff) anzuwenden. 2.4-D-Präparate und Netzmittel sind nicht geeeignet. Gegen *Sinapis arvensis, Raphanus raphanistrum, Stachys annua, Polygonum convolvulus* usw. sind besser DNOC-Mittel, gegen mehrjährige und DNOC-resistente Arten (*Chenopodium album, P. lapathifolium*) dagegen mehr die MCPA-Na-haltigen Herbicide zu empfehlen. Die kombinierte Anwendung kann sehr wirksam sein. Da die chem. Bekämpfung der Unkräuter in den Leinbeständen nur bei guter Entwicklung der Kulturpflanze erfolgreich ist, ist das Spritzen nur in dichtgesäten Beständen wirksam. Ausgedehnte Versuche und praktische Erfahrungen bewiesen, daß Schäden bei Lein von Dosis und Tröpfchengröße abhängen. Demnach müssen wenigstens 350–400 l je kg mit Tropfen von mindestens 350–300 μm Dmr. gespritzt werden. Der Druck der Spritzgeräte ist ebenfalls von Bedeutung. Der Erfolg wird von der Witterung stark beeinflußt. Am besten ist das Spritzen bei Temperaturen von 15–25 °C und trockenem Wetter. Rentabilitäsberechnungen ergaben 43,03 % Kostenersparnis. Zum Schluß werden die in den Leinbeständen Ungarns vorkommenden 225 Unkrautarten und ihre Herbicidempfindlichkeit angegeben.

Kovačevič, Josip. **Korovi kao indikatori mikroreljefa poljoprivrednih površina.** (Die Unkräuter als Standortsindikatoren auf den Ackerbauflächen in Nord-Kroatien.) Zagreb. 1962. 8°. (EA 2725)

Literatur über die Anwendung von CIPC (Isopropyl-N-[3-chlorphenyl]-carbamat). Hrsg.-Instn.: WTZ d. chem. Industrie für Pflanzenschutz- u. Schädlingsbekämpfungsmittel b. VEB Fahlberg-List, Magdeburg. (Lit.-Nr.: 12/62. Titelanzahl: 38. Ber.-Zeit: 1956–1962.)

Literatur über symmetrische Triazine; physiologische Wirkung, Abbau in der Pflanze, Abbau und Wirkungsdauer im Boden, Einfluß von Umweltfaktoren. Hrsg. Instn.: WTZ f. Pflanzenschutz- u. Schädlingsbekämpfungsmittel b. VEB Fahlberg-List, Magdeburg. (Lit.-Nr.: 30/62 u. 42/62. Titelanzahl: 116. Ber.-Zeit: 1956–1962.)

Literatur über den Wirkungsmechanismus von Herbiziden. Hrsg.-Instn.: WTZ d. chem. Industrie für Pflanzenschutz- u. Schädlingsbekämpfungsmittel b. VEB Fahlberg-List, Magdeburg. (Lit.-Nr.: 13/62. Titelanzahl: 76. Ber.-Zeit: 1956–1962.)

Redaktionsschluß: 6. 4. 1963

Herausgeber: Deutsche Demokratische Republik · Deutsche Akademie der Landwirtschaftswissenschaften zu Berlin, Institut für Information und Dokumentation, Berlin W 8, Krausenstraße 38/39; Fernsprecher: 22 51 61. Chefredakteur: Dr. Ursula Wittbrodt, stellvertretender Chefredakteur: Dr. Werner Kleeberg, Berlin W 8, Krausenstraße 38/39; Fernsprecher: 22 51 61. Redaktion der Abteilung II – Pflanzliche Produktion: Phytopathologie und Pflanzenschutz: Prof. Dr. Alfred Hey, Berlin, und Prof. Dr. Maximilian Klinkowski, Aschersleben; Pflanzenbau: Prof. Dr. Gustav Könnecke, Halle; Gartenbau: Prof. Dr. Johannes Reinhold, Berlin; Pflanzenzüchtung: Prof. Dr. Rudolf Schick, Groß-Lüsewitz, Kreis Rostock. Hauptredakteur: Dr. Werner Kleeberg, Berlin W 8, Krausenstraße 38/39; Fernsprecher: 22 51 61. Verlag: Akademie-Verlag GmbH, Berlin W 8, Leipziger Straße 3—4; Fernsprecher: 22 04 41, Telex-Nr. 011773, Postscheckkonto Berlin 350 21. Bestellnummer dieses Heftes: 1030 II—VIII/7. Das Landwirtschaftliche Zentralblatt, Abt. Pflanzliche Produktion, erscheint monatlich. Einzelheft DM 20,— einseitig bedruckte Ausgabe DM 24,—. Jahresbezugspreis DM 240,—; einseitig bedruckte Ausgabe DM 288,— einschl. Register, zuzüglich Porto- und Versandkosten. Gesamtherstellung: VEB Druckerei „Thomas Müntzer" Bad Langensalza. Veröffentlicht unter der Lizenznummer 1291 des Presseamtes beim Vorsitzenden des Ministerrates der Deutschen Demokratischen Republik.

MIX
Papier | Fördert
gute Waldnutzung
FSC® C083411

Kolibri 360 GmbH
Ferdinand-Jühlke-Straße 7
99095 Erfurt, Deutschland
produktsicherheit@kolibri360.de